炼油核心装置大作业系列丛书

连续重整专家培训班大作业选集

（第一期）

赵日峰　主编

中国石化出版社

内 容 提 要

本书精选自中国石化股份公司炼油事业部组织的连续重整专家培训班5名优秀学员的大作业，涵盖了5套不同的连续重整装置，涉及装置基本情况、标定报告、工艺计算及分析等内容。大作业是这些学员经过较为系统的专业理论培训后返回工作岗位完成的，历经专家指导、教师批改和学员答辩。

本书内容详实、实用性强，是一本很好的连续重整装置工艺计算范例和数据集，可供炼油行业的技术人员、设计人员和管理工作者参考使用。

图书在版编目(CIP)数据

连续重整专家培训班大作业选集．第一期 / 赵日峰主编．—北京：中国石化出版社，2019.7
(炼油核心装置大作业系列丛书)
ISBN 978-7-5114-5386-0

Ⅰ．①连… Ⅱ．①赵… Ⅲ．①石油炼制-连续重整 Ⅳ．①TE624.4

中国版本图书馆CIP数据核字(2019)第123079号

中国石化出版社出版发行
地址：北京市朝阳区吉市口路9号
邮编：100020 电话：(010)59964500
发行部电话：(010)59964526
http://www.sinopec-press.com
E-mail：press@sinopec.com
北京富泰印刷有限责任公司印刷
*
787×1092毫米 16开本 35.5印张 838千字
2019年7月第1版 2019年7月第1次印刷
定价：198.00元

《连续重整专家培训班大作业选集》

编 委 会

主编　赵日峰

编委　马爱增　徐又春　袁忠勋　李　鹏　寇　肖

序

我在分管炼油化工业务时，常常思考为什么相同的炼油装置，不同的企业效益差距有时那么大？我们有些同志是管理专家，有些是技术专家，而真正能把企业效益充分发挥出来的应该是技术专家加管理专家。对技术认知的深度决定了企业的未来前途，而我们有的管理专家在技术认知深度方面欠缺一点，所以虽然他们也能够使企业出效益，但是不会太高。能否将管理专家再培养成技术专家？我发现这种培养路径难度很大，反而将技术专家再培养成管理专家相对容易一些。也就是说，在技术认知深度方面从点扩展到面相对容易，而从面开始到点再达到一定深度是很难的。在这样的情况之下，我就考虑如何从中国石化中青年技术人才中来培养装置专家，提高他们对技术认知的深度，形成科学的思维方式，再逐步培养成为技术专家加管理专家。

在这方面我本人有很深的体会，我在扬子石化工作了 20 年，期间在车间工作 8 年。当时我所在的连续重整装置是全国同类装置中规模最大的，各级领导和专家极其重视。在扬子石化工作期间，我本人有幸得到石化大家侯祥麟先生、石油化工科学研究院赵仁殿先生和工程建设公司罗家弼先生等专家给予的无私指导，提高了我的专业理论水平，改变了我学习思维方式，可以说在基层工作的 8 年奠定了我职业生涯的重要基础。

石化行业是技术密集、人才密集和资金密集型的行业，培养高素质的专家队伍是推动石化事业持续健康发展的重要保证。2015 年 5 月，我参加了中科院陈俊武院士《催化裂化工艺与工程》第三版的出版座谈会。在座谈会期间，我就如何培养高素质的专家队伍向德高望重的陈俊武院士请教。陈俊武先生在立功、立言和立德方面都是我们学习的榜样。陈先生年轻时到国外学习催化裂化技术，通过消化吸收再创新，奠基了我国催化裂化技术。先生在 85 岁高龄时，又领衔了国内首套大型 MTO 工程开发与设计。可以说，如果没有陈俊武先生的付出，就没有我国 DMTO 大型工程的诞生。陈先生首创的“三段回归式培训模式”，开创了催化裂化专业高层级专家培养的先河。从 1992 年起至 2000 年，陈先生共办了三期催化裂化高研班，效果非常好，大部分学员成为了我们的专家，成为了我国炼油行业的技术中坚，部分学员不仅成为技术专家也成为管理专家。

2016年，我要求中国石化总部炼油事业部牵头，举办了新世纪第一期催化裂化专家培训班，恢复了中断16年之久的催化裂化高研班，这个班仍然采用陈俊武院士开创的三段式教学模式，由石油化工科学研究院许友好同志担任班主任并全程跟班。这个班招收了39名学员，其中7人来自兄弟企业。在为期一年的培训过程中，经过两个月的集中授课，学员回到企业后，根据所学的知识对所在企业催化裂化装置进行了详细工艺核算与标定，形成了大作业报告，2017年1月学员顺利通过答辩。

催化裂化专家培训班指导小组将10名优秀学员的大作业编辑成书，交由石化出版社于2018年出版，并邀请我作序。我认为学员们通过这次学习，认认真真地完成了作业，把所学理论与工程计算知识转化为所在装置的技术分析，是理论与实践、设计与生产运行的有机结合。新时代是奋斗者的时代。专家班优秀学员们振兴石化的使命担当，肯为中国炼油工业发展付出努力的奋斗精神，使我甚感欣慰，故乐为之作序。希望选集出版后，能够为我国炼油行业技术工作者和有志于提高技术认知水平的管理工作者提供一些有益的参考。

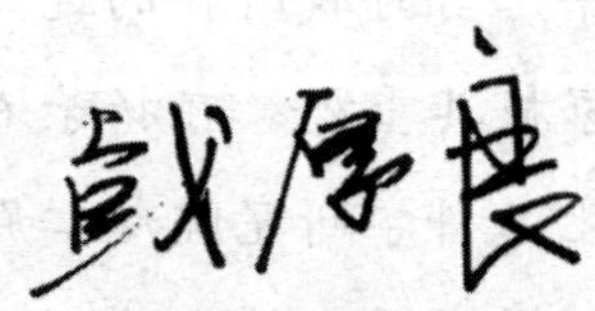

前言

陈俊武院士自1992年开始对催化裂化专业高层级专家培养模式进行了探索实践，首创了集中授课-企业研修-结业答辩的“三段回归式培训模式”，并成功举办了三期催化裂化技术高级研修班，经过三期高研班培训的大多数学员已成为催化裂化领域的知名专家和技术中坚，部分学员既成为技术专家也成为管理专家，为中国炼油事业发展发挥着重要作用。

中国石化集团公司董事长戴厚良结合自身经历，在分析相同炼油装置、不同企业效益差距较大这个问题时发现：将管理专家培养成技术专家难度较大，将技术专家再培养成管理专家相对容易一些。2016年，戴厚良董事长站在国家石化事业发展的战略高度，要求恢复举办了第一期催化裂化专家培训班，经过为期一年的培训，圆满实现了预期的培训目标。2017年，中国石油化工股份有限公司炼油事业部又将培训班拓展到连续重整专业，成功举办了第一期连续重整专家培训班。

第一期连续重整专家培训班由中石化22名学员和中石油9名学员组成，石油化工科学研究院马爱增担任班主任，工程建设有限公司袁忠勋和洛阳石化工程公司徐又春担任副班主任。本期培训班于2017年2月26日开学，学员系统学习了催化重整发展历程、重整原料预处理、催化重整化学、重整反应动力学、重整催化剂及工业化应用、重整催化剂的失活与再生、重整催化剂循环系统、催化重整工艺及工业化应用、催化重整工程与工程计算、催化重整操作参数、重整装置的开停工、装置能量消耗与节能、生成油烯烃脱除技术、氯腐蚀及脱氯技术、重整装置疑难问题研讨及典型事故案例分析等，2018年1月24日31名学员顺利毕业。

根据陈俊武院士“三段式”教学理念，为更好地理解与掌握工艺计算的方法和意义，专家班学员经过集中学习后，回到企业要依据所学的知识对所在装置进行工艺核算，相当于对装置进行一次详细手动标定计算，最后形成一份大作业。2018年中国石化出版社把第一期催化裂化专家培训班优秀学员的大作业汇编成册，编辑出版，并由戴厚良董事长亲自作序，这样既可以把专家班培训成果传承保存下来，又可以作为装置技术人员学习培训的教学案例。

本书精选第一期连续重整专家班5名优秀学员的大作业汇编成册，学员分别是曾菁(洛阳工程公司)、刘彤(石科院)、卫树忠(北海炼化)、刘捷(金陵石化)、陈志伟(长庆石化)。该书主要涉及装置概况、标定报告、工艺计算及分析等方面的内容，其中工艺计算及分析包括原料和产品性质、物料平衡、元素平衡、热平衡、反应器贴壁、催化剂循环和能耗计算等，是一本很好的连续重整装置工艺计算范例和数据集，可供炼油行业的技术人员、设计人员和管理工作者参考使用。

总　目　录

某石化公司1.5Mt/a连续重整装置工艺计算

完成人：曾　菁
单　位：中石化洛阳工程有限公司

目 录

第一部分　标定报告

一、装置概况

某石化公司2#连续重整装置由1.5Mt/a连续重整装置、0.5Mt/a芳烃抽提装置和8.0×10^4Nm^3/h氢提浓装置三部分组成。

1.5Mt/a连续重整装置是该石化公司油品质量升级及原油劣质化的主要生产装置之一，其采用中国石化具有自主知识产权的国产第三代超低压连续重整技术(SLCR)，催化剂选用中国石化石油化工科学研究院的PS-Ⅵ连续重整催化剂(工业牌号RC011)。

0.5Mt/a芳烃抽提装置采用中国石化石油化工科学研究院抽提蒸馏(SED)技术。重整脱戊烷油经脱庚烷塔切割，塔顶得到C_6、C_7馏分送抽提系统，分离得到苯、甲苯和非芳，脱庚烷塔底采出C_{8+}馏分送至二甲苯装置。

8.0×10^4Nm^3/h氢提浓装置采用成都华西科技股份有限公司的真空变压吸附氢提纯技术(VPSA)，以重整氢(再接触后氢气)、加氢低分气和轻烃回收干气等混合气为原料，产品氢去99.2%(体)的氢气管网，解吸气经压缩机升压后送轻烃回收装置回收液化气(或直接并入新区燃料气管网)。

其中连续重整和抽提装置由中国石化洛阳石油化工工程公司(LPEC)完成基础设计、详细设计，氢提浓装置由LPEC完成基础设计，由中国石化南京工程公司完成详细设计，三套装置均由中国石化第四建设公司负责工程建设安装。装置于2012年4月完成基础设计，2012年6月26日开工建设，2014年4月30日完成中间交接。重整装置于2014年6月30日投料，抽提装置、氢提浓装置于7月1日引重整油、重整氢开车，当日所有产品均合格，装置开车一次成功。

为考核装置的运行能力、催化剂性能及包括能耗在内的各项技术经济指标，装置于2014年11月18日8：00至2014年11月21日8：00进行了72h首次标定。

二、连续重整装置标定情况

(一)标定步骤

1)重整装置反应进料量于11月17日16：00提至179.75t/h(相当于设计负荷的100.7%)，各反平均入口温度(WAIT)为525℃。

2)从18日8：00至21日8：00保持稳定进行72h，采集期间各项数据。

3)反应进料量于21日11：30提至188t/h(105%负荷)，运行3h后于14：30开始降温降量。

(二)标定结果

1.重整反应部分

标定时装置已运行约4个半月，催化剂处理量为3.457t原料/kg催化剂(设计68.18t原料/kg催化剂)，催化剂已再生33个周期(设计450个周期)。

标定期间的关键操作条件见表1-1，其处理量为179.75t/h，为设计负荷的100.7%。反应温度采用等温操作，WAIT为525℃，产品分离器压力与设计值[0.25MPa(表)]一致。

反应原料性质见表1-2，从表中可知：本次标定原料芳烃潜含量为53.13%(质)，介于富料和贫料之间，馏程较设计窄。

重整脱戊烷油组成见表1-3，其中芳烃含量为84.96%(质)，较设计值低。

重整循环氢及重整氢组成见表1-4，其氢纯度分析值分别为92.32%(体)及95.30%(体)，均超过了设计值。

表1-1 2#连续重整装置标定期间操作条件表

项目 \ 反应器	一反	二反	三反	四反	合计
催化剂装填量/t	14.8	21.0	26.3	41.9	104.0
催化剂装填比例/%	15	20	25	40	100
反应器入口温度/℃	525	525	525	525	
床层温降/℃	122.7	80.0	54.0	37.8	294.5
反应器压降/kPa	12.8	10.8	12.0	10.0	45.6
重整进料量/(t/h)	179.75				
循环气流量/(Nm^3/h)	122203(校正后流量)				
分离器压力/MPa	0.250				
循环氢压缩机进口压力/MPa	0.250				
循环氢压缩机出口压力/MPa	0.443				

表1-2 原料油组成及性质表①

项目		设计值		标定值
		富料	贫料	
馏程/℃	初馏点	77	74	86
	50%	125	124	120
	终馏点	170	169	165
密度/(kg/m^3)		753	750	747
杂质含量	硫/(μg/g)	0.25~0.5		<0.5~0.9②
	氮/(μg/g)	<0.5		<0.5
	氯/(μg/g)	<0.5		<0.5
	AS/(μg/kg)	<1		<1
	Pb/(μg/kg)	<10		<0.5
	Cu/(μg/kg)	<5		1.4
	水/(μg/g)	<5		31.5
烷烃/%(质)	C_5	0.48	0.45	0.03
	C_6	7.61	3.64	7.50
	C_7	9.46	11.55	11.37
	C_8	8.42	14.02	10.73
	C_9	7.39	12.92	9.18
	C_{10}	4.64	6.84	5.63
	C_{11}	0.87	0.62	
	小计	38.87	50.04	44.42

续表

项　目		设计值		标定值
		富料	贫料	
环烷烃/%（质）	C_5	0.50	0.03	0.03
	C_6	7.43	3.48	5.93
	C_7	14.08	9.65	11.90
	C_8	15.09	12.37	12.24
	C_9	11.91	9.89	9.94
	C_{10}	2.13	1.79	3.41
	C_{11}	0.11	0.00	
	小计	51.26	37.21	43.45
芳烃/%（质）	C_6	1.18	0.57	1.38
	C_7	2.34	2.89	3.17
	C_8	3.77	5.69	4.37
	C_9	1.98	3.50	3.22
	C_{10}	0.59	0.10	
	C_{11}	0.02	0.00	
	小计	9.87	12.75	12.13
芳潜/%(质)		57.77	47.87	53.13

① 本标定报告中所有涉及的运行数据、化验数据、“标定值”数据均为11月18日8：00至11月21日8：00的平均值。

② 原料杂质含量中的硫在11月19日达到0.9μg/g，是因为2#加裂重石中硫达2.3μg/g，经调整本装置反应注硫量后，原料中硫含量逐渐恢复正常，其余杂质指标符合要求。

表1-3　重整脱戊烷油组成表

项　目		设计值		标定值
		富料	贫料	
烷烃/%	C_5	0.50	0.50	0.56
	C_6	6.04	5.73	7.34
	C_7	2.73	2.39	5.29
	C_8	1.46	1.27	1.20
	C_9	0.02	0.01	
	C_{10}	0.01	0.01	
	小计	10.76	9.91	14.38
环烷烃/%（质）	C_5			0.08
	C_6	0.31	0.27	0.32
	C_7	0.44	0.41	0.21
	C_8	0.27	0.25	0.05
	C_9	0.02	0.01	
	C_{10}	0.01	0.01	
	小计	1.05	0.95	0.66

续表

项目		设计值		标定值
		富料	贫料	
芳烃/%(质)	C_6	10.29	4.98	7.14
	C_7	22.57	20.48	20.22
	C_8	27.76	31.42	26.86
	C_9	20.18	24.57	21.68
	C_{10}	7.03	7.38	9.07
	C_{11}	0.25	0.40	
	小计	88.18	89.23	84.96

表 1-4 循环氢及重整氢组成

项目	循环氢		重整氢	
	摩尔分数/%		摩尔分数/%	
	设计值(富料)	标定值	设计值(富料)	标定值
H_2	87.85	92.32	94.37	95.30
CH_4	2.21	1.63	2.14	1.64
C_2H_6	2.11	1.94	1.69	1.54
C_3H_8	2.26	1.82	1.14	0.98
C_3H_6		0.01		0.00
iC_4H_{10}	0.72	0.95	0.21	0.32
nC_4H_{10}	1.00	0.64	0.22	0.16
iC_5H_{12}	0.73	0.48	0.08	0.05
nC_5H_{12}	0.44	0.20	0.04	0.02
$C_4^=$		0.01		0.00
C_{6+}	2.68		0.11	
合计	100	100	100	100

2. 重整分馏部分

分馏部分的脱戊烷塔 DA203201 和 C_4/C_5 分馏塔 DA203202 在标定期间运行基本正常，干气/液化气/戊烷油组成见表 1-5。

表 1-5 干气/液化气/戊烷油组成

项目	脱戊烷塔干气/%(摩尔)	C_4/C_5分馏塔干气/%(摩尔)	液化气/%(摩尔)	戊烷油/%(质)
H_2	42.65	33.21	0.22	
CH_4	7.31	6.89	0.30	
C_2H_6	18.44	25.13	7.75	
C_3H_8	18.77	23.10	31.60	

续表

项　　目	脱戊烷塔干气/%(摩尔)	C_4/C_5分馏塔干气/%(摩尔)	液化气/%(摩尔)	戊烷油/%(质)
C_3H_6	0.21	0.19	0.14	
iC_4H_{10}	6.96	6.77	31.22	
nC_4H_{10}	3.92	3.47	27.45	0.50
iC_5H_{12}	1.26	0.37	0.03	56.6
nC_5H_{12}	0.29	0.81	0.00	36.5
$C_4^=$	0.20	0.07	1.30	
C_6				6.41
合计	100	100	100	100

3. 催化剂再生系统

标定期间，催化剂再生系统运行正常，闭锁料斗共计循环405次，催化剂循环速率平均为93.8%。待生催化剂积炭4.63%(质)，氯含量1.05%(质)，再生后催化剂炭含量0.03%(质)，氯含量1.24%(质)，均达到设计要求。烧焦区床层平均温度563℃(设计值≯585℃)

标定期间催化剂注氯量2.35kg/h，相当于催化剂循环速率的0.134%，在正常范围内；三天催化剂粉尘总量为5.1kg，平均1.7kg/d，粉尘中整颗粒催化剂占33.1%。

4. 装置物料平衡及重整组分收率

重整物流表除进料、液化气和戊烷油为质量流量计外，其余均为孔板，对液相、气相孔板流量均进行校正后重整物料平衡数据见表1-6，从该表中可知投入产出基本平衡，平衡率100.49%。本次标定使用的原料油中45.7%(质)来自石脑油吸附分离装置的抽余油，39.4%(质)来自2#加氢裂化装置重石脑油，其余为罐区精制油。

在物料平衡的基础上，同时进行了重整反应部分组分收率的平衡，见表1-7。

表1-6　重整装置物料平衡表

投入		产出		平衡率/%(质)
物流名称	流量/(t/h)	物流名称	流量/(t/h)	
吸附抽余油	82.211	重整氢	13.816	
2#加裂重石	70.774	脱戊烷塔顶气	0.899	
罐区精制油	26.768	C_4/C_5分馏塔顶气	0.013	
还原氢	0.599	液化气	5.171	
		戊烷油	2.802	
		脱戊烷塔底液	158.534	
合计	180.352		181.235	100.490

表 1-7　重整反应部分组分收率

组分	脱戊烷油		脱戊烷塔干气		C_4/C_5 塔干气		液化气		戊烷油		还原氢		重整氢		重整净产品		归一后收率
	%(质)	t/h	%(质)	t/h	%(质)	t/h	%(质)	t/h	%(质)	t/h	%(质)	t/h	%(质)	t/h	%(质)	t/h	%(质)
H_2			3.64	0.03	2.52	0.000	0.01	0.00			97.92	0.59	56.25	7.77	7.22	4.02	4.00
烷烃 C_1			4.99	0.04	4.18	0.001	0.09	0.00			2.08	0.01	7.73	1.07	1.11	0.62	0.61
C_2			23.60	0.21	28.58	0.004	4.55	0.24					13.63	1.88	2.33	1.30	1.29
C_3			35.24	0.32	38.53	0.005	27.20	1.41					12.76	1.76	3.49	1.94	1.93
$C_3^=$			0.37	0.00	0.31	0.000	0.12	0.01					0.00	0.00	0.01	0.01	0.01
iC_4			17.23	0.15	14.88	0.002	35.43	1.83					5.43	0.75	2.74	1.52	1.52
nC_4			9.70	0.09	7.62	0.001	31.14	1.61	0.5	0.015			2.65	0.37	2.08	1.16	1.15
iC_5	0.56	0.88	3.88	0.03	1.02	0.000	0.05	0.00	56.6	1.585			1.12	0.15	2.66	1.48	1.47
nC_5			0.88	0.01	2.22	0.000	0.00	0.00	36.5	1.022			0.42	0.06	1.09	0.61	0.60
$C_4^=$			0.47	0.00	0.14	0.000	1.42	0.07							0.08	0.04	0.04
C_6	7.34	11.64							6.4	0.180					11.82	6.57	6.54
C_7	5.29	8.38													8.38	4.66	4.64
C_8	1.20	1.90													1.90	1.06	1.05
C_9		0.00													0.00	0.00	0.00
C_{10}		0.00													0.00	0.00	0.00

续表

组分	脱戊烷油		脱戊烷塔干气		C_4/C_5 塔干气		液化气		戊烷油		还原氢		重整氢		重整净产品		归一后收率
	%(质)	t/h	%(质)	t/h	%(质)	t/h	%(质)	t/h	%(质)	t/h	%(质)	t/h	%(质)	t/h	%(质)	t/h	%(质)
环烷烃 C_5	0.08	0.12													0.12	0.07	0.07
C_6	0.32	0.51													0.51	0.28	0.28
C_7	0.21	0.34													0.34	0.19	0.19
C_8	0.05	0.07													0.07	0.04	0.04
C_9		0.00													0.00	0.00	0.00
C_{10}		0.00													0.00	0.00	0.00
芳烃 B	7.14	11.31													11.31	6.29	6.26
T	20.22	32.06													32.06	17.83	17.75
EB	4.10	6.50													6.50	3.61	3.60
PX	5.03	7.97													7.97	4.44	4.41
MX	10.88	17.24													17.24	9.59	9.55
OX	6.86	10.87													10.87	6.05	6.02
C_9	21.68	34.37													34.37	19.12	19.03
C_{10}	9.07	14.38													14.38	8.00	7.96
合计	100.00	158.53	100.00	0.90	100.00	0.01	100.00	5.17	100.00	2.80	100.00	0.60	100.00	13.82	180.64	100.49	100.00

5. 装置能耗

装置能耗标定数据见表 1-8。

表 1-8　2#连续重整装置标定能量消耗统计表(重整进料 179.75t/h，100.7%负荷)

项　目	实耗量			能量换算系数		实物单耗	
	单位	设计值	标定值	单位	数值	设计单耗/(kgEO/t)	标定单耗/(kgEO/t)
除氧水	t/h	51.40	41.87	kgEO/t	9.20	2.65	2.14
循环水	t/h	1281.00	1847.78	kgEO/t	0.10	0.73	1.03
燃料气	t/h	10.32	8.78	kgEO/t	1101.30	62.14	53.78
高压蒸汽	t/h	25.60	30.46	kgEO/t	88.00	12.61	14.91
中压蒸汽	t/h	8.90	12.31	kgEO/t	76.00	3.76	5.20
低压蒸汽	t/h	-38.92	-34.82	kgEO/t	66.00	-14.38	-12.78
透平凝结水	t/h	-40.30	-45.57	kgEO/t	3.65	-0.82	-0.93
工艺凝结水	t/h	-5.68	-5.83	kgEO/t	7.65	-0.24	-0.25
氮气	Nm^3/h	332.00	426.36	$kgEO/Nm^3$	0.15	0.28	0.36
仪表风	Nm^3/h	2720.00	3170.97	$kgEO/Nm^3$	0.04	0.58	0.67
电	MW·h	5.98	5.86	kgEO/MWh	230.00	8.70	7.50
合计						74.74	71.63

注：(1) 标定数据中燃料气能量换算系数根据实际热值换算为 1101.3kgEO/t，设计值为 1080kgEO/t；中压蒸汽的能量换算系数为 76EO/t，设计值为 80EO/t；电的能量换算系数为 230，设计值为 260EO/t。

(2) 本能耗统计，未统计装置来料(石脑油为冷料或热料)温度对能耗的影响。

从表中可知：标定期间装置的单耗为 71.63kgEO/t，较设计值 74.74kgEO/t 低。燃料气标定期间实际耗量为 8.78t/h，比设计使用量少 1.537t/h，燃料气单耗低 8.36kgEO/t。

6. 标定与设计主要参数对比

标定与设计主要参数比较列于表 1-9。

(1) 标定结果与催化剂保证值的比较

1) 芳烃收率。由表 1-9 可见，标定条件下，C_{6+}液体收率比富料、贫料分别高 2.41 和 2.33 个百分点，脱戊烷芳含较贫富料都低，芳烃收率介于贫富料之间。芳烃收率低的主要原因：

一是原料芳烃潜含量较富料低 4.64 个百分点，尤其是 20 日凌晨直馏石脑油切罐后原料变差，芳潜只有 51.5%。

二是，虽然原料芳烃潜含量较贫料高 5.26 个百分点，但其中的 C_6P 高了 3.86 个点，切罐后更是高了 5.41 个点，而 C_6正构烷烃转化率接近 60%，异构 C_6烷烃转化率仅有 20%。

但与 RC011 催化剂协议保证值相比，在原料较富料差的情况下芳烃收率仍高于富料保证值 0.48 个百分点。

2) 纯氢收率。RC011 催化剂的纯氢收率达到了 4.0%，超过了设计指标，说明该催化剂具有更较高的选择性。

3）积炭速率。催化剂积炭速率略高于富料，比贫料低 13. 31 个百分点，达到了技术保证值。

4）催化剂消耗量。标定期间粉尘量为 1. 7kg/d，远低于设计的 7. 68kg/d，表明该催化剂具有较好的抗磨损能力。

综上所述，本次标定 RC011 重整催化剂的各项指标均达到或超过了技术保证值。

（2）标定结果与其他设计值的比较

1）一反温降较设计温降小，其比例为 41. 6%，较富料设计低 7 个百分点，而四反温降比例较富料设计高 4 个百分点，说明四反脱氢环化反应较加氢裂化反应明显占有优势，估计这也是脱戊烷油收率高于设计值的原因。另外，与国内某同技术连续重整装置标定数据相比，各反温降比例基本一致。

2）表中数据表明，待生及再生催化剂上碳、氯含量均达到设计要求。

3）烧焦区氧含量为 0. 99%（体），高于设计值，但烧焦峰温为 563℃，比允许最高温度低 22℃。

4）关于催化剂的持氯能力：再生注氯量相当于催化剂循环速率的 0. 134%，与 1#重整装置使用的 RC031 第二次标定（再生周期 31. 22 次）相比，其标定值为 0. 140%。因此本次标定（再生周期 33 次）RC011 注氯量略低，表明本装置使用的催化剂较高的持氯能力。

表 1-9 设计/标定主要参数对比表

项 目	设计值			重整催化剂技术保证值
	富料	贫料	标定值	
反应器进口温度/温降/℃				
一反	525/147	527/131	525/123	
二反	525/79	527/77	525/80	
三反	525/51	527/56	525/54	
四反	525/27	527/34	525/38	
总温降	304	298	295	
体积空速/h^{-1}	1. 3	1. 3	1. 3	
氢油分子比/（mol/mol）	2. 5	2. 5	3. 1	
C_{6+}液体收率/%（质）	85. 36	85. 44	87. 77	
脱戊烷油芳含/%（质）	88. 19	89. 22	84. 96	
芳烃收率/%（质）	75. 38	76. 23	74. 57	74. 09（富）/75. 10（贫）
其中：C_6A	8. 85	4. 28	6. 26	
C_7A	19. 3	17. 51	17. 75	
C_8A	23. 79	26. 83	23. 69	

续表

项　目	设计值			重整催化剂技术保证值
	富料	贫料	标定值	
C_9A	17.23	20.97	19.03	
$C_{10^+}A$	6.21	6.64	7.96	
循环氢纯度/%(摩尔)	87.85	88.15	92.32	
重整氢纯度/%(摩尔)	94.37	94.26	95.30	
纯氢收率/%(质)	3.96	3.90	4.00	≮3.57(富)/3.52(贫)
催化剂循环速率/(kg/h)	1600	1600	1500	
待生催化剂碳含量/%(质)	3.79	5.00	4.63	
催化剂积碳速率/(kg/h)	≯60.56	≯80.12	69.45	同设计
待生催化剂氯含量/%(质)	1.0~1.1	1.0~1.1	1.05	
再生催化剂碳含量/%(质)	<0.20	<0.20	0.03	
再生催化剂氯含量/%(质)	1.1~1.3	1.1~1.3	1.24	
烧焦区氧含量/%(体)	0.5~0.8	0.5~0.8	0.79	
烧焦区床层峰值温度/℃	≯585	≯585	563	
催化剂粉尘量/(kg/d)	7.68	7.68	1.70	≯7.68
四氯乙烯注入量/(kg/h)			2.35	

7. 主要设备标定结果

(1) 重整板换

板换设计/标定主要参数对比见表1-10。

表1-10　板换设计/标定主要参数对比

项　目	设计	标定	备注
总进料(液相+循环氢)/(t/h)	216.734	206.407	循环氢流量低于设计
总进料(冷物流)压降/kPa	30.00	24.91	
流出物(热物流)压降/kPa	50.00	37.28	
热端温差/℃	32.0	26.9	
喷淋管压降/MPa	0.100	0.107	<0.50

开车初期，换热器干净，换热效果好，板换压差、热端温差均低于设计值。

(2) 重整加热炉BA203201~205标定结果

标定期间加热炉效率(简易计算)见表1-11。

表 1-11 标定期间加热炉效率(简易计算)

炉号	炉膛温度/℃		氧含量/%	排烟温度/℃		效率/%	
	设计	标定		设计	标定	设计	标定
BA203201	776	713.5	3.71	159	155.67	91	91.68
BA203202	812	704.5	3.44	159	150.97	91	92.00
BA203203	776	766.9	3.35	159	155.44	91	91.82
BA203204	812	708.8	2.97	159	153.81	91	92.03
BA203205		530.6	2.29	135	100.70	92	94.65

由表 1-11 可见：加热炉排烟温度、炉膛温度都低于设计指标，计算热效率高于设计值。

(3) 循环氢压缩机 GB/GBT203201 运行参数

标定期间 GB/GBT203201 相关参数见表 1-12。

表 1-12 标定期间 GB/GBT203201 相关参数

位置	序号	监测项目	报警值	单位	实测值
压缩机	1	进/排气温度		℃	72.2/95.9
	2	进/排气压力		MPa	0.250/0.443
	3	转速		r/min	5000
	4	非驱动端径向轴承温度	105/115	℃	83.4/83.6
	5	驱动端径向轴承温度	105/115	℃	78.9/88.1
	6	止推轴承温度	105/115	℃	57.3/62.3
	7	非驱动端轴振动	50/75	μm	12.6/14.3
	8	驱动端轴振动	50/75	μm	5.7/7.2
	9	轴位移	0.56/0.8	mm	0.31/0.06
透平	10	止推轴承温度	105/115	℃	49.6/54.3/67.2/71.3
	11	非驱动端径向轴承温度	105/115	℃	49.5/43.0
	12	驱动端径向轴承温度	105/115	℃	55.7/48.8
	13	轴位移	0.50/0.70	mm	0.00/-0.02
	14	非驱动端轴振动	63/88	μm	14.5/11.5
	15	驱动端轴振动	63/88	μm	11.8/10.0
干气密封	16	一级密封气流量	75	Nm^3/h	169.8/170.8
	17	一级泄漏气流量	14.9	Nm^3/h	5.5/8.7
	18	一级泄漏气压力	0.19	MPa	0.038/0.040
	19	二级密封气流量	2	Nm^3/h	7.0/8.8

(三) 存在问题

1) 在催化剂白烧过程中，烧焦循环气氧表 AC2030602 原设计由下部空气流量(即氯化尾气进烧焦循环气)控制，但由于管系较长，有明显滞后，目前改为由上部空气流量控制氧含量，下部空气流量定值控制，上部空气流量控制在 100~200Nm³/h。

2) 烧焦循环气氧含量原设计控制在 0.5%~0.8%(体)，实际操作中发现氧含量低于 0.8%(体)时，再生器过热区床层温度会偏高，目前控制在 0.98%~1.02%(体)，能满足烧焦要求，烧焦区床层温度在 570℃以下。

3) 由于装置原料为重整氢、轻烃回收干气、加氢低分气，重整氢中有痕量的氯，而另两股气中有少量氨，因此在 VPSA 原料罐中的活性炭层是用来吸附来料中的重质烃，因此铵盐结晶体极易穿透吸附原料罐进入吸附塔，而影响 PSA 吸附系统长周期运行，国内相关厂家也曾出现过类似现象。对此，需要在现有各气源混合后进入 PSA 原料罐前增设技措，至于采用何种措施，有待调研。

(四) 结论

连续重整装置于 2014 年 11 月 18 日 8：00~11 月 21 日 8：00 进行了满负荷考核运转。通过装置的标定情况与设计指标进行比较，初步得到如下结论：

1) 重整装置在满负荷下，芳烃收率、纯氢收率、积炭速率和催化剂磨损等均达到或超过催化剂技术保证值。

2) 标定期间重整装置加热炉、塔等均能满足工艺要求，大机组及反应器运行良好，产品质量合格。

第二部分 工艺流程

一、重整部分

(一) 工艺流程简介

来自加氢裂化装置的加氢裂化重石脑油，和来自吸附分离装置的吸附分离重整料混合后进入重整进料缓冲罐(FA203210)，经过重整进料泵(GA203209A/B)升压后，进入重整混合进料换热器(EA203201)，在其中与来自重整循环氢压缩机(GB203201)的氢气混合并与重整反应产物换热后，进入重整进料加热炉(BA203201)继续加热至重整反应所需温度后进入重整第一反应器(DC203201)。物流经反应器内的扇形筒径向通过连续向下移动的重整催化剂，在临氢条件下进行重整反应。由于吸热反应使温度降低的反应产物经反应器内中心管流出进入重整第一中间加热炉(BA203202)升温至反应温度后，继续进入重整第二反应器(DC203202)，物流以与 DC203201 相同的过程在 DC203202 中继续进行重整反应，反应产物以与上述相同的过程顺次进入重整第二中间加热炉(BA203203)、重整第三反应器(DC203203)和重整第三中间加热炉(BA203204)、重整第四反应器(DC203204)进行加热和反应。最终反应产物从 DC203204 流出后进入重整混合进料换热器(EA203201)与重整进料换热。

换热后的重整反应产物，经重整反应产物空冷器(EC203201A~R)冷凝冷却后，在重整反应产物分离器(FA203201)中进行气液分离。重整反应产物分离器顶部的氢气一部分引出经过重整循环氢压缩机(GB203201)升压后，返回重整反应系统循环；另一部分与来自催化剂再生部分的还原气混合后，经一段入口分液罐（FA203202）除去携带的液体后进入重整氢增压机的一段（GB203202A）进行压缩。压缩气经一段出口空冷器（EC203202A～D）冷凝冷却后，进入二段入口分液罐（FA203203）进行气液分离，底部液相返回 FA203201 入口；二段入口分液罐顶气体，进入重整氢增压机的二段（GB203202B）进行压缩，经二段出口空冷器（EC203203 A～D）冷凝冷却后，与来自 FA203201 经反应产物分离器泵（GA203201A/B）升压后的重整反应液体产物混合。混合物先与来自再接触罐（FA203204）顶的低温气相物流在再接触氢气换热器（EA203203）中换热，与 FA203204 底的低温液相物流在再接触油换热器（EA203204A/B）中换热，经再接触制冷器（EA203205）冷却后，进入再接触罐（FA203204）进行气液分离。FA203204 顶为较高纯度的重整产氢，经过再接触氢气换热器（EA203203）换热后，少部分作为提升气被送往催化剂再生部分，大部分经重整氢脱氯罐（FA203205A/B）脱除少量氯化氢后，送至 PSA 装置。

再接触罐底液在液位的控制下，通过自压先经过再接触油换热器（EA203204A/B）换热，再与芳烃抽提装置的脱庚烷塔顶气换热，然后返回重整装置，经重整汽油脱氯罐（FA203208A/B）脱除其中少量氯后，再与脱戊烷塔进料/塔底换热器（EA203206A/B）换热升温后进入脱戊烷塔（DA203201）。

脱戊烷塔顶气经脱戊烷塔空冷器（EC203205A/B）、脱戊烷塔顶后冷器（EA203212）冷凝冷却后进入脱戊烷塔回流罐（FA203206）进行分离。罐顶干气在塔顶压力控制下送至轻烃回收装置；罐底液相经脱戊烷塔回流泵（GA203203A/B）升压后，一部分在精馏段灵敏板温度和流量串级控制下作为回流返回脱戊烷塔顶，其余部分在回流罐液位和流量串级控制下，经 C_4/C_5 分馏塔进料/塔底换热器（EA203209A～C）换热后进入 C_4/C_5 分馏塔（DA203202）。脱戊烷塔底物为脱戊烷油，大部分经脱戊烷塔重沸炉泵（GA203207A/B）升压后经脱戊烷塔重沸炉（BA203205）加热至 50%汽化后返回塔底，其余经 EA203206A/B 管程与脱戊烷塔进料换热后，在塔底液位和流量串级控制下送至芳烃抽提装置。

C_4/C_5 分馏塔顶气经 C_4/C_5 分馏塔空冷器（EC203206）和 C_4/C_5 分馏塔顶后冷器（EA203213）冷凝冷却后进入 C_4/C_5 分馏塔回流罐（FA203207）进行气液分离。回流罐顶气体并入脱戊烷塔燃料气线，送至轻烃回收装置；液相即液化石油气经 C_4/C_5 分馏塔回流泵（GA203208A/B）升压后，一部分在精馏段灵敏板温度和流量串级控制下作为回流返回 C_4/C_5 分馏塔顶，其余在回流罐液位和流量串级控制下作为液化石油气产品送出装置。C_4/C_5 分馏塔底物为戊烷油，大部分经 C_4/C_5 分馏塔重沸器（EA203207）加热汽化后返回塔底；其余经 EA203209A～C 和进料换热后，在塔底液位和流量串级控制下经戊烷油冷却器冷却后送至装置外。

在重整反应部分设有重整注水泵（GA203205）、重整注氯泵（GA203204）、重整注硫泵（GA203206A/B）用于催化剂再生部分停工期间的注氯、注水，以调节水氯平衡和进料中的硫含量。

为回收重整加热炉 BA203201～BA203204 的烟气余热和提高加热炉燃烧效率，在“二加二”炉对流段设一套蒸汽发生系统。产生的 4.0MPa 蒸汽供重整循环氢压缩机（GB203201）汽轮机和重整氢增压机（GB203202A/B）汽轮机使用，不足部分由工厂系统 4.0MPa 蒸汽管网补充。

（二）工艺流程图及设计文件中操作条件

原则流程图如图 2-1~图 2-4 所示。

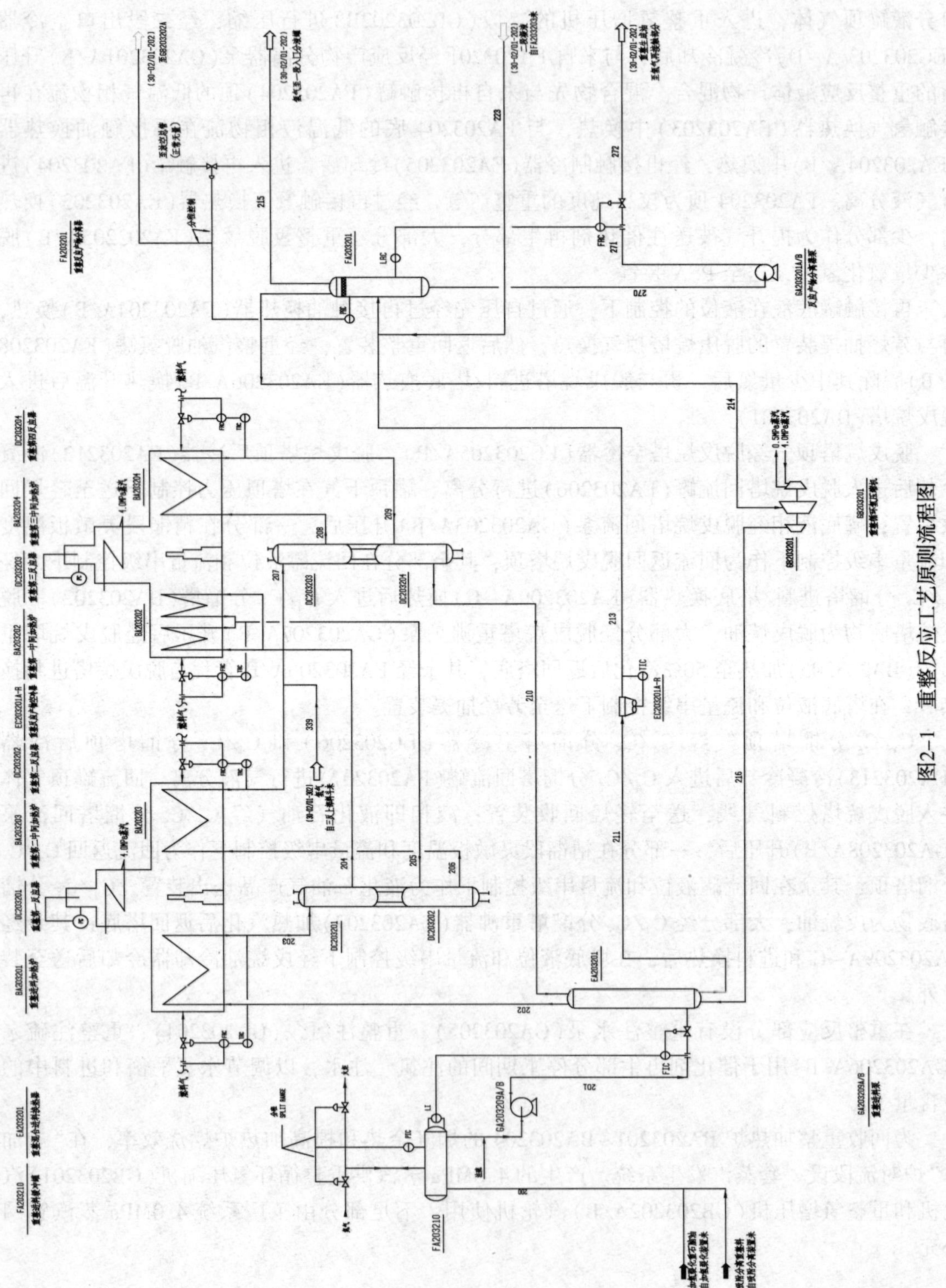

图2-1 重整反应工艺原则流程图

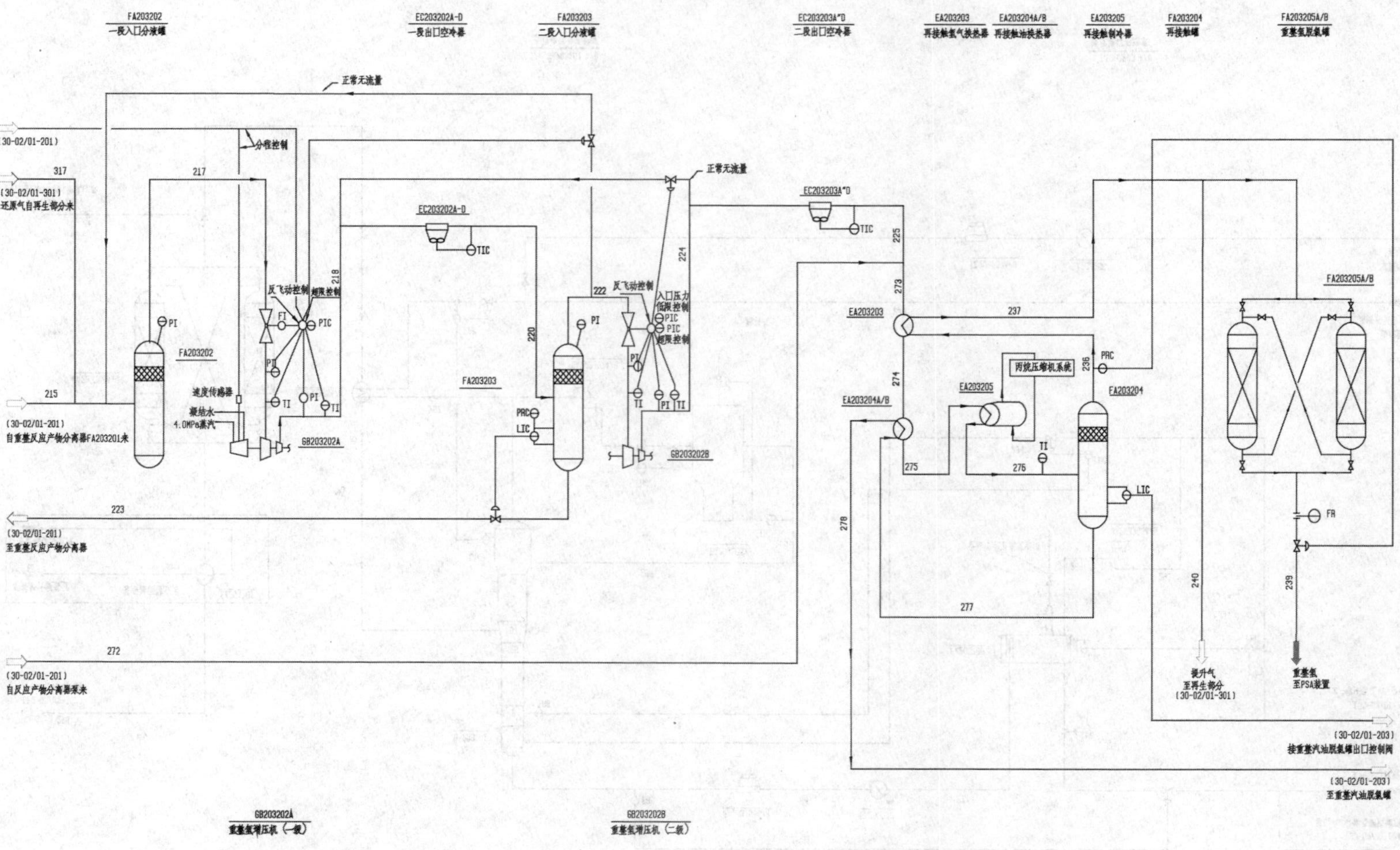

图2-2 再接触工艺原则流程图

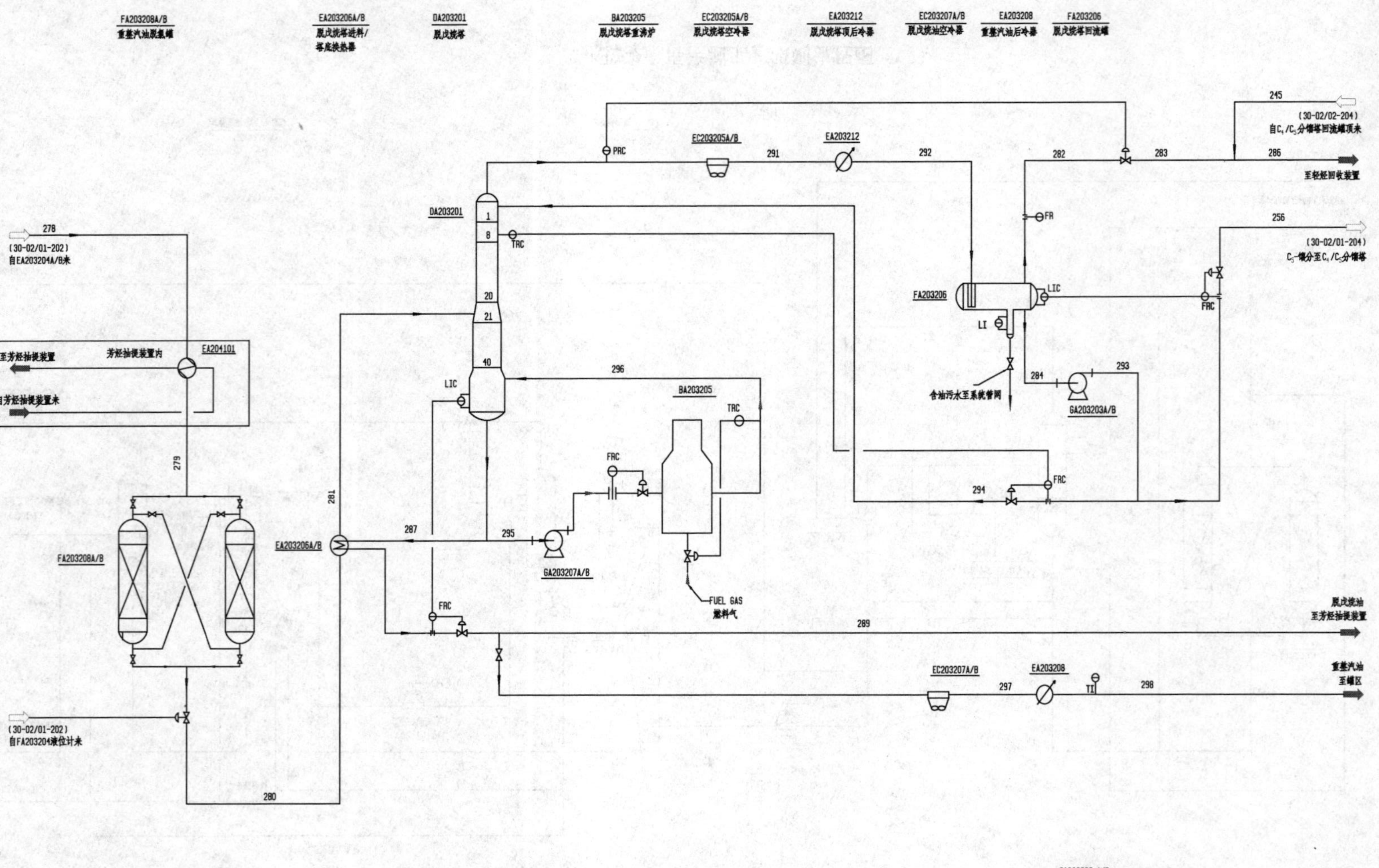

图2–3 脱戊烷塔工艺原则流程图

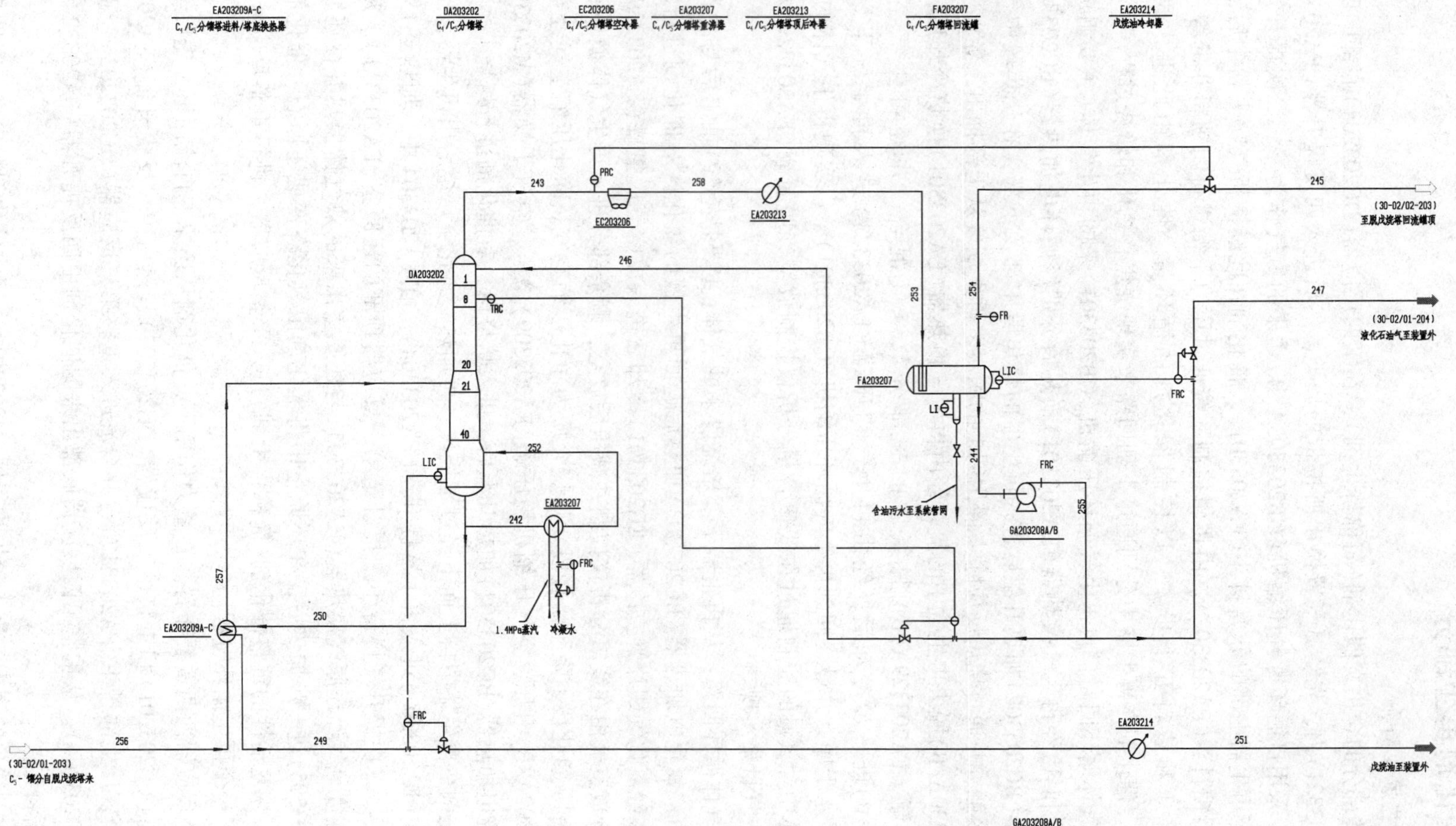

图2-4　C_4/C_5分馏塔工艺原则流程图

二、催化剂再生部分

(一) 工艺流程简介

来自重整部分的含焦炭催化剂(简称待生剂)，在第四反应器(DC203204)底部的四反下部料斗(FA203321)内，先经氮气置换出所携带的烃类，然后进入四反提升器(FA203322)。在提升器中，采用自循环氮气压缩机(GB203303A/B)送来的氮气作为一、二次提升气，将催化剂提升至再生器上部的分离料斗(FA203301)。催化剂在此经淘析气吹去粉尘后，进入氮气环境的闭锁料斗(FA203302)。由逻辑控制系统通过压力平衡进行闭锁料斗的等待、加压、卸料、降压和装料五个步骤，以控制催化剂的循环量。催化剂由此进入再生器(DC203301)。催化剂在再生器中分别通过下列回路来实现烧焦、氯化和焙烧过程。

1）再生气体循环回路：自再生气循环压缩机(GB203301)来的再生气体(主要组成为氮气、二氧化碳和氧)经再生气换热器(EA203301)换热后分别经循环电加热器(BC203301)和过热电加热器(BC203302)加热升温后进入再生器的烧焦段中部及下部，在烧焦段中气体与催化剂逆流接触，并通过烧焦反应除去催化剂上的积炭。再生烟气从上部抽出，经再生气脱氯罐(FA203330A/B)脱去再生气中的氯，经由再生气换热器(EA203301)换热冷却后，与经放空气脱氯罐(FA203329A/B)脱氯后的一部分放空气混合，并经再生气空冷器(EC203302A/B)进一步冷却后，经由再生气稳压罐(FA203323)进入再生气干燥系统(M203307)吸水干燥，并最终回到再生气循环压缩机(GB203301)，以实现再生气体的循环。该回路中气体中含氧量的控制通过在线氧含量分析仪控制放空气脱氯罐(FA203329A/B)脱氯后的放空空气量来实现。

2）氯化气体循环回路：从再生器下部焙烧段来的气体(主要是空气)抽出后与注入的有机氯混合，再经氯化电加热器(BC203303)加热后返回再生器的氯化区对催化剂进行氧-氯化。放空气体经氯化气翅片管空冷器(EC203301)冷却后进入放空气脱氯罐(FA203329A/B)脱氯。一部分放空气由在线氧分析仪控制并减压后放空，剩余部分进入再生气体循环回路。

3）催化剂从氯化段下降至焙烧段。焙烧介质为净化压缩空气。净化压缩空气经空气压缩机(GB203302A/B)升压、空气压缩机稳压罐(FA203309)稳压、空气干燥器(M203306)吸水干燥、焙烧电加热器(BC203304)加热升温后，进入焙烧段，对催化剂进行焙烧。

待生催化剂在再生器中自上而下经过了烧焦、再加热、氯化、焙烧后出再生器，经由再生器下部料斗(FA203303)进入再生器提升器(FA203304)。在FA203304中，加热至150℃的重整氢作为一、二次提升气将待生剂提升至第一反应器顶部的还原室(FA203311)。从PSA装置来的高纯度氢气经还原气换热器(EA203305)与还原室出来的热气体换热并被还原氢电加热器(BC203305)进一步加热后，在还原室中将催化剂由氧化态变成还原态，催化剂的活性得以恢复。恢复活性的重整催化剂(简称再生剂)进入重整反应器，进行重整反应。至此，催化剂完成了一个再生循环过程。

四个重整反应器两两重叠布置。在重力作用下，催化剂从还原室自流而下，先后经过重整第一反应器(DC203201)和重整第二反应器(DC203202)，然后由二反提升器(FA203316)用氢气提升至三反上部料斗(FA203317)，并自流进入重整第三反应器(DC203203)、重整第四反应器(DC203204)。从重整第四反应器底部出来的催化剂由四反提升器(FA203322)用氮气提升至分离料斗。

含有催化剂粉尘的淘析气进入粉尘收集器(M203301)，回收催化剂粉尘，并定期将粉尘装桶后送往催化剂厂回收贵金属。除去粉尘的淘析气经除尘风机(GB203304)升压后又循环至分离料斗（FA203301），至此完成催化剂粉尘回收的循环。

循环氮气系统中设有除尘风机（GB203304）和循环氮气压缩机（GB203303A/B）。除尘风机主要负责提供分离料斗中催化剂淘析的用风量，循环氮气压缩机主要提供四反提升器（FA203322）用气和闭锁料斗（FA203302）用气。再生系统密封、隔离用氮气采用新鲜氮气。

（二）工艺流程图及设计文件中操作条件

原则流程图如图 2-5～图 2-8 所示。

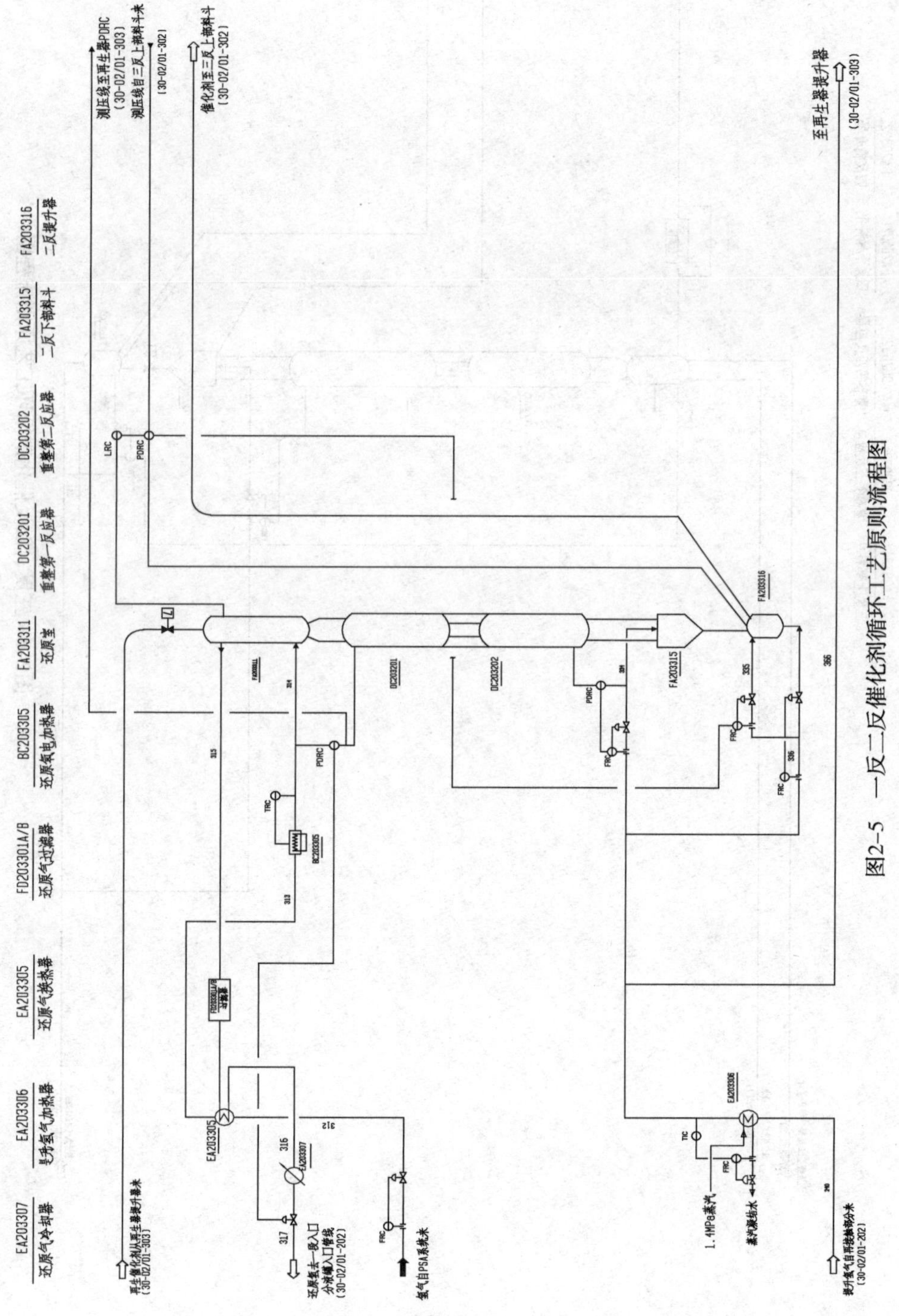

图2-5　一反二反催化剂循环工艺原则流程图

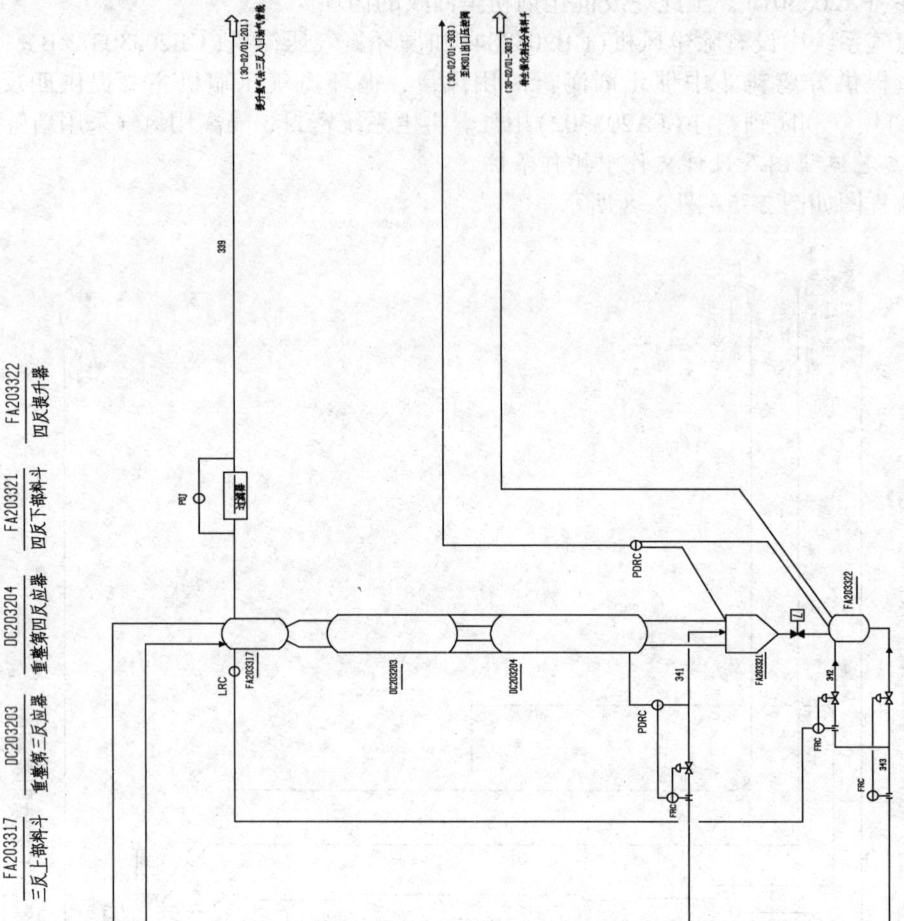

图2-6 三反、四反催化剂循环工艺原则流程图

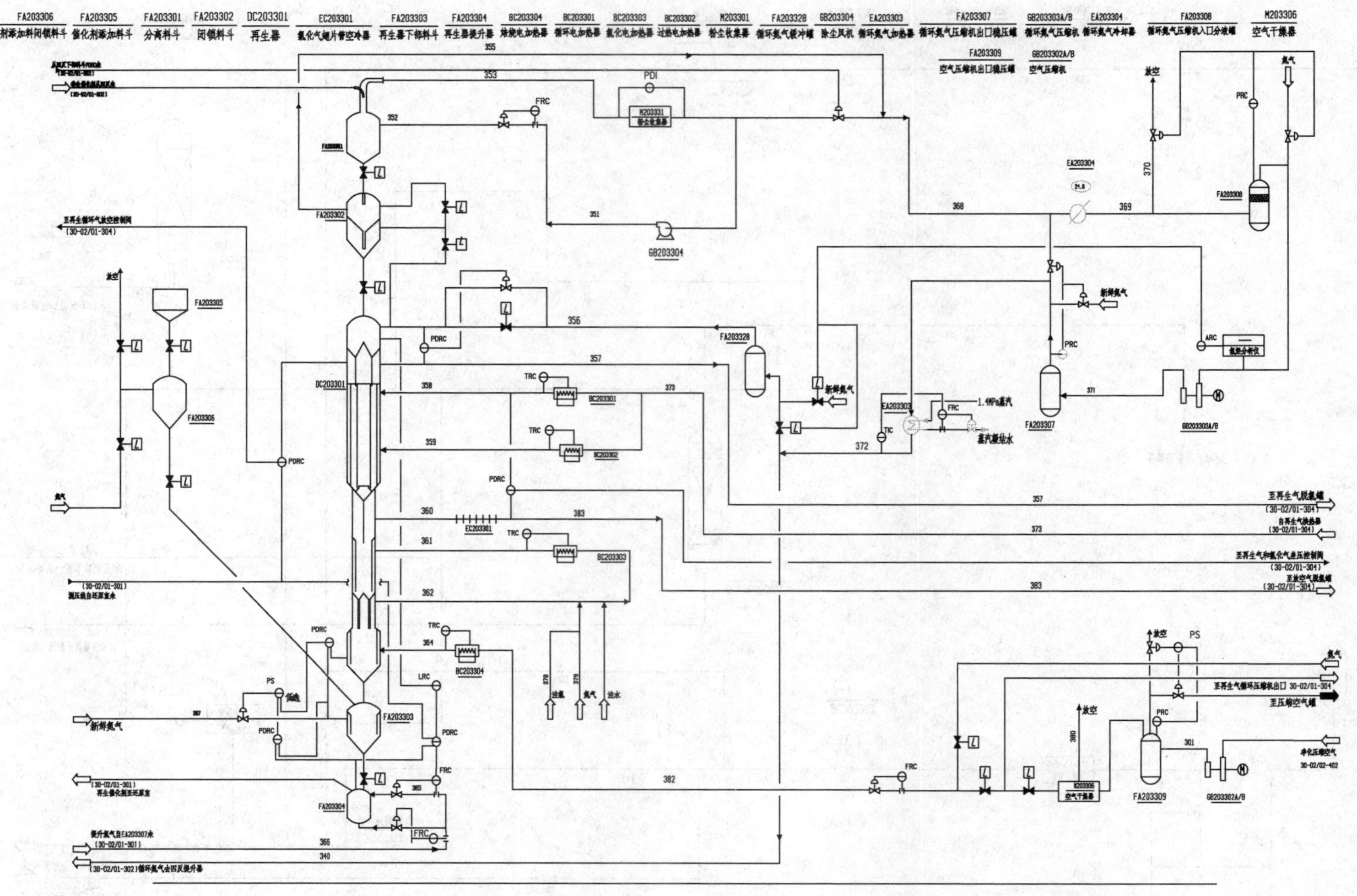

图2-7 再生器工艺原则流程图

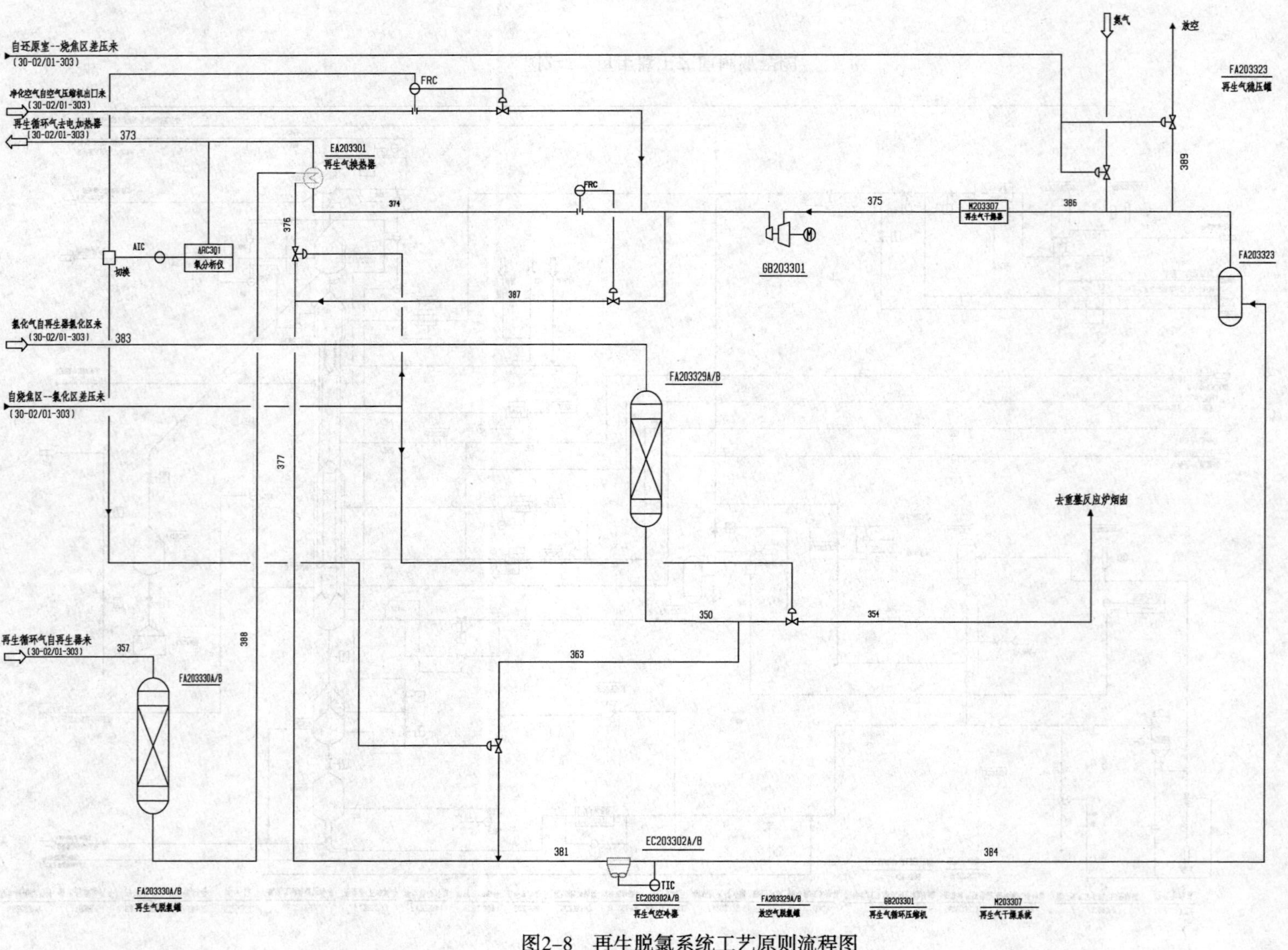

图2-8　再生脱氯系统工艺原则流程图

第三部分　工艺计算及分析

一、原料性质计算

（一）PNA 组成

PNA 组成是指原料的族组成，P、N、A 分别代表重整原料中烷烃、环烷烃和芳烃的百分含量，该组成对反应条件有较大的影响。本装置的原料为吸附抽余油、加氢裂化重石脑油以及罐区精制油的混合料，其混合后的组成和性质如表 1-2 所示，从该表中我们可以得出重整原料 PNA 组成，如表 3-1 所示。

表 3-1　重整原料性质及 PNA 组成

项　目	数　据		
密度(20℃)/(kg/m³)	746.6		
ASTM D-86	初馏点	50%	终馏点
馏程/℃	85.5	119.8	165.3
族组成/%(质)	P	N	A
C_5	0.03	0.03	
C_6	7.50	5.93	1.38
C_7	11.37	11.90	3.17
C_8	10.73	12.24	4.37
C_9	9.18	9.94	3.22
C_{10}	5.63	3.41	
C_{11}			
合计	44.44	43.45	12.14

（二）芳烃潜含量

PNA 中的 N 和 A 含量，即环烷烃和芳烃的百分含量，是用来衡量原料贫富的指标，含量高的为富料，含量低的为贫料。我国习惯以芳烃潜含量来表示，它是指原料中 C_6 以上的环烷烃全部脱氢转化为相应芳烃的质量分数与原料中的芳烃质量分数之和。

计算方法如下：

1. 按定义计算

芳烃潜含量[%(质)]=苯潜含量+甲苯潜含量+C_8 芳烃潜含量
+C_9 芳烃潜含量+C_{10}芳烃潜含量　　(3-1)

苯潜含量[%(质)]=C_6 环烷[%(质)]×78/84+苯[%(质)]

甲苯潜含量[%(质)]=C_7 环烷[%(质)]×92/98+甲苯[%(质)]

C_8 芳烃潜含量[%(质)]=C_8 环烷[%(质)]×106/112+C_8 芳烃[%(质)]

C_9 芳烃潜含量[%(质)]=C_9 环烷[%(质)]×120/126+C_9 芳烃[%(质)]

C_{10}芳烃潜含量[%(质)]=C_{10}环烷[%(质)]×134/140+C_{10}芳烃[%(质)]

式中的78，84，92，98，106，112，120，126，134，140分别为苯，C_6环烷，甲苯，C_7环烷，C_8芳烃，C_8环烷，C_9芳烃，C_9环烷，C_{10}芳烃，C_{10}环烷的相对分子质量。

将环烷烃和芳烃的质量含量代入，得到芳烃的潜含量：

苯潜含量[%(质)]=5.93×78/84+1.38=6.89

甲苯潜含量[%(质)]=11.9×92/98+3.17=14.34

C_8芳烃潜含量[%(质)]=12.24×106/112+4.37=15.95

C_9芳烃潜含量[%(质)]=9.94×120/126+3.22=12.69

C_{10}芳烃潜含量[%(质)]=3.41×134/140+0=3.26

芳烃潜含量[%(质)]=6.89+14.34+15.95+12.69+3.26=53.13

此外，芳烃潜含量还可以通过估算的方法得到。

2. 估算：$\alpha \cdot N+A$[1]

$$\%A = \alpha \cdot N + A \tag{3-2}$$

式中 α——芳烃转换系数，窄馏分取0.93，宽馏分取0.94；

N、A——原料中烷烃、环烷烃的百分含量,%。

α取0.94，则

$\%A = \alpha \cdot N + A = 0.94 \times 43.45 + 12.14 = 52.98$

误差 = 1 − 52.98/53.13 = 0.3%

该估算方法得出结果与根据定义的计算值相差0.3%，与文献[1]中报道的误差小于0.5%相符。

3. 相似指标：芳构化指数[2]

早期人们常用$N+A$、$N+2A$、$N+3.5A$的液体百分数估算原料的贫富、重整产物的收率，也称为芳构化指数或重整指数，它的具体定义为：

$$N + kA = \sum C_i^{\mathrm{N}}\% + k\sum C_i^{\mathrm{A}}\% \tag{3-3}$$

式中 C_i^{N}——原料中环烷烃的体积分数；

C_i^{A}——原料中芳烃的体积分数；

i——为碳原子数；

k——系数：1、2、3.5。

该公式计算时使用的是液体体积分数，需要将表3-1中的PNA质量分数换算为体积分数。对于汽油馏分的烃类组成，体积折算为质量的换算系数为：烷烃0.935，环烷烃1.030，芳烃1.167，换算后各族组成的体积分数为烷烃47.53%，环烷烃42.18%，芳烃10.40%，将体积分数代入公式(3-3)得到芳构化指数$N+A$、$N+2A$、$N+3.5A$如表3-2所示。

表3-2 重整原料芳构化指数

名 称	k	芳构化指数	误差/%
$N+A$	1.0	52.59	1.0
$N+2A$	2.0	62.99	−18.6
$N+3.5A$	3.5	78.59	−47.9

与芳烃潜含量类似，芳构化指数也是描述重整原料油质量的具体指标，在国外使用较多。

（三）小结

本次标定原料芳烃潜含量为53.13%（质），介于富料（57.77）和贫料（47.87）之间，且馏程较设计馏程窄。

二、产品性质计算

（一）氢气单体烃组成及平均相对分子质量

从标定报告中可以得到循环氢与重整氢的单体烃组成如表3-3所示。

表3-3　氢气（循环氢、重整氢）的单体烃组成

项　目	相对分子质量	循环氢/%（摩尔）		重整氢/%（摩尔）	
		设计值	标定值	设计值	标定值
H_2	2	87.85	92.32	94.37	95.30
CH_4	16	2.21	1.63	2.14	1.64
C_2H_6	30	2.11	1.94	1.69	1.54
C_3H_8	44	1.13	1.82	1.14	0.98
C_3H_6	42	1.13	0.01		—
iC_4H_{10}	58	0.72	0.95	0.21	0.32
nC_4H_{10}	58	1.00	0.64	0.22	0.16
iC_5H_{12}	72	0.73	0.48	0.08	0.05
nC_5H_{12}	72	0.44	0.20	0.04	0.02
$C_4^=$	56	—	0.01	—	—
C_{6^+}	86	2.68	—	0.11	—
合计		100	100	100	100
平均相对分子质量		7.96	4.91	3.67	3.39

混合气体的平均相对分子质量计算公式为：

$$\bar{M} = \sum C_i \cdot M_i \div 100 \tag{3-4}$$

式中　C_i——混合气体中组分 i 的摩尔分数，%；

M_i——混合气体中组分 i 的相对分子质量。

将重整氢组成代入式（3-4），可以得到重整循环氢的平均相对分子质量为：

$$\begin{aligned}\bar{M}_x &= (92.32 \times 2 + 1.63 \times 16 + 1.94 \times 30 + 1.82 \times 44 + 0.01 \times 42 \\ &\quad + (0.95 + 0.64) \times 58 + (0.48 + 0.2) \times 72 + 0.01 \times 56) \div 100 \\ &= 4.91\end{aligned} \tag{3-5}$$

同理，重整氢的平均相对分子质量为：

$$\overline{M}_c = [95.3 \times 2 + 1.64 \times 16 + 1.54 \times 30 + 0.98 \times 44 + (0.32 + 0.16) \times 58 + (0.05 + 0.02) \times 72] \div 100 = 3.39 \tag{3-6}$$

从表 3-3 中可以看出，重整氢与循环氢的实际平均相对分子质量均要小于设计值。

(二) 纯氢收率

1. 纯氢收率定义

纯氢收率是指重整氢中的纯氢质量流量对重整反应进料质量流量的百分比。图 3-1 为进出重整部分的氢气流程图，从图中可以看出，反应进料与循环氢混合后进入反应器，反应生成重整氢与重整汽油，其中部分氢气作为循环氢返回反应器前，部分作为提升气进入二反底部提升器和再生器底部提升器，此外，还有部分还原氢来自 PSA 装置，因此，以虚框为总体进行物料衡算，不考虑虚框内部的循环。

纯氢收率=(重整氢中纯氢质量流量-还原氢中纯氢质量流量)/重整反应进料 (3-7)

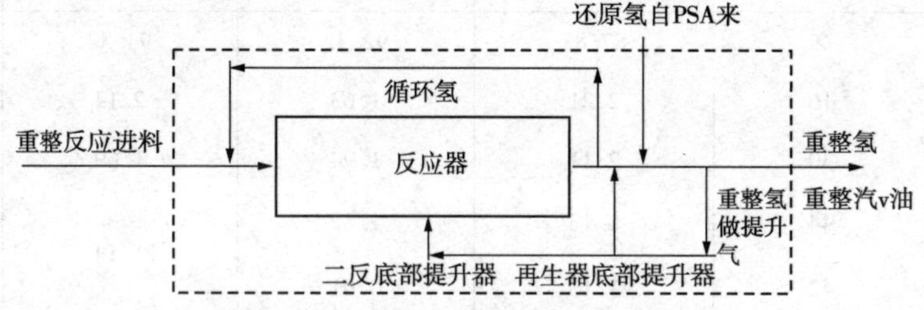

图 3-1　进出重整部分的氢气流程图

2. 重整氢与还原氢流量的校正

重整氢气的计量仪表为 FIFI20321101，该仪表为孔板流量计，使用孔板流量计测量流量时，由于实际工况与设计工况不同(如温度、压力、流体性质)，需要对孔板流量计读数进行校正。气体需要按实际工作温度、压力和相对分子质量进行修正，修正公式如下所示[3]：

$$Q_c = Q \times \sqrt{\frac{M p_c T}{M_c p T_c}} \tag{3-8}$$

式中　Q_c——校正后的体积流量，Nm^3/h(标准状态)；

Q——仪表读出的体积流量，Nm^3/h(标准状态)。

M_c、M——实际和设计的流体相对分子质量；

p_c、p——实际和设计的操作压力，kPa；

T_c、T——实际和设计的操作温度，K。

此外，如果 DSC 系统内已经设置了温度和压力补偿，则只需要对仪表读出的体积流量进行密度校正即可[3]：

$$Q_c = Q \times \sqrt{\frac{\gamma}{\gamma_c}} \tag{3-9}$$

式中　γ_c、γ——实际和设计条件下的介质密度，kg/m^3。

(1) 原始数据

本套装置 DSC 系统未设置温度和压力补偿，因此使用式(3-8)对流量进行修正，重整氢气的温度、压力、相对分子质量如表 3-4 所示。

表 3-4 重整氢气操作条件与设计条件

项 目	单 位	设 计	实 际
温度	℃	35.00	41.95
压力	MPa(表)	1.52	1.53
相对分子质量		3.69	3.39

(2) 流量校正计算

从 DCS 数据可以看出，重整氢流量(FI20321101)为 88314.7Nm³/h(该流量为 72h 累计流量/72h)，

将表 3-4 中数据代入式(3-8)，得校正后的体积流量为：

$$Q_c = Q \times \sqrt{\frac{Mp_cT}{M_cpT_c}} \tag{3-10}$$

$$= 88314.7 \times \sqrt{\frac{3.69 \times (1.529 + 0.1013) \times (35 + 273.15)}{3.39 \times (1.52 + 0.1013) \times (41.95 + 273.15)}}$$

$$= 91391.8\text{Nm}^3/\text{h}$$

3. 纯氢收率

重整氢校正后的质量流量为：

$$Q_m = M_c \cdot n_c = M_c \cdot \frac{Q_c}{V^\theta} = 3.39 \times \frac{91391.8}{22.4} = 13816\text{kg/h} = 13.816\text{t/h} \tag{3-11}$$

其中纯氢体积百分数为 95.3%，则氢气体积流量为：

$$Q_{H_2} = 95.3\% \times Q_c = 91391.8 \times 0.953 = 87096.4\ \text{Nm}^3/\text{h} \tag{3-12}$$

由氢气相对分子质量为 2，可得重整氢中纯氢质量为：

$$Q_{m,\ H_2} = M_{H_2} \cdot \frac{Q_{H_2}}{V^\theta} = 2 \times \frac{87096.4}{22.4} = 7776.5\text{kg/h} = 7.776\text{t/h} \tag{3-13}$$

同理可得还原氢中纯氢气的质量流量为 0.587t/h，重整反应进料流量测量仪表(FIQ20321702)为质量流量计，无需校正，测得进料流量为 179.753t/h。将流量代入公式(3-7)中可得：

纯氢收率=(重整氢中纯氢质量流量-还原氢中纯氢质量流量)/重整反应进料

=(7.776-0.587)/179.753=4.00% (3-14)

(三) 小结

氢气作为重整反应的副产品，具有极其宝贵的使用价值。本装置在标定芳烃潜含量介于富料和贫料之间的情况下，氢气纯度与收率均要高于贫料与富料工况下的设计值，说明催化剂具有较高的选择性。

三、重整汽油

(一) 脱戊烷重整汽油收率

本套装置产品为脱戊烷重整汽油，该汽油流量测量仪表为孔板 FI20321301，需要按照实际工作密度进行修正，从而计算出实际流量[3]。

$$q_c = q \times \sqrt{\frac{\rho}{\rho_c}} \tag{3-15}$$

式中　q_c——校正后的体积流量，m^3/h(工作状态)；

q——仪表读出的体积流量，m^3/h(工作状态)。

ρ_c、ρ——实际和设计的流体密度，kg/m^3。

1. 实际流体的密度计算

(1) 方法一：查表得到石油温度密度系数

根据表3-5查出脱戊烷油20℃时的密度温度系数γ，用下式计算出该油品在孔板操作温度下的密度：

$$\rho_t = \rho_{20} - \gamma(t - 20) \tag{3-16}$$

式中　ρ_t——油品在孔板操作温度下的密度，g/cm^3；

ρ_{20}——油品在20℃时的密度，g/cm^3；

γ——石油温度密度系数，$g/(cm^3 \cdot ℃)$；

t——孔板操作温度，℃；

从分析数据中可以得知脱戊烷油在20℃时的密度为0.832g/cm^3，表3-5为石油密度温度系数表(γ值表)，从中查得其密度温度系数为γ=0.00069，孔板操作温度为125.19℃，则脱戊烷油在该温度下的密度为：

$$\begin{aligned}\rho_t &= \rho_{20} - \gamma(t - 20)\\ &= 0.832 - 0.00069 \times (125.19 - 20) = 0.7594g/cm^3 = 759.4kg/m^3\end{aligned} \tag{3-17}$$

代入式(3-15)，得校正后的脱戊烷油流量为：

$$q_c = q \times \sqrt{\frac{\gamma}{\gamma_c}} = 157.43 \times \sqrt{\frac{759.4}{723}} = 161.34t/h \tag{3-18}$$

表3-5　石油密度温度系数表(γ值表)

ρ_{20}	γ	ρ_{20}	γ
0.5993~0.6042	0.00107	0.6671~0.6726	0.00094
0.6043~0.6091	0.00106	0.6727~0.6782	0.00093
0.6092~0.6142	0.00105	0.6783~0.6839	0.00092
0.6143~0.6193	0.00104	0.6840~0.6896	0.00091
0.6194~0.6244	0.00103	0.6897~0.6954	0.00090
0.6245~0.6295	0.00102	0.6955~0.7013	0.00089
0.6296~0.6347	0.00101	0.7014~0.7072	0.00088
0.6348~0.6400	0.00100	0.7073~0.7132	0.00087
0.6401~0.6453	0.00099	0.7133~0.7193	0.00086
0.6454~0.6506	0.00098	0.7194~0.7255	0.00085
0.6507~0.6560	0.00097	0.7256~0.7317	0.00084
0.6561~0.6615	0.00096	0.7318~0.7380	0.00083
0.6616~0.6670	0.00095	0.7381~0.7443	0.00082

续表

ρ_{20}	γ	ρ_{20}	γ
0. 7444～0. 7509	0. 00081	0. 8138～0. 8213	0. 00071
0. 7510～0. 7574	0. 00080	0. 8214～0. 8291	0. 00070
0. 7575～0. 7640	0. 00079	0. 8292～0. 8370	0. 00069
0. 7641～0. 7709	0. 00078	0. 8371～0. 8450	0. 00068
0. 7710～0. 7772	0. 00077	0. 8451～0. 8533	0. 00067
0. 7773～0. 7847	0. 00076	0. 8534～0. 8618	0. 00066
0. 7848～0. 7917	0. 00075	0. 8619～0. 8704	0. 00065
0. 7918～0. 7990	0. 00074	0. 8705～0. 8792	0. 00064
0. 7991～0. 8063	0. 00073	0. 8793～0. 8884	0. 00063
0. 8064～0. 8137	0. 00072	0. 8885～0. 8977	0. 00062

注：本表数据摘自中华人民共和国国家标准 GB 1885-1983。

（2）方法二：使用设计条件得到液体密度校正系数

根据设计文件中物流在设计温度和20℃时的密度，推导出油品温度密度系数，再通过下式计算出该油品在孔板操作温度下的密度：

$$\rho_t = \rho_{20} - \alpha(t - 20) \qquad (3-19)$$

式中 ρ_t——油品在温度 t℃下的密度，kg/m^3；

ρ_{20}——油品在20℃时的密度，kg/m^3；

α——油品温度密度系数，$kg/(m^3 \cdot ℃)$；

t——温度，℃；

表 3-6 脱戊烷重整汽油设计和操作条件及密度

名 称	单 位	设 计	操 作
温度	℃	151.00	125.19
ρ_{20}	kg/m^3	846.1	832.0
ρ	kg/m^3	723.0	733.2

表3-6为脱戊烷重整汽油设计和操作条件及密度表，从中我们可以查到，脱戊烷油20℃时的密度为846.1kg/m^3、设计温度为151℃，且在该温度下油品密度为723kg/m^3，将其代入式(3-19)中可以得到密度校正系数：

$$\alpha = (\rho_{20}^{设} - \rho^{设}) \div (t - 20) = (846.1 - 723) \div (151 - 20) = 0.9397 \qquad (3-20)$$

再使用式(3-20)中的α，并将实际操作中的温度、该温度下的密度以及分析检测得的20℃时的脱戊烷油密度代入公式中，得到脱戊烷重整汽油在操作温度(125.19℃)时的密度：

$$\rho_t = \rho_{20} - \alpha(t - 20) = 832 - 0.9397 \times (125.19 - 20) = 733.15 kg/m^3 \qquad (3-21)$$

代入式(3-9)，得到校正后的脱戊烷重整汽油流量为：

$$q_c = q \times \sqrt{\frac{\gamma}{\gamma_c}} = 157.43 \times \sqrt{\frac{733.15}{723}} = 158.53 t/h \qquad (3-22)$$

两种方法均可用于校正液体孔板流量，且相差不大，本文统一使用第二种方法校正。

2. 脱戊烷油收率

脱戊烷油收率=脱戊烷重整汽油质量流量/重整反应进料质量流量×100%

=158.53/179.753×100%=88.2% (3-23)

（二）芳烃收率

芳烃收率是指C_{5+}重整油或脱戊烷油中芳烃(B.T.X)含量和C_{5+}重整油或脱戊烷塔收率的乘积，从表1-3重整脱戊烷油组成中可以得知脱戊烷油中芳烃含量为84.96%，故

芳烃收率=脱戊烷油中芳烃含量×脱戊烷油收率

=0.8496×0.882×100%=74.94% (3-24)

（三）芳烃转化率

芳烃转化率是指芳烃收率与原料的芳烃潜含量之比，其计算方法如下：

芳烃转化率=芳烃收率/芳烃潜含量

=0.7494/0.5313×100%=141.04% (3-25)

（四）小结

结合表1-9，对比标定值与设计值（富料），可以看出：

1）标定条件下，脱戊烷油收率为88.2%，高于设计值2.4个百分点；

2）标定条件下，芳烃收率74.94%，低于设计值0.4个百分点，这是由于设计工况下原料油芳烃潜含量高于标定工况4.6个百分点；

3）标定条件下，芳烃转化率141.04%，高于设计值10个百分点。

四、物料平衡计算

（一）物料平衡

1. 流程和产品

如图3-2所示，来自石脑油吸附分离装置的抽余油，来自2[#]加氢裂化装置重石脑油，与罐区精制油混合后作为重整反应进料，在反应器中反应后进入分离与再接触系统，气相作为重整氢气出装置，液相进入脱戊烷塔与C_4/C_5分馏塔分馏。分馏产品为脱戊烷塔顶气、C_4/C_5分馏塔顶气、液化石油气、戊烷油和脱戊烷重整汽油。这些物流中重整进料、液化气和戊烷油的测量仪表为质量流量计，其余均为孔板，需要按照第二节、第三节中介绍的气相、液相孔板流量计校正方法校正，校正后的重整物料平衡数据如表1-6所示。

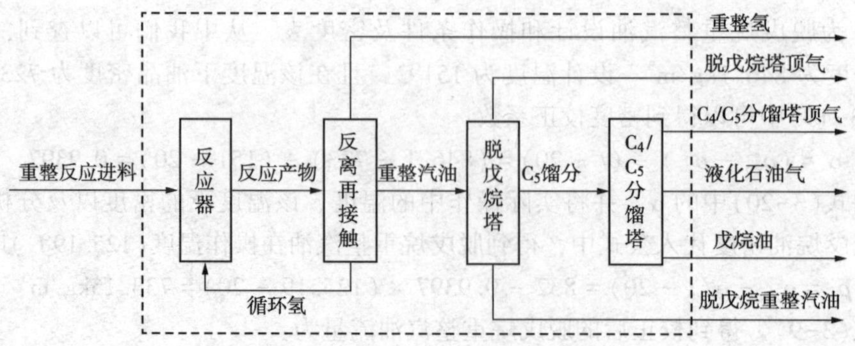

图3-2 重整部分进出物流示意图

从纯氢收率一节中可以得知，表1-6中的还原氢气来自再生部分，且不参与反应，将其从表1-6中去除，并同时在重整氢中除去该股物料，得到简化后的重整装置物料平衡表3-7，从表中可知进料与出料基本平衡，平衡率100.48%。

表3-7　重整装置物料平衡表

进　料		产　出		收率(对重整进料)/%(质)
物流名称	流量/(t/h)	物流名称	流量/(t/h)	
重整进料	179.750	重整氢	13.217	7.35
		脱戊烷塔顶气	0.899	0.50
		C_4/C_5分馏塔顶气	0.013	0.01
		液化气	5.171	2.88
		戊烷油	2.802	1.56
		脱戊烷塔底液	158.534	88.20
合计	179.750		180.620	100.48

2. 理想的物料平衡

为考核催化剂以及装置性能水平，理想的物料平衡应将目的产物简化为脱戊烷油、戊烷、液化气、含氢气体(纯氢)和燃料气(干气)，并将各产物中的组分进行“归队”处理，归队方式如下：

脱戊烷油：脱戊烷塔底物，一般含C_4为1%左右，为C_5(包括C_5)以上组分。做物料平衡时，将C_4及以下组分扣除；将其余各产品中C_5及以上组分计入。

液化气：C_4/C_5分馏塔产物，一般含C_5在2%以下，主要为C_3/C_4组分。做物料平衡时，将C_2及以下组分、C_5及以上组分扣除，将其余各产品中C_3/C_4组分计入。

纯氢：含氢气体中的H_2。做物料平衡时，将含氢气体中除H_2之外的其他组分扣除，将其他各产品中的H_2计入。

燃料气(干气)：主要是C_4/C_5分馏塔和脱戊烷塔顶气，主要为C_1/C_2。做物料平衡时，将C_3及以上组分扣除，将其余各产品中C_1/C_2(主要是含氢气体)组分计入。

从表1-2~表1-5和表1-7中，可以得到脱戊烷油、戊烷、液化气、含氢气体(纯氢)和燃料气(干气)的体积与质量分数，将其与表3-7结合后算出各烃类的质量流量与收率。以C_2烷烃为例：

C_2烷烃质量流量=重整氢质量流量×重整氢中C_2质量分数+
脱戊烷塔顶气质量流量×脱戊烷塔中C_2质量分数+
分馏塔顶气质量流量×分馏塔顶气中C_2质量分数+
液化气中质量流量×C_2质量分数　　(3-26)
=13.217×7.57%+0.899×23.6%+0.013×28.58%+5.171×4.55%
=2.33t/h

C_2烷烃收率=C_2烷烃质量流量/重整进料质量流量
=2.33/179.75×100%=1.30%　　(3-27)

使用式(3-26)与式(3-27)算出其他组分的质量流量与收率，如表3-8所示。

表3-8 重整反应产物组分质量流量与收率

组　分	进口/(t/h)	出口/(t/h)	收率(对重整进料)/%(质)
H_2	0.00	7.21	4.01
烷烃 C_1	0.00	1.10	0.61
C_2	0.00	2.33	1.30
C_3	0.00	3.50	1.94
$C_{3=}$	0.00	0.01	0.01
iC_4	0.00	2.73	1.52
nC_4	0.00	2.09	1.16
$C_{4=}$	0.00	0.07	0.04
iC_5	0.05	2.65	1.47
nC_5	0.00	1.09	0.61
C_6	13.48	11.82	6.58
C_7	20.44	8.38	4.66
C_8	19.29	1.90	1.06
C_9	16.50	0.00	0.00
C_{10}	10.12	0.00	0.00
环烷烃 C_5	0.05	0.12	0.07
C_6	10.66	0.51	0.28
C_7	21.39	0.34	0.19
C_8	22.00	0.07	0.04
C_9	17.87	0.00	0.00
C_{10}	6.13	0.00	0.00
芳烃 B	2.48	11.31	6.29
T	5.70	32.06	17.84
EB	7.86	6.50	3.62
PX	0.00	7.97	4.43
MX	0.00	17.24	9.59
OX	0.00	10.87	6.05
C_9	5.79	34.37	19.12
C_{10}	0.00	14.38	8.00
合计	179.75	180.62	100.48

将表3-8中各产物的收率按碳元素汇总，$C_1 \sim C_2$归为燃料气、$C_3 \sim C_4$归为液化气、C_5归为戊烷油、C_5以上归为脱戊烷油，得到重整产品的理想收率(对重整进料)，并对收率归一，如表3-9所示。

表3-9 重整产品的实际收率(对重整进料)

物料名称	H_2	燃料气	液化气	戊烷油	脱戊烷油	合计
质量/(t/h)	7.21	3.45	8.39	3.74	157.84	180.62
收率/%(质)	4.01	1.92	4.67	2.08	87.81	100.48
收率(归一)/%(质)	3.99	1.91	4.64	2.07	87.38	100.00

从表3-9中可以看出，氢气收率与式(3-14)中计算出的纯氢收率一致，脱戊烷油收率较式(3-23)中计算出的88.2%低0.8个百分点，这是因为部分C_6烷烃在分馏时进入戊烷油中。

(二) 按碳数分布的烃平衡

从表3-8中可以看出进料和产品按照碳原子个数分布的烃平衡，为了便于直观的比较，将其按照第一节原料性质中的PNA组成表汇总为重整产物PONA组成，并与表3-1放在同一表格中比较，如表3-10所示。

表3-10 重整进料与产物PONA族组成

名 称	重整进料族组成/%(质)				重整产物族组成/%(质)				
	P	N	A	合计	P	O	N	A	合计
H_2					4.01				4.01
C_1					0.61				0.61
C_2					1.30				1.30
C_3					1.94	0.01			1.95
C_4					2.68	0.04			2.72
C_5	0.03	0.03		0.06	2.08		0.07		2.15
C_6	7.50	5.93	1.38	14.81	6.58		0.28	6.29	13.15
C_7	11.37	11.90	3.17	26.44	4.66		0.19	17.84	22.69
C_8	10.73	12.24	4.37	27.34	1.06		0.04	23.69	24.78
C_9	9.18	9.94	3.22	22.34				19.12	19.12
C_{10}	5.63	3.41		9.04				8.00	8.00
合计	44.44	43.45	12.14	100.03	24.92	0.04	0.58	74.94	100.48

从表3-10中可以看出，反应后烷烃含量降低，其中C_6以上烷烃含量减少，C_5以下烷烃含量增多，这是由于链烷烃的脱氢环化反应和烷烃的加氢裂化反应。环烷烃含量降低，从

43.45%降到0.04%，几乎全部转化。芳烃含量提升，该含量与第三节芳烃收率计算值相同。此外，反应还产生少量的烯烃。

（三）小结

本节计算了重整装置的物料平衡，以及归队处理后理想的物料平衡。同时，按碳数分布比较了原料和产品的PNA组成。结果表明：

1）产物总质量与反应物质量基本相等，由于仪表测量与分析有一定的误差，产物总质量较重整进料高0.48%个百分点；

2）重整反应可以看为烷烃、环烷烃转化为芳烃，一部分大烷烃变较小烷烃（$C_6 \sim C_8$）和小烷烃（$C_1 \sim C_5$）的过程。

五、氯平衡计算

（一）反应与再生部分进出物流氯含量计算

1. 流程示意图

从图3-3中可以看出在虚框Ⅰ反应部分中，进入单元的氯为重整进料中的氯和再生催化剂中的氯，出单元的氯为重整汽油和重整氢中的氯，以及待生催化剂中的氯；在虚框Ⅱ再生单元中，进入单元的氯为再生注氯泵注入的氯和待生催化剂中的氯，出单元的氯为再生气和放空气中的氯，以及待生催化剂中的氯。

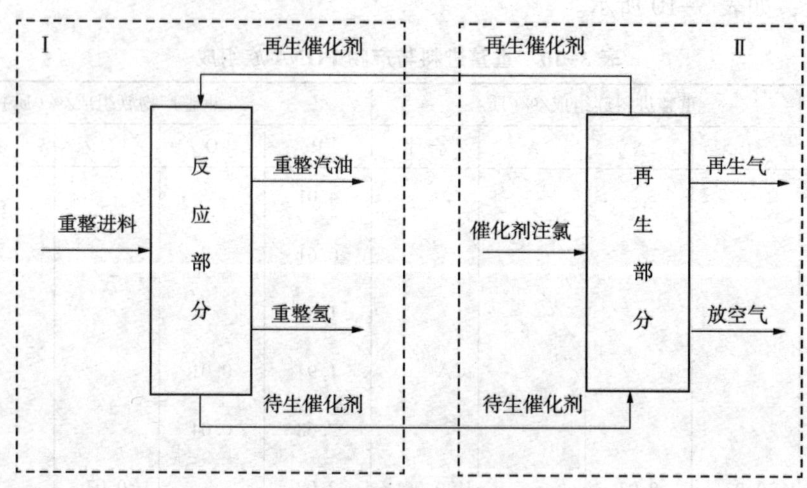

图3-3 反应与再生部分含氯物流进出示意图

2. 进出物料中氯含量计算

（1）重整汽油、重整氢、再生气和放空气

1）方法一：按照脱氯罐前物流实际测量值计算。

通过实际测得的物流流量和氯含量，能够计算出氯含量。液相以重整汽油为例，其流量为167419kg/h，氯含量为0.75mg/kg，可以算出重整汽油中氯元素含量为

$$Q_{Cl} = Q_c \times W_{Cl} = 167419 \times 0.75 \times 10^{-6} = 0.126\text{kg/h} \tag{3-28}$$

气相以重整氢气为例，从式（3-10）中，可以得知重整氢气的标准体积流量为91391.8Nm^3/h，换算为实际体积流量：

$$Q_c = Q^{\ominus} \times \frac{p^{\ominus} \cdot T}{p \cdot T^{\ominus}} = 91391.8 \times \frac{0.1013 \times (273.15 + 41.95)}{(1.529 + 0.1013) \times 273.15} = 6551\ \text{m}^3\text{/h} \tag{3-29}$$

重整氢气中氯含量为2.5μg/g，气相中氯含量是以HCl体积含量计算，需要换算为氯元素的质量流量，换算因子(β)为1μg/g＝1.52mg/m³。因此，每小时从重整氢气中流出的氯含量为：

$$Q_{\mathrm{Cl\ H_2}} = Q_c \times \beta \times W_{\mathrm{Cl\ H_2}} = 6551 \times 1.52 \times 2.5 \times 10^{-6} = 0.025\mathrm{kg/h} \tag{3-30}$$

用相同的方法计算出再生气与放空气中氯元素含量，将结果列于表3-11中。

表3-11　重整汽油、重整氢、再生气和放空气中氯元素含量

名　称	流量/(kg/h)	流量/(m³/h)	含量/(μg/h)	氯含量/(kg/h)
重整汽油	167419		0.75	0.126
重整氢	13816	6551	2.50	0.025
再生气	54000	10082	55.00	0.843
放空气	2443	472	0.50	0.0004

2）方法二：按照脱氯罐更换时间推导

从图2-2和图2-3中可以看出，这四股物流均使用脱氯罐脱氯，其氯含量可以用脱氯罐氯容反推，以重整汽油为例，重整汽油脱氯罐填装催化剂31t，氯容25%，换剂周期为12个月，假定每月30天，每天24h，其理论上能脱除的氯含量为：

$$Q_{\mathrm{Cl\ oil}} = \frac{M_{\mathrm{oil}} \times \omega_{\mathrm{Cl}}}{t} = \frac{31 \times 1000 \times 0.25}{12 \times 30 \times 24} = 0.90\mathrm{kg/h} \tag{3-31}$$

用相同的方法计算出重整氢气、再生气与放空气脱氯罐能脱除的氯含量，将结果列于表3-12中。

表3-12　重整与再生单元脱氯罐理论脱氯量

脱除物流	装填体积/(m³/罐)	装填质量/(t/罐)	数量	氯容/%	换剂周期/月	脱除的氯量/(kg/h)
重整汽油	42.96	31	1	25	12	0.90
重整氢	21.43	16	1	25	12	0.46
再生气	55.58	34	1	35	12	1.38
放空气	21.72	14	1	15	36	0.08

对比表3-11和表3-12可以发现，实际测得的氯含量和脱氯罐能脱除的理论氯含量并不相等，其原因为脱氯罐脱除后的物流依然含有微量的氯，且脱氯罐的实际氯容与理论氯容值有一定的差别，可根据实际脱氯量反算出折算氯容和折算周期，以重整汽油为例，重整汽油实际脱氯量0.126kg/h，以理论脱氯量的12个月计算，则折算后的氯容为：

$$\omega_{\mathrm{Cl\ oil}}' = \frac{Q_{\mathrm{Cl\ oil}} \times t}{M_{\mathrm{oil}}} = \frac{0.126 \times 12 \times 30 \times 24}{31 \times 1000} \times 100\% = 3.5\% \tag{3-32}$$

若假定氯容维持25%不变，则以实际物流氯含量，可以计算出换剂周期为：

$$t = \frac{M_{\mathrm{oil}} \times \omega_{\mathrm{Cl\ oil}}'}{Q_{\mathrm{Cl\ oil}}} = \frac{31 \times 1000 \times 0.2512}{0.126 \times 30 \times 24} = 86\text{月} \tag{3-33}$$

用相同的方法计算出重整氢气、再生气与放空气脱氯罐的折算氯容和折算周期，将结果列于表3-13中。

表 3-13　重整与再生单元脱氯罐折算氯容和折算时间

脱除物流	氯容/%	换剂周期/月	理论脱氯量/(kg/h)	折算氯容/%	折算周期/月	实际脱氯量/(kg/h)
重整汽油	25	12	0.90	3.5	86	0.126
重整氢	25	12	0.46	1.4	222	0.025
再生气	35	12	1.38	21.4	20	0.843
放空气	15	36	0.08	0.1	8037	0.0004

从表 3-13 中可以看出，脱氯罐的实际氯容和理论氯容相差较大，且对不同物流的实际脱除情况各不相同，如再生气的理论氯容与折算氯容相近，但重整氢气的理论氯容与折算氯容相差较大，需要结合实际情况进一步具体分析。

(2) 重整进料

重整进料中氯含量的计算与重整汽油相同，其流量为 179753kg/h，氯含量为 0.5mg/kg，可以算出重整进料中氯元素含量为：

$$Q_{Cl} = Q_c \times W_{Cl} = 179753 \times 0.5 \times 10^{-6} = 0.09\text{kg/h} \tag{3-34}$$

(3) 催化剂注氯

从标定报告 2.3 节中可知，催化剂注氯量为 2.35kg/h，注入的氯为四氯乙烯，其分子式为 C_2Cl_4，相对分子质量为 166，注入的氯元素含量为：

$$Q_{Cl} = Q_c \times W_{Cl} = 2.35 \times \frac{35.5 \times 4}{166} = 2.01\text{kg/h} \tag{3-35}$$

(4) 待生、再生催化剂

从标定报告中可知，催化剂循环量 1500kg/h，待生催化剂氯含量 1.05%(质)，再生催化剂氯含量 1.24%(质)。因此，待生、再生催化剂中氯元素含量为：

$$Q_{待生} = Q_{催化剂} \times W_{待生Cl} = 1500 \times 0.0105 = 15.75\text{kg/h} \tag{3-36}$$

$$Q_{再生} = Q_{催化剂} \times W_{再生Cl} = 1500 \times 0.0124 = 18.60\text{kg/h} \tag{3-37}$$

(二) 反应与再生部分氯平衡

1. 反应部分

将图 3-3 虚框 Ⅰ 中反应部分进出物流中氯含量计算结果列于表 3-14 中。

表 3-14　反应部分氯平衡表

名　称	进/(kg/h)	出/(kg/h)
重整进料	0.090	
再生催化剂	18.600	
待生催化剂		15.750
重整汽油		0.126
重整氢		0.035
合计	18.690	15.910

从表 3-14 中可以看出，进入反应部分的氯元素单位时间的质量流量比离开反应部分的氯元素多，这是由于部分氯元素损失在反应系统中，如氯腐蚀。此外，结合再生部分的氯平衡分析，可能催化剂氯含量分析存在一定的误差。

2. 再生部分

将图 3-3 虚框Ⅱ中再生部分进出物流中氯含量计算结果列于表 3-15 中。

表 3-15　再生部分氯平衡表

名　　称	进/(kg/h)	出/(kg/h)
待生催化剂	15.75	
催化剂注氯	2.01	
再生催化剂		18.60
再生气		0.84
放空气		0.0004
合计	17.76	19.44

从表 3-15 中可以看出，进入再生部分的氯比离开再生部分的氯要少，这可能是由于催化剂氯含量分析误差造成的。

(三) 小结

本节计算了含氯物流中氯元素的含量，分析了脱氯罐中理论脱氯量与实际脱氯量的差值，对反应与再生部分的氯进行了平衡分析，但由于分析误差(氯含量小不易测准)，进出反应和再生部分的氯元素含量存在一定的误差。

六、氧平衡计算

(一) 再生部分氧气平衡流程示意图

如图 3-4 所示，催化剂在再生器中烧焦，其循环量为 1500kg/h，待生催化剂进过烧焦后，积炭含量由 4.63%(质)降低至 0.03%(质)，同时再生循环气在烧焦区循环以提供烧焦所需的氧，进入再生器的循环气氧含量测得 0.79%，离开再生器的循环气氧含量未测量，本文按照经验值假定为 0.21%，选取虚框Ⅰ作为物料衡算体则可以计算出再生循环气的量。

再生循环气进出口的氧含量差值由净化压缩空气补充，这股物流由来自空气干燥器后的净化压缩空气和放空气脱氯罐后的放空气共同组成，由于两者物性相似(均可看作空气)，在本文中合并为一股物流，即图中的补充空气，其氧含量为 21%。同时，装置从再生循环气中放空相同流量的放空气以达到物料平衡，选取虚框Ⅱ作为物料衡算体则可以计算出补充空气的量。

(二) 再生循环气气量计算

催化剂中的积炭在再生器中的烧焦反应化学式如下：

$$CH_x + \left(\frac{4+x}{4}\right)O_2 \rightarrow CO_2 + \frac{x}{2}H_2O \tag{3-38}$$

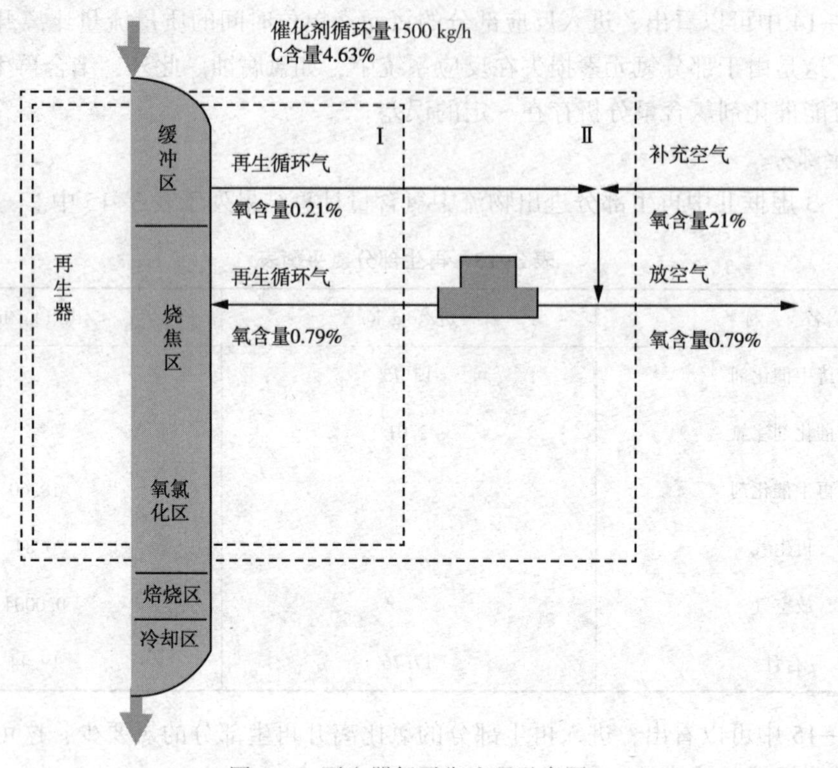

图 3-4　再生器氧平衡流程示意图

假设 $x=0.66$(碳氢比 1∶0.66)，则：

$$
\begin{array}{ccc}
CH_{0.66} & + & 1.165O_2 \rightarrow CO_2+0.33H_2O \\
1 & & 1.165 \\
12.66 & & 32 \\
\dfrac{G_c\times(X_{c待}-X_{c再})}{12.66} & & \dfrac{V_{再生气}\times(X_{O_2in}-X_{O_2out})}{22.4}
\end{array} \tag{3-39}
$$

式中　$V_{再生气}$——烧焦区所需再生气体总流量，Nm^3/h；

G_c——催化剂循环量，kg/h；

$X_{c待}$——待生催化剂含炭量，%(质)；

$X_{c再}$——再生催化剂含炭量，%(质)；

X_{O_2in}——再生器入口气体中氧浓度，%(体)；

X_{O_2out}——再生器出口气体中氧浓度，%(体)。

由式(3-39)可知，每 1mol 的 $CH_{0.66}$(相对分子质量 12.66)反应需要消耗 1.165mol 的 O_2(相对分子质量 32)，即

$$\frac{G_c\times(X_{c待}-X_{c再})}{12.66}:\frac{V_{再生气}\times(X_{O_2in}-X_{O_2out})}{22.4}=1:1.165 \tag{3-40}$$

整理式(3-40)，可得

$$V_{再生气}=\frac{1.165\times22.4\times G_c\times(X_{c待}-X_{c再})}{12.66\times(X_{O_2in}-X_{O_2out})} \tag{3-41}$$

将催化剂循环量、待生催化剂含量等数据代入式(3-40)中可得再生循环气量：

$$V_{再生气}=\frac{1.165\times 22.4\times G_c\times(X_{c待}-X_{c再})}{12.66\times(X_{O_2in}-X_{O_2out})}$$

$$=\frac{1.165\times 22.4\times 1500\times(4.63-0.03)}{12.66\times(0.79-0.21)} \tag{3-42}$$

$$=24522.3Nm^3/h$$

从 DCS 数据可以看出，再生循环气流量(FI30604)为 32154Nm^3/h(该流量为实时流量)。由于流量计为孔板流量计，需要校正，将该孔板流量计的设计数据和实际测量数据代入式(3-8)，得校正后的体积流量为：

$$Q_c=Q\times\sqrt{\frac{Mp_cT}{M_cpT_c}}$$

$$=32154\times\sqrt{\frac{30.37\times(0.55+0.1013)\times(435+273.15)}{30.37\times(0.56+0.1013)\times(495.3+273.15)}} \tag{3-43}$$

$$=30632Nm^3/h$$

注：循环气没有进行组分分析，假定其相对分子质量与设计相对分子质量相同。

再生循环气的计算值和实际测量值相差 19.95%，这是由于循环气出口氧气含量和积炭的碳氢比是估算值，当循环气出口的氧含量提升到 0.31%时，两者相等。

(三) 补充空气与放空气气量计算

补充空气与放空气量相等，且计算方法与再生循环气量计算方法相同，催化剂中的积炭在再生器中的烧焦反应化学式如下：

$$CH_x+(\frac{4+x}{4})O_2\rightarrow CO_2+\frac{x}{2}H_2O \tag{3-44}$$

假设 x=0.66(碳氢比 1∶0.66)，则：

$$\begin{array}{ccc} CH_{0.66} & + & 1.165O_2\rightarrow CO_2+0.33H_2O \\ 1 & & 1.165 \\ 12.66 & & 32 \\ \frac{G_c\times(X_{c待}-X_{c再})}{12.66} & & \frac{V_{补充空气}\times(X_{O_2in}-X_{O_2out})}{22.4} \end{array} \tag{3-45}$$

式中 $V_{补充空气}$—— 烧焦区所需补充空气总流量，Nm^3/h；

G_c—— 催化剂循环量，kg/h；

$X_{c待}$—— 待生催化剂含炭量，%(质)；

$X_{c再}$—— 再生催化剂含炭量，%(质)；

X_{O_2in}—— 补充空气中氧浓度，%(体)；

X_{O_2out}—— 放空气中氧浓度，%(体)。

由式(3-45)可知，每 1mol 的 $CH_{0.66}$(相对分子质量 12.66)反应需要消耗 1.165mol 的 O_2(相对分子质量 32)，即

$$\frac{G_c\times(X_{c待}-X_{c再})}{12.66}:\frac{V_{补充空气}\times(X_{O_2in}-X_{O_2out})}{22.4}=1:1.165 \tag{3-46}$$

整理式(3-46)，可得

$$V_{补充空气}=\frac{1.165\times22.4\times G_c\times(X_{c待}-X_{c再})}{12.66\times(X_{O_2in}-X_{O_2out})} \tag{3-47}$$

将催化剂循环量、待生催化剂含量等数据代入式(3-47)中可得再生循环气量：

$$\begin{aligned}V_{补充空气}&=\frac{1.165\times22.4\times G_c\times(X_{c待}-X_{c再})}{12.66\times(X_{O_2in}-X_{O_2out})}\\&=\frac{1.165\times22.4\times1500\times(4.63-0.03)}{12.66\times(21-0.79)}\\&=703.76Nm^3/h\end{aligned} \tag{3-48}$$

从 DCS 数据可以看出，补充空气流量为 475Nm³/h(该流量为实时流量)。由于流量计为孔板流量计，需要校正，将该孔板流量计的设计数据和实际测量数据代入式(3-8)，得校正后的体积流量为：

$$\begin{aligned}Q_c&=Q\times\sqrt{\frac{Mp_cT}{M_cpT_c}}\\&=475\times\sqrt{\frac{29\times(0.487+0.1013)\times(150+273.15)}{29\times(0.5+0.1013)\times(45.5+273.15)}}\\&=541Nm^3/h\end{aligned} \tag{3-49}$$

注：补充空气没有进行组分分析，假定其相对分子质量与设计相对分子质量相同。

补充空气的计算值和实际测量值相差 29.98%，这是由于积炭的碳氢比是估算值，且仪表测量值是单次测量值而非累积值。

(四) 小结

本节通过氧平衡计算了再生器循环气气量和补充空气、放空气气量，但由于部分数据无法测量，计算值与实际测量值相差 20%~30%。

七、芳烃转化率计算

由前文物料平衡中表 3-10 可知，重整产物芳烃收率为 74.94%，与式(3-24)计算所得相同，故

$$\begin{aligned}芳烃转化率&=芳烃收率/芳烃潜含量\\&=0.7494/0.5313\times100\%=141.04\%\end{aligned} \tag{3-50}$$

该芳烃转化率与第三节重整汽油中式(3-25)计算出的芳烃转化率相同，说明反应产物中的芳烃进过分馏后全部进入脱戊烷油中。

八、氢油分子比

(一) 氢油分子比

氢油分子比是指循环氢与反应进料的摩尔流量的比值，也称氢烃比，是临氢反应中的工艺参数。

1. 循环氢纯氢摩尔流量

(1) 原始数据

本套装置 DSC 系统未设置温度和压力补偿，因此使用公式(3-8)对流量进行修正，循环氢气的温度、压力、相对分子质量如表 3-16 所示。

表 3-16 重整氢气操作条件与设计条件

项 目	单 位	设 计	实 际
温度	℃	96.00	83.77
压力	MPa(表)	0.55	0.44
相对分子质量		7.96	4.91

(2) 流量校正计算

从 DCS 数据可以看出，循环氢流量(FI20320302)为 103437Nm³/h(该流量为 72h 累计流量/72h)，将表 3-16 中数据代入式(3-8)，得校正后的体积流量为：

$$Q_c = Q \times \sqrt{\frac{Mp_cT}{M_cpT_c}}$$

$$= 103437 \times \sqrt{\frac{7.96 \times (0.436 + 1.013) \times (96 + 273.15)}{4.91 \times (0.55 + 1.013) \times (83.767 + 273.15)}} \quad (3-51)$$

$$= 121639 \text{Nm}^3/\text{h}$$

(3) 循环氢中纯氢摩尔流量

循环氢中纯氢体积分数为 92.32%，则循环氢中纯氢体积流量为：

$$Q_{H_2} = 92.32\% \times Q_c = 0.9232 \times 121639 = 112297 \text{ Nm}^3/\text{h} \quad (3-52)$$

由表态下每摩尔气体体积为 22.4L，可得循环氢中纯氢体积流量为：

$$n_{H_2} = \frac{Q_{H_2}}{V^{\ominus}} = \frac{112297}{22.4} = 5430 \text{kmol/h} \quad (3-53)$$

2. 重整进料摩尔流量

(1) 重整进料平均相对分子质量

$$\overline{M} = 100 \div \sum (\frac{m_i}{M_i}) \quad (3-54)$$

式中 $\overline{M}$ ——重整进料的平均相对分子质量，g/mol；

m_i ——重整进料中各烷烃、环烷烃和芳烃的质量分数，%；

M_i ——重整进料中各烷烃、环烷烃和芳烃的相对分子质量，g/mol。

整理表 1-2 中原料油组成和性质数据，并将其代入式(3-54)中，得到表 3-17。

表 3-17 重整进料平均相对分子质量

项 目	族组成	相对分子质量	含量/%(质)	m_i/M_i
烷烃	C_5	72	0.03	0.0004
	C_6	86	7.50	0.0872
	C_7	100	11.37	0.1137
	C_8	114	10.73	0.0941
	C_9	128	9.18	0.0717
	C_{10}	142	5.63	0.0396

续表

项　目	族组成	相对分子质量	含量/%(质)	m_i/M_i
环烷烃	C_5	70	0.03	0.0004
	C_6	84	5.93	0.0706
	C_7	98	11.9	0.1214
	C_8	112	12.24	0.1093
	C_9	126	9.94	0.0789
	C_{10}	140	3.41	0.0244
芳烃	C_6	78	1.38	0.0177
	C_7	92	3.17	0.0345
	C_8	106	4.37	0.0412
	C_9	120	3.22	0.0268
	合计		100	0.9320
	平均相对分子质量	107.30		

(2) 重整进料摩尔流量

使用质量流量计测得重整进料质量流量为 179753kg/h，可使用平均相对分子质量计算出反应进料摩尔流量为：

$$n_{进} = q_m \div \overline{M} = 179753 \div 107.295 = 1675.3\text{kmol/h} \tag{3-55}$$

3. 氢油分子比

由循环氢中纯氢摩尔流量与重整进料摩尔流量之比可得氢油分子比：

氢油分子比$=n_{H_2}/n_{进}=5430/1675.3=2.99\text{mol/mol}$

4. 氢油体积比

除氢油分子比外，还可用氢油体积比，即循环氢标准态体积流量对重整进料 20℃下的体积流量之比来衡量氢烃比。

重整进料质量流量为 179753kg/h，且从表 1-2 中可知重整进料在 20℃下的密度为 746.6kg/m³，故可以计算出重整进料在 20℃下的体积流量：

$$V_{进}^{\ominus} = q_m \div \rho^{\ominus} = 179753 \div 746.6 = 240.76\text{m}^3/\text{h} \tag{3-56}$$

在式(3-51)中已计算出循环氢标准状态体积流量为 121639Nm³/h，故可算出：

$$\begin{aligned}\text{氢油体积比} &= \text{循环氢标准状态体积流量/重整进料 20℃下的体积流量} \\ &= 121639/240.76 = 505\text{m}^3/\text{m}^3\end{aligned} \tag{3-57}$$

(二) 小结

本节计算出氢油分子比 2.99，氢油体积比 505，符合通常情况下的氢油分子比(1.5~3.2∶1)。与设计值(2.5)相比，标定氢油分子比高，这有利于降低催化剂循环速率(标定速率 1500kg/h，低于设计值的 1600kg/h)。

九、空速

空速是指单位时间内单位体积催化剂处理的原料量，催化重整装置采用质量和体积两种空速。

(一)质量空速(WHSV)

质量空速是指在单位时间内单位质量催化剂处理的原料油质量，其值为进反应器的原料油质量流量(kg/h)除以催化剂的总藏量(kg)的商，单位为h^{-1}。

从表1-1、表3-7中可知进料的质量流量为179753kg/h，四个反应器中的催化剂装填量为104000kg。故质量空速为：

$$WHSV = 179753 \div 104000 = 1.73\ h^{-1} \tag{3-58}$$

(二) 体积空速(LHSV)

体积空速是指在单位时间内单位体积催化剂处理的原料油体积，其值为进反应器的原料油体积流量除以催化剂的总藏量(m^3)的商，单位为h^{-1}。

由催化剂填装密度560kg/m^3，可算出催化剂填装体积为：

$$V_{催化剂} = 104000 \div 560 = 185.71 m^3 \tag{3-59}$$

式(3-56)中已计算得进料的体积流量为240.76m^3/h，故体积空速为：

$$LHSV = 240.76 \div 185.71 = 1.3\ h^{-1} \tag{3-60}$$

(三) 小结

本节计算得到重量空速1.73h^{-1}，体积空速1.3h^{-1}，两者之比为1.33，体积空速与设计值相同。通常情况下，重整装置的质量空速是体积空速的1.3倍左右。

十、反应器平均温度计算

由于催化重整是强吸热反应，为保持适宜的反应温度，需分别在多台反应器中进行，其反应温度通常采用加权平均温度表示。

加权平均温度分为加权平均入口温度(WAIT)和加权平均床层温度(WABT)两种。

(一) 加权平均入口温度(WAIT)

加权平均入口温度计算公式为：

$$WAIT = \sum_{i=1}^{n} x_i \times T_{i入} \tag{3-61}$$

式中 x_i——各反应器中催化剂装量占全部反应器催化剂总量的百分数；

$T_{i入}$——各反应器入口温度，℃；

n——反应器个数，本装置为4个。

从表1-1中可以获得式(3-61)中所需数据，并整理为表3-18。

表3-18 各反催化剂装填比例及进出口温度

反应器	位号	1	2	3	4
装填比例	%(质)	15	20	25	40
入口温度	℃	525.0	525.0	525.0	525.0
出口温度	℃	402.3	445.0	471.0	487.2
温降	℃	122.7	80.0	54.0	37.8
平均温度	℃	463.7	485.0	498.0	506.1

将上表数据代入式(3-61)中，可计算出加权平均入口温度：

$$WAIT = 525 \times 0.15 + 525 \times 0.2 + 525 \times 0.25 + 525 \times 0.4 = 525\ ℃ \tag{3-62}$$

(二) 加权平均床层温度(WABT)

加权平均床层温度为各反应器催化剂装填比例与反应器进出口平均温度乘积之和：

$$WAIT = \sum_{i=1}^{n} x_i \times T_{i床} = \sum_{i=1}^{n} x_i \times (T_{i入} + T_{i出})/2 \tag{3-63}$$

式中 x_i——各反应器中催化剂装量占全部反应器催化剂总量的百分数；

$T_{i入}$——各反应器入口温度,℃；

$T_{i出}$——各反应器出口温度,℃；

$T_{i床}$——各反应器平均温度,℃；

n——反应器个数，本装置为4个。

将表数据代入式(3-63)中，可计算出加权平均床层温度：

$$WAIT = 463.65 \times 0.15 + 485 \times 0.2 + 498 \times 0.25 + 506.1 \times 0.4 = 493.49\ ℃ \tag{3-64}$$

(三) 小结

本节计算得加权平均入口温度525℃，加权平均床层温度493.49℃。

十一、压降计算

(一) 反应器

1. 重整反应器压降简介

本套装置使用国产超低压连续重整技术(SLCR)，重整部分反应器由四台不同的反应器两两相叠组成，每台反应器均为径向反应器，如图3-5所示，气流流向为上进下出，即重整进料与循环氢的混合气体自上部进入，经扇形筒分配径向经过催化剂床层后，由中心管收集自下流出；催化剂自上而下通过中心管与扇形筒(或外网)之间环行的催化剂床层。

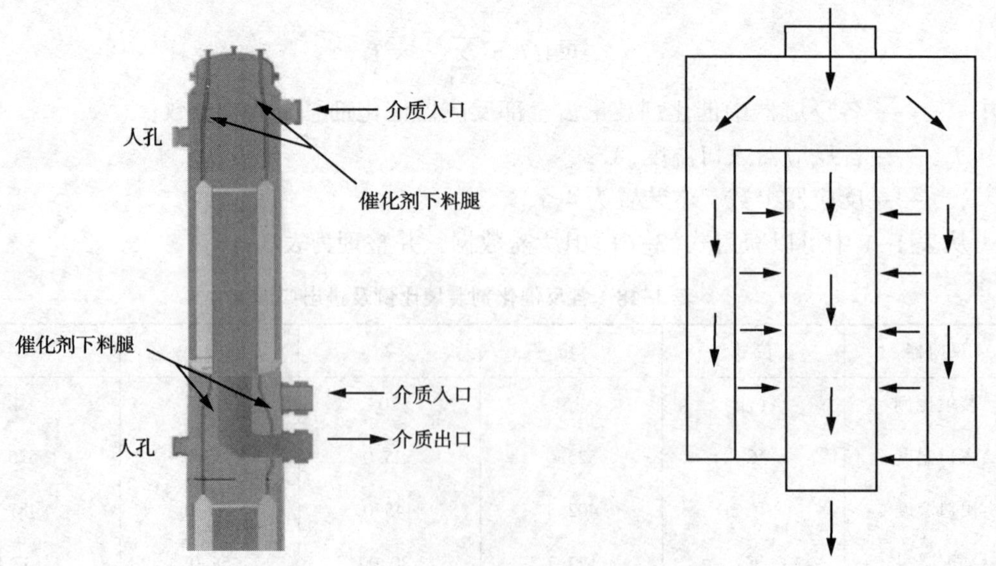

图3-5 重整反应器(向心Z型)流体和催化剂流动示意图

图 3-6 为 Z 型径向反应器上下压力分布图，从中可以看出，向心 Z 型反应器压降主要包括催化剂床层压降 $p_b(\Delta p_{床})$、分流流道静压降 $p_d(\Delta p_{静分})$、集流流道静压降 $p_c(\Delta p_{静集})$、中心管穿孔压降 $p_e(\Delta p_{孔})$四项，即：

$$p_A = p_b + p_d + p_c + p_e \tag{3-65}$$

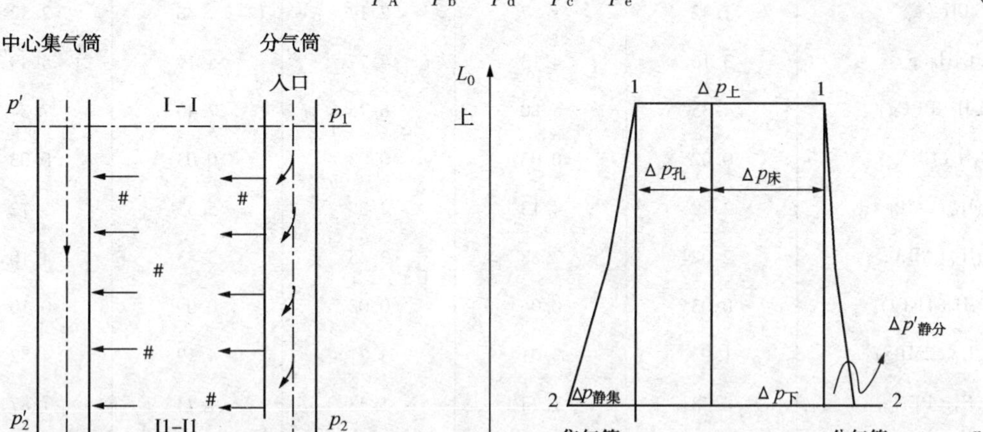

图 3-6 Z 型径向反应器上下压力分布图

2. 各反应器进出口组成及物性

(1) 混合气体组成

一反进料为原料油和循环氢的混合物，四反出料为重整氢、循环氢和重整汽油的混合物，其组成可从表 1-2～表 1-5 和表 3-10 中查出。由于各反应中间产物组成无法取样测量，故假定物料在各反应器内的转化率比值与温降比值相等，各台反应器内物流转化率如表 3-19所示。

表 3-19 各台反应器内物流转化率

反应器	位号	1	2	3	4	合计
装填比例	%(质)	15	20	25	40	100
温降	℃	122.7	80.0	54.0	37.8	294.5
温降比	%	41.66	27.16	18.34	12.84	100.00
单台转化率	%	41.66	27.16	18.34	12.84	
累积转化率	%	41.66	68.83	87.16	100.00	

以氢气为例，一反入口氢气质量流量为 10027kg/h，四反出口氢气质量流量为 17237kg/h，反应过程中共生成 7209kg/h 氢气，按表 3-19 中转化率可算出：

$$一反出口、二反入口氢气质量流量 = 10027+7209\times0.4166 = 13030kg/h \tag{3-66}$$

$$二反出口、三反入口氢气质量流量 = 10027+7209\times0.6883 = 14989kg/h \tag{3-67}$$

$$三反出口、四反入口氢气质量流量 = 10027+7209\times0.4166 = 16311kg/h \tag{3-68}$$

用同样的方法计算出其他组分质量流量并列于表 3-20 中。

表 3-20 各反应器入口、出口物流质量流量 (t/h)

分子式	一反入口	二反入口	三反入口	四反入口	四反出口
H_2(g)	10.03	13.03	14.99	16.31	17.24
CH_4(g)	1.42	1.87	2.17	2.38	2.52
C_2H_6(g)	3.16	4.13	4.77	5.19	5.49
C_3H_8(PPEg)	4.35	5.80	6.75	7.40	7.84
C_3H_6(CPAg)	0.02	0.03	0.03	0.03	0.03
C_4H_{10}(2MPg)	2.99	4.13	4.87	5.37	5.72
C_4H_{10}(NBAg)	2.02	2.88	3.45	3.83	4.10
C_4H_8(1BTg)	0.03	0.06	0.08	0.09	0.10
C_5H_{12}(2MBg)	1.93	3.01	3.71	4.19	4.52
C_5H_{12}(PENg)	0.78	1.24	1.53	1.73	1.87
C_6H_{14}(HXAg)	13.48	12.79	12.34	12.03	11.82
C_7H_{16}(HTAg)	20.44	15.41	12.14	9.93	8.38
C_8H_{18}(OCTg)	19.29	12.04	7.32	4.13	1.90
C_9H_{20}(NONg)	16.50	9.63	5.14	2.12	0.00
$C_{10}H_{22}$(DECg)	10.12	5.90	3.15	1.30	0.00
C_5H_{10}(CPAg)	0.05	0.08	0.10	0.11	0.12
C_6H_{12}(CHAg)	10.66	6.43	3.67	1.81	0.51
C_7H_{14}(MCHg)	21.39	12.62	6.90	3.04	0.34
C_8H_{16}(ECHg)	22.00	12.86	6.91	2.88	0.07
C_9H_{18}(T1E2MCHg)	17.87	10.42	5.57	2.29	0.00
$C_{10}H_{20}$(1P1MCHg)	6.13	3.58	1.91	0.79	0.00
C_6H_6(BZEg)	2.48	6.16	8.56	10.18	11.31
C_7H_8(TLUg)	5.70	16.68	23.84	28.68	32.06
C_8H_{10}(EBZg)	7.86	7.29	6.92	6.67	6.50
C_8H_{10}(PXYg)	0.00	3.32	5.49	6.95	7.97
C_8H_{10}(MXYg)	0.00	7.18	11.87	15.03	17.24
C_8H_{10}(OXYg)	0.00	4.53	7.48	9.47	10.87
C_9H_{12}(1E2MBg)	5.79	17.70	25.46	30.70	34.37
$C_{10}H_{14}$(1P2MBg)	0.00	5.99	9.90	12.53	14.38
合计	206.48	206.81	207.03	207.18	207.29

注：(1) 使用的物流为未归一的物流，各物流总质量流量有轻微的差别。

(2) 一反出口与二反入口组成相同、二反出口与三反入口组成相同、三反出口与四反入口组成相同，故不再重复列出。

（2）混合气体密度

将各物流组成代入式(3-4)中，可以计算出各物流的平均相对分子质量，假设物流为理想状态的气体，则可以通过理想状态方程推出混合物的密度：

$$pV = nRT = \frac{m}{M}RT = \frac{\rho V}{M}RT \tag{3-69}$$

$$\rho = \frac{pM}{RT} \tag{3-70}$$

式中 M——混合物平均分子质量；

p——标态下压力，kPa；

T——标态下温度，K。

为了计算的更加准确，本文使用PRO Ⅱ软件计算混合气体密度(假定每台反应器内物流性质为反应器进口和出口物流性质的平均值)，并将计算结果列于表3-21中。

（3）混合气体黏度计算

对于常压下的气体混合物，可采用下式估算[4]，即

$$\mu_{\mathrm{m}} = \frac{\sum y_i \mu_i M_i^{0.5}}{\sum y_i M_i^{0.5}} \tag{3-71}$$

式中 μ_{m}——常压下混合气体的黏度；

y_i——混合气体中 i 组分的摩尔分数；

μ_i——与气体混合物同温度下的 i 组分的黏度；

M_i——气体混合物中 i 组分的相对分子质量。

纯组分的黏度可以从气体黏度表中查得[5]。

为了计算更加准确，本文使用PRO Ⅱ软件计算混合气体黏度(假定每台反应器内物流性质为反应器进口和出口物流性质的平均值)，并将计算结果列于表3-21中。

表3-21 反应器压降计算需要用到的参数

项目	单位	一反	二反	三反	四反
1. 反应油气					
体积流量 V	m^3/h	101797	132547	157684	182260
气体密度 ρ_f	kg/m^3	2.033	1.562	1.314	1.138
气体黏度 μ	cP	0.0225	0.0233	0.0237	0.0239
	Pa·s	2.25×10^{-5}	2.33×10^{-5}	2.37×10^{-5}	2.39×10^{-5}
	kg/(m·s)	2.25×10^{-5}	2.33×10^{-5}	2.37×10^{-5}	2.39×10^{-5}
2. 催化剂					
直径 d_p	m	1.60×10^{-3}	1.60×10^{-3}	1.60×10^{-3}	1.60×10^{-3}
空隙率 ε		0.39	0.39	0.39	0.39

续表

项目	单位	一反	二反	三反	四反
3. 床层					
当量外径 R_b	m	2.225	2.324	2.422	2.917
内径 r_b	m	1.32	1.32	1.32	1.32
高度 H_b	m	10.17	12.08	13.39	13.00
中心管内径 r_c	m	1.27	1.27	1.27	1.27
中心管开孔率 e	%	0.900	0.900	0.800	3.700
中心管开孔孔径 φ	mm	6.000	6.000	6.000	10.000
中心管壁厚 δ	mm	6.000	6.000	6.000	6.000
分流流道面积 S_D	m^2	1.020	1.068	1.117	1.359

3. 反应器压降计算（以一反为例）

（1）床层压降 p_b

1）径向床层厚度 L_b：

$$L_b = \frac{R_b - r_b}{2} = \frac{2.225 - 1.32}{2} = 0.4526\text{m}$$

2）床层对数平均直径 d_m：

$$d_m = \frac{R_b - r_b}{\ln(R_b/r_b)} = \frac{2.225 - 1.32}{\ln(2.225/1.32)} = 1.7334\text{m}$$

3）床层径向平均流通面积 S_b：

$$S_b = \pi \cdot d_m \cdot H_b = 3.1415 \times 1.7334 \times 10.17 = 55.35\ \text{m}^2$$

4）气体空塔线速 u_b：

$$u_b = \frac{V}{S_b} = \frac{101797}{55.35 \times 3600} = 0.5109\text{m/s}$$

5）按 Ergun 公式计算催化剂床层压降 p_b：

$$\frac{p_b \cdot g}{L_b} = 150\frac{(1-\varepsilon)^2 \cdot \mu \cdot u_b}{\varepsilon^3 \cdot d_p^2} + 1.75\frac{(1-\varepsilon) \cdot \rho_f \cdot u_b^2}{\varepsilon^3 \cdot d_p}$$

$$= 150 \times \frac{(1-0.39)^2 \times 2.25 \times 10^{-5} \times 0.5109}{0.39^3 \times 0.0016^2} + 1.75 \times \frac{(1-0.39) \times 2.033 \times 0.5109^2}{0.39^3 \times 0.0016}$$

$$= 10197$$

取 $g=9.8\text{m/s}$，则床层压降为：

$$p_b = 10197 \times 0.4526 \div 9.8 = 470.98\ \text{kg/m}^2 = 4.71\text{kPa}$$

（2）分流流道静压降 p_d

1）分流流道气速 u_d：

$$u_d = \frac{V}{S_d} = \frac{101797}{1.0196 \times 3600} = 27.73\text{m/s}$$

2）分流流道静压降 p_d：

$$p_d = \frac{K_d \cdot u_d^2 \cdot \rho_f}{g} = \frac{0.72 \times 27.73^2 \times 2.033}{9.8} = 114.9\text{kg/m}^2 = 1.149\text{kPa}$$

（3）集流流道静压降 p_c

1）集流流道面积 S_c：

$$S_c = \frac{\pi}{4} r_c^2 = \frac{3.14}{4} \times 1.27^2 = 1.2668\ \text{m}^2$$

2）集流流道气速 u_c：

$$u_c = \frac{V}{S_c} = \frac{101797}{1.2667 \times 3600} = 22.32\text{m/s}$$

3）集流流道静压降 p_c：

$$p_c = \frac{K_c \cdot u_c^2 \cdot \rho_f}{g} = \frac{1.0 \times 22.32^2 \times 2.033}{9.8} = 103.39\text{kg/m}^2 = 1.034\text{kPa}$$

（4）中心管过孔压降 p_e

1）中心管开孔总面积 S_e：

$$S_e = \pi \cdot r_c \cdot H_b \cdot \text{e} = 3.14 \times 1.27 \times 10.1697 \times 0.9 \div 100 = 0.365\ \text{m}^2$$

2）中心管过孔气速 u_e：

$$u_e = \frac{V}{S_e} = \frac{101797}{0.3649 \times 3600} = 77.47\text{m/s}$$

3）确定压降系数 ξ：

$$\beta = 1.11\,(\delta/\varphi)^{-0.336} = 1.11 \times (6 \div 6)^{-0.336} = 1.11$$

$$KK = \frac{u_e}{u_c} = \frac{77.47}{22.32} = 3.47$$

$KK>2$，故 $\xi = 1.5\beta = 1.5 \times 1.11 = 1.665$

4）中心管过孔压降 p_e：

$$p_e = \frac{\xi \cdot u_e^2 \cdot p_f}{2g} = \frac{1.665 \times 77.47^2 \times 2.033}{2 \times 9.8} = 1036.79\text{kg/m}^2 = 10.368\text{kPa}$$

（5）反应器总压降 p_A：

$$p_A = p_b + p_d + p_c + p_e = 4.709 + 1.149 + 1.033 + 10.367 = 17.261\text{kPa}$$

4. 各反应器压降汇总及分析

将各反应器压降的计算结果和DCS实测结果汇总，列于表3-22中。

表3-22　各反应器压降汇总　　kPa

压　降	一　反	二　反	三　反	四　反
床层压降 p_b	4.710	5.089	5.546	8.368
分流流道静压降 p_d	1.149	1.364	1.485	1.160
集流流道静压降 p_c	1.034	1.347	1.603	1.855
中心管穿孔压降 p_e	10.368	9.565	11.730	11.269
总压降 p_A	17.261	17.364	20.364	22.652
DCS实测压降 $p_{A测}$	12.8	10.8	12	10

由表 3-22 可见，反应器压降的计算值大于实测值，压降主要集中在中心管穿孔压降部分，可以通过增加开孔率的方式降低这部分压力。

(二)再生器

1. 再生气进出口组成及物性

再生部分催化剂与再生循环气流动方式与反应器类似，气流在烧焦区上部进入再生器，催化剂自上部缓冲区进入再生器。故使用与反应器计算相同的方法得到计算所需的数据并列于表 3-23 中。

表 3-23　再生器压降计算需要用到的参数

项目	单位	再生器
1. 再生循环气		
体积流量 V	m^3/h	17363
气体密度 ρ_f	kg/m^3	3.110
气体黏度 μ	cP	0.0349
	Pa·s	3.49×10^{-5}
	kg/(m·s)	3.49×10^{-5}
2. 催化剂		
直径 d_p	m	1.60×10^{-3}
空隙率 ε		0.39
3. 床层		
当量外径 R_b	m	2.050
内径 r_b	m	1.60
高度 H_b	m	4.80
中心管内径 r_c	m	1.60
中心管开孔率 e	%	0.800
中心管开孔孔径 φ	mm	5.000
中心管壁厚 δ	mm	6.000
分流流道面积 S_D	m^2	1.223

2. 再生器压降计算

(1) 床层压降 p_b

1) 径向床层厚度 L_b：

$$L_b = \frac{R_b - r_b}{2} = \frac{2.05 - 1.6}{2} = 0.225\text{m}$$

2) 床层对数平均直径 d_m：

$$d_m = \frac{R_b - r_b}{\ln(R_b/r_b)} = \frac{2.05 - 1.6}{\ln(2.05/1.6)} = 1.8157\text{m}$$

3) 床层径向平均流通面积 S_b：

$$S_b = \pi \cdot d_m \cdot H_b = 3.1415 \times 1.8157 \times 4.8 = 27.37\ \text{m}^2$$

4）气体空塔线速 u_b：

$$u_b = \frac{V}{S_b} = \frac{17363}{27.37 \times 3600} = 0.1762\text{m/s}$$

5）按 Ergun 公式计算催化剂床层压降 p_b：

$$\frac{p_b \cdot g}{L_b} = 150\frac{(1-\varepsilon)^2 \cdot \mu \cdot u_b}{\varepsilon^3 \cdot d_p^2} + 1.75\frac{(1-\varepsilon) \cdot \rho_f \cdot u_b^2}{\varepsilon^3 \cdot d_p}$$

$$= 150 \times \frac{(1-0.39)^2 \times 3.49 \times 10^{-5} \times 0.1762}{0.39^3 \times 0.0016^2} + 1.75 \times \frac{(1-0.39) \times 3.11 \times 0.1762^2}{0.39^3 \times 0.0016}$$

$$= 3347$$

取 g=9.8m/s，则床层压降为：

$$p_b = 3347 \times 0.225 \div 9.8 = 76.85\ \text{kg/m}^2 = 0.77\text{kPa}$$

（2）分流流道静压降 p_d

1）分流流道气速 u_d：

$$u_d = \frac{V}{S_d} = \frac{17363}{1.223 \times 3600} = 3.94\text{m/s}$$

2)分流流道静压降 p_d：

$$p_d = \frac{K_d \cdot u_d^2 \cdot \rho_f}{g} = \frac{0.72 \times 3.94^2 \times 3.11}{9.8} = 3.55\text{kg/m}^2 = 0.036\text{kPa}$$

（3）集流流道静压降 p_c

1）集流流道面积 S_c：

$$S_c = \frac{\pi}{4}r_c^2 = \frac{3.14}{4} \times 1.6^2 = 2.0106\ \text{m}^2$$

2）集流流道气速 u_c：

$$u_c = \frac{V}{S_c} = \frac{17363}{2.0106 \times 3600} = 2.4\text{m/s}$$

3）集流流道静压降 p_c：

$$p_c = \frac{K_c \cdot u_c^2 \cdot \rho_f}{g} = \frac{1.0 \times 2.39^2 \times 3.11}{9.8} = 1.83\text{kg/m}^2 = 0.018\text{kPa}$$

（4）中心管过孔压降 p_e

1）中心管开孔总面积 S_e：

$$S_e = \pi \cdot r_c \cdot H_b \cdot \text{e} = 3.14 \times 1.6 \times 4.8 \times 0.8 \div 100 = 0.1929\ \text{m}^2$$

2）中心管过孔气速 u_e：

$$u_e = \frac{V}{S_e} = \frac{17363}{0.1929 \times 3600} = 25\text{m/s}$$

3）确定压降系数 ξ：

$$\beta = 1.11\ (\delta/\varphi)^{-0.336} = 1.11 \times (6 \div 6)^{-0.336} = 1.18$$

$$KK = \frac{u_e}{u_c} = \frac{25}{2.39} = 10.42$$

$KK>2$，故 $\xi = 1.5\beta = 1.5 \times 1.18 = 1.77$

4）中心管过孔压降 p_e：

$$p_e = \frac{\xi \cdot u_e^2 \cdot \rho_f}{2g} = \frac{1.77 \times 25^2 \times 3.11}{2 \times 9.8} = 175.56\text{kg/m}^2 = 1.756\text{kPa}$$

（5）反应器总压降 p_A

$$p_A = p_b + p_d + p_c + p_e = 0.768 + 0.035 + 0.018 + 1.755 = 2.578\text{kPa}$$

3. 各反应器压降汇总及分析

再生器压降计算结果汇总，列于表 3-24 中。

表 3-24　再生器压降汇总　　kPa

压　降	再生器	压　降	再生器
床层压降 p_b	0.769	中心管穿孔压降 p_e	1.756
分流流道静压降 p_d	0.036	总压降 p_A	2.578
集流流道静压降 p_c	0.018		

（三）脱氯罐

重整与再生部分共有四台脱氯罐，分别为重整氢气脱氯罐、重整汽油脱氯罐、再生气脱氯罐、放空气脱氯罐，这四台脱氯罐均为轴向反应器，物流自上而下轴向穿过催化剂床层，如图 3-7 所示。

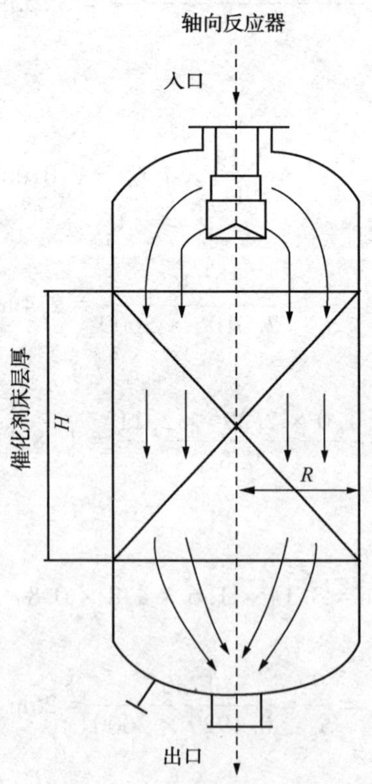

图 3-7　轴向反应器示意图

1. 脱氯罐进口组成及物性

使用与反应器、再生器计算相同的计算方法得到脱氯罐计算所需的数据并列于表 3-25 中。

表 3-25 脱氯罐压降计算需要用到的参数

名称(介质)	单位	放空气	再生气	重整氢	重整汽油
质量流量 M	kg/h	2442	54000	13217	167419
体积流量 V	m^3/h	471	10082	5143	221
气体密度 ρ_f	kg/m^3	5.181	5.356	2.570	758.600
气体黏度 μ	cP	0.0364	0.0216	0.0092	0.4325
	Pa·s	3.64×10^{-5}	2.16×10^{-5}	9.22×10^{-6}	4.33×10^{-4}
	kg/(m·s)	3.64×10^{-5}	2.16×10^{-5}	9.22×10^{-6}	4.33×10^{-7}
催化剂					
直径 d_p	m	2.50×10^{-3}	2.50×10^{-3}	4.00×10^{-3}	4.00×10^{-3}
空隙率 ε		0.41	0.41	0.41	0.41
床层					
直径 R_b	m	2.400	3.600	2.200	2.800
高度 H_b	m	9.28	10.19	5.70	7.20

2. 脱氯罐压降计算(以放空气脱氯罐为例)

(1) 方法一：欧根(Ergun)公式

$$\frac{\Delta p}{L}g_c = 150 \times \frac{(1-\varepsilon)^2}{\varepsilon^3} \times \frac{\mu U}{(\varphi_p d_p)^2} + 1.75 \times \frac{1-\varepsilon}{\varepsilon^3} \times \frac{\rho_f U^2}{\varphi_p d_p} \tag{3-72}$$

式中 g_c—— 换算因子，取 9.8；

Δp—— 床层压降，kg/m^2；

L—— 床层高度，m；

U—— 表观速度，m/s；

ε—— 床层空隙率；

ρ_f—— 气体密度，kg/m^3；

φ_p—— 颗粒形状系数；

μ—— 气体黏度，Pa·s；

d_p—— 催化剂当量直径，m。

1) 床层流通面积 S_b：

$$S_b = \frac{\pi}{4} \cdot d_m{}^2 = \frac{3.1415}{4} \times 2.4^2 = 4.522\ m^2$$

2) 表观速度 u_b：

$$u_b = \frac{V}{S_b} = \frac{471}{4.522 \times 3600} = 0.029 m/s$$

3) 按 Ergun 公式计算催化剂床层压降 p_b：

$$\frac{p_b \cdot g}{L_b} = 150\frac{(1-\varepsilon)^2 \cdot \mu \cdot u_b}{\varepsilon^3 \cdot d_p^2} + 1.75\frac{(1-\varepsilon) \cdot \rho_f \cdot u_b^2}{\varepsilon^3 \cdot d_p}$$

$$= 150 \times \frac{(1-0.41)^2 \times 3.64 \times 10^{-5} \times 0.029}{0.41^3 \times 0.0025^2} + 1.75 \times \frac{(1-0.41) \times 5.181 \times 0.029^2}{0.41^3 \times 0.0025}$$

$$= 153$$

取 $g=9.8\mathrm{m/s}$，则床层压降为：

$$p_b = 153 \times 9.28 \div 9.8 = 145.6\ \mathrm{kg/m^2} = 1.456\mathrm{kPa}$$

2）方法二：埃索公式：

$$\frac{\Delta p}{L} = 2.77 \times 10^{-4} \times \frac{\rho_v^{0.85} \cdot \nu^{1.85} \cdot \mu^{0.15}}{d_p^{1.15}} \tag{3-73}$$

式中 Δp——压降，$\mathrm{kg/cm^2}$；

L——床层高度（或厚度），m；

ρ_v——气体介质密度，$\mathrm{kg/cm^2}$；

ν——表观速度，m/s；

μ——气体黏度，mPa·s；

d_p——催化剂当量直径，m。

将表 3-25 中数据代入式(3-71)中，可得：

$$\Delta p = 2.77 \times 10^{-4} \times \frac{\rho_v^{0.85} \cdot \nu^{1.85} \cdot \mu^{0.15}}{d_p^{1.15}} \times L$$

$$= 2.77 \times 10^{-4} \times \frac{5.181^{0.85} \cdot 0.029^{1.85} \cdot 0.0364^{0.15}}{0.0025^{1.15}}$$

$$= 0.887\mathrm{kPa}$$

将两种计算方法的计算结果汇总为表 3-26。

表 3-26 脱氯罐压降汇总 kPa

计算方法	放空气	再生气	重整氢	重整汽油
欧根	1.456	32.757	8.861	3.567
埃索	0.887	59.684	16.325	5.589

（四）小结

本节计算了反应器、再生器、脱氯罐的压降，与实际测量值相比，反应器压降偏大，主要集中在中心管穿孔压降部分。

十二、热平衡计算

（一）反应热

催化重整原料主要含有链烷烃和环烷烃等饱和烃，以及少量芳香烃，反应目的是要最大限度地将链烷烃和环烷烃转化为芳烃。在催化重整反应条件下，芳香烃的芳环十分稳定。因此，在讨论催化重整所涉及的催化反应时主要考虑的是链烷烃和环烷烃的转化反应，其中包括六元环烷烃的脱氢、五元环烷烃的脱氢异构、链烷烃的脱氢环化以及链烷烃的异构化等有利于生成芳烃或高辛烷值汽油组分的主要反应，也包括这些饱和烃类的氢解和加氢裂化等生成轻烃产物的副反应。在重整条件下，芳烃也可能发生少量的脱烷基和烷基转移等反应；此外，还会发生使催化剂逐渐失活的生焦反应，即由于中间产物烯烃的聚合和环化生成的稠环化合物，会逐渐积累在催化剂表面，导致表面焦炭的生成。因此，反应过程中产生的反应热有以下几种计算方法。

1. 方法一：反应进料与出料的焓差

根据反应热定义，反应热等于同温度下反应前后各物质的焓值差之和，故可以查出纯组分在对应温度下的焓值，再根据表3-8、表3-9、表3-20中反应进料与产物中各个组分的质量流量与所占比例，算出等温下的反应热。本文中各个反应器进口温度均为525℃，故以该温度为基准，计算各个反应的反应热。

各纯组分在各反应器入口出口温度下的焓值，如表3-27所示。

表3-27 纯物质在不同温度下的焓值 kJ/kg

分子式	英文名称	一反入口 525.0℃	一反出口 402.3℃	二反出口 445.0℃	三反出口 471.0℃	四反出口 487.2℃
H_2(g)	Hydrogen	7206.1	5414.7	6031.7	6412.6	6647.0
CH_4(g)	Methane	-105.4	-558.1	-414.3	-315.5	-254.6
C_2H_6(g)	Ethane	-448.4	-856.6	-726.8	-637.6	-582.8
C_3H_8(PPEg)	Propane	-012.9	-411.2	-284.0	-197.1	-143.7
C_3H_6(CPAg)	Cyclopropane	2435.0	2082.7	2195.0	2271.9	2319.2
C_4H_{10}(2MPg)	2-Methylpropane	-972.1	-370.5	-243.0	-156.1	-102.7
C_4H_{10}(NBAg)	Butane	-839.2	-233.5	-107.9	-021.8	-968.9
C_4H_8(1BTg)	1-Butene	1196.1	838.0	952.8	1030.9	1078.9
C_5H_{12}(2MBg)	2-Methylbutane	-799.1	1195.4	1069.8	-983.1	-929.8
C_5H_{12}(PENg)	Pentane	-700.7	1097.5	-970.4	-883.9	-830.7
C_6H_{14}(HXAg)	Hexane	-630.3	1018.6	-894.9	-810.1	-758.0
C_7H_{16}(HTAg)	Heptane	-555.4	-946.9	-821.0	-735.8	-683.3
C_8H_{18}(OCTg)	Octane	-510.4	-900.2	-774.7	-689.9	-637.7
C_9H_{20}(NONg)	Nonane	-474.1	-862.8	-737.5	-653.0	-600.9
$C_{10}H_{22}$(DECg)	Decane	-445.2	-832.8	-707.8	-623.5	-571.6
C_5H_{10}(CPAg)	Cyclopentane	46.7	-309.0	-196.8	-118.8	-70.8
C_6H_{12}(CHAg)	Cyclohexane	-261.5	-637.0	-518.7	-436.3	-385.7
C_7H_{14}(MCHg)	Methylcyclohexane	-344.7	-719.5	-600.6	-518.6	-468.2
C_8H_{16}(ECHg)	Ethylcyclohexane	-277.0	-654.9	-534.6	-452.0	-401.3

续表

分子式	英文名称	一反入口 525.0℃	一反出口 402.3℃	二反出口 445.0℃	三反出口 471.0℃	四反出口 487.2℃
C_9H_{18}(T1E2MCHg)	trans-1-Ethyl-2-methylcyclohexane	-314.7	-696.1	-575.3	-491.8	-440.5
$C_{10}H_{20}$(1P1MCHg)	1-Methyl-1-propylcyclohexane	-254.7	-640.9	-518.2	-433.8	-381.9
C_6H_6(BZEg)	Benzene	1991.9	1714.5	1803.5	1863.9	1901.1
C_7H_8(TLUg)	Methylbenzene	1512.1	1223.0	1315.6	1378.6	1417.4
C_8H_{10}(EBZg)	Ethylbenzene	1297.7	995.5	1092.4	1158.3	1198.8
C_8H_{10}(PXYg)	1，4-Dimethylbenzene	1171.8	871.4	967.3	1032.8	1073.2
C_8H_{10}(MXYg)	1，3-Dimethylbenzene	1159.4	859.7	955.9	1021.2	1061.4
C_8H_{10}(OXYg)	1，2-Dimethylbenzene	1187.6	886.7	983.4	1048.9	1089.3
C_9H_{12}(1E2MBg)	Ethyl-2-methylbenzene	1064.0	752.1	852.1	920.1	961.9
$C_{10}H_{14}$(1P2MBg)	1-Methyl-2-propylbenzene	904.8	586.4	688.0	757.4	800.2

注：二反入口、三反入口、四反入口温度与一反入口相同，故不再重复列出。

结合表3-20与表3-27可得出各个物流的焓值，以总反应热为例，通过一反入口和四反出口的组成，以及纯组分在525℃时的焓值，可计算出物流的总焓值，如表3-28所示。

表3-28　反应入口出口中各组分焓值　kJ/h

分子式	英文名称	一反入口 525℃	四反出口 525℃
H_2(g)	Hydrogen	72252607	124208902
CH_4(g)	Methane	-4397918	-7816941
C_2H_6(g)	Ethane	-4577494	-7957993
C_3H_8(PPEg)	Propane	-4404510	-7944451
C_3H_6(CPAg)	Cyclopropane	55535	79885
C_4H_{10}(2MPg)	2-Methylpropane	-2908647	-5564447
C_4H_{10}(NBAg)	Butane	-1691633	-3442237
C_4H_8(1BTg)	1-Butene	36372	120095
C_5H_{12}(2MBg)	2-Methylbutane	-1542758	-3613262
C_5H_{12}(PENg)	Pentane	-547948	-1313147
C_6H_{14}(HXAg)	Hexane	-8497852	-7450690
C_7H_{16}(HTAg)	Heptane	-11351688	-4654522

续表

分子式	英文名称	一反入口 525℃	四反出口 525℃
C_8H_{18}(OCTg)	Octane	-9844072	-969750
C_9H_{20}(NONg)	Nonane	-7823969	0
$C_{10}H_{22}$(DECg)	Decane	-4505049	0
C_5H_{10}(CPAg)	Cyclopentane	2520	5608
C_6H_{12}(CHAg)	Cyclohexane	-2787176	-133355
C_7H_{14}(MCHg)	Methylcyclohexane	-7372335	-117184
C_8H_{16}(ECHg)	Ethylcyclohexane	-6095449	-19393
C_9H_{18}(T1E2MCHg)	trans-1-Ethyl-2-methylcyclohexane	-5622430	0
$C_{10}H_{20}$(1P1MCHg)	1-Methyl-1-propylcyclohexane	-1561177	0
C_6H_6(BZEg)	Benzene	4941040	22528535
C_7H_8(TLUg)	Methylbenzene	8615951	48477320
C_8H_{10}(EBZg)	Ethylbenzene	10193695	8435186
C_8H_{10}(PXYg)	1，4-Dimethylbenzene	0	9338880
C_8H_{10}(MXYg)	1，3-Dimethylbenzene	0	19988402
C_8H_{10}(OXYg)	1，2-Dimethylbenzene	0	12909460
C_9H_{12}(1E2MBg)	1-Ethyl-2-methylbenzene	6158305	36569244
$C_{10}H_{14}$(1P2MBg)	1-Methyl-2-propylbenzene	0	13010402
合计		16723921	244674545

从上表中可知，一反入口焓 = 16723921kJ/h = 4.65MW，用相同的方式计算出各物流的焓值，如表3-29所示。

表3-29　反应入口出口物流焓值

名　称	温度/℃	焓　值/MW
一反入口	525.0	4.65
一反出口	402.3	5.34
二反入口	525.0	31.03
二反出口	445.0	30.86
三反入口	525.0	48.23
三反出口	471.0	56.24
四反入口	525.0	59.84
四反出口	487.2	59.60
四反出口升温后	525.0	67.97

从上表中可以看出二反入口温度和一反入口温度相同。因此，可以通过二反入口和一反入口的焓值差得到一反的反应热，用相同的方法得到各个反应的反应热和总反应热，如表 3-30所示。

表 3-30　各反应反应热

名称	反应热/MW	名称	反应热/MW
一反	26.38	三反	11.61
二反	17.20	四反	8.13
总	63.32		

2. 方法二：简化的反应热

使用近似的方法，假定反应热为烷烃环化脱氢和环烷烃脱氢吸收的热量，与加氢裂化放出的热量之和，忽略其他的反应热。其中芳构化反应的反应热如表 3-31 所示，加氢裂化反应热取 921kJ/kg 裂化产物[6]。

表 3-31　700K 时芳构化反应的反应热[6]

芳烃产物	环烷烃脱氢反应热/(kJ/kg 产物)	烷烃环化脱氢反应热/(kJ/kg 产物)
C_6	2822	3375
C_7	2345	2742
C_8	2001	2282
C_9	1675	1926
C_{10}	1379	1650

注：反应均按正构烷烃反应计算。

从表 3-8 中可以得出反应进口与出口物流的各个组分的质量流量，假定环烷烃先脱氢生成对应的芳烃，剩余的芳烃由对应的烷烃脱氢环化生成，从而可以得出烷烃环化脱氢和环烷烃脱氢吸收的热量，以 C_7芳烃为例，C_7芳烃在反应后生成了 26360kg，C_7环烷烃在反应后减少了 21050kg，则

C_7芳烃中由 C_7环烷烃生成的量 = 21050×92/98 = 19761kg

C_7芳烃中由 C_7烷烃生成的量 = 26360−19761 = 6599kg

C_7烷烃环化脱氢反应热 = 19761×2345 = 46340622kJ/h = 12.87MW

C_7环烷烃脱氢反应热 = 18093199kJ/h = 5.03MW

使用相同的方法计算 C_6～C_{10}烷烃环化脱氢和环烷烃脱氢的反应热并加和，可得：

烷烃环化脱氢反应热 = 41.50MW

环烷烃脱氢反应热 = 23.97MW

加氢裂化量 = 重整原料量−脱戊烷油量−纯氢量
= 13443kg/h

加氢裂化反应热 = 加氢裂化量×921 = 3.44MW

$$\begin{aligned}\text{总反应热} &= \text{烷烃环化脱氢反应热}+\text{环烷烃脱氢反应热}-\text{加氢裂化反应热}\\ &= 41.5+23.97-3.44 \\ &= 62.02\text{MW}\end{aligned} \tag{3-74}$$

3. 方法三：催化重整装置基准能耗中反应热的计算[7]

本方法考虑到重整进料和产物都比较简单，重整反应热采用物质生成焓法。重整反应过程视为在末反出口温度的恒温条件下发生，将重整加热炉虚拟成进料加热炉和中间加热炉。进料加热炉负责将反应物料加热到四反出口温度，即补偿重整进料换热器热端温差，其热负荷比实际中的第一加热炉小。中间加热炉负责供给反应热。

重整反应可以看着是环烷、烷烃转化成芳烃，一部分大烷烃变较小烷烃（$C_6 \sim C_8$）和小烷烃（以 $C_1 \sim C_5$）。在重整反应中有以下规律：

五元、六元环烷不论侧链如何，每摩尔环烷转化成 1mol 芳环的反应热非常接近，同时烷烃也有类似规律。

氢气对反应热贡献为四反出口温度下的生成焓小烷烃（以 $C_1 \sim C_5$）对反应热贡献为四反出口温度下的与进料中等质量烷烃的生成焓差。

反应热计算公式为：

$$E_1 = W/(0.36M_{oil} \times 0.9) \tag{3-75}$$

$$W = W_1 + W_2 + W_3 + W_4 \tag{3-76}$$

$$W_1 = 196.55M_{ni} \tag{3-77}$$

$$W_2 = 240.45(M_{ao} - M_{ai} - M_{ni}) \tag{3-78}$$

$$W_3 = 164.5W_{ho} \times M_{oil}/100 \tag{3-79}$$

$$W_4 = M_{oil}/100 \times \sum (W_i dH_i) \tag{3-80}$$

注：

a. 本方法中忽略了产物中 C_{6+} 的烷烃与进料中 C_{6+} 的烷烃的等质量焓差；

b. 本方法中视产物中 C_{6+} 的新产芳烃与进料中 C_{6+} 的烷烃或环烷的气相比热容相等；

c. 质量产率%与摩尔产率%的转换公式为：%（摩尔）$= m\% * M_{oil}/M_i$

式中 W——每 100kmol 进料反应总吸热量，MJ；

W_1——原料中环烷转化成芳烃的焓差；

W_2——原料中烷转化成芳烃的焓差；

W_3——氢气在四反出口温度下的生成焓；

W_4——小烷烃（$C_1 \sim C_5$）在四反出口温度下与进料中等质量烷烃的生成焓差。

M_{oil}——重整进料平均相对分子质量，缺省值为 100；

M_{ni}——进料中环烷含量，%（摩尔）；

M_{ai}——进料中芳烃含量，%（摩尔）；

M_{ao}——相对于进料的芳烃收率，%（摩尔）；

W_{ho}——相对于进料纯氢产率，%（质）；

W_i——分别为干气、液化气、戊烷油相对于进料的产率，%（质）；

dH_i——分别为干气、液化气、戊烷油在四反出口温度下的生成焓，MJ/kmol，见表 3-32。

表 3-32 干气、液化气、戊烷油在四反出口温度下的生成焓 MJ/kmol

项 目	干 气	液化汽	戊烷油
500℃下的与等质量进料烷烃的焓差/（MJ/100kmol）	-131.56	-39.54	-7.53
参考平均相对分子质量 M_i	23	51	72

从物料平衡和氢油分子比两节中可以得到计算所需的条件，并列于表3-33中。

表3-33 催化重整装置基准能耗反应热计算所需数据

符号	名称	单位	数值
	原料		
M_{oil}	重整进料平均相对分子质量		107.3
M_{ni}	进料中环烷含量	%(摩尔)	43.45
M_{ai}	进料中芳烃含量	%(摩尔)	12.13
	重整产物		
M_{ao}	相对于重整进料的芳烃收率	%(摩尔)	76.90
W_{ho}	相对于重整进料的氢气收率	%(质)	3.99
M_{go}	相对于重整进料的干气收率	%(质)	1.91
M_{lo}	相对于重整进料的液化气收率	%(质)	4.64
M_{C_5}	相对于重整进料的戊烷油收率	%(质)	2.07

将表3-33中数据代入式(3-73)和式(3-74)，可得：

$W_1=196.55M_{ni}=196.55\times43.45=8540.1$

$W_2=240.45(M_{ao}-M_{ai}-M_{ni})=240.45\times(76.9-12.13-43.45)=5126.4$

$W_3=164.5W_{ho}\times M_{oil}/100=164.5\times3.99\times107.3/100=704.2$

$$W_4=M_{oil}/100\times\sum(W_i dH_i)$$

$$=107.3/100\times(-131.56\times1.91-39.54\times4.64-7.53\times2.07)$$

$$=-483.2$$

$$W=W_1+W_2+W_3+W_4=13890\text{MJ}/100\text{kmol 进料} \quad (3-81)$$

$$=13890\times179753/107.3/3600/100$$

$$=64.63\text{MW}$$

4. 三种计算方法得出的反应热比较

整理三种方法计算得到的反应热并列于表3-34中。

表3-34 不同计算方法得到的反应热

名称	方法一	方法二	方法三
反应热/MW	63.32	62.02	64.6
差值/MW	0	1.3	-1.28
百分比/%	0	2.05	-2.02

从上表中可以看出，三种计算方法得到反应热相近，其中第一种是使用焓差得到的反应热，该计算值为实际反应热，其他两种反应热为假定反应过程从而得到的反应热，与从焓差算得的反应热相比，两种方法误差均为2%。

（二）加热炉热负荷及效率

1. 加热炉热负荷

加热炉热负荷为流入加热炉的燃料气的低热值。将燃料气的组成和低热值列于表3-35中。

表3-35 燃料气组成和低热值

名 称	相对分子质量	百分数		单位低热值[10]/(MJ/kg)	低热值/(MJ/kg)
		%(摩尔)	%(质)		
H_2	2	31.00	3.53	119.64	4.23
CH_4	16	42.55	38.77	49.86	19.33
C_2H_6	30	9.75	16.66	47.37	7.89
C_3H_8	44	6.07	15.20	46.24	7.03
iC_4H_{10}	58	2.29	7.58	45.64	3.46
nC_4H_{10}	58	1.44	4.77	45.64	2.18
iC_5H_{12}	72	0.62	2.56	45.26	1.16
nC_5H_{12}	72	0.26	1.07	45.26	0.48
$C_{4=}$	56	0.04	0.13	45.40	0.06
CO_2	44	0.24	0.60	0.00	0.00
N_2	28	5.73	9.14	0.00	0.00
合计		100.00	100.00		45.81

通过燃料气热值公式可以计算出燃料气的热值：

$$Q = \sum_{i=1}^{n} x_i \times Q_i \tag{3-82}$$

式中 x_i——燃料气中各组分的质量分数；

Q_i——各组分的低热值，MJ/kg；

n——组分数。

将表3-35中的数据代入式(3-82)中，可以得到燃料气低热值为45.81MJ/kg，再结合各个加热炉进料燃料气质量流量，可以得到各反应炉的负荷，以重整进料加热炉BA-203201为例：

$$W_1 = 1.62\times1000\times45.81/3600 = 20.59\text{MW} \tag{3-83}$$

以相同的方式计算出其他加热炉的热负荷以及总热负荷，如表3-36所示。

表3-36 加热炉热负荷

名 称	燃料气量/(t/h)	负荷/MW
BA-203201	1.62	20.59
BA-203202	3.07	39.10
BA-203203	2.10	26.74
BA-203204	1.34	17.11
合计	8.14	103.54

2. 加热炉热效率

（1）方法一：工艺介质和发生蒸汽吸收热量比上燃料气提供热量

本装置在四合一炉顶部回收烟气的热量并产生蒸汽，中压除氧水在顶部吸入热量后变为高压蒸汽和排污污水，其温度、压力以及对应条件下的热值如表 3-37 所示。

表 3-37　除氧水、蒸汽、污水热负荷

项　目	单　位	中压除氧水	高压蒸汽	连续排污
流量	t/h	41.87	41.03	0.84
温度	℃	100.0	423.3	248.6
压力	MPa	5.75	3.78	3.77
焓值	kJ/kg	423.3	3272.8	1075.1
热值	kJ/h	17722963	134292378	900277
	MW	4.92	37.30	0.25

从上表中可以计算出发生蒸汽吸收的热量＝37.3+0.25−4.92＝32.63MW

从表 3-29 各反应器出口入口的焓值，可以计算出各物流从加热炉中吸收的热负荷，其总负荷为 60.99MW，故加热炉热效率为：

$$\eta=(32.63+60.99)/103.54=90.42\% \tag{3-84}$$

（2）方法二：简化计算法[9]

使用 100%效率减去排烟热损失、不完全燃烧热损失和炉体散热损失来计算，即

$$\eta = 100 - q_1 - q_2 - q_3 \tag{3-85}$$

式中　η——综合效率，%；

q_1——排烟损失热量占供给能量的分数，%；

q_2——不完全燃烧损失热量占供给能量的分数，%；

q_3——表面散热损失热量占供给能量的分数，%（根据被测炉子测试数据及操作热负荷选取，一般为 2.5%）。

采用气体燃料时，没有雾化蒸汽，如不用外部热源加热空气，则计算公式可进一步简化为：

$$q_1 = (0.0083 + 0.031\alpha)(t_g + 0.000135t_g^2) - 1.1 \tag{3-86}$$

$$q_2 = (4.043\alpha - 0.252) \times 10^{-4} \cdot w(\mathrm{CO}) \tag{3-87}$$

式中　t_g——排烟温度，℃；

α——过剩空气系数，本装置使用取样分析法分析干燥气体：

$$\alpha = \frac{21 - 0.0627 \cdot \phi(\mathrm{O_2})}{21 - \phi(\mathrm{O_2})} \tag{3-88}$$

式中　$\phi(\mathrm{O_2})$——烟气中氧含量，%（体）；

$w(\mathrm{CO})$——烟气中一氧化碳含量，μg/g。

从标定报告表 1-11 中整理出计算所需的数据，列于表 3-38 中。

表 3-38　加热炉热效率计算

名称	O_2含量/%	α	排烟温度/℃	CO 含量/%	q_1/%	q_2/%	q_3/%	η/%
BA-203201	3.71	1.20	155.67	7	6.14	0.0032	2.50	91.36
BA-203202	3.44	1.18	150.97	7	5.83	0.0032	2.50	91.67
BA-203203	3.35	1.18	155.44	7	6.01	0.0032	2.50	91.48
BA-203204	2.97	1.15	153.81	7	5.82	0.0031	2.50	91.68
BA-203205	2.29	1.11	100.70	7	3.27	0.0030	2.50	94.22

以 BA-203201 为例，过剩空气系数：

$$\alpha = \frac{21 - 0.0627 \cdot \phi(O_2)}{21 - \phi(O_2)} = \frac{21 - 0.0627 \times 3.71}{21 - 3.71} = 1.2$$

排烟损失热量占供给能量的分数：

$$\begin{aligned} q_1 &= (0.0083 + 0.031\alpha)(t_g + 0.000135t_g^2) - 1.1 \\ &= (0.0083 + 0.031 \times 1.2)(155.67 + 0.000135 \times 155.67^2) - 1.1 \\ &= 6.14\% \end{aligned}$$

不完全燃烧损失热量占供给能量的分数：

$$\begin{aligned} q_2 &= (4.043\alpha - 0.252) \times 10^{-4} \cdot w(CO) \\ &= (4.043 \times 1.050 - 0.252) \times 10^{-4} \times 7 \\ &= 0.0032 \end{aligned}$$

表面散热损失热量占供给能量的分数 q_3取 2.5%。

加热炉综合热效率：

$$\eta = 100 - q_1 - q_2 - q_3 = 100 - 6.14 - 0.0032 - 2.5 = 91.36\%$$

使用相同的方法计算出其他加热炉热效率并列于表 3-38 中。

（三）进料换热器传热系数

本装置重整进料换热器使用的是 Alfa Laval Packinox 的板式换热器，换热器内部由一片片波纹钢板组成，其结构如图 3-8 所示。结合图 2-1 重整装置流程图，可以看出重整进料与循环氢混合后，与四反出口的反应产物在换热器内换热。

1. 换热器热负荷

本文以冷侧物流为例计算换热器热负荷，使用表 3-28 中一反入口焓值计算的方法，可以计算出：

$$H_{重整进料} = -81.30\text{WM}$$

$$H_{循环氢} = -8.99\text{WM}$$

$$H_{冷侧出口} = -9.61\text{WM}$$

$$\begin{aligned} Q &= H_{冷\ out} - H_{冷\ in} \\ &= -9.61 - (-81.3 - 8.99) = 80.68\text{MW} \end{aligned} \tag{3-89}$$

2. 换热器对数平均温差

对数平均温差 ΔT_m计算公式如下：

$$\Delta T = \Delta T_m \cdot F_T = \frac{\Delta t_h - \Delta t_c}{\ln(\Delta t_h / \Delta t_c)} \tag{3-90}$$

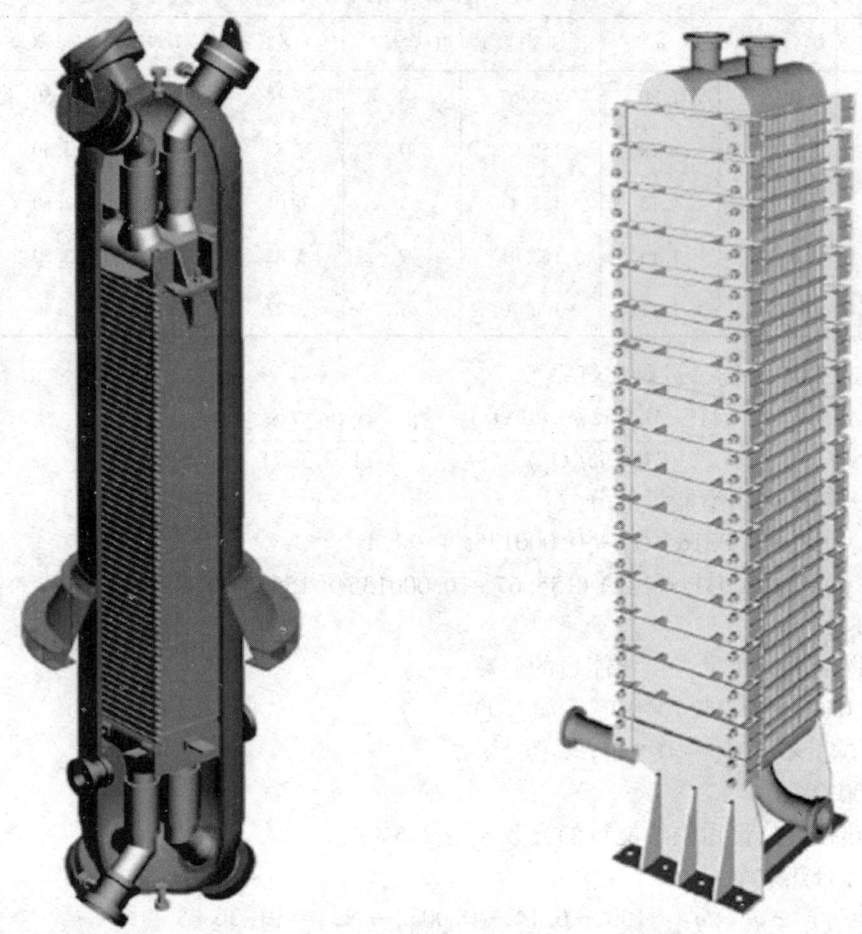

图 3-8 Alfa Laval Packinox 板式换热器结构图

式中 F_T——温差校正系数，板换换热效果好，假定为 1；

Δt_h——热端温差，℃，$\Delta t_h = T_1 - t_2$；

Δt_c——冷端温差，℃，$\Delta t_c = T_2 - t_1$；

T_1——热流进口温度，$T_1 = 487.2℃$；

T_2——热流出口温度，$T_2 = 100℃$；

t_1——冷流进口温度，$t_1 = 80.3℃$；

t_2——冷流出口温度，$t_2 = 459℃$。

注：此处冷流进口为重整进料与循环氢混合后的物流温度。

故热端温差：

$$\Delta t_h = T_1 - t_2 = 487.2 - 459 = 28.2℃$$

冷端温差：

$$\Delta t_c = T_2 - t_1 = 100 - 80.3 = 19.7℃$$

换热器的有效平均温差：

$$\Delta T = \Delta T_m = \frac{\Delta t_h - \Delta t_c}{\ln(\Delta t_h / \Delta t_c)} = \frac{28.2 - 19.7}{\ln(28.2 \div 19.7)} = 23.7℃ \tag{3-91}$$

3. 换热器传热面积

板换传热面积是 Alfa Laval Packinox 公司的机密数据，在与该公司书面和线下技术交流中均未获得，故采取估算的方式计算。将板换假定为一个个平行叠加的小换热单元，每个换热单元为一个波纹板，通过计算出每立方米换热单元对应的换热面积(m^2)的方式，估算出传热面积。

从文献[10]中可以查出波纹钢板截面图(图 3-9)和计算公式[式(3-92)]。

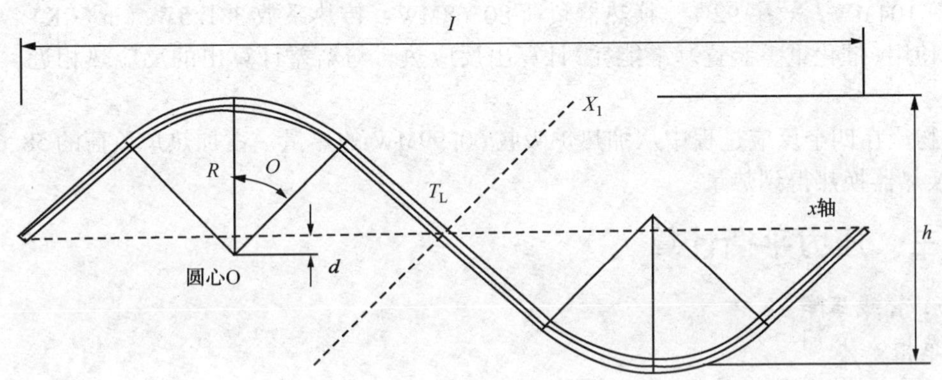

图 3-9 波纹钢板截面图

$$L = 4R \cdot \theta + 2 \cdot T_L \tag{3-92}$$

现以国外标准板件[11]为例，波纹尺寸为 152.4×50.8，板厚为 3.0mm，波峰波谷半径为 28.6mm，直线段长度 47.876mm，圆心角为 44.531°。计算参数为：

$R=28.6$，$T_L=47.876$，$l=152.4$，$h=5$，$t=3.0$，$\theta=44.531°=0.247\pi$，$d=3.2$mm。将参数代入式(3-92)中可以得出：

$$\begin{aligned} L &= 4R \cdot \theta + 2 \cdot T_L \\ &= 4 \times 28.6 \times 0.247 \times \pi + 2 \times 47.876 \\ &= 184.4\text{m} \end{aligned} \tag{3-93}$$

这每片波纹板每平方米的面积 S 为：

$$S = 1 \times L/l = 184.4/152.4 = 1.21 \text{ m}^2 \tag{3-94}$$

假定波纹板间距为 1.5 个波高 h，则每立方米空间内有 $1000/h$ 片波纹板，波纹板比表面积(A)为：

$$A = S \times 1000/l = 1.21 \times 1000/(1.5 \times 5) = 158.8 \text{ m}^2/\text{m}^3 \tag{3-95}$$

从换热器厂家图纸可以得知换热管箱体积：

$$V = a \times b \times c = 2.341 \times 1.944 \times 12.353 = 56.22 \text{ m}^3 \tag{3-96}$$

将比表面积带入式中，可得换热器传热面积 A_c：

$$A_c = V \times A = 56.22 \times 158.8 = 8927.3 \text{ m}^2 \tag{3-97}$$

4. 换热器传热系数 K

换热器的基本关系式为[13]：

$$Q = K \cdot A_c \cdot \Delta T \tag{3-98}$$

式中 Q——换热器的热负荷，W；

K——换热器的传热系数，W/(m^2·K)；

A——换热器的传热面积，m^2；

ΔT——换热器的有效平均温差，℃。

将上述计算结果代入式(3-96)中，得换热器的传热系数：

$$K = \frac{Q}{A_c \cdot \Delta T} = \frac{80.68 \times 10^6}{8927.3 \times 23.7} = 381.5\ \mathrm{W/(m^2 \cdot K)} \tag{3-99}$$

(四) 小结

1）本节计算了反应热、加热炉负荷和效率、换热器传热系数。其中反应热 63MW，加热炉负荷 104MW，效率 92%，换热器负荷 80.68MW，传热系数 381.5W/(m^2·K)。

2）使用《催化重整装置基准能耗》计算出反应热，与焓差计算出的反应热相近，两者相差 2%。

3）物流在四个反应过程中从加热炉吸收 60.99MW 的热量，占加热炉负荷的 58.6%，小于通过换热器换热得到热量。

十三、压力平衡计算

(一) 管线压降

1. 单相流体[15]

(1) 雷诺数

单相流体的流动状态可用流体的雷诺数 Re 表示，雷诺数可用式(3-100)计算。

$$Re = \frac{d_i u \rho}{\mu} \tag{3-100}$$

式中 Re——雷诺数；

d_i——内径，mm；

ρ——流体密度，kg/m^3；

μ——流体动力黏度，mPa·s；

u——流速，m/s。

当雷诺数小于 2000 时，流体的流动处在滞流状态，管道的阻力只与雷诺数有关。

当雷诺数为 2000~4000 时，流体的流动处在临界区，或是滞流或是湍流，管道的阻力不能做确切关联。

当雷诺数符合式(3-99)判断式时：

$$4000 \leqslant Re < 396 \cdot \left(\frac{d_i}{\varepsilon}\right) \lg\left(3.7 \times \frac{d_i}{\varepsilon}\right) \tag{3-101}$$

式中 ε——管壁的绝对粗糙度，mm；

ε / d_i——管壁的相对粗糙度。

此时，流动状态虽为湍流(过渡区)，但管道的阻力是雷诺数和相对粗糙度的函数。

当雷诺数符合式(3-102)判断式时：

$$Re \geqslant 396 \cdot \left(\frac{d_i}{\varepsilon}\right) \lg\left(3.7 \times \frac{d_i}{\varepsilon}\right) \tag{3-102}$$

此时，流动状态处于粗糙管湍流区(完全湍流区)，管道的阻力仅是管壁的相对粗糙度的函数。

(2) 管道压力降

流体在管道中流动时的压力降可分为直管压力降和局部障碍所产生的压力降。局部障碍系数指管道中的管件、阀门、流量计等。

$$\Delta p_P = \Delta p_f + \Delta p_t \tag{3-103}$$

式中 Δp_P——管道压力降，kPa；

Δp_f——直管压力降，kPa；

Δp_t——局部压力降，kPa。

1）直管压力降可按式(3-104)计算。

$$\Delta p_f = \lambda \frac{L}{d_i}\frac{\rho u^2}{2} \tag{3-104}$$

式中 L——直管长度，m；

d_i——直管内径，mm；

λ——摩擦系数。

2）摩擦系数 λ 应根据流动状态按下列公式之一计算。

当流体处在滞流状态时：

$$\lambda = 64\,Re^{-1} \tag{3-105}$$

当流体处在过渡区时：

$$\frac{1}{\sqrt{\lambda}} \geqslant -2\lg\cdot\left(\frac{\varepsilon}{3.7d_i}+\frac{2.51}{Re\sqrt{\lambda}}\right) \tag{3-106}$$

当流体处在粗糙管的湍流区时：

$$\frac{1}{\sqrt{\lambda}} = -2\lg\cdot\left(\frac{\varepsilon}{3.7d_i}\right) \tag{3-107}$$

当流体处在临界区时：

$$\lambda = \frac{0.3164}{Re^{0.25}} \tag{3-108}$$

3）局部阻力(因局部障碍所产生的压力降)可按下述方法计算。

因局部阻力而导致的压力降，相当于流体通过其相同管径的某一长度的直管的压力降，此直管长度称为当量长度。

各种管件、阀门和流计等的当量长度值由实验测定，见表3-39。当管道中的管件、阀门和流量计的数量、型号为已知时，可据此计算出总当量长度，再按式(3-104)求得局部阻力。

表3-39 管件、阀门和流量计以管径计的当量长度

名称	L_e/d_i'	名称	L_e/d_i'
45°标准弯头	15	3/4开	40
90°标准弯头	30~40	1/2开	200
90°方形弯头	60	1/4开	800
180°弯头	50~75	带有滤水器的底阀(全开)	420
三通管(标准)		止回阀(旋启式)(全开)	135
流向		升降式止回阀	600

续表

名称	L_e/d_i'	名称	L_e/d_i'
	40	蝶阀(全开)	
		DN≤200	45
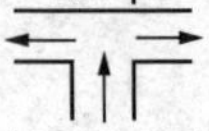	60	DN250~350	35
		DN400~600	25
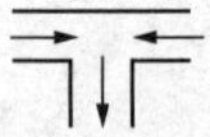	90	盘式流量计(水表)	400
		文式流量计	12
截止阀(标准式)(全开)	300	转子流量计	200~300
角阀(标准式)(全开)	145	由容器入管口	20
闸阀(全开)	7		

以压缩机出口到换热器管线 750-H20601 为例，该管道内径 d_i 为 736.6mm，管内介质为循环氢，流量为 29720m^3/h，黏度为 0.0116cP，密度为 0.897kg/m^3，直管段长度 100m，管道上有 6 个 90°弯头，一个止回阀，一个截止阀，一个变径，一个流量计，其压降为：

$$Re = \frac{d_i u \rho}{\mu} = \frac{737 \times 19.4 \times 0.897}{0.0116} = 1104041$$

$$4000 \leqslant Re < 396 \cdot (\frac{d_i}{\varepsilon}) \lg(3.7 \times \frac{d_i}{\varepsilon}) = 12937875$$

流动状态属于粗糙管的湍流，代入式(3-107)可得。

$$\frac{1}{\sqrt{\lambda}} = -2\lg(\frac{\varepsilon}{3.7d_i}) \Rightarrow \lambda = 0.0127$$

按式(3-104)可求得直管助力降：

$$\Delta p_f = \lambda \frac{L}{d_i}\frac{\rho u^2}{2} = 0.0127 \times \frac{100}{737} \times \frac{0.897 \times 19.4^2}{2} = 0.29\text{kPa}$$

当量长度法求局部阻力：

从表 3-39 中可查出管件当量长度为：

$$L_1 = (6 \times 40 + 135 + 300 + 40 + 400 + 20 + 0) \times 0.737 = 836\text{m}$$

局部阻力可用式(3-104)计算出

$$\Delta p_t = \lambda \frac{L}{d_i}\frac{\rho u^2}{2} = 0.0127 \times \frac{836}{737} \times \frac{0.897 \times 19.4^2}{2} = 2.42\text{kPa}$$

故管线压力降为：

$$\Delta p_P = \Delta p_f + \Delta p_t = 0.29 + 2.42 = 2.71\text{kPa} \tag{3-109}$$

使用相同的方法可以计算出各个单相流体的管线压降，对比第十一节反应器压降，可以看出单相流体的管线压降相对较低。

2. 气液两相流体[15]

非闪蒸型两相流管道压降可按下式计算：

$$\Delta p = 1.3(\Delta p_{ft} + \Delta p_{ff} + \Delta p_a + \Delta p_h) \tag{3-110}$$

式中　Δp—— 管段总压降，kPa；

Δp_{ft}—— 直管段压降，kPa；

Δp_{ff}—— 管件压降，kPa；

Δp_a—— 加速度压降，kPa；

Δp_h—— 重力压降，kPa。

以换热器出口至重整反应产物空冷器管线 1200-PHH20302 为例，该管道内径 d_i 为 1200mm，管内介质为油气混合物，气相质量流量为 165316kg/m³，体积流量为 84371m³/h，黏度为 0.0145mPa · s，密度为 1.959kg/m³，液相质量流量为 51418kg/m³，体积流量为 64.8m³/h，黏度为 0.312mPa · s，密度为 793kg/m³，直管段长度 100m，管道上有 4 个 180° 弯头，其压降为：

1）直管段压降 Δp_{ft}：

$$\Delta p_{ft} = \lambda_H \cdot \left(\frac{L}{d_i}\right) \cdot \left(\frac{G^2 \cdot V_H}{2}\right) \tag{3-111}$$

式中 L—— 直管段长度，m；

d_i—— 管内径，mm；

G—— 质量流速，kg/(m² · s)；

V_H ——均相比容，m³/kg；

λ_H—— 均相阻力系数；

由均相雷诺数可从图 3-10 中查出摩擦系数。

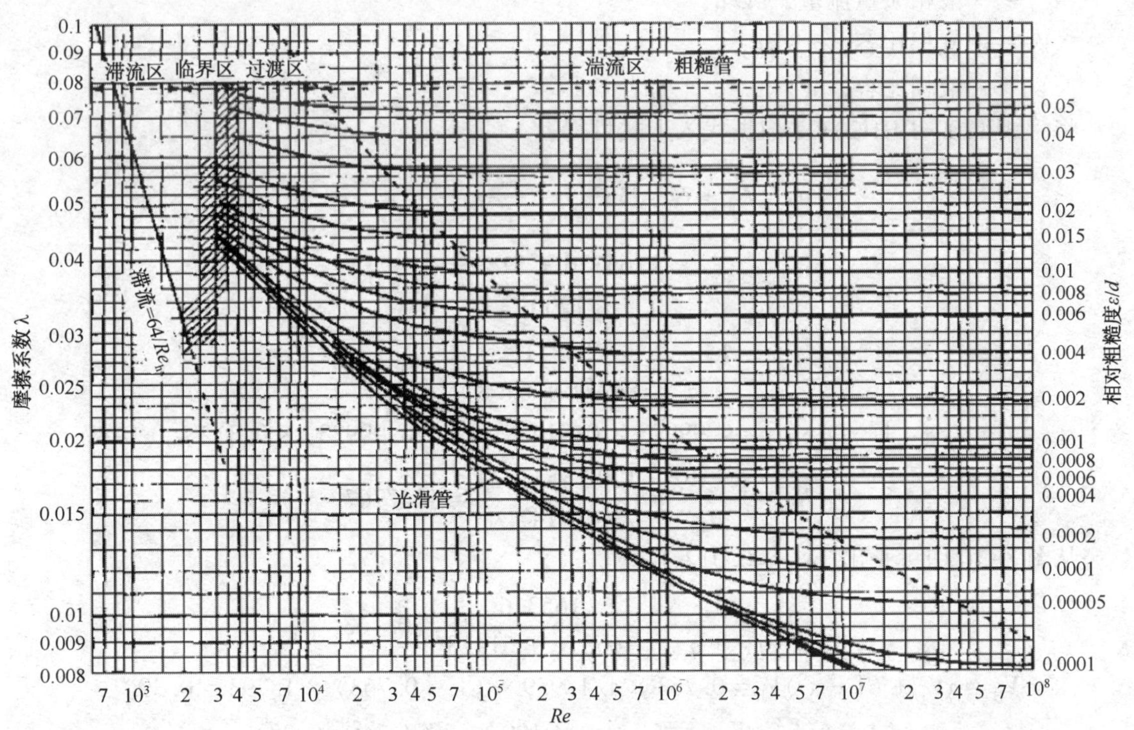

图 3-10 摩擦系数与雷诺数和相对粗糙度的关系

均相雷诺数：

$$Re_h = \frac{d_i \cdot G}{\mu_H} \tag{3-112}$$

式中 μ_H—— 均相动力黏度，mPa · s；

$$\mu_H = \beta \cdot \mu_g + (1 - \beta) \cdot \mu_l \tag{3-113}$$

β—— 两相流中体积含气率

$$\beta = \frac{q_{vg}}{q_{vg} + q_{vl}} \tag{3-114}$$

μ_g—— 气相动力黏度，mPa · s；

μ_l—— 液相动力黏度，mPa · s；

q_{vg}—— 气相体积流量，m^3/h ；

q_{vl}—— 液相体积流量，m^3/h 。

$$G = G_g + G_l = 353.7 \times \frac{q_{mg} + q_{ml}}{d_i^2} \tag{3-115}$$

$$x = \frac{q_{mg}}{q_{mg} + q_{ml}} \tag{3-116}$$

$$V_H = xV_g + (1 - x)V_l \tag{3-117}$$

式中 G—— 质量流速，$kg/(m^3 \cdot s)$；

x—— 质量含气率；

q_{mg}—— 气相质量流量，kg/h；

q_{ml}—— 液相质量流量，kg/h；

V_g—— 气相比容，m^3/kg；

V_l—— 液相比容，m^3/kg。

将管线 1200-PHH20302 数据代入上式可得：

$$G = G_g + G_l = 353.7 \times \frac{q_{mg} + q_{ml}}{d_i^2}$$

$$= 353.7 \times \frac{165316 + 51418}{1200^2} = 53.24$$

$$\beta = \frac{q_{vg}}{q_{vg} + q_{vl}} = \frac{84371}{84371 + 64.8} = 0.99923$$

$$\mu_H = \beta \cdot \mu_g + (1 - \beta) \cdot \mu_l = 0.99923 \times 0.0145 + (1 - 0.99923) \times 0.312 = 0.0147$$

$$Re_h = \frac{d_i \cdot G}{\mu_H} = \frac{1200 \times 53.24}{0.0147} = 4337767$$

从图 3-10 中可查出，$\lambda_H = 0.012$

$$x = \frac{q_{mg}}{q_{mg} + q_{ml}} = \frac{165316}{165316 + 51418} = 0.763$$

$$V_H = xV_g + (1 - x)V_l = 0.763 \times 1/1.959 + (1 - 0.763) \times 1/793 = 0.39$$

$$\Delta p_{ft} = \lambda_H \cdot \left(\frac{L}{d_i}\right) \cdot \left(\frac{G^2 \cdot V_H}{2}\right) = 0.012 \times \left(\frac{100}{1200}\right) \times \left(\frac{53.24^2 \cdot 0.39}{2}\right) = 0.55\ \text{kPa}$$

2)管件压降 Δp_{ff} ：

为简单起见，每段管线仅计算一个弯头(180°)，总管件压降为一个弯头压降的 n 倍数。

$$\Delta p_{ff} = \Delta p_{fgs} + C \cdot \sqrt{\Delta p_{fgs} \cdot \Delta p_{fls}} + \Delta p_{fls}$$

式中 Δp_{fgs}—— 气相单相流动时的压降，kPa；

Δp_{fls}—— 液相单相流动时的压降，kPa；

C—— 奇斯霍姆系数；

$$C = C_2 \cdot \left(\sqrt{\frac{\rho_l}{\rho_g}} + \sqrt{\frac{\rho_g}{\rho_l}}\right)$$

C_2—— 管件系数，对于 90° 弯头 $C_2 = 2.167$。

将管线 1200-PHH20302 数据代入上式可得：

对于液相

$$u_l = \frac{q_{vl}}{3600 \times \frac{\pi}{4} \times d_i^{\ 2}} = \frac{64.8}{3600 \times \frac{\pi}{4} \times 1.2^2} = 0.0159\text{m/s}$$

$$Re = \frac{d_i \cdot \mu_l \rho}{\mu_l} = \frac{1200 \times 0.0159 \times 793}{0.312} = 48567$$

从图 3-10 中可查出，$\lambda_l = 0.021$。

对于气相

$$u_l = \frac{q_{vg}}{3600 \times \frac{\pi}{4} \times d_i^{\ 2}} = \frac{84371}{3600 \times \frac{\pi}{4} \times 1.2^2} = 20.73\text{m/s}$$

$$Re = \frac{d_i \cdot \mu_g \rho}{\mu_g} = \frac{1200 \times 20.73 \times 1.959}{0.0145} = 3361292$$

从图 3-10 中可查出，$\lambda_g = 0.0118$。

取四个 180°弯头为当量长度 180m，则：

$$\Delta p_{fls} = \lambda_{ls} \frac{L_e}{d_i} \frac{\rho_{ls} u_{ls}^{\ 2}}{2} = 0.021 \times \frac{180}{1200} \times \frac{793 \times 0.0159^2}{2} = 0.0003\ \text{kPa}$$

$$\Delta p_{fgs} = \lambda_{gs} \frac{L_e}{d_i} \frac{\rho_{gs} u_{gs}^{\ 2}}{2} = 0.0118 \times \frac{180}{1200} \times \frac{1.959 \times 20.73^2}{2} = 0.745\ \text{kPa}$$

$$C = C_2 \cdot \left(\sqrt{\frac{\rho_l}{\rho_g}} + \sqrt{\frac{\rho_g}{\rho_l}}\right) = 2.167 \times \left(\sqrt{\frac{793}{1.959}} + \sqrt{\frac{1.959}{793}}\right) = 43.71$$

$$\begin{aligned} \Delta p_{ff} &= \Delta p_{fgs} + C \cdot \sqrt{\Delta p_{fgs} \cdot \Delta p_{fls}} + \Delta p_{fls} \\ &= 0.745 + 43.71 \times \sqrt{0.745 \times 0.0003} + 0.0003 \\ &= 1.4\ \text{kPa} \end{aligned}$$

3）加速度压降 Δp_a：

$$\Delta p_a = G^2 (V_{H_2} - V_{H_1}) \times 10^{-3} \tag{3-118}$$

$$V_H = xV_g + (1 - x)V_l \tag{3-119}$$

$$x = \frac{q_{mg}}{q_{mg} + q_{ml}} \tag{3-120}$$

式中 G—— 质量流速，kg/(m³ · s)；

x—— 质量含气率；

q_{mg}—— 气相质量流量，kg/h；

q_{ml}—— 液相质量流量，kg/h；

V_{H_1}—— 进口均相比容，m^3/kg；

V_{H_2}—— 出口均相比容，m^3/kg；

V_g—— 气相比容，m^3/kg；

V_l—— 液相比容，m^3/kg。

将管线 1200-PHH20302 数据代入上式，可近似认为进出口均相比容相等：

$$V_{H_2} = V_{H_1}$$

$$\Delta p_a = G^2(V_{H_2} - V_{H_1}) \times 10^{-3} \approx 0\ kPa$$

4）重力压降 Δp_h：

$$\Delta p_h = \rho_1{}'(z_2 - z_1) \cdot g \cdot 10^{-3} \tag{3-121}$$

$\rho_1{}'$——两相混合物的真实密度，kg/m^3；

$$\rho_1{}' = \rho_g \cdot \alpha + \rho_l(1 - \alpha) \tag{3-122}$$

式中 α—— 截面含气率，采用洛克哈特-马蒂内里计算方法求出；

$1-\alpha$—— 截面含液率；

z_2—— 出口垂直高度，m；

z_1—— 入口垂直高度，m；

g—— 重力加速度，9.8。

洛克哈特参数：

$$X = \frac{u_{ls}}{u_{gs}}\left(\frac{\lambda_{ls} \cdot \rho_l}{\lambda_{gs} \cdot \rho_g}\right)^{\frac{1}{2}} \tag{3-123}$$

式中 X—— 洛克哈特参数；

u_{ls}—— 液相表观流速，m/s；

u_{gs}—— 气相表观流速，m/s；

λ_{ls}—— 液相阻力系数；

λ_{gs}—— 气相阻力系数；

ρ_l—— 液相密度，kg/m^3；

ρ_g—— 气相密度，kg/m^3；

根据 X 查图 3-11，得出 $1-\alpha$。

将管线 1200-PHH20302 数据代入上式可得：

$$X = \frac{u_{ls}}{u_{gs}}\left(\frac{\lambda_{ls} \cdot \rho_l}{\lambda_{gs} \cdot \rho_g}\right)^{\frac{1}{2}} = \frac{0.0159}{20.73} \times \left(\frac{0.021 \times 793}{0.0118 \times 1.959}\right)^{\frac{1}{2}} = 0.0206$$

查图 3-11 可得 $1-\alpha=0.012$，$\alpha=0.988$；

$$\rho_1{}' = \rho_g \cdot \alpha + \rho_l(1 - \alpha) = 1.959 \times 0.988 + 793 \times 0.012 = 11.45$$

z_2——出口垂直高度 20m；

z_1——入口垂直高度 3m。

$$\Delta p_h = \rho_1{}'(z_2 - z_1) \cdot g \cdot 10^{-3} = 11.45 \times (20 - 3) \times 9.8 \times 10^{3} = 1.91\ kPa$$

将上述结果代入式(3-110)中可得：

$$\Delta p = 1.3(\Delta p_{ft} + \Delta p_{ff} + \Delta p_a + \Delta p_h) = 1.3 \times (0.55 + 1.4 + 0 + 1.91) = 5.02\ kPa$$

使用相同的方法可以计算出各个气液两相流体的管线压降。

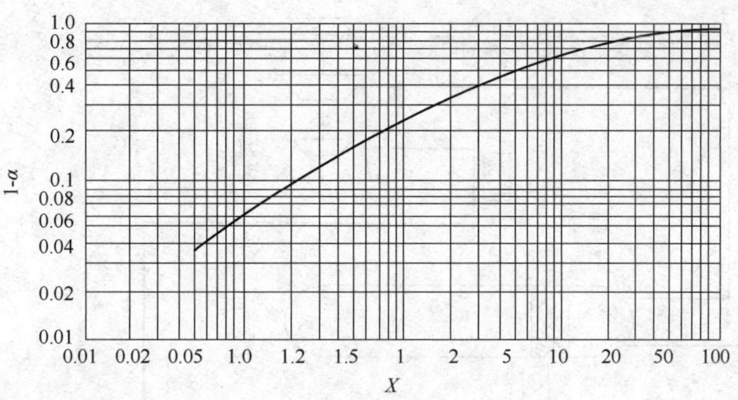

图 3-11 洛克哈特参数与截面含气率的关系

（二）反应系统、催化剂循环系统压力平衡

1. 反应系统

从标定报告、设计文件、反应器压降计算等部分中整理出反应系统的设备压力，列于表 3-40中。

表 3-40 反应系统设备压力

设备名称	设计压力/MPa	设计压降/kPa	计算压降/kPa	测量压降/kPa
循环氢压缩机(出口)	0.55	300		193.0
进料换热器(冷侧)	0.55	30		24.9
进料加热炉	0.52	30		13.2
第一反应器	0.49	20	17.3	12.8
第一中间加热炉	0.47	30		15.6
第二反应器	0.44	20	17.3	10.8
第二中间加热炉	0.42	30		13.4
第三反应器	0.39	20	20.4	12.0
第三中间加热炉	0.37	30		11.6
第四反应器	0.34	30	22.7	10.0
进料换热器(热侧)	0.31	50		37.3
产物空冷器	0.26	10		
产物分离器	0.25	0		
循环氢压缩机(入口)	0.25			

结合上一节的管线压降可以得到反应系统压力平衡图，如图 3-12 所示。

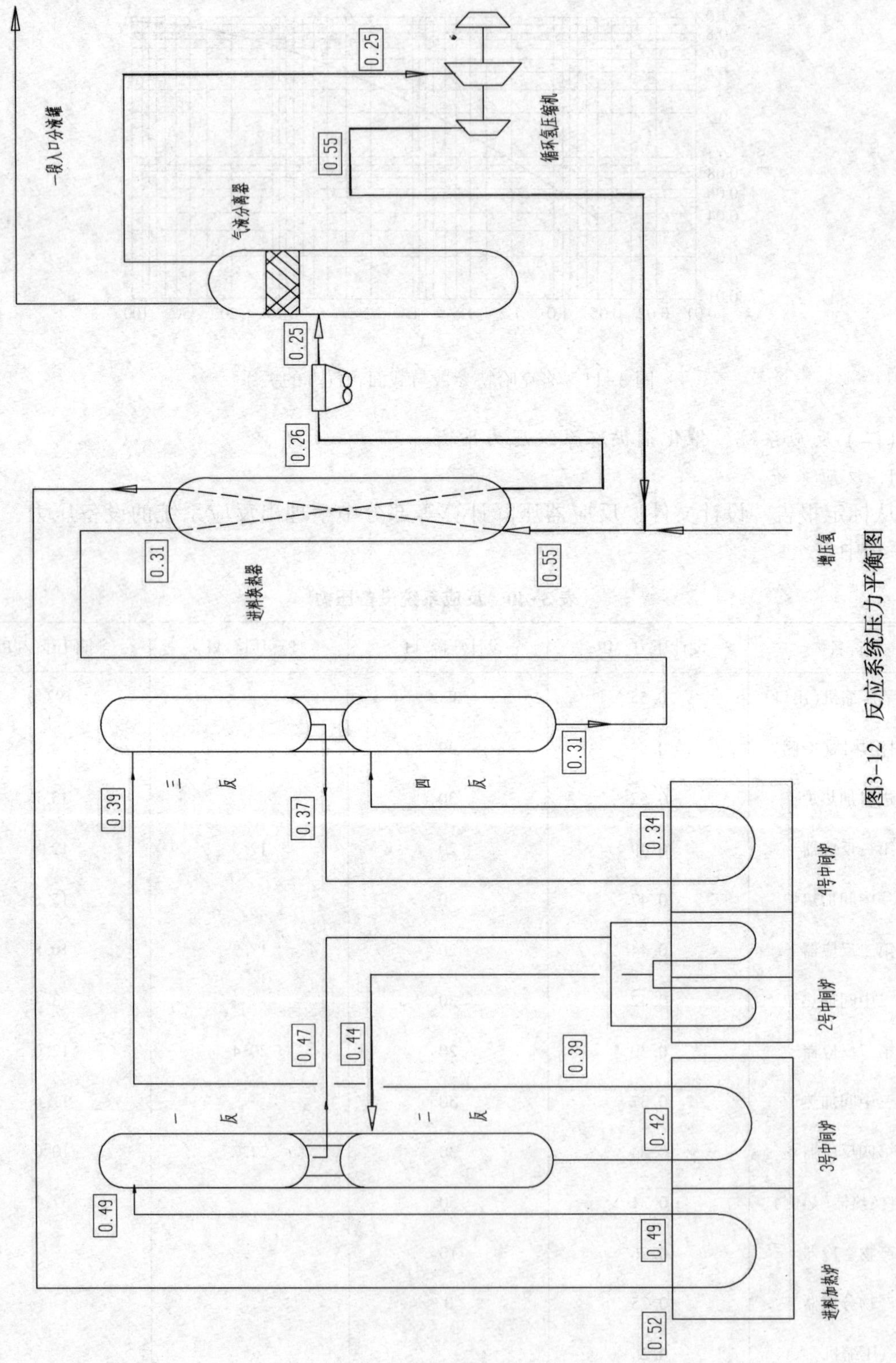

图3-12 反应系统压力平衡图

2. 催化剂循环系统

催化剂在重力作用下，从还原室自流而下，先后经过重整第一反应器和重整第二反应器，然后由二反提升器用氢气提升至三反上部料斗，并自流进入重整第三反应器、重整第四反应器。从重整第四反应器底部出来的催化剂由四反提升器用氮气提升至分离料斗，催化剂在此经淘析气吹去粉尘后，进入氮气环境的闭锁料斗。由逻辑控制系统通过压力平衡进行闭锁料斗的等待、加压、卸料、降压和装料五个步骤，以控制催化剂的循环量。催化剂由此进入再生器。

待生催化剂在再生器中自上而下经过了烧焦、再加热、氯化、焙烧后出再生器，经由再生器下部料斗，进入再生器提升器。以重整氢作为提升气将待生剂提升至第一反应器顶部的还原室。催化剂在还原室中由氧化态变成还原态，从而恢复活性，然后进入一反，完成了再生循环过程。

循环过程中主要设备压降如表 3-41 所示，结合管线压降可以得到催化剂循环系统压力平衡图 3-13。

表 3-41 催化剂循环系统设备压力

设备名称	压力/MPa	设备名称	压力/MPa
闭锁料斗	0.55	二反底部提升器	0.42
再生器	0.55	三反上部料斗	0.42
下部料斗	0.55	三反入口	0.39
再生器底部提升器	0.55	三反出口	0.37
还原室	0.5	四反入口	0.34
一反入口	0.49	四反出口	0.31
一反出口	0.47	四反下部料斗	0.32
二反入口	0.44	四反底部提升器	0.31
二反出口	0.42	分离料斗	0.29
二反下部料斗	0.43	闭锁料斗	0.29/0.55

(三) 循环压缩机的功率计算

重整部分循环压缩机有循环氢压缩机和重整氢增压机，本小节以循环氢压缩机为例，该压缩机为离心式，以蒸汽驱动。

1. 循环氢组成

从表 1-4 中可以查出循环氢气体积组成。

2. 循环氢绝热指数 k

混合气体绝热指数计算公式如下：

$$\frac{1}{k-1}=\sum\frac{y_i}{k_i-1} \tag{3-124}$$

式中 k—— 混合气体的绝热指数；

k_i——i 组分的绝热指数；

y_i——i 组分的分子分数。

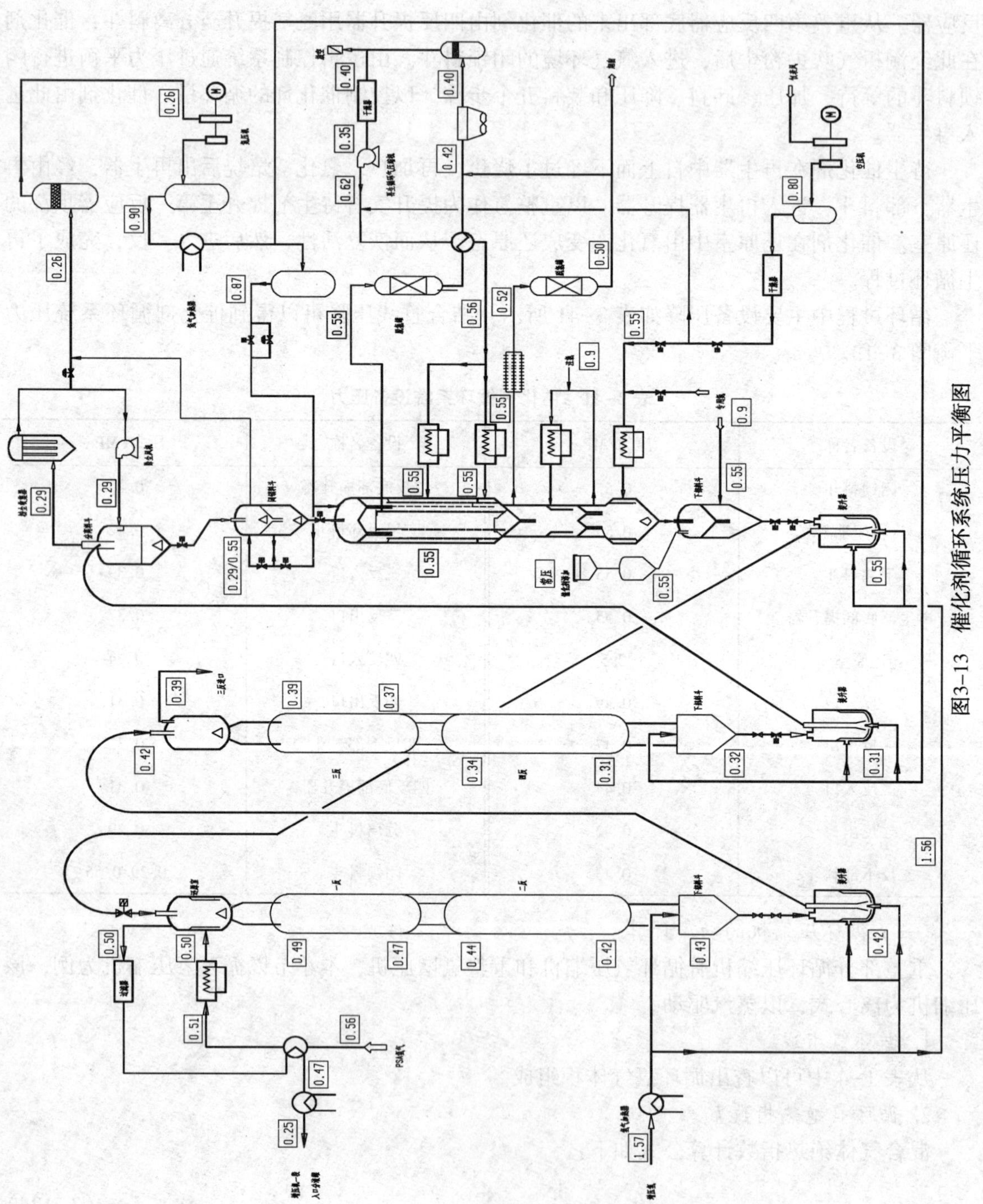

图3-13 催化剂循环系统压力平衡图

循环氢入口温度43℃，出口温度80.3℃，平均温度为61.65℃，折合334.8K，从常用气体绝热指数表中可以查出纯组分的绝热指数 k_i，并将该指数列于表3-42中。

表3-42　重整循环氢绝热指数

组分	H_2	C_1	C_2	C_3	iC_4	nC_4	iC_5	nC_5
$y_i \cdot 100$	92.32	1.63	1.94	1.83	0.95	0.65	0.48	0.20
k_i	1.400	1.283	1.167	1.113	1.092	1.090	1.071	1.071
$100y_i/(k_i-1)$	230.80	5.76	11.62	16.19	10.33	7.22	6.76	2.82

将上表数据代入式(3-123)中，可得循环氢的绝热指数 k：

$$\frac{1}{k-1} = \sum \frac{y_i}{k_i - 1} = 291.5 \div 100 = 2.915$$

$$k = \frac{1}{2.915} + 1 = 1.39$$

3. 入口体积流量

$$V_1 = 121639 \times \frac{101325}{(0.25 + 0.1) \times 10^6} \times \frac{43 + 273.15}{273.15}$$

$$= 40228\text{m}^3/\text{h}$$

$$= 670\text{m}^3/\text{min}$$

4. 压缩比、多变效率和多变指数

压缩比：[循环氢出口压力取实际测量值0.443MPa(表)]

$$\varepsilon = \frac{p_2}{p_1} = \frac{0.443 + 0.1}{0.25 + 0.1} = 1.55$$

根据入口的体积流量 V_1，查得压缩机的多变效率 $\eta_p = 0.785$。

根据绝热指数 k 和多变效率 η_p，查得到压缩机的多变指数为 $m = 1.56$。

5. 压缩机出口温度

压缩机出口温度根据入口温度、压缩比和多变指数通过下式求得：

$$T_2 = T_1 \cdot \varepsilon^{\frac{m-1}{m}} = (43 + 273.15) \times 1.55^{\frac{1.56-1}{1.56}} = 369.96\text{K} = 96.81℃$$

6. 理论功率

离心式压缩机的理论功率按下式进行计算：

$$N = 16.67 p_1 V_1 \frac{m}{m-1}\left[\left(\frac{p_2}{p_1}\right)^{\frac{m-1}{m}} - 1\right]$$

$$= 16.67 \times 0.35 \times 10^6 \times 670 \times \frac{1.56}{1.56 - 1} \times \left[\left(\frac{0.543}{0.35}\right)^{\frac{1.56-1}{1.56}} - 1\right]$$

$$= 1886\text{kW}$$

7. 实际轴功率

离心式压缩机的实际轴功率按下式进行计算：

$$N_s = \frac{N}{\eta_g \cdot \eta_e} = \frac{1886}{0.97 \times 1.0} = 1944\text{kW}$$

式中 η_g——机械效率，>2000kW 为 0.97~0.98；1000~2000kW 为 0.96~0.97；<1000kW 为 0.94~0.96；此处取 0.97；

η_e——传动效率，齿轮增速箱传动为 0.93~0.98，直联为 1.0；此处取 1.0。

8. 汽轮机效率

离心式循环氢压缩机由蒸汽轮机驱动，汽轮机效率按下式进行估算：

$$\eta_i = \frac{3600N_d}{\Delta H \cdot G \cdot \eta_g} \tag{3-125}$$

式中 G——蒸汽耗量，kg/h；

N_d——汽轮的额定功率，kW；

ΔH——蒸汽焓降，kJ/kg；

η_i——汽轮机效率；

η_g——机械效率，$\eta_g = 0.985$。

实际蒸汽耗量为 24.3t/h，入口蒸汽的温度为 381.7℃，压力为 3.67MPa(绝)，出口蒸汽的温度为 198℃，压力为 0.48MPa(绝)。查水蒸气表，可以得到蒸汽进出汽轮机的焓值分别为 759.5kcal/kg 和 327.4kcal/kg。故蒸汽的焓值查为：

$$\Delta H = 759.5 - 681.3 = 78.2\text{kcal/kg} = 327.4\text{kJ/kg}$$

汽轮机额定功率取压缩机理论功率 $N = 1886\text{kW}$，则汽轮机效率为：

$$\eta_i = \frac{3600N_d}{\Delta H \cdot G \cdot \eta_g} = \frac{3600 \times 1886}{327.4 \times 24.3 \times 1000 \times 0.985} = 0.866$$

（四）小结

本节介绍了单相流体和混相流体的管线压降计算方式，反应系统和催化剂循环系统的压降，以及循环氢压缩机的功率，汽轮机效率。从中我们可以看出，反应压力决定再生压力，循环氢气压降与催化剂剂循环压降相近。

十四、气流分布不均匀度

反应器气流分布不均匀度按下式进行计算：

$$\Delta Q = 1 - \sqrt{\frac{p_b + p_e}{p_A}} \tag{3-126}$$

式中 ΔQ——气流分布不均匀度；

p_b——床层压降，kPa；

p_e——中心管穿孔压降，kPa；

p_A——反应器总压降，kPa。

以一反为例，将表 3-22 中各反应器压降数据代入式(3-126)中，可得

$$\Delta Q = 1 - \sqrt{\frac{p_b + p_e}{p_A}} = 1 - \sqrt{\frac{4.71 + 10.368}{17.261}} = 0.065 = 6.5\%$$

以相同的方式计算出其他反应器气流的不均匀度，如表 3-43 所示。

表 3-43 各反应器气流分配不均匀度

压降	单位	一反	二反	三反	四反
床层压降 p_b	Kpa	4.710	5.089	5.546	8.368
分流流道静压降 p_d	Kpa	1.149	1.364	1.485	1.160
集流流道静压降 p_c	Kpa	1.034	1.347	1.603	1.855
中心管穿孔压降 p_e	Kpa	10.368	9.565	11.730	11.269
总压降 p_A	Kpa	17.261	17.364	20.364	22.652
不均度度 ΔQ	%	6.537	8.135	7.895	6.892

从上表中可以看出各反应器不均匀度相近，且均小于10%。

十五、贴壁计算

随着径向气体流量的增大，气流作用在固体颗粒上的曳力增大了颗粒对气体集流管的正压力，从而增大了颗粒在集流管壁面的摩擦阻力。如果摩擦阻力足够大，则颗粒在靠近壁面处停止向下移动，床层产生贴壁现象。贴壁死区内的催化剂由于不能及时移出反应器而在床中积炭结焦成团，从而影响反应器的正常操作。通过颗粒运动模型可以计算出贴壁流量，设计时通过对比设计流量与贴壁流量，可以避免贴壁的产生，实际操作时通过对比实际流量与贴壁流量，可以知道反应器内贴壁情况。

贴壁最小流量可已通过下式计算：

$$\frac{1-r^2}{2f_p r}-\left\{\frac{A[r^{-1}-r^{(n-1)}]}{n}-\frac{C[r^{-2}-r^{(n-1)}]}{1+n}\right\}Q^2-B\frac{r^{(n-1)}}{1-n}Q=0 \tag{3-127}$$

将上式转化为以 Q 为未知数的方程，二次项系数为 E，一次项系数为 F，常数项为 G：

$$-E=\frac{A[r^{-1}-r^{n-1}]}{n}-\frac{C[r^{-2}-r^{n-1}]}{1+n} \tag{3-128}$$

$$F=B\frac{r^{n-1}-1}{1-n} \tag{3-129}$$

$$G=\frac{1-r^2}{2f_p r} \tag{3-130}$$

$$Q=\frac{F+\sqrt{F^2-4EG}}{2(-E)} \tag{3-131}$$

对系数 A、B、C 进行求解：

$$A=\frac{\alpha\rho_g(1-\varepsilon)}{4\pi^2L^2d\varepsilon^3\rho_b g r_2^2} \tag{3-132}$$

$$B=\frac{\beta\mu_g(1-\varepsilon)^2}{2\pi L d^2\varepsilon^3\rho_b g r_2} \tag{3-133}$$

$$C=\frac{\rho_g}{4\pi^2L^2\rho_b g r_2^3} \tag{3-134}$$

$$2\beta = 90 + \sigma - \cos^{-1}(\sin\sigma/\sin\psi) \quad (3-135)$$

$$T=\cos(2\beta)\cdot\sin\psi \quad (3-136)$$

$$k=\frac{1+T}{1-T} \quad (3-137)$$

$$n=\frac{k+1}{2k} \quad (3-138)$$

式中 d——催化剂颗粒直径，m；

ρ_p——催化剂单颗粒密度，kg/m^3；

ρ_p——催化剂颗粒堆密度，kg/m^3；

ψ——催化剂颗粒内摩擦角，DEG 或弧度；

σ——催化剂颗粒与挡网壁摩擦角，DEG 或弧度；

ε——催化剂颗粒空隙率，小数表示；

ρ_g——气体密度，kg/m^3；

μ_g——气体黏度，Pa · s；

M——气体平均相对分子质量；

L——反应器有效床层高度，m；

r_1——反应器床层内半径，m；

r_2——反应器床层当量外半径，m；

α——Ergun 公式第二系数，取 1.75；

β——Ergun 公式第一系数，取 150。

(一) 反应器

1. 已知参数

从资料中可以查出催化剂、气体性质和反应器结构尺寸，并列于表 3-44 中。

表 3-44 催化剂、气体性质和反应器结构尺寸

项 目	单 位	一 反	二 反	三 反	四 反	再生器
1. 催化剂物理性质						
颗粒直径 d	m	0.0016	0.0016	0.0016	0.0016	0.0016
单颗粒密度 ρ_p	kg/m^3	903	903	903	903	903
颗粒堆密度 ρ_p	kg/m^3	560	560	560	560	560
颗粒内摩擦角 ψ	DEG	34.8	34.8	34.8	34.8	34.8
	弧度	0.607	0.607	0.607	0.607	0.607
颗粒与挡网壁摩擦角 σ	DEG	26.4	26.4	26.4	26.4	26.4
	弧度	0.46	0.46	0.46	0.46	0.46
颗粒空隙率 ε		0.39	0.39	0.39	0.39	0.39
2. 气体性质						
气体密度 ρ_g	kg/m^3	2.03	1.56	1.31	1.14	3.11

续表

项目	单位	一反	二反	三反	四反	再生器
气体黏度 μ_g	Pa·s	2.25×10^{-5}	2.33×10^{-5}	2.37×10^{-5}	2.39×10^{-5}	3.49×10^{-5}
气体平均相对分子质量 M		26.55	22.61	20.64	19.49	30.97
3. 反应器结构尺寸						
反应器有效床层高度 L	m	9.87	11.76	13.05	12.53	2.30
反应器床层当量外半径 r_2	m	1.113	1.162	1.211	1.459	1.025
反应器床层内半径 r_1	m	0.66	0.66	0.66	0.66	0.80

2. 计算过程

以第一反应器为例：

（1）计算 2β

$$\begin{aligned}2\beta &= 90 + \sigma - \cos^{-1}(\sin\sigma/\sin\psi)\\ &= 90 + 26.4 - \cos^{-1}(\sin 26.4/\sin 34.8)\\ &= 77.58\ 度\\ &= 1.35\ 弧度\end{aligned}$$

（2）计算侧压系统 k

$$\begin{aligned}T &= \cos(2\beta)\cdot\sin\psi\\ &= \cos 77.58 \times \sin 34.8\\ &= 0.1233\end{aligned}$$

$$k = \frac{1+T}{1-T} = \frac{1+0.1233}{1-0.1233} = 1.2813$$

（3）计算 f_i

$$f_i = \tan\psi = \tan 34.8 = 0.6946$$

（4）计算 f_w、f_p

$$f_w = f_p = \tan\sigma = \tan 26.4 = 0.4961$$

（5）计算 n

$$n = \frac{k+1}{2k} = \frac{1.2813+1}{2\times1.2813} = 0.8902$$

（6）计算 r

$$r = \frac{r_1}{r_2} = \frac{0.66}{0.1126} = 0.5932$$

（7）计算系数 A、B、C

$$\begin{aligned}A &= \frac{\alpha\rho_g(1-\varepsilon)}{4\pi^2L^2d\varepsilon^3\rho_b g r_2^2}\\ &= \frac{1.75\times2.0334\times(1-0.39)}{4\times3.14^2\times9.8746^2\times0.0016\times0.39^3\times560\times9.81\times1.112^2}\\ &= 0.000875\end{aligned}$$

$$B = \frac{\beta\mu_g (1-\varepsilon)^2}{2\pi L d^2 \varepsilon^3 \rho_b g r_2}$$

$$= \frac{150 \times 2.2 \times 10^{-5} \times (1-0.39)^2}{2 \times 3.14 \times 9.8746 \times 0.0016^2 \times 0.39^3 \times 560 \times 9.8 \times 1.112}$$

$$= 0.021838$$

$$C = \frac{\rho_g}{4\pi^2 L^2 \rho_b g r_2^3}$$

$$= \frac{2.0334}{4 \times 3.14^2 \times 9.8746^2 \times 560 \times 9.81 \times 1.1126^3}$$

$$= 6.988 \times 10^{-6}$$

（8）计算系数 E、F、G

$$-E = \frac{A(r^{-1} - r^{n-1})}{n} - \frac{C(r^{-2} - r^{n-1})}{1+n}$$

$$= \frac{0.000874 \times (0.5931^{-1} - 0.5931^{0.8902-1})}{0.8902}$$

$$- \frac{6.988 \times 10^{-8} \times (0.5931^{-2} - 0.5931^{0.8902-1})}{1 + 0.8902}$$

$$= 0.000616$$

$$F = -B\frac{r^{n-1} - 1}{1-n}$$

$$= -0.021838 \times \frac{0.5931^{0.8902-1} - 1}{1 - 0.8902}$$

$$= -0.01174$$

$$G = \frac{1-r^2}{2f_p r} = \frac{1-0.5931^2}{2 \times 0.4961 \times 0.5931} = 1.1012$$

（9）计算贴壁流量 Q 和 G

$$Q = \frac{F + \sqrt{F^2 - 4EG}}{2(-E)}$$

$$= \frac{-0.0117 + \sqrt{(-0.0117)^2 - 4 \times (-0.000615) \times 1.1011}}{2 \times 0.000615}$$

$$= 33.82\text{m}^3/\text{s}$$

$$G = Q \cdot \rho = 33.82 \times 2.033 \times 3600 = 247575\text{kg/h} = 247.575\text{t/h}$$

从表 3-20 中可知，进入第一反应器的物流实际流量为 G′=206.71t/h。实际流量为贴壁流量的百分数为：

$$\frac{G'}{G} = \frac{206.71}{247.57} \times 100\% = 83.49\%$$

3. 结果与讨论

用相同的方法计算出其他反应器的贴壁流量并汇总于表 3-45 中。

表 3-45 各反应器贴壁流量与贴壁百分数

项 目	单 位	一 反	二 反	三 反	四 反
实际流量	kg/h	206. 71	207. 05	207. 23	207. 36
贴壁流量	kg/h	247. 57	258. 13	265. 15	274. 39
实际流量为贴壁流量的百分数	%	83. 49	80. 21	78. 16	75. 57

从上表中可以看出，各反应器贴壁流量均在80%左右，留有一定的余量。

（二）再生器

再生器的贴壁流量计算方法与反应器相同，其所需参数已列于表 3-44 中，采用相同的计算方法，可得再生器的贴壁流量为：

（1）计算 2β

$$2\beta = 90 + \sigma - \cos^{-1}(\sin\sigma/\sin\psi)$$
$$= 90 + 26.4 - \cos^{-1}(\sin26.4/\sin34.8)$$
$$= 77.58 \text{ 度}$$
$$= 1.35 \text{ 弧度}$$

（2）计算侧压系统 k

$$T = \cos(2\beta)\cdot\sin\psi$$
$$= \cos77.58 \times \sin34.8$$
$$= 0.1233$$

$$k = \frac{1+T}{1-T} = \frac{1+0.1233}{1-0.1233} = 1.2813$$

（3）计算 f_i

$$f_i = \tan\psi = \tan34.8 = 0.6946$$

（4）计算 f_w、f_p

$$f_w = f_p = \tan\sigma = \tan26.4 = 0.4961$$

（5）计算 n

$$n = \frac{k+1}{2k} = \frac{1.2813+1}{2\times1.2813} = 0.8902$$

（6）计算 r

$$r = \frac{r_1}{r_2} = \frac{0.8}{0.1025} = 0.7805$$

（7）计算系数 A、B、C

$$A = \frac{\alpha\rho_g(1-\varepsilon)}{4\pi^2L^2d\varepsilon^3\rho_bgr_2^2} = 0.029049$$

$$B = \frac{\beta\mu_g(1-\varepsilon)^2}{2\pi Ld^2\varepsilon^3\rho_bgr_2} = 0.157715$$

$$C = \frac{\rho_g}{4\pi^2L^2\rho_bgr_2^3} = 2.52\times10^{-6}$$

(8) 计算系数 E、F、G

$$-E=\frac{A[r^{-1}-r^{n-1}]}{n}-\frac{C[r^{-2}-r^{n-1}]}{1+n}=0.008277$$

$$F=-B\frac{r^{n-1}-1}{1-n}=-0.03962$$

$$G=\frac{1-r^2}{2f_p r}=0.5047$$

(9) 计算贴壁流量 Q 和 G

$$Q=\frac{F+\sqrt{F^2-4EG}}{2(-E)}=5.77\text{m}^3/\text{s}$$

$$G=Q\cdot\rho=5.77\times3.11\times3600=64642\text{kg/h}=64.64\text{t/h}$$

进入再生器的物流实际流量为 $G'=54\text{t/h}$。实际流量为贴壁流量的百分数为:

$$\frac{G'}{G}=\frac{54}{64.64}\times100\%=83.54\%$$

(三) 小结

本节计算了反应器和再生器的贴壁流量，以及实际流量占贴壁流量的百分数，结果表明实际流量大约占贴壁流量的 80%左右，均有一定的余量。贴壁流量与催化剂物理性质，反应气体性质，反应器结构尺寸均有关系，可通过调整这三类性质以保证流量在贴壁流量范围内。

十六、催化剂循环

(一) 反应器及再生器催化剂移动速度

催化剂在反应器和再生器中的循环量均为 1500kg/h，堆密度为 560kg/m^3，从表 3-21 和表 3-23 中可以获得反应器与再生器的结构尺寸，将参数汇总于表 3-46 中。

表 3-46 反应器及再生器催化剂移动速度计算所用参数

项　目	单　位	一　反	二　反	三　反	四　反	再生器
催化剂循环量	kg/h	1500	1500	1500	1500	1500
催化剂堆密度	kg/m^3	560	560	560	560	560
床层当量外半径 r_2	m	1.1125	1.162	1.211	1.4585	1.025
床层内半径 r_1	m	0.66	0.66	0.66	0.66	0.80

以催化剂在第一反应器中的移动速度为例，

催化剂的体积流速为:

$$V=\frac{m}{\rho}=\frac{1500}{560}=2.68\ \text{m}^3/\text{h}$$

反应器床层的截面积为:

$$S=\pi(r_2^2-r_1^2)=3.14\times(1.1125^2-0.66^2)=2.52\ \text{m}^2$$

故反应器内催化剂的移动速度为:

$$v = \frac{V}{S} = \frac{2.68}{2.52} = 0.0002954\text{m/s} = 0.3\text{mm/s}$$

以相同的方式计算出催化剂在各个反应器和再生器中的移动速度，列于表3-47中。

表3-47 反应器及再生器中催化剂移动速度

名称	单位	一反	二反	三反	四反	再生器
催化剂体积流速	m^3/h	2.68	2.68	2.68	2.68	2.68
	m^3/s	7.44×10^{-4}	7.44×10^{-4}	7.44×10^{-4}	7.44×10^{-4}	7.44×10^{-4}
床层截面积	m^2	2.52	2.87	3.24	5.31	1.29
催化剂移动速度	m/s	2.95×10^{-4}	2.59×10^{-4}	2.30×10^{-4}	1.40×10^{-4}	5.77×10^{-4}
	mm/s	0.30	0.26	0.23	0.14	0.58

从上表中可以看出，催化剂移动速度缓慢，在反应器内仅为$(1.5\sim3)\times10^{-4}$m/s，与气体在反应器内的移动速度(0.5~0.6m/s)相比，两者相差近2500倍，这有利于反应的进行，且能避免催化剂的磨损，催化剂在再生器内也是同样如此。

(二) 催化剂提升管提升气量及压降

1. 催化剂提升管提升气量

反应部分与再生部分共有三个提升段，分别为四反底部提升器到分离料斗、再生器底部提升器到还原室、二反底部提升器到三反上部料斗，其使用的提升气体和物性以及管道尺寸如表3-48所示。

表3-48 提升气计算所需参数

项目	单位	四反底部	二反底部	再生器底部
1. 提升管尺寸				
公称直径	mm	100	100	100
内径	mm	97	97	97
2. 提升气性质				
介质名称		N_2	H_2	H_2
相对分子质量M		28.00	3.39	3.39
温度T	℃	257.8	221.2	520.6
压力p	MPa(绝)	0.31	0.42	0.55
黏度	mPa·s	0.02307	0.00977	0.00977

计算过程如下(以四反底部提升器为例)：

提升管内截面积：

$$S = \frac{\pi}{4}d^2 = \frac{\pi}{4} \times (97/1000)^2 = 0.00739\ \text{m}^2$$

提升气密度：

$$\rho = \frac{pM}{RT} = \frac{0.31 \times 10^6 \times 28}{8.314 \times (257.8 + 273.15)} = 1.97\ \text{kg/m}^3$$

催化剂终端速度：

$$U_t = \frac{7.67}{\sqrt{\rho}} = \frac{7.67}{\sqrt{1.97}} = 5.47\text{m/s}$$

提升气气速应高于催化剂终端速度 1~2.5m/s，此处取 2.5m/s，则计算得到的提升气气速为：

$$U_g = U_t + 2.5 = 5.47 + 2.5 = 7.97\text{m/s}$$

则计算得到的提升气流量为：

$$V_g = U_g \cdot S = 7.97 \times 0.00739 \times 3600 = 212\ \text{m}^3/\text{h} = 333.8\ \text{Nm}^3/\text{h}$$

实际测得提升气流量为 292.3 Nm³/h，两者误差为 14.2%。

使用相同的方法计算出二反底部和再生器底部的提升气量，列于表 3-49 中。

表 3-49　催化剂提升管提升气量

项　目	单　位	四反底部	二反底部	再生器底部
提升管截面积	m^2	0.00739	0.00739	0.00739
提升气密度	kg/m^3	1.97	0.35	0.28
催化剂终端速度	m/s	5.47	13.03	14.43
提升气速	m/s	7.97	15.53	16.93
提升气流量	m^3/h	212.0	413.2	450.4
提升气流量	Nm^3/h	333.8	946.6	841.5
实际提升气流量	Nm^3/h	292.3	1022.0	937.0
误差	%	14.2	-7.4	-10.2

2. 催化剂提升管提升压降

催化剂提升管提升压降计算过程如下(以四反底部提升器为例)：

(1) 重力压差

催化剂提升管体积：

$$A = L \cdot S = 60 \times 0.00739 = 0.443\ \text{m}^3$$

提升气在提升管内的停留时间：

$$t = \frac{A}{V_g} = \frac{0.443}{212} = 0.002091\text{h} = 7.53\text{s}$$

上述停留时间内通过的催化剂量：

$$m_c = m \cdot t = 1500 \times 0.002091 = 3.14\text{kg}$$

催化剂的稀相密度：

$$\rho_c = \frac{m_c}{A} = \frac{3.14}{0.443} = 7.07\ \text{kg/m}^3$$

提升管内介质总密度：

$$\rho_t = \rho_c + \rho_g = 7.07 + 1.97 = 9.04\ \text{kg/m}^3$$

提升管的重力压差：

$$\Delta p_a = \rho_t \cdot g \cdot H = 9.04 \times 9.81 \times 60 = 5.32\text{kPa}$$

(2) 气体与管道摩擦阻力

雷诺数：

$$Re = \frac{d \cdot u_g \cdot \rho_g}{\mu_g} = \frac{0.097 \times 7.97 \times 1.97}{0.00002307} = 65891$$

$$f_g = Re^{-0.25} \times 0.0791 = 65891^{-0.25} \times 0.0791 = 0.00494$$

$$\Delta p_b = f_g \cdot \frac{L}{d} \cdot \rho_g \cdot \frac{u_g^2}{2}$$

$$= 0.00494 \times \frac{60}{0.097} \times 1.97 \times \frac{7.97^2}{2}$$

$$= 0.19\text{kPa}$$

(3) 催化剂摩擦阻力

$$\Delta p_c = f_a \cdot \frac{L}{d} \cdot \rho_s \cdot \frac{u_{cat}^2}{2}$$

$$= 0.0003 \times \frac{60}{0.097} \times 540 \times \frac{5.47^2}{2}$$

$$= 1.5\text{kPa}$$

(4) 总压降

$$\Delta p_t = \Delta p_a + \Delta p_b + \Delta p_c = 5.32 + 0.19 + 1.5 = 7.01\text{kPa}$$

使用相同的方法计算出二反底部和再生器底部的提升气量，列于表 3-50 中。

表 3-50 催化剂提升管提升压降 kPa

项 目	四反底部	二反底部	再生器底部
重力压差	5.32	2.34	2.12
气体与管道摩擦阻力	0.19	0.13	0.13
催化剂摩擦阻力	1.50	8.51	10.43
总压降	7.01	10.98	12.69

(三) 小结

本节计算了反应器和再生器中催化剂移动速度，底部提升管提升气流量，以及提升压降，计算结果与实际测量值相近。

十七、蒸汽平衡计算

从表 1-8 中可以得知蒸汽共有高压蒸汽、中压蒸汽、低压蒸汽三种。

其中，中压除氧水经过蒸汽发生系统后，变为高压蒸汽，同时排出污水；高压蒸汽一部分经过 GB201 汽轮机变为低压蒸汽排入低压蒸汽管网，另一部分经过 GB202A/B 汽轮机后转为透平凝结水出装置。

中压蒸汽部分经过 E207、E303、E306 等换热器的换热后变为凝结水出装置，另一部分经过 GB201、GB202 站用汽轮机后变为低压蒸汽排入低压蒸汽管网。此外，还有部分中压蒸汽用于各设备的吹扫、气封、伴热、炉膛灭火。

将多次统计的蒸汽数据取平均值，汇总为表 3-51～表 3-53，并在设计图纸的基础上修改，代入实际温度、压力、流量，做成图 3-14(为了便于阅读，图中舍去了部分吹扫、伴热、消防蒸汽)。

表 3-51　高压蒸汽进出装置物料平衡表

高压蒸汽	进(产生)/(t/h)	出(消耗)/(t/h)
自系统来	30.46	
蒸汽产气系统	41.03	
GB202A/B 汽轮机		46.01
M203307		1.90
GB201 汽轮机		24.30
合计	71.49	72.21

表 3-52　中压蒸汽进出装置物料平衡表

中压蒸汽	进(产生)/(t/h)	出(消耗)/(t/h)
自系统来	12.31	
E207		3.75
E303		0.037
E306		0.098
GB201 油站用汽轮机		3.19
GB202 油站用汽轮机		4.32
其他		0.70
合计	12.31	12.10

注：其他为用于各设备的吹扫、气封、伴热、炉膛灭火蒸汽。

表 3-53　低压蒸汽进出装置物料平衡表

低压蒸汽	进(产生)/(t/h)	出(消耗)/(t/h)
去系统		34.82
GB201 汽轮机	24.30	
GB201 油站用汽轮机	3.19	
GB202 油站用汽轮机	4.32	
合计	31.81	34.82

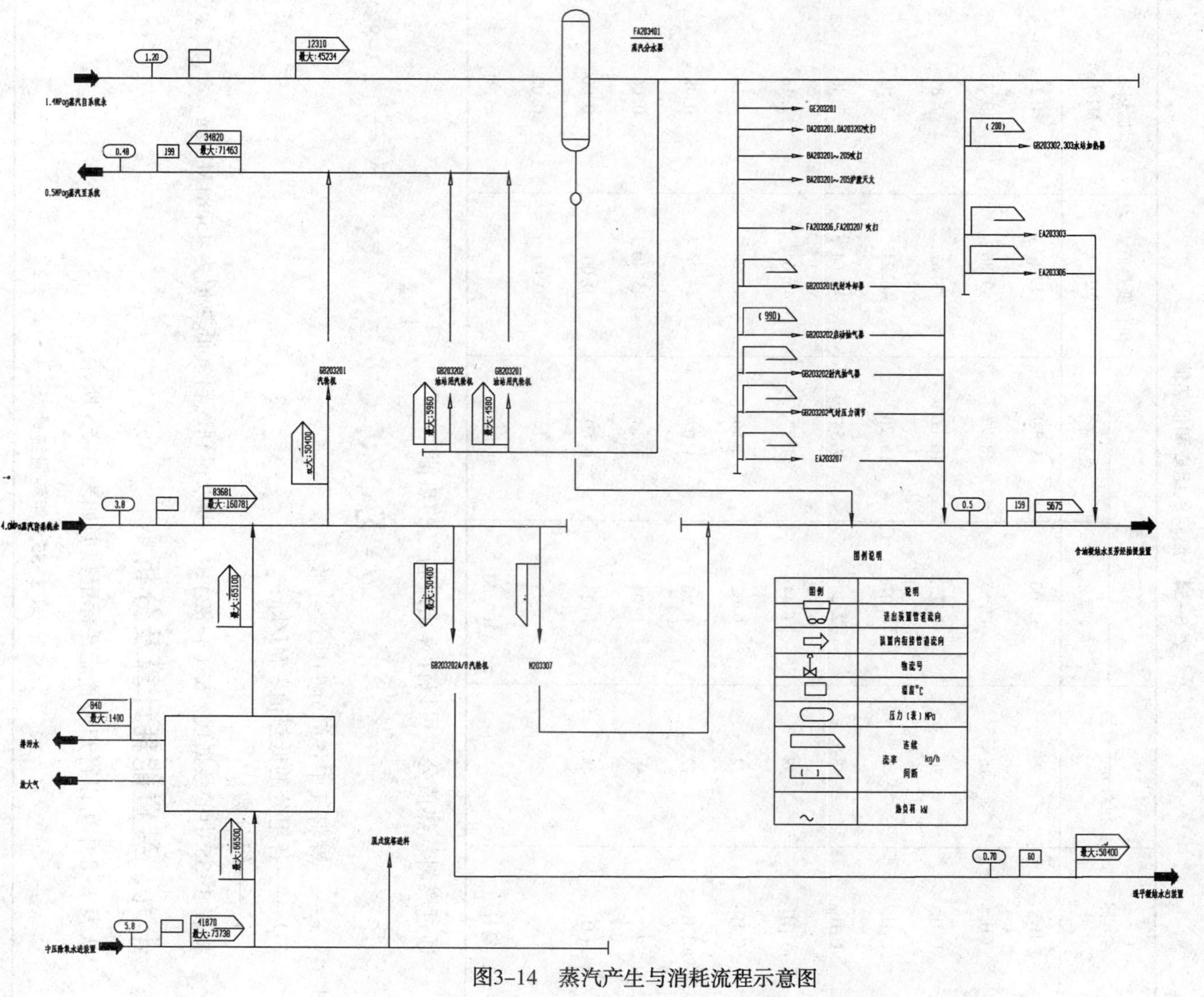

图3-14 蒸汽产生与消耗流程示意图

十八、燃料气计算

将燃料气的组成和低热值列于表 3-54。

表 3-54 燃料气组成和低热值

名称	相对分子质量	含量		单位低热值[10]/(MJ/kg)	低热值/(MJ/kg)
		%(摩尔)	%(质)		
H_2	2	31.00	3.53	119.64	4.23
CH_4	16	42.55	38.77	49.86	19.33
C_2H_6	30	9.75	16.66	47.37	7.89
C_3H_8	44	6.07	15.20	46.24	7.03
iC_4H_{10}	58	2.29	7.58	45.64	3.46
nC_4H_{10}	58	1.44	4.77	45.64	2.18
iC_5H_{12}	72	0.62	2.56	45.26	1.16
nC_5H_{12}	72	0.26	1.07	45.26	0.48
$C_4^=$	56	0.04	0.13	45.40	0.06
CO_2	44	0.24	0.60	0.00	0.00
N_2	28	5.73	9.14	0.00	0.00
合计		100.00	100.00		45.81

通过燃料气热值公式可以计算出燃料气的热值

$$Q = \sum_{i=1}^{n} x_i \times Q_i \tag{3-82}$$

式中 x_i——燃料气中各组分的质量分数；

Q_i——各组分的低热值，MJ/kg；

n——组分数。

将表 3-35 中的数据代入式(3-82)中，可以得到燃料气低热值为 45.81MJ/kg。

十九、装置能耗计算及分析

从表 1-8 中可以得知装置能耗标定数据如表 3-55 所示。

表 3-55 能耗量统计表

项目	实耗量		
	单位	设计值	标定值
除氧水	t/h	51.40	41.87
循环水	t/h	1281.00	1847.78

续表

项　目	实耗量		
	单　位	设计值	标定值
燃料气	t/h	10.32	8.78
高压蒸汽	t/h	25.60	30.46
中压蒸汽	t/h	8.90	12.31
低压蒸汽	t/h	-38.92	-34.82
透平凝结水	t/h	-40.30	-45.57
工艺凝结水	t/h	-5.68	-5.83
氮气	Nm^3/h	332.00	426.36
仪表风	Nm^3/h	2720.00	3170.97
电	MW·h	5.98	5.86

根据新版能耗计算标准 GB/T 50441—2007，各组分能量换算系数如表 3-56 所示。

表 3-56　能耗换算系数

项　目	能量换算系数	
	单　位	数　值
除氧水	kgEO/t	9.20
循环水	kgEO/t	0.10
燃料气	kgEO/t	1000.00
高压蒸汽	kgEO/t	88.00
中压蒸汽	kgEO/t	76.00
低压蒸汽	kgEO/t	66.00
透平凝结水	kgEO/t	3.65
工艺凝结水	kgEO/t	7.65
氮气	$kgEO/Nm^3$	0.15
仪表风	$kgEO/Nm^3$	0.04
电	kgEO/MW·h	230.00

其中燃料气热值按 41.868 MJ/kg 换算，而从燃料气计算中可知燃料气实际热值为 45.81 MJ/kg。因此，燃料气实际能量换算系数为 1000×45.81/41.868=1094.2kgEO/t。

以燃料气能耗计算为例，重整进料为 179.75t/h，则

燃料气的标定能耗=燃料气耗量×能量换算系数/重整进料量

=8.78×1094.2/179.75

=53.45kgEO/t

同理可得其他物料的能耗，并列于表 3-57 中。

表 3-57　2#连续重整装置标定能量消耗统计表(重整进料 179.75t/h，100.7%负荷)

项　目	实耗量			能量换算系数		实物单耗	
	单位	设计值	标定值	单位	数值	设计单耗/(kgEO/t)	标定单耗/(kgEO/t)
除氧水	t/h	51.40	41.87	kgEO/t	9.20	2.65	2.14
循环水	t/h	1281.00	1847.78	kgEO/t	0.10	0.73	1.03
燃料气	t/h	10.32	8.78	kgEO/t	1094.2	62.14	53.45
高压蒸汽	t/h	25.60	30.46	kgEO/t	88.00	12.61	14.91
中压蒸汽	t/h	8.90	12.31	kgEO/t	76.00	3.76	5.20
低压蒸汽	t/h	-38.92	-34.82	kgEO/t	66.00	-14.38	-12.79
透平凝结水	t/h	-40.30	-45.57	kgEO/t	3.65	-0.82	-0.93
工艺凝结水	t/h	-5.68	-5.83	kgEO/t	7.65	-0.24	-0.25
氮气	Nm^3/h	332.00	426.36	$kgEO/Nm^3$	0.15	0.28	0.36
仪表风	Nm^3/h	2720.00	3170.97	$kgEO/Nm^3$	0.04	0.58	0.71
电	MWh	5.98	5.86	kgEO/MWh	230.00	8.70	7.50
合计						74.74	71.34

注：本能耗统计，未统计装置来料(石脑油为冷料或热料)温度对能耗的影响。

从上表中可知：标定期间装置的单耗为 71.34kgEO/t，较设计值 74.74kgEO/t 低。这是由于燃料气标定期间实际耗量为 8.78t/h，比设计使用量少 1.537t/h。

第四部分　工艺技改方案：重整装置能耗评价方法优化

一、背景

近几年来，各炼厂的重整装置陆续进行了不同程度的改造，各装置的实际能耗都有了不同程度的降低。为了在此基础上进一步挖掘节能降耗的空间，需要了解装置现阶段的能耗水平。传统的重整装置能耗评价通常采用纵向对比(本装置历年实际能耗)和横向比较(同类装置的同年实际能耗)的方式，从而了解本装置的实际能耗水平。

然而，重整装置的能耗影响因素有很多，如工艺类型、原料与产品性质等，且这些因素之间关系错综复杂。此外，连续重整装置一般包括预加氢、重整反应、产品处理、催化剂再生等工艺过程，其流程长、设备多。实际能耗在描述装置能耗水平时存在较多问题。

二、使用实际能耗来评价装置能耗时存在的问题

表 4-1 为我国连续重整装置能耗统计汇总中随机摘取的 4 套装置历年能耗数据(3 号为本装置)。从表中我们可以发现以下问题：

表 4-1　四套连续重整装置历年能耗　　kgEO/t

装置及规模/(Mt/a)		设计值	2014 年	2015 年	2016 年	2017 年	2018 年
1	0. 75	83. 37	81. 07	87. 65	90. 23	75. 31	73. 35
2	1. 00	81. 71	91. 02	96. 27	91. 76	83. 48	86. 5
3	1. 50	74. 74	69. 09	64. 25	62. 56	61. 3	61. 52
4	2. 20	85. 03	87. 53	93. 73	98. 67	93. 53	95. 74

问题一：装置能耗合理的变化范围不能确定

从表 4-1 中可以看出，大部分装置的能耗值是逐年下降的，说明各装置非常重视节能，并采取了有效的措施。例如，装置 1 在 2018 年的能耗较 2014 年能耗降低了 14%。但由于装置的原料与产品是不断变化的，不能确定该装置 14%的能耗降幅中有多少是优化产生的降幅。即单纯地通过实际的能耗的降低很难准确地评价装置节能的实际水平。

问题二：同一套装置不同时期能耗波动较大

部分装置的历年能耗有高有低，这是由于装置每年的原料和产品不同导致的，但从表 4-1中我们可以看出，部分装置能耗波动非常大。例如，装置 2 在 2015 年能耗最高，为 96. 27kgEO/t 重整进料，2017 年能耗最低，为 83. 48kgEO/t 重整进料，其最高值为最低值的 1. 15 倍。这部分差值中多少是原料和产品的变化造成的，多少是优化产生的，参照同一装置历年的能耗数据来评估本年装置的能耗水平无法合理地解释上述问题。

问题三：不同装置间能耗相差过大

从表 4-1 中还可以看出，不同装置间能耗相差非常大。例如，能耗最高值为装置 4 在 2016 年的能耗，为 98. 67kgEO/t 重整进料，最低值为装置 1 在 2017 年的能耗，为 61. 30kgEO/t 重整进料，二者相差 1. 6 倍。进一步分析表 4-1，可以发现 4 套装置的设计能耗各不相同，不能够简单地直接横向比较。即由于不能排除原料、产品等因素的影响，用实际能耗来比较不同装置之间的能耗差值既不科学，也不能分析出造成两者能耗大差别的具体原因。

三、使用能耗因素法计算本装置的能耗

针对上述问题，使用由中国石油化工股份有限公司炼油事业部编写的《催化重整装置基准能耗》计算出各装置的基准能耗，即在技术先进、操作优化和科学管理条件下装置可能达到的最低计算能耗，将装置的实际能耗与基准能耗相比得到能耗因素，通过能耗因数来评价重整装置的能耗，以本装置为例计算能耗因素：

（1）重整反应热 E_1

$$W_1 = 196.55 \times 43.45 = 8540.1$$

$$W_2 = 240.45 \times (76.9 - 12.13 - 12.13) = 5126.4$$

$$W_3 = 164.5 \times 3.99 \times 107.3 / 100 = 704.2$$

$$W_4 = (-131.56 \times 1.91 - 39.54 \times 4.64 - 7.53 \times 2.07) \times 107.3 / 100 = -483.2$$

$$W = W_1 + W_2 + W_3 + W_4 = 13887.5$$

$$E_1 = 10921 / (0.36 \times 107.3 \times 0.9) = 399.5$$

（2）重整进料加热炉 E_2

$$E_2 = 1.003 \times 28.2 \times (1 + 1.7 \times 3.1 / 10) = 43.1$$

（3）重整稳定塔 E_6

$$E_6=1.427\times(4.64+2.07+20)+0.3098\times(100-4.64-2.07)=67$$

（4）重整分馏塔 E_7

$$E_7=1.18\times[4.64+25\times(2.07+4.64)/100]+0.124\times(100-4.64)=19.3$$

（5）重整循环压缩机 E_9

$$W=18425.9\times\{[(0.35+0.19)/0.35]^{0.2308}-1\}=1895.9$$

$$E_9=0.003845\times3.1\times1895.9=22.45$$

（6）重整增加机 E_{10}

$$W=18425.9\times[(0.78/0.35)0.2308-1]\times3=7486.9$$

$$E_{10}=0.001720\times3.99\times7486.9\times1.1=56.5$$

（7）泵类 E_{11}

$$E_{11}=0.6667\times0.9+8.25=8.25$$

（8）空冷器 E_{12}

$$E_{12}=6.5$$

（9）氨压机 E_{13}

$$E_{13}=3.5$$

（10）再生系统能耗 E_{14}

$$E_{14}=1.8\times1600/180=16$$

（11）其他能耗

$$E_{15}=7$$

（12）总能耗

$$\begin{aligned}EC&=(399.5+43.1+67+19.3)/0.95+22.45/0.3901+\\&\quad(56.5+8.25+6.5+3.5+16)/0.314+7\\&=912.2\text{kW}\cdot\text{h/t}(\text{折合 }78.44\text{kgEO/t})\end{aligned}$$

（13）能耗因数 EF

装置实际能耗 EE 为 71.34kgEO/t，则

$$EF=EE/EC=71.34/78.44=0.91$$

四、使用能耗因素法评价装置的能耗

用相同的方法计算出装置历年的能耗因素分别为 0.88、0.82、0.80、0.78、0.79，同时用同样的方法将表 4-1 中其他装置的能耗因素计算出，列于表 4-2 中。

表 4-2　四套连续重整装置历年能耗因素

装置及规模/(Mt/a)		2014 年	2015 年	2016 年	2017 年	2018 年
1	0.75	0.92	0.99	1.02	0.85	0.83
2	1.00	1.09	1.15	1.10	1.00	1.04
3	1.50	0.88	0.82	0.80	0.78	0.79
4	2.20	1.09	1.16	1.22	1.16	1.19

对比表 4-1 和表 4-2，可知使用能耗因数作为重整装置能耗评价方法能排除原料、产品

等因素的影响，更加真实、科学、方便的评价各装置的能量利用水平。同时，由于能耗因素是百分制且不同装置的比较基准相同，可以直接用于不同装置不同年份的比较，比实际能耗评价方法更加便捷。

参 考 文 献

[1] 徐承恩．催化重整工艺与工程[M]．北京：中国石化出版社，2014：585.

[2] 徐承恩．催化重整工艺与工程[M]．北京：中国石化出版社，2014：115.

[3] 罗家弼．炼油技术常用数据手册[M]．北京：中国石化出版社，2016：310-311.

[4] 余国琮．化学工程手册(第二版)[M]．北京：化学工业出版社，1996：上册 1-133.

[5] 中国石化集团上海工程有限公司．化工工艺设计手册(第四版)[M]．北京：化学工业出版社，2009：1046.

[6] 徐春明．石油炼制工程(第四版)[M]．北京：石油工业出版社，2009：500.

[7] 徐又春．催化重整装置基准能耗．中国石油化工股份有限公司炼油事业部，2004.

[8] 罗家弼．炼油技术常用数据手册[M]．北京：中国石化出版社，2016：284.

[9] 罗家弼．炼油技术常用数据手册[M]．北京：中国石化出版社，2016：291.

[10] 张敏．波纹钢板截面几何性质计算[J]．科学技术与工程，2012，12(10)：2400-2404

[11] Corrugated steel pipe institute，modern sewer design (Canada Edilion). Canada Corrugated Steel Pipe Institute，1996.

[12] 张敏．波纹钢板截面几何性质计算[J]．科学技术与工程，2012，12(10)：2400-2404.

[13] 罗家弼．炼油技术常用数据手册[M]．北京：中国石化出版社，2016：278.

[14] 中国石化集团上海工程有限公司．化工工艺设计手册(第四版)[M]．北京：化学工业出版社，2009：649.

[15] 张德姜．石油化工装置工艺管道安装设计设计手册第一篇(第四版)[M]．北京：中国石化出版社，2009：21-42.

某石化公司0.6Mt/a连续重整装置工艺计算

完成人：刘　彤
单　位：中国石化石油化工科学研究院

目　录

第一部分　标定报告

一、装置简介

0.6Mt/a 连续重整装置是某公司“十五”期间建设的第一个工程项目，该装置重整反应部分采用的是美国环球油品公司(以下简称 UOP)开发的超低压重整工艺，再生部分是 UOP Cyclemax 催化剂连续再生工艺，是当时世界上最高水平的催化重整工艺技术，由中国石化北京设计院完成重整、再生部分工程设计。该装置后续部分的苯抽提、拔头油稳定是由大连石化设计院设计，其中苯抽提采用的是石科院的专有技术，主体工程建设由中国石油第一建筑公司承担。

0.6Mt/a 连续重整装置共分为五部分，预处理、重整、再生、苯抽提、拔头油稳定。连续重整装置，其原料为常减压装置提供的石脑油(低辛烷值直馏汽油馏分)，经过预处理、重整反应，生产高辛烷值汽油组分，并副产氢气。其中苯抽提是以重整部分 C_6 馏分为原料，生产苯和非芳烃。拔头油稳定部分是以预处理部分的拔头油和重整部分的戊烷油为原料生产液化气、异戊烷、发泡剂和石脑油。装置的控制系统是引进霍尼韦尔公司 TPS 集散控制系统(DCS)，对全装置进行集中控制和管理。催化剂连续再生部分的逻辑控制及联锁采用 UOP 提供的催化剂连续再生专用控制系统 CRCS。CRCS 与 DCS 进行通信联系，在 DCS 的 CRT 控制台上可对 CRCS 进行操作。

2000 年 11 月 6 日开始正式施工，2001 年 9 月 30 日高标准中交。2001 年 10 月 29 日重整部分一次开车成功，11 月 6 日催化剂再生部分也顺利实现提升，标志着连续重整一次开车成功。从装置建设到中交投料成功，刚好在一年时间内完成，创下了国内同类重整建设期最短、开工时间最短的记录。

0.6Mt/a 重整装置自 2001 年 10 月开工以来进行过四次全面标定，分别在 2001 年 12 月 13—14 日、2005 年 5 月 16—17 日、2012 年 9 月 26—27 日、2014 年 8 月 25—27 日，标定总时间均为 48h。

2017 年 4 月装置进行了为期 24 天的大检修，共完成技措项目 24 项，其中大型技措项目 2 项，解决了长期困扰装置平稳运行的瓶颈问题。2017 年 8 月 1 日 10：00 至 8 月 3 日 10：00 对装置进行了全面技术标定，总计时间为 48h。生产方案：产品为汽油调和组分、苯、非芳烃、氢气、干气、液化气、轻石脑油；重整单元满负荷，进料为 75t/h。

二、标定方案

(一) 标定总体思路

2017 年停检后，计划对 0.6Mt/a 连续重整装置进行标定，全面测试分析装置的运行水平以及经济性能，查找装置瓶颈，保证未来三年内装置安全、高负荷、稳定运行。标定的总体思路是在满负荷运行状态下：

1) 测试装置各单元加工负荷及生产技术指标，重点考察催化剂厂家所提供的协议保证值能否达到。

2) 考核分析装置公用工程用量等能耗数据，提出改进意见建议供决策部门参考。

3）考核分析化工原料消耗等数据，为未来降低运行费用奠定基础。

4）分析产品收率等经济性数据，详细评价装置的经济性。

5）检查装置的加热和冷却能力是否达到要求，是否存在瓶颈。

6）检查装置的环保分析项目，确保装置环保达标。

（二）标定要求

1）装置标定时，重整单元保证满负荷运行，处理量75t/h，催化剂再生单元循环速率控制在70%以上，其他各单元加工量根据实际量不做具体要求。

2）标定前期，调整重整催化剂氯含量至1.15%~1.2%，催化剂性能达到最好的状态。

3）化验分析项目主要由质检处完成，部分项目需要外委其他单位完成。

4）各班组按要求进行采样，加强置换，确保采样及时、准确。

5）标定前联系调度、油品、气体、加氢等单位做好各油品、液化气、氢气的平衡工作。联系原料罐区了解原料罐号及分析成绩。

6）标定时要求相关人员到位，仪表、电工、钳工机动标定期间现场有人值班。

（三）准备工作

1）调整加热炉操作，适当减少过剩空气量，减少过量的燃料气消耗量，为提温做好准备。

2）标定各计量仪表，确认好密度、温度测量值准确。

3）重点部位设置必要的防火设施，消防蒸汽带、灭火器(尤其热膨胀较为突出的部位)。

4）联系化验室做好标定分析准备工作，确认采样点位置，储备采样瓶、袋等。

5）准备好标定用各种记录填写表。

6）确认备用设备处于完好、待用状态。

（四）注意事项

1）提温提量遵循先提量、后提温的原则。

2）降温降量遵循先降温、后降量的原则。

3）提温提量时要加强热膨胀及弹簧支吊架位移检查。

4）严格检查各机泵无超电流运转，并做好详细记录。

（五）标定数据的选取

1）标定数据的选取分为五类：

① 操作数据；

② 油品计量数据；

③ 能量消耗数据；

④ 化验分析数据；

⑤ 保证值数据(重整催化剂)。

2）操作数据每两小时采集一次，化验分析数据采集两组做全分析，油品计量数据采标定数据两组，能耗数据在最高苛刻度下，标定时间采两组。

3）对进、出装置油除采用计量外，同时对油罐检尺，校核中间油品用装置内孔板计量。对气体瓦斯、液化气、蒸汽等采用装置内孔板计量。

4）工艺参数主要采用装置内DCS指示值，对于部分冷换设备的出入口温度、设备外表温度进行就地测量。

5）标定时间从8月1日10时至8月3日10时共计48h，每天下午15：00各采一组标定数据。

三、标定过程

标定时间总计48h，负荷较标定前无变化。2017年7月20日、7月25日、7月31日重整反应温度均为510℃，意味着在标定前较长时间内，装置操作条件比较稳定，无较大变化。

四、标定数据分析

（一）装置总体物料平衡

0.6Mt/a重整装置的总体物料平衡见表1-1。标定过程中，重整单元负荷99%，达到满负荷运行状态，与设计能力相符，达到了设计状态。

表1-1 重整装置总体物料平衡

	物料名称	设计值/（t/h）	标定值/t 8月1日	标定值/t 8月2日	备注
进料	预加氢料	89.8	1910	1835	
	精制重整料	74.8	1814.6	1743.4	100%
	CCR2液化气	18	387.1	371.9	
出料	重整拔头油	15	158.7	152.4	6.9%
	重整苯	7.2	93	89.3	4.05%
	氢气	7.31	125.13	120.22	5.67%
	重整石脑油	3.23	171.3	164.5	7.46%
	重整生成油	44.65	1263.7	1214.2	55%
	重整抽余油	10.7	245.4	235.7	10.68%
	重整液化气	17.2	14.1	13.5	0.61%
	重整干气	1.13	224.28	215.48	9.76%
	损失	0.2	1.58	1.52	0.07%
	精制重整料	74.8	1814.6	1743.4	

（二）预加氢单元

1. 预加氢单元物料平衡

预加氢单元的物料平衡见表1-2。本次标定预加氢单元处理量未能达到设计能力（89.8t/h），出现偏差的主要原因在于标定期间预加氢原料偏重，轻石脑油含量较少，而设计时石脑油原料较轻。重整单元达到设计能力（75t/h），完全达到标定条件；拔头油收率偏低主要原因是预加氢原料偏重，含轻石脑油较少。

表 1-2 预加氢单元物料平衡

	物料名称	设计值/(t/h)	质量分数/%(对重整进料)	标定值/(t/h)	质量分数/%(对重整进料)
进料	石脑油	89.8	119.8	79.6	105.3
	补充氢	0.25	0.3	0.21	0.26
出料	燃料气	1.132	1.5	0	0
	拔头油	13.9	18.6	7.14	9.44
	重整料	74.8	100.00	75.6	100

2. 预处理操作条件

标定期间预处理部分的操作条件见表 1-3。从表 1-3 可以看出，预加氢单元操作条件比较稳定适中，由于 K-101 预加氢循环氢压缩机的运行问题，循环氢量较低，因此氢油分子比相对较低，但是可以满足加氢需要，从 D-101 顶部排出废氢中氢气体积分数达到 90%。

表 1-3 预处理操作条件

项目	数值	项目	数值
R-101 入口压力/MPa	2.46	C-101 顶温/℃	99.99
R-102 入口压力/MPa	2.50	C-101 底温/℃	223
一反入口温度/℃	287.8	C-101 顶压力/MPa	0.96
二反入口温度/℃	287.8	C-101 回流比(对进料)	0.19
预加氢循环氢量/(Nm^3/h)	11858.5	C-102 顶温/℃	35.66
预加氢补充氢量/(Nm^3/h)	974.2	C-102 底温/℃	82.18
D-101 压力/MPa	1.86	C-102 顶压力/MPa	1.08
体积空速/h^{-1}	4.97	C-102 回流比(对进料)	0.12
氢油比(分子比)	98.93	K-101/K-102 出口温度/℃	23.67/21.3

3. 预处理化验分析结果

预加氢原料和反应器出口物料的化验分析数据分别见表 1-4 和表 1-5。

(1) 预加氢原料

1) 密度：

由标定数据分析，标定期间预加氢原料密度相对较大，超过 2014 年标定数据和设计值，超过工艺卡片上限值 730kg/m^3，属于上游来石脑油较重的原因。

2) 馏程：

由于密度较大的原因，从馏程分布看较设计值有一定的偏差，初馏点、10%点、终馏点与设计值几乎相同，体现石脑油密度的 50%点较设计值偏大，也与原料密度较大相对应。

3) 杂质含量：

As、S、N、Cl 均在正常设计范围内，满足预加氢单元的进料条件。原料溴指数相对较高，可能是其中掺加了一定量的外购石脑油的原因，正常大连石化蒸馏装置产石脑油溴指数非常低。

(2) 催化剂性能

2014年5月份，预加氢反应器更换了预加氢催化剂FH-40A，2015年3月，预加氢单元撇头并更换了新型预加氢催化剂DN200，2017年停检更换了预加氢脱氯剂(ET-2)，加氢精制后重整进料油S、Cl含量均小于0.5μg/g，N含量小于0.5μg/g，As含量小于1μg/kg，满足重整进料对杂质含量的要求。这批加氢催化剂目前已使用近2年，操作温度较低，预加氢催化剂活性良好；从此次标定数据来看，脱砷剂和预加氢高温液相脱氯剂活性良好，未出现穿透现象，还可以继续使用一段时间。

(3) 塔的分离效果

加氢精制后石脑油经过蒸发塔C-101切割馏分后，轻组分轻石脑油被切掉。C-101底油初馏点两次分析依次为74.3℃、74.6℃，较设计值(82℃)略低。C-101底温度为220℃，较设计偏低(设计229℃)，C-101切割馏分可使重整进料组分合理，更有利于生产苯等高附加值产品。

表1-4 预加氢原料化验数据

项目		8月1日	8月2日	2014年标定值	设计值
密度/(kg/m^3)		732.1	731.1	725	715
馏程：初馏点/℃		51.3	49.2	58.7	43
5%试验结果/℃		73.3	70.8	70.1	
10%试验结果/℃		84.4	82.3	83.4	76
50%试验结果/℃		116.1	116.1	110.4	105
90%试验结果/℃		148	148	142.8	139
95%试验结果/℃		155.2	155.2	157.3	
终馏点温度/℃		168.7	168.7	172.3	168
全馏出/%		97.4	97.4	97.9	—
残油/%		1	1	1	—
硫含量/(μg/g)		258	292	74.63	101
氮含量/(μg/g)		1.15	1.98	1.13	1
溴指数/(mg/100g)		865	882	6.04	2.2
氯含量/(mg/kg)		1.4	1.2	11.78	—
砷含量/(μg/kg)		79.2	82.1	177	401
族组成	P	54.93	54.66	57.32	59.45
	N	32.88	33.03	34.94	37.15
	A	12.14	12.22	7.48	3.4

表 1-5　脱氯反应器出口分析数据

	分析项目	8月1日	8月2日
R-103 脱氯反应器出口	砷含量/(μg/kg)	<1	<1
	氮含量/(μg/kg)	0.5	0.64
	氯含量/(μg/kg)	<0.5	<0.5
	硫含量/(μg/kg)	0.30	0.30

（三）重整单元

重整单元的物料平衡计算见表 1-6。重整脱戊烷油收率 90.2%，较设计高 1.35%，主要原因是重整进料初馏点较高的原因。重整单元标定值与设计值相比，重整生成油收率偏高，C_6馏分偏少，重整氢产率偏少，主要是设计的重整原料芳潜较高 44.43%（环烷含量 40.59%），而实际加工中虽然芳潜含量较高 46.88%，但是环烷烃含量偏低（环烷含量 34.33%）的原因，属于正常现象。

表 1-6　重整单元物料平衡

	物料名称	设计值	质量分数/%（对重整进料）	标定值	质量分数/%（对重整进料）
进料	重整进料/(t/h)	74.8	100	73.94	100
出料	重整生成油/(t/h)	44.65	59.5	51.62	69.82
	C_6馏分/(t/h)	19.81	26.4	13.82	18.69
	戊烷/(t/h)	3.23	4.3	2.58	3.49
	含氢气体/(t/h)	7.31	9.8	5.32	7.2

重整装置的操作条件见表 1-7，重整原料及其他分析结果见表 1-8 和表 1-9。本次标定工况下，重整原料 N+A 含量为 46.8%，较 2014 年标定数据 43.11%高（其中芳烃含量较高，环烷烃含量一般），说明标定工况下的重石脑油是比较好的重整原料。重整各反应器温降分布合理，分别为 117℃、67℃、50℃、43℃，总温降 276.8℃，由于标定期间反应温度 510℃，低于 2014 年表标定时反应温度，且一反因火嘴舔炉管温度只有 500℃，因此总温降较 2014 年标定有一定的降低；标定期间芳烃产率 68.2%，芳烃转化率 146%，这表明催化剂反应活性良好。

本次标定工况下，脱 C_6塔顶组分含甲苯 0.01%，完全满足下游苯抽提原料对甲苯含量的要求；脱 C_6塔底组分重整生成油的 *RON*101.4（>100），是理想的高辛烷值汽油调和组分；脱 C_6塔底油含苯 0.9%（<1.5%），最大限度地回收了重整反应过程中产生的苯。说明 C-201、C-202 塔具备良好分离效果。

表 1-7　重整操作条件

项　目	数值	项　目	数值
一反入口温度/温降/℃	500/117	K-201 出口温度/℃	104.2
二反入口温度/温降/℃	509/66.6	K-202 出口温度/℃	88.1
三反入口温度/温降/℃	510/49.8	脱戊烷塔顶温度/℃	81.2
四反入口温度/温降/℃	510/42.6	脱戊烷塔底温度/℃	215.1

续表

项　目	数值	项　目	数值
总温降/℃	276.8	脱戊烷塔顶回流罐压力/MPa	0.94
氢油比(质量比)	1.83	脱 C_6 塔顶温度/℃	76.9
体积空速/h^{-1}	1.08	脱 C_6 塔底温度/℃	150.1
D-201 压力/MPa	0.24	脱 C_6 塔顶压力/kPa	41.92
D-217 压力/MPa	0.50	重整汽油出装置温度/℃	35.5
D-203 压力/MPa	0.92	重整氢气出装置温度/℃	11.8

表 1-8　重整原料分析结果

项　目		8月1日	8月2日	2014年标定	设计
密度/(kg/m^3)		739.6	738.8	731	733.2
馏程：初馏点/℃		74.6	74.3	75.8	82
5%试验结果/℃		86.5	87.5	–	–
10%试验结果/℃		92.9	94	91.8	94
50%试验结果/℃		117.1	117.9	111.9	109
90%试验结果/℃		147.5	148.5	143.2	133
95%试验结果/℃		155.7	155.6	–	–
终馏点/℃		169.1	169	168	160
全馏出/%		97.7	97.7	97.6	–
残油/%		1	1	1.0	–
硫含量/(μg/g)		0.3	0.49	0.3	0.25-0.5
氮含量/(μg/g)		<0.5	<0.5	0.45	≤0.50
溴指数/(mgBr/100g)		51	50	0.32	≤10
砷含量/(μg/kg)		<1	<1	<1	≤1
氯含量/(μg/g)		<0.5	<0.5	<0.50	≤0.5
C_5	P	0.28	0.22	0.43	0
	N	0.38	0.31	0.54	0
	A	0	0	0	0
C_6	P	9.49	8.44	9.14	11.29
	N	5.64	5.16	6.19	8.66
	A	0.93	0.68	0.4	0.24
C_7	P	12.14	11.77	14.02	15.38
	N	10.31	10.04	11.66	13.96
	A	2.92	2.75	1.26	0.88
C_8	P	14.38	14.72	16.16	17.07
	N	9.76	10	11.35	11.52
	A	5.69	5.87	1.82	1.99
C_9	P	9.93	10.52	11.98	9.44
	N	7.31	7.74	7.72	6.40
	A	2.90	3.08	1.12	0.73

续表

项　目		8月1日	8月2日	2014年标定	设计
C_{10}	P	6	6.46	3.89	2.29
	N	0.93	1	0.8	0.05
	A	0.19	0.17	0.19	0.03
C_{11}	P	0.88	0.92	0.91	0.10
	N	0.01	0.02	0.05	0
	A	0	0	0.01	0
C_{12}	P	0	0	0.12	0
	N	0	0	0	0
	A	0	0	0	0
合计	P	53.1	53.05	56.64	55.57
	N	34.33	34.27	38.31	40.59
	A	12.53	12.55	4.8	3.84

表1-9　其他分析结果

采样地点	物料名称	分析项目	8月1日	8月2日	2014年标定
D-201	循环氢	组成/%(体)			
		氢气纯度	90.85	91.31	90.67
		C_1	2.29	2.22	1.8
		C_2	2.25	2.20	2.35
		C_3	2.19	1.89	2.34
		C_4	1.77	1.85	1.89
		C_5	0.65	0.53	0.95
		HCl 含量/(mg/m^3)	<1	<1	<1
		烯烃含量/%(质)	0.03	0.04	
		水含量×10^{-6}	43.54	57.28	
		H_2S 含量/(mg/m^3)	0	0	0
D-204	产品氢	组成/%(体)			
		氢气纯度	91.72	92.11	93.53
		C_1	2.96	2.55	1.97
		C_2	2.48	2.49	2.04
		C_3	1.81	1.86	1.52
		C_4	1.03	0.84	0.77
		C_5	0	0.15	0.17
		HCl 含量/(mg/m^3)	<1	<1	<1
		H_2S 含量/(mg/m^3)	0	0	0
		H_2O 含量/(mg/m^3)	23.2	32.15	

续表

采样地点	物料名称	分析项目	8月1日	8月2日	2014年标定
再生烟气	D-270出口	HCl/(mg/m^3)	未检出	未检出	
		非甲烷烃/(mg/m^3)	32.2	25.3	
C-201底	脱戊烷油	密度/(kg/m^3)	817.2	812.8	813
		组成/%(质)			
		非芳	22.44	26.42	25.27
		苯	6.51	6.78	7.41
		甲苯	18.09	17.88	20.65
		乙、间、对二甲苯	19.33	17.73	19.91
		邻二甲苯	7.42	6.90	6.65
		重芳烃	26.21	24.29	20.11
		芳烃含量	77.56	73.58	74.73
		初馏点/℃	65.4	62	70.6
		5%试验结果/℃	85.7	82.8	
		10%试验结果/℃	92.1	89.4	90
		50%试验结果/℃	128.6	126.4	122.8
		90%试验结果/℃	166.7	164.7	161.1
		95%试验结果/℃	176.3	174.5	
		终馏点/℃	208.8	209	204.8
		全馏出/%	98	98.1	97.7
		残油/%	1.0	1.0	1
		雷德蒸汽压/kPa	17.5	20.1	18.9
		辛烷值 *MON*	88.1	87.9	90
		RON	98.4	97.8	98.9
		溴值/(gBr/100g)	3.33	3.388	3.26
		铜片腐蚀	1b	1b	1b
		氯含量/(μg/g)	<0.5	<0.5	<0.5
		胶质/(mg/100mL)	3.5	3.5	1.5
		族组成			
		P	19.56	18.25	-
		O	0.77	0.70	-
		N	1.38	1.31	-
		A	77.81	79.21	-

续表

采样地点	物料名称	分析项目	8月1日	8月2日	2014年标定
C-202	脱 C_6 塔底产品	密度/(kg/m^3)	847.3	846.3	848.2
		组成/%(质)			
		非芳	12.09	12.13	8.9
		苯	0.91	0.90	0.19
		甲苯	21.64	22.57	27.28
		邻、间、对二甲苯	23.36	23.12	27.67
		邻二甲苯	8.99	9.06	9.60
		重芳烃	33.01	32.22	26.36
		芳烃	87.91	87.87	91.1
		溴指数/(gBr/100g)	2.32	2.42	2.19
		氯含量/(μg/g)	<0.5	<0.5	<0.5
		铜片腐蚀	1b	1b	1b
		胶质/(mg/100mL)	5.5	5.5	1
		硫含量/(μg/g)	0.21	0.36	<0.2
		雷德蒸汽压/kPa	8.4	9.2	6.5
		辛烷值 *MON*	90.6	90.4	93.5
		RON	101.4	101.3	103
		初馏点/℃	104.4	104.8	108.9
		5%试验结果/℃	117.1	116.3	
		10%试验结果/℃	120.2	119.7	119.7
		50%试验结果/℃	139.0	138.5	135.7
		90%试验结果/℃	170.1	169.8	164.9
		95%试验结果/℃	178.5	179	
		终馏点温度℃	217.2	219.8	210.4
		全馏出/%	98.6	97.8	98
		残油/%	1.0	1.0	1.0
		族组成			
		P	9.86	9.32	–
		O	0.37	0.34	–
		N	0.83	0.81	–
		A	88.32	88.88	–

续表

采样地点	物料名称	分析项目	8月1日	8月2日	2014年标定
戊烷	C-801底	蒸气压/kPa	132.2	137.3	–
		族组成			
		nP	34.89	31.67	–
		iP	61.88	65.16	–
		O	2	1.99	–
		N	1.23	1.14	–
		A	0	0.05	–

（四）催化剂再生

再生部分的操作条件如表1-10所示。标定期间，催化剂再生部分运行正常，处于白烧状态。再生器烧焦区温峰540℃，烧焦峰温分布在第二、第三和第五点，温度分布均衡合理，烧焦峰温分布区域的扩大在一定程度上降低了烧焦最高温度，有利于催化剂性能的恢复和保持。催化剂在两器之间的流动顺畅，差压及循环控制比较稳定(除两路提升二次控制阀外)。从卸粉尘量看，催化剂磨损情况处于合理水平。

表1-10 再生操作条件

项　目	单　位	设计值	2014年标定值	2017年标定值
一段还原气温度	℃	377	375	383.5
二段还原气温度	℃	482	480	493.3
F-251入口流量	Nm^3/h	1552±10%	1564	1574.3
F-252入口流量	Nm^3/h	634±10%	794	780.4
F-253出口温度	℃	477±15	479	477.7
R-251烧焦温度TI3031	℃	477±20	464	482.4
R-251烧焦温度TI3032	℃	530±20	535	539.8
R-251烧焦温度TI3033	℃	500±20	488	520
R-251烧焦温度TI3034	℃	480±20	488	479.7
R-251烧焦出口温度	℃	488±20	467	435
再生干燥温度	℃	550~565	549	551
再生氧含量控制	%(摩尔)	0.5~1.0	0.9	0.61
催化剂循环量	kg/h	454	148.5	283

续表

项　目	单　位	设计值	2014 年标定值	2017 年标定值
淘析气流量	Nm^3/h	800~2000	1300	1673
再生器压力	MPa	0.25	0.25	0.25
再生专用氮压力	MPa	0.4~0.83	0.64	0.64
还原氢流量	Nm^3/h	1200~2002	1600	1574

催化剂的分析表征结果如表 1-11 所示。2017 年停工检修期间，更换了新催化剂，当前催化剂的平均氯含量在正常范围内，且属于非常理想的水平，酸性中心与金属中心处于平衡状态。待生催化剂碳含量≯5%，积碳比较适宜。再生催化剂碳含量≯0.2%，说明催化剂烧焦正常，催化剂活性恢复正常。

表 1-11　催化剂再生前后碳含量、氯含量及粉尘分布情况

名　称	项　目	8 月 1 日	8 月 2 日	2014 年标定
待生催化剂	碳含量/%(质)	4.53	4.76	2.9
待生催化剂	氯含量/%(质)	1.05	1.07	0.9
再生催化剂	碳含量/%(质)	0.02	0.03	0.04
再生催化剂	氯含量/%(质)	1.23	1.24	1.11
催化剂粉尘	颗粒分布/%(质)	55.62	60.19	53.05

催化剂标定结果与技术保证值的对比如表 1-12 所示。从对 PS-VI 催化剂考核结果看，该催化剂的 C_{5+} 产品液收指标达到了合同保证值、C_{5+} 产品辛烷值和纯氢产率未达到合同保证值。比照 2014 年标定成绩，因为本次标定期间催化剂再生单元运行不稳定，因此装置被迫降低了反应温度，其中 F-201 因为火嘴舔炉管，反应温度只有 500℃，二、三、四反反应温度 510℃，使得纯氢产率和 C_{5+} 产品辛烷值有了一定的下降，C_{5+} 产品液收有了一定的增加，属于反应苛刻度低的原因，与催化剂性能关系不大。

表 1-12　催化剂标定结果与技术保证值

项目	PS-VI 技术保证值		标定值	2014 年	设计值
	原料 A		原料 B		
C_{5+} 产品辛烷值	≮102	≮102	98.4	103.5	-
C_{5+} 产品液收/%(质)	≮88.3	≮87.2	88.9	88.72	85.9
纯氢产率/%(质)	≮3.33	≮3.71	2.48	3.75	3.98
C_{5+} 液收×RON_C	-		89.01		89.14
催化剂消耗量/(kg/d)	≯2		<2		<2

（五）预加氢和重整压降监测

预加氢和重整部分主要设备压降见表 1-13。在重整单元 100%负荷进料的工况下，重整四个反应器总压降测量结果平均值为62kPa，与设计的总压降71kPa基本持平，各反压降分布也较为合理，体现出由小到大的分布趋势。

在预加氢单元在重整单元满负荷的工况下，各反应器、换热器、空冷压降分布合理，无结盐、结焦堵塞问题，其中R-101因预加氢负荷较大，压降相对较高，属于正常范围。

表1-13 预加氢和重整部分主要设备压降

位 置	入口压力/MPa	出口压力/MPa	压降/kPa
R-101	2.46	2.25	210
R-102	2.25	2.12	130
R-103	2.12	2.07	53
E-101	2.46	2.36	100
A-101	1.88	1.86	20
R-201	0.42	0.41	10
R-202	0.39	0.37	13
R-203	0.35	0.33	14
R-204	0.33	0.3	25

（六）加热炉、汽包

加热炉效率的计算数据见表1-14。各加热炉未出现炉膛温度超过工艺卡片的情况，炉效率均>90%，运行状况良好。2017年停检期间由于F-201更换8台火嘴出现舔炉管现象，且由于公司瓦斯管网组分变化，使得火嘴供风不足，造成F-201烟气氧含量偏低，且部分一氧化碳在炉膛顶部复燃，使得F-201炉膛温度偏高。

表1-14 加热炉效率

炉 号	名 称	炉膛温度/℃	烟气氧含量/%	过剩空气系数	排烟温度/℃	炉效率/%
F-201	重整进料加热炉	770	1.07	1.06	182	90.52
F-202	1号中间加热炉	727	1.91	1.06	182	90.52
F-203	2号中间加热炉	691	1.56	1.06	182	90.52
F-204	3号中间加热炉	698	2.50	1.06	182	90.52
F-101	预加氢进料加热炉	543	2.13	1.13	145	91.86
F-102	蒸发塔重沸炉	533	2.07	1.13	145	91.86
F-205	脱戊烷塔重沸炉	634	2.20	1.12	145	91.87

汽包操作条件和锅炉水分析结果见表1-15，各项指标均符合工艺指标要求。由于重整单元处于满负荷状态，所有汽包上水和发汽量较大。

表 1-15　汽包操作条件和锅炉水分析

项目	数值	项目	数值
汽包液面/%	60	汽包压力/MPa	1.14
汽包上水/(t/h)	29.2	混水温度/℃	119.8
发汽温度/℃	266.8	炉水 pH	8.8
发汽压力/MPa	0.93	炉水磷酸根/(mg/L)	5.1
发汽循环量/(t/h)	210.3	炉水氯根/(mg/L)	0.1

（七）能耗情况

标定期间重整装置的能耗执行情况见表 1-16。重整单元标定能耗为 88.35kgEO/t，满足集团公司达标要求，对比 2014 年数据分析，2017 年标定期间装置处于满负荷状态，能耗较 2014 年稍高。

此外，针对重整进料换热器的换热效率进行了分析，见表 1-17 和图 1-1。根据历史标定数据和本次标定数据计算分析，0.6Mt/a 重整进料换热器 E-201 换热系数呈现下降趋势，从 2005 年至今已下降 46.5%(与设计值对比)，与 2005 年 11 月运行数据对比，下降 35%，造成四合一炉一反加热炉 F-201 负荷偏高。下一步计划：因 E-201 为特殊立式换热器，需择机选择有专业资质的施工单位对 E-201 进行清洗和检查。

表 1-16　0.6Mt/a 连续重整 8 月 1 日 10：00—8 月 3 日 10：00 重整能耗执行情况

项　目	单　位	系　数	实物量	2017 年单位能耗/(kgEO/t)	2014 年单位能耗/(kgEO/t)
1.0MPa 蒸汽	t	76	355	7.2	1.72
含油凝结水	t	7.65	-720	-1.47	-1.37
含盐凝结水	t	3.65	-585.8	-0.57	-0.39
循环水	t	0.1	24742	6.6	8.00
燃料气	t	950	243.1	61.67	50.30
电	kW·h	0.2338	179632.5	11.21	16.71
除盐水	t	2.3	720.4	0.44	0.38
高压除氧水	t	9.2	1330.5	3.27	1.20
能耗合计			360384.9	88.35	76.55

表 1-17　重整进料换热器换热效率变化趋势

项　目	单　位	设　计	2005.11	2007.1	2010.9	2014.4	2017.8
重整进料温度	℃	115	83.5	89.5	94.5	106.9	119
重整进料流量	t/h	75	68.34	65	55	75	75
循环氢温度	℃	98.6	86	90	95	106.5	105
循环氢流量	t/h	14.42	10.3	11	10.3	13.4	12.37
循环氢流量	m^3/h	42000	30000	32000	30000	39000	36000
F201 入口温度	℃	465.1	423	423	430	414	410
F204 出口温度	℃	515	477	475	486	478.7	473

续表

项　目	单　位	设　计	2005.11	2007.1	2010.9	2014.4	2017.8
E201冷端出口温度	℃	106.4	92.7	97.6	101	117.7	124
换热面积×换热系数	10^6kJ/(℃·h)	2.66	2.178	1.95	1.563	1.488	1.423

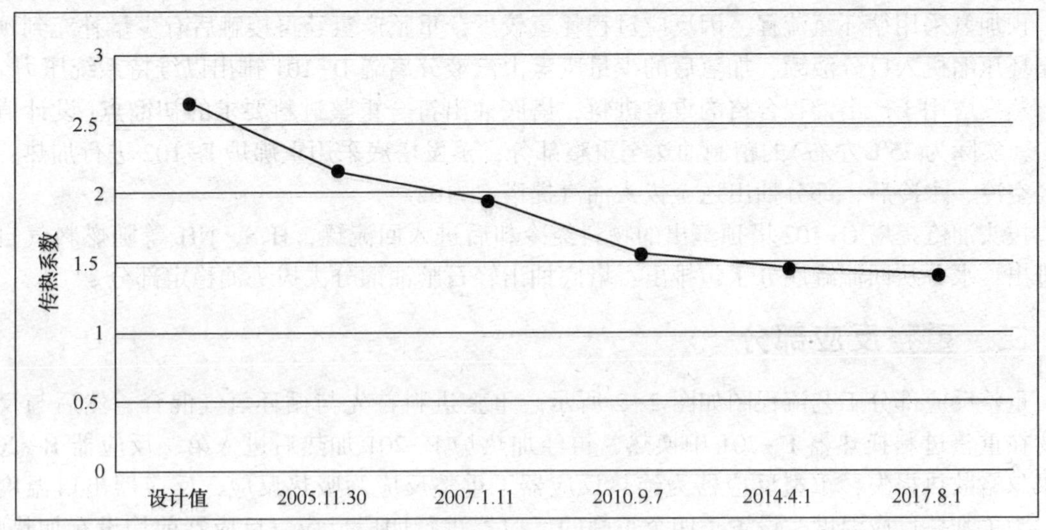

图 1-1　重整进料换热器传热系数趋势图

五、标定结论

1）加工能力：本次标定期间重整单元满负荷运行，其他各单元加工能力正常，装置运行平稳，没有生产瓶颈，表明装置完全具备满负荷加工能力。

2）产品收率及质量：重整生成油、苯、氢气等主要产品收率较高，产品质量均满足下游装置和国标优级品质量要求。

3）能耗：标定期间装置满负荷运行，因此装置能耗处于较低水平，满足公司达标要求。但 E-201 换热效率低的问题需要引起重视，择机妥善处理。

4）催化剂：重整新催化剂活性较高，产品液收等经济指标也基本满足协议和达标要求，由于一反加热炉 F-201 存在舔炉管现象，因此一反反应温度只有 500℃，二、三、四反反应温度 510℃，反应温度没有达到预定值，在一定程度上影响了氢气产率和芳烃转化率，与催化剂的性能关系不大。催化剂性能满足技术协议要求。

5）环保指标：再生烟气脱氯项目投用后再生烟气 HCl 含量和非甲烷总烃含量均满足最新国家标准，加热炉烟气中 SO_2、NO_x 和颗粒物均满足最新国家标准。

第二部分　工艺流程

一、原料预处理部分

原料预处理部分工艺流程图如图 2-1 所示。原料预处理部分为先加氢后分馏流程，设计处理能力为 0.72Mt/a。原料为常减压装置提供的石脑油(低辛烷值直馏汽油馏分)，经脱砷反应器 R-101、预加氢反应器 R-102、脱氯反应器 R-103(后期增设)脱除对重整催化剂有害的杂质，产物经换热、空冷后进入预加氢汽液分离罐 D-101 进行气液分离。分离罐顶分出含氢气体至预加氢循环压缩机入口分液罐 D-102 分液、预加氢循环压缩机 K-101A/B 加压后作为循环氢返回预加氢进料换热器入口；分离罐底分出的液体经蒸发塔进料换热器换热后进入蒸发塔 C-101。

预加氢采用循环氢流程，因反应过程耗氢较少，重整产氢经再接触后有少量补充到预加氢循环压缩机入口分液罐，加氢后的少量废氢由汽液分离罐 D-101 排出以维持系统压力。

蒸发塔用于产出馏程合格的重整进料，塔底抽出符合重整进料要求的初馏点(设计值为82℃，实际为75℃左右)的精制油送至重整部分；蒸发塔底采用重沸炉 F-102 进行加热；塔顶经空冷、水冷后，部分抽出送至拔头油汽提塔 C-102。

拔头油汽提塔 C-102 塔顶蒸出的物料经冷却后进入回流罐，H_2S、NH_3等随燃料气自罐顶排出，水分从回流罐底分水包排出；塔底抽出轻石脑油馏分去拔头油稳定部分。

二、重整反应部分

重整反应部分工艺流程图如图 2-2 所示。重整进料首先与循环氢气混合，然后与反应产物在重整进料换热器 E-201 中换热，再经加热炉 F-201 加热后进入第一反应器 R-201。如果忽略散热损失，重整反应器为绝热反应器。重整反应为吸热反应，反应器出口温度降低，为了维持反应温度，设置了四个重叠的反应器进行四段反应，反应器前均设有加热炉。反应产物经与进料换热、空冷后，送至重整产物分离罐 D-201 及后续的再接触部分。

自再生部分来的还原态催化剂，自上而下进入各个反应器，在反应物料发生反应的过程中起到催化作用。随着反应的进行，催化剂逐渐因积炭而失活。四反底部活性降低的催化剂，被提升至催化剂再生部分进行烧焦再生。

三、再接触部分

再接触部分工艺流程图如图 2-3 所示。重整产物分离罐 D-201 顶部排出的氢气经循环氢压缩机 K-201 加压后，一部分作为重整产氢经冷却、增压后与油相再接触，一部分返回重整进料换热器 E-201 入口作为循环氢与重整进料混合，另有一小部分至反应器置换气换热器 E-202，与部分反应产物换热后至反应器底部，起到置换催化剂上烃类和油气的作用。

重整产氢经重整氢增压机 K-202A/B 增压至 1.1MPa(表压，实际操作控制在 1.0MPa)后，经过再接触空冷器 A-203 和再接触(氨)冷冻器 E-205 冷却至4℃进入再接触罐 D-203，经过与油相的再接触将产氢纯度提高至91%以上。重整产氢随后进入氢气脱氯罐 D-204A/B 脱除氯化氢，大部分送入氢气管网，供炼厂各类加氢装置用；另有一小部分，分别送至预处理、催化剂再生和芳烃抽提部分。

重整产物分离罐 D-201 底部排出的液相，经预冷、冷冻、与重整产氢再接触后，作为重整生成油进入分馏部分的脱戊烷塔进料换热器。

四、分馏部分

分馏部分工艺流程图如图 2-4 所示。分馏部分设置了脱戊烷塔 C-201 和脱 C_6 塔 C-202。脱戊烷塔顶气返回重整氢增压机入口分液罐；脱戊烷塔顶戊烷与原料预处理部分拔头油汽提塔 C-102 底的轻石脑油混合后送至拔头油稳定部分，脱去轻组分后作为轻石脑油产品出装置；脱戊烷塔底采用脱戊烷塔底重沸炉作为热源，脱戊烷油经过与塔进料换热后送至脱 C_6 塔。

脱 C_6 塔顶气送至燃料气管网，必要时向脱 C_6 塔顶罐补充 N_2 以维持系统压力；脱 C_6 塔顶液送至苯抽提部分，抽提出 C_6 组分中的苯；脱 C_6 塔底采用 1.0MPa 蒸汽作为热源，脱 C_6 塔底液作为重整汽油至汽油储罐。

五、还原部分

还原部分工艺流程图如图 2-5 所示。氧化态的再生催化剂自闭锁料斗底部经提升气提升至反应器上部的催化剂还原段进行还原。在重力的作用下，催化剂向下流经环形挡板的圆柱形床层完成还原。还原介质为经过增压气聚液器后的重整产氢，设计氢纯度为 93%。还原部分采用两段控温，以保证还原过程的效果。一段还原气入口温度设计为 393℃，二段还原气入口温度设计为 577℃，上述温度分别由还原气电加热器 F-251 和 F-252 控制。

经重整反应后，积炭的待生催化剂从重叠布置的反应器最下部(第四反应器底部)移出进入反应器底部的催化剂收集器，然后进入 1 号(待生)催化剂提升器。

六、再生器及闭锁料斗部分

再生器及闭锁料斗部分工艺流程图如图 2-6 所示。待生催化剂在提升器中被带压力的氢气提升至设置于再生器顶部的分离料斗 D-253 中，待生催化剂在分离料斗中下行，与从底部逆流上行的氢气接触，氢气将催化剂磨损产生的粉尘带出分离料斗送往催化剂粉尘收集器 M-259，粉尘积存在收集器底部，并定期卸出装桶。

由再接触来的增压气体经增压气聚液器 M-258 分液及增压气加热器 E-252 加热后作 2 号提升气及送至粉尘收集器作反吹气体间断吹气将附在滤芯上的催化剂粉尘吹掉。重整反应部分来的循环氢经聚液器分液、加热后作 1 号提升气并少量送至粉尘收集器椎体部分帮助卸料。气体由粉尘收集器 M-259 顶部出来经除尘风机 K-251 至分离料斗循环使用。

在分离料斗 D-253 中脱除粉尘后的待生催化剂靠重力进入再生器 R-251 顶部。再生器自上而下设置了再生、氧氯化和干燥区域。再生器内部结构为径向，催化剂可自上而下通过两个立式圆柱形筛网的环形空间移动。完成再生烧焦的再生气体径向通过催化剂床层，再生气为含氧气 0.5%~0.8%的热氮气。用于氧氯化过程的气体是来自干燥过程完成后的上流空气，注入有机氯化物后一次通过被氯化的催化剂床层。干燥区设在再生器最下部，干燥介质为经过干燥并经电加热器加热到 587℃的热空气。它和氧氯化区一样，热空气进入再生器后先向下流过环形挡板外侧后的区域下部进入催化剂床层向上一次通过。

催化剂再生气体经过再生区催化剂床层后引至热风机(再生风机 K-253)经再生空冷器(A-251)冷却回至再生器循环使用。由于烧焦后再生气体温度由 478℃升至 509℃，故正常操作时不使用再生电加热器，仅开工时将初始气体升至 478℃左右。

完成再生后的再生催化剂向下落至闭锁料斗 D-258 中，在这里催化剂环境压力又回升到重整反应部分的压力。闭锁料斗是通过氮气包所造成的压差和压力平衡来使催化剂装料卸料的。从闭锁料斗下部再生催化剂放入 2 号提升器中，再用氢气把催化剂提升至第一反应器顶部的还原段，经还原后进入反应系统，再生催化剂自上而下流经重叠布置的反应器，到达四反底部时，完成一个催化剂自反应-待生-再生的循环。

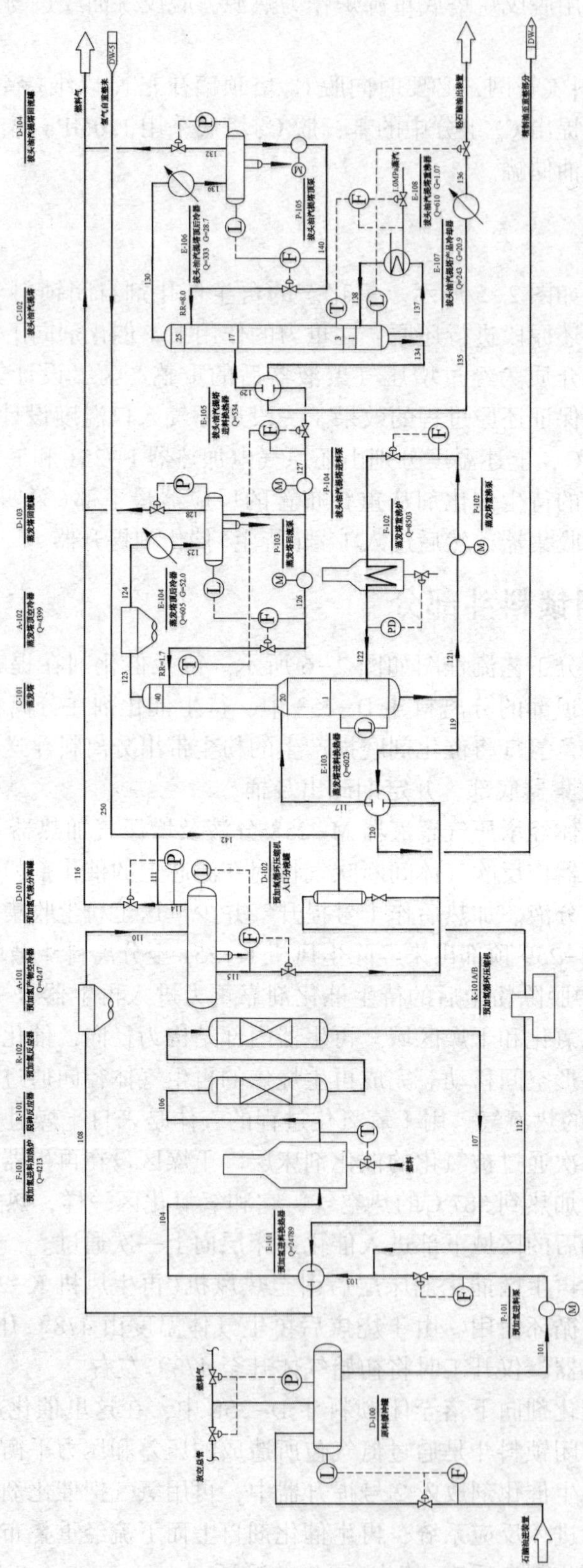

图2-1　连续重整装置预处理部分工艺流程图

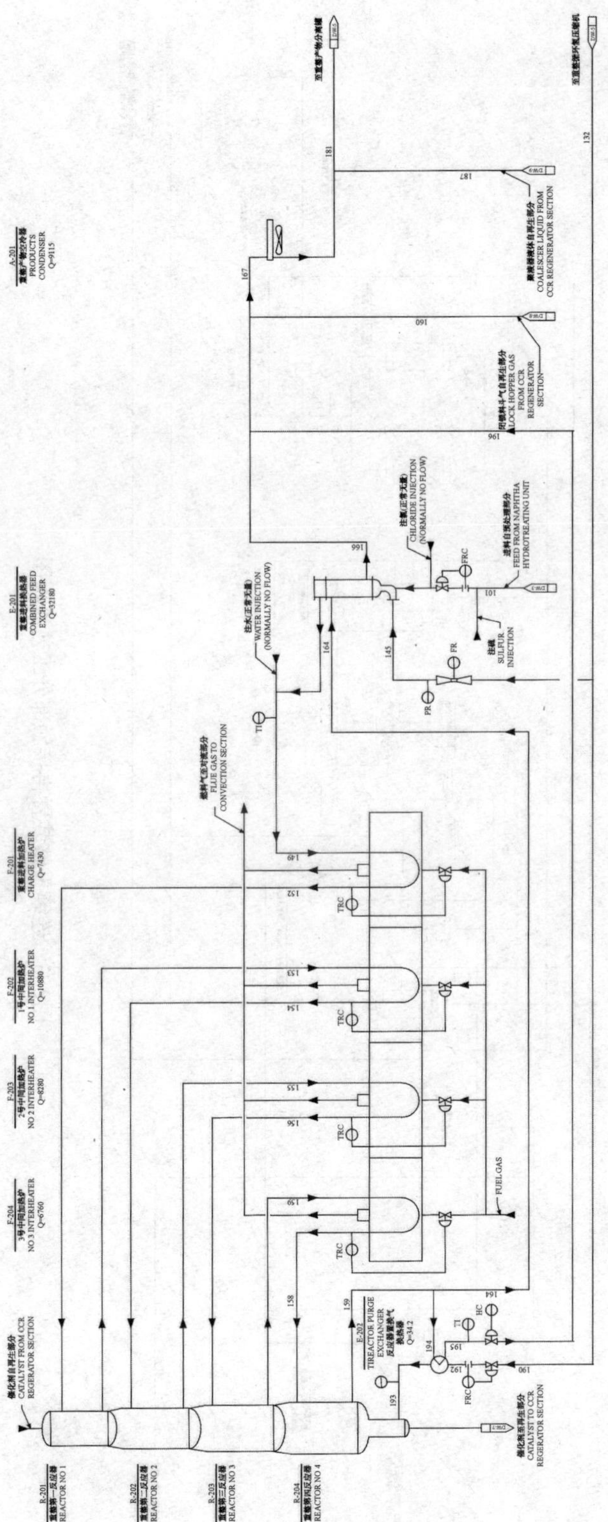

图2-2 连续重整装置重整反应部分工艺流程图

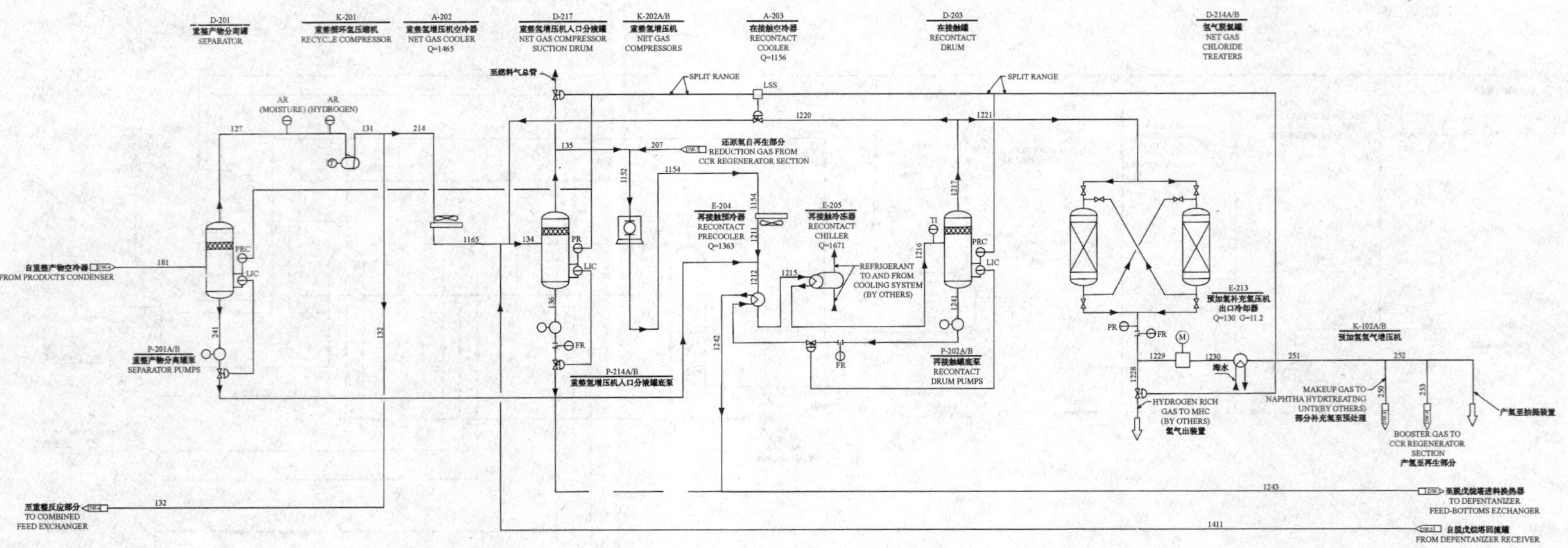

图2-3 连续重整装置再接触部分工艺流程图

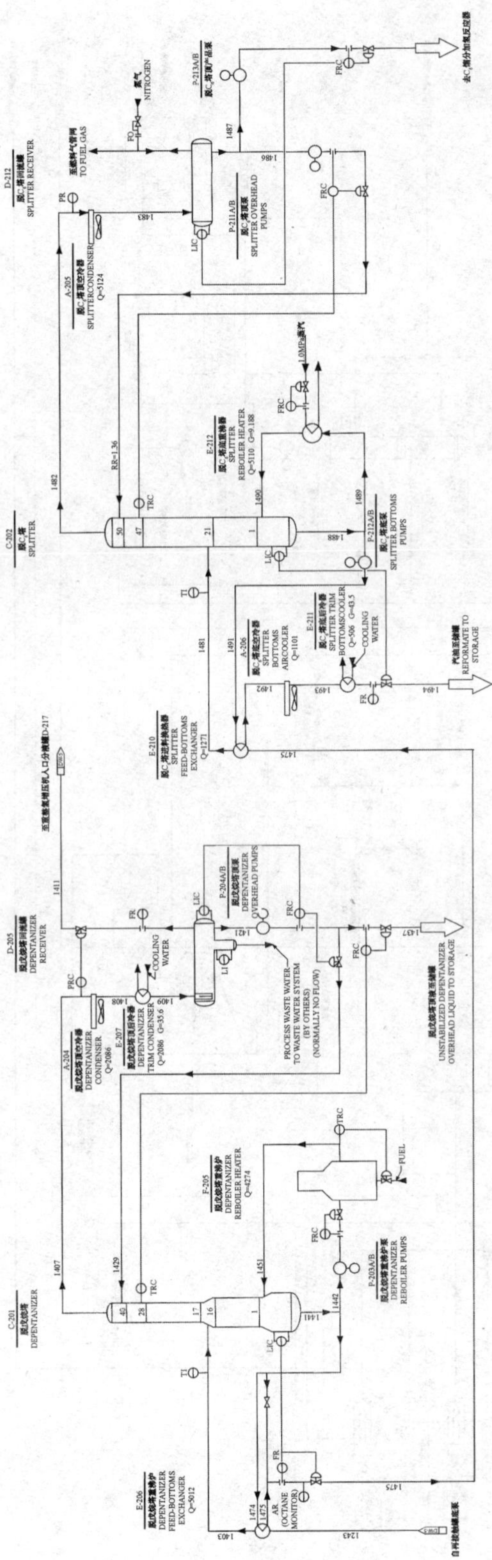

图2-4 连续重整装置分馏部分工艺流程图

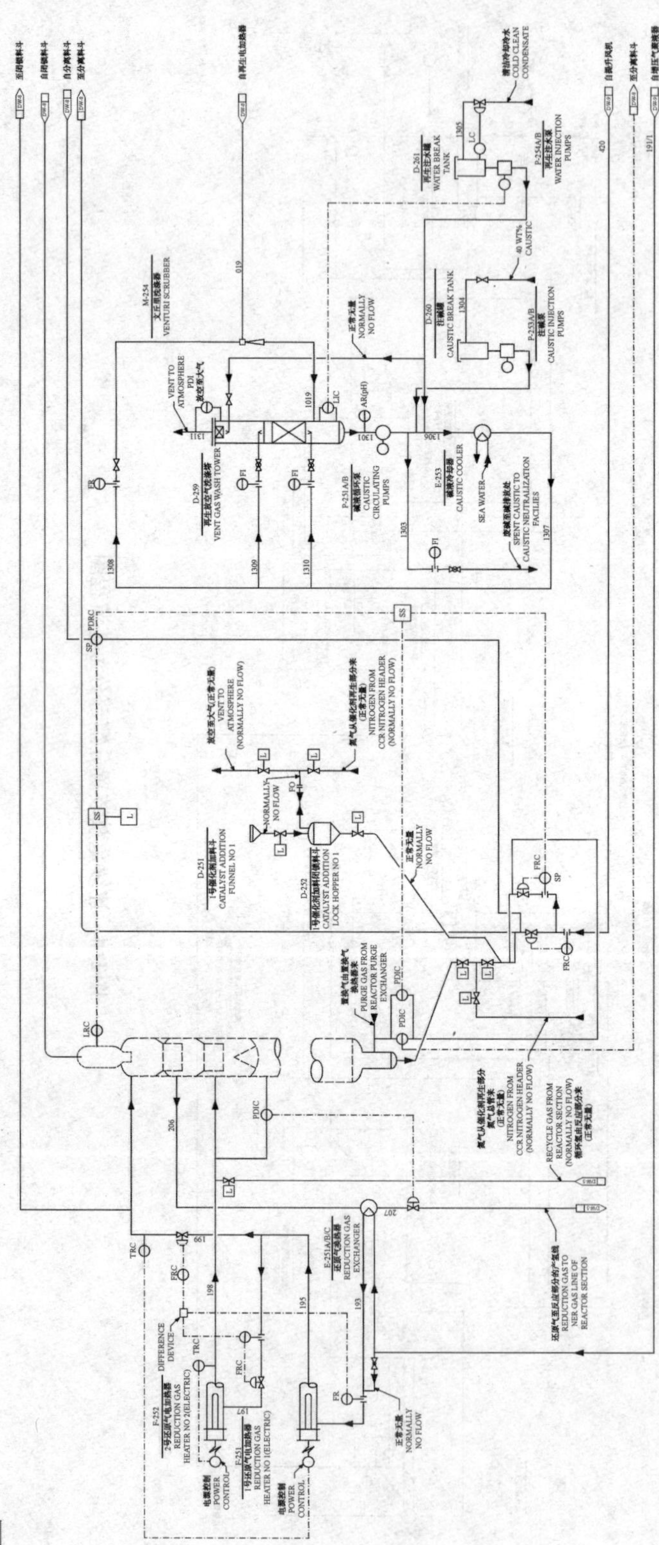

图2-5　连续重整装置还原及放空气洗涤塔部分工艺流程图

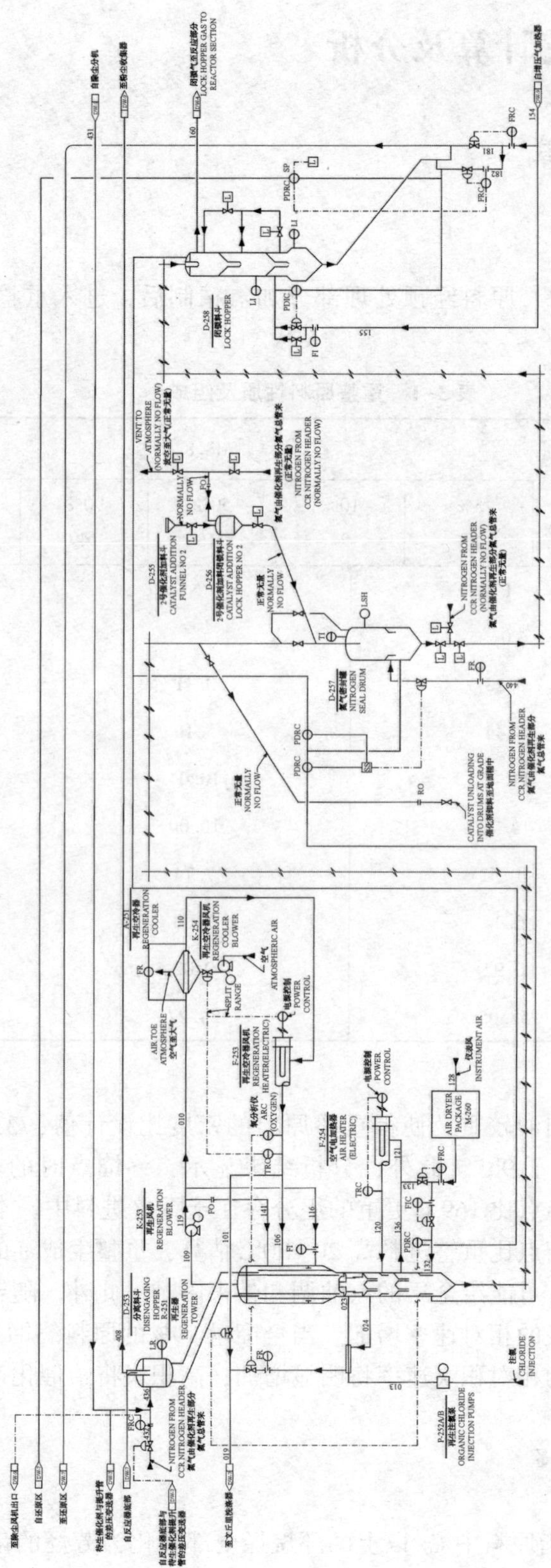

图2-6　连续重整装置再生器及闭锁料斗部分工艺流程图

第三部分　工艺计算及分析

一、原料性质计算

（一）原料 PONA 组成

1. 重整原料性质

根据表 1-8 的分析结果，原料经预处理部分加氢精制后，进入重整反应部分的重整原料性质见表 3-1。

表 3-1　重整原料性质及组成

密度(20℃)/(kg/m^3)	738.8						
ASTM D-86 馏程/℃	初馏点 74	5% 88	10% 94	50% 118	90% 149	95% 156	终馏点 169

族组成/%(质)	P	N	A
C_4	0		
C_5	0.22	0.31	
C_6	8.44	5.16	0.68
C_7	11.77	10.04	2.75
C_8	14.72	10.00	5.87
C_9	10.52	7.74	3.08
C_{10}	6.46	1.00	0.17
C_{11}	0.92	0.02	0
合计	53.05	34.27	12.55

2. 原料性质分析

由于上游来的直馏石脑油较重，使得重整原料的密度比设计值(733.2kg/m^3)略高，终馏点也比设计值(160℃)高了 9℃。此外，分析结果显示，终馏点时的全馏量仅为 97.7%，除去轻组分挥发，势必有沸点比 169℃更重的组分存在于重整进料中。本装置目标产品为汽油，按照重整生成油的终馏点比重整进料高 20~30℃估算，重整生成油的干点已十分接近成品汽油的干点指标，这将有可能给全厂的汽油调和带来困难。此外，随着终馏点的升高或全馏量的减少，催化剂上积炭的相对速率增加。当全馏量 99%的原料终馏点大于 175℃时，随着终馏点的增加，催化剂的相对积炭速率将明显增加，高积炭将给催化剂再生操作带来一定的困难。

（二）原料的芳烃潜含量

1. 定义中的计算方法

芳烃潜含量 *Ar*(%)是指原料中 C_6 以上的环烷烃全部转化为芳烃的量与原料中的芳烃量之和。重整生成油中芳烃产率与原料的芳烃潜含量之比成为“芳烃转化率”或“重整转化率”。按照定义，芳烃潜含量的计算方法如下：

$$Ar(\%)=\text{苯潜含量}+\text{甲苯潜含量}+C_8\text{芳烃潜含量}+C_9\text{芳烃潜含量}+C_{10}\text{芳烃潜含量}+C_{11}\text{芳烃潜含量} \tag{3-1}$$

上式中，苯潜含量(%)＝C_6N(%)×78÷84+苯(%)＝5.16×78÷84+0.68＝5.47

甲苯潜含量(%)＝C_7N(%)×92÷98+甲苯(%)＝10.04×92÷98+2.75＝12.18

C_8 芳烃潜含量(%)＝C_8N(%)×106÷112+C_8 芳烃(%)＝10.00×106÷112+5.87＝15.33

C_9 芳烃潜含量(%)＝C_9N(%)×120÷126+C_9 芳烃(%)＝7.74×120÷126+3.08＝10.45

C_{10}芳烃潜含量(%)＝$C_{10}N$(%)×134÷140+C_{10}芳烃(%)＝1.00×134÷140+0.17＝1.13

C_{11}芳烃潜含量(%)＝$C_{11}N$(%)×148÷154+C_{11}芳烃(%)＝0.02×148÷154+0＝0.02

综上，芳烃潜含量 Ar(%)＝5.47+12.18+15.33+10.45+1.13+0.02＝44.58

2. 估算方法[1]

按照参考文献[1]中585页给出的估算方法，原料的芳烃潜含量也可以按照如下方法估算：

$$\%A=\alpha\cdot N+A \tag{3-2}$$

式中　α——芳烃转换系数，窄馏分取0.93，宽馏分取0.94。

此处 α 取0.94，则

$$A_{潜}(\%)=0.94\times 34.27+12.55=44.76$$

按照参考文献[1]的说法，该估算方法对近三百个不同组成的原料进行计算的结果显示误差小于0.5%。与根据定义的计算值相比，上述估算的芳烃潜含量比定义高0.18个百分点，误差为0.40%。这种误差在工程估算中是可以接受的，而且计算过程简单快捷，是非常值得推广的估算方法。

3. 其他指标——芳构化指数

芳构化指数也称为重整指数，通常用(N+2A)表示，也有文献用(N+A)或(N+3.5A)表示。以(N+2A)为例，其定义为：

$$N+2A=\sum C_i^{\mathrm{N}}\%+2\sum C_i^{\mathrm{A}}\% \tag{3-3}$$

式中　C_i^{N}——原料中环烷烃的体积分数；

C_i^{A}——原料中芳烃的体积分数；

i——碳原子数。

注意上述指数计算时要用环烷烃、芳烃的液体体积分数，而重整原料的组成分析结果只给出了质量分数。将体积分数换算成质量分数，参考了文献[2]中的换算系数 k，k 定义为质量分数与体积分数之比。各烃族的平均换算系数为：烷烃0.935，环烷烃1.030，芳烃1.167，据此将质量分数(烷烃53.05%，环烷烃34.27%，芳烃12.55%)进行换算并归一后，得各烃族的体积分数为烷烃56.31%，环烷烃33.02%，芳烃10.67%。

本次标定时，重整原料的芳构化指数为：

$$N+2A=\sum C_i^{\mathrm{N}}\%+2\sum C_i^{\mathrm{A}}\%=33.02+2\times 10.67=54.36$$

芳构化指数与芳烃潜含量含义相近，均为表征产品贫富、重整生成油芳烃收率的指标。国外一般用芳构化指数，国内习惯用芳烃潜含量。

4. 芳烃潜含量计算小结

本次标定的原料芳烃潜含量(44.76%)与设计值(44.43%)十分接近，但其环烷烃含量少，比设计值(40.59%)低6.32个百分点，芳烃含量高。可以推断，如果操作条件不变，本次标定的纯氢产率将低于设计值。后续的计算结果也验证了此推断。此外，原料中较高的芳烃含量也会导致催化剂上的积炭量升高，但本次标定时由于苛刻度未达到设计值，催化剂积炭量的增加未得到验证。

二、产品性质计算

（一）氢气单体烃组成及平均相对分子质量

根据分析结果，重整产氢和循环氢的单体烃组成列于表 3-2。混合气体的平均相对分子质量按下式计算：

$$\overline{M} = \sum C_i \cdot M_i \div 100 \tag{3-4}$$

式中 C_i——混合气体中组分 i 的体积分数或摩尔分数，%；

M_i——混合气体中组分 i 的相对分子质量。

则重整产氢的平均相对分子质量为：

$$\overline{M} = (92.11 \times 2 + 2.55 \times 16 + 2.49 \times 30 + 1.86 \times 44 + 0.84 \times 58 + 0.15 \times 72) \div 100 = 4.41$$

同理，重整循环氢的平均相对分子质量为：

$$\overline{M} = (91.31 \times 2 + 2.22 \times 16 + 2.20 \times 30 + 1.89 \times 44 + 1.85 \times 58 + 0.53 \times 72) \div 100 = 5.13$$

（二）纯氢收率

纯氢收率定义为纯氢的流量占重整进料量的比例，按如下步骤进行计算。

1. 孔板流量计的计算与读数校正

(1) 孔板流量计算公式

参考文献[5]中第 310 页给出的孔板流量计算公式如下：

$$q_v = \frac{C\varepsilon}{\sqrt{1-\beta^4}} \frac{\pi}{4} d^2 \sqrt{\frac{2\Delta p}{\rho}} \tag{3-5}$$

$$q_m = \frac{C\varepsilon}{\sqrt{1-\beta^4}} \frac{\pi}{4} d^2 \sqrt{2\Delta p \rho} \tag{3-6}$$

上述孔板流量计算公式中：

q_v——体积流量(适用于气体流量)，m^3/s；

q_m——质量流量(适用于液体流量)，kg/s；

C——流出系数；

β——直径比，$\beta = d/D$；

d——节流件的开孔直径，m；

D——管道内径，m；

Δp——压差值，Pa；

ρ——被测流体密度，kg/m^3；

ε——可膨胀性系数；$\varepsilon = 1 - (0.41 + 0.35\beta^4)\dfrac{\Delta p}{kp_1}$（使用范围 $p_2/p_1 \geqslant 0.75$）

p_1、p_2——上游和下游取压口处的静压；

k——绝热指数。

表 3-2　氢气的单体烃组成

物料名称	气相组成分析								平均相对分子质量
	H_2	C_1	C_2	C_3	C_4	C_5	C_{6+}	合计	
相对分子质量	2	16	30	44	58	72			
产氢/%(体)	92.11	2.55	2.49	1.86	0.84	0.15	0	100.00	4.41
重整循环氢/%(体)	91.31	2.22	2.20	1.89	1.85	0.53	0	100.00	5.13

表 3-3　用于计算物料平衡的仪表校正数据表

项目		物料名称	DCS 数据							孔板设计数据			校正计算				
			流量			温度/℃		压力/MPa		密度/(kg/m³)	温度/℃	压力/Mpa	实测密度/(kg/m³)	操作密度/(kg/m³)	校正系数		收率/%
			位号	单位	指示值	位号	指示值	位号	指示值							t/h	
重整反应系统	进料	重整进料	FIC2002	t/h	74.0	TI2023	119.0			653.9	115	0.86	738.8	657.6	1.003	74.24	100.00
		合计														74.24	100.00
	出料	脱戊烷油流量	FIC2012	t/h	66.0	TI2056	96.4			757	90	0.20	812.8	757.8	1.001	66.09	89.02
		戊烷油流量	FIC2015	t/h	2.7	TI2044	38.8			549.2	38	1.20	560.6	540.5	0.992	2.68	3.61
		产品氢气流量	FI2018	kNm^3/h	28.9	TI2055	11.8	PI2088	0.900	0.205	0	1.00	0.197		0.952	5.42	7.30
		合计														74.19	99.93

（2）流量读数校正公式推导

所有的孔板差压流量计都需要针对实际工况与设计工况的差别，进行温度、压力和密度校正。

1）液体工作状态流量的校正公式推导：

液体按实际工作密度进行修正。液体的流量一般用质量流量表示，即上节公式中的 q_m。由公式(3-6)，推导得到液体孔板差压流量计的校正公式如下：

$$q_m = q \times \sqrt{\frac{\rho_c}{\rho}} \tag{3-7}$$

式中 q_m——校正后的质量流量，kg/h；

q——仪表读出的质量流量，kg/h；

ρ_c、ρ——实际和设计的流体密度，kg/m^3。

2）气体工作状态流量的校正公式推导：

气体同样需要按实际工作密度进行修正。需要注意的是，气体的流量一般用体积流量表示，即上节公式中的 q_c。重整装置中气体的压力不高，可视作理想气体。由公式(3-7)及理想气体状态方程

$$pV = nRT \Rightarrow pM = \rho RT \tag{3-8}$$

推导得到液体孔板差压流量计的校正公式如下：

$$q_c = q \times \sqrt{\frac{\rho}{\rho_c}} = q \times \sqrt{\frac{MpT_c}{M_c p_c T}} \tag{3-9}$$

式中 q_c——校正后的体积流量，m^3/h(工作状态)；

q——仪表读出的体积流量，m^3/h(工作状态)；

M_c、M——实际和设计的流体相对分子质量；

p_c、p——实际和设计的操作压力，kPa；

T_c、T——实际和设计的操作温度，K。

3）气体标准状态流量的校正公式推导：

根据理想气体状态方程 $pV = nRT$，得到上述工作状态下的体积流量与标准状态下的体积流量的换算关系为：

$$\frac{q_c}{Q_c} = \frac{p^\theta T_c}{p_c T^\theta} \tag{3-10}$$

$$\frac{q}{Q} = \frac{p^\theta T}{p T^\theta} \tag{3-11}$$

上两式相除，得

$$\frac{q_c}{q} = \frac{Q_c}{Q} \cdot \frac{pT_c}{p_c T} \tag{3-12}$$

将式(3-9)代入式(3-12)，得

$$Q_c = Q \times \sqrt{\frac{Mp_c T}{M_c p T_c}} \tag{3-13}$$

式中 Q_c——校正后的体积流量，Nm^3/h(标准状态)；

Q——仪表读出的体积流量，Nm^3/h(标准状态)。

如果DSC系统内已经设置了温度和压力补偿(需要向仪表技术人员确认)，则只需要对仪表读出的体积流量进行相对分子质量(即密度)校正即可：

$$Q_c = Q \times \sqrt{\frac{M}{M_c}} \tag{3-14}$$

2. 产氢流量的校正计算

用于计算物料平衡的仪表校正数据见表3-3。下面以产氢流量的校正计算为例说明计算过程。

(1) 原始数据

根据DCS数据，重整产氢流量(FI2018)为28887.9Nm³/h，温度(TI2055)为11.81℃，压力(PI2088)为0.9MPa(绝压1.0MPa)。根据公式(3-4)，上一节已求得重整产氢的平均相对分子质量为$\bar{M}=4.41$。

由表2-3得重整产氢的设计条件为温度0℃，压力1.0MPa(绝压1.1MPa)，平均相对分子质量4.6。

(2) 产氢流量校正计算

将上述数据代入式(3-13)，得校正后的体积流量为：

$$Q_c = Q \times \sqrt{\frac{Mp_cT}{M_cpT_c}} = 28887.9 \times \sqrt{\frac{4.6 \times 1.0 \times (0 + 273.15)}{4.41 \times 1.1 \times (11.81 + 273.15)}} = 27541.5\ \mathrm{Nm^3/h} \tag{3-15}$$

根据公式(3-8)，得重整产氢在标准状态下的密度为：

$$\rho = \frac{p^{\theta}M}{RT^{\theta}} = \frac{101325 \times 4.41}{8.314 \times 273.15} = 196.8\ \mathrm{g/m^3} = 0.1968\ \mathrm{kg/m^3} \tag{3-16}$$

则重整产氢校正后的质量流量为：

$$q_m = Q_c \cdot \rho = 27541.5 \times 0.1968 = 5420\mathrm{kg/h} = 5.420\mathrm{t/h} \tag{3-17}$$

3. 纯氢收率计算

由表3-2得，重整产氢的氢气纯度为$C_{H_2}=92.11\%$(体)，则纯氢的体积流量为：

$$Q_{c,\ H_2} = Q_c \times C_{H_2} = 27541.5 \times 92.11 \div 100 = 25368.5\ \mathrm{Nm^3/h} \tag{3-18}$$

根据公式(3-8)，得重整产氢在标准状态下的密度为：

$$\rho = \frac{p^{\theta}M}{RT^{\theta}} = \frac{101325 \times 2}{8.314 \times 273.15} = 89.24\ \mathrm{g/m^3} = 0.08924\ \mathrm{kg/m^3} \tag{3-19}$$

则重整产氢校正后的质量流量为：

$$q_m = Q_c \cdot \rho = 25368.5 \times 0.08924 = 2264\mathrm{kg/h} = 2.264\mathrm{t/h} \tag{3-20}$$

由表3-3得，孔板校正后的重整进料量为74.24t/h，则纯氢收率为：

$$2.264 \div 74.24 \times 100\% = 3.05\%$$

4. 纯氢收率计算小结

此处计算得到的纯氢收率(3.05%)低于设计值(3.54%)，原因有两点。一是原料虽然芳烃潜含量高，但芳烃含量高于设计值，但过高的芳烃在重整反应条件下不发生转化，对产氢没有帮助；二是原料中发生脱氢反应产生氢气的环烷烃含量偏低，因此产氢偏低。另外，此次标定的苛刻度偏低，链烷烃发生环化脱氢的比例偏低，也会导致纯氢收率低于设计值。

三、重整汽油

（一）脱戊烷油收率

下面以脱戊烷油为例，说明液体孔板流量计读数的校正过程。

1. 脱戊烷油流量的校正计算

(1) 原始数据

根据DCS数据，脱戊烷油流量（FIC2012）为66.04t/h，温度（TI2056）为96.42℃。根据分析结果，脱戊烷油的实测密度（20℃）为812.8kg/m³。

由表2-4得脱戊烷油的设计条件为温度90℃，压力0.2MPa（表压1.1MPa），操作密度为756.6kg/m³。

(2) 脱戊烷油流量校正计算

根据表3-4查出脱戊烷油20℃时的密度温度系数γ，用下式计算出该油品在孔板操作温度下的密度：

$$\rho_t = \rho_{20} - \gamma(t - 20) \tag{3-21}$$

式中 ρ_t—— 油品在孔板操作温度下的密度，g/cm³；

ρ_{20}—— 油品20℃时的密度，g/cm³；

γ—— 石油密度温度系数，g/cm³/℃；

t—— 孔板操作温度，℃。

由表3-4查得，密度为0.8128g/cm³的脱戊烷油在20℃时的密度温度系数为γ = 0.00072，则脱戊烷油在操作温度（96.42℃）下的密度为：

$$\begin{aligned}\rho_t &= \rho_{20} - \gamma(t - 20)\\ &= 0.8128 - 0.00072 \times (96.42 - 20) = 0.7578\text{g/cm}^3 = 757.8\text{kg/m}^3\end{aligned}$$

代入式（3-7），得校正后的脱戊烷油流量为：

$$q_m = q \times \sqrt{\frac{\rho_c}{\rho}} = 66.04 \times \sqrt{\frac{757.8}{756.6}} = 66.09\text{t/h} \tag{3-22}$$

2. 脱戊烷油收率计算

脱戊烷油收率为脱戊烷油流量占重整进料量的比例，则脱戊烷油收率为：

$$66.09 \div 74.24 \times 100\% = 89.02\%$$

（二）芳烃收率

芳烃收率为脱戊烷油收率与脱戊烷油中的芳烃含量之积。由表1-9可知，脱戊烷油中的芳烃含量为73.58%，故芳烃收率为：0.8902 × 0.7358 × 100% = 65.50%

（三）芳烃转化率

芳烃转化率定义为重整生成油中的芳烃收率与原料的芳烃潜含量之比：

$$\text{芳烃转化率}(\%) = \frac{\text{芳烃收率}(\%)}{\text{芳烃潜含量}(\%)} \times 100\% = \frac{65.50}{44.58} \times 100\% = 146.9\% \tag{3-23}$$

（四）重整汽油计算结果小结

本节计算的结果中，脱戊烷油收率（89.02%）低于表3-11中的C_{6+}液体收率（88.08%），因为由于分离精度的原因，脱戊烷油中含有1.2%（对脱戊烷油）的C_5组分。

本节计算的芳烃收率（65.50%）低于表3-11中计算得到的芳烃收率（70.89%），原因是标定报告中给出的脱戊烷油中的芳烃含量(73.58%)大大低于脱戊烷油 PONA 组成分析结果中的芳烃含量(79.62%)。造成上述偏差的原因，主要是由于脱戊烷油测定芳烃含量与测定 PONA 组成的分析方法不同，由于色谱柱分离精度低以及色谱峰识别出现偏差，导致测定芳烃含量的色谱方法无法将某些芳烃准确识别，导致结果偏低。

由于本节中芳烃收率计算结果偏低，导致芳烃转化率(146.9%)也比根据表 3-11 中的数据计算的结果(159.02%)偏低，详见“七、芳烃转化率计算”。

表 3-4 石油密度温度系数表(γ 值表)

ρ_{20}	γ	ρ_{20}	γ
0.5993~0.6042	0.00107	0.7256~0.7317	0.00084
0.6043~0.6091	0.00106	0.7318~0.7380	0.00083
0.6092~0.6142	0.00105	0.7381~0.7443	0.00082
0.6143~0.6193	0.00104	0.7444~0.7509	0.00081
0.6194~0.6244	0.00103	0.7510~0.7574	0.00080
0.6245~0.6295	0.00102	0.7575~0.7640	0.00079
0.6296~0.6347	0.00101	0.7641~0.7709	0.00078
0.6348~0.6400	0.00100	0.7710~0.7772	0.00077
0.6401~0.6453	0.00099	0.7773~0.7847	0.00076
0.6454~0.6506	0.00098	0.7848~0.7917	0.00075
0.6507~0.6560	0.00097	0.7918~0.7990	0.00074
0.6561~0.6615	0.00096	0.7991~0.8063	0.00073
0.6616~0.6670	0.00095	0.8064~0.8137	0.00072
0.6671~0.6726	0.00094	0.8138~0.8213	0.00071
0.6727~0.6782	0.00093	0.8214~0.8291	0.00070
0.6783~0.6839	0.00092	0.8292~0.8370	0.00069
0.6840~0.6896	0.00091	0.8371~0.8450	0.00068
0.6897~0.6954	0.00090	0.8451~0.8533	0.00067
0.6955~0.7013	0.00089	0.8534~0.8618	0.00066
0.7014~07072	0.00088	0.8619~0.8704	0.00065
0.7073~0.7132	0.00087	0.8705~0.8792	0.00064
0.7133~0.7193	0.00086	0.8793~0.8884	0.00063
0.7194~0.7255	0.00085	0.8885~0.8977	0.00062

四、物料平衡计算

（一）装置物料平衡

1. 物料平衡计算范围

物料平衡的计算范围如图 3-1 所示。由于石脑油预加氢单元的燃料气无组成分析结果，会影响物料平衡计算精度，因此将粗虚线限定为物料平衡计算的边界，进料为重整进料，出料包括产氢、戊烷油、脱戊烷油。预加氢拔头油和脱戊烷塔戊烷油混合后去拔头油稳定部分，产液化气、异戊烷、发泡剂和石脑油；脱戊烷塔戊烷油无单独的采样分析结果。脱戊烷塔顶燃料气返回重整氢增压机入口分液罐。

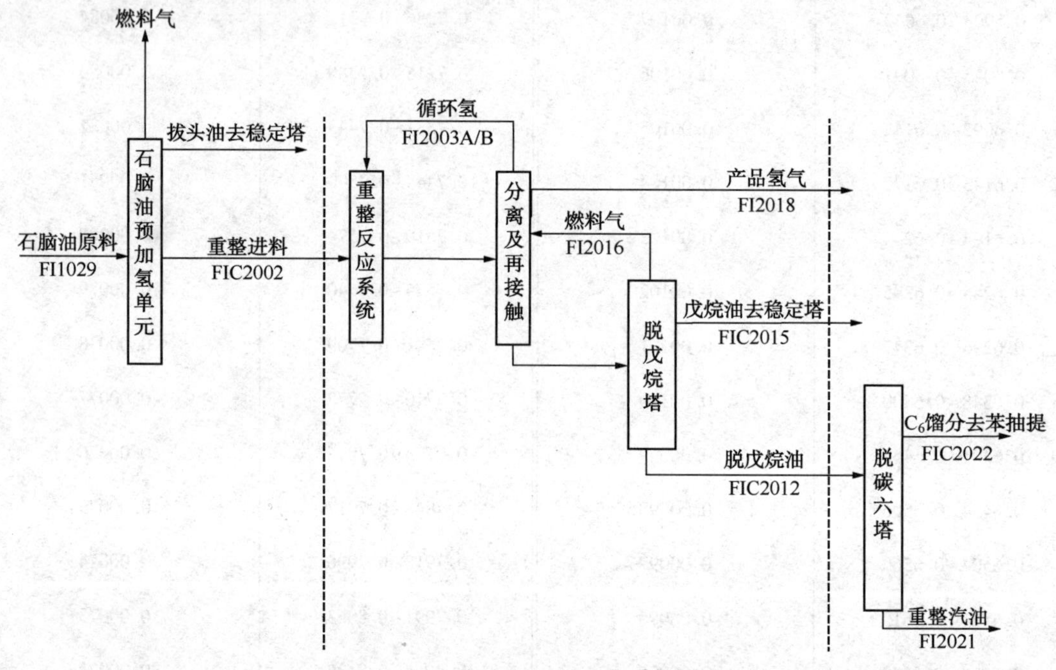

图 3-1 连续重整装置物料平衡计算范围

2. 物料平衡计算方法

（1）仪表读数校正

物料平衡相关的计量仪表主要是孔板差压流量计。所有的孔板差压流量计都需要针对实际工况与设计工况的差别，对其读数进行温度、压力和密度校正。校正方法和公式在“二、产品性质计算”中的纯氢收率计算小结里已详细说明。仪表校正结果详见表 3-3。

（2）各烃族分子中的碳、氢元素含量计算

计算化学式相同的各烃族分子中的碳氢元素含量。烷烃、烯烃、环烷烃、芳烃的化学式可分别表示为 C_nH_{2n+2}、C_nH_{2n}、C_nH_{2n}、C_nH_{2n-6}，其中 n 代表碳原子数目，则烷烃、烯烃、环烷烃、芳烃中的碳元素含量可表示为 $\frac{12n}{14n+2}$、$\frac{12n}{14n}$、$\frac{12n}{14n}$、$\frac{12n}{14n-6}$；烷烃、烯烃、环烷烃、芳烃中的氢元素含量可表示为 $\frac{2n+2}{14n+2}$、$\frac{2n}{14n}$、$\frac{2n}{14n}$、$\frac{2n-6}{14n-6}$。碳数 1～12 的烃族的碳、氢元素含量见表 3-5，其中碳数为 0 代表的是氢气 H_2。

表 3-5　各烃族的碳、氢元素含量

碳原子数	各烃族的碳元素含量/%				各烃族的氢元素含量/%			
	P	O	N	A	P	O	N	A
0					100.0			
1	75.00				25.00			
2	80.00	85.71			20.00	14.29		
3	81.82	85.71			18.18	14.29		
4	82.76	85.71			17.24	14.29		
5	83.33	85.71	85.71		16.67	14.29	14.29	
6	83.72	85.71	85.71	92.31	16.28	14.29	14.29	7.69
7	84.00	85.71	85.71	91.30	16.00	14.29	14.29	8.70
8	84.21	85.71	85.71	90.57	15.79	14.29	14.29	9.43
9	84.38	85.71	85.71	90.00	15.63	14.29	14.29	10.00
10	84.51	85.71	85.71	89.55	15.49	14.29	14.29	10.45
11	84.62	85.71	85.71	89.19	15.38	14.29	14.29	10.81
12	84.71	85.71	85.71	88.89	15.29	14.29	14.29	11.11

（3）计算各股物料中的烃族及碳、氢元素流量

根据各股物料校正后的质量流量和 PONA 组成（质量分数），计算该物料中各烃族的流量及碳、氢元素流量。举例如下：

校正后的重整进料流量为 74240.3kg/h，重整进料中 C_6P 的质量分数为 8.45%。则 C_6P 的质量流量为 74240.3×8.45%＝6274kg/h。根据表 3-5，C_6P 中的碳、氢元素质量分数分别为 83.72%、16.28%。则 C_6P 中碳、氢元素的质量流量分别为 6274×83.72%＝5253kg/h、6274×16.28%＝1021kg/h。

重整进料、脱戊烷油、戊烷油、重整产氢中的烃族组成、烃族流量、碳元素流量、氢元素流量分别列于表 3-6～表 3-9 中。

表 3-6　重整进料中的烃族组成、烃族流量及碳、氢元素流量

碳原子数	重整进料的 PONA 组成/%					重整进料的烃族流量/(kg/h)				
	P	O	N	A	合计	P	O	N	A	合计
5	0.22	0	0.31	0.00	0.53	163.5	0	230.4	0.0	394.0
6	8.45	0	5.17	0.68	14.30	6274.0	0	3835.8	505.5	10615.3
7	11.79	0	10.05	2.75	24.59	8749.5	0	7463.4	2044.3	18257.1
8	14.74	0	10.01	5.88	30.63	10942	0	7433.7	4363.6	22739.7
9	10.53	0	7.75	3.08	21.37	7820.2	0	5753.7	2289.6	15863.5
10	6.47	0	1.00	0.17	7.64	4802.2	0	743.4	126.4	5671.9
11	0.92	0	0.02	0.00	0.94	683.9	0	14.9	0.0	698.8
合计	53.12	0	34.31	12.57	100.00	39436	0	25475.3	9329.3	74240.3

续表

碳原子数	重整进料的碳元素流量/(kg/h)					重整进料的氢元素流量/(kg/h)				
	P	O	N	A	合计	P	O	N	A	合计
5	136.3	0	197.5	0.0	333.8	27.3	0	32.9	0.0	60.2
6	5252.7	0	3287.8	466.6	9007.1	1021.4	0	548.0	38.9	1608.2
7	7349.5	0	6397.2	1866.5	15613	1399.9	0	1066.2	177.8	2643.9
8	9214.6	0	6371.7	3951.9	19538	1727.7	0	1062.0	411.7	3201.4
9	6598.3	0	4931.7	2060.6	13590	1221.9	0	822.0	229.0	2272.8
10	4058.2	0	637.2	113.2	4808.5	744.0	0	106.2	13.2	863.4
11	578.7	0	12.7	0.0	591.4	105.2	0	2.1	0.0	107.3
合计	33188	0	21836	8458.8	63483	6247.4	0	3639.3	870.5	10757.2

表 3-7 脱戊烷油中的烃族组成、烃族流量及碳、氢元素流量

碳原子数	脱戊烷油的 PONA 组成/%					脱戊烷油的烃族流量/(kg/h)				
	P	O	N	A	合计	P	O	N	A	合计
5	0.86	0.05	0.29	0.00	1.21	571.4	33.2	192.7	0.0	797.2
6	8.28	0.33	0.30	6.19	15.11	5474.4	219	199.3	4092.5	9985.5
7	6.54	0.30	0.38	18.35	25.57	4325.0	199	252.5	12124.7	16901.5
8	2.10	0.02	0.14	26.72	28.98	1388.5	13.3	93.0	17658.9	19153.7
9	0.18	0.00	0.08	20.68	20.94	119.6	0.0	53.1	13666.1	13838.8
10	0.10	0.00	0.13	7.38	7.61	66.4	0.0	86.4	4876.5	5029.3
11	0.13	0.00	0.00	0.31	0.44	86.4	0.0	0.0	206.0	292.3
12	0.14	0.00	0.00	0.00	0.14	93.0	0.0	0.0	0.0	93.0
合计	18.35	0.70	1.33	79.62	100.00	12124.7	465	877.0	52624.6	66091.4

碳原子数	脱戊烷油的碳元素流量/(kg/h)					脱戊烷油的氢元素流量/(kg/h)				
	P	O	N	A	合计	P	O	N	A	合计
5	476.1	28.5	165.1	0.0	669.7	95.2	4.7	27.5	0.0	127.5
6	4583.2	187.9	170.8	3777.7	8719.7	891.2	31.3	28.5	314.8	1265.8
7	3633.0	170.8	216.4	11070	15091	692.0	28.5	36.1	1054.3	1810.9
8	1169.3	11.4	79.7	15993	17253	219.2	1.9	13.3	1665.9	1900.4
9	100.9	0.0	45.6	12299	12445	18.7	0.0	7.6	1366.6	1392.9
10	56.1	0.0	74.0	4367.0	4497.2	10.3	0.0	12.3	509.5	532.1
11	73.1	0.0	0.0	183.7	256.8	13.3	0.0	0.0	22.3	35.6
12	78.8	0.0	0.0	0.0	78.8	14.2	0.0	0.0	0.0	14.2
合计	10171	398.6	751.7	47691	59012	1954.1	66.4	125.3	4933.4	7079.3

表 3-8 戊烷油中的烃族组成、烃族流量及碳、氢元素流量

碳原子数	戊烷油的 PONA 组成/%					戊烷油的烃族流量/(kg/h)				
	P	O	N	A	合计	P	O	N	A	合计
4	2.32	0.02	0.00	0.00	2.34	62.1	0.5	0.0	0.0	62.7
5	92.77	1.97	1.09	0.00	95.83	2484.9	52.8	29.2	0.0	2566.8
6	1.63	0.00	0.01	0.02	1.66	43.7	0.0	0.3	0.5	44.5
7	0.03	0.00	0.02	0.01	0.06	0.8	0.0	0.5	0.3	1.6
8	0.04	0.00	0.02	0.02	0.08	1.1	0.0	0.5	0.5	2.1
9	0.02	0.00	0.00	0.00	0.02	0.5	0.0	0.0	0.0	0.5
10	0.01	0.00	0.00	0.00	0.01	0.3	0.0	0.0	0.0	0.3
合计	96.82	1.99	1.14	0.05	100.00	2593.3	53.3	30.5	1.3	2678.5

碳原子数	戊烷油的碳元素流量/(kg/h)					戊烷油的氢元素流量/(kg/h)				
	P	O	N	A	合计	P	O	N	A	合计
4	51.4	0.5	0.0	0.0	51.9	10.7	0.1	0.0	0.0	10.8
5	2070.7	45.2	25.0	0.0	2141.0	414.1	7.5	4.2	0.0	425.9
6	36.5	0.0	0.2	0.5	37.3	7.1	0.0	0.0	0.0	7.2
7	0.7	0.0	0.5	0.2	1.4	0.1	0.0	0.1	0.0	0.2
8	0.9	0.0	0.5	0.5	1.8	0.2	0.0	0.1	0.1	0.3
9	0.5	0.0	0.0	0.0	0.5	0.1	0.0	0.0	0.0	0.1
10	0.2	0.0	0.0	0.0	0.2	0.0	0.0	0.0	0.0	0.0
合计	2161.0	45.7	26.2	1.2	2234.0	432.4	7.6	4.4	0.1	444.5

表 3-9 重整产氢中的烃族组成、烃族流量及碳、氢元素流量

碳原子数	重整产氢的 PONA 组成/%					重整产氢的烃族流量/(kg/h)				
	P	O	N	A	合计	P	O	N	A	合计
H_2	41.77	0.00	0.00	0.00	41.77	2262.9	0.0	0.0	0.0	2262.9
1	9.25	0.00	0.00	0.00	9.25	501.2	0.0	0.0	0.0	501.2
2	16.94	0.00	0.00	0.00	16.94	917.6	0.0	0.0	0.0	917.6
3	18.55	0.00	0.00	0.00	18.55	1005.3	0.0	0.0	0.0	1005.3
4	11.05	0.00	0.00	0.00	11.05	598.5	0.0	0.0	0.0	598.5
5	2.45	0.00	0.00	0.00	2.45	132.7	0.0	0.0	0.0	132.7
6	0.00	0.00	0.00	0.00	0.00	0.0	0.0	0.0	0.0	0.0
合计	100.00	0.00	0.00	0.00	100.00	5418.0	0.0	0.0	0.0	5418.0

续表

碳原子数	重整产氢的碳元素流量/(kg/h)					重整产氢的氢元素流量/(kg/h)				
	P	O	N	A	合计	P	O	N	A	合计
H_2	0.0	0.0	0.0	0.0	0.0	2262.9	0.0	0.0	0.0	2262.9
1	375.9	0.0	0.0	0.0	375.9	125.3	0.0	0.0	0.0	125.3
2	734.1	0.0	0.0	0.0	734.1	183.5	0.0	0.0	0.0	183.5
3	822.5	0.0	0.0	0.0	822.5	182.8	0.0	0.0	0.0	182.8
4	495.3	0.0	0.0	0.0	495.3	103.2	0.0	0.0	0.0	103.2
5	110.6	0.0	0.0	0.0	110.6	22.1	0.0	0.0	0.0	22.1
6	0.0	0.0	0.0	0.0	0.0	0.0	0.0	0.0	0.0	0.0
合计	2538.3	0.0	0.0	0.0	2538.3	2879.7	0.0	0.0	0.0	2879.7

(4) 归类计算各产品的产率

将上述四表按碳数归类，得到重整产物总的烃族流量，列于表 3-10 中。

表 3-10　重整产物总的烃族流量和烃族收率(对重整进料)

碳原子数	重整产物的烃族流量/(kg/h)					重整产物的烃族收率/%				
	P	O	N	A	合计	P	O	N	A	合计
H_2	2262.9				2262.9	3.05				3.05
1	501.2				501.2	0.68				0.68
2	917.6				917.6	1.24				1.24
3	1005.3				1005.3	1.35				1.35
4	660.6	0.5			661.1	0.89	0.00			0.89
5	3188.9	86.0	221.9		3496.7	4.30	0.12	0.30		4.71
6	5518.1	219.2	199.6	4093.0	10029.9	7.43	0.30	0.27	5.51	13.51
7	4325.8	199.3	253.0	12125.0	16903.1	5.83	0.27	0.34	16.33	22.77
8	1389.6	13.3	93.5	17659.4	19155.9	1.87	0.02	0.13	23.79	25.80
9	120.1	0.0	53.1	13666.1	13839.3	0.16	0.00	0.07	18.41	18.64
10	66.7	0.0	86.4	4876.5	5029.5	0.09	0.00	0.12	6.57	6.77
11	86.4	0.0	0.0	206.0	292.3	0.12	0.00	0.00	0.28	0.39
12	93.0	0.0	0.0	0.0	93.0	0.13	0.00	0.00	0.00	0.13
合计	20136.1	518.4	907.5	52626.0	74187.9	27.12	0.70	1.22	70.89	99.93

经过整理后得到的表 3-10 给出了丰富的信息，可用于归类计算各组分的产率。首先，将各产物的烃族收率相加：C_1~C_2 归为干气、C_3~C_4 归为液化气、C_5 以上归入 C_{5+}产品，得到重整产品的实际收率(对重整进料)，见表 3-11。

表 3-11　重整产品的实际收率（对重整进料）

物料名称	H_2	干气	液化气	戊烷	C_{6+}产品	合计
收率	3.05	1.91	2.24	4.71	88.02	99.93
收率(归一)	3.05	1.91	2.25	4.71	88.08	100.00

实际的纯氢收率为3.05%，与“二、产品性质计算”中的纯氢收率小节计算结果一致，二者的计算方法是等效的。在“一、原料性质计算”时提到，虽然原料的芳烃潜含量(44.58%)，与设计值(44.43%)十分接近，但其环烷烃含量少，比设计值(40.59%)低6.32个百分点，因此纯氢收率必然较低。此外，此次标定时反应苛刻度不高，反应器入口温度仅为510℃左右，未达到设计值(520/526℃)，这也是导致纯氢收率低的原因之一。实际的干气和液化气收率分别为1.91%和2.25%，这两个收率仅仅通过孔板流量计的校正计算是无法得到的。C_{5+}产品的收率达到92.79%，主要与反应苛刻度不高有关。

此外，由表3-10可知，实际的芳烃收率高达70.89%，远高于“三、重整汽油”中的计算值(65.50%)，可见“三、重整汽油”中的计算值偏低，原因在于标定报告中给出的脱戊烷油中的芳烃含量偏低，仅为73.58%，极有可能是由于采样分析导致的。而根据本节的计算，脱戊烷油中的芳烃含量应为70.89% ÷ 89.02% × 100 = 79.63%，接近80%，对应的脱戊烷油RONC可达102，达到了技术保证值。

（二）重整部分按碳数分布的烃平衡

将重整进料的烃族组成及重整产物的烃族收率（对重整进料）一同列于表3-12中。由表3-12可知，原料中的环烷烃几乎全部发生脱氢环化反应，生成对应碳数的芳烃（C_5N除外）；碳数越少的环烷烃越难以转化，从反应的总效果来看，C_5N基本不发生转化。原料中的烷烃一部分发生环化脱氢反应生成芳烃，使产物中的芳烃含量进一步增加；另一部分则由正构烷烃转化为异构烷烃，由于重整产物的分析结果中未将正构烷烃和异构烷烃分开，因此无法观察到实际转化的量。根据授课老师讲授的反应规律，产物中的异构烷烃以单支链为主，多支链的异构烷烃在重整反应体系下难以生成。部分烷烃发生了裂化反应，使得产物中出现烯烃和小分子烃类（主要是烷烃），即干气和饱和液化气组分。

表 3-12　重整进料的烃族组成及重整产物的烃族收率（对重整进料）

碳原子数	重整进料的烃族组成/%					重整产物的烃族收率/%				
	P	O	N	A	合计	P	O	N	A	合计
H_2					0.00	3.05				3.05
1					0.00	0.68				0.68
2					0.00	1.24				1.24
3					0.00	1.35				1.35
4					0.00	0.89	0.00			0.89
5	0.22	0	0.31		0.53	4.30	0.12	0.30		4.71
6	8.45	0	5.17	0.68	14.30	7.43	0.30	0.27	5.51	13.51
7	11.79	0	10.05	2.75	24.59	5.83	0.27	0.34	16.33	22.77
8	14.74	0	10.01	5.88	30.63	1.87	0.02	0.13	23.79	25.80
9	10.53	0	7.75	3.08	21.37	0.16	0.00	0.07	18.41	18.64

续表

碳原子数	重整进料的烃族组成/%					重整产物的烃族收率/%				
	P	O	N	A	合计	P	O	N	A	合计
10	6.47	0	1.00	0.17	7.64	0.09	0.00	0.12	6.57	6.77
11	0.92	0	0.02	0.00	0.94	0.12	0.00	0.00	0.28	0.39
12	0.00	0	0.00	0.00	0.00	0.13	0.00	0.00	0.00	0.13
合计	53.12	0	34.31	12.57	100.00	27.12	0.70	1.22	70.89	99.93

(三) 碳/氢元素平衡

将表3-6~表3-9中的碳/氢元素流量及收率(对重整进料)整理后，列于表3-13中。

表3-13 重整装置进出口物料的碳/氢元素平衡

项目	元素流量/(kg/h)		元素收率(对重整进料)/%	
	碳	氢	碳	氢
重整进料	63483	10757	100.0	100.0
入方合计	63483	10757	100.0	100.0
脱戊烷油	59012	7079	93.0	65.8
戊烷油	2234	444	3.5	4.1
重整产氢	2538	2880	4.0	26.8
出方合计	63784	10404	100.5	96.7
损失	-301	354	-0.5	3.3

由表3-13可知，虽然进出装置的物料总质量流量只损失了50kg/h，但具体到元素层面，还存在一定的偏差：碳元素增加了301kg/h，占进料碳元素流量的0.5%；氢元素损失了354kg/h，占进料氢元素流量的3.3%。造成上述偏差的原因有如下几个方面：第一，戊烷油组成的分析结果不准确。因脱戊烷塔C201顶的戊烷油无单独的采样分析结果，为了进行计算，此处用的是脱戊烷塔顶戊烷油和预加氢拔头油、另一套2.2Mt/aCCR装置来的液化气三股物料混合后，送往拔头油稳定塔C801进料的组成，上述混合物料中的重组分可能多于戊烷油，造成分析结果中碳元素偏多，氢元素偏少。第二，脱戊烷油的原始分析报告中，尚有峰面积占0.52%的未知组分，由于脱戊烷油占出料的比例的89%，上述分析误差有可能造成碳/氢元素的不平衡。

(四) 物料平衡计算小结

本节首先确定了物料平衡计算的边界，进料为重整进料，出料包括产氢、戊烷油、脱戊烷油。然后根据出料PONA组成的分析结果，及仪表校正后的质量流量，将各出料中化学式相同的烃族流量进行加和，得到了重整产物的烃族收率和重整产物(氢气、干气、液化气、戊烷、C_{6+}产品)的实际收率。计算结果表明，简单通过校正后的出料流量计算的脱戊烷油收率与实际收率存在偏差；戊烷油中由于混合有液化气组分，其收率计算结果也比实际值偏大。最后，计算得到了重整装置进出口物料的碳、氢元素平衡。结果表明，重整产物中碳元素偏高0.5%，氢元素损失了3.3%，主要是由于戊烷油分析结果不准确造成的。

五、氯平衡计算

（一）反应部分氯平衡计算

1. 计算过程及结果

反应部分氯平衡的计算结果见表3-14。下面逐项进行说明。

重整进料量为74240kg/h，分析结果显示，重整进料中的氯含量<0.5mg/kg，此处按0.3mg/kg计，故重整进料氯流量为$74240 \times 0.3 \div 10^6 = 0.0223$kg/h。

脱戊烷油流量为66091kg/h，脱戊烷油脱氯前的氯含量按5mg/kg计，故脱戊烷油中氯流量为$66091 \times 5 \div 10^6 = 0.3305$kg/h。

戊烷油流量为2679kg/h，戊烷油去拔头油稳定部分的氯含量按4mg/kg计，故戊烷油中氯流量为$2679 \times 4 \div 10^6 = 0.0107$kg/h。

重整产氢量为27542Nm^3/h，分析结果显示，重整产氢去脱氯罐前的氯含量为6.5mg/m^3，故重整产氢氯流量为$27542 \times 6.5 \div 10^6 = 0.1790$kg/h。

催化剂循环量为283kg/h，分析结果显示，再生催化剂上氯的质量分数为1.23%，故再生催化剂上所携带的氯流量为$283 \times 1.23\% = 3.4809$kg/h；待生催化剂上氯的质量分数为1.05%，故待生催化剂上所携带的氯流量为$283 \times 1.05\% = 2.9715$kg/h。

表3-14　反应部分氯平衡计算表

项　目	氯元素流量/(kg/h)	占进方的比例/%
重整进料	0.0223	0.64
再生催化剂	3.4809	99.36
进方合计	3.5032	100.00
脱戊烷油	0.3305	9.43
戊烷油	0.0107	0.31
重整产氢	0.1790	5.11
待生催化剂	2.9715	84.82
出方合计	3.4917	99.67

2. 反应部分氯平衡结果分析

将各项对进方(重整进料+再生催化剂所携带的氯)所占的比例同样列于表3-14，可知从氯元素流量上看，进、出反应部分的氯以催化剂上携带的氯为主。新鲜的再生催化剂进入反应系统后，随着反应的进行，催化剂上的氯不断地流失，氯含量由1.23%降至1.05%，相差0.18个百分点。通常再生催化剂与待生催化剂的氯含量之差不大于0.1个百分点，此次标定时氯流失较大，主要原因在于重整进料中的水含量(16mg/kg)偏高，远高于工艺指标控制范围(≯5mg/kg)。

催化剂上流失的氯主要由脱戊烷油和重整产氢带至后续分馏部分和其他用氢装置。过多的氯流失也会导致后续分馏部分和其他用氢装置的腐蚀和铵盐结晶堵塞等问题，应引起足够的重视。

（二）再生部分氯平衡计算

1. 计算过程及结果

再生部分氯平衡的计算结果见表3-15。下面逐项进行说明。

催化剂循环量为283kg/h，再生注氯量为催化剂循环量的0.18%，故再生注氯量为283 × 0.18% = 0.5094kg/h 。

再生烟气流量为334Nm^3/h，分析结果显示，再生烟气去脱氯罐前的氯含量为20mg/m^3，故重整产氢氯流量为334 × 20 ÷ 10^6 = 0.0067kg/h 。

待生催化剂和再生催化剂上所携带的氯流量计算方法同表3-14。

2. 再生部分氯平衡结果分析

将各项对进方(再生注氯+待生催化剂所携带的氯)所占的比例同样列于表3-15，可知再生烟气所带走的氯占比不足0.5%，再生部分所注的氯主要用于补充反应部分催化剂上的氯流失。反应部分催化剂上的氯流失较严重，导致再生部分的注氯量也相应提高，已达催化剂循环量的0.18%，通常再生部分的注氯量为催化剂循环量的0.08%~0.10%。

表3-15　再生部分氯平衡计算表

项　目	氯元素流量/(kg/h)	占进方的比例/%
再生注氯	0.5094	14.63
待生催化剂	2.9715	85.37
进方合计	3.4809	100.00
再生催化剂	3.4809	100.00
再生烟气	0.0067	0.19
出方合计	3.4876	100.19

（三）全装置氯平衡计算

根据表3-14和表3-15，得出全装置范围内(同时包含反应部分和再生部分)的氯平衡的计算结果，列于表3-16。携带氯元素的进方包括重整进料和再生注氯；出方包括脱戊烷油、戊烷油、重整产氢和再生烟气。催化剂因为在装置内部循环，视为内部物流；还原氢来自重整产氢，在重整产氢计量仪表之前抽出，同样视为内部物流，不出现在全装置氯平衡计算表中。液化气组分包含在戊烷油中，被送至拔头油稳定部分，故液化气不出现在出方中。

表3-16　全装置氯平衡计算表

项　目	氯元素流量/(kg/h)	占进方的比例/%
重整进料	0.0223	4.19
再生注氯	0.5094	95.81
进方合计	0.5317	100.00
脱戊烷油	0.3305	62.15
戊烷油	0.0107	2.02

续表

项　　目	氯元素流量/(kg/h)	占进方的比例/%
重整产氢	0.1790	33.67
再生烟气	0.0067	1.26
出方合计	0.5269	99.10

由表3-16可知全装置氯的补入主要依靠再生注氯，占比达95.81%。补入的氯主要用于维持催化剂的酸性功能。但随着反应的进行，由于进料中带入了微量水，催化剂上的氯逐渐流失，进入重整产物中。液相产物(脱戊烷油和戊烷油)中的氯流失约占氯总流失量的三分之二，气相产物(重整产氢)中的氯流失约占氯总流失量的三分之一(33.67%)。再生烟气中的氯流失占比较小(1.26%)，但由于环保方面的要求，需要经过碱洗或脱氯剂固相脱氯后才能排放。

六、再生部分氧平衡计算

(一) 已知条件及假设条件

1. 已知条件

催化剂设计循环量454kg/h，催化剂实际循环量283kg/h。分析结果给出的待生催化剂碳含量为4.53%，DCS画面上显示的待生催化剂碳含量为6.47%。

再生循环风机设计流量12758.75Nm^3/h，标定时刚完成检修开工不久，再生器内网已进行清理，再生循环风机实际流量按设计流量计。进入再生器的再生循环气氧含量0.61%(体积百分含量)。

进入再生器的净化风流量334.25Nm^3/h。净化风中的氧含量21%，二氧化碳含量0.0385%，水含量10μg/g，上述三个指标均为体积含量。

焙烧区放空气流量90.94Nm^3/h。由于焙烧区放空气的操作温度(251.88℃)与设计温度(476.2℃)偏差较大，需要进行流量读数校正。根据式(3-13)得焙烧区放空气的实际流量为：

$$Q_c = Q \times \sqrt{\frac{Mp_cT}{M_cpT_c}} = 90.94 \times \sqrt{\frac{28.77 \times 0.35 \times (476.2 + 273.15)}{28.77 \times 0.3413 \times (251.88 + 273.15)}}$$

$$= 110.02\ \mathrm{Nm^3/h}$$

2. 假设条件

因为催化剂上积炭的碳氢比无法准确测得，故假设催化剂上积炭的化学通式为$CH_{0.66}$。

(二) 再生部分氧平衡计算

1. 计算说明

计算范围选再生器R251整体。

再生器的进入物料包括：干燥后的净化风、待生催化剂、氯化剂，其中待生催化剂和氯化剂(催化剂载体Al_2O_3上的氧视为不可脱除)可视为不含氧，因此进入再生器的含氧物料只有净化风一项。净化风中的含氧组分主要为氧气、二氧化碳和水分。

再生器的排出物料包括：再生放空气、焙烧放空气、烧焦及氧氯化、干燥后的再生剂。再生放空气和焙烧放空气中的含氧组分主要为氧气、二氧化碳和水分。再生剂载体Al_2O_3上的氧同样视为不可脱除，则再生剂上的氧只考虑氧化铂 PtO_2 所携带的氧。

2. 计算过程及结果

再生部分的氧平衡计算结果列于表 3-17。

表 3-17　再生部分氧平衡计算表

项目	按碳含量分析结果(4.53%)计		按 DCS 显示碳含量(6.47%)计	
	氧元素流量/(kg/h)	占进方的比例/%	氧元素流量/(kg/h)	占进方的比例/%
净化风中 O_2	100.28	99.81	100.28	99.81
净化风中 H_2O	0.0024	0.002	0.0024	0.002
净化风中 CO_2	0.1838	0.18	0.1838	0.18
进方合计	100.46	100.00	100.46	100.00
再生放空气中 O_2	1.99	1.98	2.00	1.99
再生放空气中 H_2O	5.35	5.32	7.64	7.60
再生放空气中 CO_2	32.53	32.38	46.40	46.19
焙烧放空气中 O_2	33.01	32.85	33.01	32.85
焙烧放空气中 H_2O	0.0008	0.001	0.0008	0.001
焙烧放空气中 CO_2	0.0605	0.06	0.0605	0.06
再生剂中的 PtO_2	0.1300	0.13	0.1300	0.13
出方合计	73.06	72.72	89.24	88.83

下面以待生剂碳含量为 4.53%(分析结果)为例，说明计算过程。

(1) 净化风中的 O_2、H_2O、CO_2 所携带的氧元素

净化风中的 O_2 所携带的氧元素流量为：

$$334.25 \times 21\% \div 22.4 \times 32 = 100.28\text{kg/h}$$

净化风中的 H_2O 所携带的氧元素流量为：

$$334.25 \times 10 \times 10^{-6} \div 22.4 \times 16 = 0.0024\text{kg/h}$$

净化风中的 CO_2 所携带的氧元素流量为：

$$334.25 \times 0.0385\% \div 22.4 \times 32 = 0.1838\text{kg/h}$$

(2) 再生放空气中的 O_2、H_2O、CO_2 所携带的氧元素

1) 再生放空气量计算：

由于采用 UOP CycleMax 工艺的连续重整再生器放空气出口无流量计量仪表，因此再生放空气量通过如下方法进行估算。

烧焦反应的化学通式如下：

$$CH_x + \left(\frac{4+x}{4}\right)O_2 \rightarrow CO_2 + \frac{x}{2}H_2O \tag{3-24}$$

此处假设 $x=0.66$：

$$\begin{array}{cccc} CH_{0.66} + & 1.165O_2 \rightarrow & CO_2 + & 0.33H_2O \\ 12.66g & 1.165mol & 1mol & 0.33mol \end{array} \tag{3-25}$$

烧焦所需的氧气用量为：

$$V_{O_2} = 283 \times 4.53\% \div 12.66 \times 1.165 \times 22.4 = 26.426\ Nm^3/h$$

空气中氧气含量为21%，因此烧焦所需的空气量为：

$$V_{空气} = V_{O_2} \div 0.21 = 26.426 \div 0.21 = 125.84\ Nm^3/h$$

以燃烧1mol炭($CH_{0.66}$)为基准，生成1mol CO_2和0.33mol H_2O，消耗1.165mol O_2，折合成1.165÷0.21=5.5476mol新鲜空气，含有5.5476-1.165=4.3826mol N_2。即：燃烧1mol炭生成1+0.33+4.3826=5.7126mol的生成物，消耗5.4776mol新鲜空气。

烧焦所产生的生成物的体积流量和摩尔流量分别为：

$$V_{生成物} = V_{空气} \div 5.4776 \times 5.7126 = 125.84 \div 5.4776 \times 5.7126 = 131.24\ Nm^3/h$$

$$G_{生成物} = 283 \times 4.53\% \div 12.66 \times 1000 \times 5.7126 = 5784.77 mol/h$$

进入再生器烧焦区的新鲜空气量为净化风量与焙烧放空气量之差，即：

$$334.25 - 110.02 = 224.23\ Nm^3/h$$

上述新鲜空气有一部分参与燃烧：$V_{空气} = 125.84\ Nm^3/h$，生成$V_{生成物} = 131.24\ Nm^3/h$的生成物。另一部分作为过剩空气排出，流量为：$224.23 - 125.84 = 98.39\ Nm^3/h$。

合计再生放空气量为$131.24 + 98.39 = 229.63\ Nm^3/h$。

2）再生放空气中O_2所携带的氧元素：

再生放空气中的氧含量与进入再生器烧焦区的再生循环气氧含量相同，为0.61%(体积百分含量)。故再生放空气中O_2所携带的氧元素质量流量为：

$$229.63 \times 0.61\% \div 22.4 \times 32 = 1.99 kg/h$$

3）再生放空气中H_2O所携带的氧元素：

再生放空气中H_2O包括两部分，一部分是进入再生器烧焦区的新鲜空气所携带的水，另一部分是烧焦过程产生的水。

进入再生器烧焦区的新鲜空气量已求得，其携带的水中所包含的氧元素量为：

$$(334.25 - 110.02) \times 10 \times 10^{-6} \div 22.4 \times 16 = 0.0016 kg/h$$

根据烧焦方程式(3-25)，烧焦过程产生的水量可由燃烧的积炭量求得：

$$283 \times 4.53\% \div 12.66 \times 0.33 \times 16 = 5.3467 kg/h$$

故再生放空气中H_2O所携带的氧元素质量流量为：

$$0.0016 + 5.3467 = 5.3483 kg/h$$

4）再生放空气中CO_2所携带的氧元素：

再生放空气中CO_2包括两部分，一部分是进入再生器烧焦区的新鲜空气所携带的CO_2，另一部分是烧焦过程产生的CO_2。

根据再生器烧焦区的新鲜空气量，其携带的CO_2中所包含的氧元素流量为：

$$(334.25 - 110.02) \times 0.0385\% \div 22.4 \times 32 = 0.1233 kg/h$$

根据烧焦方程式(3-25)，烧焦过程产生的水量可由燃烧的积炭量求得：

$$283 \times 4.53\% \div 12.66 \times 1 \times 32 = 32.404 kg/h$$

故再生放空气中H_2O所携带的氧元素质量流量为：

$$0.1233 + 32.4042 = 32.5275 kg/h$$

(3) 焙烧放空气中的O_2、H_2O、CO_2所携带的氧元素

焙烧放空气中的O_2所携带的氧元素流量为：

$$110.02 \times 21\% \div 22.4 \times 32 = 33.01 kg/h$$

焙烧放空气中的H_2O所携带的氧元素流量为：

$$110.02 \times 10 \times 10^{-6} \div 22.4 \times 16 = 0.0008\text{kg/h}$$

焙烧放空气中的CO_2所携带的氧元素流量为：

$$110.02 \times 0.0385\% \div 22.4 \times 32 = 0.0605\text{kg/h}$$

(4) 再生剂中的PtO_2所携带的氧元素

再生剂中的PtO_2所携带的氧元素流量为：

$$283 \times 0.28\% \div 195 \times 32 = 0.1300\text{kg/h}$$

(三) 计算结果分析

根据上述计算过程，得到的出方氧元素流量仅占入方氧元素流量的76.64%，进出物料的氧元素差别较大。可能的原因有如下几点：

1. 碳含量分析结果低于实际烧炭量

自反应部分来的催化剂必然吸附有轻烃，纵使经过分离料斗的淘析过程，也会有部分轻烃被催化剂吸附带入再生器。这部分轻烃在燃烧过程中也要消耗氧气。但催化剂采样分析的过程中，由于需要烘干脱除催化剂上吸附的水分，导致轻烃也被脱除，所以催化剂采样分析过程只能分析固相积炭的含量。

DCS画面上显示的催化剂上碳含量，是根据耗氧量进行计算的结果，更接近于催化剂上实际的碳含量(包括轻烃和固相积炭)。将催化剂上的碳含量按DCS显示值(6.47%)计，重新进行计算，结果同样列于表3-15中。可见出方氧元素流量占进方的比例提高了15个百分点，更接近于氧元素守恒。

2. 积炭的化学通式假设有偏差

按DCS显示的碳含量进行计算，出方氧元素仍比入方少10个百分点。是由于轻烃的代入不止影响了催化剂上的碳含量，还影响了积炭的氢碳比，即假设的积炭化学通式($CH_{0.66}$)与实际也存在偏差。轻烃的氢元素含量更高。但由于无法准确测得含有轻烃的积炭的氢碳比，因此再生部分的进出氧元素流量始终无法做到平衡。

3. 净化风和放空气的流量计量不准确

由于计算所用的净化风和焙烧放空气的流量是瞬时值，是时刻在波动的，此处以一段时间内的平均值计算较为准确，但平均值的数据车间无法给出。

七、芳烃转化率计算

由表3-10可知，实际的芳烃收率为70.89%，第一小节计算得到的芳烃潜含量为44.58%。芳烃潜含量为上述二者之比，所以按照物料平衡重新计算后，实际的芳烃转化率为：

$$\text{芳烃转化率}(\%) = \frac{\text{芳烃收率}(\%)}{\text{芳烃潜含量}(\%)} \times 100\% = \frac{70.89}{44.58} \times 100\% = 159.0\% \tag{3-26}$$

由于标定报告上的芳烃收率偏低，导致式(3-21)中计算得到的芳烃转化率(146.9%)比此处计算得到的实际芳烃转化率低12.1个百分点。

八、氢油分子比计算

(一) 循环氢中纯氢的摩尔流量

1. 原始数据

根据DCS数据，重整循环氢流量(FI2003)为34346.9Nm^3/h，温度(TI6201A)为

104.17℃，压力(PI2033)为0.5MPa(绝压0.6MPa)。根据公式(3-4)，在“二、产品性质计算”中已求得重整循环氢的平均相对分子质量为 $\overline{M}=5.13$。

由表2-3得重整循环氢的设计条件为温度98.6℃，压力0.5128MPa(绝压0.6128MPa)，平均相对分子质量9.53。

2. 循环氢流量校正计算

将上述数据代入式(3-13)，得校正后的体积流量为：

$$Q_c = Q\times\sqrt{\frac{Mp_cT}{M_cpT_c}} = 34346.9\times\sqrt{\frac{9.53\times0.6\times(98.6+273.15)}{5.13\times0.6128\times(104.17+273.15)}} = 45979.3\ \mathrm{Nm^3/h} \tag{3-27}$$

由表3-2得，循环氢中的氢纯度为91.31%，则循环氢中纯氢的体积流量为：

$$Q_{H_2} = 45979.3\times91.31\div100 = 41983.7\ \mathrm{Nm^3/h} \tag{3-28}$$

理想气体的摩尔体积为 $V_m = 22.4\mathrm{L/mol} = 22.4\mathrm{Nm^3/kmol}$，则循环氢中纯氢的摩尔流量为：

$$N_{H_2} = Q_{H_2}\div V_m = 41983.7\div22.4 = 1874.3\mathrm{kmol/h} \tag{3-29}$$

(二)重整进料(精制油)的摩尔流量

1. 重整进料流量的校正计算

(1) 原始数据

根据DCS数据，重整进料流量(FIC2002)为74.03t/h，温度(TI2023)为119.63℃。根据分析结果，重整进料的实测密度(20℃)为738.8kg/m³。

由表2-4得重整进料的设计条件为温度115℃，压力0.8618MPa(表压0.9618MPa)，操作密度为653.9kg/m³。

(2) 重整进料流量校正计算

由表3-4查得，密度为0.7388g/cm³的重整进料在20℃时的密度温度系数为 $\gamma=0.00082$，则重整进料在操作温度(119.03℃)下的密度为：

$$\begin{aligned}\rho_t &= \rho_{20}-\gamma(t-20)\\ &= 0.7388-0.00082\times(119.03-20) = 0.6576\mathrm{g/cm^3} = 657.6\mathrm{kg/m^3}\end{aligned} \tag{3-30}$$

代入式(3-7)，得校正后的重整进料流量为：

$$q_m = q\times\sqrt{\frac{\rho_c}{\rho}} = 74.03\times\sqrt{\frac{657.6}{653.9}} = 74.24\mathrm{t/h} \tag{3-31}$$

2. 重整进料平均相对分子质量计算

$$\overline{M} = 100\div\sum(m_i/M_i) \tag{3-32}$$

式中 $\overline{M}$——重整进料的平均相对分子质量，kg/kmol；

m_i——重整进料中每个碳数的烷烃、环烷烃和芳烃的质量分数，%；

M_i——重整进料中每个碳数的烷烃、环烷烃和芳烃的相对分子质量，kg/kmol。

计算过程如表3-18所示，计算得重整进料的平均相对分子质量为 $\overline{M}=107.7\mathrm{kg/kmol}$

3. 重整进料摩尔流量计算

重整进料的摩尔流量为其质量流量与其平均相对分子质量之比，即：

$$N_{feed} = q_m \div \bar{M} = 74.24 \times 1000 \div 107.7 = 689.3\text{kmol/h} \tag{3-33}$$

式中　N_{feed}——重整进料的摩尔流量，kmol/h。

(三) 氢油分子比(H_2/HC)计算

氢油分子比定义为循环氢中纯氢的摩尔流量与重整进料的摩尔流量之比[1]。根据上两节计算结果，得氢油分子比为：

$$H_2/HC = N_{H_2}/N_{feed} = 1874.3 \div 689.3 = 2.72 \tag{3-34}$$

(四) 气油体积比计算

1. 原始数据

式(3-27)已经求得循环氢的体积流量为 $Q_c = 45979.3\ \text{Nm}^3/\text{h}$ 。

由表 3-4 查得，密度为 0.7388g/cm³ 的重整进料在 20℃ 时的密度温度系数为 $\gamma = 0.00082$，则重整进料在标准状态(0℃)下的密度为：

$$\begin{aligned}\rho_t &= \rho_{20} - \gamma(t-20) \\ &= 0.7388 - 0.00082 \times (0-20) = 0.7552\text{g/cm}^3 = 755.2\text{kg/m}^3\end{aligned} \tag{3-35}$$

则标准状态下，重整进料的体积流量为：

$$V_{feed} = \frac{q_m}{\rho_t} = \frac{74.24 \times 1000}{755.2} = 98.31\ \text{m}^3/\text{h} \tag{3-36}$$

2. 气油体积比计算

气油体积比定义为标准状态(0℃，100kPa)下循环氢的体积流量与重整进料的体积流量之比[1]。根据上一小节的数据，得气油体积比为：

$$\text{气油体积比} = Q_c/V_{feed} = 45979.3 \div 98.31 = 468 \tag{3-37}$$

表 3-18　重整进料平均相对分子质量计算表

项　目		P	N	A
m_i	C_4	0		
	C_5	0.22	0.31	
	C_6	8.44	5.16	0.68
	C_7	11.77	10.04	2.75
	C_8	14.72	10	5.87
	C_9	10.52	7.74	3.08
	C_{10}	6.46	1	0.17
	C_{11}	0.92	0.02	0
M_i	C_4	58		
	C_5	72	70	
	C_6	86	84	78
	C_7	100	98	92
	C_8	114	112	106
	C_9	128	126	120
	C_{10}	142	140	134
	C_{11}	156	154	148

续表

项目		P	N	A
m_i/M_i	C_4	0		
	C_5	0.00	0.00	
	C_6	0.10	0.06	0.0087
	C_7	0.12	0.10	0.0299
	C_8	0.13	0.09	0.0554
	C_9	0.08	0.06	0.0257
	C_{10}	0.05	0.01	0.0013
	C_{11}	0.01	0.00	0
	Σ		0.9288	
平均相对分子质量/(kg/kmol)		107.7		

(五) 氢油分子比计算小结

本装置此次标定时的氢油分子比高于设计值(2.30)，可以使催化剂上的积炭维持在较低水平，或者可以降低催化剂循环速率，便于再生操作的平稳运行。此外，循环氢起到热载体的作用，提高氢油分子比可给反应系统供应更多的热量，使反应系统总温降降低，有利于保证反应深度。但在保证反应深度的同时，会使循环氢压缩机的排量增加，提高了循环氢压缩机的能耗。与氢油分子比相同，气油体积比也大于装置的设计值(336)。

九、空速

(一) 质量空速(WHSV)

质量空速定义为进料的质量流量与反应器中催化剂的质量之比[1]。

式(3-31)已经计算得进料的质量流量为 q_m = 74.24t/h，四个反应器中的催化剂装填量为38985kg。故质量空速为：

$$WHSV = 74.24 \times 1000 \div 38985 = 1.90\ h^{-1} \tag{3-38}$$

(二) 体积空速(LHSV)

体积空速定义为进料的体积流量与反应器中催化剂的体积之比[1]。

式(3-36)已经计算得进料的体积流量为 V_{feed} = 98.31 m^3/h，四个反应器中的催化剂装填体积为38985÷560=69.62m^3。故体积空速为：

$$LHSV = 98.31 \div 69.62 = 1.41\ h^{-1} \tag{3-39}$$

(三) 空速计算小结

本节计算得到的质量空速(WHSV)高于技术协议中的指标(1.77h^{-1})，会造成反应深度不足，纯氢产率不足，C_{5+}液体收率偏高。加之反应苛刻度偏低，也会造成上述偏差进一步加大。

十、反应器平均温度计算

(一) 加权平均入口温度(WAIT)

1. 各反催化剂装填比例

各反应器的催化剂装填质量和装填比例见表3-19。

表 3-19　各反催化剂装填质量和装填比例

项　目	催化剂装填质量/kg	催化剂装填比例/%(质)
一反	5202	13.3
二反	5891	15.1
三反	9722	24.9
四反	18170	46.6
合计	38985	100

2. 加权平均入口温度

各反应器出入口的温度数据见表 3-20。

加权平均入口温度定义为各反应器催化剂装填比例与反应器入口温度乘积之和：

$$WAIT = 500.2 \times 0.133 + 509.3 \times 0.151 + 509.7 \times 0.249 + 509.8 \times 0.466 = 508.4\ ℃ \tag{3-40}$$

表 3-20　各反应器出入口温度

项　目	入口温度/℃	出口温度/℃	温降/℃
一反	500.2	385.5	114.7
二反	509.3	443.6	65.7
三反	509.7	459.9	49.8
四反	509.8	466.3	43.6
合计			273.7

(二) 加权平均床层温度(WABT)

加权平均床层温度定义为各反应器催化剂装填比例与反应器进出口平均温度乘积之和：

$$WABT = (500.2 + 385.5) \div 2 \times 0.133 + (509.3 + 443.6) \div 2 \times 0.151 + (509.7 + 459.9) \div 2 \times 0.249 + (509.8 + 466.3) \div 2 \times 0.466 = 479.5\ ℃ \tag{3-41}$$

(三) 反应器平均温度计算小结

由本节计算可知，本节计算得到的加权平均入口温度($WAIT$=508.4℃)和加权平均床层温度($WABT$=479.5℃)远低于技术指标中的值($WAIT$=520℃/526℃，$WABT$=489℃/493℃)，反应苛刻度远低于技术指标，这是造成标定结果中的纯氢产率、C_{5+}液体收率等指标低于设计值的主要原因。标定期间，还原区料位指示出现异常波动，原因尚未查明，为谨慎起见，车间采取了降低反应苛刻度的操作。

实际操作中为方便起见，常常以反应器加权平均入口温度(WAIT)作为反应温度。但由于反应器可近似视为绝热反应器，而主要的重整反应为强吸热反应，所以反应温降大，以加权平均入口温度作为反应温度，未将因反应吸热而造成的温度变化考虑进来。严格来讲，应该沿反应器床层对温度进行积分，但此法计算异常复杂，且所需要的温度随反应器床层的变化数据难以得到，在模型计算时可能回用到，但实际操作中无法实现。加权平均床层温度

(WABT)则以较少的计算量，比较合理地反映了反应器内的平均温度，计算稍显繁琐但并不复杂。

十一、压降计算

(一) 反应器压降计算

反应器压降主要包括催化剂床层压降 p_b、分流流道(扇形筒)静压降 p_d、集流流道(中心管)静压降 p_d、中心管过孔压降 p_e 四项。由于四个反应器压降的计算方法相同，下面以第一反应器为例计算上述四部分压降。

1. 已知条件

反应器压降计算过程中需要用到的已知条件列于表3-21中。

表3-21 压降计算过程用到的已知条件

项 目	一 反	二 反	三 反	四 反	再生器	单 位
1. 反应油气						
体积流量 V	26900	36774	46395	56281	10153	m^3/h
气体密度 ρ_f	3.27	2.39	1.89	1.56	1.65	kg/m^3
气体黏度 μ	0.0310	0.0315	0.0314	0.0310	0.0310	cP
	3.10×10^{-5}	3.15×10^{-5}	3.14×10^{-5}	3.10×10^{-5}	3.10×10^{-5}	Pa·s
	3.10×10^{-5}	3.15×10^{-5}	3.14×10^{-5}	3.10×10^{-5}	3.10×10^{-5}	kg/(m·s)
2. 催化剂						
直径 d_p	0.0016	0.0016	0.0016	0.0016	0.0016	m
空隙率 ε	0.39	0.39	0.39	0.39	0.39	
3. 床层						
当量外径 R_b	1.975	1.975	1.975	1.951	1.524	m
内径 r_b	1.08	1.08	1.08	1.08	1.067	m
高度 H_b	4.31	5.12	6.07	6.92	1.524	m
中心管内径 r_c	1.039	1.039	1.039	1.027	1.067	m
中心管开孔率 e	1.81106	1.78597	1.66968	5.26777		%
中心管开孔孔径 φ	6	6	6	10		mm
中心管壁厚 δ	6	6	6	6		mm
分流流道面积 S_d	0.399	0.399	0.399	0.473	0.777	m^2

表3-19中，各反应器内物料的体积流量、气体密度、黏度按入口物料计算，具体数值来自本单位自建的流程模拟软件。

催化剂使用的是石油化工科学研究院研发的PS-VI连续重整催化剂，其直径和空隙率数据来自《PS 系列连续重整催化剂使用指南(第二版)》。

2. 计算过程

反应油气通过反应器的总压降 p_A 由催化剂床层压降 p_b、分流流道(扇形筒)静压降 p_d、集流流道(中心管)静压降 p_c、中心管过孔压降 p_e 四项组成，下面以第一反应器为例，对以上四项分别进行计算。

(1) 催化剂床层压降 p_b

1) 计算催化剂径向床层厚度 L_b：

$$L_b = \frac{R_b - r_b}{2} = \frac{1.975 - 1.08}{2} = 0.448\text{m}$$

2) 计算催化剂床层对数平均直径 d_m：

$$d_m = \frac{R_b - r_b}{\ln(R_b/r_b)} = \frac{1.975 - 1.08}{\ln(1.975/1.08)} = 1.4829\text{m}$$

3) 计算催化剂床层径向平均流通面积 S_b：

$$S_b = \pi \cdot d_m \cdot H_b = 3.1415 \times 1.4829 \times 4.31 = 20.08\ \text{m}^2$$

4) 计算气体空塔线速 u_b：

$$u_b = \frac{V}{S_b} = \frac{26900}{20.08 \times 3600} = 0.3721\text{m/s}$$

5) 按 Ergun 公式计算催化剂床层压降 p_b：

$$\frac{p_b \cdot g}{L_b} = 150\frac{(1-\varepsilon)^2 \cdot \mu \cdot u_b}{\varepsilon^3 \cdot d_p^2} + 1.75\frac{(1-\varepsilon) \cdot \rho_f \cdot u_b^2}{\varepsilon^3 \cdot d_p}$$

$$= 150 \times \frac{(1-0.39)^2 \times 3.10 \times 10^{-5} \times 0.3721}{0.39^3 \times 0.0016^2} +$$

$$1.75 \times \frac{(1-0.39) \times 3.27 \times 0.3721^2}{0.39^3 \times 0.0016}$$

$$= 9325$$

取 $g = 9.8\text{m/s}$，则床层压降为：

$$p_b = 9325 \times 0.448 \div 9.8 = 425.95\ \text{kgf/m}^2 = 4.18\text{kPa}$$

(2) 分流流道静压降 p_d

1) 计算分流流道气速 u_d：

$$u_d = \frac{V}{S_d} = \frac{26900}{0.399 \times 3600} = 18.72\text{m/s}$$

2) 计算分流流道静压降 p_d：

$$p_d = \frac{K_d \cdot u_d^2 \cdot \rho_f}{g} = \frac{0.72 \times 18.72^2 \times 3.27}{9.8} = 84.16\text{kgf/m}^2 = 0.83\text{kPa}$$

上式中 K_d 为分流流道动量交换系数，文献中实验测得在 0.697～0.73 之间，此处取 $K_d = 0.72$。

(3) 集流流道静压降 p_c

1) 计算集流流道面积 S_c：

$$S_c = \frac{\pi}{4}r_c^2 = \frac{3.14}{4} \times 1.039^2 = 0.8479\ \text{m}^2$$

2）计算集流流道气速 u_c：

$$u_c = \frac{V}{S_c} = \frac{26900}{0.8479 \times 3600} = 8.81\text{m/s}$$

3）计算集流流道静压降 p_c：

$$p_c = \frac{K_c \cdot u_c^2 \cdot \rho_f}{g} = \frac{1.0 \times 8.81^2 \times 3.27}{9.8} = 25.89\text{kgf/m}^2 = 0.25\text{kPa}$$

上式中 K_c 为分流流道动量交换系数，文献中实验测得在 1.15~1.19 之间，此处取 $K_c = 1.0$。

（4）中心管过孔压降 p_e

1）计算中心管开孔总面积 S_e：

$$S_e = \pi \cdot r_c \cdot H_b \cdot e = 3.14 \times 1.039 \times 4.31 \times 1.811 \div 100 = 0.2548\text{ m}^2$$

2）计算中心管过孔气速 u_e：

$$u_e = \frac{V}{S_e} = \frac{26900}{0.2548 \times 3600} = 29.33\text{m/s}$$

3）计算确定压降系数 ξ：

$$\beta = 1.11\,(\delta/\varphi)^{0.336} = 1.11 \times (6 \div 6)^{0.336} = 1.11$$

$$KK = \frac{u_e}{u_c} = \frac{29.33}{8.81} = 3.33$$

当 $KK>2$ 时，$\xi = 1.5\beta = 1.5 \times 1.11 = 1.665$

4）计算中心管过孔压降 p_e：

$$p_e = \frac{\xi \cdot u_e^2 \cdot \rho_f}{2g} = \frac{1.665 \times 29.33^2 \times 3.27}{2 \times 9.8} = 238.69\text{kgf/m}^2 = 2.34\text{kPa}$$

（5）反应器总压降 p_A：

$$p_A = p_b + p_d + p_c + p_e = 4.18 + 0.83 + 0.25 + 2.34 = 7.60\text{kPa}$$

3. 各反应器压降汇总

将各反应器压降的计算结果和实测结果汇总，列于表 3-22。

表 3-22　各反应器压降汇总　　kPa

项　目	一　反	二　反	三　反	四　反	再生器
床层压降 p_b	4.18	4.43	4.34	4.25	2.10
分流流道静压降 p_d	0.83	1.13	1.42	1.23	0.02
集流流道静压降 p_c	0.25	0.35	0.44	0.56	0.02
中心管过孔压降 p_e	2.34	2.33	2.39	0.32	
计算得到的总压降 p_A	7.60	8.24	8.60	6.36	2.13
DCS 实测压降 $p_{A实测}$	10.46	13.70	14.63	25.47	

由表 3-22 可见，反应器压降的计算值与实测值存在一定的偏差，计算压降普遍偏低，可能的原因有如下几点：

一是中心管过孔压降 p_e 计算值偏小。通过中心管的气体为已穿过催化剂床层、经过反应的，体积流量 V 比反应器入口增加；此外，由于反应的进行，中心管开孔有可能出现被积炭催化剂堵塞的情况，导致中心管实际开孔总面积 S_e 变小。上述二者叠加，导致中心管过孔气速 u_e 进一步增大。中心管过孔压降 p_e 与中心管过孔气速 u_e 的平方成正比，因此实际的中心管过孔压降 p_e 要高于计算值。

二是本次计算采用的中心管开孔率等设备相关数据取自相同工艺、相同规模的连续重整装置，其在设计时可能与本装置存在出入，导致四个反应器的压降计算值出现系统性的偏低趋势。

（二）再生器压降计算

再生器的压降计算过程与反应器类似，区别在于再生器内、外网均为约翰逊网。相比于开孔的反应器中心管，约翰逊网的开孔率高得多，因此内网过孔压降很小，可以忽略不计，与气体通过反应器扇形筒时的压降类似。

1. 已知条件

再生器压降计算过程中需要用到的已知条件同样列于表 3-19 中。其中，再生器的设备尺寸数据同样取自相同工艺、相同规模的连续重整装置。再生器倒锥形内网按圆柱形考虑。

2. 计算过程

再生循环气通过再生器的总压降 p_A 由催化剂床层压降 p_b、分流流道(再生器烧焦区内壁与催化剂外筛网之间)静压降 p_d、集流流道(催化剂内筛网)静压降 p_d 三项组成，下面分别计算。

（1）催化剂床层压降 p_b

1）计算催化剂径向床层厚度 L_b：

$$L_b = \frac{R_b - r_b}{2} = \frac{1.524 - 1.067}{2} = 0.2285\text{m}$$

2）计算催化剂床层对数平均直径 d_m：

$$d_m = \frac{R_b - r_b}{\ln(R_b/r_b)} = \frac{1.524 - 1.067}{\ln(1.524/1.067)} = 1.2820\text{m}$$

3）计算催化剂床层径向平均流通面积 S_b：

$$S_b = \pi \cdot d_m \cdot H_b = 3.1415 \times 1.2820 \times 1.524 = 6.14\ \text{m}^2$$

4）计算气体空塔线速 u_b：

$$u_b = \frac{V}{S_b} = \frac{10153}{6.14 \times 3600} = 0.4595\text{m/s}$$

5）按 Ergun 公式计算催化剂床层压降 p_b：

$$\begin{aligned}\frac{p_b \cdot g}{L_b} &= 150\frac{(1-\varepsilon)^2 \cdot \mu \cdot u_b}{\varepsilon^3 \cdot d_p^2} + 1.75\frac{(1-\varepsilon) \cdot \rho_f \cdot u_b^2}{\varepsilon^3 \cdot d_p} \\ &= 150 \times \frac{(1-0.39)^2 \times 3.10 \times 10^{-5} \times 0.4595}{0.39^3 \times 0.0016^2} + \\ &\quad 1.75 \times \frac{(1-0.39) \times 1.65 \times 0.3721^2}{0.39^3 \times 0.0016} \\ &= 9163\end{aligned}$$

取 $g=9.8\text{m/s}$，则床层压降为：

$$p_b = 9163 \times 0.2285 \div 9.8 = 213.66\ \text{kgf/m}^2 = 2.10\text{kPa}$$

（2）分流流道静压降 p_d

1）计算分流流道气速 u_d：

$$u_d = \frac{V}{S_d} = \frac{10153}{0.777 \times 3600} = 3.63\text{m/s}$$

2）计算分流流道静压降 p_d：

$$p_d = \frac{K_d \cdot u_d^2 \cdot \rho_f}{g} = \frac{0.72 \times 3.63^2 \times 1.65}{9.8} = 1.60\text{kgf/m}^2 = 0.02\text{kPa}$$

（3）集流流道静压降 p_c

1）计算集流流道面积 S_c：

$$S_c = \frac{\pi}{4} r_c^2 = \frac{3.14}{4} \times 1.067^2 = 0.8942\ \text{m}^2$$

2）计算集流流道气速 u_c：

$$u_c = \frac{V}{S_c} = \frac{10153}{0.8942 \times 3600} = 3.21\text{m/s}$$

3）计算集流流道静压降 p_c：

$$p_c = \frac{K_c \cdot u_c^2 \cdot \rho_f}{g} = \frac{1.0 \times 3.21^2 \times 1.65}{9.8} = 1.74\text{kgf/m}^2 = 0.02\text{kPa}$$

（4）反应器总压降 p_A

$$p_A = p_b + p_d + p_c = 2.10 + 0.02 + 0.02 = 2.13\text{kPa}$$

3. 再生器压降汇总

将再生器压降的计算结果同样列于表 3-22。由表可见，再生器由于循环气线速度低于反应器，没有起限流作用的中心管，因此再生器的压降远小于反应器压降。

（三）压降计算小结

本节计算得到的反应器压降均低于 DCS 上的仪表显示值，主要原因一是中心管过孔压降 p_e 计算值偏小，二是本次计算采用的中心管开孔率等设备相关数据取自相同工艺、相同规模的连续重整装置，与本装置存在偏差。再生器由于没有起限流作用的中心管，因此再生器压降远小于反应器压降。

十二、热平衡计算

（一）反应热计算

反应热计算的思路如下：查出纯组分在对应温度下的焓值，根据物料中对应纯组分所占的比例，算出进出反应器的物料的焓值。假设反应温度恒定，算出等温下的反应热。下面分步进行分析计算。

1. 纯物质的焓值

纯物质的焓值有多种查询方式，可以通过化工手册类的工具书查出油品在某温度下的焓值，但由于油品组成千差万别，此方法查出的焓值存在较大误差；也可以通过化工手册查出纯物质在标准状态下的生成焓，再结合热容拟合公式中的系数，算出反应器出入口温度下纯组分的焓值。

本文采用上述第二种方法，直接得到想要的纯物质在反应器出入口温度下的焓值。表3-23以 H_2 和 C_4 以下的纯组分为例，列出了其在反应器出入口温度下的焓值。

表 3-23　部分纯物质的焓值

化学式	相对分子质量	名称	不同温度下的焓值/(kJ/mol)				
			406℃	437℃	454℃	496℃	530℃
H_2(g)	2.02	Hydrogen	11.01	11.89	12.42	13.61	14.68
CH_4(g)	16.04	Methane	-57.04	-55.24	-54.22	-51.65	-49.49
C_2H_2(g)	26.04	Ethyne	247.85	249.73	250.78	253.39	255.54
C_2H_4(g)	28.05	Ethene	75.56	77.96	79.30	82.70	85.52
C_2H_6(g)	30.07	Ethane	-55.76	-52.70	-50.99	-46.64	-43.01
C_3H_6(CPAg)	42.08	Cyclopropane	87.73	91.42	93.49	98.74	103.12
C_3H_6(PPYg)	42.08	1-Propene	55.60	59.29	61.36	66.58	70.93
C_3H_8(PPEg)	44.10	Propane	-62.11	-57.74	-55.28	-49.07	-43.88
C_4H_6(12Bg)	54.09	1，2-Butadiene	205.35	209.64	212.04	218.10	223.13
C_4H_6(13Bg)	54.09	1，3-Butadiene	154.15	158.70	161.24	167.63	172.92
C_4H_6(1BYg)	54.09	1-Butyne	208.12	212.48	214.92	221.05	226.14
C_4H_6(1MCPg)	54.09	1-Methylcyclopropene	284.52	288.77	291.15	297.16	302.17
C_4H_6(2BYg)	54.09	2-Butyne	186.80	191.08	193.47	199.50	204.51
C_4H_6(CBg)	54.09	Cyclobutene	196.64	200.91	203.30	209.35	214.40
C_4H_6(MCPg)	54.09	Methylenecyclopropane	242.70	247.11	249.58	255.81	260.99
C_4H_8(1BTg)	56.11	1-Butene	47.16	52.18	54.99	62.09	67.99
C_4H_8(2MPg)	56.11	2-Methyl-1-propene	30.83	35.82	38.61	45.67	51.55
C_4H_8(C2Bg)	56.11	cis-2-Butene	38.62	43.57	46.33	53.33	59.16
C_4H_8(CBAg)	56.11	Cyclobutane	73.31	78.20	80.94	87.91	93.75
C_4H_8(MCPg)	56.11	Methylcyclopropane	73.41	78.54	81.40	88.66	94.71
C_4H_8(T2Bg)	56.11	trans-2-Butene	36.67	41.70	44.52	51.63	57.55
C_4H_{10}(2MPg)	58.12	2-Methylpropane	-79.49	-73.72	-70.49	-62.30	-55.48
C_4H_{10}(NBAg)	58.12	Butane	-71.56	-65.85	-62.65	-54.54	-47.76

2. 出入反应器的物料组成

由于各反应器中间产物为高温气相，装置内无冷却取样设施，因此不具备取样分析条件，无法直接通过取样分析得到其组成。利用本单位自建的模拟软件，可以模拟得到各反应器中间物流的组成，如表 3-24 所示。

表 3-24 出入反应器的物料组成 %(摩尔)

物料位置	一反入口	一反出口	二反出口	三反出口	四反出口
Hydrogen	61.518	68.898	72.866	75.164	75.087
Methane	1.152	1.005	0.916	0.969	1.401
Ethane	1.131	0.988	0.901	0.956	1.388
Propane	1.074	0.943	0.862	0.920	1.354
i-Butane	0.453	0.411	0.378	0.413	0.633
i-Butene	0.016	0.000	0.000	0.000	0.022
n-Butane	0.453	0.411	0.378	0.413	0.611
1-Pentene	0.036	0.000	0.000	0.000	0.057
i-Pentane	0.307	0.308	0.291	0.340	0.521
n-Pentane	0.232	0.232	0.220	0.256	0.393
Benzene	0.854	1.686	2.453	2.740	2.799
Cyclohexane	1.528	0.278	0.026	0.011	0.027
Mcyclopentan	1.817	1.352	0.446	0.099	0.099
C_6 Olefins	0.076	0.000	0.000	0.000	0.188
C_6 Paraffins	5.119	4.247	3.656	3.095	2.432
C_7 Aromatics	0.766	2.756	3.967	4.161	4.335
C_7 Naphthenes	4.582	1.553	0.019	0.019	0.091
C_7 Olefins	0.027	0.000	0.000	0.000	0.129
C_7 Paraffins	5.203	4.172	3.374	2.412	1.452
C_8 Aromatics	0.745	2.880	3.439	4.045	4.260
C_8 Naphthenes	3.299	0.489	0.026	0.023	0.026
C_8 Olefins	0.003	0.000	0.000	0.000	0.033
C_8 Paraffins	4.826	3.652	2.582	1.226	0.349
C_9 Aromatics	0.229	1.310	1.594	1.879	1.954
C_9 Naphthenes	1.629	0.241	0.012	0.010	0.009
C_9 Olefins	0.000	0.000	0.000	0.000	0.012
C_9 Paraffins	2.368	1.765	1.235	0.558	0.120
C_{10} Aromatics	0.008	0.026	0.082	0.166	0.189
C_{10} Naphthenes	0.012	0.006	0.002	0.002	0.001
C_{10} Olefins	0.000	0.000	0.000	0.000	0.002
C_{10} Paraffins	0.517	0.377	0.261	0.112	0.018
C_{11} Aromatics	0.000	0.000	0.003	0.006	0.007
C_{11} Naphthenes	0.000	0.000	0.000	0.000	0.000
C_{11} Olefins	0.000	0.000	0.000	0.000	0.000
C_{11} Paraffins	0.021	0.015	0.010	0.004	0.001

由于不具备取样条件，无法验证一反、二反、三反出口等反应器中间产物的组成结果。但由于模拟时反应器的温降及总温降、催化剂积炭等结果均与实际相符，因此可以认为，中间产物的组成存在且仅存在唯一解，模拟结果是可信的。

3. 出入反应器的物料焓值

将表 3-24 中的物料组成与物料的摩尔流量相乘，得到每个纯物质的摩尔流量；将纯物质的摩尔流量与表 3-23 中查出的对应温度下的纯物质焓值相乘并加和，得到各股物料的焓值，如表 3-25 所示。

为了直观的展示物料焓值随位置的变化，将之画成曲线，如图 3-2 所示。由图 3-2 可见，物料通过进料换热器前后，焓值升高非常明显，进料换热器的热负荷(30.46MW)与四合一加热炉传递给物料的热负荷之和(31.04MW)相近，进料换热器的传热效果非常明显。

表 3-25　出入反应系统的物料流量和焓值

物料位置	温度/℃	摩尔流量/(kmol/h)	物料焓值/MW
板换 E-201 入口	91	2327.5	-38.09
一炉 F-201 入口	460	2327.5	-7.63
一反 R-201 入口	530	2327.5	-1.54
一反 R-201 出口	406	2906.1	-1.61
二反 R-202 入口	530	2906.1	9.01
二反 R-202 出口	437	3349.4	8.91
三反 R-203 入口	530	3349.4	17.03
三反 R-203 出口	454	3732.3	16.71
四反 R-204 入口	530	3732.3	23.41
四反 R-204 出口	496	3957.3	23.55
四反 R-204 出口升至入口温度	530	3957.3	26.65

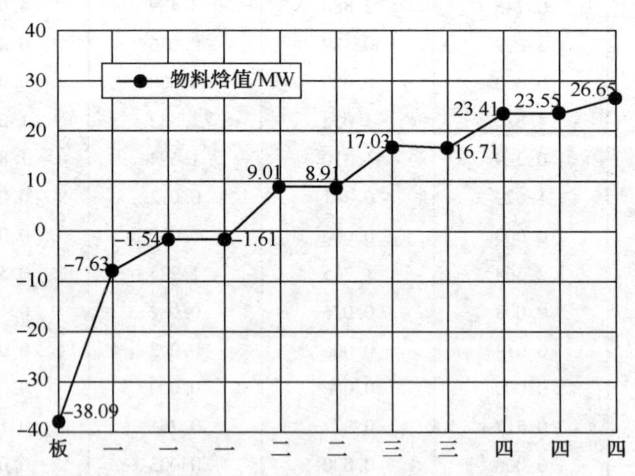

图 3-2　出入反应系统的物料焓值曲线

传统认为，连续重整装置的反应器可视为绝热反应器。由图 3-2 可见，物料在进出同一反应器时的焓值确实变化不大。但物料在反应过程中温度和组成均发生了变化，这一过程应怎样理解？下面进行详细分析。

首先进行理论推导。

假设反应器为稳定流动系统[3](如图 3-3 所示)，反应器内各点的组成不随时间变化。在反应器入口和出口取两个垂直于流体流动方向的截面 A_1-A_1' 和 A_2-A_2'，假设有单位质量的流体流经两截面，流体在截面 A_1-A_1' 处的状态为：压力 p_1，温度 T_1，单位质量流体的

体积为 V_1，平均流速为 u_1，内能为 U_1，流体重心距离势能零点平面的高度为 z_1，截面积为 A_1；流体在截面 A_2-A_2' 处的状态为：压力 p_2，温度 T_2，单位质量流体的体积为 V_2，平均流速为 u_2，内能为 U_2，流体重心距离势能零点平面的高度为 z_2，截面积为 A_2。

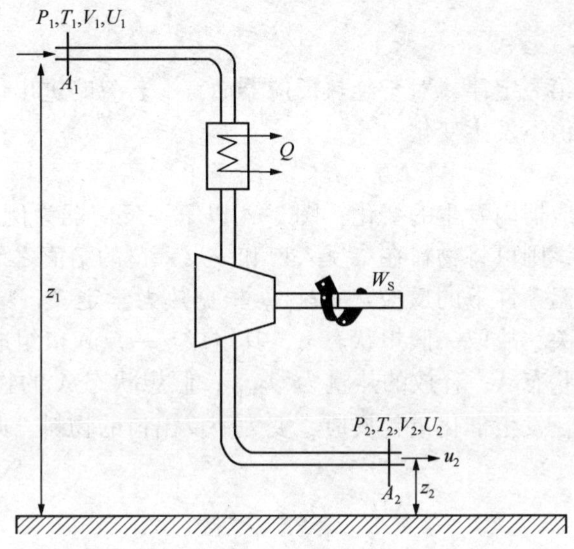

图 3-3 稳定流动系统示意图

对两截面进行能量分析如下：

内能的变化：

$$\Delta U = U_2 - U_1 \tag{3-42}$$

动能的变化：

$$\Delta E_k = \frac{1}{2}(u_2^2 - u_1^2) = \frac{1}{2}\Delta u^2 \tag{3-43}$$

势能的变化：

$$\Delta E_p = g(z_2 - z_1) = g\Delta z \tag{3-44}$$

流动功：

$$W_{1f} = (p_1A_1) \times (V_1/A_1) = p_1V_1 \tag{3-45}$$

$$W_{2f} = (p_2A_2) \times (V_2/A_2) = p_2V_2 \tag{3-46}$$

无转动设备，轴功率：

$$W_s = 0 \tag{3-47}$$

由热力学第一定律导出：

$$\Delta U + \Delta E_k + \Delta E_p = Q + W \tag{3-48}$$

即

$$\Delta U + \frac{1}{2}\Delta u^2 + g\Delta z = Q + W = Q + p_1V_1 - p_2V_2 = Q - \Delta(pV) \tag{3-49}$$

根据焓的定义：

$$H = U + pV \tag{3-50}$$

有

$$\Delta H + \frac{1}{2}\Delta u^2 + g\Delta z = Q \tag{3-51}$$

对于连续重整反应器，忽略反应器的散热、催化剂进出反应器所携带的热量，可将其视为绝热反应器，即 $Q=0$。

经核算，物料进出反应器的动能和势能的变化可以忽略，即 $\Delta E_k=\frac{1}{2}\Delta u^2=0$，$\Delta E_p=g\Delta z=0$。

综上，根据热力学第一定律，对于绝热反应器而言，若忽略进出口物料的动能差和势能差，则进出口物料的焓值不发生变化：

$$\Delta H=H_{out}-H_{in}=0 \tag{3-52}$$

为了理解物料在反应器内发生的变化，图 3-4 以第一反应器为例进行分析。如图所示，假设各反入口温度相等，则可将物料在二反入口和一反入口的焓值之差，定义为一反入口物料在一反入口温度的等温条件下的反应热 ΔH_{r1}。根据热力学定义，焓为状态函数，其值只与状态有关，与过程无关，故取一假想状态 A，其组成与一反入口组成相同，即一反入口的物料发生降温变为假想状态 A，释放的热量为 $Q_{温降}$；假想状态 A 的物料在温度与一反出口温度相等的等温条件下，发生催化重整反应，变为一反出口的物料，此时的反应热为 $\Delta H_{r1}'$。

由图 3-4 可知：

$$\Delta H_1=Q_{温降}+\Delta H_{r1}' \tag{3-53}$$

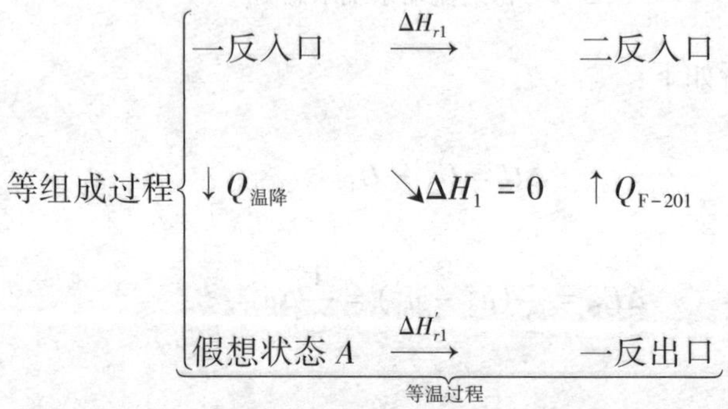

$$\text{等组成过程}\left\{\begin{array}{lcl}\text{一反入口} & \xrightarrow{\Delta H_{r1}} & \text{二反入口}\\ \downarrow Q_{温降} & \searrow \Delta H_1=0 & \uparrow Q_{F-201}\\ \text{假想状态 }A & \xrightarrow{\Delta H_{r1}'} & \text{一反出口}\end{array}\right.$$

等温过程

图 3-4　物料在反应器内的焓值变化

式(3-52)已证得，对于绝热反应器，不考虑散热损失及物料进出的动能、势能变化，$\Delta H_1=0$。因此，在数值上：$|Q_{温降}|=|\Delta H_{r1}'|$，即一反入口物料变为假想状态 A 所释放的热量 $Q_{温降}$，全部用于假想状态 A 的物料发生反应，生成一反出口的物料过程中的反应热 $\Delta H_{r1}'$。同理，一反入口的物料，在一反入口温度下发生等温反应，生成二反入口物料的反应热 ΔH_{r1}，在数值上与第二加热炉供给一反出口物料的热量 Q_{F-201} 相同，即：

$$|\Delta H_{r1}|=|Q_{F-201}| \tag{3-54}$$

根据基尔霍夫[3]方程：

$$\Delta H_{r1}-\Delta H_{r1}'=\int_{T,\text{一反入口}}^{T,\text{一反出口}}\left[\sum C_{p(\text{产物})}-\sum C_{p(\text{反应物})}\right]\mathrm{d}T \tag{3-55}$$

即物料在一反入口温度和一反出口温度，两个温度下发生等温反应的反应热，与产物和反应物的比热容之差有关。

4. 各反应器的反应热

上一节已提到，反应热通常定义为等温条件下，反应产物与反应物的焓值之差，本文计算取反应器入口温度为基准，并认为各反应器入口温度相等。以一反为例，一反的反应热为一反入口物料的焓值，与二反入口物料的焓值之差；而四反的反应热为四反入口物料的焓值，与四反出口物料升温至四反入口物料的焓值之差。

各反应器反应热的计算结果见表 3-26。由表可见，各反应器的反应热逐渐下降，这是由于环烷烃脱氢等强吸热反应因其反应速度快，主要在前序反应器进行；物料至第四反应器时，环烷烃已基本转化完全，主要发生的是烷烃的脱氢环化反应，虽然此类反应为强吸热，但反应速度慢，无法达到化学平衡，因此反应热在数值上不如前面几个反应器大。第一反应器的温降最大，为了保证反应温度，提高催化剂有效利用率，使得一反的催化剂装填量为四个反应器中最少。

以重整部分满负荷进料量(74.79t/h)为基准，将反应热折算为每吨重整进料消耗标油的千克数(kgEO/t)，同样列于表 3-26 中。总反应热合计为 32.41kgEO/t，占表 1-19 装置总能耗(88.35kgEO/t)的 36.68%，这部分能耗为原料转化为产物所必需的，这也是重整装置能耗高的原因之一。

表 3-26　各反应器的反应热计算结果

项　　目	反应热	
	MW	kgEO/t
第一反应器 R-201	10.55	12.13
第二反应器 R-202	8.02	9.22
第三反应器 R-203	6.39	7.34
第四反应器 R-204	3.23	3.72
合计	28.19	32.41

(二) 加热炉热负荷及效率

1. 加热炉热负荷

(1) 辐射段热负荷

将反应物料吸收的热量定义为辐射段热负荷，其计算方法为物料进出加热炉的焓值之差。物料进出加热炉的焓值列于表 3-25 中，因此得到加热炉辐射段的热负荷，列于表 3-27中。

表 3-27　加热炉辐射段热负荷计算结果

项　　目	加热炉辐射段热负荷	
	MW	kgEO/t
F-201	6.09	7.00
F-202	10.62	12.21
F-203	8.12	9.33
F-204	6.70	7.70
合计	31.53	36.25

由表 3-26 可知，由于一反 R-201 的反应热最大，为了弥补一反由于反应吸热导致的温度损失，一号中间加热炉 F-202 需要提供的热量也是最大的，即其辐射段热负荷最大。由于重整进料换热器能够将重整进料的温度由 91℃提升至 460℃，为重整进料提供了大量的热

量，加热炉 F-201 的热负荷为四合一炉中最小的。折算为标油消耗，四合一炉辐射段的热负荷之和为 36.25kgEO/t，占表 1-19 装置总能耗(88.35kgEO/t)的 41.03%。

(2) 加热炉总热负荷

将加热炉所消耗的燃料气的低发热值定义为加热炉总的热负荷。计算方法为纯组分的低发热值按照其在燃料气中所占的百分比进行加权求和，如表 3-28 所示。本装置所用燃料气的低发热值高达 91.78MJ/Nm^3，远高于其他一些企业，主要原因在于本装置所用燃料气中大部分为 C_3~C_4的液化气组分，而其他一些企业的燃料气中主要成分为 C_1~C_2的干气组分。

表 3-28 燃料气的低发热值计算

组　分	H_2	C_1	C_2	C_3	iC_4	nC_4	C_5	CO	合计
体积分数/%	9.68	0.15	1.28	23.98	30.97	26.31	0.15	0.02	100.00
低热值/(MJ/Nm^3)	10.74	35.71	63.58	91.03	118.41	118.41	145.78	12.64	
单位体积燃料气的低热值/(MJ/Nm^3)	1.040	0.054	0.814	21.829	36.672	31.154	0.219	0.003	91.78

表 3-29 加热炉总的热负荷计算

项　目	燃料气流量/(Nm^3/h)	加热炉总的热负荷	
		MW	kgEO/t
F-201	753.3	19.21	22.08
F-202	748.5	19.08	21.94
F-203	402.0	10.25	11.78
F-204	262.9	6.70	7.71
合计	2166.7	55.24	63.51

根据表 3-28 计算出的单位体积燃料气的低热值，再乘以各加热炉的燃料气流量，得到加热炉的总热负荷，列于表 3-29 中。如表所示，四合一加热炉的总能耗高达 63.51kgEO/t，占表 1-19 装置总能耗(88.35kgEO/t)的 71.89%，可见加热炉的燃料消耗占装置总能耗的相当大比例。燃料气燃烧所释放的热量具体有多少被加以利用，将在下节的加热炉效率中进行计算。

2. 加热炉热效率

(1) 加热炉热效率计算方法

加热炉热效率按照文献[5]中给出的简化计算方法进行：

$$\eta = 100 - q_1 - q_2 - q_3 \tag{3-56}$$

式中　η——加热炉综合效率,%；

q_1——排烟损失热量占供给能量的分数,%；

q_2——不完全燃烧损失热量占供给能量的分数,%；

q_3——表面散热损失热量占供给能量的分数,%。根据被测炉子测试数据及操作热负荷选取，一般为 2.5%。

采用气体燃料时，没有雾化蒸汽，不用外部热源加热空气，则排烟损失效率 q_1的计算公式可简化为：

$$q_1 = (0.0083 + 0.031\alpha)(t_g + 0.000135t_g^2) - 1.1 \tag{3-57}$$

$$q_2 = (4.043\alpha - 0.252) \times 10^{-4} \cdot CO \tag{3-58}$$

式中 t_g——排烟温度，℃；

α——过剩空气系数。对于取样分析的干燥气体：

$$\alpha = \frac{21 - 0.0627 \cdot O_2}{21 - O_2} \tag{3-59}$$

式中 O_2——烟气中氧含量体积分数，%；

CO——烟气中一氧化碳含量，μg/g。

（2）已知条件

四合一炉的排烟温度 $t_g = 182.9$℃；四合一炉烟气中的氧含量分析结果为：1.07%、1.91%、1.56%、2.50%；假设烟气中 CO 含量为 100μg/g。

（3）加热炉热效率计算过程

以重整反应部分进加热炉 F-201 为例，说明加热炉效率的计算过程。

过剩空气系数：

$$\alpha = \frac{21 - 0.0627 \cdot O_2}{21 - O_2} = \frac{21 - 0.0627 \times 1.07}{21 - 1.07} = 1.050$$

排烟损失热量占供给能量的分数：

$$\begin{aligned} q_1 &= (0.0083 + 0.031\alpha)(t_g + 0.000135t_g^2) - 1.1 \\ &= (0.0083 + 0.031 \times 1.050)(182.9 + 0.000135 \times 182.9^2) - 1.1 \\ &= 6.56\% \end{aligned}$$

不完全燃烧损失热量占供给能量的分数：

$$\begin{aligned} q_2 &= (4.043\alpha - 0.252) \times 10^{-4} \cdot CO \\ &= (4.043 \times 1.050 - 0.252) \times 10^{-4} \times 100 \\ &= 3.99 \times 10^{-2} \end{aligned}$$

表面散热损失热量占供给能量的分数 q_3 取 2.5%。

加热炉综合热效率：

$$\eta = 100 - q_1 - q_2 - q_3 = 100 - 6.56 - 3.99 \times 10^{-2} - 2.5 = 90.90\%$$

加热炉热效率计算结果见表 3-30。

表 3-30　加热炉热效率计算结果

加热炉位号	F-201	F-202	F-203	F-204
加热炉热负荷/MW	19.21	19.08	10.25	6.70
加热炉效率/%	90.90	90.65	90.76	90.46
过剩空气系数	1.05	1.09	1.08	1.13
烟气氧含量/%	1.07	1.91	1.56	2.50
排烟温度/℃	182.9	182.9	182.9	182.9
炉膛温度/℃	770	727	691	698

以加热炉热效率90%计，四合一加热炉的总能耗(63.51kgEO/t)中的10%被排烟、不完全燃烧和炉体散热损失掉，即6.35kgEO/t，占表1-19装置总能耗(88.35kgEO/t)的7.19%，可见加热炉的热损失占装置总能耗的比例相当大。虽然重整反应四合一炉热效率大于90%，但由于排烟温度偏高，热效率还存在提升的空间。重整反应四合一加热炉热效率每提升1%，装置总能耗可降低0.72%。

(三) 进料换热器传热系数

连续重整装置反应系统、分馏系统各精馏塔的进料换热器众多，本次以最典型的、也是热负荷最大的重整进料换热器E-201为例，说明换热器的传热系数核算方法。

1. 换热器计算基本关系式

换热器计算负荷下面的基本关系式[5]：

$$Q = K \cdot A \cdot \Delta T \tag{3-60}$$

式中 Q——换热器的热负荷，W；

K——换热器的传热系数，W/(m^2·K)；

A——换热器的传热面积，m^2；

ΔT——换热器的有效平均温差，℃。

若要求换热器的传热系数K，需要对上式中的其他三项注意计算。

2. 换热器热负荷

冷侧：重整进料(115℃)与循环氢(99℃)混合后，加热至进料换热器出口温度(460℃)。热侧：四反出口的反应产物进换热器(515℃)后与进料换热，降温至106.4℃。

在重整进料与循环氢混合及反应产物出进料换热器一侧，物料均为气液两相。下面以冷侧为例，计算换热器的热负荷Q。

若冷侧进料按照重整进料(115℃)与循环氢(99℃)简单混合计算，得到混合后的温度为111℃。但根据模拟软件的计算结果，重整进料(115℃)与循环氢(99℃)混合后，发生气液相的再分配，重整进料部分汽化，闪蒸后的相平衡温度为90.7℃。

闪蒸过程可视为绝热过程，冷侧进料的焓值可通过重整进料(115℃)与循环氢(99℃)各自的焓值加和进行计算。与表3-23的计算过程相同，求得115℃精制油的焓值$H_{精制油}$=-36.105MW，99℃循环氢的焓值$H_{循环氢}$=-1.973MW。故冷侧进料的焓值：

$$H_{cool,\ in} = H_{精制油} + H_{循环氢} = -36.105 - 1.973 = -38.078\text{MW}$$

冷侧出料在460℃下的焓值为：

$$H_{cool,\ out} = -7.630\text{MW}$$

则进料换热器的热负荷为：

$$Q = H_{cool,\ out} - H_{cool,\ in} = -7.630 - (-36.105) = 30.448\text{MW}$$

3. 换热器的有效平均温差ΔT

重整进料换热器按照纯逆流换热器计算，换热器的有效平均温差ΔT按照对数平均温差ΔT_m计算：

$$\Delta T = \Delta T_m = \frac{\Delta t_h - \Delta t_c}{\ln(\Delta t_h / \Delta t_c)} \tag{3-61}$$

式中 Δt_h——热端温差，℃，$\Delta t_h = T_1 - t_2$；

Δt_c——冷端温差,℃, $\Delta t_c = T_2 - t_1$;

T_1——热流进口温度, $T_1 = 515℃$;

T_2——热流出口温度, $T_2 = 106.4℃$;

t_1——冷流进口温度, $t_1 = 90.7℃$;

t_2——冷流出口温度, $t_2 = 460℃$。

故热端温差:

$$\Delta t_h = T_1 - t_2 = 515 - 460 = 55℃$$

冷端温差:

$$\Delta t_c = T_2 - t_1 = 106.4 - 90.7 = 15.7℃$$

换热器的有效平均温差:

$$\Delta T = \Delta T_m = \frac{\Delta t_h - \Delta t_c}{\ln(\Delta t_h / \Delta t_c)} = \frac{55 - 15.7}{\ln(55 \div 15.7)} = 31.35℃$$

4. 换热器的传热面积

查得换热器的传热面积为: $A = 8000m^2$

5. 换热器的传热系数

将上述计算结果代入式(3-60)中,得换热器的传热系数:

$$K = \frac{Q}{A \cdot \Delta T} = \frac{30.448 \times 10^6}{8000 \times 31.35} = 121\ W/(m^2 \cdot K)$$

(四) 热平衡计算小结

反应热的计算结果表明,连续重整装置的反应器可视为绝热反应器。利用假想状态分析法,得出一反入口物料变为假想状态A所释放的热量 $Q_{温降}$,全部用于假想状态A的物料发生反应,生成一反出口的物料过程中的反应热 $\Delta H'_{r1}$;一反入口的物料,在一反入口温度下发生等温反应,生成二反入口物料的反应热 ΔH_{r1},在数值上与第一中间加热炉F-202供给一反出口物料的热量 Q_{F-202} 相同。重整部分的总反应热占装置总能耗的36.68%,这是重整装置能耗高的原因之一。

加热炉负荷的计算结果表明,重整反应四合一加热炉的燃料消耗占装置总能耗的71.89%,其中反应物料在加热炉中吸收的热量占装置总能耗的41.03%,加热炉热损失占装置总能耗的7.2%。四合一加热炉热效率每提升1%,装置总能耗可降低0.72%。

重整进料换热器的计算结果表明,进料换热器的热负荷高达30.448MW,与重整反应四合一加热炉供给物料的热负荷相当。进料换热器的占地面积不算大,但其传热面积高达 $8000m^2$,因此才能保证换热器的转热效率。不考虑换热器内气液两相等特殊流动状态,重整进料换热器的总传热系数为 $121W/(m^2 \cdot K)$。

十三、压力平衡计算

(一) 反应系统

反应系统的压力平衡计算结果见表3-31。由表3-31可知,由于反应器的大小及中心管开孔率不同,物料进出反应器的压降由一反至四反逐渐增大,数值介于10.46~25.47kPa之间,具体分析详见“十一、压降计算”。

表 3-31 反应系统压力平衡表

物料及位置	单位	压力	压降
循环氢进板换	MPa	0.50	
	kPa		78
第一反应器进料	kPa	421.96	
	kPa		10.46
第一反应器出料	kPa	411.50	
	kPa		13.64
第二反应器进料	kPa	387.86	
	kPa		13.70
第二反应器出料	kPa	374.16	
	kPa		21.53
第三反应器进料	kPa	352.63	
	kPa		14.63
第三反应器出料	kPa	338.00	
	kPa		13.98
第四反应器进料	kPa	324.02	
	kPa		25.47
第四反应器出料	kPa	298.55	
	MPa		0.059
重整产物分离器	MPa	0.24	
	kPa		≈0
重整循环氢压缩机入口	MPa	0.24	
	kPa		-270
重整循环氢压缩机出口	MPa	0.51	

上一个反应器出料至下一反应器进料所产生的压降主要来自于加热炉炉管，炉管压降的大小取决于进入炉管的物料流量以及炉管的截面积(炉管中 U 形分配管的数量)。三个中间物料加热炉中，第二中间加热炉 F-203 的压降最大，达 21.53kPa，平均为 16.38kPa。

循环氢自板换入口至一反进料的压降达 78kPa，主要由板换压降、进料加热炉 F-201 压降及管路压降构成。由于重整进料加热炉 F-201 的压降无具体测量数据，以上述平均值计算，则板换压降与管路压降之和为 61.62kPa，其中板换压降占主要比例。为了板换中的换热效率，物料在板换中的流速不能太低，为了保证流速，势必会造成压力损失。此外，循环氢在通过板换入口的气液分配器时，也会产生一定的压降。

重整产物分离器 E-201 出口至重整循环氢压缩机入口的管线直径大，且通常距离较短，因此产生的压降很较，可以忽略。

反应系统的压力提升依靠重整循环氢压缩机 K-201 完成。通过消耗蒸汽做功，循环氢压缩机使循环氢的压力提升 270kPa，输出的升压后的循环氢主要用于与重整进料混合返回反应系统，还有少量用作还原氢等其他用途。

(二) 催化剂循环系统

催化剂循环系统的压力是根据反应系统确定的。具体来说，闭锁料斗起到隔离再生部分高压区和低压区的作用，而闭锁料斗的压力取反应产物分离器 D-201 的压力为基准，其余部分的压力大多以此为基准，选取合适的压差并克服催化剂重力而得到的。

与反应系统的压力计算相比，催化剂循环系统的压力计算需要考虑催化剂自重产生的静压力。假设反应器内的催化剂最高料位与最低料位之差为 50m，催化剂密度为 560kg/m^3，则估算催化剂自重产生的静压差为：

$$\Delta p = \rho \cdot g \cdot H = 560 \times 9.8 \times 50 = 274400\text{Pa} = 274.4\text{kPa} = 0.2744\text{MPa}$$

为了保证反应系统氢气环境与再生系统氧气环境的隔离，催化剂循环系统设置了两处氢氧环境隔离的装置。反应部分催化剂由氢气环境进入再生部分氧气环境的隔离，是通过待生催化剂氮气提升及分离料斗来实现的。用于提升待生催化剂的氮气压力，既高于催化剂自四反底部收集器出反应系统的压力，又高于分离料斗的压力。分离料斗的氮气环境，则进一步保证将催化剂上吸附的少量氧气置换完全。再生部分催化剂由氧气环境进入反应部分氢气环境的隔离，是通过再生器和分离料斗之间的氮气密封罐来实现的。氮气密封罐的压力，既高于催化剂自再生器底部出再生器的压力，又高于分离料斗上部低压区的压力，通过氮封罐与再生器和分离料斗低压区分别为 370kPa 和 450kPa 的压差，保证氢气和氧气的隔离。通过一系列的联锁保护，保证装置运行的安全。催化剂循环系统压力平衡表见表 3-32。

表 3-32 催化剂循环系统压力平衡表

位置	单位	压力	压降
还原段	MPa	0.54	
	kPa		120
催化剂进第一反应器	kPa	421.96	
	kPa		123.41
催化剂出第四反应器	kPa	298.55	
	kPa		-31.5
待生催化剂提升风	MPa	0.33	
	kPa		10
淘析气进分离料斗	MPa	0.32	
	kPa		70
再生循环气进再生器	MPa	0.25	
	kPa		≈0
再生干燥气进再生器	MPa	0.25	
	kPa		370
氮封罐	MPa	0.62	
	kPa		450
闭锁料斗低压区	MPa	0.17	
	MPa		
闭锁料斗高压区	MPa	0.57	
	kPa		40
再生催化剂提升风	MPa	0.53	

（三）循环氢压缩机核算

连续重整装置的压缩机包括循环氢压缩机、重整氢增压机等，它们既为气体压力提升做出贡献，保证了系统的压力平衡，又是耗能大户，有必要对其进行详细核算。上述压缩机中，循环氢压缩机为循环氢返回反应系统提供压力，被誉为连续重整装置的“心脏”。下面以循环氢压缩机为例进行核算。

1. 混合气体的绝热指数 k

混合气体的绝热指数计算过程如表 3-33 所示。首先查得纯组分的绝热指数 k_i，混合气体的绝热指数 k 通过下式求得：

$$\frac{1}{k-1} = \sum \frac{y_i}{k_i - 1} = 309.1 \div 100 = 3.091 \tag{3-62}$$

则混合气体的绝热指数 $k = \frac{1}{3.091} + 1 = 1.324$

2. 压缩机入口体积流量

压缩机入口的体积流量按校正后的循环氢流量[45979.3Nm³/h，式(3-27)]计，换算为操作状态[46.48℃，0.24MPa(表)]下的流量为：

$$\begin{aligned} V_1 &= 45979.3 \times \frac{101325}{(0.24+0.1)\times 10^6} \times \frac{46.48+273.15}{273.15} \\ &= 16034\text{m}^3/\text{h} = 267.2\text{m}^3/\text{min} \end{aligned} \tag{3-63}$$

表 3-33 混合气体(重整循环氢)的绝热指数计算

组分	H_2	C_1	C_2	C_3	C_4	C_5	C_{6+}	合计
y_i×100	91.31	2.22	2.2	1.89	1.85	0.53	0	100
k_i	1.38	1.27	1.17	1.115	1.081	1.063	1.052	
100×y_i/(k_i-1)	240.3	8.2	12.9	16.4	22.8	8.4	0.0	309.1

3. 压缩比、多变效率和多变指数

压缩比：

$$\varepsilon = \frac{p_2}{p_1} = \frac{0.51+0.1}{0.24+0.1} = 1.794 \tag{3-64}$$

根据压缩机入口的体积流量 V_1，查文献[5]中 293 页的图，得到压缩机的多变效率 $\eta_p = 0.777$。

根据绝热指数 k 和多变效率 η_p，查文献[5]中 293 页的图，得到压缩机的多变指数为 $m = 1.46$。

4. 压缩机出口温度

压缩机出口温度根据入口温度、压缩比和多变指数通过下式求得：

$$\begin{aligned} T_2 &= T_1 \cdot \varepsilon^{\frac{m-1}{m}} \\ &= (46.48 + 273.15) \times 1.794^{\frac{1.46-1}{1.46}} \\ &= 384.24\text{K} = 111.09℃ \end{aligned} \tag{3-65}$$

实际的压缩机出口温度为 104.17℃，比计算值低约 7℃。可能的原因有两点，一是多变

指数 m 的查表误差，主要原因在于精度不足；二是气体的体积流量按照循环氢流量计算，而除了循环氢流量，压缩机出口还有部分含氢气体送往还原段和预加氢部分，压缩机入口的体积流量 V_1 计算值偏小。

5. 理论功率

离心式压缩机的理论功率按下式进行计算：

$$\begin{aligned} N &= 16.67p_1V_1\frac{m}{m-1}\left[\left(\frac{p_2}{p_1}\right)^{\frac{m-1}{m}}-1\right] \\ &= 16.67\times0.34\times10^6\times267.2\times\frac{1.46}{1.46-1}\times\left[\left(\frac{0.61}{0.34}\right)^{\frac{1.46-1}{1.46}}-1\right] \\ &= 972\text{kW} \end{aligned} \tag{3-66}$$

6. 实际轴功率

离心式压缩机的实际轴功率按下式进行计算：

$$N_s=\frac{N}{\eta_g\cdot\eta_e}=\frac{972}{0.96\times1.0}=1012.5\text{kW} \tag{3-67}$$

式中 η_g——机械效率，>2000kW 为 0.97~0.98；1000~2000kW 为 0.96~0.97；<1000kW 为 0.94~0.96；此处取 0.96；

η_e——传动效率，齿轮增速箱传动为 0.93~0.98，直联为 1.0；此处取 1.0。

7. 汽轮机蒸汽耗量

离心式循环氢压缩机由蒸汽轮机驱动，蒸气耗量按下式进行估算：

$$G=\frac{3600N_d}{\Delta H\cdot\eta_i\cdot\eta_g} \tag{3-68}$$

式中 G——蒸汽耗量，kg/h；

N_d——汽轮的额定功率，kW；

ΔH——蒸汽焓降，kJ/kg；

η_i——汽轮机效率，0.60~0.75 之间，取 $\eta_i=0.70$；

η_g——机械效率，$\eta_g=0.985$。

由于上式中汽轮的额定功率 N_d 暂未得到，因此直接采用仪表计量的蒸汽耗量。

从 DCS 上读取的蒸汽耗量为 18517.1kg/h。入口蒸汽的温度为 263℃，压力 0.9MPa(表压)。汽轮机为凝气式，出口饱和冷凝水的压力为 83.97kPa(表压)，温度为 94.8℃。查表，得到蒸汽进出汽轮机的焓值分别为-12.999kJ/kg 和-15.574kJ/kg。故蒸汽焓降为：

$$\Delta H=-12.999-(-15.574)=2.575\text{kJ/kg}$$

蒸汽的能耗为：

$$Q=\Delta H\cdot m_{steam}=2.575\times18517.1=47681.5\text{kJ/h}=13.245\text{kW}$$

每吨 1.0MPa 蒸汽对应 76kg 标准油，则循环氢压缩机消耗的蒸汽折算为标准油为：

$$18517.1\div1000\times76\div74.24=18.96\text{kgEO/t}$$

即折算为标油消耗，重整循环氢压缩机消耗的能源为 18.96kgEO/t，占表 1-19 装置总能耗(88.35kgEO/t)的 21.5%。可见压缩机等动设备所消耗的蒸汽占装置总能耗的比重也相当大，仅次于发生重整反应所吸收的热量。

(四) 压力平衡计算小结

通过反应系统的压力平衡计算认识到，反应系统的压降主要来自反应器压降(中心管过孔压降)、重整进料换热器压降、加热炉炉管压降以及管道压降等。依靠循环氢压缩机，将循环氢压力提升 270kPa，反应系统的压力得以提升并构成闭环循环。

通过催化剂循环系统的压力平衡计算认识到，催化剂循环系统的压力是根据反应系统确定的。闭锁料斗起到将催化剂由再生部分高压区输送至低压区的作用。为了保证反应系统氢气环境与再生系统氧气环境的隔离，催化剂循环系统设置了待生催化剂氮气提升及分离料斗、氮封罐两处氢氧环境隔离的装置，保证装置运行的安全。

通过循环氢压缩机的核算认识到，重整循环氢压缩机的能耗占装置总能耗的 21.5%。动设备所消耗的蒸汽占装置总能耗的比重相当大，仅次于发生重整反应所吸收的反应热。

十四、反应器气流分配不均匀度

对于上进上出式的反应器，气流分配不均匀度按下式进行计算：

$$\Delta Q = 1 - \sqrt{\frac{p_b + p_e + p_c}{p_b + p_e + p_d}} \tag{3-69}$$

式中　ΔQ——气流分配不均匀度；

p_b——床层压降，kPa；

p_e——中心管过孔压降，kPa；

p_c——集流流道静压降，kPa；

p_d——分流流道静压降，kPa。

相关反应器压降的数据在“十一、压降计算”中已进行计算，将其代入式(3-69)，得到各反应器的气流分配不均匀度数据，列于表 3-34 中。由表可见，一反的气流分配不均匀度最小为 3.97%，三反的气流分配不均匀度最高达 6.23%。各反应器内的气流分配不均匀度设计值一般小于 10%，实际计算值满足设计要求。

表 3-34　各反应器气流分配不均匀度

项　目	单　位	一　反	二　反	三　反	四　反
床层压降 p_b	kPa	4.18	4.43	4.34	4.25
分流流道静压降 p_d	kPa	0.83	1.13	1.42	1.23
集流流道静压降 p_c	kPa	0.25	0.35	0.44	0.56
中心管过孔压降 p_e	kPa	2.34	2.33	2.39	0.32
计算得到的总压降 p_A	kPa	7.60	8.24	8.60	6.36
DCS 实测压降 $p_{A实测}$	kPa	10.46	13.70	14.63	25.47
气流分配不均匀度 ΔQ	%	3.97	5.08	6.23	5.97

十五、贴壁计算

(一) 反应器贴壁计算

1. 计算依据

对于连续重整反应器而言，向心流动产生“贴壁”的最小流量符合下式：

$$\frac{1-r^2}{2f_p r}-\left\{\frac{A(r^{-1}-r^{n-1})}{n}-\frac{C(r^{-2}-r^{n-1})}{1+n}\right\}Q^2-B\frac{r^{n-1}-1}{1-n}Q=0 \tag{3-70}$$

将式(3-70)转化为以 Q 为未知数的方程，二次项系数：

$$-E=\frac{A(r^{-1}-r^{n-1})}{n}-\frac{C(r^{-2}-r^{n-1})}{1+n} \tag{3-71}$$

一次项系数：

$$F=B\frac{r^{n-1}-1}{1-n} \tag{3-72}$$

常数项：

$$G=\frac{1-r^2}{2f_p r} \tag{3-73}$$

则以 Q 为未知数的二元一次方程为：

$$Q=\frac{F+\sqrt{F^2-4EG}}{2(-E)} \tag{3-74}$$

若要对式(3-74)进行求解，需要首先对式(3-70)中的系数 A、B、C 进行求解：

$$A=\frac{\alpha\rho_g(1-\varepsilon)}{4\pi^2L^2d\varepsilon^3\rho_b g r_2^2} \tag{3-75}$$

$$B=\frac{\beta\mu_g(1-\varepsilon)^2}{2\pi L d^2\varepsilon^3\rho_b g r_2} \tag{3-76}$$

$$C=\frac{\rho_g}{4\pi^2L^2\rho_b g r_2^3} \tag{3-77}$$

式中 d——催化剂颗粒直径，m；

ρ_p——催化剂单颗粒密度，kg/m^3；

ρ_b——催化剂颗粒堆密度，kg/m^3；

ψ——催化剂颗粒内摩擦角，DEG 或弧度；

σ——催化剂颗粒与挡网壁摩擦角，DEG 或弧度；

ε——催化剂颗粒空隙率，小数表示；

ρ_g——气体密度，kg/m^3；

μ_g——气体黏度，Pa·s；

M——气体平均相对分子质量；

L——反应器有效床层高度，m；

r_1——反应器床层内半径，m；

r_2——反应器床层当量外半径，m；

α——Ergun 公式第二系数，取 1.75；

β——Ergun 公式第一系数，取 150。

2. 已知条件

反应器压降计算过程中需要用到的已知条件列于表 3-35 中。表 3-35 中，各反应器内气体的密度、黏度、平均相对分子质量及设计流量等性质按入口物料计算，具体数值来自本单位自建的流程模拟软件。反应器及再生器等设备结构尺寸数据取自相同工艺、相同规模的连续重整装置。催化剂物理性质等数据来自《PS 系列连续重整催化剂使用指南(第二版)》。

表 3-35　贴壁计算过程用到的已知条件

	一反	二反	三反	四反	再生器	单位
1. 催化剂物理性质						
颗粒直径 d	0.0016	0.0016	0.0016	0.0016	0.0016	m
单颗粒密度 ρ_p	903	903	903	903	903	kg/m^3
颗粒堆密度 ρ_b	560	560	560	560	560	kg/m^3
颗粒内摩擦角 ψ	34.8	34.8	34.8	34.8	34.8	DEG
	0.607	0.607	0.607	0.607	0.607	弧度
颗粒与挡网壁摩擦角 σ	26.4	26.4	26.4	26.4	26.4	DEG
	0.461	0.461	0.461	0.461	0.461	弧度
颗粒空隙率 ε	0.39	0.39	0.39	0.39	1.39	
2. 气体性质						
气体密度 ρ_g	3.27	2.39	1.89	1.56	1.65	kg/m^3
气体黏度 μ_g	3.10×10^{-5}	3.15×10^{-5}	3.14×10^{-5}	3.10×10^{-5}	3.10×10^{-5}	Pa·s
气体平均相对分子质量 M	37.76	30.24	26.24	23.55	30.1	
设计流量 V	87.89	87.89	87.89	87.89	17.13	t/h
3. 反应器结构尺寸						
反应器有效床层高度 L	4.31	5.12	6.07	6.92	1.524	m
反应器床层当量外半径 r_2	0.988	0.988	0.988	0.976	0.762	m
反应器床层内半径 r_1	0.54	0.54	0.54	0.54	0.5335	m

3. 计算过程

下面以第一反应器为例，对式(3-70)~式(3-77)中的参数进行分别计算。

(1) 计算 2β

$$2\beta = 90 + \sigma - \cos^{-1}(\sin\sigma/\sin\psi)$$
$$= 90 + 26.4 - \cos^{-1}(\sin 26.4/\sin 34.8) = 77.58$$

(2) 计算 T

$$T = \cos(2\beta)\cdot\sin\psi$$
$$= \cos 77.58 \times \sin 34.8 = 0.1228$$

(3) 计算侧压系统 k

$$k = \frac{1+T}{1-T} = \frac{1+0.1228}{1-0.1228} = 1.2799$$

(4) 计算 f_i

$$f_i = \tan\psi = \tan 34.8 = 0.6950$$

(5) 计算 f_w、f_p

$$f_w = f_p = \tan\sigma = \tan 26.4 = 0.4964$$

(6) 计算 n

$$n = \frac{k+1}{2k} = \frac{1.2799+1}{2 \times 1.2799} = 0.8906$$

(7) 计算 r

$$r = \frac{r_1}{r_2} = \frac{0.54}{0.988} = 0.5467$$

(8) 计算式(3-70)中的系数 A、B、C

$$A = \frac{\alpha \rho_g (1-\varepsilon)}{4\pi^2 L^2 d \varepsilon^3 \rho_b g r_2^2}$$

$$= \frac{1.75 \times 3.27 \times (1-0.39)}{4 \times 3.14^2 \times 4.31^2 \times 0.0016 \times 0.39^3 \times 560 \times 9.8 \times 0.988^2}$$

$$= 0.00935$$

$$B = \frac{\beta \mu_g (1-\varepsilon)^2}{2\pi L d^2 \varepsilon^3 \rho_b g r_2}$$

$$= \frac{150 \times 3.10 \times 10^{-5} \times (1-0.39)^3}{2 \times 3.14 \times 4.31 \times 0.0016^2 \times 0.39^3 \times 560 \times 9.8 \times 0.988}$$

$$= 0.0775$$

$$C = \frac{\rho_g}{4\pi^2 L^2 \rho_b g r_2^3}$$

$$= \frac{3.27}{4 \times 3.14^2 \times 4.31^2 \times 560 \times 9.8 \times 0.988^3}$$

$$= 8.417 \times 10^{-7}$$

(9) 计算式(3-74)中的系数 E、F、G

$$-E = \frac{A(r^{-1} - r^{n-1})}{n} - \frac{C(r^{-2} - r^{n-1})}{1+n}$$

$$= \frac{0.00935 \times (0.5467^{-1} - 0.5467^{0.8906-1})}{0.8906} - \frac{8.417 \times 10^{-7} \times (0.5467^{-2} - 0.5467^{0.8906-1})}{1+0.8906}$$

$$= 0.007985$$

$$F = B\frac{r^{n-1} - 1}{1-n}$$

$$= 0.0775 \times \frac{0.5467^{0.8906-1} - 1}{1-0.8906}$$

$$= -0.04838$$

$$G = \frac{1-r^2}{2 f_p r}$$

$$= \frac{1-0.5467^2}{2 \times 0.4964 \times 0.5467}$$

$$= 1.2915$$

(10) 计算贴壁流量 Q

$$Q = \frac{F + \sqrt{F^2 - 4EG}}{2(-E)}$$

$$= \frac{-0.04838 + \sqrt{(-0.04838)^2 - 4 \times (-0.007985) \times 1.2915}}{2 \times 0.007985}$$

$$= 118.13\text{t/h}$$

经过仪表校正，进入第一反应器的物流实际流量为 $Q_a = 87.89\text{t/h}$。实际流量占贴壁流量的百分数为：

$$\frac{Q_a}{Q} = \frac{87.89}{118.13} \times 100\% = 74.4\%$$

4. 各反应器贴壁计算汇总

将各反应器贴壁计算的结果和实际流量占贴壁流量的百分数汇总，列于表 3-36。

表 3-36　各反应器和再生器贴壁计算汇总

项目	单位	一反	二反	三反	四反	再生器
实际流量	t/h	87.89	87.89	87.89	87.89	17.13
贴壁流量	t/h	118.13	114.91	117.40	117.06	21.47
实际流量占贴壁流量的百分数	%	74.40	76.48	74.86	75.07	79.81

由表 3-34 可见，实际流量占贴壁流量的百分数均在 75%左右，不超过 80%，可见反应器在设计时均留有较大的余量。第二反应器的实际流量与贴壁流量最接近，因为第二反应器的达到贴壁时的流量最小。

由贴壁流量的计算过程可知，贴壁流量的大小除了与气体性质有关，还与催化剂的物理性质有关。通过推导可知，当催化剂颗粒的堆密度增大时，产生贴壁的最小流量也增大，即更加难以产生贴壁。这就是连续重整装置扩能时，使用高堆比催化剂成为避免贴壁的解决方案之一的原因。但使用高堆比催化剂后，催化剂上负载的贵金属总量也会增加，即催化剂的采购费用将增加。当企业计划对现有装置扩能时，应尽量避免达到贴壁流量的 90%以上；如果扩能后反应器内物料流量已接近或超过贴壁流量，不得不使用高堆比催化剂时，应将催化剂的采购费用纳入进来全盘考虑。

与贴壁流量的大小有关的反应器结构尺寸只有有效床层高度、内半径、当量外半径三项，与中心管开孔率等无关。同类型、同规模的装置，上述三项参数应基本一致，因此此处计算的相同工艺、相同规模的连续重整装置反应器贴壁流量，应该与本文所述石化公司的 0.6Mt/a 连续重整装置反应器的贴壁流量基本相等。

(二) 再生器贴壁计算

1. 已知条件

再生器的贴壁流量计算过程与反应器类似。再生器贴壁流量计算过程中需要用到的已知条件同样列于表 3-33 中。其中，再生器的设备尺寸数据同样取自相同工艺、相同规模的连续重整装置。再生器倒锥形内网按圆柱形考虑。

2. 计算过程

(1) 计算 2β

$$2\beta = 90 + \sigma - \cos^{-1}(\sin\sigma/\sin\psi)$$
$$= 90 + 26.4 - \cos^{-1}(\sin 26.4/\sin 34.8) = 77.58$$

(2) 计算 T

$$T = \cos(2\beta) \cdot \sin\psi$$
$$= \cos 77.58 \times \sin 34.8 = 0.1228$$

(3) 计算侧压系统 k

$$k = \frac{1 + T}{1 - T} = \frac{1 + 0.1228}{1 - 0.1228} = 1.2799$$

(4) 计算 f_i

$$f_i = \tan\psi = \tan 34.8 = 0.6950$$

(5) 计算 f_w、f_p

$$f_w = f_p = \tan\sigma = \tan 26.4 = 0.4964$$

(6) 计算 n

$$n = \frac{k + 1}{2k} = \frac{1.2799 + 1}{2 \times 1.2799} = 0.8906$$

(7) 计算 r

$$r = \frac{r_1}{r_2} = \frac{0.5335}{0.762} = 0.7001$$

(8) 计算式(3-70)中的系数 A、B、C

$$A = \frac{\alpha\rho_g(1 - \varepsilon)}{4\pi^2 L^2 d\varepsilon^3 \rho_b g r_2^2}$$
$$= \frac{1.75 \times 1.65 \times (1 - 0.39)}{4 \times 3.14^2 \times 1.524^2 \times 0.0016 \times 0.39^3 \times 560 \times 9.8 \times 0.762^2}$$
$$= 0.06361$$

$$B = \frac{\beta\mu_g (1 - \varepsilon)^2}{2\pi L d^2 \varepsilon^3 \rho_b g r_2}$$
$$= \frac{150 \times 3.10 \times 10^{-5} \times (1 - 0.39)^3}{2 \times 3.14 \times 1.524 \times 0.0016^2 \times 0.39^3 \times 560 \times 9.8 \times 0.762}$$
$$= 0.2844$$

$$C = \frac{\rho_g}{4\pi^2 L^2 \rho_b g r_2^3}$$
$$= \frac{1.65}{4 \times 3.14^2 \times 1.524^2 \times 560 \times 9.8 \times 0.762^3}$$
$$= 7.42 \times 10^{-6}$$

(9) 计算式(3-74)中的系数 E、F、G

$$-E=\frac{A(r^{-1}-r^{n-1})}{n}-\frac{C(r^{-2}-r^{n-1})}{1+n}$$

$$=\frac{0.06361\times(0.7001^{-1}-0.7001^{0.8906-1})}{0.8906}-\frac{7.42\times10^{-6}\times(0.7001^{-2}-0.7001^{0.8906-1})}{1+0.8906}$$

$$=0.02774$$

$$F=B\frac{r^{n-1}-1}{1-n}$$

$$=0.2844\times\frac{0.7001^{0.8906-1}-1}{1-0.8906}$$

$$=-0.10338$$

$$G=\frac{1-r^2}{2f_p r}$$

$$=\frac{1-0.7001^2}{2\times0.4964\times0.7001}$$

$$=0.7334$$

(10) 计算贴壁流量 Q

$$Q=\frac{F+\sqrt{F^2-4EG}}{2(-E)}$$

$$=\frac{-0.10338+\sqrt{(-0.10338)^2-4\times(-0.02774)\times0.7334}}{2\times0.02774}$$

$$=21.47\text{t/h}$$

经过仪表校正，进入再生器的再生循环气实际流量为 $Q_a=17.13\text{t/h}$。实际流量占贴壁流量的百分数为：

$$\frac{Q_a}{Q}=\frac{17.13}{21.47}\times100\%=79.81\%$$

将再生器最小贴壁流量的计算结果同样列于表 3-34。再生器实际流量为最小贴壁流量的 79.8%，同样设计时留有一定的操作余量。

(三) 贴壁计算小结

由各反应器和再生器的最小贴壁流量计算可知，实际流量均不超过最小贴壁流量的 80%，可见反应器和再生器在设计时均留有较大的余量。最小贴壁流量的大小除了与气体性质有关，还与催化剂的物理性质有关。使用高堆比催化剂成为装置扩能后避免贴壁的解决方案之一。但使用高堆比催化剂后，催化剂的采购费用将增加。因此当企业计划对现有装置扩能时，应将催化剂的采购费用增加纳入进来，全盘考虑扩能的经济性。

十六、催化剂循环

(一) 反应器及再生器催化剂移动速度

1. 反应器催化剂移动速度

反应器内催化剂的移动速度计算过程中的相关参数列于表 3-37。下面以第一反应器为例，计算反应器内催化剂的移动速度。

根据已知条件，求得催化剂的体积流速为：

$$V_{cat}=\frac{m_{cat}}{\rho_b}=\frac{283}{560}=0.505\ m^3/h$$

反应器床层的截面积为：

$$S_b=\pi(r_2^2-r_1^2)=3.14\times(0.988^2-0.54^2)=2.148\ m^2$$

故反应器内催化剂的移动速度为：

$$u_{cat}=\frac{V_{cat}}{S_b}=\frac{0.505}{2.148}=0.2352m/h=23.52cm/h$$

可见，催化剂每小时在第一反应器内仅能移动23.52cm，比反应油气在反应器内的空塔线速度低四个数量级。相比于反应油气，催化剂在反应器内可视为静止不动的状态。如此低的移动速度，也保证了催化剂的磨损处于较低水平。事实上，催化剂的磨损主要发生在提升管路、分离料斗等移动速度快、或催化剂处于流化状态等情况。

表3-37　反应器及再生器内催化剂移动速度计算表

项目	一反	二反	三反	四反	再生器	单位
催化剂循环量 m_{cat}	283	283	283	283	283	kg/h
催化剂堆密度 ρ_b	560	560	560	560	560	kg/m³
反应器床层当量外半径 r_2	0.988	0.988	0.988	0.976	0.762	m
反应器床层内半径 r_1	0.54	0.54	0.54	0.54	0.5335	m
催化剂体积流速 V_{cat}	0.505 1.404×10^{-4}	0.505 1.404×10^{-4}	0.505 1.404×10^{-4}	0.505 1.404×10^{-4}	0.505 1.404×10^{-4}	m³/h m³/s
床层截面积 S_b	2.148	2.148	2.148	2.075	0.930	m²
催化剂移动速度 u_{cat}	0.2352 23.52	0.2352 23.52	0.2352 23.52	0.2436 24.36	0.5434 54.34	m/h cm/h

2. 再生器催化剂移动速度

再生器烧焦区内催化剂的移动速度计算过程中的相关参数同样列于表3-37。下面进行详细说明。与反应器不同的是，再生器内网为倒锥形结构，简化起见，此处按照圆柱形内网处理，其直径为上下两边缘直径的平均值。

根据已知条件，求得催化剂的体积流速为：

$$V_{cat}=\frac{m_{cat}}{\rho_b}=\frac{283}{560}=0.505\ m^3/h$$

反应器床层的截面积为：

$$S_b=\pi(r_2^2-r_1^2)=3.14\times(0.762^2-0.5335^2)=0.930\ m^2$$

故反应器内催化剂的移动速度为：

$$u_{cat}=\frac{V_{cat}}{S_b}=\frac{0.505}{0.930}=0.5434m/h=54.34cm/h$$

与催化剂在反应器内的流动速度类似，催化剂在再生器内移动的速度仅为54.34cm/h，虽然高于催化剂在反应器内的移动速度，但比再生循环气在再生器内的空塔线速度同样低四个数量级。催化剂在再生器烧焦区移动时的磨损也可以忽略，但由于再生烧焦操作条件下，催化剂的表面温度远高于反应器内，且烧焦环境中水含量达上千 μg/g，因此会对催化剂的比表面积和强度造成逐渐的减弱。

（二）催化剂提升管提升气量及压降

1. 催化剂提升管提升气量

（1）待生催化剂氮气提升管

计算过程所用到的参数列于表 3-38。

表 3-38 催化剂提升气量计算所用到的参数

项　目	待生剂提升管	再生剂提升管
1. 提升管尺寸		
型号	ϕ2″-SCH160	ϕ11/2″-SCH160
公称直径/mm	50	40
外径/mm	60.3	48.3
壁厚/mm	8.74	7.14
内径/mm	42.82	34.02
2. 提升气性质		
提升气温度/℃	150	150
提升气压力/MPa	0.43	0.63
提升气相对分子质量	28	4.45
实际提升气流量/(Nm^3/h)	161.19	206.73
实际提升气流量/(m^3/h)	58.07	50.83
气体黏度/Pa·s	0.000024	0.000014
3. 催化剂性质		
催化剂颗粒密度/(kg/m^3)	903	903
催化剂直径/mm	1.6	1.6
4. 计算结果		
提升管内截面积/m^2	0.0014401	0.0009090
提升气密度/(kg/m^3)	3.4223	0.7969
催化剂终端速度/(m/s)	4.15	8.59
计算得提升气气速/(m/s)	6.65	11.09
计算得提升气流量/(m^3/h)	34.45	36.30
计算得提升气流量/(Nm^3/h)	95.64	147.61
实际提升气气速/(m/s)	11.20	15.53
实际催化剂提升速度/(m/s)	7.06	6.94

计算过程如下。提升管内截面积：

$$S=\frac{\pi}{4}d^2=\frac{\pi}{4}\times(42.82/1000)^2=0.0014401\ \mathrm{m^2}$$

提升气密度：

$$\rho=\frac{pM}{RT}=\frac{0.43\times10^6\times28}{8.314\times(150+273.15)}=3.42\ \mathrm{kg/m^3}$$

催化剂终端速度：

$$U_t=\frac{7.67}{\sqrt{\rho}}=\frac{7.67}{\sqrt{3.42}}=4.15\mathrm{m/s}$$

提升气气速应高于催化剂终端速度 1~2.5m/s，此处取 2.5m/s，则计算得到的提升气气速为：

$$U_g=U_t+2.5=4.15+2.5=6.65\mathrm{m/s}$$

则计算得到的提升气流量为：

$$V_g=U_g\cdot S=6.65\times0.0014401\times3600=34.45\ \mathrm{m^3/h}=95.64\ \mathrm{Nm^3/h}$$

而实际测得的提升气流量高达 161.19Nm³/h(58.07m³/h)，远高于计算值。照此计算，实际的提升气气速为 11.20m/s，用此气速减去催化剂终端速度，得到实际的催化剂提升速度高达 7.06m/s。若催化剂的提升速度超过 2.5m/s，催化剂的磨损将非常严重，直接表现将是分离料斗淘析出的粉尘远高于技术指标。但实测的催化剂粉尘量少于 2kg/d，因此可以判断，实际提升气流量小于 DCS 上的显示值。出现偏差的原因，一方面是由于缺少仪表的设计参数，用于提升气流量测量的孔板流量计未进行校正；另一方面是由于提升气温度是通过贴在提升管外壁的管壁热电偶测得的，测量值小于提升管中气体的真实温度。

(2) 再生催化剂氢气提升管

计算过程所用到的参数列于表 3-38。计算过程如下：

提升管内截面积：

$$S=\frac{\pi}{4}d^2=\frac{\pi}{4}\times(34.02/1000)^2=0.0009090\ \mathrm{m^2}$$

提升气密度：

$$\rho=\frac{pM}{RT}=\frac{0.63\times10^6\times4.45}{8.314\times(150+273.15)}=0.80\ \mathrm{kg/m^3}$$

催化剂终端速度：

$$U_t=\frac{7.67}{\sqrt{\rho}}=\frac{7.67}{\sqrt{0.80}}=8.59\mathrm{m/s}$$

提升气气速应高于催化剂终端速度 1~2.5m/s，此处取 2.5m/s，则计算得到的提升气气速为：

$$U_g=U_t+2.5=8.59+2.5=11.09\mathrm{m/s}$$

则计算得到的提升气流量为：

$$V_g=U_g\cdot S=11.09\times0.0009090\times3600=36.30\ \mathrm{m^3/h}=147.61\ \mathrm{Nm^3/h}$$

而实际测得的提升气流量高达 206.73Nm³/h(50.83m³/h)，远高于计算值。照此计算，实际的提升气气速为 15.53m/s，用此气速减去催化剂终端速度，得到实际的催化剂提升速度高达 6.94m/s，依据上一节计算待生催化剂提升气量时的判断，DCS 上显示的再生催化剂提升气量同样偏高，可能的原因同上一节。

2. 催化剂提升管提升压降

(1) 待生催化剂氮气提升管

计算过程所用到的参数列于表3-39。

表3-39 催化剂提升管压降计算所用到的参数

项　　目	待生剂提升管	再生剂提升管
1. 提升管尺寸		
型号	ϕ2″-SCH160	ϕ11/2″-SCH160
公称直径/mm	50	40
外径/mm	60.3	48.3
壁厚/mm	8.74	7.14
内径/mm	42.82	34.02
提升管总长度/m	60	60
提升管垂直高度/m	40	40
提升管内截面积/m^2	0.0014401	0.0009090
2. 提升气性质		
提升气温度/℃	150	150
提升气压力/MPa	0.43	0.63
提升气相对分子质量	28	4.45
实际提升气流量/(Nm^3/h)	161.19	206.73
实际提升气流量/(m^3/h)	58.07	50.83
实际提升气流速/(m/s)	11.20	15.53
气体黏度/Pa·s	0.000024	0.000014
提升气密度/(kg/m^3)	3.4223	0.7969
3. 催化剂性质		
催化剂颗粒密度/(kg/m^3)	903	903
催化剂直径/mm	1.6	1.6
催化剂循环量/(kg/h)	283	283
4. 计算结果		
提升管的重力压差/kPa	3.252	2.49
气体与管道摩擦阻力/kPa	1.472	1.019
催化剂摩擦阻力/kPa	5.650	6.885
总压降/kPa	10.373	10.398
实测压降/kPa	10.28	20.56

计算过程如下：

1）重力压差：

催化剂提升管体积：

$$A = L \cdot S = 60 \times 0.0014401 = 0.0864\ \mathrm{m}^3$$

提升气在提升管内的停留时间：

$$t = \frac{A}{V_g} = \frac{0.0864}{58.07} = 0.001488\mathrm{h} = 5.356\mathrm{s}$$

上述停留时间内通过的催化剂量：

$$m = m_{cat} \cdot t = 283 \times 0.001488 = 0.421\mathrm{kg}$$

催化剂的稀相密度：

$$\rho_{cat} = \frac{m_{cat}}{A} = \frac{0.421}{0.0864} = 4.873\ \mathrm{kg/m^3}$$

提升管内介质总密度：

$$\rho_t = \rho_{cat} + \rho_g = 4.873 + 3.422 = 8.295\ \mathrm{kg/m^3}$$

提升管的重力压差：

$$\Delta p_a = \rho_t \cdot g \cdot H = 8.295 \times 9.81 \times 40 = 3252\mathrm{Pa} = 3.252\mathrm{kPa}$$

2）气体与管道摩擦阻力：

雷诺数：

$$Re = \frac{d \cdot u_g \cdot \rho_g}{\mu_g} = \frac{42.82 \div 1000 \times 11.20 \times 3.4223}{0.000024} = 68397$$

$$f_g = Re^{-0.25} \times 0.0791 = 68397^{-0.25} \times 0.0791 = 0.004891$$

气体与管道摩擦阻力：

$$\begin{aligned}\Delta p_b &= f_g \cdot \frac{L}{d} \cdot \rho_g \cdot \frac{u_g^2}{2}\\ &= 0.004891 \times \frac{60}{0.04282} \times 3.4223 \times \frac{11.20^2}{2}\\ &= 1472\mathrm{Pa} = 1.472\mathrm{kPa}\end{aligned}$$

3）催化剂摩擦阻力：

$$\begin{aligned}\Delta p_c &= f_a \cdot \frac{L}{d} \cdot \rho_s \cdot \frac{u_{cat}^2}{2}\\ &= 0.003 \times \frac{60}{0.04282} \times 540 \times \frac{7.06^2}{2}\\ &= 5650\mathrm{Pa} = 5.650\mathrm{kPa}\end{aligned}$$

4）待生催化剂提升总压降：

计算得到待生催化剂提升总压降为：

$$\Delta p_t = \Delta p_a + \Delta p_b + \Delta p_c = 3.252 + 1.472 + 5.650 = 10.373\mathrm{kPa}$$

现场仪表实测得到的待生催化剂提升总压降为10.28kPa，与上述计算值十分接近。

(2) 再生催化剂氢气提升管

计算过程所用到的参数列于表3-39。计算过程如下：

1）重力压差：

催化剂提升管体积：

$$A = L \cdot S = 60 \times 0.0009090 = 0.0545\ \mathrm{m^3}$$

提升气在提升管内的停留时间：

$$t = \frac{A}{V_g} = \frac{0.0545}{50.83} = 0.001073\mathrm{h} = 3.862\mathrm{s}$$

上述停留时间内通过的催化剂量：

$$m = m_{cat} \cdot t = 283 \times 0.001073 = 0.304\mathrm{kg}$$

催化剂的稀相密度：

$$\rho_{cat} = \frac{m_{cat}}{A} = \frac{0.304}{0.0545} = 5.567\ \mathrm{kg/m^3}$$

提升管内介质总密度：

$$\rho_t = \rho_{cat} + \rho_g = 5.567 + 0.7969 = 6.364\ \mathrm{kg/m^3}$$

提升管的重力压差：

$$\Delta p_a = \rho_t \cdot g \cdot H = 6.364 \times 9.81 \times 40 = 2495\mathrm{Pa} = 2.495\mathrm{kPa}$$

2）气体与管道摩擦阻力：

雷诺数：

$$Re = \frac{d \cdot u_g \cdot \rho_g}{\mu_g} = \frac{34.02 \div 1000 \times 15.53 \times 0.7969}{0.000014} = 30081$$

$$f_g = Re^{-0.25} \times 0.0791 = 30081^{-0.25} \times 0.0791 = 0.006006$$

气体与管道摩擦阻力：

$$\begin{aligned}\Delta p_b &= f_g \cdot \frac{L}{d} \cdot \rho_g \cdot \frac{u_g^2}{2} \\ &= 0.006006 \times \frac{60}{0.03402} \times 0.7969 \times \frac{15.53^2}{2} \\ &= 1019\mathrm{Pa} = 1.019\mathrm{kPa}\end{aligned}$$

3）催化剂摩擦阻力：

$$\begin{aligned}\Delta p_c &= f_a \cdot \frac{L}{d} \cdot \rho_s \cdot \frac{u_{cat}^2}{2} \\ &= 0.003 \times \frac{60}{0.03402} \times 540 \times \frac{6.94^2}{2} \\ &= 6885\mathrm{Pa} = 6.885\mathrm{kPa}\end{aligned}$$

4）再生催化剂提升总压降：

计算得到再生催化剂提升总压降为：

$$\Delta p_t = \Delta p_a + \Delta p_b + \Delta p_c = 2.495 + 1.019 + 6.885 = 10.398\mathrm{kPa}$$

现场仪表实测得到的再生催化剂提升总压降为20.56kPa，接近上述计算值的两倍，可能的原因有：一是催化剂提升管线的长度和垂直高度为估算，可能存在一定偏差；二是再生剂提升气的温度测量误差；三是再生剂提升气的黏度估算误差。

(三) 催化剂循环计算小结

催化剂每小时在反应器和再生器内仅能移动24cm和54cm，比反应油气和再生循环气的空塔线速度低四个数量级。相比于反应油气和再生循环气，催化剂在反应器和再生器内可视为静止状态，保证催化剂的磨损降到最低。

实测的再生和待生催化剂提升气流量均高于计算值，据此计算实际的催化剂提升速度远超2.5m/s。由于催化剂的磨损率低于技术指标，因此判断实测提升气流量偏高，可能是由于孔板流量计未校正，或管壁热偶测温不准造成的。

实测的待生催化剂提升管道压降与计算值相符。但再生催化剂提升管道压降为计算值的两倍，可能是由于催化剂提升管线的长度和垂直高度估算有误，或管壁热偶测温不准，或再生剂提升气黏度估算误差造成的。

十七、蒸汽平衡

(一) 蒸汽产生

本装置设置有余热锅炉，以回收四合一加热炉对流段烟气的热量。余热锅炉为本装置唯一产生蒸汽的设备。余热锅炉的主要操作条件和产汽所对应的能耗折算成标油，列于表3-40中。

表3-40 余热锅炉产气计算

项 目	数 值	单 位	项 目	数 值	单 位
汽包发汽量	28.62	t/h	除氧水进料量	29.2	t/h
汽包发汽温度	266.82	℃	除氧水温度	30	℃
汽包发汽压力	1.03	MPa	除氧水压力		MPa
汽包发汽焓值	-12990.62	kJ/kg	除氧水焓值	-15845.2	kJ/kg
产汽能耗折算	29.30	kgEO/t	除氧水能耗折算	3.62	kgEO/t

根据“十二、热平衡计算”计算的燃料的低发热值(55.24MW，表3-29)，求得其中有31.53MW(表3-27)被反应物料吸收，剩余的能量(23.71MW)用于产生蒸汽。根据汽包发汽与除氧水的焓值之差，估算产气量为29.90t/h，与表3-40的测量值(28.62t/h)相近，偏差为排烟损失、不完全燃烧损失和表面散热损失等传热过程的损失。

余热锅炉产生的蒸汽，折算成标油为29.30kgEO/t，占装置总能耗(88.35kgEO/t)的33.2%。即如果没有余热锅炉的能量回收，装置的能耗还将增加33.2%，足见余热锅炉的有益效果。此外，四合一炉的排烟温度达到183℃，仍比较高，如果采取措施降低排烟温度，烟气中的热量还将被进一步回收，余热锅炉的发汽量将进一步增加。

(二) 蒸汽消耗

消耗蒸汽的设备包括循环氢压缩机(18.52t/h)、脱C_6塔底再沸器(9.20t/h)以及其他伴热蒸汽、吹扫蒸汽等。其中，循环氢压缩机占装置总耗汽量(36.02t/h)的一半以上(51.4%)，为装置的耗汽大户(见表3-41)。由于循环氢压缩机采用凝气式透平驱动，排除的是饱和冷凝水，无法继续为其他设备利用。若采用高压蒸汽驱动的背压式透平，其能耗将进一步下降。但高压蒸汽有限，需要从全厂蒸汽平衡的角度考虑，合理选择驱动汽轮机的蒸汽级别。

表 3-41 蒸汽产生与消耗平衡表

项 目	数 值	单 位	项 目	数 值	单 位
汽包发汽量	28.62	t/h	循环氢压缩机耗汽	18.52	t/h
外补蒸汽量	7.40	t/h	脱 C_6 塔底再沸器耗汽	9.20	t/h
			伴热+吹扫蒸汽+损失	8.30	t/h
合计	36.02	t/h	合计	36.02	t/h

十八、燃料气低发热值计算

前面已进行燃料气的低发热值计算，计算方法为纯组分的低发热值按照其在燃料气中所占的百分比进行加权求和。燃料气的组成和低发热值计算结果如表 3-42 所示。

表 3-42 燃料气的低发热值计算

组 分	H_2	C_1	C_2	C_3	iC_4	nC_4	C_5	CO	合计
体积百分含量/%	9.68	0.15	1.28	23.98	30.97	26.31	0.15	0.02	100.00
低热值/(MJ/Nm^3)	10.74	35.71	63.58	91.03	118.41	118.41	145.78	12.64	
单位体积燃料气的低热值/(MJ/Nm^3)	1.040	0.054	0.814	21.829	36.672	31.154	0.219	0.003	91.78

由表 3-42 可知，本装置所用燃料气的低发热值高达 91.78MJ/Nm^3，远高于其他一些企业(约 35MJ/Nm^3)。造成上述差别的主要原因在于，本装置所用燃料气中大部分为 C_3~C_4 的液化气组分，而其他一些企业的燃料气中主要成分为 C_1~C_2 的干气组分。由燃烧反应的化学方程式可知，某组分发生燃烧反应的反应热(发热值)，与该组分分子中的碳氢键转化为碳氧键和氢氧键的数量有关。从表中可知，由于 C_4 组分分子中所含的碳、氢原子数多于 C_1 组分，C_4 纯组分的低发热值接近 C_1 纯组分低发热值的三倍。

十九、装置能耗计算及分析

重整装置标定期间的能耗汇总见表 3-43。2017 年标定的结果与 2014 年标定结果相比，除用电量降低外，其余均出现不同程度的提高。其中，燃料气的消耗由 50.3kgEO/t 提高到 61.67kgEO/t，涨幅达 22.6%。造成燃料气消耗增加的原因，一是加热炉的排烟温度偏高，二是重整进料加热炉 F-201 出现火嘴舔炉管，燃料利用率偏低。

表 3-43 标定期间重整装置能耗汇总

名 称	系 数	48h 实物量	2017 年单位能耗/(kgEO/t)	2014 年单位能耗/(kgEO/t)
1.0MPa 蒸汽	76	355t	7.2	1.72

续表

名称	系数	48h 实物量	2017 年单位能耗/(kgEO/t)	2014 年单位能耗/(kgEO/t)
含油凝结水	7.65	-720t	-1.47	-1.37
含盐凝结水	3.65	-585.8t	-0.57	-0.39
循环水	0.1	24742t	6.6	8
燃料气	950	243.1t	61.67	50.3
电	0.2338	179632.5kW·h	11.21	16.71
除盐水	2.3	720.4t	0.44	0.38
高压除氧水	9.2	1330.5t	3.27	1.2
能耗合计		360384.9t	88.35	76.55

表 3-44 主要耗能设备分析

耗能设备或部位	耗能形式	折算能耗/(kgEO/t)	能耗占比/%
加热炉	燃料气	61.67	69.8
四合一加热炉	燃料气	58.34	66.0
四合一加热炉辐射段	燃料气	36.25	41.0
重整反应热	燃料气	32.41	36.7
余热锅炉产汽	1.0MPa 蒸汽	29.30	33.2
外补蒸汽	1.0MPa 蒸汽	7.20	8.1
循环氢压缩机	1.0MPa 蒸汽	18.96	21.5
脱 C_6 塔底再沸器	1.0MPa 蒸汽	9.20	10.4
用电设备	电	11.21	12.7
循环水+除盐水+高压除氧水	水	10.31	11.7
装置总能耗		88.35	100

对装置的主要用能设备进行进一步分析，见表 3-44。

加热炉的燃料气消耗占装置总能耗的 69.8%，接近装置总能耗的七成。其中重整四合一加热炉燃料气消耗占装置总能耗的 66.0%，四合一加热炉辐射段供给反应物流的能量占装置总能耗的 41.0%，超过装置总能耗的四成；以反应器入口温度计算的等温反应热占装置总能耗的 36.7%，超过装置总能耗的三分之一。

余热锅炉产汽供给用汽装置的能量弥补了总能耗的 33.2%，但自产蒸汽仍不足以满足压缩机、精馏塔底重沸器及各种伴热蒸汽、吹扫蒸汽等的需求，需要外部供应的蒸汽占装置总能耗的8.15%。重整循环氢压缩机的蒸汽消耗占装置总能耗的21.5%，超过装置总能耗的两成。脱C_6塔底再沸器的蒸汽消耗占装置总能耗的10.4%，约为装置总能耗的一成。

各种用电设备所需的电能消耗占装置总能耗的12.7%。主要用电设备包括重整增压氢压缩机、各种进料及精馏塔顶、塔底循环泵等。

此外，公用工程的各类用水(循环水、除盐水、高压除氧水等)的消耗也占装置能耗的11.7%，超过装置总能耗的一成。

综上，通过对装置主要耗能形式和耗能设备的分析，有助于了解装置的用能结构，找出耗能的主要设备和部位，为装置的节能降耗找出可行的方向。

第四部分　连续重整装置模型优化分析

一、前言

流程模拟技术为装置的操作优化提供了有力的手段。基于反应动力学的催化重整过程模拟软件，不仅可应用于重整装置设计、指导工艺和催化剂开发、故障诊断及炼厂规划等方面，还可帮助技术人员掌握主要工艺指标(如反应苛刻度、氢油摩尔比等)对重整主要产品分布和性质的影响规律，从而为原料和操作条件的优化提供指导。

本单位在现有商业催化重整模拟软件基础上，结合多年积累的几十套工业装置数据，对催化重整反应模型中的校正因子不断修正，并将再接触系统和产物分流系统进行依次建模，开发出了连续重整装置全流程模型，从而实现连续重整装置全流程的模拟和优化。

本文首先建立了某石化公司0.6Mt/a连续重整装置全流程模型，继而分析了原料性质、反应苛刻度和氢油摩尔比等对反应结果的影响规律，最后综合考虑催化剂碳含量、装置能耗等指标，给出了装置采用现有原料时优化的操作方案，以期为装置的稳定操作、节能降耗提供帮助。

二、连续重整全流程模型的建立

依据本单位自建的流程模拟软件，结合该石化公司0.6Mt/a连续重整装置设计参数和2017年8月的标定数据，建立了适用于该装置的反应系统和全流程模型。

全流程模型自预加氢部分来的精制油进重整进料换热器开始，至脱戊烷塔为止。

三、原料及主要工艺指标对反应结果的影响

1. 原料对反应结果的影响

(1) 两种重整原料的性质对比

选取两种典型原料，对比了原料性质和组成的变化对重整装置反应条件及反应结果的影响。两种原料的性质及组成分别列于表4-1和表4-2。重整原料A为0.6Mt/a连续重整当前所用原料，全部为常压直馏石脑油，根据第三部分的计算，其芳烃潜含量为44.58%，环烷烃含量为34.27%。重整原料B为某常压直馏石脑油与加氢裂化重石脑油混合后的石脑油，其芳烃潜含量达到52.36%，环烷烃含量达到46.79%。两种原料环烷烃含量的差别，直接影响了纯氢的产率，对其他结果也会产生影响。

表 4-1 重整原料 A 性质及组成

密度(20℃)/(kg/m^3)	738.8						
ASTM D-86 馏程/℃	初馏点	5%	10%	50%	90%	95%	终馏点
	74	88	94	118	149	156	169
族组成/%(质)	P		N		A		
C_4	0						
C_5	0.22		0.31				
C_6	8.44		5.16		0.68		
C_7	11.77		10.04		2.75		
C_8	14.72		10.00		5.87		
C_9	10.52		7.74		3.08		
C_{10}	6.46		1.00		0.17		
C_{11}	0.92		0.02		0		
合计	53.05		34.27		12.55		

表 4-2 重整原料 B 性质及组成

密度(20℃)/(kg/m^3)	751.4						
ASTM D-86 馏程/℃	初馏点	5%	10%	50%	90%	95%	终馏点
	82	92	99	117	151	168	176
族组成/%(质)	P		N		A		
C_4	0						
C_5	0.61		0				
C_6	5.39		4.78		1.17		
C_7	11.97		12.13		2.23		
C_8	10.71		13.41		2.63		
C_9	9.27		11.06		2.35		
C_{10}	6.88		5.41		0		
C_{11}	0		0		0		
合计	44.83		46.79		8.38		

(2) 不同原料对重整装置反应条件及反应结果的影响

在空速、氢油比、C_{5+}产品辛烷值相同，两种原料100%负荷进料的条件下，反应结果的对比见表4-3。由表可知，原料的芳烃潜含量由44.6%增加到52.36%时，氢气产率从3.67%增加到3.91%，提高了6.5%，这是由于重整反应中最容易发生的环烷烃脱氢反应比例增加的原因。相应的，反应器加权平均入口温度WAIT由530℃降低至524℃，降低了6℃，即原料的优质化使得反应在较低温度下即可达到相同的C_{5+}产品辛烷值要求。此外，反应温度的降低使得裂化反应程度降低，C_{5+}产品液收由90.54%增加到92.03%，提高1.49个百分点；原料芳烃潜含量的提高，使芳烃产率从70.89%增加到72.58%，提高1.69个百分点；产物中作为积炭前驱物的芳烃含量增加，与反应温度的降低相抵消，催化剂积炭速率基本维持不变。

(3) 不同原料对重整装置能耗的影响

在平均反应压力为0.34MPa(表压)、氢油摩尔比为2.6、WHSV为2.05h^{-1}、C_{5+}产品辛烷值为102的条件下，考察了原料组成和性质的变化对重整装置能耗的影响，模拟结果如表4-4所示。由第三部分的分析得知，重整装置的加热炉和循环氢压缩机为耗能大户，其能耗之和约占装置总能耗的九成，因此此处主要考虑重整装置四合一加热炉和循环氢压缩机能耗的变化。环烷烃脱氢生成芳烃的反应为主要的吸热反应，原料中的环烷烃含量增加，使得重整反应的反应热增加，为了弥补由反应热产生的物料温降，四合一加热炉的能耗也相应增加。由于原料的优质化影响了重整循环氢的纯度，使得循环氢压缩机的能耗也略微增加。

表4-3　不同原料对重整装置反应条件及反应结果的影响

项　目	原料A	原料B	项　目	原料A	原料B
进料流量/(kg/h)	74.24	74.24	气液分离器压力(表)/MPa	0.25	0.25
WAIT/℃	530	524	气液分离器温度/℃	40	40
WABT/℃	489	484	C_{5+}产品辛烷值	102	102
各反温降/℃	128/72/57/39	156/70/48/32	C_{5+}产品液收/%(质)	90.54	92.03
氢油摩尔比	2.61	2.59	C_{5+}产品芳含/%(质)	78.30	78.86
LHSV/h^{-1}	1.54	1.53	芳烃产率/%(质)	70.89	72.58
WHSV/h^{-1}	2.05	2.05	纯氢产率/%(质)	3.67	3.91
平均反应压力(表)/MPa	0.34	0.34	催化剂积炭速率/(kg/h)	28.6	28.9

注：由于此次标定时反应温度偏低(WAIT仅为510℃)，造成C_{5+}产品辛烷值仅为99，为了便于对比，模型建立后用反应温度的设计值进行了修正。

表4-4　不同原料对重整装置能耗的影响　　MW

项　目	原料A	原料B	项　目	原料A	原料B
重整进料加热炉F-201	19.21	20.52	第三中间加热炉F-204	6.70	7.19
第一中间加热炉F-202	19.08	20.38	循环氢压缩机	13.25	13.92
第二中间加热炉F-203	10.25	10.97	总能耗	76.10	81.09

2. 反应苛刻度对反应结果的影响

衡量反应苛刻度的指标为C_{5+}产品辛烷值(RONC)。考察了C_{5+}RONC分别为100、102、104三个条件下反应结果的变化，如表4-5所示。结果表明，在其他条件不变的情况下，随着反应苛刻度的增加，WAIT增加，每增加一个RONC单位需提温3~4℃。由于WAIT的增加，加热炉负荷也需增加。反应苛刻度增加的同时，C_{5+}产品液体收率降低，芳烃产率和纯氢产率增加，催化剂积炭速率明显加快，因此目标C_{5+}产品辛烷值并非越高越好，要综合权衡C_{5+}产品辛烷值和液体收率的关系，采用辛烷值桶的衡量指标比较合理。此外，还要考虑能耗的增加和再生部分烧焦能力的匹配。因此，选择目标C_{5+}产品辛烷值时需要综合多方因素进行全盘考虑。

表 4-5　不同反应苛刻度对反应结果的影响

C_{5+}产品辛烷值	100	102	104
进料流量/(kg/h)	74.24	74.24	74.24
WAIT/℃	523	530	539
WABT/℃	489	496	503
各反温降/℃	120/75/58/41	123/80/61/41	127/86/64/40
氢油摩尔比	2.52	2.50	2.48
LHSV/h^{-1}	1.55	1.55	1.55
WHSV/h^{-1}	2.05	2.05	2.05
平均反应压力(表)/MPa	0.34	0.34	0.34
气液分离器压力(表)/MPa	0.25	0.25	0.25
气液分离器温度/℃	40	40	40
C_{5+}产品液收/%(质)	90.63	89.62	88.32
C_{5+}产品芳含/%(质)	74.62	78.22	82.35
芳烃产率/%(质)	67.63	70.10	72.74
纯氢产率/%(质)	3.83	4.00	4.17
催化剂积炭速率/(kg/h)	25.3	34.6	58.4

3. 氢油摩尔比对反应结果的影响

考察了氢油摩尔比分别为2.0、2.5和3.0时，反应条件和反应结果的不同，如表4-6所示。在进料量不变的情况下，氢油摩尔比增加要求循环氢量增加。循环氢作为热载体，其流量增加可以在单位时间内为反应器带入更多的热量，在产品性质不变的条件下，反应所需吸热量不变，反应器的入口温度可以适当降低。模拟结果表明，氢油摩尔比每增加0.5，*WAIT*可降低约3℃。

提高氢油摩尔比带来的另一个优点是催化剂积炭量大幅下降。氢油摩尔比由2.0提高到3.0，催化剂积炭速率降低了44%。目前许多连续重整装置从降低循环氢压缩机能耗的角度考虑，将氢油摩尔比尽可能降低，带来的后果为催化剂积炭量升高，再生器烧焦负荷不足，有可能造成再生器烧焦操作波动，甚至有未烧完的催化剂进入氧氯化区，造成氧氯化区超温损坏内构件的严重后果。

四、优化的操作方案

根据装置的实际情况，列出了使用表4-1所示的原料A，进料负荷为100%，C_{5+}产品辛烷值为102，待生催化剂碳含量不超过5%时优化的操作条件，如表4-7所示。模拟结果表明，待还原段催化剂料位波动的问题解决后，为了保证产品质量，*WAIT* 由 510℃恢复至 530℃为宜。为了兼顾循环氢压缩机能耗与催化剂上的碳含量，氢油摩尔比宜控制在 2.50。

当回流比达到或超过 0.21 时，随着回流比的增加，脱戊烷塔底油中 C_{4-}组分含量变化不大。在满足控制指标要求的情况下，为了减少能耗，脱戊烷塔可在回流比为 0.21 的条件下操作。当脱戊烷塔塔底温度为 229℃时，脱戊烷塔底油中 C_{4-}组分含量可满足 0.5%的控制指标要求，为降低脱戊烷塔重沸炉燃料气消耗，脱戊烷塔塔底温度控制在 229℃为宜。

表 4-6　不同氢油摩尔比对反应条件的影响

氢油摩尔比	2.00	2.50	3.00
进料流量/(kg/h)	74.24	74.24	74.24
WAIT/℃	533	530	527
WABT/℃	496	496	495
各反温降/℃	131/85/65/44	123/80/61/41	116/75/57/38
LHSV/h^{-1}	1.55	1.55	1.55
WHSV/h^{-1}	2.05	2.05	2.05
平均反应压力(表)/MPa	0.32	0.34	0.36
气液分离器压力(表)/MPa	0.25	0.25	0.25
气液分离器温度/℃	40	40	40
C_{5+}产品辛烷值	102	102	102
C_{5+}产品液收/%(质)	89.81	89.61	89.41
C_{5+}产品芳含/%(质)	78.28	78.21	78.15
芳烃产率/%(质)	70.31	70.08	69.87
纯氢产率/%(质)	4.02	3.99	3.97
催化剂积炭速率/(kg/h)	48.0	34.5	26.9

表 4-7　优化的各系统主要操作条件

项　目		数　值
反应系统	进料流量/(kg/h)	75.0
	WAIT/℃	530
	WABT/℃	496
	氢油摩尔比	2.50
	WHSV/h^{-1}	2.05
	平均反应压力(表)/MPa	0.34

续表

	项　目	数　值
再接触系统	气液分离器压力(表)/MPa	0.25
	气液分离器温度/℃	40
	再接触温度/℃	4
	再接触压力(表)/MPa	0.92
产物分馏系统	脱戊烷塔塔底温度/℃	229
	脱戊烷塔塔顶冷凝器温度/℃	41
	脱戊烷塔塔底压力(表)/MPa	0.99
	脱戊烷塔塔顶压力(表)/MPa	0.93
	脱戊烷塔回流比(回流量/塔进料)	0.21

五、结论

结合自建的0.6Mt/a连续重整装置全流程模型，考察了原料组成、反应苛刻度和氢油摩尔比对反应结果的影响，并提出了优化的操作方案。模拟结果表明：

1）在其他条件不变的情况下，原料芳烃潜含量由44.6%增加到52.36%，氢气产率提高了6.5%，反应器加权平均入口温度降低了6℃，C_{5+}产品液收和芳烃产率分别提高1.49和1.69个百分点。

2）在其他条件不变的情况下，每增加一个RONC单位需提温3~4℃。反应苛刻度增加的同时，C_{5+}产品液体收率降低，芳烃产率和纯氢产率增加，催化剂积炭速率明显加快。

3）在进料量不变的情况下，氢油摩尔比增加，反应器入口温度可以降低。提高氢油摩尔比后催化剂积炭速率大幅下降，氢油摩尔比由2.0提高到3.0，催化剂积炭速率降低了44%。

4）优化后的操作方案显示，待还原段催化剂料位波动的问题解决后，WAIT由510℃恢复至530℃为宜，脱戊烷塔可在回流比为0.21的条件下操作，脱戊烷塔塔底温度控制在229℃为宜。

参 考 文 献

[1] 徐承恩．催化重整工艺与工程(第二版)[M]．北京：中国石化出版社，2014.
[2] 日本《石油学会志》，1972，15：4-7.
[3] 马沛生．化工热力学(通用型)[M]．北京：化学工业出版社，2005.
[4] 陈钟秀，顾飞燕，胡望明．化工热力学(第三版)[M]．北京：化学工业出版社，2012.
[5] 罗家弼．炼油技术常用数据手册[M]．北京：中国石化出版社，2016.
[6] 宋续祺，金涌，龚美珊．移动床径向反应器的催化剂颗粒层中应力分布和贴壁现象产生的条件[J]．高校化学工程学报，1993(04)：352-361.
[7] 徐春明，杨朝合．石油炼制工程(第四版)[M]．北京：石油工业出版社，2009.

北海炼化0.8Mt/a连续重整装置工艺计算

完成人：卫树忠
单　位：中国石化北海炼化公司

目　录

第一部分 标定报告

一、前言

北海炼化 0.6Mt/a 连续重整装置采用国产超低压连续重整(SLCR)工艺成套技术，于 2011 年 11 月 18 日一次开车成功，根据全厂产品质量升级的需要，连续重整装置规模由 0.6Mt/a 扩建到 0.8Mt/a(公称，以下相同，实际 0.78Mt/a)，2015 年 11 月 23 日停工改造，2016 年 1 月 18 日一次开车成功。

二、本次对装置进行标定的目的

技术标定，主要为了考察连续重整装置规模由 0.6Mt/a 扩建到 0.8Mt/a 以后装置的性能，并提供一整套标定工况下准确可靠的基础数据，为今后的操作、决策提供现实依据。

三、时间

标定时间：2017 年 7 月 19 日 6：00 至 2017 年 7 月 21 日 6：00，共 48h。

四、内容

1）标定装置的物料平衡和能耗；

2）标定催化剂的反应性能，包括脱戊烷油收率、芳烃产率、纯氢产率、液化气产率、干气(燃料气)产率等，同时考察预加氢剂脱硫脱氮能力，脱氯剂脱氯能力；

3）标定连续重整催化剂的性能；

4）标定催化剂再生单元烧焦能力；

5）考察装置存在的瓶颈，确定解决问题的方向。

五、应具备的条件

1）重整反应、再生系统和稳定塔运行正常，并满足以下要求：

① 反应系统实现 100%满负荷操作；

② 催化剂氯含量在 1.0%~1.2%(质)；

③ 待生催化剂碳含量正常 3%~7%(质)；

④ 循环氢中 H_2S 含量合格；

⑤ 再生器操作稳定，烧焦区温度分布正常，氧氯化区、焙烧区及还原区操作参数符合设计要求；

⑥ 粉尘中的颗粒分布符合要求，整颗粒占 10%~20%(质)；

⑦ 稳定塔操作稳定，塔顶和塔底产物分析结果表明分馏效果良好。

2）原料油：

性质均一稳定、馏程符合协议要求、足够数量。

3）提前对与物料平衡相关的所有孔板进行校验。可采用现有的数据进行核算，检验全装置质量物料平衡。

六、步骤和数据表

（一）标定步骤

1）联系生产部门协调安排好连续重整原料，尽量保持原料稳定，组织稳定好标定期间的瓦斯供应量。

2）时间：2017 年 7 月 19 日 6∶00 至 2017 年 7 月 21 日 6∶00，共 48h。

3）联系化验室作好采样和化验准备工作。

4）在标定的前一天（2017 年 7 月 18 日），预处理精制油硫含量、氯含量、氮含量及其他杂质合格，保持操作平稳，联系化验对原料、生成油、催化剂等样品，按方案要求的分析项目进行检测。装置调整操作使脱戊烷油芳烃含量或辛烷值达到设计要求。

5）产品走向：标定第一天（2017 年 7 月 19 日）6∶00 前，原料罐区和各产品罐区全部改专罐收付，保证检尺准确性，以利于做好物料平衡。

6）标定前联系仪表人员对温度、压力及流量测量仪表进行校正，保证标定时各温度、压力指示准确，各流量计量误差不大于 1%。仪表人员需对与物料平衡有关的仪表进行重点校对。

7）标定期间主要操作参数及控制指标：

标定期间原料油性质应尽可能接近设计条件，主要操作参数控制指标如下：

① 预处理进料量：132t/h；重整进料量：98t/h。

② 预加氢床层温度：291℃，重整反应温度：530℃，氢油摩尔比：1.4~1.6，重整反应器总压降≯80kPa，单个反应器压降≯22kPa。

③ 反应压力（分离器控制压力）：预加氢 2.0MPa；重整 0.25MPa。

8）2017 年 7 月 19 日 5∶00 各参数调整到位，装置操作参数达到设计条件后，维持条件运行 48 小时，记录标定起始和终止时相关容器的液位，并按照方案要求的项目、频次采样分析，记录相关温度、压力、流量等数据。

9）物料平衡计算：根据记录的相关温度、压力、流量和采样分析的结果等数据，进行物料平衡计算，包括液体收率、芳烃产率、纯氢产率、液化气产率、干气（燃料气）产率等。需要指出的是，由于孔板流量计的实际操作工况与设计工况有差异，在进行物料平衡计算前，所有流量（气相、液相）数据必须进行相应的校正。

10）催化剂粉尘量标定：

反再系统进入标定阶段，2017 年 7 月 19 日 6∶00 手动反吹后卸空催化剂粉尘，2017 年 7 月 19 日 6∶00 手动反吹后第一次卸粉尘，称重并记录；2017 年 7 月 20 日 6∶00 手动反吹后第二次卸粉尘，称重并记录。

（二）数据表

标定数据见表 1-1~表 1-18，其中 iC_4 表示 C_4 异构烷烃，nC_4 表示 C_4 正构烷烃，其他以此类推。

表 1-1　直馏石脑油性质

项　目	设 计 值	7 月 19 日 10∶00	7 月 20 日 10∶00
密度（20℃）/（g/cm³）	0.734	0.709	0.708
馏程（D-86）/℃			
初馏点	37	35	34

续表

项　目	设 计 值	7月19日10：00	7月20日10：00
10%	61	56	56
50%	104	103	103
90%	150	144	145
终馏点	168	165	166
杂质含量			
硫/(μg/g)	254	179	184
氮/(μg/g)	2.0	1.4	1.2
氯/(mg/kg)	3	<0.5	<0.5
铜/(μg/kg)	<10	<10	
铅/(μg/kg)	<10	<10	
砷/(μg/kg)	<10	<10	
水/(mg/kg)		131.2	178.8
溴价		0.2	0.1
族组成/%(质)			
正构烷烃		33.95	34.28
异构烷烃		31.77	31.94
烯烃		<0.01	<0.01
环烷烃		23.99	2.55
芳烃		10.30	10.24
烷烃		65.72	66.22
Σ	100		

表1-2　重整进料性质

项　目	设 计 数 据				
密度(20℃)/(kg/m^3)		745.0			
ASTMD-86	初馏点	10%	50%	90%	终馏点
馏程/℃	83	96	117		168
族组成/%(质)	P		N		A
C_5	0.10		0.18		0.00
C_6	9.80		5.57		0.36
C_7	12.16		10.36		1.47
C_8	12.84		9.49		2.90
C_9	12.31		7.80		3.05
C_{10}	8.14		2.64		0.23
C_{11}	0.54		0.06		0.00
C_{12}					
合计	56.07		35.92		8.01
杂质含量	硫/(μg/g)		0.20~0.50		
	氮/(μg/g)		<0.5		
	水/(mg/kg)		<5.0		
	氯/(mg/kg)				
	铅/(μg/kg)		<10		
	砷/(μg/kg)		<1		
	铜/(μg/kg)		<1		

续表

<table>
<tr><td>项目</td><td colspan="5">设计数据</td></tr>
<tr><td>时间</td><td colspan="5">7 月 19 日 10：00</td></tr>
<tr><td colspan="2">密度(20℃)/(kg/m^3)</td><td colspan="4">735.3</td></tr>
<tr><td rowspan="2">ASTMD-86
馏程/℃</td><td>初馏点</td><td>10%</td><td>50%</td><td>90%</td><td>终馏点</td></tr>
<tr><td>84</td><td>97</td><td>118</td><td>149</td><td>166</td></tr>
<tr><td>族组成/%(质)</td><td>P</td><td colspan="2">N</td><td colspan="2">A</td></tr>
<tr><td>C_5</td><td>0.00</td><td colspan="2">0.13</td><td colspan="2">0.56</td></tr>
<tr><td>C_6</td><td>9.58</td><td colspan="2">4.05</td><td colspan="2">3.05</td></tr>
<tr><td>C_7</td><td>15.42</td><td colspan="2">8.93</td><td colspan="2">6.33</td></tr>
<tr><td>C_8</td><td>14.89</td><td colspan="2">8.35</td><td colspan="2">2.99</td></tr>
<tr><td>C_9</td><td>10.73</td><td colspan="2">6.38</td><td colspan="2">0.57</td></tr>
<tr><td>C_{10}</td><td>5.22</td><td colspan="2">1.74</td><td colspan="2">0.00</td></tr>
<tr><td>C_{11}</td><td>0.83</td><td colspan="2">0.00</td><td colspan="2">0.00</td></tr>
<tr><td>C_{12}</td><td>0.00</td><td colspan="2">0.00</td><td colspan="2">0.00</td></tr>
<tr><td>合计</td><td>56.78</td><td colspan="2">26.69</td><td colspan="2">13.53</td></tr>
<tr><td rowspan="7">杂质含量</td><td>硫/(μg/g)</td><td colspan="4">0.39</td></tr>
<tr><td>氮/(μg/g)</td><td colspan="4"><0.5</td></tr>
<tr><td>水/(mg/kg)</td><td colspan="4">118.4</td></tr>
<tr><td>氯/(mg/kg)</td><td colspan="4"><0.5</td></tr>
<tr><td>铅/(μg/kg)</td><td colspan="4"><10</td></tr>
<tr><td>砷/(μg/kg)</td><td colspan="4"><10</td></tr>
<tr><td>铜/(μg/kg)</td><td colspan="4"><10</td></tr>
<tr><td>时间</td><td colspan="5">7 月 20 日 10：00</td></tr>
<tr><td colspan="2">密度(20℃)/(kg/m^3)</td><td colspan="4">734.9</td></tr>
<tr><td rowspan="2">ASTMD-86
馏程/℃</td><td>初馏点</td><td>10%</td><td>50%</td><td>90%</td><td>终馏点</td></tr>
<tr><td>84</td><td>97</td><td>118</td><td>150</td><td>166</td></tr>
<tr><td>族组成/%(质)</td><td>P</td><td colspan="2">N</td><td colspan="2">A</td></tr>
<tr><td>C_5</td><td>0.00</td><td colspan="2">0.12</td><td colspan="2">0.00</td></tr>
<tr><td>C_6</td><td>9.71</td><td colspan="2">4.02</td><td colspan="2">0.55</td></tr>
<tr><td>C_7</td><td>15.59</td><td colspan="2">8.76</td><td colspan="2">2.99</td></tr>
<tr><td>C_8</td><td>14.98</td><td colspan="2">8.18</td><td colspan="2">6.27</td></tr>
<tr><td>C_9</td><td>10.79</td><td colspan="2">6.28</td><td colspan="2">3.06</td></tr>
<tr><td>C_{10}</td><td>5.42</td><td colspan="2">1.75</td><td colspan="2">0.50</td></tr>
<tr><td>C_{11}</td><td>0.79</td><td colspan="2">0.04</td><td colspan="2">0.00</td></tr>
<tr><td>C_{12}</td><td>0.00</td><td colspan="2">0.00</td><td colspan="2">0.00</td></tr>
<tr><td>合计</td><td>57.39</td><td colspan="2">29.21</td><td colspan="2">13.4</td></tr>
<tr><td rowspan="7">杂质含量</td><td>硫/(μg/g)</td><td colspan="4">0.37</td></tr>
<tr><td>氮/(μg/g)</td><td colspan="4"><0.5</td></tr>
<tr><td>水/(mg/kg)</td><td colspan="4">67.4</td></tr>
<tr><td>氯/(mg/kg)</td><td colspan="4"><0.5</td></tr>
<tr><td>铅/(μg/kg)</td><td colspan="4"><10</td></tr>
<tr><td>砷/(μg/kg)</td><td colspan="4"><10</td></tr>
<tr><td>铜/(μg/kg)</td><td colspan="4"><10</td></tr>
</table>

表 1-3 重整氢气性质

组成/%(摩尔)		设计值	7月19日10:00	7月20日10:00
H_2		91.38	88.33	88.58
C_1		3.23	1.69	1.71
C_2	C_2H_6	2.55	2.35	2.38
	C_2H_4		0	0
C_3	C_3H_8	1.59	2.18	2.19
	C_3H_6		0.02	0.02
iC_4		0.35	1.05	1.04
nC_4		0.4	0.86	0.86
iC_5		0.14	0.64	0.64
nC_5		0.06	0.27	0.27
C_{6+}		0.30	1.90	1.90
HCl/(mg/m^3)			5	4
H_2S/(mg/m^3)			<2	<2
水/(mg/kg)			3.5	3.1
Σ		100.00		

表 1-4 预加氢循环氢性质

组成/%(摩尔)	7月19日10:00	7月20日10:00
H_2	94.75	92.24
C_1	0	0
C_2	0.65	0.70
C_3	3.38	3.48
iC_4	1.30	1.29
nC_4	0.12	0.13
iC_5	0.51	0.53
nC_5	0.54	0.56
C_{6+}	0.82	0.83
HCl/(mg/m^3)		
H_2S/(mg/m^3)	200	<2
水/(mg/kg)		
Σ		

表 1-5 V-201 底油性质

分析项目	7月19日10:00	7月20日10:00
密度(20℃)/(kg/m^3)	816.2	808.4
组成/%(质)	7月19日10:00	7月20日10:00

续表

分析项目	7月19日10：00	7月20日10：00
C_5	1.40	2.49
C_6	13.22	15.67
C_7	27.59	26.42
C_8	29.66	22.61
C_9	20.40	23.38
C_{10}	5.57	5.51
C_{11}	0.62	0.58
C_{12}	0.40	0.39
硫含量/(mg/kg)	1.82	0.36
氮含量/(mg/kg)	<0.5	<0.5
氯含量/(mg/kg)	<0.5	<0.5
Σ		

馏程/℃	初馏点	10%	50%	90%	终馏点
7月19日10：00	56	95	128	165	204
7月20日10：00	44	80	123	164	203

表1-6　液化气性质

组成/%(质)	设计值	7月19日10：00	7月20日10：00
C_{2^-}	4.50	7.11	7.03
C_3	26.31	42.21	42.30
iC_4	24.80	22.31	22.38
nC_4	42.09	32.16	32.15
iC_5	2.00	0.06	0.05
nC_5	0.30	1.55	1.37
硫含量/(mg/m^3)		19	11
Σ	100.00		

表1-7　T-201底油性质

分析项目	设计值	7月19日10：00	7月20日10：00
密度(20℃)/(kg/m^3)	790.0	813.2	812.6
组成/%(质)			
C_5		0.19	0.41
C_6		16.58	16.22
C_7		28.28	27.8
C_8		28.46	28.47
C_9		19.69	20.08

续表

分析项目	设计值		7月19日10：00		7月20日10：00
C_{10}			5.46		5.86
C_{11}			0.62		0.64
C_{12}			0.39		0.41
氮含量/(mg/kg)			<0.5		<0.5
氯含量/(mg/kg)			<0.5		<0.5
Σ	100.00				
辛烷值			99.4		99.3
馏程/℃	初馏点	10%	50%	90%	终馏点
7月19日10：00	73	95	125	165	205
7月20日10：00	72	95	125	165	206

表1-8 催化剂性质

分析项目		设计值	7月19日10：00	7月20日10：00
待生催化剂	碳/%(质)	>3~7	5.55	5.63
	氯/%(质)	0.90~1.10	1.00	1.00
	比表面积/(m^2/g)			
再生催化剂	碳/%(质)	<0.2	0.03	0.02
	氯/%(质)	1.00~1.20	1.16	1.24
	比表面积/(m^2/g)		175	174

表1-9 产氢(外送)性质

组成/%(摩尔)	设计值	7月19日10：00	7月20日10：00
H_2	91.38	93.03	93.12
C_1	3.23	1.91	2.02
C_2	2.55	1.89	1.9
C_3	1.59	1.23	1.22
iC_4	0.35	0.35	0.35
nC_4	0.40	0.21	0.21
iC_5	0.14	0.09	0.09
nC_5	0.06	0.03	0.03
C_{6+}	0.30	0.15	0.15
氮气		0.86	0.77
氧气		0.24	0.13
HCl/(mg/m^3)		<1	<1
H_2S/(mg/m^3)		<2	<2
水/(mg/kg)		2.3	2.3
Σ	100.00		

表 1-10 产氢(不外送)性质

组成/%(摩尔)	7 月 19 日 10：00	7 月 20 日 10：00
H_2	93.0	92.57
C_1	1.9	1.95
C_2	1.92	1.96
C_3	1.22	1.26
iC_4	0.36	0.36
nC_4	0.21	0.22
iC_5	0.09	0.09
nC_5	0.03	0.03
C_{6^+}	0.17	0.14
氮气	0.94	1.07
氧气	0.15	0.34
HCl/(mg/m^3)	<1	<1
H_2S/(mg/m^3)	<2	<2
水/(mg/kg)	2.5	3.1

表 1-11 还原尾氢性质

组成/%(摩尔)	7 月 19 日 10：00	7 月 20 日 10：00
H_2	94.93	93.05
C_1	1.34	1.59
C_2	1.37	1.33
C_3	0.86	0.87
iC_4	0.23	0.23
nC_4	0.17	0.18
iC_5	0.06	0.06
nC_5	0.03	0.02
C_{6^+}	0.08	0.08
氮气	0.88	2.02
氧气	0.05	0.57
HCl/(mg/m^3)	9	<1
水/(mg/kg)	4	3.5
H_2S/(mg/m^3)	<2	<2

表 1-12 M-302 原料气性质

组成/%(摩尔)	7 月 19 日 10：00	7 月 20 日 10：00
H_2	93.3	92.13
C_1	1.67	2.08
C_2	1.9	1.93
C_3	1.19	1.25

续表

组成/%(摩尔)	7月19日10：00	7月20日10：00
iC_4	0.34	0.36
nC_4	0.2	0.22
iC_5	0.08	0.09
nC_5	0.2	0.03
C_{6+}	0.15	0.14
氮气	0.93	1.6
氧气	0.2	0.16
HCl/(mg/m^3)	<1	<1
H_2S/(mg/m^3)	<2	<2
水/(mg/kg)	2.7	2.3

表 1-13 加热炉烟气性质

分析项目	四合一炉7月19日10：00	四合一炉7月20日10：00
SO_2/(mg/m^3)	18	
NO_x/(mg/m^3)	48	
O_2/%(体)	3.13	
CO/%(体)	7.2	
CO_2/%(体)	5	
烟气温度/℃	104.6	
H_2S/(mg/m^3)	8	
热效率/%	93.39	

表 1-14 预处理装置物料平衡表(48h)

序号	物料名称	标定数据(归一)			标定前累计值	标定后累计值	标定期间总量	收率
		收率/%(质)	质量/(kg/h)	质量/(10^4t/a)	t	t	t	%
1	进料							
	直馏石脑油	99.92	126000.0	110.38	5120655.5	5126934.0	6048	99.92
	补充氢气	0.08	96.0	0.08	22966070Nm³	22990520Nm³	4.6	0.08
	(其中纯氢)							
	洗涤水							
	合计	100.00	126096.0	110.46			6452.6	100
2	出料						6452.6	100.00
	含硫燃料气	0.77	971.3	0.85	38262710Nm³	38300060Nm³	46.6	0.77
	含硫液化气	1.00	1261.8	1.10	9810.9	9870.5	60.6	1.00
	轻石脑油	21.14	26651.7	23.32	1261705.0	1262962.0	1279.0	21.14
	精制石脑油	77.09	97211.6	85.07	4075472.0	4080128.0	4666.0	77.09
	含硫污水							
	合计	100.00	126096.0	110.46			6452.6	100.00

注：按每年8400h计算。

表 1-15　重整装置物料平衡表(48h)

序号	物料名称	标定数据(归一)			标定前累计值 7月19日 06:00	标定后累计值 7月21日 06:00	标定期间总量	收率(归一)
		收率/%(质)	质量/(kg/h)	质量/(10^4t/a)	t	t	t	%
1	进料							
	精制石脑油	98.08	97000	81.48	4075472.0	4080128.0	4656	98.08
	抽提高分气	0.61	599	0.50	178284900Nm³	178417300Nm³	28.8	0.61
	还原尾氢	0.27	272	0.23	0	97656Nm³	13.1	0.27
	PSA 氢气	1.04	1024	0.86	127480200Nm³	127962300Nm³	49.2	1.04
	合计	100	98895	83.07			4747.0	100.00
2	出料							
	重整氢气	8.74			789970944Nm³	792199168Nm³	406.9	8.74
	(其中纯氢)	(3.36)					156.3	(3.36)
	还原氢	0.23			0	99986Nm³	8.0	0.23
	提升氢	0.17			0	41613Nm³	7.82	0.17
	液化石油气	2.28	2255	1.89	98948.0	99056.0	108.3	2.28
	轻石脑油(戊烷油)	2.40	2374	1.99	95749.6	95865.8	114.1	2.40
	C_6 组分	18.22	18023	15.14	713966.6	714842.4	865.1	18.22
	重汽油	67.96	68265	57.34	2750280.8	2753546.8	3276.7	67.96
	(脱戊烷油塔底)	86.18	85288	72.48			4091.1	86.18
	合计	100	98895	83.07			4747.0	100.00

注：按每年 8400h 计算。

表 1-16　重整全装置能耗记录表

序号	项目	位号	单位	标定前累计值 7月19日06:00	标定后累计值 7月21日06:00	标定累计值	标定能耗/(kgEO/t)
1	循环水	FIQ4201	t	70750816.0	70812584.0	61768.0	1.327
2	除盐水	FIQ4206	t	36593.8	36593.8	0	0.000
3	除氧水	FIQ4105	t	935606.7	936739.6	1132.9	2.238
4	凝结水	FIQ4107	t	927745.2	928669.5	924.4	-1.519
5	0.5MPa 产出	FIQ4106	t	827264.4	827978.0	713.5	-10.114
6	1.0MPa 消耗	FQI4101	t	373175.8	373617.7	446.0	7.280
7	3.5MPa 消耗	FIQ4102	t	261742.5	261906.2	163.5	3.091
8	净化风	FIQ4301	Nm³	41612948.0	41641588.0	28636.0	0.246
9	0.6MPa 氮气	FIQ4303	Nm³	17369110.0	17386660.0	17550.0	0.565
10	2.5MPa 氮气	FIQ4305	Nm³	2517343.5	2517426.5	82.8	0.003
11	再生专用氮气	FIQ4302	Nm³	9959202.0	9970631.0	5693.0	0.183
12	燃料气	FIQ4401	t	214873616.0	215182736.0	309120.0	64.198
13	热媒水产出	FIQ4203	t	377628.0	3780732.8	4525.0	-0.972

续表

序号	项目	位号	单位	标定前累计值 7月19日06：00	标定后累计值 7月21日06：00	标定累计值	标定能耗/ (kgEO/t)
14	冷媒水消耗	FIQ4205	t	7866262.5	7876135.5	9872.5	2.120
15	电		kW·h			356303.0	17.601
16	合计						86.25

表1-17　主要操作条件表

序号	项目名称	单位	设计指标				标定值			
1	预加氢反应部分									
	反应器入口温度	℃	280(初期)		320(末期)		291			
	气液分离器压力	MPa(表)	2.0				2.0			
	反应空速	h^{-1}	7.20				6.78			
	氢油体积比	Nm^3/m^3	90				76			
2	汽提塔									
	塔顶温度	℃	78.0				72.8			
	塔底温度	℃	195.0				174.6			
	进料温度	℃	154.0				146.6			
	塔顶压力	MPa(表)	1.05				0.84			
	回流比(对进料)	(质)	0.30				0.21			
3	石脑油分馏塔									
	塔顶温度	℃	89.0				90.0			
	塔底温度	℃	172.0				166.1			
	进料温度	℃	146.0				125.1			
	塔顶压力	MPa(表)	0.35				0.25			
	回流比(对进料)	(质)	0.36				0.19			
4	重整反应部分		一反	二反	三反	四反	一反	二反	三反	四反
	反应温度	℃	535	535	535	535	523.7	524.9	528.5	528.0
	反应压力	MPa(表)	0.53	0.48	0.43	0.39				
	苛刻度	$C_{5+}RON$	RON102							
	反应空速(质量)	h^{-1}	2.6				2.69			
	氢油摩尔比		1.6				1.35			
	反应产物分离器压力	MPa(表)	0.25				0.25			
	催化剂装填比	%(质)	15：20：25：40							
5	再接触部分									
	温度	℃	20				16.1			
	再接触压力	MPa(表)	2.20				2.10			
6	脱戊烷塔									
	塔顶温度	℃	83				85.9			
	塔底温度	℃	217				216.7			
	进料温度	℃	137				141.8			
	塔顶压力	MPa(表)	0.90				0.90			
	回流比(对进料)	(质)	0.23				0.14			

续表

序号	项目名称	单位	设计指标	标定值
7	C_4/C_5 分馏塔			
	塔顶温度	℃	68	69.1
	塔底温度	℃	129	118.8
	进料温度	℃	59	62.8
	塔顶压力	MPa(表)	1.10	0.956
	回流比(对进料)	(质)	0.72	0.52
8	脱己烷塔			
	塔顶温度	℃	99	90.0
	塔底温度	℃	178	151.2
	进料温度	℃	145	122.2
	塔顶压力	MPa(表)	0.12	0.025
	回流比(对进料)	(质)	0.55	0.383
9	再生部分			
	烧焦温度	℃	440~520	401.9~559.2
	烧焦压力	MPa(表)	0.55	0.51
10	闭锁料斗			
	温度	℃	150	41
	压力	MPa(表)	0.29~0.55	0.26~0.51
11	还原区			
	温度	℃	500	498.5
	压力	MPa(表)	0.51	0.48

表 1-18　卸粉尘记录表

卸粉尘时间	质量/kg	颗粒度/%(质)
2017 年 7 月 20 日 06：00	10	30
2017 年 7 月 21 日 06：00	13	

七、标定采样项目及分析项目

标定期间采样时间为每天上午 10：00，按标定分析计划进行。

八、注意事项

1）为了使标定数据有较好的可靠性和可比性，标定前精心调整反应温度、进料、氢油比，使其达到标定方案要求。

2）装置的标定时间以 48h 为准，每天上午 10：00 取一次数据，标定期间务必保证各系统操作平稳。一旦出现故障或操作波动较大，应将排除故障期间的操作数据排除在外，另相应延长时间重新取数据，并力求在达到正常操作状态下进行，非正常状态数据一律不记录。

3）标定期间数据采集，凡能在 DCS 上采集的数据一律 DCS 上记录，现场仪表应在现场记录，各物流流量以质量流量计为准，并配以罐区物料储罐进行标尺校核。

4）外操配合做好采样工作，要求如下：

① 每天 10：00 按时采样，进行采样操作时注意安全，置换合格后方可采样；

② 各气相物流及液相物流的取样应同时进行，确保数据的一致性。

九、分析与结论

1. 物料平衡和能耗

本次标定的边界为重整预加氢、重整反应、再生、脱戊烷塔、C_4/C_5 分馏塔和脱己烷塔系统，其中涉及的物料平衡详见表 1-14 和表 1-15。因 T201/T202 干气全部改至再接触以回收液化气，统计中无干气组分。按烃类物料平衡详见第三部分第三节物料平衡计算。

能耗详见表 1-16，全装置能耗为 86.25kgEO/t，较设计值 92.856kgEO/t 低，主要在于采取了一系列的节能措施：

1）重整氢增压机 C202A/B/C，二开一备用，其中无级气量调节系统常开，返回阀均处于关闭状态，节约能量；

2）2015 年底大修暨质量升级改造时对四合一炉采取强制通风改造，提高了四合一炉的整体热效率，达到 93.80%（加热炉热效率简易算法），也大大增加了余热锅炉的产汽量，使 3.5MPa 蒸汽处于平衡状态，甚至能够外送 3.5MPa 蒸汽，而边界 3.5MPa 蒸汽外送时无流量显示，实际比统计值高；

3）重整反应系统采用较低的氢油分子比（1.381），使重整循环氢压缩机 C201 的耗汽量大为降低，同时积炭速率有所增加，在反应器压降和再生器烧焦能力的情况下权衡利弊，采取较低的氢油分子比；

4）利用装置凝结水加热燃料气（增加换热器）至 100℃，节约了燃料气耗量；

5）利用焙烧区再生烟气的热量对净化风加热（增加板式换热器），使再生空气电加热器耗电量大为降低；

6）较高的负荷运行，在改造后 0.78Mt/a 的基础上，达到 104.5%的负荷。

2. 催化剂性能

催化剂氯差为 0.20%（质），属于“较湿”的情况，主要为催化剂处于第六年周期，运行时间较长，持氯能力有所下降，氯损失较为严重，纯氢产率 3.357%（质），处于较低值。

3. 再生器烧焦

在标定状况的条件下，催化剂积炭速率较高，再生器烧焦能力达到较高负荷，再生器局部点达到 565℃的操作温度，需特别注意。

4. 瓶颈

装置面临的主要问题在于高负荷下重整反应器压降与再生烧焦能力之间的矛盾和平衡，在实际运行过程中，为防止“贴壁”，采取低氢油分子比和再生器高氧含量操作，同时采取措施控制系统中水含量和催化剂粉尘生成量。如预加氢由连续注水改为间断注水，定期更换净化风干燥剂，定期更换再生循环气干燥器中干燥剂，重新对提升管进行保温以保持较为平均的温度场，对再生催化剂采取“过量”淘析方式，定期清理三方上部料斗过滤器等措施。

5. 结论

总体运行情况良好，需注意影响长周期运行的重整循环氢压缩机的监护、重整反应器压降、再生器烧焦和催化剂活性等问题。

第二部分　工艺流程

一、预加氢部分流程图

预加氢流程图见图 2-1。

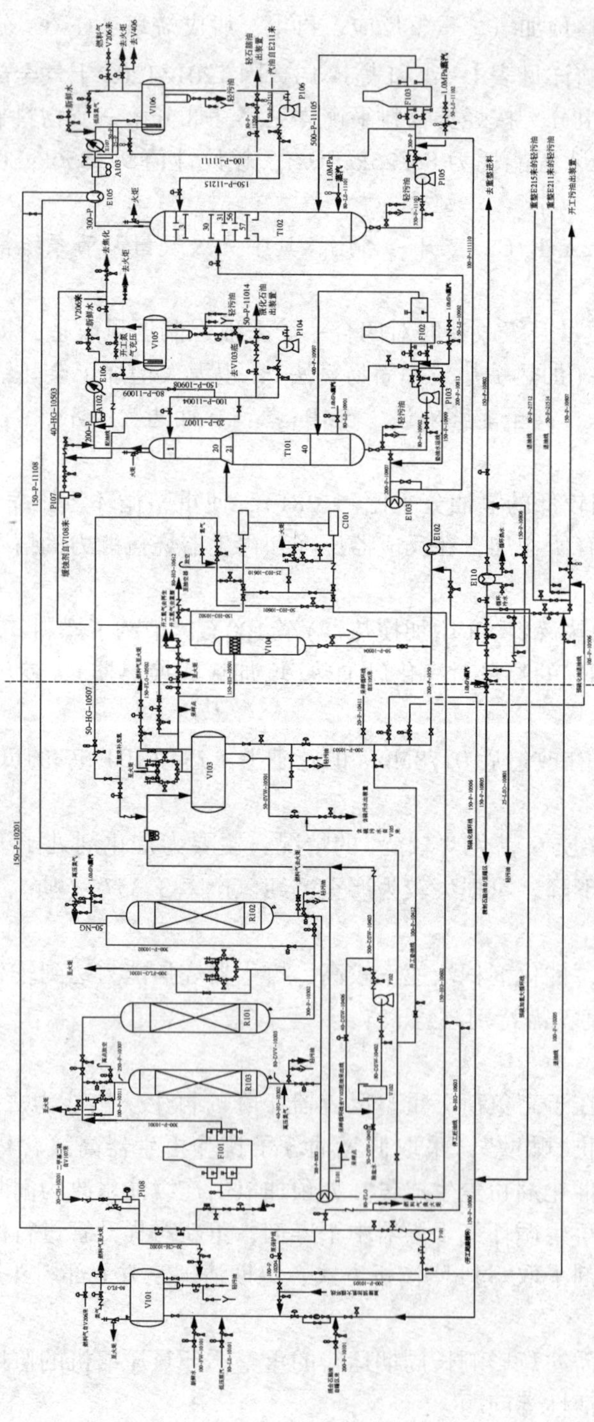

图2-1　预加氢流程图

二、重整工艺流程图

重整工艺流程图见图 2-2。

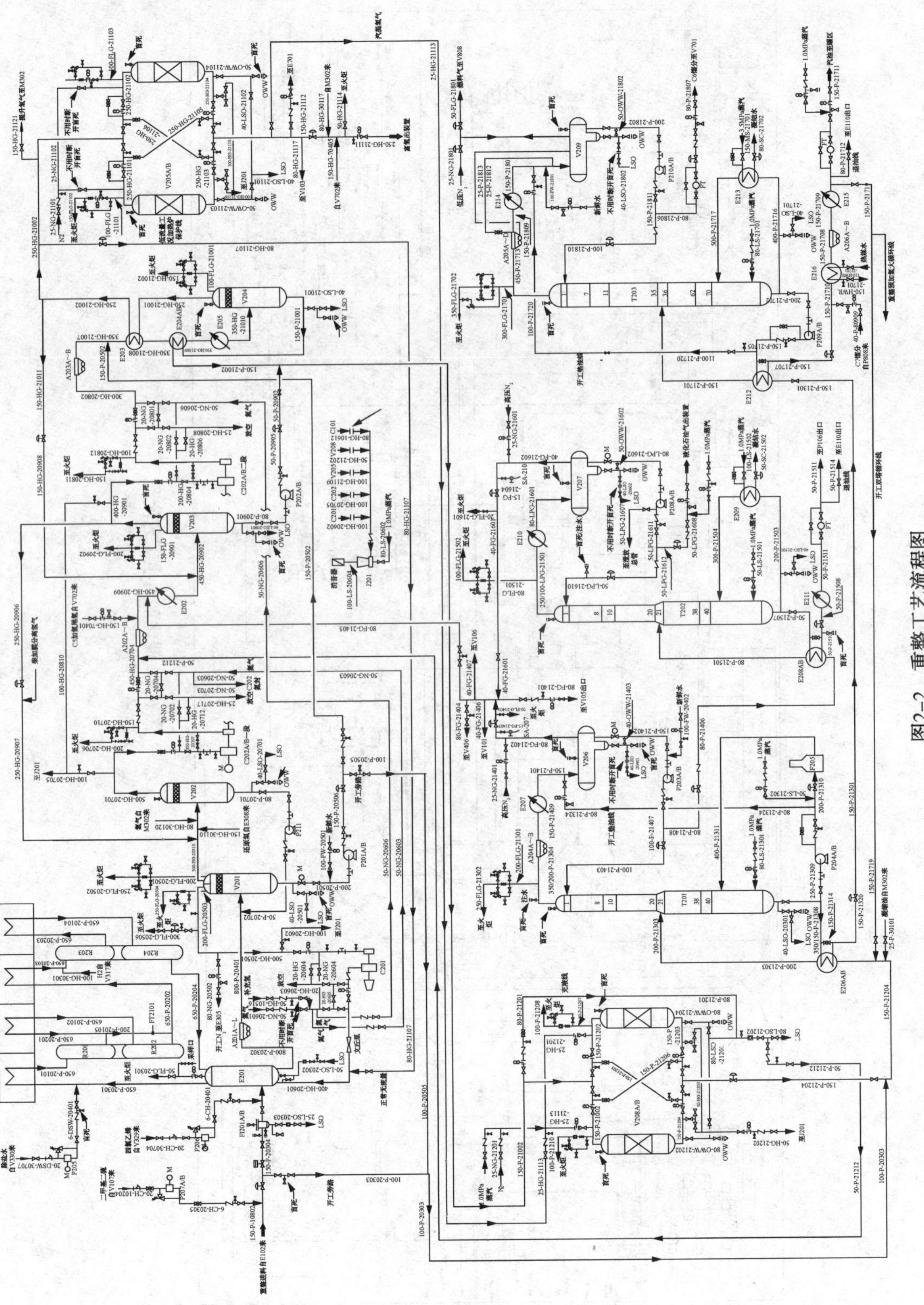

图2-2 重整工艺流程图

三、催化剂再生工艺流程图

催化剂再生工艺流程图见图2-3。

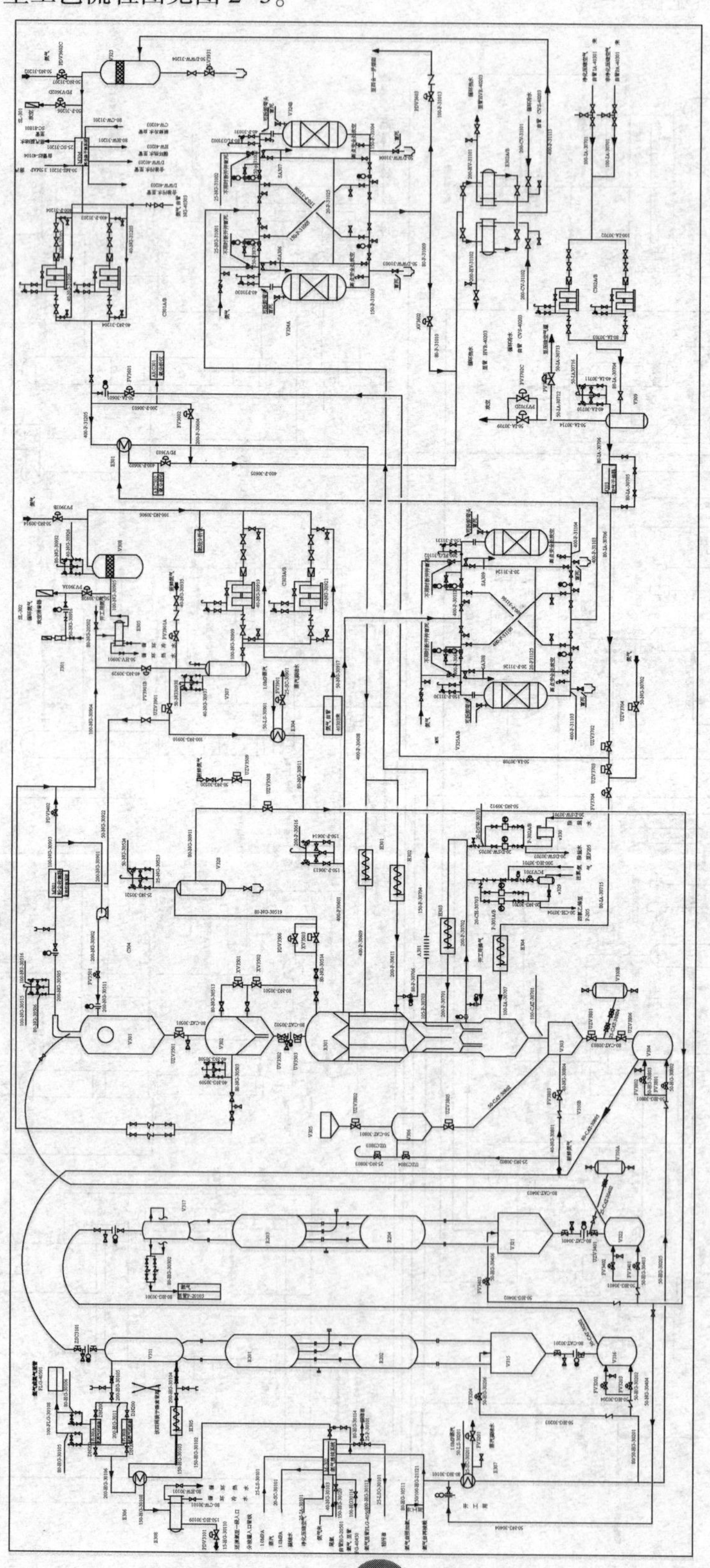

图2-3 催化剂再生工艺流程

第三部分　工艺计算及分析

范围包括：重整、再接触、催化剂再生、脱戊烷塔(或稳定塔)。

一、原料性质计算

本节任务：原料的 PNA 组成(C_6~C_{11})、芳烃潜含量(C_6~C_{11})

根据标定结果，取两天组成平均数(以下相同)，重整进料性质见表 3-1。

符号说明：O-C_6 表示 C_6 烯烃，N-C_6 表示 C_6 环烷烃，A-C_6 表示 C_6 芳烃，n-C_6 表示 C_6 正构烷烃，i-C_6 表示 C_6 异构烷烃(其他以此类推，以下同)。

表 3-1　重整进料性质数据

密度(20℃)/(kg/m^3)	铅/(μg/kg)	铜/(μg/kg)	砷/(μg/kg)	馏程/℃				
				初馏点	10%	50%	90%	终馏点
735.1	<10.0	<10.0	<10.0	84.0	97.0	118.0	149.5	166.0

初馏点较改造后设计值 83℃略高，北海炼化因预加氢加工直馏石脑油，参炼约 10%柴油加氢石脑油，受重整装置负荷影响，因此拔头油较高，可以切割组分馏程可调整至较窄范围内。重整进料组成见表 3-2 和表 3-3。

表 3-2　重整进料分析数据

组分	N-C_5	n-C_6	i-C_6	O-C_6	N-C_6	A-C_6	n-C_7	i-C_7	N-C_7	A-C_7	n-C_8	i-C_8
组成/%(质)	0.13	5.53	4.12	0.00	4.04	0.56	8.26	7.25	8.85	3.02	6.71	8.23

表 3-3　重整进料分析数据(续表)

组分	N-C_8	A-C_8	n-C_9	i-C_9	N-C_9	A-C_9	n-C_{10}	i-C_{10}	N-C_{10}	A-C_{10}	n-C_{11}	i-C11	N-C_{11}
组成/%(质)	8.27	6.30	4.56	6.21	6.33	3.03	1.37	3.95	1.75	0.54	0.09	0.73	0.04

根据标定结果，取两天组成平均数(以下相同)，列出重整进料 PNA 组成，见表 3-4。

表 3-4　重整进料 PNA 组成

时　间	2017/7/19 6：00~2017/7/21 6：00			
项　目	P	N	A	Σ
C_5	0	0.125		0.125
C_6	9.645	4.035	0.555	14.235
C_7	15.505	8.845	3.02	27.37
C_8	14.935	8.265	6.3	29.5
C_9	10.76	6.33	3.025	20.115
C_{10}	5.32	1.745	0.535	7.6
C_{11}	0.81	0.04	0	0.85
Σ	56.975	29.385	13.435	99.795

归一化后，见表 3-5。

表 3-5　重整进料 PNA 组成(归一化)

时　间	2017/7/19 6：00~2017/7/20 6：00			
项　目	P	N	A	Σ
C_5	0	0. 125	0. 00	0. 125
C_6	9. 665	4. 043	0. 556	14. 264
C_7	15. 537	8. 863	3. 026	27. 426
C_8	14. 966	8. 282	6. 313	29. 561
C_9	10. 782	6. 343	3. 031	20. 156
C_{10}	5. 331	1. 749	0. 536	7. 616
C_{11}	0. 812	0. 040	0	0. 852
Σ	57. 092	29. 445	13. 463	100. 00

全馏分芳烃潜含量[%(质)]=苯潜含量+甲苯潜含量+C_8 芳烃潜含量+C_9 芳烃潜含量+C_{10}芳烃潜含量+…

苯潜含量[%(质)]=C_6 环烷[%(质)]×78/84+苯[%(质)]

甲苯潜含量[%(质)]=C_7 环烷[%(质)]×92/98+甲苯[%(质)]

C_8 芳烃潜含量[%(质)]=C_8 环烷[%(质)]×106/112+C_8 芳烃[%(质)]

C_9 芳烃潜含量[%(质)]=C_9 环烷[%(质)]×120/126+C_9 芳烃[%(质)]

C_{10}芳烃潜含量[%(质)]=C_{10}环烷[%(质)]×134/140+C_{10}芳烃[%(质)]

C_{11}芳烃潜含量[%(质)]=C_{11}环烷[%(质)]×148/154+C_{11}芳烃[%(质)]

式中的 78，84，92，98，106，112，120，126，134，140，…分别为苯，C_6 环烷烃，甲苯，C_7 环烷烃，C_8 芳烃，C_8 环烷烃，C_9 芳烃，C_9 环烷烃，C_{10}芳烃，C_{10}环烷烃，…的相对分子质量。

因此标定期间重整进料 PNA 组成(归一化)计算，如下：

苯潜含量[%(质)]=4. 043×78/84+0. 556=4. 31

甲苯潜含量[%(质)]=8. 863×92/98+3. 026=11. 52

C_8 芳烃潜含量[%(质)]=8. 282×106/112+6. 313=14. 15

C_9 芳烃潜含量[%(质)]=6. 343×120/126+3. 031=9. 07

C_{10}芳烃潜含量[%(质)]=1. 749×134/140+0. 536=2. 21

C_{11}芳烃潜含量[%(质)]=0. 04×148/154+0=0. 04

芳烃潜含量[%(质)]=4. 31+11. 52+14. 15+9. 07+2. 21=41. 30

N+2A=29. 445+2×13. 463=56. 37

N+A=29. 445+13. 463=42. 91

通过原料性质计算，对比设计可以看出装置原料较“贫”，将对装置积炭、产氢和芳烃转化率等重要指标产生重要影响。要想保证公司的用氢要求和 C_{7+}重汽油的辛烷值，需要确保水氯平衡，同时苛刻度较高的情况下，催化剂积炭量也较高，需要平衡好再生器循环速率和再生器烧焦情况。这种情况也是跟实际情况相符的。

二、产品性质计算

本节任务：氢气单体烃组成及平均相对分子质量、纯氢收率。

本节将对产品氢和影响纯氢收率的各类氢气组分进行计算，以及后续计算所需的循环氢单体烃组成及相对分子质量计算，大部分两组样品/48h，部分只有一组样品，不做特别说明均为体积分数。

符号意义：C_1—甲烷，C_2—乙烷，以此类推；前面带有 O 的，为同碳数烯烃，如 O-C_3 为丙烯；前面带有 i 的为同碳数异构烷烃，前面带有 n 的为同碳数正构烷烃，前面带有 N 的为同碳数环烷烃，前面带有 A 的为同碳数芳烃。

关于归一化，不做特别说明，归一化过程均剔除氧气和氮气。以重整产氢为例，其平均气体组成和相对分子质量数据处理见表 3-6，其他各类氢气不再累述，列出结果见表 3-7。

表 3-6 重整产氢性质

组成	H_2	C_1	C_2	C_3	O-C_3	i-C_4	n-C_4	O-C_4	i-C_5	n-C_5	O_2	N_2	C_{6^+}
标定数据 1	93.03	1.91	1.89	1.22	0.01	0.35	0.21	0.01	0.09	0.03	0.24	0.86	0.15
标定数据 2	93.12	2.02	1.90	1.21	0.01	0.35	0.21	0.01	0.09	0.03	0.13	0.77	0.15
标定数据 1（归一）	94.06	1.93	1.91	1.23	0.01	0.35	0.21	0.01	0.09	0.03			0.15
标定数据 2（归一）	93.97	2.04	1.92	1.22	0.01	0.35	0.21	0.01	0.09	0.03			0.15
平均	94.02	1.98	1.91	1.23	0.01	0.35	0.21	0.01	0.09	0.03			0.15
相对分子质量 $\sum \varphi_i M_i/100$	3.868												

注：重整产氢有其中含有 PSA（氢气回收提浓）送至再接触重整氢增压机二段入口增压并送入氢气管网。

表 3-7 各类氢气性质

组成	H_2	C_1	C_2	C_3	O-C_3	i-C_4	n-C_4	O-C_4	i-C_5	n-C_5	CO_2	H_2S	C_{6^+}	相对分子质量
重整循环氢	88.90	1.71	2.38	2.20	0.02	1.05	0.86	0.06	0.643	0.27			1.91	7.184
还原氢（进膜分离前）	97.06	1.10	0.89	0.54	0.00	0.16	0.10	0.00	0.04	0.02			0.09	2.895
重整产氢（脱氯前）	93.96	1.95	1.96	1.25	0.01	0.36	0.22	0.01	0.09	0.03			0.16	3.899
还原尾氢	95.67	1.49	1.37	0.881		0.23	0.18		0.06	0.03			0.08	3.323
PSA 氢气	96.52	3.48												2.488
汽提塔塔顶气	50.24	1.63	2.62	3.73	0.00	5.93	34.57				0.08	1.12	0.07	27.665
苯抽提尾氢	94.10	2.15	1.46	0.54		0.09	0.04		0.06	0.08			1.48	4.350

纯氢收率将在物料平衡中计算。

三、物料平衡计算

本节任务：①物料平衡：燃料气、液化石油气、轻组分、重整汽油；②按碳数分布的烃平衡；③按碳数分布的烃平衡等。

（一）按预加氢、重整和全装置的物料平衡

1. 预加氢单元物料平衡

预加氢单元物料计量值见表3-8，预加氢单元物料平衡表见表3-9。

表3-8　预加氢单元物料流量仪表计量值(48h)

实际时间		2017/7/19/6：00	2017/7/21/6：00	物料/t	物料/[t/h(液)或 Nm^3/h(气)]	物料/(t/h)
仪表位号	所计量的物料	累计的物料量/t	累计的物料量/t			
FIQ1101	预加氢进料	5408604.0	5414652.0	6048.0	126.0	126.00
FIQ1181	补充氢	22966070.0	22990520.0	24450.0	509.4	0.09
进料合计						126.09
FIQ1244	预加氢含硫燃料气	38262710.0	38300060.0	37350.0	778.1	0.96
FIQ1245	含硫液化石油气	9810.1	9870.5	60.4	1.3	1.26
FIQ1281	预加氢轻石脑油	1261705.0	1262962.0	1257.0	26.2	26.19
FIQ2121	重整进料	4075472.0	4080128.0	4656.0	97.0	97.00
FIQ1201	精制油					0
出料合计						125.41

流量校验：

在做物料平衡时，如果实际操作条件与设计条件不一致，要对仪表指示的气体介质流量值进行校正(下同)。

$$F_c = F_r\sqrt{\frac{M_{Wd}}{M_{Wop}} \times \frac{p_{op}T_d}{p_dT_{op}}}$$

式中　F_c——用 p_{op}、T_{op} 和 M_{Wop} 校正过的流量(体)；

F_r——在 p_d、T_d 和 M_{Wd} 条件下读出的表流量(体)；

p_{op}、T_{op}、M_{Wop}——实际操作的 p、T 和 M_W；

p_d、T_d、M_{Wd}——设计时用的 p、T 和 M_W，用于流量仪表的校准温度必须用R或者K。

在标定前，已对相关仪表进行温压补偿，只需要进行相对分子质量校验即可。

对于气体，由第三部分第二节产品性质计算可知：

补充氢[为重整产氢(脱氯后)]相对分子质量为3.868，因此其标况下密度为3.868/22.414=0.1724kg/Nm^3，小时物料为509.4Nm^3/h×0.1724kg/Nm^3=0.088t/h。

含硫燃料气相对分子质量为27.665，因此其标况下密度为27.665/22.414=1.234kg/m^3，小时物料为778.1Nm^3/h×1.234kg/Nm^3=0.96t/h。

表 3-9　按仪表计量值计算的预加氢物料平衡(48h)

项目		物料名称	DCS 数据								设计值			校正计算注			计算结果			
			流量			温度		压力												
			仪表位号	单位	指示值	仪表位号	指示值	仪表位号	指示值		密度	温度	压力	实测密度	操作密度	校正系数	实际流量	收率/%	实际流量(归一)	收率/%(归一)
预加氢系统	进料	预加氢进料(质量流量计)	FIQ1101	t/h	6048.0	TI1121	35.8				702			708.7	695.0	1.000	6048.0	99.92	6048.0	99.92
		补充氢(孔板流量计)	FIQ1181	Nm^3/h	24450.0	TI2201	35.9	PIC1182	2.00		0.207	35	2.05		0.173	1.096	4.6	0.076	4.6	0.08
		合计		6052.6	100.00	6052.6	100.00													
	出料	预加氢含硫燃料气(孔板流量计)	FIQ1244	Nm^3/h	37350.0	TI1243	40.8	PIC1241	0.84		1.257	40	1.02		1.234	1.009	46.5	0.77	46.6	0.77
		含硫液化石油气(质量流量计)	FIQ1245	Nm^3/h	60.4	TI1243	40.8	现场表	1.56		530	40	1.45	539.0	514.1	1.000	60.4	1.00	60.6	1.00
		预加氢轻石脑油(孔板流量计)	FIQ1281	Nm^3/h	1257.0	TI1281	37.9	现场表	1.11		640	40	1.14	638.5	620.6	1.016	1276.5	21.09	1279.3	21.14
		重整进料(质量流量计)	FIQ2121	t/h	4656.0	TI1202	92.8				740			735.1	674.7	1.000	4656.0	76.93	4666.2	77.09
		精制油(质量流量计)	FIQ1201	t/h	0.0		28.7				740			735.1	727.9	1.000	0.0	0.00	0.0	0.00
		合计		6039.5	99.78	6052.6	100.00													

注：密度校正见 GB/T 1885—1998《石油计量表》。

带质量流量计的校正系数为 1。

孔板校正见《炼油技术常用数据手册》之 7.22.2 流量读数校正，相关公式如下。

$$Q_c = Q \times \sqrt{\frac{M p_c T}{M_c p T_c}}$$

式中 Q_c、Q——实际和设计的体积流量，Nm^3/h(标准状态)；

M_c、M——实际和设计的流体相对分子质量；

p_c、p——实际和设计的操作压力；

T_c、T——实际和设计的操作温度。

2. 重整单元物料平衡

重整单元物料计量值见表 3-10，重整单元物料平衡表见表 3-12。

表 3-10 重整单元物料流量仪表计量值(48h)

实际时间		2017/7/19/6：00	2017/7/21/6：00	差值/[t(液)或 Nm^3(气)]	物料/[t(液)或 Nm^3(气)]	物料/(t/h)
仪表位号	所计量的物料	累计的物料量/t	累计的物料量/t			
进料						
FIQ2121	重整进料	4075472.0	4080128.0	4656.0	97.00	97.00
FIQ7402	苯抽提尾氢	178284900.0	178417300.0	132400.0	2758.33	0.54
FIQ3121	还原尾氢		97656.0	97656.0	2034.50	0.30
0214FIQ10301	PSA 氢气	127480200.0	127962300.0	482100.0	10043.75	1.11
出料						
FIQ2301	脱戊烷塔塔底油	3667866.3	3672064.0	4197.8	87.45	87.45
FIQ2364	C_4/C_5 塔液化气	98948.0	99056.0	108.0	2.25	2.25
FIQ2341	C_4/C_5 塔戊烷油	95749.6	95865.8	116.2	2.42	2.42
FIQ3120	还原氢气		99986.4	99986.4	2083.05	0.27
FIQ3203+FIQ3801	提升氢气		41613.4	41613.4	866.95	0.15
FIQ2201	重整产氢	789970944.0	792199168.0	2228224.0	46421.33	8.01
FIQ2323	T201 塔顶气			0		
FIQ2363	T202 塔顶气			0		

备注及说明：

1）其中标定期间(48h)的物料累计表，气体部分为 Nm^3，因此需转化为质量。表 3-11 为上表所涉气体相关性质。

表 3-11 重整单元物料平衡气体性质

物　料	相对分子质量	密度/(kg/Nm^3)	物　料	相对分子质量	密度/(kg/Nm^3)
苯抽提尾氢	4.350	0.1941	还原氢气	2.895	0.1292
还原尾氢	3.323	0.1483	提升氢气	3.899	0.1739
PSA 氢气	2.488	0.1110	重整产氢	3.868	0.1726

2）气体单位时间的物料量应为标定期间差值除以标定时间 48h，再乘以气体密度即可得到气体物料的质量流量。

3）PSA 氢气为 PSA 装置氢气回收后的氢气进入再接触系统增压后送至氢气管网，后续做物料平衡时这部分氢气应扣除，同时对应的重整产氢相应部分扣除。

4）脱戊烷塔 T201 塔顶气和 C_4/C_5 分馏塔 T202 塔顶气有流程外送至燃料气管网或焦化，也有流程进入再接触回收液化气组分，标定期间两部分气体执行进入再接触流程，因此统计无量。

表 3-12 重整单元物料平衡(按仪表计量值，48h 累计量)

项目		物料名称	流量			温度		压力		设计值			校正计算			计算结果			
			仪表位号	单位	指示值	仪表位号	指示值	仪表位号	指示值	密度	温度	压力	实测密度	操作密度	校正系数	实际流量	收率/%	实际流量(归一)	收率/%(归一)
重整反应系统	进料	重整进料(质量流量计)	FIQ2121	t	4656.0	TI1202	92.8			672.0			735.1	674.7	1.000	4656.00	98.084	4656.0	98.084
		苯抽提尾氢(孔板流量计)	FIQ7402	Nm^3	132400.0	TI7402	37.7	PIC7401	1.8	0.243	40	1.80		0.194	1.119	28.75	0.606	28.8	0.606
		还原尾氢(孔板流量计)	FIQ3121	Nm^3	97656.0	TI3102	68.2	PI3102	0.47	0.1205	40	0.25		0.148	0.901	13.05	0.275	13.1	0.275
		PSA 氢气(孔板流量计)	0214FIQ10301	Nm^3	482100.0					0.094	40	0.75		0.111	0.919	49.16	1.036	49.2	1.036
		合计														4746.97	100.00	4747.0	100.00
	出料	脱戊烷塔塔底油(孔板流量计)	FIQ2301	t	4197.8	TI2381	111.5	PI2301	0.927	790.0	120	0.92	812.9	747.0	0.972	4081.96	85.991	4091.1	86.184
		C_4/C_5 塔液化气(质量流量计)	FIQ2364	t	108.0	TI2361	42.1	PG		540.0	45	1.13	534.0	507.6	1.000	108.00	2.275	108.2	2.280
		C_4/C_5 塔戊烷油(孔板流量计)	FIQ2341	Nm^3	116.2	TI2342	41.7	PI2341	0.959	630.0	40	1.40	625.5	603.4	0.979	113.72	2.396	114.0	2.401
		还原氢(孔板流量计)	FIQ3120	Nm^3	99986.4	TIC3120	81.7	PIC3121	0.485	0.089	40	0.56		0.129	0.831	10.73	0.226	10.8	0.227
		提升氢气(孔板流量计)	FIQ3203+FIQ3801	Nm^3	41613.4	TICA3201	150.5	PG		0.210	150	2.15		0.174	1.099	7.95	0.168	8.0	0.168
		重整产氢(孔板流量计)	FIQ2201	Nm^3	2228224	TI2201	35.9	PI2201	2.043	0.200	40	2.13		0.173	1.077	413.96	8.720	414.9	8.740
		合计	C_{5+}液体收率			89.72										4736.33	99.78	4747.0	100.00

注：(1) 密度校正见密度校正见 GB/T 1885—1998《石油计量表》。

(2) 带质量流量计的校正系数为 1。

(3) 因为重整再接触给 PSA 氢气增压，苯抽提尾氢和还原尾氢循环进入再接触，因此在计算纯氢时应按还原氢+提升氢气+重整产氢中纯氢减去苯抽提尾氢、还原尾氢中纯氢。

(4) 孔板校正见《炼油技术常用数据手册》之 7.22.2 流量读数校正。

全装置物料平衡见表 3-13。

表 3-13　全装置物料平衡(按仪表计量值，48h 累计量)

项目	物料名称	累积量/t	收率(对预处理)/%	收率(对重整)/%	累积量(归一)/t	收率(对预处理)(归一)/%	收率(对重整)(归一)/%
进料	重整进料	4656.0	75.843	100.000	4656.0	75.84	100.00
	预加氢进料	6048.0	98.518	129.897	6048.0	98.52	129.90
	苯抽提尾氢	28.8	0.468	0.618	28.8	0.47	0.62
	还原尾氢	13.0	0.213	0.280	13.1	0.21	0.28
	PSA 氢气	49.2	0.801	1.056	49.2	0.80	1.06
	合计	6139.0	100.00	131.85	6139.0	100.00	131.85
出料	预加氢含硫燃料气	46.5	0.76	1.00	46.7	0.76	1.00
	含硫液化石油气	60.4	0.98	1.30	60.6	0.99	1.30
	预加氢轻石脑油	1276.5	20.79	27.42	1280.5	20.86	27.50
	脱戊烷塔塔底油	4082.0	66.49	87.67	4094.8	66.70	87.95
	C_4/C_5 塔液化气	108.0	1.76	2.32	108.3	1.76	2.33
	C_4/C_5 塔戊烷油	113.7	1.85	2.44	114.1	1.86	2.45
	还原氢	10.7	0.17	0.23	10.8	0.18	0.23
	提升氢气	8.0	0.13	0.17	8.0	0.13	0.17
	重整产氢	414.0	6.74	8.89	415.3	6.76	8.92
	合计	6119.8	99.69	131.44	6139.0	100.00	131.85

(二) 按烃组成的物料平衡

对参与烃平衡脱戊烷塔塔底油、液化气、戊烷油，以及重整产氢、各类气体的组成分析列出，气体体积分数转化为质量分数，并做归一化处理。各类油品组成见表 3-14~表 3-17，各类气体组成见表 3-18~表 3-20。

表 3-14　稳定塔底稳定汽油分析化验组成（n 为正构烷烃，N 为环烷烃）（两天平均数，下同） %（质）

物料名称	n-C_5	i-C_5	N-C_5	n-C_6	i-C_6	O-C_6	n-C_6	A-C_6	n-C_7	i-C_7	O-C_7	N-C_7	A-C_7	n-C_8
2017/7/19 10：00 组成	0	0.07	0.12	3.38	6.75	0.6	0.55	5.3	2.03	6.97	0.52	0.26	18.5	0.47
2017/7/20 10：00 组成	0.22	0.08	0.11	3.29	6.73	0.59	0.52	5.09	2.02	6.88	0.52	0.26	18.12	0.48
组成（平均）	0.11	0.075	0.115	3.335	6.74	0.595	0.535	5.195	2.025	6.925	0.52	0.26	18.31	0.475
组成（归一）	0.110	0.075	0.115	3.342	6.755	0.596	0.536	5.206	2.029	6.940	0.521	0.261	18.350	0.476

表 3-15　表 3-20 续表稳定塔底稳定汽油分析化验组成（n 为正构烷烃，N 为环烷烃）（两天平均数，下同） %（质）

物料名称	i-C_8	O-C_8	N-C_8	A-C_8	n-C_9	i-C_9	A-C_9	A-C_{10}	i-C_{11}	N-C_{11}	A-C_{11}	n-C_{12}	i-C_{12}	合计
2017/7/19 10：00 组成	2	0.05	0.15	25.79	0.08	0.16	19.45	5.46	0.05	0.45	0.12	0.05	0.34	99.67
2017/7/20 10：00 组成	2	0.06	0.15	25.78	0.08	0.15	19.85	5.86	0.05	0.47	0.12	0.05	0.36	99.89
组成（平均）	2	0.055	0.15	25.785	0.08	0.155	19.65	5.66	0.05	0.46	0.12	0.05	0.35	99.78
组成（归一）	2.004	0.055	0.150	25.842	0.080	0.155	19.693	5.672	0.050	0.461	0.120	0.050	0.351	100.00

表 3-16　液化气分析化验组成

物料名称	组成分析									合计	平均相对分子质量	密度/（kg/m^3）
	C_1	C_2	C_3	n-C_4	i-C_4	O-C_4	n-C_5	i-C_5	C_{6+}			
相对分子质量	16.043	30.07	44.097	58.124	58.124	56.113	72.151	72.151	80.178			
液化气/%（体）	0.145	6.705	34.725	22.895	32.4475	1.7375	0.0425	1.265	0.035	100.00	51.47	534
液化气/%（质）	0.045	3.918	29.753	25.857	36.645	1.894	0.060	1.773	0.055	100.00		

气体相对分子质量计算按 $M=\sum\varphi_i M_i$ 计算，其中 φ_i 为第 i 种组分的体积分数，M_i 为第 i 种组分的相对分子质量。因此，液化气相对分子质量为：

$$M=(0.145\times16.043+6.705\times30.07+34.725\times44.097+22.895\times58.124+32.4475\times58.124+1.7375\times56.113+0.0425\times72.151+1.265\times72.151+0.035\times80.178)/100=51.47$$

气体体积分数 φ_i 转化为质量分数 ω_i 的一般式为：

$$\omega_i = \frac{m_i}{m} = \frac{\rho_i V_i}{\rho V} = \frac{M_i/22.414}{M/22.414} \cdot \frac{V_i}{V} = \frac{M_i}{M}\Phi_i$$

因此，$\omega_i(C_1) = \frac{16.043}{51.47} \times 0.145 = 0.045$，$\omega_i(C_2) = \frac{30.07}{51.47} \times 6.705 = 3.918$，$\omega_i(C_3) = \frac{44.097}{51.47} \times 34.725 = 29.753$，……，$\omega_i(C_{6+}) = 0.055$

表 3-17　戊烷油分析化验组成

%(质)

物料名称	n-C_4	i-C_4	O-C_4	n-C_5	i-C_5	O-C_5	N-C_5	n-C_6	i-C_6	O-C_6	A-C_6	合计
2017/7/1910：00 组成	8.22	0.55	0.17	21.88	43.94	2.21	1.56	0.61	18.46	0.37	0.51	98.48
2017/7/2010：00 组成	8.92	0.47	0.18	22.66	48.1	2.26	1.51	0.27	13.57	0.25	0.26	98.45
组成	8.57	0.51	0.175	22.27	46.02	2.235	1.535	0.44	16.015	0.31	0.385	98.465
组成(归一)	8.704	0.518	0.178	22.617	46.737	2.270	1.559	0.447	16.265	0.315	0.391	100

表 3-18　重整产氢、各塔顶产燃料气、重整循环氢分析化验组成

物料名称	气相组成分析/%(体)												合计	平均相对分子质量	密度/(kg/Nm³)
	H_2	C_1	C_2	C_3	O-C_3	n-C_4	i-C_4	O-C_4	n-C_5	i-C_5	C_{6+}	H_2S			
相对分子质量	2	16.043	30.07	44.097	42.097	58.124	58.124	56.113	72.151	72.151	80.178	34.06			
重整产氢	94.015	1.985	1.914	1.227	0.010	0.212	0.354	0.010	0.030	0.091	0.152		100.00	3.868	0.1726
预加氢含硫燃料气	50.238	1.630	2.623	3.727		34.572	5.934				0.071	1.124	99.92	27.665	1.2343
还原氢	97.062	1.096	0.890	0.538		0.103	0.155		0.021	0.041	0.093		100.00	2.895	0.1292
提升氢气	93.959	1.949	1.965	1.246	0.010	0.218	0.365	0.010	0.030	0.091	0.157		100.00	3.899	0.1739
苯抽提尾氢	94.105	2.147	1.459	0.537		0.041	0.091		0.081	0.061	1.479		100.00	4.350	0.1941
还原尾氢	95.673	1.492	1.374	0.881		0.178	0.234		0.025	0.061	0.081		100.00	3.323	0.1483
PSA 氢气	96.516	3.484											100.00	2.488	0.1110
重整循环氢	88.900	1.709	2.377	2.196	0.020	0.864	1.050	0.060	0.271	0.643	1.910		100.00	7.184	0.3205

按体积分数转化为质量分数的公式 $\omega_i = \frac{m_i}{m} = \frac{\rho_i V_i}{\rho V} = \frac{M_i/22.414}{M/22.414} \cdot \frac{V_i}{V} = \frac{M_i}{M}\Phi_i$，转化为气相组成分析[%(质)]，可得表 3-19。

表 3-19　重整产氢、各塔顶产燃料气、重整循环氢分析化验组成

物料名称	气相组成分析/%(质)												合计	平均相对分子质量	密度/(kg/Nm^3)
	H_2	C_1	C_2	C_3	O-C_3	n-C_4	n-C_4	O-C_4	n-C_5	i-C_5	C_{6+}	H_2S			
相对分子质量	2	16.043	30.07	44.097	42.097	58.124	58.124	56.113	72.151	72.151	80.178	34.06			
重整产氢	48.612	8.232	14.881	13.992	0.110	3.188	5.313	0.147	0.565	1.696	3.141		99.87	3.868	0.1726
预加氢含硫燃料气	3.632	0.945	2.851	5.940		72.637	12.468		0.000	0.000	0.205	1.384	100.06	27.665	1.2343
还原氢	67.057	6.076	9.240	8.193		2.077	3.115		0.516	1.031	2.578		99.88	2.895	0.1292
提升氢气	48.201	8.022	15.153	14.089	0.109	3.246	5.435	0.146	0.562	1.687	3.228		99.88	3.899	0.1739
苯抽提尾氢	43.268	7.920	10.084	5.443		0.541	1.218		1.344	1.008	27.260		98.09	4.350	0.1941
还原尾氢	57.575	7.204	12.433	11.684		3.116	4.095		0.552	1.326	1.965		99.95	3.323	0.1483
PSA 氢气	77.593	22.467											100.06	2.488	0.1110
重整循环氢	24.749	3.815	9.949	13.479	0.118	6.993	8.497	0.471	2.725	6.460	21.312		98.57	7.184	0.3205

进一步对上表进行归一化处理可得表 3-20。

表 3-20　重整产氢、各塔顶产燃料气、重整循环氢分析化验组成(归一)

物料名称	气相组成分析/%(质)												合计	平均相对分子质量	密度/(kg/Nm^3)
	H_2	C_1	C_2	C_3	O-C_3	n-C_4	i-C_4	O-C_4	n-C_5	i-C_5	C_{6+}	H_2S			
相对分子质量	2	16.043	30.07	44.097	42.097	58.124	58.124	56.113	72.151	72.151	80.178	34.06			
重整产氢	48.673	8.243	14.899	14.009	0.110	3.192	5.319	0.147	0.566	1.698	3.145		100.00	3.868	0.1726
预加氢含硫燃料气	3.630	0.945	2.849	5.936		72.592	12.460		0.000	0.000	0.205	1.383	100.00	27.665	1.2343
还原氢	67.136	6.083	9.251	8.203		2.079	3.119		0.516	1.032	2.581		100.00	2.895	0.1292
提升氢气	48.260	8.032	15.171	14.106	0.109	3.250	5.442	0.146	0.563	1.689	3.231		100.00	3.899	0.1739
苯抽提尾氢	44.112	8.075	10.280	5.549		0.552	1.242		1.370	1.028	27.792		100.00	4.350	0.1941
还原尾氢	57.604	7.208	12.439	11.690		3.118	4.097		0.552	1.327	1.966		100.00	3.323	0.1483
PSA 氢气	77.546	22.454											100.00	2.488	0.1110
重整循环氢	25.109	3.871	10.093	13.675	0.119	7.095	8.621	0.478	2.765	6.554	21.621		100.00	7.184	0.3205

由北海炼化流程可知：

1）氢气为产品氢、还原氢、提升氢、含硫燃料气中氢气以及 H_2S 中 H_2 减去 PSA 氢气、苯抽提尾氢、还原尾氢中 H_2 所得；

2）氢气中其他组成 C_1、C_2、C_3、……、C_{6+} 为产品氢、还原氢、提升氢、含硫燃料气中相应组分减去 PSA 氢气、苯抽提尾氢、还原尾氢中相应组成所得。

对氢气中各组分进行归类，根据表 3-13 中各组成的收率和表 3-20 组成，收率 η_i 的一般式为 $\eta_i = \sum \eta_i^{'}\omega_i$，其中 $\eta_i^{'}$、ω_i 分别为产品 i 的收率(对重整进料)、烃组成占产品的质量分数，因此可得到氢气中各烃组成：

H_2 收率(对重整进料)=[8.92%×48.673%(重整产氢)+0.23%×67.136%(还原氢)+
0.17%×48.260%(提升氢气)+1.00%×3.630%(含硫燃料气)+
1.00%×1.383%×2/34.06(含硫燃料气 H_2S 所含氢气)-
1.06%×77.546%(PSA 氢气)-0.62%×44.112%(苯抽提尾氢)-
0.28%×57.604%(还原尾氢)]
=3.363%。

C_1 收率(对重整进料)=[8.92%×8.243%(重整产氢)+0.23%×6.083%(还原氢)+
0.17%×8.032%(提升氢气)+1.00%×0.945%(含硫燃料气)-
1.06%×22.454%(PSA 氢气)-0.62%×8.075%(苯抽提尾氢)-
0.28%×7.208%(还原尾氢)]
=0.465%。

C_2、C_3、……、C_{6+} 的收率以此类推。

含 H_2 气体按烃类组成收率见表 3-21。

表 3-21　含 H_2 气体按烃类组成收率

物料名称	H_2	C_1	C_2	C_3	O-C_3	n-C_4	i-C_4	O-C_4	i-C_5	n-C_5	C_{6+}	合计
组成	3.363	0.465	1.306	1.285	0.010	1.010	0.597	0.013	0.043	0.147	0.117	8.357

按相同思路，对含硫液化气、预加氢石脑油(拔头油)、脱戊烷塔塔底油、C_4/C_5 塔液化气和 C_4/C_5 塔戊烷油按烃类的组成不一一具体罗列计算步骤，结果见表 3-22~表 3-27。

表 3-22　含硫液化气按烃类组成收率

物料名称	C_1	C_2	C_3	n-C_4	i-C_4	O-C_4	i-C_5	n-C_5	C_{6+}	合计
组成/%(质)	0.000	0.039	0.298	0.259	0.367	0.019	0.001	0.018	0.001	1.002

表 3-23　预加氢石脑油按烃类组成收率

物料名称	C_3	n-C_4	i-C_4	n-C_5	i-C_5	O-C_5	n-C_6	i-C_6	O-C_6	N-C_6	i-C_7	O-C_7	合计
组成/%(质)	0.022	2.618	0.066	8.907	5.934	0.751	3.138	4.119	1.369	0.253	0.245	0.080	27.502

表 3-24　脱戊烷塔塔底油按烃类组成收率

物料名称	n-C_5	i-C_5	N-C_5	n-C_6	i-C_6	O-C_6	N-C_6	A-C_6	n-C_7	i-C_7	O-C_7	N-C_7	A-C_7
组成/%(质)	0.097	0.066	0.101	2.939	5.941	0.524	0.472	4.579	1.785	6.104	0.458	0.229	16.138

表 3-25　续表脱戊烷塔塔底油按烃类组成收率

物料名称	n-C_8	i-C_8	O-C_8	N-C_8	A-C_8	n-C_9	i-C_9	A-C_9	A-C_{10}	i-C_{11}	N-C_{11}	A-C_{11}	n-C_{12}	i-C_{12}	合计
组成/%(质)	0.419	1.763	0.048	0.132	22.727	0.071	0.137	17.319	4.989	0.044	0.405	0.106	0.044	0.308	87.946

表 3-26 C_4/C_5 塔液化气按烃类组成收率

物料名称	C_1	C_2	C_3	$n-C_4$	$i-C_4$	$O-C_4$	$n-C_5$	$i-C_5$	C_{6^+}	合计
组成/%(质)	0.001	0.091	0.692	0.602	0.853	0.044	0.001	0.041	0.001	2.327

表 3-27 C_4/C_5 塔戊烷油按烃类组成收率

物料名称	$n-C_4$	$i-C_4$	$O-C_4$	$n-C_5$	$i-C_5$	$O-C_5$	$N-C_5$	$n-C_6$	$i-C_6$	$O-C_6$	$A-C_6$	合计
组成/%(质)	0.213	0.013	0.004	0.554	1.145	0.056	0.038	0.011	0.398	0.008	0.010	2.450

重整进料按烃类的组成为表 3-28 和表 3-29。

表 3-28 重整进料按烃类的组成收率

物料名称	$N-C_5$	$n-C_6$	$i-C_6$	$O-C_6$	$N-C_6$	$A-C_6$	$n-C_7$	$i-C_7$	$O-C_7$	$N-C_7$	$A-C_7$	$n-C_8$	$i-C_8$	$O-C_8$
组成/%(质)	0.125	5.53	4.115		4.035	0.555	8.26	7.245		8.845	3.02	6.705	8.23	
组成(归一)/%(质)	0.125	5.541	4.123	0.000	4.043	0.556	8.277	7.260	0.000	8.863	3.026	6.719	8.247	0.000

表 3-29 重整进料按烃类的组成收率(续表)

物料名称	$N-C_8$	$A-C_8$	$n-C_9$	$i-C_9$	$N-C_9$	$A-C_9$	$n-C_{10}$	$i-C_{10}$	$N-C_{10}$	$A-C_{10}$	$n-C_{11}$	$i-C_{11}$	$N-C_{11}$	合计
组成/%(质)	8.265	6.3	4.555	6.205	6.33	3.025	1.37	3.95	1.745	0.535	0.085	0.725	0.04	99.795
组成(归一)/%(质)	8.282	6.313	4.564	6.218	6.343	3.031	1.373	3.958	1.749	0.536	0.085	0.726	0.040	100

按混合物的平均相对分子质量一般公式 $M=\dfrac{m}{n}=\dfrac{m}{\sum\dfrac{m_i}{M_i}}=\dfrac{1}{\sum\dfrac{\dfrac{m_i}{m}}{M_i}}=\dfrac{1}{\sum\dfrac{\omega_i}{M_i}}$，在电子表格上 $\sum\dfrac{\omega_i}{M_i}=\sum\omega_i\times\dfrac{1}{M_i}$ 可以用 sumproduct 函数进行处理。精制油的相对分子质量为：$1/M=$ {0.125/70.135($N-C_5$)+5.541/86.178($n-C_6$)+4.123/86.178($i-C_6$)+4.043/84.162($N-C_6$)+0.556/78.114($A-C_6$)+8.277/100.205($n-C_7$)+7.260/100.205($i-C_7$)+8.863/98.189($N-C_7$)+3.026/92.1415($A-C_7$)+6.719/114.232($n-C_8$)+8.247/114.232($i-C_8$)+8.282/112.216($N-C_8$)+6.313/106.168($A-C_8$)+4.564/128.259($n-C_9$)+6.218/128.259($i-C_9$)+6.343/126.243($N-C_9$)+3.031/120.195($A-C_9$)+1.373/142.286($n-C_{10}$)+3.958/142.286($i-C_{10}$)+1.749/140.270($N-C_{10}$)+0.536/134.222($A-C_{10}$)+0.085/156.313($n-C_{11}$)+0.726/156.313($i-C_{11}$)+0.040/154.297($N-C_{11}$)}=0.009304，$M=107.476$。

同时，第 i 组分的质量百分数 ω_i 按烃类归类，以上各表已经计算出产品各组分的收率，因此 $\omega_i=\sum\omega_i'$。以 $n-C_6$ 为例，对重整进料(精制油)有对产品有 ω_{n-C_6} ={5.541%(精制油中 $n-C_6$)}=5.541%。

对产品有 ω_{n-C_6} ={0.117%(H_2 中 C_{6+})+2.939%(脱戊烷塔塔底油中 $n-C_6$)+0.001%(C_4/C_5 塔液化气中 C_{6+})+0.011%(C_4/C_5 塔戊烷油中 $n-C_6$)}=3.067%。

因此重整进料和产品按烃类组成收率见表 3-30~表 3-32。

表 3-30　重整进料和产品按烃类组成收率

组成	H_2	C_1	C_2	C_3	O-C_3	n-C_4	i-C_4	O-C_4	n-C_5	i-C_5	O-C_5	N-C_5	n-C_6	i-C_6
碳原子数		1	2	3	3	4	4	4	5	5	5	5	6	6
相对分子质量	2.000	16.043	30.07	44.097	42.097	58.124	58.124	56.113	72.151	72.151	70.135	70.135	86.178	86.178
精制油组成/%(质)												0.125	5.541	4.123
产品组成/%(质)	3.363	0.467	1.437	1.918	0.010	1.098	1.337	0.062	0.695	1.399	0.056	0.140	3.067	6.339
产品组成(归一)/%(质)	3.357	0.466	1.434	1.914	0.010	1.096	1.334	0.062	0.694	1.396	0.055	0.139	3.060	6.326

表 3-31　重整进料和产品按烃类组成收率(续表)

组成	O-C_6	N-C_6	A-C_6	n-C_7	i-C_7	O-C_7	N-C_7	A-C_7	n-C_8	i-C_8	O-C_8	N-C_8	A-C_8	n-C_9
碳原子数	6	6	6	7	7	7	7	7	8	8	8	8	8	9
相对分子质量	84.162	84.162	78.114	100.205	100.205	98.18912	98.18912	92.14148	114.232	114.232	112.216	112.216	106.168	128.259
精制油组成/%(质)	0	4.043	0.556	8.277	7.260	0	8.863	3.026	6.719	8.247	0	8.282	6.313	4.564
产品组成/%(质)	0.532	0.472	4.588	1.785	6.104	0.458	0.229	16.138	0.419	1.763	0.048	0.132	22.727	0.071
产品组成(归一)/%(质)	0.531	0.471	4.579	1.781	6.091	0.457	0.229	16.105	0.418	1.759	0.048	0.132	22.680	0.070

表 3-32　重整进料和产品按烃类组成收率(续表)

组成	i-C_9	N-C_9	A-C_9	n-C_{10}	i-C_{10}	N-C_{10}	A-C_{10}	n-C_{11}	i-C_{11}	N-C_{11}	A-C_{11}	n-C_{12}	i-C_{12}	合计	平均相对分子质量
碳原子数	9	9	9	10	10	10	10	11	11	11	11	12	12		
相对分子质量	128.259	126.243	120.195	142.286	142.286	140.270	134.222	156.313	156.313	154.297	148.249	170.34	170.34		
精制油组成/%(质)	6.218	6.343	3.031	1.373	3.958	1.749	0.536	0.085	0.726	0.040	0	0	0	100	107.476
产品组成/%(质)	0.137		17.319				4.989		0.044	0.405	0.106	0.044	0.308	100.21	
产品组成(归一)/%(质)	0.136	0.000	17.284	0.000	0.000	0.000	4.978	0.000	0.044	0.405	0.106	0.044	0.308	100.00	

（三）按碳数的物料平衡

第 i 组分的碳质量分数 ω_{ci} 按第 i 组分的碳含量与该组分的质量分数 ω_i 乘积，一般公式有 $\omega_{ci}=\sum N_i\times\frac{12.01}{M_i}\cdot\omega_i$，其中 N_i 为第 i 组分的碳原子数，12.01 为碳原子的相对分子质量。第 i 组分的氢质量分数 ω_{Hi} 有 $\omega_{Hi}=\omega_i-\omega_{ci}$。该公式对重整进料（精制油）和产品均有效。

以 n-C_6 为例进行说明，重整进料（精制油）中碳质量分数=6×12.01/84.162×4.043=3.462，产品中碳质量分数=6×12.01/84.162×0.472=0.403。对应氢质量分数等于该组分质量分数减去碳质量分数，因此重整进料（精制油）中氢质量分数分别为 4.043－3.462=0.581，产品中氢质量分数为 0.472－0.403=0.068。其他的以此类推。结算结果见表 3-33～表 3-35。

表 3-33　重整进料和产品按烃类组成收率

组成	H_2	C_1	C_2	C_3	O-C_3	n-C_4	i-C_4	O-C_4	n-C_5	i-C_5	O-C_5	N-C_5	n-C_6	i-C_6
碳原子数		1	2	3	3	4	4	4	5	5	5	5	6	6
相对分子质量	2.000	16.043	30.07	44.097	42.097	58.124	58.124	56.113	72.151	72.151	70.135	70.135	86.178	86.178
精制油组成/%（质）												0.125	5.541	4.123
产品组成/%（质）	3.363	0.467	1.437	1.918	0.010	1.098	1.337	0.062	0.695	1.399	0.056	0.140	3.067	6.339
产品组成（归一）/%（质）	3.357	0.466	1.434	1.914	0.010	1.096	1.334	0.062	0.694	1.396	0.055	0.139	3.060	6.326
精制油中碳/%（质）												0.107	4.634	3.448
产品中碳/%（质）		0.349	1.145	1.564	0.009	0.905	1.103	0.053	0.577	1.162	0.048	0.119	2.559	5.290
精制油中氢/%（质）												0.018	0.908	0.676
产品中氢/%（质）	3.357	0.117	0.288	0.350	0.001	0.190	0.232	0.009	0.116	0.234	0.008	0.020	0.501	1.036

表 3-34　重整进料和产品按烃类组成收率（续表）

组成	O-C_6	N-C_6	A-C_6	n-C_7	i-C_7	O-C_7	N-C_7	A-C_7	n-C_8	i-C_8	O-C_8	N-C_8	A-C_8	n-C_9
碳原子数	6	6	6	7	7	7	7	7	8	8	8	8	8	9

续表

组成	O-C_6	N-C_6	A-C_6	n-C_7	i-C_7	O-C_7	N-C_7	A-C_7	n-C_8	i-C_8	O-C_8	N-C_8	A-C_8	n-C_9
相对分子质量	84.162	84.162	78.114	100.205	100.205	98.18912	98.1891	92.14148	114.232	114.232	112.216	112.216	106.168	128.259
精制油组成/%(质)	0.000	4.043	0.556	8.277	7.260	0.000	8.863	3.026	6.719	8.247	0.000	8.282	6.313	4.564
产品组成/%(质)	0.532	0.472	4.588	1.785	6.104	0.458	0.229	16.138	0.419	1.763	0.048	0.132	22.727	0.071
产品组成(归一)/%(质)	0.531	0.471	4.579	1.781	6.091	0.457	0.229	16.105	0.418	1.759	0.048	0.132	22.680	0.070
精制油中碳/%(质)	0.000	3.462	0.513	6.944	6.091	0.000	7.589	2.761	5.651	6.936	0.000	7.091	5.713	3.847
产品中碳/%(质)	0.455	0.403	4.224	1.494	5.110	0.392	0.196	14.695	0.351	1.480	0.041	0.113	20.525	0.059
精制油中氢/%(质)	0.000	0.581	0.043	1.333	1.169	0.000	1.274	0.265	1.068	1.310	0.000	1.191	0.600	0.718
产品中氢/%(质)	0.076	0.068	0.355	0.287	0.981	0.066	0.033	1.411	0.066	0.280	0.007	0.019	2.155	0.011

表 3-35　重整进料和产品按烃类组成收率(续表)

组成	i-C_9	N-C_9	A-C_9	n-C_{10}	i-C_{10}	N-C_{10}	A-C_{10}	n-C_{11}	i-C_{11}	N-C_{11}	A-C_{11}	n-C_{12}	i-C_{12}	合计	平均相对分子质量
碳原子数	9	9	9	10	10	10	10	11	11	11	11	12	12		
相对分子质量	128.259	126.243	120.195	142.286	142.286	140.270	134.222	156.313	156.313	154.297	148.249	170.34	170.34		
精制油组成/%(质)	6.218	6.343	3.031	1.373	3.958	1.749	0.536	0.085	0.726	0.040	0	0	0	100	107.476
产品组成/%(质)	0.137		17.319				4.989		0.044	0.405	0.106	0.044	0.308	100.21	
产品组成(归一)/%(质)	0.136	0.000	17.284	0.000	0.000	0.000	4.978	0.000	0.044	0.405	0.106	0.044	0.308	100.00	
精制油中碳/%(质)	5.240	5.431	2.726	1.159	3.341	1.497	0.480	0.072	0.614	0.034				85.38	
产品中碳/%(质)	0.115	0.000	15.543	0.000	0.000	0.000	4.455	0.000	0.037	0.346	0.094	0.037	0.260	85.31	
精制油中氢/%(质)	0.978	0.912	0.305	0.214	0.617	0.251	0.056	0.013	0.112	0.006	0.000	0.000	0.000	14.62	
产品中氢/%(质)	0.021	0.000	1.741	0.000	0.000	0.000	0.524	0.000	0.007	0.058	0.011	0.007	0.047	14.69	

精制油中碳质量分数(85.38%)和产品中碳质量分数(85.31%)、精制油中氢质量分数(14.62%)和产品中氢质量分数(14.69%)略有差别，主要在于：其一，产品含氢类气体、液体种类较多，而且存在较大量外来PSA氢气，这部分扣除过程中有可能存在误差；其二，含氢类气体中C_{6+}全部归结为n-C_6，亦存在一定误差。

(四) 本节计算总结及认识

1) 装置、单元物料平衡首先做好计量，然后需要对物料进行校正计算，以校正后的物料进行平衡，一般情况下，产品收率小于100%，应进行归一化处理。

2) 涉及气体的还应对其DCS上体积流量数据转化为质量流量，需要计算气体的相对分子质量，以便转化为标况下密度。

3) 根据北海炼化实际工艺流程，在进行重整产氢归类过程中应扣除PSA氢气各组分(氢气和甲烷，做归一化扣除了氮气，实际上PSA氢气是部分原料气来自原催化裂化装置，催化气分气中因工艺情况是含有氮气的，但是这部分值不易测定且影响不大，因此给予扣除)。

4) 按归类法进行的物料平衡较一般统计出的较为准确。

四、重整汽油

本节任务：液体(C_{5+}稳定汽油、脱戊烷重整汽油)收率、芳烃产率、芳烃转化率(C_6~C_{11})。

由第三部分第三节物料平衡计算中产品按碳数进行归类后，可得产品的C_{5+}汽油收率见表3-36。

表3-36 重整汽油收率、芳烃产率和芳烃转化率的计算

物料名称	H_2	干气	液化气	C_{5+}	合计
产率/%(质)	3.363	1.904	4.425	90.514	100.205
产率(归一)/%(质)	3.357	1.899	4.416	90.328	100.00

北海炼化连续重整装置为汽油型装置，C_{5+}收率为90.333%，收率受负荷较高，催化剂使用年限较长及催化剂裂化性能较强引起，需要重整对催化剂上水氯平衡进行调整，以期达到多产氢气、同时尽可能少产液化气的目的。

五、芳烃转化率计算

以物料平衡为基准。

1) 由第三部分第三节物料平衡计算中产品按碳数进行归类后，可得重整汽油的芳烃产率，见表3-37。

表3-37 重整汽油的芳烃产率

组成	A-C_6	A-C_7	A-C_8	A-C_9	A-C_{10}	A-C_{11}	合计
质量分数/%	4.579	16.106	22.682	17.285	4.979	0.106	65.737

2) 以第三部分第三节物料平衡计算为基准，由第三部分第一节原料性质计算中可知重

整进料(精制石脑油)芳潜为41.13%，按芳烃转化率定义，等于重整汽油芳烃产率除以进料芳烃潜含量。计算结果见表3-38。

表3-38　重整汽油的芳烃转化率

项　　目	数　　值	备　　注
C_{5+}汽油收率/%(质)	90.33	
C_{5+}汽油芳烃含量/%(质)	72.80	
芳烃产率/%(质)	65.74	(全馏分芳烃)
芳烃潜含量/%(质)	41.13	(全馏分芳烃)
芳烃转化率/%	159.83	(对应全馏分芳潜)

对结果的分析：

归类整理后的C_{5+}芳烃产率并不高，实际上与芳烃潜含量(北海炼化芳烃潜含量只有41.13%)，但是操作温度较高(R201~R204分别为522℃、524℃、528℃、528℃)，因此其芳烃转化率较高，这也与归类计算后的芳烃转化率计算值一致。

六、氯平衡计算

本节任务：对反应部分和再生部分做氯平衡，找出氯的流向，找出重点关注的地方。

本节基础数据基于以下几个方面：

1）物料部分：反应部分主要为物料平衡，再生部分主要为DCS数据；

2）氯含量基于LIMS数据，各类脱氯后的氯含量测定，这部分油为<0.5mg/kg，气体<1.0mg/m³，统一按0.5mg/kg(油)、1.0mg/m³(气体)计算，重整产氢脱氯前按循环氢氯含量计。

LIMS数据见表3-39。

表3-39　LIMS数据氯含量

物　　料	数　　值	单　　位
重整进料	<0.5	mg/kg
脱戊烷塔底油	<0.5	mg/kg
重整液化气	<0.5	mg/kg
戊烷油	<0.5	mg/kg
重整产氢脱氯后至管网	<1.0	mg/m³
再生烟气放空	<1.0	mg/m³
再生循环气不定期放空(V323顶)	<1.0	mg/m³
重整氢脱氯罐V205吸收(重整循环氢)	4.5	mg/m³

因重整生成油脱氯罐前氯含量化验中心无法测定，通过平衡反算出存在生成油脱氯罐V208吸收量为8.57mg/kg。总量主要是催化剂氯的补充(氯差)和重整进料提供(按0.5mg/kg)。催化剂氯的补充和重整进料氯分别为：

$$m_{cat-Cl} = G_c \times \Delta Cl\% = 492 \times 0.2\% = 0.984kg/h$$

$$m_{oil-Cl} = m_{oil} \times Cl\% = 97000 \times 0.5 \times 10^{-6} = 0.049kg/h$$

相同的，再生部分通过反算出再生循环气脱氯罐前和再生烟气脱氯罐前的氯含量进行平衡，分别为10mg/m³、910mg/m³。再生注氯因标定一致，因此按长期均分做补入量(22天补入四桶1200kg)，则：

$$m_{cat-Cl}(补入)=\frac{1200}{22\times 24}=1.925\text{kg/h}$$

其反应系统和再生系统氯平衡分别见表3-40、表3-41。

表3-40　反应系统氯平衡

氯走向	物料	处理量 油/(kg/h) 气体/(Nm³/h)	氯含量 油/(mg/kg) 气体/(mg/Nm³)	氯质量/ (kg/h)	备注
进方	重整进料	97000.0	0.5	0.049	LIMS数据
	催化剂氯的补充(氯差)	492.0	0.20%	0.984	LIMS数据
	合计			1.033	
出方	重整氢脱氯罐V205吸收	39472.4	4.5	0.178	LIMS数据
	重整生成油脱氯罐V208吸收	89941.2	8.57	0.771	见物料平衡
	重整产氢脱氯后至管网	39472.4	1	0.039	物料摩尔数见物料平衡，1761kmol
	液化气	2257.1	0.5	0.001	LIMS数据
	戊烷油	2376.5	0.5	0.001	LIMS数据
	C_{5+}稳定汽油	85307.6	0.5	0.043	LIMS数据
	合计			1.033	

表3-41　再生系统氯平衡

氯走向	物料	处理量 油/(kg/h) 气体/(Nm³/h)	氯含量 油/(mg/kg) 气体/(mg/Nm³)	氯质量/ (kg/h)	备注
进方	再生注氯			1.925	
出方	催化剂上氯的补充(氯差)	492	0.20%	0.984	
	再生循环气脱氯罐V325吸收	24480	32.16	0.787	协议100~200
	再生烟气脱氯罐V324吸收	766	200	0.153	协议1000~1500
	再生烟气放空	566	1	0.00057	
	再生循环气不定期放空(V323顶)	50	1	0.00005	
	合计			1.925	

注：22天1200kg，纯度99%，四氯乙烯氯含量85.54%。

根据上述两表，反应部分中 V205 和 V208 吸收的氯分别为 0.178kg/h、0.771kg/h，之和为 0.948kg/h。再生部分中 V324 和 V325 吸收的氯分别为 0.787kg/h、0.153kg/h，之和为 0.940kg/h。按上述平衡反算出各主要脱氯剂氯容见表 3-42。

表 3-42　按平衡反算的氯容和吸收量

容器	装填量/t	实际氯容	穿透天数/d	吸收/(kg/h)	生产单位/牌号	标称氯容
V205	7.56	0.352	240	0.462	牌号 1	0.25
V208	9.00	0.35	270	0.486	牌号 2	0.35
合计				0.948		
V324	17.64	0.158	450	0.258	牌号 3	0.35
V325	38.64	0.14	330	0.683	牌号 3	0.35
合计				0.941		

结果与讨论：

1）因各脱氯后的物料和重整进料氯含量均无法实际测准，上述平衡存在误差，但主要的部分基本准确。

2）油相脱氯剂存在较大的偏差，因各类化验方法无法准确地对其进行测定。其穿透天数存在巨大偏差，因此实际氯容存在较大的偏差，证据在于脱戊烷塔塔顶气在未穿透时检测到含氯化氢。因此在做穿透判断时应考虑到这一因素，避免检测不出带来的管线氯腐蚀风险。因此，重整干气流程进入燃料气管网，将很可能存在堵塞火嘴的风险。如果要直接使用这部分干气，建议应增上脱氯罐，以防止油相脱氯剂穿透检测不出时火嘴堵塞。

3）再生烟气和循环气脱氯罐氯容比标称氯容严重不符，不足标称的 50%，因为是气体，检测结果较为准确，结论是比较明确的。一方面脱氯剂穿透沿脱氯罐呈类似水滴形分布，出口检测超标时不能完全利用脱氯剂的有效氯容；另一方面，不同生产厂家存在不同的生产工艺和配方，因此坚持以结果为导向的比选尤为重要。

4）对表 3-40 而言，因进料方数据可靠，出料方除重整生成油中氯含量(脱氯罐 V208 入口)因条件原因不能准确测定外，其余均较为准确测定，对氯含量小于 0.5mg/kg 的油相物质，按 0.5mg/kg 计算，对氯含量小于 1mg/Nm^{3}的气相物质，按 1mg/Nm^{3}计算，氯的总量数量级可忽略不计，因此推测反算出重整生成油中氯含量(脱氯罐 V208 入口)是基本可信的，后在大致同等注氯量条件下经实验室工作人员的非标准测定，该值为 28.7mg/kg，此时反应系统中出方总的氯含量 2.843kg/h，远大于进方氯含量 1.033kg/h，此时该值明显有误。

5）对表 3-41 而言，因进方为再生注氯，出方两个放空为合格排放气，其氯含量的数量级基本可以忽略不计，出方氯含量主要集中在催化剂上的补氯、再生烟气脱氯罐 V324 吸收和再生循环气脱氯罐 V325 吸收。其中第一项数据可靠，第二项在标定期间无相应检测管测量，在 2018 年 3 月补测结果为 200mg/Nm^3(作者修改时以此为计算依据)，第三项未有检测管准确测出，根据物料平衡反算出，基本可靠。但也需进一步跟踪，如有合适检测管时再进行测量，如有物料不平衡的，需进行分析研判。

七、氧平衡(再生)计算

本节任务：以待生催化剂上的碳含量及氢碳比为基准，对再生氧平衡计算，掌握氧的主要作用和去向。

北海炼化对催化剂未做 H/C 摩尔比，根据研究院工作经验，主要形式为 $CH_{0.5}$（或 $CH_{0.66}$），本计算假定为 $CH_{0.5}$形式，采用中国石化洛阳工程公司 SLCR 技术，反应器两两重叠布置，再生循环气设置干燥器。再生器部分氧进料有空气中氧气、空气中携带微量水中的氧元素；消耗部分为 $CH_{0.5}$的烧焦、极少量在氧氯化过程中铂的氧化，以及过剩空气经再生烟气排放至大气（再生器运行参数见表 3-43）。

表 3-43　再生器运行参数

参数	单位	DCS 数据
再生气入口水含量 x_{H_2O}	mg/kg	4.5
再生气规模	kg/h	600
循环速率 η		0.82
催化剂循环量 G_c	kg/h	492
待生催化剂碳含量 x_c	%（质）	5.59
再生器入口含量 $x_{O_{2in}}$	%（体）	0.847
再生器出口含量 $x_{O_{2out}}$	%（体）	0.624
$\mu_{空气中水含量}$	mg/kg	2.5
$\mu_{空气中水含量}$	mL/m³	3.11

$CH_{0.5}$形式的燃烧方程：

$$CH_{0.5} \quad + \quad 1.125O_2 \longrightarrow CO_2 + 0.25H_2O$$
$$12.5g \qquad 1.125mol$$
$$G_c x_c/100kg \quad ?? \quad kmol$$

空气中 O_2%为 21%，则所需的净氧气量为：

$$V_{氧气} = \left(\frac{G_c x_c/100}{12.5} \times 1.125 \times 22.4\right) = 0.02016G_c x_c = 0.02016 \times 492 \times 5.59 = 55.45Nm^3/h$$

式中　G_c—— 催化剂循环量，kg/h；

x_c—— 待生催化剂碳含量，%。

则：

$$V_{空气} = \frac{0.02016G_c x_c}{21\%} = 0.096G_c x_c = 264Nm^3/h$$

铂氧化方程如下：

$$Pt \quad + \quad O_2 \rightarrow PtO_2$$
$$195g \qquad 1.0mol$$
$$G_c x_{Pt}/100kg \quad ? \quad kmol$$

已知催化剂上铂含量为 0.28%，则完全氧化消耗的净氧气量为：

$$\frac{G_c x_{Pt}/100}{195} \times 22.4 = \frac{492 \times 0.28\%}{195} \times 22.4 = 0.16Nm^3/h$$

可以忽略不计。

北海炼化装置为上下部空气注入，因此其纯消耗空气量为图 3-1 中的 1 和 2 两项（1 为

111Nm³/h，2 为 199Nm³/h）。所需的纯空气量为 264Nm³/h，低于两项之和（310Nm³/h），主要在于三方面：再生器下部料斗的密封氮气 3 进入氧氯化区，再生器过热区与焙烧区的密封循环氮气 4（O_2含量 0.847%，CO_2含量未知），以及再生循环系统压差控制时不定期的小流量放空 5。

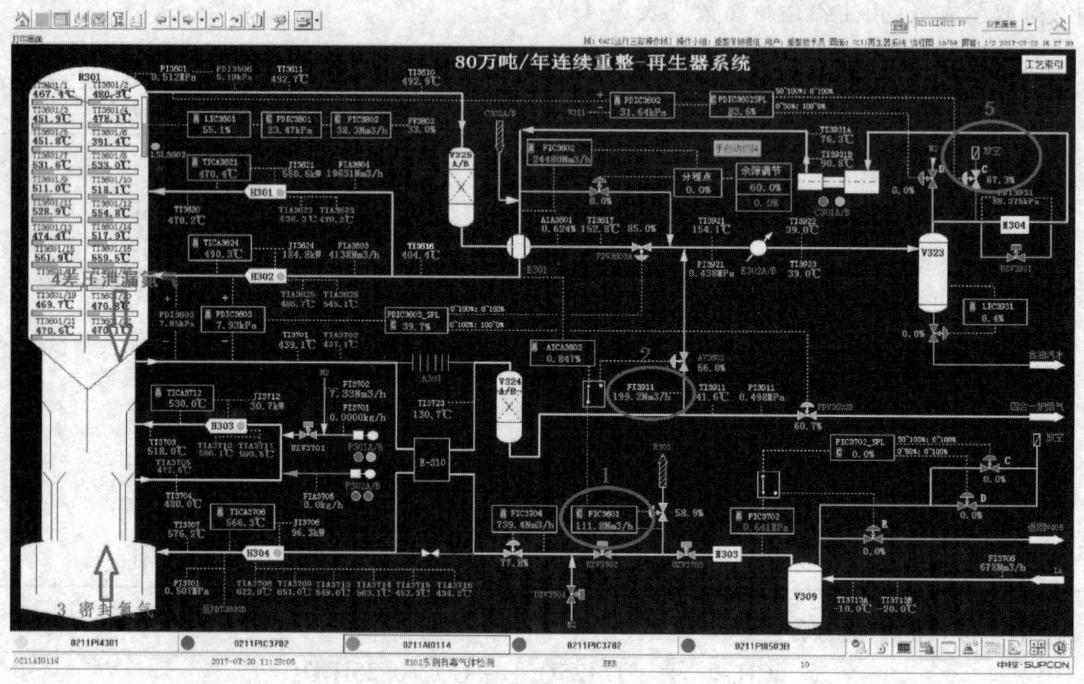

图 3-1　再生器空气补入与放空

再生器下部料斗的密封氮气 3：

这部分密封氮气参数为黏度 $\mu=0.0279\text{mPa}\cdot\text{s}$，压差 12.3kPa，根据 Ergun 公式计算出的泄漏量约为 8Nm³/h。

再生器过热区与焙烧区的密封循环氮气 4：

这部分密封气参数为黏度 $0.039\text{mPa}\cdot\text{s}$，压差 7.85kPa，根据 Ergun 公式计算出的泄漏量约为 18Nm³/h。

最重要的差值 119+111−264＝34Nm³/h 在于再生循环系统压差控制时不定期的小流量放空 5。

从另一方面，再生气流量可从再生循环气的氧差可得到：

$$V_{再生气}=\frac{\dfrac{G_c x_c/100}{12.5}\times 1.125\times 22.4}{(x_{O_{2in}}-x_{O_{2out}})/100}=\frac{2.016G_c x_c}{x_{O_{2in}}-x_{O_{2out}}}=\frac{2.016\times 492\times 5.59}{0.847-0.624}=24863\text{Nm}^3/\text{h}$$

与实际值 24480Nm³/h 一致。

空气中水含量为 2.5μg/g，则其中的水含量为：

$$G_{空气中水}=\frac{264\times 2.5\times 10^{-6}}{22.4}=0.029\text{ mol}$$

相对氧平衡而言可以忽略不计。

八、氢油分子比

氢油分子比计算公式为：

$$\frac{H}{HC}=\frac{M_F V_R x_H}{22.4\times G_F}$$

式中 H/HC——氢油分子比；

V_R——循环氢体积流量，Nm^3/h；

G_F——进料流量，kg/h；

M_F——进料相对分子质量；

x_H——氢气在循环氢中的体积分数。

详细值及计算见表3-44。

表3-44 氢油分子比的计算

项目	符号	单位	计算过程	标定期间
氢油分子比(已知循环氢体积)	H/HC		$\frac{H}{HC}=\frac{M_F V_R x_H}{22.4\times G_F}=\frac{107.48\times 31406\times 88.90\%}{22.4\times 97000}=1.381$	1.381
循环氢体积流量	V_R	Nm^3/h	按DCS截图取数	31406
重整进料(48h)	G	t	见3.4物料平衡	4656
进料流量，按物料平衡计入	G_F	kg/h	$G_F=\frac{4656}{48}\times 1000=97000$	97000
进料相对分子质量	M_F		见3.4物品平衡	107.48
氢气在循环氢中的体积分数	x_H		见3.2产品性质计算	88.90

氢油分子比1.381，较改造后设计值>1.6较低，为装置负荷较大所致，标定期间装置负荷为97.0t/92.8t×100%=105.53%。

九、空速

空速是指在单位时间内单位体积催化剂处理的原料量。催化重整装置采用体积和质量两种空速(计算过程见表3-45)。

体积空速——在单位时间内单位体积催化剂处理的原料油体积。其值为进反应器的原料油体积流量(15.6℃时体积流量，m^3/h)除以催化剂总藏量(m^3)的商，单位为h^{-1}。

质量空速——在单位时间内单位质量催化剂处理的原料油质量。其值为进反应器的原料油质量流量(kg/h)除以催化剂的总藏量(kg)的商，单位为h^{-1}。

表3-45 质量空速和体积空速的计算

项目	符号	单位	计算过程	标定期间
质量空速	$WHSV$	h^{-1}	$WHSV=\frac{M_{精制油}}{M_{cat}}=\frac{97000}{49575.8}=1.96$	1.96

续表

项目	符号	单位	计算过程	标定期间
体积空速	$GHSV$	h^{-1}	$GHSV = \frac{V_{精制油}}{V_{cat}} = \frac{131.30}{88.528} = 1.48$	1.48
质量流量	$M_{精制油}$	kg/h	见物料平衡计算	97000
催化剂的总藏量(不包括再生)	M_{cat1}	kg	总藏量-再生藏量(8187.1kg)	41388.7
催化剂的总藏量	M_{cat}	kg	见装填图	49575.8
体积流量	$V_{油}$	m^3/h	$V_{精制油} = \frac{M_{精制油}}{\rho_{15.6}} = \frac{97000}{738.75} = 131.30$	131.30
催化剂的总藏量(不包括再生)	V_{cat1}	m^3	$V_{cat1} = \frac{M_{cat1}}{\rho_{cat}} = \frac{41388.7}{560} = 73.908$	73.908
催化剂的总藏量	V_{cat}	m^3	$V_{cat} = \frac{M_{cat}}{\rho_{cat}} = \frac{49575.8}{560} = 88.528$	88.528
重整进料密度(20℃)	ρ_{20}	kg/m^3	见原料性质计算	735.1
重整进料密度(15.6℃)(石油密度温度系数，731.8~738.0，取 γ=0.83)	$\rho_{15.6}$	kg/m^3	$\rho_{15.6} = \rho_{20} - \gamma(t-20) = 735.1 - 0.83 \times (15.6-20) = 738.75$	738.75
催化剂密度	ρ_{cat}	kg/m^3	见 PS-VI 物理性质	560

本小节计算中需要注意，在计算体积空速时，因化验分析所给密度为20℃密度，因而计算反应器进料的体积时需对密度进行校正，按 GB/T 1885—1998 中石油密度温度系数进行校正，再求取对应进料的体积流量(见表3-46)。

表3-46 计算值与设计值比较

项目	计算	设计	控制指标
质量空速/h^{-1}	1.96	2.6	1.2-2.6
体积空速/h^{-1}	1.48	1.6	1.5-3.0

上表说明标定期间质量空速在设计控制指标范围内，体积空速略低于控制指标。

十、反应器平均温度计算

本部分计算包括加权平均入口温度和床层加权平均温度，作为表征反应苛刻度的指标之一，并为后续包括热平衡的计算提供基础数据(见表3-47)。

表3-47 加权平均入口温度和床层加权平均温度

反应器	R201	R202	R203	R204
入口温度/℃	523.3	523.7	527.6	528.4
出口温度/℃	417.3	454.1	474.8	487.7
温降/℃	106.0	69.6	52.8	40.7
催化剂装填比	0.15	0.20	0.25	0.40

续表

反应器	R201	R202	R203	R204
加权平均入口温度 $WAIT$/℃	526.52	计算过程：$WAIT=\sum_{i=1}^{4}\Phi_i T_i$ $=0.15\times523.3+0.2\times523.675+0.25\times527.65+0.4\times528.45$ $=526.52$		
加权平均床层温度 $WABT$/℃	496.86	计算过程：$WAIT=\sum_{i=1}^{4}\Phi_i\times\frac{T_{i入}+T_{i出}}{2}$ $=0.15\times\frac{523.3+417.3}{2}+0.2\times\frac{523.675+454.05}{2}$ $+0.25\times\frac{527.65+474.8}{2}+0.4\times\frac{528.45+487.75}{2}$ $=496.86$		

同比其他同类装置，北海炼化加权平均入口温度 $WAIT$ 较高，并且按重整反应规律，设置了一反、二反入口温度与三反、四反入口温度形成一定梯度。合理利用催化剂床层和反应器作用，使催化剂结焦速率略微缓解。

十一、压降计算

本节压降计算包括反应器、再生器、脱氯罐。

本节主要是对各反应器包括脱氯罐的压降进行计算，以了解掌握影响反应器压降的主要因素。其中，轴向反应器压降主要由床层压降和局部压降构成，而床层压降利用埃索(Issue)公式和欧根(Ergun)公式进行计算。

其中，埃索(Issue)公式如下：

$$\Delta p/L=\frac{0.0277\rho^{0.85}Z^{0.15}u^{1.85}}{d_p^{\ 1.15}}$$

式中 Δp——床层压降，kPa；

L——床层厚度，m；

ρ——流体重度，kg/m^3；

Z——流体黏度，mPa·s；

u——流体空塔线速，m/s；

d_p——催化剂颗粒的当量直径，m。

欧根(Ergun)可参考《化工工艺设计手册(第三版)》之床层压力降部分，如下：

$$\frac{\Delta p}{L}g_c=150\times\frac{(1-\varepsilon)^2}{\varepsilon^3}\times\frac{\mu U}{(\varphi_p d_p)^2}+1.75\times\frac{1-\varepsilon}{\varepsilon^3}\times\frac{\rho_f U^2}{\varphi_p d_p}$$

式中 g_c——换算因子，取9.8；

Δp——床层压降，kg/m^2；

L——床层高度，m；

U——表观速度，m/s；

ε——床层空隙率；

ρ_f——气体密度，kg/m³；

φ_p——颗粒形状系数；

μ——气体黏度，Pa·s。

催化剂颗粒的当量直径 d_p 的定义：假定一球形颗粒，其表面积与体积之比等于催化剂颗粒表面积与体积之比，则所假定的球形颗粒的直径即为催化剂颗粒的当量直径。

形状系数 φ_p 的定义：体积和固体颗粒相同的圆球外表面积与固体颗粒的外表面积指标。

1）对一般柱状催化剂来说，设圆柱直径为 d，高度为 h，当量直径为 d_p，按当量直径的定义有：

$$\frac{S_{cat}}{V_{cat}}=\frac{S_{球}}{V_{球}}\Rightarrow\frac{2\times(0.25\pi d^2)+\pi d\times h}{0.25\pi d^2\times h}=\frac{\pi d_p^2}{\frac{1}{6}\pi d_p^3}\Rightarrow d_p=\frac{3dh}{d+2h}$$

按形状系数的定义有柱状颗粒的形状系数为：

$$0.25\pi d^2\times h=\frac{1}{6}\pi d_p'^{\,3}\Rightarrow d_p'=\sqrt[3]{\frac{3d^2h}{2}}$$

则：

$$\varphi_p=\frac{S_{d_i'}}{S_{颗粒}}=\frac{\pi d_p'^{\,2}}{2\times(0.25\pi d^2)+\pi d\times h}=\frac{\sqrt[3]{\left(\frac{3d^2h}{2}\right)^2}}{\frac{d\times h}{2}}=\frac{\sqrt[3]{18dh^2}}{d+2h}$$

2）对于三叶形催化剂，三个中心轴直径相同，设为 d，高度为 h，当量直径为 d_p，按当量直径的定义有：

$$\frac{S_{cat}}{V_{cat}}=\frac{S_{球}}{V_{球}}\Rightarrow\frac{2\times3\times\frac{1}{6}\pi d^2+2\times6\times\frac{\sqrt{3}}{16}d^2+3\times\frac{2}{3}\pi d\cdot h}{(3\times\frac{1}{6}\pi d^2+6\times\frac{\sqrt{3}}{16}d^2)\times h}$$

$$=\frac{\pi d_p^2}{\frac{1}{6}\pi d_p^3}\Rightarrow d_p=\frac{3(4\pi+3\sqrt{3})dh}{(4\pi+3\sqrt{3})d+8\pi h}=\frac{3dh}{d+1.415h}$$

三叶形催化剂的形状系数为：

$$V_{cat}=V_{球}\Rightarrow(3\times\frac{1}{6}\pi d^2+6\times\frac{\sqrt{3}}{16}d^2)\times h=\frac{1}{6}\pi d_p'^{\,3}\Rightarrow d_p'=\sqrt[3]{(3+\frac{9\sqrt{3}}{4\pi})d^2h}$$

则：

$$\Phi_p=\frac{S_{d_i'}}{S_{cat}}=\frac{\pi d_p'^{\,2}}{2\times3\times\frac{1}{6}\pi d^2+2\times6\times\frac{\sqrt{3}}{16}d^2+3\times\frac{2}{3}\pi d\cdot h}$$

$$=\frac{\sqrt[3]{9\left(1+\frac{3\sqrt{3}}{4\pi}\right)^2}\sqrt[3]{dh^2}}{(1+\frac{3\sqrt{3}}{4})d+2h}=\frac{1.313\times\sqrt[3]{dh^2}}{1.15d+h}$$

（一）轴向反应器/罐压降的计算

对预加氢反应器 R101 进行详细计算步骤，其他反应器/罐（R102、V205、V325、V324）计算类似。（一个小窍门：在用电子表格统一进行计算时，R101 和 R102 按两组分计算，其他罐按单组分，可设第一组分物质为 0，以方便统一计算）。同时给出反应器/罐参数见表 3-48。

表 3-48 反应器/罐参数

反应器/罐位号	R101	R102	V205	V325	V324
反应器/罐直径/m	2.8	2.8	1.6	3	1.6
第 1 组分	直馏石脑油	直馏石脑油			
第 2 组分	预加氢循环氢	预加氢循环氢	重整产氢	再生循环气	再生烟气
第 1 床层	主催化剂	脱氯剂	脱氯剂	脱氯剂	脱氯剂
第 2 床层	保护剂 1	ϕ19 瓷球	ϕ19 瓷球	ϕ19 瓷球	ϕ19 瓷球
第 3 床层	保护剂 2	ϕ3 瓷球	ϕ3 瓷球	ϕ6 瓷球	ϕ6 瓷球
第 4 床层	ϕ3 瓷球	ϕ6 瓷球	ϕ6 瓷球	ϕ19 瓷球	ϕ13 瓷球
第 5 床层	ϕ6 瓷球	ϕ19 瓷球	ϕ19 瓷球		ϕ19 瓷球
第 6 床层	ϕ19 瓷球				

注：(1)暂假定 R102 入口和 R101 组成一致，实际上发生了烯烃饱和，S、N、O 等发生反应，还有生焦等副反应发生，可忽略不计；(2)无 6 个床层的，其他床层假定其直径为反应器/罐直径，在计算床层压降时即可忽略不计。

按埃索（Issue）公式计算的反应器/罐床层压降计算过程见表 3-49。

表 3-49 按埃索（Issue）公式计算的反应器/罐床层压降计算

已知：		①R101	②R102	③V205	④V325	⑤V324
第 1 组分/(g/mol) ①②预加氢进料相对分子质量	$M=$	100.68	100.68			
第 1 组分：t/h ①②反应物质量流量	$Q_{质量}=$	132.1	132.1			
第 2 组分/(g/mol) ①②循环氢相对分子质量 ③重整产氢 ④再生循环气 ⑤再生烟气	$M_{循环氢}=$	4.457	4.457	3.899	28.062	33.433
第 2 组分/(Nm^3/h) ①②循环氢流量 ③重整产氢 ④再生循环气 ⑤再生烟气	$V_{循环氢}=$	14403	14403	46951.2	24480.0	740.12
反应器/罐入口温度/℃	$t=$	291.1	290.5	36.8	492.9	130.7
反应器/罐入口压力/MPa(表)	$P=$	2.385	2.246	2.081	0.512	0.52
反应器/罐当量直径/m	$d_i=$	2.8	2.8	1.6	3	1.6

续表

已知：		①R101	②R102	③V205	④V325	⑤V324
第 1 组分/(Nm^3/h) ①②反应物体积流量 ③重整产氢 ④再生循环气 ⑤再生烟气	$Q_{反应物}=$	29407.9	29407.9			
1. 反应物流量：132.1t/h = 132100kg/h = 132100/100.68×22.414 = 29407.9Nm^3/h						
第 2 组分/(kg/h) ①②循环氢质量流量 ③重整产氢 ④再生循环气 ⑤再生烟气	$Q_{循环氢}=$	2863.8	2863.8	8166.6	30649.1	1104.0
2. 循环氢流量：14403/22.414×4.457 = 2863.8kg/h						
反应器/罐入口总体积流量/(m^3/h)	$Q_{混合}=$	3758	3976	2520	11530	181
3. 反应器入口总体积流量：(29407.9+14403)×(0.1033/(2.309+0.1033))×(291.1+273)/273 = 3758m^3/h						
反应器/罐入口总体积流量/(m^3/s)	$Q_{混合}=$	1.044	1.105	0.700	3.203	0.050
混合介质密度/(kg/m^3)	$\rho=$	35.91	33.94	3.24	2.66	6.09
4. 反应器内混合介质密度：(132100+2863.8)/3758 = 35.91kg/m^3						
反应器/罐入口黏度/mPa·s	$\mu=$	0.0133	0.0133	0.0095	0.0349	0.0245
5. 反应器/罐入口黏度：①②详见下文；③对比温度 T_r = (273+36.8)/33.19 = 9.33；对比压力 Pr = (2.081+0.103)/1.313 = 1.66，查表《炼油技术常用数据手册》P155 得到；④⑤详见下文						
实际空塔速度/(m/s)	$u=$	0.1695	0.1794	0.3481	0.4531	0.0251
6. 实际空塔速度 = 1.044/(0.25π×2.8^2) = 0.1695m/s						
催化剂当量直径/m	$d_{1p}=$	0.00343	0.0052	0.0052	0.0049	0.0049

7. 由本表上三叶草催化剂一般当量直径计算公式可得

$$d_p = \frac{3dh}{d+2h}，柱状$$

$$d_p = \frac{3(4\pi + 3\sqrt{3})dh}{(4\pi + 3\sqrt{3})d + 8\pi h} = \frac{3dh}{d + 1.415h}，三叶草形$$

d_{1p} = 3×2×6/(2+1.415×6)/1000 = 0.00343m。其中各反应器/罐主催化剂物理尺寸分别为：

①三叶形 φ(1.5~2.5)×(2.0~10.0)取 φ2×6；②φ4.0×(5~20)，堆积密度 0.75~0.85kg/L，粉红色条形(柱状)；③φ4.0×(5~20)，堆积密度 0.55~0.75kg/L，灰白色条形(柱状)；④φ4.0×(3~15)，堆积密度 0.81kg/L，灰白色条形(柱状)；⑤φ4.0×(3~15)，堆积密度 0.81kg/L，灰白色条形(柱状)。

其他床层颗粒当量直径/m	$d_{2p}=$	0.029	0.019	0.019	0.019	0.019
	$d_{3p}=$	0.023	0.003	0.003	0.006	0.006
	$d_{4p}=$	0.003	0.006	0.006	0.019	0.013
	$d_{5p}=$	0.006	0.019	0.019	3	0.019
	$d_{6p}=$	0.019	2.8	1.6	3	2

续表

已知：		①R101	②R102	③V205	④V325	⑤V324
8. 床层每米压降						
每米床层压降 1/(kPa/m)	$\Delta p_1/L=$	7.80	5.15	2.26	4.02	0.04
$\Delta p_1/L=0.0277\times\rho^{0.85}\times Z^{0.15}\times u^{1.85}/d_p^{1.15}$ $=0.0277\times35.84^{0.85}\times0.0133^{0.15}\times0.1699^{1.85}/0.00343^{1.15}$ $=7.80$kPa/m						
每米床层压降 2/(kPa/m)	$\Delta p_2/L=$	0.668	1.151	0.507	0.848	0.008
每米床层压降 3/(kPa/m)	$\Delta p_3/L=$	0.866	9.616	4.234	3.191	0.029
每米床层压降 4/(kPa/m)	$\Delta p_4/L=$	9.089	4.333	1.908	0.848	0.012
每米床层压降 5/(kPa/m)	$\Delta p_5/L=$	4.096	1.151	0.507	0.003	0.008
每米床层压降 6/(kPa/m)	$\Delta p_6/L=$	1.088	0.004	0.003	0.003	0.000
9. 床层高度/m	$L=$	5.215	4.562	6.581	7.612	8.101
床层 1 高度/m	$L_1=$	4.39	3.946	5.92	7.1	7.55
床层 2 高度/m	$L_2=$	0.1	0.14	0.21	0.2	0.15
床层 3 高度/m	$L_3=$	0.2	0.165	0.14	0.13	0.12
床层 4 高度/m	$L_4=$	0.165	0.16	0.14	0.18	0.13
床层 5 高度/m	$L_5=$	0.16	0.15	0.17	0.001	0.15
床层 6 高度/m	$L_6=$	0.2	0.001	0.001	0.001	0.001
10. 床层总压降/kPa	$\Delta p=$	36.80	22.90	14.45	29.27	0.282
床层 1 压降/kPa	$\Delta p_1=$	34.18	20.28	13.40	28.53	0.275
床层 2 压降/kPa	$\Delta p_2=$	0.07	0.16	0.11	0.17	0.001
床层 3 压降/kPa	$\Delta p_3=$	0.17	1.59	0.59	0.41	0.003
床层 4 压降/kPa	$\Delta p_4=$	1.50	0.69	0.27	0.15	0.002
床层 5 压降/kPa	$\Delta p_5=$	0.66	0.17	0.09	0.00	0.001
床层 6 压降/kPa	$\Delta p_6=$	0.22	0.000	0.000	0.000	0.000

对表 3-49 的几点说明：

1. V325 气体黏度的求取(见表 3-50)

表 3-50　V325 气体黏度

再生循环气量/(Nm^3/h)	24480，可视为不变				
组成	数据来源	分数	相对分子质量	标况黏度/mPa·s	工况下黏度/mPa·s
N_2	其他组分反算	98.66	28	1.7	0.03489
O_2	DCS 截图	0.624	32	2.03	0.04
CO_2	27.5kg/h	0.21	44	1.37	0.0334
H_2O	5550mol	0.51	18	1.73	0.02828
HCl	按设计	0.15	36.5		
再生循环气	相对分子质量	28.06			0.0349

混合气体可按《化工工艺设计手册(第三版)上册》中 12.8.1 气体黏度公式求取，公式如下：

$$\mu_{m} = \frac{\sum y_{i}\mu_{i}M_{i}^{0.5}}{\sum y_{i}M_{i}^{0.5}}$$

2. V324 气体黏度的求取

按空气黏度进行求取。

3. 反应器/罐黏度的求取(见表 3-51)

表 3-51 反应器/罐黏度的求取

反应器/罐	R101	R102	V205	V325	V324
相对分子质量	4.457	4.457	3.899	28.062	33.433
H_2/N_2/空气临界温度/K	33.19	33.19	33.19	126.2	132.4
H_2/N_2/空气临界压力/MPa	1.313	1.313	1.313	3.4	3.774
温度/t	291.1	290.5	36.8	492.9	130.7
压力/MPa	2.385	2.246	2.081	0.512	0.52
T_r	17.00	16.98	9.33	6.07	3.05
P_r	1.89	1.79	1.66	0.18	0.17
μ_{H_2}/mPa·s	0.0124	0.0124	0.0095	0.0338	0.0245
$\mu_{油气}$/mPa·s	0.0137	0.0137			
循环氢/%(体)	67.1	67.1			
反应物/%(体)	32.9	32.9			
循环氢相对分子质量	4.457	4.457			
反应物相对分子质量	100.68	100.68			
$\mu_{混合}$/mPa·s	0.0133	0.0133			

注：(1) V205 已知对比温度和对比压力，按纯氢计，查表《炼油技术常用数据手册》P155；

(2) V325 组成已知，通过学术网站 www.ap1700.com 所得 0.03489mPa·s，与计算所得差值较小；

(3) V324 按空气计，www.ap1700.com 所得 0.0233mPa·s，与计算所得差值较小。

其中 V325 和 V324 气体还可按 Golubev 提出的方程式进行计算：

$$\mu = \begin{cases} \mu_{c}^{*} T_{r}^{0.965} \cdots\cdots T_{r} < 1 \\ \mu_{c}^{*} T_{r}^{0.71+0.29/T_{r}} \cdots\cdots T_{r} > 1 \end{cases}$$

其中 μ_c^* 是临界温度时的黏度，在低压时可表示为：

$$\mu_{c}^{*} = \frac{3.5M^{1/2}p_{c}^{2/3}}{T_{c}^{1/6}}$$

其中 M 是相对分子质量，T_c 的单位为 K，p_c 的单位为 atm，μ_c^* 的单位是 μP。V325 和 V324 分别计算 0.0338mPa·s、0.0245mPa·s。

4. V324 第 2 组分再生烟气体积流量的计算说明

净化风量为 739.00Nm³/h，四氯乙烯注入量为 1.925kg/h，转化为四氯乙烯气体为 $22.414\times10^{-3}\times1925/154=0.28$Nm³/h，转化为氯化氢应是 $0.28\times4=1.12$Nm³/h，不考虑补氯损失，因此气体量为 $739.00+1.12=740.12$Nm³/h。

按欧根(Ergun)公式计算的反应器/罐床层压降计算过程见表 3-52。

表 3-52　按欧根(Ergun)公式计算的反应器/罐床层压降计算

反应器/罐位号		①R101	②R102	③V205	④V325	⑤V324
1. 气体密度/(kg/m^3)	$\rho=$	35.91	33.94	3.24	2.66	6.09
2. 气体黏度/($\times 10^{-5}$)Pa·s	$\mu=$	1.3309	1.3309	0.95	3.49	2.45
3. 表观速度/(m/s)	$u=$	0.1695	0.1794	0.3481	0.4531	0.0251
4. 当量直径/m						
4.1 当量直径 1/m	$d_{1p}=$	0.00343	0.0052	0.0052	0.0049	0.0049
4.2 当量直径 2/m	$d_{2p}=$	0.0291	0.0190	0.0190	0.0190	0.0190
4.3 当量直径 3/m	$d_{3p}=$	0.0232	0.0030	0.0030	0.0060	0.0060
4.4 当量直径 4/m	$d_{4p}=$	0.003	0.006	0.006	0.019	0.013
4.5 当量直径 5/m	$d_{5p}=$	0.006	0.019	0.019	3	0.019
4.6 当量直径 6/m	$d_{6p}=$	0.019	2.8	1.6	3	2
5. 形状系数						
5.1 形状系数 1	$\varphi_{1p}=$	0.8736	0.7727	0.7727	0.8182	0.8182

由本表上三叶草催化剂一般形状计算公式可得

$$\varphi_p = \frac{S_{d_i'}}{S_{颗粒}} = \frac{\pi d_p'^{\,2}}{2\times(0.25\pi d^2)+\pi d\times h} = \frac{\sqrt[3]{\left(\frac{3d^2h}{2}\right)^2}}{\frac{d\times h}{2}} = \frac{\sqrt[3]{18dh^2}}{d+2h}，柱状$$

$$\varphi_p = \frac{S_{d_i'}}{S_{cat}} = \frac{\pi d_p'^{\,2}}{2\times 3\times\frac{1}{6}\pi d^2 + 2\times 6\times\frac{\sqrt{3}}{16}d^2 + 3\times\frac{2}{3}\pi d\cdot h} = \frac{\sqrt[3]{9\left(1+\frac{3\sqrt{3}}{4\pi}\right)^2}\ \sqrt[3]{dh^2}}{(1+\frac{3\sqrt{3}}{4})d+2h} = \frac{1.313\times\sqrt[3]{dh^2}}{1.15d+h}，三叶草形$$

$$\varphi_{1p} = \frac{1.313\sqrt[3]{dh^2}}{1.15d+h} = \frac{1.313\sqrt[3]{2\times 6^2}}{1.15\times 2+6} = 0.8736$$。其中各反应器/罐主催化剂物理尺寸分别为：

①三叶形 $\varphi(1.5\sim2.5)\times(2.0\sim10.0)$ 取 $\varphi2\times6$；②$\varphi4.0\times(5\sim20)$，堆积密度 0.75~0.85kg/L，粉红色条形(柱状)；③$\varphi4.0\times(5\sim20)$，堆积密度 0.55~0.75kg/L，灰白色条形(柱状)；④$\varphi4.0\times(3\sim15)$，堆积密度 0.81kg/L，灰白色条形(柱状)；⑤$\varphi4.0\times(3\sim15)$，堆积密度 0.81kg/L，灰白色条形(柱状)

反应器/罐位号		①R101	②R102	③V205	④V325	⑤V324
5.2 形状系数 2	$\varphi_{2p}=$	1.079	0.8736	0.8736	0.8736	0.8736
5.3 形状系数 3	$\varphi_{3p}=$	1.048	0.8736	0.8736	0.8736	0.8736
5.4 形状系数 4	$\varphi_{4p}=$	0.8736	0.8736	0.8736	0.8736	0.8736
5.5 形状系数 5	$\varphi_{5p}=$	0.8736	0.8736	0.8736	0.8736	0.8736
5.6 形状系数 6	$\varphi_{6p}=$	0.8736	0.8736	0.8736	0.8736	0.8736
6. 空隙率						
6.1 空隙率 1	$\varepsilon_1=$	0.39	0.35	0.35	0.35	0.35
6.2 空隙率 2	$\varepsilon_2=$	0.43	0.39	0.39	0.39	0.39
6.3 空隙率 3	$\varepsilon_3=$	0.43	0.39	0.39	0.39	0.39
6.4 空隙率 4	$\varepsilon_4=$	0.39	0.39	0.39	0.39	0.39
6.5 空隙率 5	$\varepsilon_5=$	0.39	0.39	0.39	0.39	0.39
6.6 空隙率 6	$\varepsilon_6=$	0.39	0.39	0.39	0.39	0.39
7. 床层每米压降/($\times g_c$)						
7.1 每米压降 1/($\times g_c$)	$\Delta p_1/L\times g_c=$	6432	7471	2913	5053	291

续表

反应器/罐位号		①R101	②R102	③V205	④V325	⑤V324
7.2 每米压降 2/(×g_c)	$\Delta p_2/L\times g_c=$	414	1192	437	646	30
7.3 每米压降 3/(×g_c)	$\Delta p_3/L\times g_c=$	536	7826	.3150	2415	131
7.4 每米压降 4/(×g_c)	$\Delta p_4/L\times g_c=$	7397	3831	1462	646	48
7.5 每米压降 5/(×g_c)	$\Delta p_5/L\times g_c=$	3621	1192	437	4	30
7.6 每米压降 6/(×g_c)	$\Delta p_6/L\times g_c=$	1127	8	5	4	0
8. 床层高度/m		5.215	4.562	6.581	7.612	8.101
8.1 高度/m	$L_1=$	4.39	3.946	5.92	7.1	7.55
8.2 高度/m	$L_2=$	0.1	0.14	0.21	0.2	0.15
8.3 高度/m	$L_3=$	0.2	0.165	0.14	0.13	0.12
8.4 高度/m	$L_4=$	0.165	0.16	0.14	0.18	0.13
8.5 高度/m	$L_5=$	0.16	0.15	0.17	0.001	0.15
8.6 高度/m	$L_6=$	0.2	0.001	0.001	0.001	0.001
9. 床层总压降/(kg/m^2)	$\Delta p=$	3103.2	3237.8	1842.8	3718.2	63.6
9.1 床层 1 压降/(kg/m^2)	$\Delta p_1=$	2881.4	3008.2	1759.9	3661.1	62.8
9.2 床层 2 压降/(kg/m^2)	$\Delta p_2=$	4.23	17.03	9.37	13.18	0.10
9.3 床层 3 压降/(kg/m^2)	$\Delta p_3=$	10.93	131.77	45.00	32.04	0.42
9.4 床层 4 压降/(kg/m^2)	$\Delta p_4=$	124.54	62.55	20.88	11.86	0.14
9.5 床层 5 压降/(kg/m^2)	$\Delta p_5=$	59.12	18.25	7.58	0.00	0.10
9.6 床层 6 压降/(kg/m^2)	$\Delta p_6=$	23.00	0.00	0.00	0.00	0.00
10. 床层总压降/kPa	$\Delta p=$	30.41	31.73	18.06	36.44	0.62
10.1 床层 1 压降/kPa	$\Delta p_1=$	28.238	29.481	17.247	35.879	0.616
10.1 床层 2 压降/kPa	$\Delta p_2=$	0.041	0.167	0.092	0.129	0.001
10.1 床层 3 压降/kPa	$\Delta p_3=$	0.107	1.291	0.441	0.314	0.004
10.1 床层 4 压降/kPa	$\Delta p_4=$	1.221	0.613	0.205	0.116	0.001
10.1 床层 5 压降/kPa	$\Delta p_5=$	0.579	0.179	0.074	0.000	0.001
10.1 床层 6 压降/kPa	$\Delta p_6=$	0.225	0.000	0.000	0.000	0.000

注：对没有 6 个床层不同剂或瓷球的进行了技术处理，剂或瓷器直径为反应器/罐直径，高度为极小值 0.001m，技术处理后该部分结果可忽略不计。

反应器局部压降的计算：

流体由管道进入反应器压降可按下式计算(详见《石油化工工艺管道设计与安装》P35)：

$$\Delta p_{t1}=(k-1)(\frac{\rho u^2}{2})\times 10^{-3},\ \text{kPa}$$

因进入反应器时 $k=1$，因此该项值约为 0kPa。

流体由反应器进入管道压降可按下式计算：

$$\Delta p_{t2}=(k+1)(\frac{\rho u^2}{2})\times 10^{-3},\ \mathrm{kPa}$$

反应器/罐局部压降和总压降计算见表 3-53 和表 3-54。

表 3-53 反应器/罐局部压降计算

反应器/罐位号		①R101	②R102	③V205	④V325	⑤V324
局部阻力系数	k=	1.000	1.000	1.000	1.000	1.000
局部压降 1/kPa	Δp_{t1} =	0.000	0.000	0.000	0.000	0.000
混合介质密度/(kg/m^3)	ρ=	35.912	33.942	3.241	2.658	6.086
管道管径/m	D=	0.300	1.300	2.300	3.300	4.300
混合气体流量/(m^3/s)	V=	1.044	1.105	0.700	3.203	0.050
管道流速/(m/s)	$u_{管道}$ =	14.769	0.832	0.168	0.374	0.003
局部阻力系数	k=	0.500	1.500	2.500	3.500	4.500
局部压降 2/kPa	Δp_{t2} =	5.875	0.029	0.000	0.001	0.000

表 3-54 反应器/罐总压降计算

反应器/罐位号		①R101	②R102	③V205	④V325	⑤V324
反应器/罐总压降	总压降=局部压降+各床层压降之和					
反应器总压降(埃索公式)	Δp=	42.67	22.93	14.45	29.27	0.28
$\Delta p=\Delta p_{t1}+\Delta p_{t2}+\Delta p_{埃索}=0+5.887+36.87=42.76\mathrm{kPa}$						
反应器总压降(欧根公式)	Δp=	36.29	31.76	18.06	36.44	0.62
$\Delta p=\Delta p_{t1}+\Delta p_{t2}+\Delta p_{欧根}=0+5.887+30.48=36.36\mathrm{kPa}$						
标定期间值/kPa	$\Delta p_{实际}$ =	137	243	68	74	14

R102：包括 R102 和 E101 管程、A101 压降。

V205：包括 V205 和 E203 管程压降。

V325：包括 V325 和 E301 管程、FV3603 压降。

V324：包括 V324 和 E310 管程压降。

对计算结果的说明：

埃索公式在催化剂装填初期可作为参考，后期因空隙率发生变化，使用欧根公式较为准确。

欧根公式中可以看到，对压降影响较大的三个因素是：流量、催化剂当量直径、空隙率。

预加氢反应器 R101：正常情况下，催化剂当量直径一定，主要受物流流量和空隙率的影响。主要表现为负荷增大时，或者循环氢量增加(氢油比增加)时，床层压降有所上升。

在原料泵入口过滤器失效进入焦粉、油泥、铁锈等导致催化剂空隙率减小时，床层压降上升较快。推测北海炼化由于床层进入焦粉、油泥、铁锈等杂质，引起空隙率的变化，标定期间推测空隙率下降至0.252，总压降达138kPa(标定时)。因此需要定期对预加氢进料泵进行拆清，防止大颗粒或积聚成团的焦状物进入反应器床层；同时做好预加氢原料罐的管理，加强脱水和保持一定时间的静置，避免造成静置不足造成的水含量过多，冲击催化剂，使之成结块趋势发展。标定前已经采取措施，要求罐区静置时间不低于12h，同时定期拆清预加氢原料泵入口过滤器，避免过滤器堵塞或损坏时，焦粉、油泥、铁锈等杂质进入反应器中。其他如预加氢氯处理器R102、重整氢脱氯罐V205、再生循环气脱氯罐V325、再生放空气脱氯罐V324的压降偏差基本如此。

所有计算均低于实际值，该结果方向是正确的。在反应器/罐实际运行过程中，其空隙率因催化剂或瓷球不是均匀一致的，空隙率可能会降低，从R101分析可以看出，空隙率的影响是非线性的，随着空隙率的下降，对不同性质主催化剂(主剂)床层压降将呈现不同的上涨趋势。通过欧根(Ergun)公式对 ε 的二阶求导可看出：

$$\frac{\Delta p}{L}g_{c} = 150 \times \frac{(1-\varepsilon)^2}{\varepsilon^3} \times \frac{\mu U}{(\varphi_p d_p)^2} + 1.75 \times \frac{1-\varepsilon}{\varepsilon^3} \times \frac{\rho_f U^2}{\varphi_p d_p}$$

设 $A = 150 \times \frac{\mu U}{(\varphi_p d_p)^2}$，$B = 1.75 \times \frac{\rho_f U^2}{\varphi_p d_p}$，则可得：

$$\frac{\partial}{\partial \varepsilon}\left(\frac{\Delta p}{L}g_c\right) = [2A(\varepsilon-1) - B]\varepsilon^{-3} + [-3A(\varepsilon-1)^2 + 3B(\varepsilon-1)]\varepsilon^{-4}$$

$$= \varepsilon^{-4}[-A\varepsilon^2 + 2\varepsilon(2A+B) - 3(A+B)]$$

进而

$$\frac{\partial^2}{\partial \varepsilon^2}\left(\frac{\Delta p}{L}g_c\right) = 2\varepsilon^{-5}[A\varepsilon^2 + 12B\varepsilon + 6(A-B)]$$

因为 A 和 B 均不是定值，但是欧根公式对空隙率的一阶导数都小于0，而欧根公式对空隙率的二阶求导不是定值，但是可以发现标定状况下，R101、R102、V205涉及氢气的二阶导数均为负值，V325和V324涉及氮气的二阶导数为正值。且存在除V324外当 $\frac{\partial^2}{\partial \varepsilon^2}\left(\frac{\Delta p}{L}g_c\right) = 0$ 时的一个值 ε^*（见表3-55），可以作出所求各反应器/罐的大致曲线图(见图3-2)。

表3-55 各反应器/罐的 ε^* 值

	①R101	②R102	③V205	④V325	⑤V324
$A=$	37.7	22.5	31.1	147.0	14.0
$B=$	603.8	479.2	172.0	237.8	10.1
$-A\varepsilon^2+2\varepsilon(A+B)-3(A+B)=$	-1430.0	-1156.7	-470.8	-903.0	-57.2
$A\varepsilon^2+12B\varepsilon+6(A-B)=$	-564.9	-725.1	-119.4	472.0	67.9
当 $\frac{\partial^2}{\partial \varepsilon^2}\left(\frac{\Delta p}{L}g_c\right)=0$ 时 $\varepsilon^*=$	0.4676	0.4757	0.4072	0.1891	—

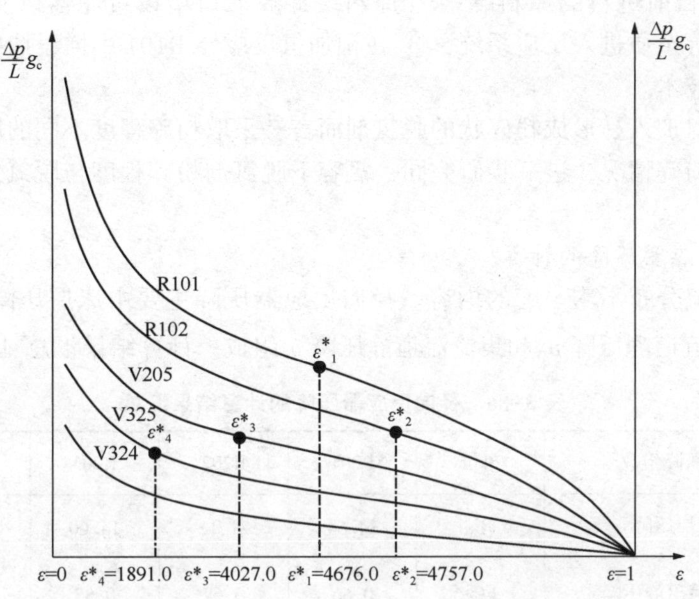

图 3-2 轴向反应器/罐床层压降示意图

标定后 10 个月，对预加氢反应器 R101 进行撇头消缺处理，撇头消缺后开工该反应器压降测量值为 37.00kPa，与表 3-53 中的欧根公式计算值 36.29kPa 是一致的。同时对撇头催化剂进行采样分析，上部硅沉积较多[最高达 11.12%(质)]，无法再生使用，催化剂上碳含量高达 2.22%(质)，SiO_2含量和 Fe_2O_3含量最高分别达到 11.12%(质)、0.24%(质)，有硅、钙、铁、砷、硒污染，应加强原料管理和/或防腐管理。反应器上部、第一周期大修时新旧催化剂结合部(未结垢)存在一定量的催化剂粉末[小于 20 目的占 24.4%(质)]，见图 3-3。

图 3-3 待生剂 FH-40A(局部)

因此，平时应保证原料罐的静置时间和及时脱水，有机会或在大修期间着手三方面管理：① 增设适应目前进料的原料罐；② 原料缓冲罐入口增设过滤器以防止罐区携带的焦粉、油泥、铁锈等杂质进入反应系统；③ 在预加氢反应器 R101 中增设捕硅剂等防止催化剂金属中毒的级配技术。

另一方面，对加入易形成粉碎状的脱氯剂而言，采取粉碎程度不同的压降模型，可以预估不同脱氯剂的粉碎情况，进一步研究同一氯容下脱氯剂粉碎程度与脱氯效果和使用周期的关系。

（二）径向反应器压降的计算

见本节中气流分布不均匀度的内容。径向反应器压降主要由床层压降 p_b 和中心管过孔压降 p_e 以及分流流道静压降 p_D 和集流流道静压降 p_c 组成。计算结果汇总见表 3-56。

表 3-56　径向反应器压降的计算结果汇总

序号	压降组成	单位	R201	R202	R203	R204	R301
1	床层压降 p_b	kPa	14.64	21.12	14.60	14.72	1.97
2	分流流道静压降 p_D	kPa	0.66	0.68	0.83	0.69	—
3	集流流道静压降 p_c	kPa	1.37	1.82	2.24	2.68	0.05
4	中心管穿孔压降 p_e	kPa	1.33	1.75	1.46	1.72	0.29
5	总压降 p_A	kPa	18.00	25.37	19.14	19.81	2.31

床层压降按 Ergun 公式计算。流速线速 u_b（即装置负荷和氢油比）越大、催化剂粒度分布不均造成的空隙率 ε 越小、催化剂磨损后造成的催化剂当量直径 d_p 越小、苛刻度高时产氢和裂化反应引起的气体密度 ρ_f 越小、开孔率 e 越小，反应器床层压降越大。中心管过孔压降跟中心管厚度和开孔直径之比有关，也和过孔速度等有关，其中影响加大的还有中心管开孔率 e 有关。

分流流道静压降 p_D 和集流流道静压降 p_c 在一定流速（负荷、氢油比）下均和反应器结构参数密切相关，而且数值较小且稳定。

降低流速线速 u_b（即装置负荷和氢油比）、催化剂粒度分布不均造成的空隙率 ε 越小、催化剂磨损后造成的催化剂当量直径 d_p 降低、苛刻度较低产氢和裂化反应少引起的气体密度 ρ_f 降低、开孔率 e 降低，均能降低气流分布不均匀度。其中空隙率和催化剂直径的降低对操作不利，降低负荷、氢油比和苛刻度需要权衡实际操作和经济效益，开孔率对运行过程装置一般不具有可操作性。

对于已经设计好的反应器而言，降低扇形筒 u_D 和中心管流速 u_c（装置负荷和氢油比），能降低气流分布不均匀度。而其他如增加流通面积、分流流道和集流流道设计成变截面积、改变气流分布型式由 Z 型（上进下出）改为 Π 型（上进上出）的，则无法改变。

（三）拓展讨论

空隙率 ε 的降低将快速增大反应器床层压降，按颗粒学颗粒堆积分布规律可知，连续重整催化剂在反应器内的下料过程属于正斜方堆积和锲形四面体堆积方式（见图 3-4）之间，二者空隙率分别为 0.3955 和 0.3019，催化剂在流动过程中属于随机倾倒填充，同时因与器壁接触，在反应器壁附近形成特殊的排列结构，称之为器壁效应，但催化剂粒径远远小于反应器直径，因此该效应可忽略不计。因催化剂粒径在提升过程和其他可能的磨损而变小，也存在随着催化剂使用年限的增加，铂分散的不完全，局部的侏儒球产生使催化剂颗粒变小，催化剂粒度更加分布不均，其空隙率随着小催化剂的加入而减小，而且颗粒直径分布范围越大，空隙率也越低。这也是工艺上需要保持淘析的原因之一。

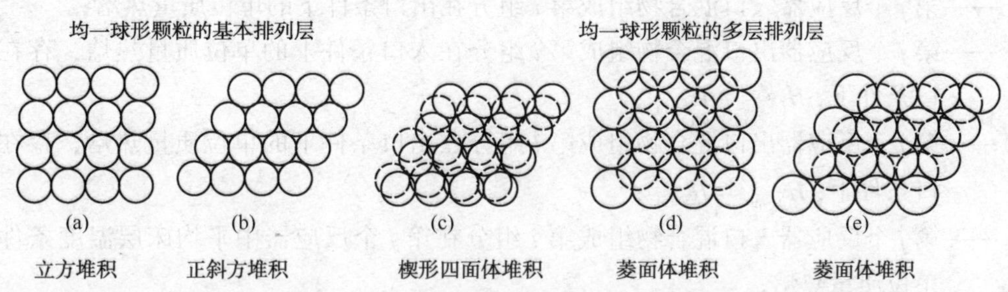

图 3-4　尺寸相同圆球的各种堆积方式

另外，按空隙率公式：$\varepsilon = 1 - \dfrac{\rho_a}{\rho_b}$，可得到 $\rho_a = (1-\varepsilon)\rho_b$，根据所给 PS-VI 空隙率 $\varepsilon =0.39$，表观密度 $\rho_a = 560\text{kg/m}^3$，颗粒密度 $\rho_b = 903\text{kg/m}^3$。式子略有偏差，这部分偏差跟粒径存在一定范围内的粒度分布有关，与存在排列方式配位数的不同有关。

随着碎颗粒的增加，空隙率的下降，可以预见：贴壁点随着碎颗粒的增多而越来越高，反应器压降将越来越高。

十二、热平衡计算

本节任务：反应热、加热炉热负荷及效率、进料换热器传热系数。

(一) 反应热

重整反应热计算思路为：

1) 现场已知条件：① 反应器进料流量 97000kg/h；② 循环氢流量 10066.1kg/h；③ 反应进料组成、循环氢组成和产品组成；④ 反应器进/出口温度；⑤ 各组分在进出口条件下的热焓值。

2) 因反应器间无法取样得到反应器出口组成，假定各反应器转化率按各反应器温降（分别为 106.0℃、69.6℃、52.8℃、40.7℃）归一得到，分别为 39%、26%、20%、15%。

3) 再根据反应器进料流量和组成、循环氢流量和组成，计算出第一反应器入口混合进料组成，再根据上述假定转化率计算一反出口（二反入口）组成，以此类推计算至四反入口组成。

4) 因生成油流量未做累计表，因此四反出口组成可由产品和循环氢的流量和组成得到，产品按烃类组分（对重整进料）见“三、物料平衡计算”。

根据以上思路和假定，规定：

T_j ——第 j 个反应器入口温度；

T_j' ——第 j 个反应器出口温度；

x_{ji} ——第 j 个反应器入口混合物组成第 i 组分的组成；

x_{ji}' ——第 j 个反应器出口混合物组成第 i 组分的组成，存在 $x_{ji}' = x_{(j+1)i} \cdots (j = 1, 2, 3)$，四反出口 $x_{4i}' = x_{0i}$，设定 x_{0i} 为四反出口混合物第 i 组分的组成，该组成可由产品和循环氢流量、组成计算；

$H_{ji-\text{in}}$ ——第 j 个反应器入口混合物组成第 i 组分在入口条件下的单位质量热焓；

$H_{ji-\text{in}}'$ ——第 j 个反应器入口混合物组成第 i 组分在出口条件下的单位质量热焓；

$H_{ji-\text{out}}$ ——第 j 个反应器出口混合物组成第 i 组分在入口条件下的单位质量热焓，存在在入口条件下，$H_{ji-\text{out}} = H_{ji-\text{in}}$；

$H_{ji-\text{out}}'$ ——第 j 个反应器出口混合物组成第 i 组分在出口条件下的单位质量热焓，存在在出口条件下，$H_{ji-\text{out}}' = H_{ji-\text{in}}'$；

H_{ji-ABT}' ——第 j 个反应器入口混合物组成第 i 组分在第 j 个反应器中平均床层温度条件下的单位质量热焓；

$H_{0i-WAIT}$ ——混合物组成第 i 组分在加权平均床层温度下的单位质量热焓；

$H_{j-\text{in}}$ ——第 j 个反应器入口混合物各组成在入口条件下的总热焓；

$H_{j-\text{in}}'$ ——第 j 个反应器出口混合物各组成在出口条件下的总热焓；

$H_{j-\text{out}}$ ——第 j 个反应器出口混合物各组成在入口条件下的总热焓；

$H_{j-\text{out}}'$ ——第 j 个反应器出口混合物各组成在出口条件下的总热焓；

ΔH_{rj} ——第 j 个反应器在入口条件下的反应热；

$\Delta H_{rj}'$ ——第 j 个反应器在出口条件下的反应热；

$\Delta H_{rj}''$ ——第 j 个反应器在加权平均入口温度下的反应热；

ΔH_r ——按反应器入口温度下的总反应热；

$\Delta H_r'$ ——按反应器出口温度下的总反应热；

$\Delta H_r''$ ——按加权平均入口温度下的总反应热；

ΔH_j ——第 j 个反应器的焓变，即在出口条件下的焓减去在入口条件下的焓 $\Delta H_j = H_{j-\text{out}}' H_{j-\text{in}}$，绝热反应条件下，$\Delta H_j = 0$，重整反应条件，可近似为 $\Delta H_j \approx 0$；

ΔH ——总焓变各反应器的焓变之和，存在 $\Delta H = \sum \Delta H_j$；

Q_j ——从第 j-1 个反应器出口温度升温至第 j-1 个反应器入口温度条件下，第 j 个加热炉供给第 j-1 个反应器的热量，j=2，3，4，5，其中 Q_5 为假定存在第 5 个加热炉；

ΔQ_j ——从第 j-1 个反应器出口温度升温至第 j 个反应器入口温度条件下，第 j 个加热炉供给达到第 j 个反应器入口温度的热量，j=2，3，4；

Q_j' ——第 j 个加热炉供给反应的热量，j=1，2，3，4；存在 $Q_j' = Q_j + \Delta Q_j$，j=2，3，4。

$H_{ji-\text{F}}$ ——第 j 个加热炉入口混合物组成第 i 组分在入口条件下的热焓；

$H_{ji-\text{F}}'$ ——第 j 个反应器出口混合物组成第 i 组分在出口条件下的热焓；

$H_{j-\text{F}}$ ——第 j 个加热炉入口混合物各组成在炉入口条件下的热焓；

$H_{j-\text{F}}'$ ——第 j 个反应器出口混合物各组成在炉出口条件下的热焓；

$x_{ji-\mathrm{F}}$ ——第 j 个加热炉入口混合物组成第 i 组分的组成，$x_{ji-\mathrm{F}}=x_{ji}$；

$x'_{ji-\mathrm{F}}$ ——第 j 个加热炉出口混合物组成第 i 组分的组成，存在 $x'_{ji-\mathrm{F}}=x_{ji-\mathrm{F}}$，一炉出口 $x'_{1i-\mathrm{F}}=x_{1i-\mathrm{F}}=x_{0i-\mathrm{F}}$，设定 $x_{0i-\mathrm{F}}$ 为一炉入口混合物第 i 组分的组成，该组成可由进料和循环氢的流量、组成计算。

反应过程图 3-5 所示：

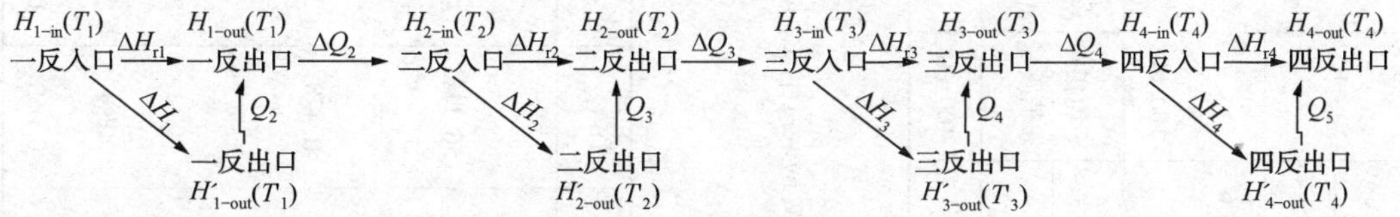

$H_{1-\mathrm{in}}(T_1)$ 一反入口 $\xrightarrow{\Delta H_{\mathrm{r1}}}$ 一反出口 $H_{1-\mathrm{out}}(T_1)$ $\xrightarrow{\Delta Q_2}$ 二反入口 $H_{2-\mathrm{in}}(T_2)$ $\xrightarrow{\Delta H_{\mathrm{r2}}}$ 二反出口 $H_{2-\mathrm{out}}(T_2)$ $\xrightarrow{\Delta Q_3}$ 三反入口 $H_{3-\mathrm{in}}(T_3)$ $\xrightarrow{\Delta H_{\mathrm{r3}}}$ 三反出口 $H_{3-\mathrm{out}}(T_3)$ $\xrightarrow{\Delta Q_4}$ 四反入口 $H_{4-\mathrm{in}}(T_4)$ $\xrightarrow{\Delta H_{\mathrm{r4}}}$ 四反出口 $H_{4-\mathrm{out}}(T_4)$

一反入口 $\xrightarrow{\Delta H_1}$ 一反出口 $H'_{1-\mathrm{out}}(T_1)$ $\xrightarrow{Q_2}$ 一反出口 $H_{1-\mathrm{out}}(T_1)$

二反入口 $\xrightarrow{\Delta H_2}$ 二反出口 $H'_{2-\mathrm{out}}(T_2)$ $\xrightarrow{Q_3}$ 二反出口 $H_{2-\mathrm{out}}(T_2)$

三反入口 $\xrightarrow{\Delta H_3}$ 三反出口 $H'_{3-\mathrm{out}}(T_3)$ $\xrightarrow{Q_4}$ 三反出口 $H_{3-\mathrm{out}}(T_3)$

四反入口 $\xrightarrow{\Delta H_4}$ 四反出口 $H'_{4-\mathrm{out}}(T_4)$ $\xrightarrow{Q_5}$ 四反出口 $H_{4-\mathrm{out}}(T_4)$

图 3-5　反应过程示意图

从图中反应的一般方程式，存在如下关系：

$$H_{j-\mathrm{in}}=\sum(H_{ji-\mathrm{in}}\cdot x_{ji})$$

$$H_{j-\mathrm{out}}=\sum(H_{ji-\mathrm{out}}\cdot x'_{ji})$$

$$H'_{j-\mathrm{out}}=\sum(H'_{ji-\mathrm{out}}\cdot x'_{ji})$$

$$H_{j-\mathrm{out}}=\Delta H_{\mathrm{r}j}+H_{j-\mathrm{in}}$$

进而有按反应器入口条件下第 j 个反应器的反应热：

$$\begin{aligned}\Delta H_{\mathrm{r}j}&=H_{j-\mathrm{out}}-H_{j-\mathrm{in}}\\&=\sum(H_{ji-\mathrm{out}}\cdot x_{ji})-\sum(H_{ji-\mathrm{in}}\cdot x'_{ji})\\&=\sum(H_{ji-\mathrm{out}}\cdot x_{ji}-H_{ji-\mathrm{in}}\cdot x'_{ji})\end{aligned}$$

同理，按反应器出口条件下第 j 个反应器的反应热：

$$\Delta H'_{\mathrm{r}j}=\sum(H'_{ji-\mathrm{out}}\cdot x_{ji}-H'_{ji-\mathrm{in}}\cdot x'_{ji})$$

按加权反应器床层温度下计算：

则按反应器入口条件下、出口条件下和加权反应器床层温度下的总反应热 ΔH_{r}、$\Delta H'_{\mathrm{r}}$、$\Delta H''_{\mathrm{r}}$ 分别为：

$$\begin{aligned}\Delta H_{\mathrm{r}}&=\sum_{j=1}^{4}\Delta H_{\mathrm{r}j}\\&=\sum_{j=1}^{4}\sum(H_{ji-\mathrm{out}}\cdot x_{ji}-H_{ji-\mathrm{in}}\cdot x'_{ji})\end{aligned}$$

$$\begin{aligned}\Delta H'_{\mathrm{r}}&=\sum_{j=1}^{4}\Delta H'_{\mathrm{r}j}\\&=\sum_{j=1}^{4}\sum(H'_{ji-\mathrm{out}}\cdot x_{ji}-H'_{ji-\mathrm{in}}\cdot x'_{ji})\end{aligned}$$

$$\begin{aligned}\Delta H''_{\mathrm{r}}&=H_{0i-\mathrm{WAIT}}\cdot x'_{4i}-H_{0i-\mathrm{WAIT}}\cdot x_{1i}\\&=\sum[H_{0i-\mathrm{WAIT}}\cdot(x'_{4i}-\cdot x_{1i})]\end{aligned}$$

反应器进料(重整进料)流量：97000.0kg/h，循环氢流量：10066.1kg/h。

循环氢组成见表 3-57。

表 3-57 循环氢组成

物料名称	气相组成分析/%(体)												合计	平均相对分子质量	密度/(kg/Nm³)
	H_2	C_1	C_2	C_3	O-C_3	n-C_4	i-C_4	O-C_4	n-C_5	i-C_5	C_{6^+}	H_2S			
相对分子质量	2	16.043	30.07	44.097	42.097	58.124	58.124	56.113	72.151	72.151	80.178	34.06			
重整循环氢	88.900	1.709	2.377	2.196	0.020	0.864	1.050	0.060	0.271	0.643	1.910		100.00	7.184	0.3205

物料名称	气相组成分析/%(质)(归一)												平均相对分子质量	密度/(kg/Nm³)	
	H_2	C_1	C_2	C_3	O-C_3	n-C_4	i-C_4	O-C_4	n-C_5	i-C_5	C_{6^+}	H_2S			
重整循环氢	25.109	3.871	10.093	13.675	0.119	7.095	8.621	0.478	2.765	6.554	21.621		100.00	7.184	0.3205

重整进料按烃类组成收率见表 3-30 及其续表。

因此，第一反应器入口组成，按假定的反应器转化率(分别为 39%、26%、20%、15%)，可得到各反应器出入口、加热炉出入口组成，见表 3-58~表 3-61。

表 3-58 反应器及加热炉出入口组成

序号	物料名称	H_2	C_1	C_2	C_3	O-C_3	n-C_4	i-C_4	O-C_4	n-C_5	i-C_5
1	碳数	0	1	2	3	3	4	4	4	5	5
2	相对分子质量	2.000	16.043	30.070	44.097	42.097	58.124	58.124	56.113	72.151	72.151
3	精制油组成/%(质)	—	—	—	—	—	—	—	—	—	—
4	循环氢组成/%(质)	25.109	3.871	10.093	13.675	0.119	7.095	8.621	0.478	2.765	6.554
5	精制油各组成/(kg/h)	—	—	—	—	—	—	—	—	—	—
6	循环氢各组成/(kg/h)	2527.4	389.6	1016.0	1376.5	12.0	714.1	867.8	48.1	278.3	659.7
7=5+6	混合进料各组成/(kg/h)	2527.4	389.6	1016.0	1376.5	12.0	714.1	867.8	48.1	278.3	659.7
8	产品组成(归一)/%(质)	3.357	0.466	1.434	1.914	0.010	1.096	1.334	0.062	0.694	1.396

续表

序号	物料名称	H_2	C_1	C_2	C_3	$O-C_3$	$n-C_4$	$i-C_4$	$O-C_4$	$n-C_5$	$i-C_5$
9=重整进料×8+循环氢×4	四反出口组成/(kg/h)	5783. 319	841. 479	2406. 884	3233. 059	21. 713	1776. 798	2162. 166	107. 894	951. 176	2014. 057
x_{ji}，j=1，2，3，4	R201 入口组成/(kg/h)	2527. 4	389. 6	1016. 0	1376. 5	12. 0	714. 1	867. 8	48. 1	278. 3	659. 7
	R202 入口组成/(kg/h)	3797. 2	565. 9	1558. 4	2100. 6	15. 8	1128. 6	1372. 6	71. 4	540. 7	1187. 9
	R203 入口组成/(kg/h)	4643. 8	683. 3	1920. 1	2583. 3	18. 3	1404. 9	1709. 1	87. 0	715. 7	1540. 0
	R204 入口组成/(kg/h)	5294. 9	773. 7	2198. 3	2954. 6	20. 3	1617. 4	1968. 0	98. 9	850. 2	1810. 9
$x_{ji}' = x_{(j+1)i} \cdots (j=1, 2, 3)$ $x_{4i}' = x_{0i}$，按各反应器按39%、26%、20%、15%转化进行插值计算：一反入口+(四反出-一反入)×累积转化率	R201 出口组成/(kg/h)	3797. 2	565. 9	1558. 4	2100. 6	15. 8	1128. 6	1372. 6	71. 4	540. 7	1187. 9
	R202 出口组成/(kg/h)	4643. 8	683. 3	1920. 1	2583. 3	18. 3	1404. 9	1709. 1	87. 0	715. 7	1540. 0
	R203 出口组成/(kg/h)	5294. 9	773. 7	2198. 3	2954. 6	20. 3	1617. 4	1968. 0	98. 9	850. 2	1810. 9
	R204 出口组成/(kg/h)	5783. 3	841. 5	2406. 9	3233. 1	21. 7	1776. 8	2162. 2	107. 9	951. 2	2014. 1
$x_{ji-F} = x_{ji}$	F201 入口组成/(kg/h)	2527. 4	389. 6	1016. 0	1376. 5	12. 0	714. 1	867. 8	48. 1	278. 3	659. 7
	F202 入口组成/(kg/h)	3797. 2	565. 9	1558. 4	2100. 6	15. 8	1128. 6	1372. 6	71. 4	540. 7	1187. 9
	F203 入口组成/(kg/h)	4643. 8	683. 3	1920. 1	2583. 3	18. 3	1404. 9	1709. 1	87. 0	715. 7	1540. 0
	F204 入口组成/(kg/h)	5294. 9	773. 7	2198. 3	2954. 6	20. 3	1617. 4	1968. 0	98. 9	850. 2	1810. 9
$x_{ji-F}' = x_{ji-F}$	F201 出口组成/(kg/h)	2527. 4	389. 6	1016. 0	1376. 5	12. 0	714. 1	867. 8	48. 1	278. 3	659. 7
	F202 出口组成/(kg/h)	3797. 2	565. 9	1558. 4	2100. 6	15. 8	1128. 6	1372. 6	71. 4	540. 7	1187. 9
	F203 出口组成/(kg/h)	4643. 8	683. 3	1920. 1	2583. 3	18. 3	1404. 9	1709. 1	87. 0	715. 7	1540. 0
	F204 出口组成/(kg/h)	5294. 9	773. 7	2198. 3	2954. 6	20. 3	1617. 4	1968. 0	98. 9	850. 2	1810. 9

表 3-59 反应器及加热炉出入口组成(续表)

序号	物料名称	n-C_6	i-C_6	O-C_6	N-C_6	A-C_6	n-C_7	i-C_7	O-C_7	N-C_7	A-C_7
1	碳数	6	6	6	6	6	7	7	7	7	7
2	相对分子质量	86. 178	86. 178	84. 162	84. 162	78. 114	100. 205	100. 205	98. 189	98. 189	92. 141
3	精制油组成/%(质)	5. 541	4. 123	0	4. 043	0. 556	8. 277	7. 260	0	8. 863	3. 026
4	循环氢组成/%(质)	0	21. 621	0	0	0	0	0	0	0	0
5	精制油各组成/(kg/h)	5375. 1	3999. 7	0	3922. 0	539. 5	8028. 7	7042. 1	0. 0	8597. 3	2935. 4
6	循环氢各组成/(kg/h)	0	2176. 4	0	0	0	0	0	0	0	0
7=5+6	混合进料各组成/(kg/h)	5375. 1	6176. 2	0	3922. 0	539. 5	8028. 7	7042. 1	0. 0	8597. 3	2935. 4
8	产品组成(归一)/%(质)	3. 060	6. 326	0. 531	0. 471	4. 579	1. 781	6. 091	0. 457	0. 229	16. 105
9=重整进料×8+循环氢×4	四反出口组成/(kg/h)	2968. 4	8312. 7	515. 1	456. 5	4441. 7	1727. 7	5908. 4	443. 7	221. 8	15622. 2
$x_{ji\text{-F}} = x_{ji}$	R201 入口组成/(kg/h)	5375. 1	6176. 2	0. 0	3922. 0	539. 5	8028. 7	7042. 1	0. 0	8597. 3	2935. 4
	R202 入口组成/(kg/h)	4436. 5	7009. 4	200. 9	2570. 4	2061. 3	5571. 3	6600. 0	173. 0	5330. 9	7883. 3
	R203 入口组成/(kg/h)	3810. 8	7564. 9	334. 8	1669. 4	3075. 9	3933. 1	6305. 2	288. 4	3153. 2	11181. 8
	R204 入口组成/(kg/h)	3329. 4	7992. 3	437. 9	976. 3	3856. 3	2672. 9	6078. 5	377. 1	1478. 1	13719. 2
$x_{ji}' = x_{(j+1)i} \cdots (j = 1, 2, 3)$ $x_{4i}' = x_{0i}$，按各反应器按 39%、26%、20%、15%转化进行插值计算：一反入口+(四反出-一反入)×累积转化率	R201 出口组成/(kg/h)	4436. 5	7009. 4	200. 9	2570. 4	2061. 3	5571. 3	6600. 0	173. 0	5330. 9	7883. 3
	R202 出口组成/(kg/h)	3810. 8	7564. 9	334. 8	1669. 4	3075. 9	3933. 1	6305. 2	288. 4	3153. 2	11181. 8
	R203 出口组成/(kg/h)	3329. 4	7992. 3	437. 9	976. 3	3856. 3	2672. 9	6078. 5	377. 1	1478. 1	13719. 2
	R204 出口组成/(kg/h)	2968. 4	8312. 7	515. 1	456. 5	4441. 7	1727. 7	5908. 4	443. 7	221. 8	15622. 2
$x_{ji\text{-F}} = x_{ji}$	F201 入口组成/(kg/h)	5375. 1	6176. 2	0. 0	3922. 0	539. 5	8028. 7	7042. 1	0. 0	8597. 3	2935. 4
	F202 入口组成/(kg/h)	4436. 5	7009. 4	200. 9	2570. 4	2061. 3	5571. 3	6600. 0	173. 0	5330. 9	7883. 3
	F203 入口组成/(kg/h)	3810. 8	7564. 9	334. 8	1669. 4	3075. 9	3933. 1	6305. 2	288. 4	3153. 2	11181. 8
	F204 入口组成/(kg/h)	3329. 4	7992. 3	437. 9	976. 3	3856. 3	2672. 9	6078. 5	377. 1	1478. 1	13719. 2

续表

序号	物料名称	n-C$_6$	i-C$_6$	O-C$_6$	N-C$_6$	A-C$_6$	n-C$_7$	i-C$_7$	O-C$_7$	N-C$_7$	A-C$_7$
$x'_{ji-F}=x_{ji-F}$	F201 出口组成/(kg/h)	5375.1	6176.2	0.0	3922.0	539.5	8028.7	7042.1	0.0	8597.3	2935.4
	F202 出口组成/(kg/h)	4436.5	7009.4	200.9	2570.4	2061.3	5571.3	6600.0	173.0	5330.9	7883.3
	F203 出口组成/(kg/h)	3810.8	7564.9	334.8	1669.4	3075.9	3933.1	6305.2	288.4	3153.2	11181.8
	F204 出口组成/(kg/h)	3329.4	7992.3	437.9	976.3	3856.3	2672.9	6078.5	377.1	1478.1	13719.2

表 3-60　反应器及加热炉出入口组成(续表)

序号	物料名称	n-C$_8$	i-C$_8$	O-C$_8$	N-C$_8$	A-C$_8$	n-C$_9$	i-C$_9$	N-C$_9$	A-C$_9$	n-C$_{10}$	i-C$_{10}$
1	碳数	8	8	8	8	8	9	9	9	9	10	10
2	相对分子质量	114.232	114.232	112.216	112.216	106.168	128.259	128.259	126.243	120.195	142.286	142.286
3	精制油组成/%(质)	6.719	8.247	0	8.282	6.313	4.564	6.218	6.343	3.031	1.373	3.958
4	循环氢组成/%(质)	0	0	0	0	0	0	0	0	0	0	0
5	精制油各组成/(kg/h)	6517.2	7999.5	0	8033.5	6123.6	4427.4	6031.2	6152.7	2940.3	1331.6	3839.4
6	循环氢各组成/(kg/h)	0	0	0	0	0	0	0	0	0	0	0
7=5+6	混合进料各组成/(kg/h)	6517.2	7999.5	0	8033.5	6123.6	4427.4	6031.2	6152.7	2940.3	1331.6	3839.4
8	产品组成(归一)/%(质)	0.418	1.759	0.048	0.132	22.680	0.070	0.136	0	17.284	0	0
9=重整进料×8+循环氢×4	四反出口组成/(kg/h)	405.3	1706.4	46.9	128.0	21999.9	68.3	132.2	0	16765.5	0	0
x_{ji}，j=1，2，3，4	R201 入口组成/(kg/h)	6517.2	7999.5	0	8033.5	6123.6	4427.4	6031.2	6152.7	2940.3	1331.6	3839.4
	R202 入口组成/(kg/h)	4133.6	5545.2	18.3	4950.4	12315.3	2727.3	3730.6	3753.2	8332.1	812.3	2342.0
	R203 入口组成/(kg/h)	2544.5	3909.0	30.5	2894.9	16443.2	1594.0	2196.9	2153.4	11926.6	466.1	1343.8
	R204 入口组成/(kg/h)	1322.1	2650.4	39.9	1313.8	19618.4	722.1	1017.1	922.9	14691.7	199.7	575.9

续表

序号	物料名称	$n-C_8$	$i-C_8$	$O-C_8$	$N-C_8$	$A-C_8$	$n-C_9$	$i-C_9$	$N-C_9$	$A-C_9$	$n-C_{10}$	$i-C_{10}$
$x_{ji}' = x_{(j+1)i}\cdots(j=1, 2, 3)$	R201 出口组成/(kg/h)	4133.6	5545.2	18.3	4950.4	12315.3	2727.3	3730.6	3753.2	8332.1	812.3	2342.0
$x_{4i}' = x_{0i}$，按各反应器按 39%、26%、20%、15%转化进行插值计算：一反入口+(四反出-一反入)×累积转化率	R202 出口组成/(kg/h)	2544.5	3909.0	30.5	2894.9	16443.2	1594.0	2196.9	2153.4	11926.6	466.1	1343.8
	R203 出口组成/(kg/h)	1322.1	2650.4	39.9	1313.8	19618.4	722.1	1017.1	922.9	14691.7	199.7	575.9
	R204 出口组成/(kg/h)	405.3	1706.4	46.9	128.0	21999.9	68.3	132.2	0	16765.5	0	0
$x_{ji-F} = x_{ji}$	F201 入口组成/(kg/h)	6517.2	7999.5	0	8033.5	6123.6	4427.4	6031.2	6152.7	2940.3	1331.6	3839.4
	F202 入口组成/(kg/h)	4133.6	5545.2	18.3	4950.4	12315.3	2727.3	3730.6	3753.2	8332.1	812.3	2342.0
	F203 入口组成/(kg/h)	2544.5	3909.0	30.5	2894.9	16443.2	1594.0	2196.9	2153.4	11926.6	466.1	1343.8
	F204 入口组成/(kg/h)	1322.1	2650.4	39.9	1313.8	19618.4	722.1	1017.1	922.9	14691.7	199.7	575.9
$x_{ji-F}' = x_{ji-F}$	F201 出口组成/(kg/h)	6517.2	7999.5	0	8033.5	6123.6	4427.4	6031.2	6152.7	2940.3	1331.6	3839.4
	F202 出口组成/(kg/h)	4133.6	5545.2	18.3	4950.4	12315.3	2727.3	3730.6	3753.2	8332.1	812.3	2342.0
	F203 出口组成/(kg/h)	2544.5	3909.0	30.5	2894.9	16443.2	1594.0	2196.9	2153.4	11926.6	466.1	1343.8
	F204 出口组成/(kg/h)	1322.1	2650.4	39.9	1313.8	19618.4	722.1	1017.1	922.9	14691.7	199.7	575.9

表 3-61　反应器及加热炉出入口组成(续表)

序号	物料名称	$N-C_{10}$	$A-C_{10}$	$n-C_{11}$	$i-C_{11}$	$N-C_{11}$	$A-C_{11}$	$n-C_{12}$	$i-C_{12}$	合计
1	碳数	10	10	11	11	11	11	12	12	
2	相对分子质量	140.270	134.222	156.313	156.313	154.297	148.249	170.34	170.34	
3	精制油组成/%(质)	1.749	0.536	0.085	0.726	0.040	0	0	0	100
4	循环氢组成/%(质)	0	0	0	0	0	0	0	0	100
5	精制油各组成/(kg/h)	1696.1	520.0	82.6	704.7	38.9	0	0	0	97000

续表

序号	物料名称	$N-C_{10}$	$A-C_{10}$	$n-C_{11}$	$i-C_{11}$	$N-C_{11}$	$A-C_{11}$	$n-C_{12}$	$i-C_{12}$	合计
6	循环氢各组成/(kg/h)	0	0	0	0	0	0	0	0	10066
7=5+6	混合进料各组成/(kg/h)	1696.1	520.0	82.6	704.7	38.9	0	0	0	107066
8	产品组成(归一)/%(质)	0.000	4.978	0	0.044	0.405	0.106	0.044	0.308	100
9=重整进料×8+循环氢×4	四反出口组成/(kg/h)	0	4829.1	0	42.7	392.5	102.4	42.7	298.6	107066
x_{ji}，j=1，2，3，4	R201 入口组成/(kg/h)	1696.1	520.0	82.6	704.7	38.9	0.0	0.0	0.0	107066.1
	R202 入口组成/(kg/h)	1034.6	2200.6	50.4	446.5	176.8	39.9	16.6	116.5	107066.1
	R203 入口组成/(kg/h)	593.6	3320.9	28.9	274.4	268.7	66.5	27.7	194.1	107066.1
	R204 入口组成/(kg/h)	254.4	4182.8	12.4	142.0	339.4	87.0	36.3	253.8	107066.1
$x'_{ji}=x_{(j+1)i}\cdots(j=1,2,3)$ $x'_{4i}=x_{0i}$，按各反应器按39%、26%、20%、15%转化进行插值计算：一反入口+(四反出-一反入)×累积转化率	R201 出口组成/(kg/h)	1034.6	2200.6	50.4	446.5	176.8	39.9	16.6	116.5	107066.1
	R202 出口组成/(kg/h)	593.6	3320.9	28.9	274.4	268.7	66.5	27.7	194.1	107066.1
	R203 出口组成/(kg/h)	254.4	4182.8	12.4	142.0	339.4	87.0	36.3	253.8	107066.1
	R204 出口组成/(kg/h)	0.0	4829.1	0.0	42.7	392.5	102.4	42.7	298.6	107066.1
$x_{ji-F}=x_{ji}$	F201 入口组成/(kg/h)	1696.1	520.0	82.6	704.7	38.9	0.0	0.0	0.0	107066.1
	F202 入口组成/(kg/h)	1034.6	2200.6	50.4	446.5	176.8	39.9	16.6	116.5	107066.1
	F203 入口组成/(kg/h)	593.6	3320.9	28.9	274.4	268.7	66.5	27.7	194.1	107066.1
	F204 入口组成/(kg/h)	254.4	4182.8	12.4	142.0	339.4	87.0	36.3	253.8	107066.1
$x'_{ji-F}=x_{ji-F}$	F201 出口组成/(kg/h)	1696.1	520.0	82.6	704.7	38.9	0.0	0.0	0.0	107066.1
	F202 出口组成/(kg/h)	1034.6	2200.6	50.4	446.5	176.8	39.9	16.6	116.5	107066.1
	F203 出口组成/(kg/h)	593.6	3320.9	28.9	274.4	268.7	66.5	27.7	194.1	107066.1
	F204 出口组成/(kg/h)	254.4	4182.8	12.4	142.0	339.4	87.0	36.3	253.8	107066.1

查表得到各组分在各种温度(反应器出入口、加热炉出入口)下的单位焓值(kJ/kg)，并按本节开始的计算通式得到。

从图 3-5 反应的一般方程式，存在如下关系：

$$H_{j-\text{in}} = \sum (H_{ji-\text{in}} \cdot x_{ji})$$

$$H_{j-\text{out}} = \sum (H_{ji-\text{out}} \cdot x_{ji}')$$

$$H_{j-\text{out}}' = \sum (H_{ji-\text{out}}' \cdot x_{ji}')$$

$$H_{j-\text{out}} = \Delta H_{rj} + H_{j-\text{in}}$$

进而有按反应器入口条件下第 j 个反应器的反应热：

$$\begin{aligned}\Delta H_{rj} &= H_{j-\text{out}} - H_{j-\text{in}} \\ &= \sum (H_{ji-\text{out}} \cdot x_{ji}) - \sum (H_{ji-\text{in}} \cdot x_{ji}') \\ &= \sum (H_{ji-\text{out}} \cdot x_{ji} - H_{ji-\text{in}} \cdot x_{ji}') \\ &= \sum H_{ji-\text{in}} \cdot (x_{ji} - x_{ji}')\end{aligned}$$

同理，按反应器出口条件下第 j 个反应器的反应热：

$$\begin{aligned}\Delta H_{rj}' &= \sum (H_{ji-\text{out}}' \cdot x_{ji} - H_{ji-\text{in}}' \cdot x_{ji}') \\ &= \sum H_{ji-\text{out}}' \cdot (x_{ji} - x_{ji}')\end{aligned}$$

按加权反应器床层温度下：

则按反应器入口条件下、出口条件下和加权反应器床层温度下的总反应热 ΔH_r 、$\Delta H_r'$ 、$\Delta H_r''$ 分别为：

$$\begin{aligned}\Delta H_r &= \sum_{j=1}^{4} \Delta H_{rj} \\ &= \sum_{j=1}^{4} \sum (H_{ji-\text{in}} \cdot (x_{ji} - x_{ji}'))\end{aligned}$$

$$\begin{aligned}\Delta H_r' &= \sum_{j=1}^{4} \Delta H_{rj}' \\ &= \sum_{j=1}^{4} \sum (H_{ji-\text{out}}' \cdot (x_{ji} - x_{ji}'))\end{aligned}$$

$$\begin{aligned}\Delta H_r'' &= H_{0i-WAIT} \cdot x_{4i}' - H_{0i-WAIT} \cdot x_{1i} \\ &= \sum [H_{0i-WAIT} \cdot (x_{4i}' - \cdot x_{1i})]\end{aligned}$$

综上，得到总反应热 ΔH_r 、$\Delta H_r'$ 、$\Delta H_r''$ 及总焓变 ΔH 计算见表 3-62~表 3-65。

表 3-62　反应器出入口单位焓值、(总)反应热、(总)焓变

条件或公式	物料名称	H_2	C_1	C_2	C_3	O-C_3	n-C_4	i-C_4	O-C_4	n-C_5	i-C_5
	代号	H_2	CH_4(g)	C_2H_6 (g)	C_3H_8 (PPEg)	C_3H_6 (CPAg)	C_4H_{10} (NBAg)	C_4H_{10} (2MPg)	C_4H_8 (1BTg)	C_5H_{12} (PENg)	C_5H_{12} (2MBg)
	相对分子质量	2	16. 04	30. 07	44. 10	42. 10	58. 12	58. 12	56. 11	72. 15	72. 15
$WAIT$=526. 52	$WAIT$ 条件下	7234. 70	-3097. 74	-1441. 49	-1006. 16	2440. 89	-832. 58	-965. 43	1202. 05	-694. 08	-792. 40
WABT=496. 86	WABT 条件下	6793. 50	-3215. 10	-1547. 20	-1109. 06	2349. 82	-934. 56	-1068. 17	1109. 85	-796. 35	-895. 21
$H_{ji-\text{in}}$ $T_j = T_j'$ {523/524/528/528}	R201 入口条件下	7176. 76	-3113. 14	-1455. 37	-1019. 67	2428. 94	-845. 96	-978. 91	1189. 95	-707. 50	-805. 89
	R202 入口条件下	7191. 51	-3109. 16	-1451. 78	-1016. 18	2432. 03	-842. 51	-975. 43	1193. 06	-704. 04	-802. 40
	R203 入口条件下	7250. 51	-3093. 19	-1437. 42	-1002. 21	2444. 39	-828. 65	-961. 49	1205. 56	-690. 17	-788. 42
	R204 入口条件下	7250. 51	-3093. 19	-1437. 42	-1002. 21	2444. 39	-828. 65	-961. 49	1205. 56	-690. 17	-788. 42
$H_{ji-\text{out}}'$ $T_j' = T_j$ ={417/454/475/488}	R201 出口条件下	5623. 82	-3516. 06	-1818. 71	-1373. 71	2115. 66	-1196. 61	-1332. 72	871. 97	-1059. 94	-1158. 88
	R202 出口条件下	6163. 67	-3376. 08	-1692. 34	-1250. 42	2224. 72	-1074. 59	-1209. 39	982. 98	-937. 01	-1036. 24
	R203 出口条件下	6471. 12	-3300. 38	-1624. 04	-1183. 87	2283. 61	-1008. 68	-1142. 88	1042. 78	-870. 74	-969. 91
	R204 出口条件下	6661. 83	-3254. 30	-1582. 49	-1143. 41	2319. 42	-968. 60	-1102. 45	1079. 10	-830. 48	-929. 54
$\Delta H_{rj} = \sum H_{ji-\text{in}} \cdot (x_{ji} - x_{ji}')$ T_j {523/524/528/528}	R201 反应热	9112983	-548591	-789459	-738282	9174	-350597	-494167	27749	-185660	-425668
	R202 反应热	6087803	-365260	-525010	-490505	6124	-232777	-328274	18548	-123168	-282550
	R203 反应热	4721343	-279526	-399859	-372123	4735	-176115	-248909	14417	-92878	-213560
	R204 反应热	3541007	-209645	-299895	-279093	3551	-132086	-186682	10813	-69658	-160170
$\Delta H_r = \sum_{j=1}^{4} \Delta H_{rj}$ T_j {523/524/528/528}	总反应热 1	23463135	-1403022	-2014223	-1880002	23583	-891575	-1258031	71527	-471364	-1081948

续表

条件或公式	物料名称	H_2	C_1	C_2	C_3	$O-C_3$	$n-C_4$	$i-C_4$	$O-C_4$	$n-C_5$	$i-C_5$
$\Delta H'_{rj} = \sum H'_{ji-out} \cdot (x_{ji} - x'_{ji})$ $T'_j = \{417/454/475/488\}$	R201 反应热	7141070	-619593	-986556	-994626	7991	-495917	-672776	20334	-278144	-612116
	R202 反应热	5217712	-396618	-612003	-603571	5602	-296898	-407011	15282	-163924	-364893
	R203 反应热	4213826	-298250	-451772	-439575	4423	-214377	-295866	12470	-117177	-262720
	R204 反应热	3253509	-220564	-330161	-318413	3369	-154393	-214051	9679	-83819	-188838
$\Delta H'_r = \sum_{j=1}^{4} \Delta H'_{rj}$ $T'_j = \{417/454/475/488\}$	总反应热 2（各反应热之和）	19826117	-1535024	-2380492	-2356186	21385	-1161585	-1589704	57765	-643064	-1428567
$\Delta H''_r = \sum [H_{0i-WAIT} \cdot (x'_{4i} - \cdot x_{1i})]$ $T=526.52$	总反应热 3（四反出—一反入）	23555257	-1399686	-2004958	-1867959	23639	-884746	-1249641	71875	-467020	-1073183
$\Delta H_j = H'_{j-out} - H_{j-in}$	R201 的焓变	3216084	-776586	-1355715	-1481987	4223	-746327	-979804	5040	-376232	-844987
	R202 的焓变	1314772	-547659	-986894	-1095611	2325	-558820	-728142	277	-289895	-642675
	R203 的焓变	594540	-439830	-810092	-908862	1477	-467295	-605880	-1685	-246404	-542221
	R204 的焓变	136503	-345215	-649059	-735596	837	-380740	-491464	-2831	-203112	-444385
$\Delta H = \sum \Delta H_j$	总焓变	5261898	-2109291	-3801760	-4222056	8862	-2153182	-2805289	801	-1115643	-2474269

表 3-63　反应器出入口单位焓值、(总)反应热、(总)焓变(续表)

条件或公式	物料名称	$O-C_5$	$N-C_5$	$n-C_6$	$i-C_6$	$O-C_6$	$N-C_6$	$A-C_6$	$n-C_7$	$i-C_7$	$O-C_7$	$N-C_7$	$A-C_7$
	代号	C_5H_{10} (1PEg)	C_5H_{10} (CPAg)	C_6H_{14} (HXAg)	C_6H_{14} (2MPg)	C_6H_{12} (1HEg)	C_6H_{12} (CHAg)	C_6H_6 (BZEg)	C_7H_{16} (HTAg)	C_7H_{14} (MCHg)	C_7H_{14} (2Hg)	C_7H_{14} (CHAg)	C_7H_8 (TLUg)

续表

条件或公式	物料名称	O-C_5	N-C_5	n-C_6	i-C_6	O-C_6	N-C_6	A-C_6	n-C_7	i-C_7	O-C_7	N-C_7	A-C_7
	相对分子质量	70.14	70.14	86.18	86.18	84.16	84.16	78.11	100.21	100.21	98.19	98.19	92.14
$WAIT$=526.52	$WAIT$ 条件下	926.95	52.74	-623.81	-681.14	743.64	-255.13	1996.56	-548.89	-338.34	468.29	30.51	1516.93
WABT=496.86	WABT 条件下	833.85	-39.67	-724.22	-783.04	649.82	-352.79	1925.13	-649.54	-435.49	375.00	-66.07	1442.43
$H_{ji-\mathrm{in}}$ $T_j = T_j'$ {523/524/528/528}	R201 入口条件下	914.73	40.61	-636.99	-694.52	731.32	-267.95	1987.18	-562.10	-351.09	456.05	17.83	1507.15
	R202 入口条件下	917.87	43.74	-633.59	-691.06	734.49	-264.64	1989.60	-558.70	-347.80	459.21	21.11	1509.67
	R203 入口条件下	930.48	56.29	-619.95	-677.22	747.18	-251.37	1999.29	-545.06	-334.60	471.87	34.23	1519.78
	R204 入口条件下	930.48	56.29	-619.95	-677.22	747.18	-251.37	1999.29	-545.06	-334.60	471.87	34.23	1519.78
$H_{ji-\mathrm{out}}'$ $T_j' = T_j$ ={417/454/475/488}	R201 出口条件下	593.36	-277.08	-982.24	-1044.93	407.27	-603.38	1740.94	-909.39	-685.00	134.83	-314.01	1250.49
	R202 出口条件下	705.66	-166.61	-862.09	-922.97	520.58	-486.85	1826.87	-788.08	-568.88	246.77	-198.63	1339.99
	R203 出口条件下	766.12	-106.86	-797.20	-857.11	581.55	-423.78	1873.17	-722.76	-506.11	307.16	-136.27	1388.24
	R204 出口条件下	802.81	-70.52	-757.73	-817.06	618.55	-385.40	1901.30	-683.10	-467.92	343.87	-98.32	1417.57
$\Delta H_{rj} = \sum H_{ji-\mathrm{in}} \cdot (x_{ji} - x_{ji}')$ T_j {523/524/528/528}	R201 反应热	19205	215	597886	-578720	146921	362143	3024220	1381279	155224	78910	-58254	7457119
	R202 反应热	12847	155	396461	-383895	98372	238446	2018599	915277	102512	52971	-45967	4979732
	R203 反应热	10018	153	298405	-289389	76978	174227	1560327	686875	75864	41870	-57345	3856206
	R204 反应热	7514	115	223804	-217042	57734	130670	1170246	515157	56898	31403	-43009	2892154
$\Delta H_r = \sum_{j=1}^{4} \Delta H_{rj}$ T_j {523/524/528/528}	总反应热 1（各反应热之和）	49583	638	1516556	-1469047	380005	905486	7773392	3498589	390498	205154	-204575	19185211

续表

条件或公式	物料名称	O-C_5	N-C_5	n-C_6	i-C_6	O-C_6	N-C_6	A-C_6	n-C_7	i-C_7	O-C_7	N-C_7	A-C_7
$\Delta H'_{rj}=\sum H'_{ji-out}\cdot(x_{ji}-x'_{ji})$ $T'_j=\{417/454/475/488\}$	R201 反应热	12457	-1469	921946	-870708	81819	815500	2649471	2234704	302855	23330	1025673	6187201
	R202 反应热	9877	-589	539448	-512724	69722	438666	1853493	1291056	167676	28466	432544	4420024
	R203 反应热	8248	-290	383725	-366260	59914	293723	1461901	910807	114749	27256	228256	3522463
	R204 反应热	6483	-144	273545	-261857	47794	200340	1112890	645624	79568	22885	123517	2697650
$\Delta H'_r=\sum_{j=1}^{4}\Delta H'_{rj}$ $T'_j=\{417/454/475/488\}$	总反应热 2（各反应热之和）	37066	-2492	2118664	-2011549	259249	1748229	7077755	5082191	664848	101937	1809991	16827338
$\Delta H''_r=\sum[H_{0i-WAIT}\cdot(x'_{4i}-\cdot x_{1i})]$ $T=526.52$	总反应热 3（四反出-—反入）	49900	717	1501329	-1455327	383064	884148	7790995	3458506	383555	207765	-255525	19244868
$\Delta H_j=H'_{j-out}-H_{j-in}$	R201 的焓变	12457	-40069	-933841	-3034906	81819	-500069	2516634	-553595	-2048595	23330	-1827242	5433792
	R202 的焓变	5422	-27261	-474329	-2138279	26747	-132512	1518047	13113	-1291454	-8291	-738864	3082374
	R203 的焓变	2497	-21554	-291748	-1727113	4455	5907	1073982	211911	-966634	-20241	-309368	2051699
	R204 的焓变	641	-17016	-185200	-1379438	-8529	69493	735013	276659	-730808	-25384	-72413	1295433
$\Delta H=\sum\Delta H_j$	总焓变	21017	-105900	-1885117	-8279736	104492	-557180	5843675	-51912	-5037492	-30586	-2947886	11863297

表 3-64　反应器出入口单位焓值、(总)反应热、(总)焓变(续表)

条件或公式	物料名称	n-C_8	i-C_8	O-C_8	N-C_8	A-C_8	n-C_9	i-C_9	N-C_9	A-C_9	n-C_{10}	i-C_{10}
	代号	C_8H_{18} (OCTg)	C_8H_{18} (2MHg)	C_8H_{16} (1OCg)	C_8H_{16} (ECHg)	C_8H_{10} (MXYg)	C_9H_{20} (NONg)	C_9H_{20} (2MOg)	C_9H_{18} (T1E2MCHg)	C_9H_{12} (1E2MBg)	$C_{10}H_{22}$ (DECg)	$C_{10}H_{22}$ (2MNg)
	相对分子质量	114.23	114.23	112.22	112.22	106.17	128.26	128.26	126.24	120.20	142.29	142.29

续表

条件或公式	物料名称	n-C$_8$	i-C$_8$	O-C$_8$	N-C$_8$	A-C$_8$	n-C$_9$	i-C$_9$	N-C$_9$	A-C$_9$	n-C$_{10}$	i-C$_{10}$
$WAIT$=526.52	$WAIT$ 条件下	-503.88	-554.27	514.47	-270.69	1164.44	-467.66	-511.19	-308.24	1069.21	-438.70	-477.35
WABT=496.86	WABT 条件下	-604.03	-655.79	419.77	-368.41	1087.29	-567.43	-611.76	-407.18	988.87	-538.19	-577.60
$H_{ji-\mathrm{in}}$ $T_j=T_j'$ {523/524/528/528}	R201 入口条件下	-517.03	-567.60	502.04	-283.52	1154.31	-480.76	-524.39	-321.23	1058.67	-451.76	-490.51
	R202 入口条件下	-513.64	-564.16	505.24	-280.21	1156.92	-477.39	-520.99	-317.87	1061.39	-448.40	-487.12
	R203 入口条件下	-500.08	-550.40	518.05	-266.94	1167.37	-463.88	-507.36	-304.44	1072.28	-434.93	-473.55
	R204 入口条件下	-500.08	-550.40	518.05	-266.94	1167.37	-463.88	-507.36	-304.44	1072.28	-434.93	-473.55
$H_{ji-\mathrm{out}}'$ $T_j'=T_j$ ={417/454/475/488}	R201 出口条件下	-862.72	-917.32	174.68	-619.71	888.21	-825.30	-871.50	-661.22	781.77	-795.40	-836.66
	R202 出口条件下	-741.92	-795.39	289.24	-502.66	981.12	-704.84	-750.21	-543.01	878.36	-675.23	-715.65
	R203 出口条件下	-676.90	-729.62	350.84	-439.45	1031.16	-640.03	-684.93	-479.10	930.43	-610.59	-650.54
	R204 出口条件下	-637.43	-689.65	388.21	-401.02	1061.56	-600.70	-645.29	-440.21	962.07	-571.36	-611.02
$\Delta H_{rj}=\sum H_{ji-\mathrm{in}}\cdot(x_{ji}-x_{ji}')$ T_j {523/524/528/528}	R201 反应热	1232420	1393054	9188	874126	7147214	817329	1206400	770804	5708143	234614	734466
	R202 反应热	816233	923082	6164	575948	4775580	541064	799052	508505	3815202	155245	486261
	R203 反应热	611289	692738	4862	422067	3706718	404425	598582	374621	2964893	115832	363623
	R204 反应热	458466	519553	3646	316550	2780039	303319	448936	280966	2223670	86874	272717
$\Delta H_r=\sum_{j=1}^{4}\Delta H_{rj}$ T_j {523/524/528/528}	总反应热 1（各反应热之和）	3118408	3528427	23861	2188692	18409550	2066137	3052970	1934896	14711907	592566	1857068

续表

条件或公式	物料名称	n-C_8	i-C_8	O-C_8	N-C_8	A-C_8	n-C_9	i-C_9	N-C_9	A-C_9	n-C_{10}	i-C_{10}
$\Delta H'_{rj} = \sum H'_{ji\text{-out}} \cdot (x_{ji} - x'_{ji})$ $T'_j = \{417/454/475/488\}$	R201 反应热	2056428	2251395	3197	1910664	5499567	1403065	2004972	1586627	4215187	413078	1252772
	R202 反应热	1178991	1301413	3529	1033182	4049889	798855	1150627	868661	3157323	233782	714387
	R203 反应热	827437	918311	3293	694819	3274216	558002	808073	589552	2572680	162617	499532
	R204 反应热	584391	651009	2733	475539	2528041	392782	570984	406275	1995110	114127	351890
$\Delta H'_r = \sum_{j=1}^{4} \Delta H'_{rj}$ $T'_j = \{417/454/475/488\}$	总反应热 2（各反应热之和）	4647247	5122129	12751	4114204	15351713	3152704	4534655	3451114	11940300	923603	2818581
$\Delta H''_r = \sum (H_{0i\text{-}WAIT} \cdot (x'_{4i} - \cdot x_{1i}))$ $T = 526.52$	总反应热 3（四反出—一反入）	3079709	3488082	24142	2139964	18486954	2038630	3015466	1896524	14782053	584185	1832727
$\Delta H_j = H'_{j\text{-out}} - H_{j\text{-in}}$	R201 的焓变	-196511	-546259	3197	-790150	3870071	-122339	-88552	-505227	3401046	-44521	-76218
	R202 的焓变	235389	19224	-424	-68029	1884809	178513	295463	23680	1632373	49523	179169
	R203 的焓变	377516	217729	-1807	195425	1034495	277219	417981	213423	880916	80744	261691
	R204 的焓变	402801	281920	-2446	299391	452082	293980	430695	280966	375877	86874	272717
$\Delta H = \sum \Delta H_j$	总焓变	819195	-27386	-1481	-363362	7241457	627373	1055587	12843	6290213	172620	637360

表 3-65　反应器出入口单位焓值、(总)反应热、(总)焓变(续表)

条件或公式	物料名称	N-C_{10}	A-C_{10}	n-C_{11}	i-C_{11}	N-C_{11}	A-C_{11}	n-C_{12}	i-C_{12}	合计			
	代号	$C_{10}H_{20}$ (1P1MCHg)	$C_{10}H_{14}$ (1P2MBg)	$C_{11}H_{24}$ (UNDg)	$C_{11}H_{24}$ (3MDg)	$C_{11}H_{22}$ (PCHg)	$C_{11}H_{16}$ (1RSMBBg)	$C_{12}H_{26}$ (DODg)	$C_{12}H_{26}$ (4EDg)	kJ/h	MJ/h	MW	Gcal/h
	相对分子质量	140.27	134.22	156.31	156.31	154.30	148.25	170.34	170.34				

续表

条件或公式	物料名称	$N-C_{10}$	$A-C_{10}$	$n-C_{11}$	$i-C_{11}$	$N-C_{11}$	$A-C_{11}$	$n-C_{12}$	$i-C_{12}$	合计			
$WAIT=526.52$	$WAIT$ 条件下	-248. 19	910. 11	-421. 97	-942. 40	-241. 52	828. 29	-394. 93	-899. 15	-7125013	-7125	-1. 98	-1. 70
WABT=496. 86	WABT 条件下	-348. 21	827. 83	-521. 24	-991. 15	-340. 16	744. 69	-494. 16	-948. 29	-18333334	-18333	-5. 09	-4. 38
H_{ji-in} $T_j=T_j'$ {523/524/528/528}	R201 入口条件下	-261. 32	899. 31	-435. 00	-948. 80	-254. 47	817. 31	-407. 95	-905. 60	-8596158	-8596	-2. 39	-2. 05
	R202 入口条件下	-257. 93	902. 10	-431. 64	-947. 18	-251. 13	820. 15	-404. 60	-903. 96	31943196	31943	8. 87	7. 63
	R203 入口条件下	-244. 36	913. 27	-418. 17	-940. 68	-237. 74	831. 51	-391. 19	-897. 41	60238392	60238	16. 73	14. 39
	R204 入口条件下	-244. 36	913. 27	-418. 17	-940. 68	-237. 74	831. 51	-391. 19	-897. 41	80834468	80834	22. 45	19. 31
H_{ji-out}' $T_j'=T_j$ ={417/454/475/488}	R201 出口条件下	-605. 28	616. 27	-776. 99	-1121. 05	-593. 90	529. 93	-751. 04	-1079. 22	-7240003	-7240	-2. 01	-1. 73
	R202 出口条件下	-485. 59	714. 81	-657. 74	-1059. 30	-475. 70	629. 90	-630. 96	-1016. 98	33000433	33000	9. 17	7. 88
	R203 出口条件下	-420. 92	768. 01	-593. 44	-1026. 80	-411. 88	683. 92	-566. 40	-984. 22	60958727	60959	16. 93	14. 56
	R204 出口条件下	-381. 59	800. 37	-554. 36	-1007. 30	-373. 08	716. 78	-527. 24	-964. 57	80922451	80922	22. 48	19. 33
$\Delta H_{rj}=\sum H_{ji-in}\cdot(x_{ji}-x_{ji}')$ T_j {523/524/528/528}	R201 反应热	172861	1511344	14016	244975	-35091	32635	-6787	-105469	40159871	40159. 87	11. 16	9. 59
	R202 反应热	113746	1010686	9272	163037	-23087	21832	-4488	-70185	26773591	26773. 59	7. 44	6. 39
	R203 反应热	82892	787080	6910	124552	-16813	17027	-3338	-53597	20596076	20596. 08	5. 72	4. 92
	R204 反应热	62169	590310	5182	93414	-12609	12770	-2503	-40198	15447057	15447. 06	4. 29	3. 69

续表

条件或公式	物料名称	N-C_{10}	A-C_{10}	n-C_{11}	i-C_{11}	N-C_{11}	A-C_{11}	n-C_{12}	i-C_{12}	合计			
$\Delta H_r=\sum_{j=1}^{4}\Delta H_{rj}$ $T_j\{523/524/528/528\}$	总反应热 1（各反应热之和）	431668	3899419	35381	625978	-87600	84264	-17116	-269449	102976594	102976.59	28.60	24.60
$\Delta H'_{rj}=\sum H'_{ji-out}\cdot(x_{ji}-x'_{ji})$ $T'_j=\{417/454/475/488\}$	R201 反应热	400388	1035673	25036	289448	-81900	21160	-12495	-125689	40041016	40041.02	11.12	9.56
	R202 反应热	214143	800850	14129	182336	-43733	16768	-6998	-78960	26720511	26720.51	7.42	6.38
	R203 反应热	142788	661891	9806	135956	-29128	14005	-4833	-58782	20575709	20575.71	5.72	4.91
	R204 反应热	97084	517331	6870	100030	-19788	11008	-3374	-43206	15443450	15443.45	4.29	3.69
$\Delta H'_r=\sum_{j=1}^{4}\Delta H'_{rj}$ $T'_j=\{417/454/475/488\}$	总反应热 2（各反应热之和）	854403	3015745	55841	707770	-174549	62941	-27700	-306637	102780687	102780.69	28.55	24.55
$\Delta H''_r=\sum(H_{0i-WAIT}\cdot(x'_{4i}-\cdot x_{1i}))$ $T=526.52$	总反应热 3（四反出—一反入）	420967	3921772	34863	623902	-85400	84804	-16848	-268505	102981564	102981.56	28.61	24.60
$\Delta H_j=H'_{j-out}-H_{j-in}$	R201 的焓变	-183016	888485	-3219	168066	-95098	21160	-12495	-125689	1356155	1356.15	0.38	0.32
	R202 的焓变	-21403	388700	2734	132273	-83434	9172	-10765	-92122	1057237	1057.24	0.29	0.25
	R203 的焓变	37970	179493	4738	112326	-75923	4183	-9691	-75632	720335	720.34	0.20	0.17
	R204 的焓变	62169	45074	5182	90572	-65727	1024	-8307	-60252	87983	87.98	0.02	0.02
$\Delta H=\sum\Delta H_j$	总焓变	-104280	1501753	9435	503238	-320182	35538	-41258	-353695	3221710	3221.71	0.89	0.77

对按反应器入口温度下计算出的总反应热 2($\Delta H_r = \sum_{j=1}^{4} \Delta H_{rj}$)、按反应器出口温度下计算的总反应热 2 ($\Delta H'_r = \sum_{j=1}^{4} \Delta H'_{rj}$)、按 WABT 计算的总反应热 3 ($\Delta H''_r = \sum [H_{0i-WAIT} \cdot (x'_{4i} - \cdot x_{1i})]$),相差不大,与真实的反应热有误差,这是由于假定各反应器转化率分别为 39%、26%、20%、15%,实际反应过程中,并不按这一理想比例进行;二是按照各反应器功能和各类烃类的实际转化率决定;三是在选取同碳数的烃类物质时有选择性地以某一种同分异构结构烃类作为代表,实际上同分异构体的单位质量焓值是不一样的;四是按绝热反应考虑,真实情况并非如此,存在反应器的各类热损失、催化剂循环流动带走的热量等影响。

而且 ΔH_r、$\Delta H'_r$、$\Delta H''_r$ 存在一定差值。这一差值主要原因是进出物料不同温度下的比容不一样,主要体现在热熔差,用基尔戈夫(基尔霍夫)方程体现。一般情况下,温度越高,比热容越大,因此按入口温度下计算的反应热较按出口温度下计算的反应热大,这部分差值就是热熔差引起的内能变化,误差在 5%左右,详见《反应热与温度的关系》。本文计算的总反应热 2、总反应热 3 对总反应热 1 的相对误差 η'、η'' 分别为:

$$\eta' = \frac{\Delta H'_r - \Delta H_r}{\Delta H_r} \times 100\% = -0.190\%$$

$$\eta'' = \frac{\Delta H''_r - \Delta H_r}{\Delta H_r} \times 100\% = 0.005\%$$

对焓变 $\Delta H_j = H'_{j-out} - H_{j-in}$ 和总焓变 $\Delta H = \sum \Delta H_j$ 均大于 0,而不是负值。

主要原因在于计算时用到上文所述的假设条件:绝热反应,未考虑反应器各类热损失、催化剂循环流动带走的热量、体积功 $\delta(PV)$ 的变化、动能 $1/2gu^2$ 损失的影响。

另外,可参考《石油炼制与工程(第三版)》P515 所列的简化计算方法,得到的反应热偏低,理论温降值亦偏低。找出 800K 时芳构化反应的反应热和加氢裂化的反应热,有助于计算、比较和研究该反应热和理论温降,这里就不再列出计算了。

(二) 加热炉热负荷及效率计算

重整反应部分四合一炉热负荷示意图见图 3-6。

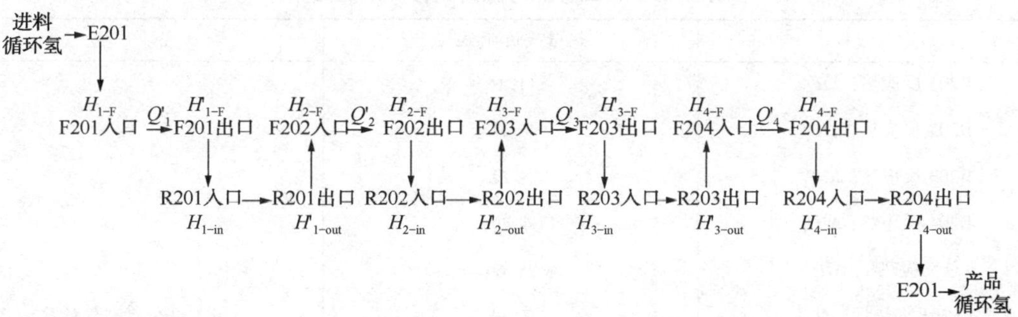

图 3-6 四合一炉热负荷示意图

从图中反应的一般方程式,存在如下关系:

$$H'_{j-out} = \Delta H_j + H_{j-in}$$

进而

$$\Delta H_j = H'_{j-\text{out}} - H_{j-\text{in}}$$
$$H_{j-\text{out}} = Q_{(j+1)} + H'_{j-\text{out}}$$
$$H_{j-\text{out}} = \Delta H_{rj} + H_{j-\text{in}}$$

进而

$$\Delta H_{rj} = H_{j-\text{out}} - H_{j-\text{in}}$$
$$\begin{aligned}\Delta H_r &= \sum \Delta H_{rj} \\ &= \sum (H_{j-\text{out}} - H_{j-\text{in}}) \\ &= \sum [Q_{(j+1)} + H'_{j-\text{out}} - H_{j-\text{in}}] \\ &= \sum [Q_{(j+1)} + \Delta H_j] \\ &= \sum Q_{(j+1)} + \sum \Delta H_j\end{aligned}$$

假定为绝热反应，因此 $\Delta H_j \approx 0$，进而有

$$\Delta H_{rj} = H'_{j-\text{out}} - H_{j-\text{in}} \approx 0$$

因此

$$\Delta H_r \approx \sum Q_{(j+1)}$$

对此，拟采用两种方式核算热效率。

1）加热炉热负荷=燃料气低发热值=用于因重整反应降温而维持的那部分热量（即反应热）+提供给余热锅炉发热的那部分能量及其损失+烟气带走的能量+器壁等散热损失的能量

2）按加热炉热效率简化计算进行。

1. 按工艺热考虑的四合一炉热效率 η_1

有效热负荷=总反应热 1+F201 加热量 Q_1+产汽热量 $Q_{产汽}$。燃料气低发热值见燃料气计算中有关章节，$Q_{总}$=55.48MW。

$$\eta_1 = \frac{(28.60 + 7.49 + 16.20 + 0.17)}{55.48} \times 100\% = 94.26\%$$

其结果列入表 3-66。

表 3-66 按工艺热考虑的四合一炉热效率

项 目	热量或负荷/MW	备 注
R201 反应热，ΔH_{r1}	11.16	
R202 反应热，ΔH_{r2}	7.44	
R203 反应热，ΔH_{r3}	5.72	
R204 反应热，ΔH_{r4}	4.29	
总反应热 1，ΔH_r	28.60	
F201 加热量，Q_1	7.49	见本部分燃料气计算
产汽量热量，$Q_{产汽}$	16.20	见本部分燃料气计算
燃料气低发热量，Q	55.48	见本部分燃料气计算
四合一炉热效率 η_1 /%	94.60	见本部分燃料气计算

2. 按加热炉简化计算方法计算的四合一炉热效率 η_2

$$\eta_2 = 100 - q_1 - q_2 - q_3$$

式中 q_1——排烟散热损失热量占供给能量的分数,%;

q_2——不完全燃烧损失热量占供给能量的分数,%;

$$q_1 = (0.0083+0.031\alpha)(t_g+0.000135t_g^2)-1.1$$

$$q_2 = (4.053\alpha-0.252)\times10^{-4}\cdot CO$$

q_3——表面散热损失热量占供给能量的分数,%(北海炼化取2.5%);

t_g——排烟温度,℃;

α——过剩空气系数,按下式计算:

干烟气(取样分析):$\alpha=\dfrac{21-0.0627\cdot O_2}{21-O_2}$

湿烟气(氧化锆氧分析仪):$\alpha=\dfrac{21+0.116\cdot O_2}{21-O_2}$

O_2——烟气中含氧量分数,%;

CO——烟气中一氧化碳含量,μg/g。

计算见表3-67。

表3-67 按加热炉简化计算的四合一炉热效率 η_2

参数	计算过程	值
H_2		0
CO/%(体)		5.09×10^{-5}
SO_2/%(体)		0.00063
O_2/%(体)		3.07
t_g/℃		106.9
CO_2/%(体)		7.26
α_1 *	$\alpha_1 = \dfrac{21}{21-79\times\dfrac{3.07-0.5\times(5.09\times10^{-5}+0)-2\times0}{100-(7.26+0.00063+3.07+5.09\times10^{-5}+0+0)}} = 1.148$	1.148
α(取样分析)	$\alpha = \dfrac{21-0.0627\times3.07}{21-3.07} = 1.160$	1.160
α_2(氧分析仪)	$\alpha_2 = \dfrac{21+0.116\times3.07}{21-3.07} = 1.173$	1.173
q_1	$q_1 = (0.0083+0.031\times1.160)(106.9+0.000135\times106.9^2)-1.1 = 3.701$	3.701
q_2	$q_2 = (4.053\times1.160-0.252)\times10^{-4}\times5.09\times10^{-5} = 2.3\times10^{-6}$	2.3×10^{-6}
q_3	北海炼化取2.5%	2.500
η	$\eta_2 = 100-3.701-2.3\times10^{-6}-2.50 = 93.80$	93.80

* 见《炼油技术常用数据手册》7.14.3,如下式:

$$\alpha_1 = \frac{21}{21 - 79 \times \frac{O_2 - 0.5 \times (CO + H_2) - 2CH_4}{100 - (CO_2 + SO_2 + O_2 + CO + H_2 + CH_4)}}$$

北海炼化重整四合一炉的热效率高，主要在于① 采取了强制通风，提高了空气的热值，降低了排烟温度；② 增设燃料气与凝结水换热器，燃料气换热至 100℃。

(三) 进料换热器传热系数的计算

北海炼化进料换热器 E201 原为国产板式换热器，2015 年年底大修改造为缠绕式换热器，其换热面积大约 6000m²，在稳定传热过程中，冷流吸收的热量和热流体放出的热量应是相同的。根据传热方程：

$$Q = K \cdot A \cdot \Delta t$$

得到

$$K = \frac{Q}{A \cdot \Delta t}$$

式中　Q—— 换热器的热负荷，W；

K—— 换热器的传热系数，W/(m²·K)；

A—— 换热器的传热面积，m²；

Δt—— 换热器的有效平均温差，℃，$\Delta t = \Delta t_m \cdot F_t$；

Δt_m—— 换热器的对数平均温差，℃；

F_t—— 温差校正系数，对缠绕式换热器，$F_t = 1.0$。

其中，换热器的对数平均温差

$$\Delta t_m = (\Delta t_h - \Delta t_c) / \ln(\Delta t_h / \Delta t_c)$$

式中　Δt_m—— 对数平均温差，℃；

Δt_h—— 热端温差，℃，$\Delta t_h = T_1 - t_2$；

Δt_c—— 热端温差，℃，$\Delta t_c = T_2 - t_1$；

T_1，T_2—— 热流进出口温度，℃；

t_1，t_2—— 热流进出口温度，℃。

1. Q 的计算

换热器 E201 的热负荷 Q 可约等于物流进出口焓值差值，因反应生产物冷端侧物流温度为 95.5℃，为两相流，求取其焓值较为困难。而进料冷端侧重整进料和循环氢状态已知，因而其热焓可求得。

已知：重整进料 93.0℃，循环氢 90.0℃，因为 93℃精制油和 90℃循环氢在 E201 中存在相变，一般情况下，混合后温度较精制油低 10℃，故混合后温度设为 93-10=83℃。E201 混合进料热端温度为 450℃。组成(质量)见“三、物料平衡计算”，各组成按精制油 83℃(液态)、循环氢 83℃(气态)、E201 混合进料热端 450℃条件下的单位质量焓值(kJ/kg)查表得到。

设重整进料、循环氢第 i 组分别为 x_i、x_i'，因此 E201 进料热端组成 $x = x_i + x_i'$，重整进料温度条件下第 i 组分的单位焓值为 $H_{i-\text{oil}}$，循环氢温度条件下第 i 组分的单位焓值为 $H_{i-\text{cyc}}$，混合进料热端温度条件下第 i 组分的单位焓值 $H_{i-\text{MIX}}$。E201 冷端焓值 $H = \sum x_i \cdot H_{i-\text{oil}} + \sum x_i' \cdot H_{i-\text{cyc}}$，热端焓值 $H' = \sum x_i'' \cdot H_{i-\text{MIX}} = \sum (x_i + x_i') \cdot H_{i-\text{MIX}}$。列出已知条件及计算结果见表 3-68～表 3-71。

表 3-68　E201 进料冷端、热端焓值

物料名称	H_2	C_1	C_2	C_3	O-C_3	n-C_4	i-C_4	O-C_4	n-C_5	i-C_5	O-C_5
代号	H_2	CH_4 (g)	C_2H_6 (g)	C_3H_8 (PPEg)	C_3H_6 (CPAg)	C_4H_{10} (NBAg)	C_4H_{10} (2MPg)	C_4H_8 (1BTg)	C_5H_{12} (PENg)	C_5H_{12} (2MBg)	C_5H_{10} (1PEg)
精制油各组成质量/(kg/h)											
循环氢各组成质量/(kg/h)	2527. 448	389. 638	1015. 994	1376. 543	12. 029	714. 142	867. 772	48. 100	278. 315	659. 710	
混合进料各组成质量/(kg/h)	2527. 448	389. 638	1015. 994	1376. 543	12. 029	714. 142	867. 772	48. 100	278. 315	659. 710	0. 000
93℃单位焓值(l)/(kJ/kg)											
90℃单位焓值(g)/(kJ/kg)	831. 23	-4516. 70	-2707. 91	-2249. 67	1350. 72	-2062. 87	-2212. 56	86. 17	-1925. 95	-2018. 24	
450℃单位焓值/(kJ/kg)	6105	-3395	-1709	-1267	2210	-1091	-1226	968	-953	-1053	691
E201 混合进料冷端焓值/(kJ/h)	2100890	-1759877	-2751218	-3096769	16247	-1473186	-1919999	4145	-536020	-1331452	0
E201 混合进料热端焓值/(kJ/h)	15430569	-1322740	-1736561	-1743918	26585	-779047	-1063757	46569	-265348	-694436	0

表 3-69　E201 进料冷端、热端焓值(续表)

物料名称	N-C_5	n-C_6	i-C_6	O-C_6	N-C_6	A-C_6	n-C_7	i-C_7	O-C_7	N-C_7	A-C_7	n-C_8
代号	C_5H_{10} (CPAg)	C_6H_{14} (HXAg)	C_6H_{14} (2MPg)	C_6H_{12} (1HEg)	C_6H_{12} (CHAg)	C_6H_6 (BZEg)	C_7H_{16} (HTAg)	C_7H_{14} (MCHg)	C_7H_{14} (2Hg)	C_7H_{14} (CHAg)	C_7H_8 (TLUg)	C_8H_18 (OCTg)
精制油各组成质量/(kg/h)	121. 499	5375. 119	3999. 749	0. 000	3921. 990	539. 456	8028. 659	7042. 086	0. 000	8597. 274	2935. 418	6517. 210
循环氢各组成质量/(kg/h)		2176. 404										
混合进料各组成质量/(kg/h)	121. 499	7551. 523	3999. 749	0. 000	3921. 990	539. 456	8028. 659	7042. 086	0. 000	8597. 274	2935. 418	6517. 210
93℃单位焓值(l)/(kJ/kg)	-1380. 99	-2152. 15	-2214. 42	-716. 79	-1768. 76	602. 07	-2093. 55	-1848. 78	-974. 67	-1475. 37	248. 11	-2043. 56
90℃单位焓值(g)/(kJ/kg)		-1834. 65										
450℃单位焓值/(kJ/kg)	-181	-878	-939	505	-502	1815	-804	-584	232	-214	1328	-758
E201 混合进料冷端焓值/(kJ/h)	-167788	-15561025	-8857135	0	-6937060	324790	-16808409	-13019291	0	-12684125	728305	-13318297
E201 混合进料热端焓值/(kJ/h)	-22037	-6631306	-3756807	0	-1970530	979331	-6457047	-4115358	0	-1840240	3898369	-4940206

表 3-70 E201 进料冷端、热端焓值(续表)

物料名称	i-C_8	O-C_8	N-C_8	A-C_8	n-C_9	i-C_9	N-C_9	A-C_9	n-C_{10}	i-C_{10}	N-C_{10}
代号	C_8H_{18} (2MHg)	C_8H_{16} (1OCg)	C_8H_{16} (ECHg)	C_8H_{10} (MXYg)	C_9H_{20} (NONg)	C_9H_{20} (2MOg)	C_9H_{18} (T1E2MCHg)	C_9H_{12} (1E2MBg)	$C_{10}H_{22}$ (DECg)	$C_{10}H_{22}$ (2MNg)	$C_{10}H_{20}$ (1P1MCHg)
精制油各组成质量/(kg/h)	7999. 499	0	8033. 519	6123. 553	4427. 426	6031. 214	6152. 713	2940. 278	1331. 630	3839. 371	1696. 127
循环氢各组成质量/(kg/h)											
混合进料各组成质量/(kg/h)	7999. 499	0. 000	8033. 519	6123. 553	4427. 426	6031. 214	6152. 713	2940. 278	1331. 630	3839. 371	1696. 127
93℃单位焓值(l)/(kJ/kg)	-2087. 61	-960. 96	-1728. 76	-105. 53	-2003. 71	-2044. 48	-1863. 32	-267. 42	-1972. 08	-2009. 88	-1720. 66
90℃单位焓值(g)/(kJ/kg)											
450℃单位焓值/(kJ/kg)	-812	274	-518	969	-721	-766	-559	865	-691	-732	-502
E201 混合进料冷端焓值/(kJ/h)	-16699854	0	-13888010	-646242	-8871264	-12330687	-11464461	-786295	-2626085	-7716661	-2918452
E201 混合进料热端焓值/(kJ/h)	-6492874	0	-4163691	5932036	-3191703	-4622214	-3438207	2544745	-920484	-2809562	-850749

表 3-71 E201 进料冷端、热端焓值(续表)

物料名称	A-C_{10}	n-C_{11}	i-C_{11}	N-C_{11}	A-C_{11}	n-C_{12}	i-C_{12}	合计			
代号	$C_{10}H_{14}$ (1P2MBg)	$C_{11}H_{24}$ (UNDg)	$C_{11}H_{24}$ (3MDg)	$C_{11}H_{22}$ (PCHg)	$C_{11}H_{16}$ (1RSMBBg)	$C_{12}H_{26}$ (DODg)	$C_{12}H_{26}$ (4EDg)	kJ/h	MJ/h	MW	Gcal/h
精制油各组成质量/(kg/h)	520. 016	82. 619	704. 695	38. 880	0	0	0				
循环氢各组成质量/(kg/h)											
混合进料各组成质量/(kg/h)	520. 016	82. 619	704. 695	38. 880	0	0	0				
93℃单位焓值(l)/(kJ/kg)	-416. 42	-1946. 47	-1965. 99	-1717. 56	-659. 13	-1926. 09	-1925. 33				
90℃单位焓值(g)/(kJ/kg)											
450℃单位焓值/(kJ/kg)	702	-674	-1067	-491	617	-647	-1025				
E201 混合进料冷端焓值/(kJ/h)	-216546	-160816	-1385422	-66778	0	0	0	-176824847	-176825	-49. 12	-42. 23
E201 混合进料热端焓值/(kJ/h)	364869	-55657	-752209	-19109	0	0	0	-35432723	-35433	-9. 84	-8. 46

对缠绕式换热器 E201 来说，其热负荷 $Q = H' - H$，因此

$$Q = H' - H = -9.84 - (-49.12) = 39.28\text{MW}$$

2. Δt 的计算

$$\Delta t_h = T_1 - t_2 = 486.6 - 449.6 = 37.0℃；\Delta t_c = T_2 - t_1 = 95.5 - 83 = 12.5℃$$

因此

$$\Delta t_m = (\Delta t_h - \Delta t_c)/\ln(\Delta t_h/\Delta t_c) = (37.0 - 12.5)/\ln(37.0/12.5) = 22.58℃$$

对于缠绕式换热器来说，按纯逆流考虑，则 $F_t = 1.0$。

因此

$$\Delta t = \Delta t_m \cdot F_t = 22.58 \times 1.0 = 22.58℃$$

3. K 的计算

缠绕式换热器面积 A 大约为 6000m^2。因此，

$$K = \frac{Q}{A \cdot \Delta t} = \frac{39.28 \times 10^6}{6000 \times 22.58} = 289.94\text{W}/(\text{m}^2 \cdot \text{K})$$

4. 结果与讨论

由本节计算可知，重整进料换热器 E201 的热负荷为 39.28MW，而从本部分“十八、燃料气计算”可知，四合一炉燃料气低发热值为 55.48MW，因此 E201 热负荷占加热炉总负荷的较大部分，即

$$\eta = \frac{39.28}{55.48} \times 100\% = 70.80\%$$

重整进料换热器占地面积小，达到如此客观的热负荷，对于重整反应为吸热的反应而言，无疑是非常有利的。

十三、压力平衡计算

本节任务：反应系统的压力平衡、催化剂循环系统的压力平衡、循环压缩机的功率计算。

（一）反应系统的压力平衡计算

重整循环氢压缩机 C201 出口至进料换热器 E201 前压力损失为 0.008MPa，低于 10%，可认为是不可压缩流体，其他部分均按不可压缩流体进行计算。其雷诺数 Re 为：

$$Re = \frac{d_i' u\rho}{\mu_a}$$

式中　Re——雷诺数；

d_i'——管内径，mm；

ρ——流体密度，kg/m^3；

μ_a——流体动力黏度，mPa·s；

u——流速，m/s。

进一步可改为：

$$Re = \frac{d_i' u\rho}{\mu_a} = \frac{d_i' uS\rho}{\mu_a S} = \frac{d_i' m}{\mu_a S} = \frac{d_i' m}{0.25\mu_a \pi d_i'^2} = \frac{4m}{\pi\mu_a d_i'} = \frac{4 \times 3600m}{\pi\mu_a d_i'}$$

式中　S——管截面积，m^2；

m——流体质量，kg/h；

其他符号同前。

反应系统压降应按照设备压降逐台计算、管道压降逐段计算进行，主要包括：① 反应系统管道总压降；② 反应器总压降；③ 孔板压降；④ E201 管程压降；⑤ E201 壳程压降；⑥ A201 压降；⑦ E217 压降；⑧ 四合一炉加热炉总压降；⑨ E201 至 A201 总压降；⑩ A201 至 E217 管道压降；⑪ E217 至 V201 管道压降。除在第三部分“十一、(二)径向反应器压降的计算”对四个反应器压降进行了计算外，其他的均未涉及，其中⑨、⑩、⑪涉及到两相流管道计算。

1. 反应系统管道总压降

不包括上述⑨、⑩、⑪涉及到两相流管道计算。

各管道流体标况体积流量、黏度(近似)见本部分第十四节中反应油气状态参数和已知条件，管道温度、压力、内径、管道长度等条件查相关资料，对非直管段中各种管件、阀门进行了当量化处理，给出了当量直径 L_e/d_i 值。雷诺数的求取按本节上述公式，并通过图 3-7 查找管道摩擦阻力系数。直管段压降按 $\Delta p_{ft} = \lambda \cdot \dfrac{L}{d_i} \cdot \dfrac{\rho u^2}{2}$ 计算，管件压降按 $\Delta p_{ff} = \lambda \cdot \dfrac{L_e}{d_i} \cdot \dfrac{\rho u^2}{2}$，其中 L_e/d_i 为当量直径。

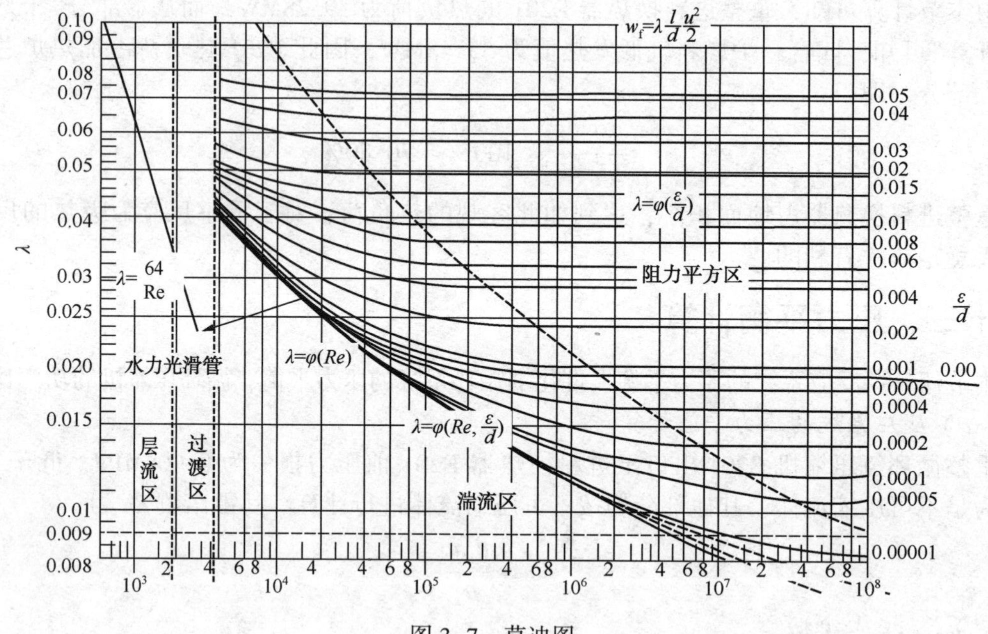

图 3-7　莫迪图

以 C201 至循环氢流量计 FI2122 段管段为例计算，有：

管道工况流量 V：

$$V = V_0 \times \frac{0.1013}{0.1013 + 0.490} \times \frac{273 + 90}{273} = 31406 \times \frac{0.1013}{0.1013 + 0.490} \times \frac{273 + 90}{273} = 7154\text{m}^3/\text{h}$$

管道流体速度 u：

$$u = \frac{V}{3600 \times \frac{1}{4}\pi d_i^2} = \frac{7154}{3600 \times 0.25 \times 3.14 \times 0.39^2} = 16.64\text{m/s}$$

流体密度 ρ：

$$\rho = \frac{m}{V} = \frac{10066}{7154} = 1.41\text{kg/m}^3$$

雷诺数 $$Re=\frac{d_i u\rho}{\mu_a}=\frac{390\times16.64\times1.41}{0.0095}=9.61\times10^5$$

查莫迪图有：
$$\lambda=0.030$$

管段长度 $L=33$m，则

$$\Delta p_{ff}=0.030\times\frac{33}{0.39}\times\frac{1.41\times16.64^2}{2}=494\text{Pa}=0.49\text{kPa}$$

45°标准弯头1个，90°标准弯头6个，当量直径$\frac{L_e}{d_i}$分别为16、30，因此

$$\Delta p_{ft}=0.030\times(1\times16+6\times30)\times\frac{1.41\times16.64^2}{2}=1145\text{Pa}=1.15\text{kPa}$$

反应系统管道总压降 $\Delta p=\Sigma(\Delta p_{ff_i}+\Delta P_{ft_i})=43.60$kPa

各管道压降计算结果见表3-72。

2. 孔板压降

可根据孔板计算公式反求，孔板流量计计算公式为：

$$q_v=\frac{CE}{\sqrt{1-\beta^4}}\frac{\pi}{4}d^2\sqrt{\frac{2\Delta p}{\rho_1}}$$

式中 q_v——体积流量，m^3/s；
C——流出系数；
β——直径比，$\beta=d/D$；
d——节流件的开孔直径，m；
D——管道内径，m；
Δp——压差值，Pa；
ρ_1——被测流体密度，kg/m^3；
E——可膨胀系数。

$$E=1-(0.41+0.35\beta^4)\frac{\Delta p}{kp_1}\text{（使用范围 }p_2/p_1\geqslant0.75\text{）}$$

p_1、p_2——上游和下游取压口处静压；
k——绝热系数。

进而可改为：

$$q_v=\frac{CE}{\sqrt{1-\beta^4}}\frac{\pi}{4}d^2\sqrt{\frac{2\Delta p}{\rho_1}}=\frac{C[1-(0.41+0.35\beta^4)]\cdot\pi d^2}{\sqrt{1-\beta^4}\cdot4kp_1}\cdot\sqrt{\frac{2}{\rho_1}}\cdot\Delta p^{3/2}=A\cdot\Delta p^{3/2}$$

式中：

$$A=\frac{C[1-(0.41+0.35\beta^4)]\cdot\pi d^2}{\sqrt{1-\beta^4}\cdot4kp_1}\cdot\sqrt{\frac{2}{\rho_1}}$$

$$=\frac{0.662066\times[1-(0.41+0.35\times0.639525^4)]\times3.14\times0.24931508}{\sqrt{1-0.639525^4}\times4\times1.359\times490}\times\sqrt{\frac{2}{1.407}}$$

$$=3.37\times10^{-5}$$

因此：

$$\Delta P=\left(\frac{q_v}{A}\right)^{2/3}=\left(\frac{1.987}{3.37\times10^{-5}}\right)^{2/3}=1515\text{Pa}=1.51\text{kPa}$$

表 3-72　反应系统管道总压降计算

参数	单位	C201 流量计	流量计 E201	E201 F201	F201 R201	R201 F202	F202 R202	R202 F203	F203 R203	R203 F204	F204 R204	R204 E201	V201 C201
管道速度 u	m/s	16. 64	6. 18	13. 58	14. 47	28. 16	26. 94	35. 78	40. 75	44. 84	49. 94	54. 25	15. 40
管道标况流量 V_0	Nm^3/h	31406	31406	31406	31406	59702	59702	72457	72457	81483	81483	88351	31406
温度 T	℃	90	90	449. 6	486. 45	470. 3	417. 3	454. 05	527. 65	474. 8	528. 45	488	40. 5
压力 p	MPa	0. 490	0. 490	0. 434	0. 427	0. 404	0. 389	0. 370	0. 355	0. 334	0. 318	0. 296	0. 251
管道工况流量 V	m^3/h	7154. 2	7154	15731	16752	32613	31202	41440	47196	51929	57833	62827	10370
管道流速 u	m/s	16. 6	6. 2	13. 6	14. 5	28. 2	26. 9	35. 8	40. 8	44. 8	49. 9	54. 2	15. 4
管道直径 d_i	m	0. 39	0. 64	0. 64	0. 64	0. 64	0. 64	0. 64	0. 64	0. 64	0. 64	0. 64	0. 488
流体密度 ρ	kg/m^3	1. 41	1. 41	6. 81	6. 39	3. 28	3. 43	2. 58	2. 27	2. 06	1. 85	1. 70	0. 97
管道流体质量	kg/h	10066	10066	107066	107066	107066	107066	107066	107066	107066	107066	107066	10066
管道工况流量 V	m^3/h	7154. 2	7154. 2	15731. 1	16752. 4	32613. 1	31202. 3	41440. 4	47196. 3	51929. 2	57833. 2	62826. 7	10370. 1
流体黏度 μ_a	mPa · s	0. 0095	0. 0095	0. 0239	0. 0206	0. 02060	0. 02019	0. 02019	0. 01993	0. 01993	0. 01971	0. 01971	0. 01971
流体雷诺数 Re		9. 61×105	5. 86×105	2. 47×106	2. 87×106	2. 87×106	2. 93×106	2. 93×106	2. 97×106	2. 97×106	3. 00×106	3. 00×106	3. 70×105
绝对粗糙度 ε	mm	0. 2	0. 2	0. 2	0. 2	0. 2	0. 2	0. 2	0. 2	0. 2	0. 2	0. 2	0. 2
相对粗糙度 ε/d_i		0. 00051	0. 00031	0. 00031	0. 00031	0. 00031	0. 00031	0. 00031	0. 00031	0. 00031	0. 00031	0. 00031	0. 00041
摩擦系数 λ		0. 030	0. 027	0. 0245	0. 0246	0. 0246	0. 0247	0. 0247	0. 0248	0. 0248	0. 0252	0. 0252	0. 03
管道长度 L	m	33	137	39	52	52	49	49	54	54	45	125	
当量长度 L/d_i		85	214	61	81	81	77	77	84	84	70	195	0
管道压降 Δp_{ff}	Pa	494	155	937	1336	2602	2355	3128	3942	4337	4090	12342	0
局部压降 Δp_{ft}	Pa	1145	55	1631	1579	3074	2953	5720	4485	4935	5584	11754	691
45°标准弯头 $L_e/d_i=16$	个	1	1	1	1	1	1		1	1	1	1	
90°标准弯头 $L_e/d_i=30$	个	6	2	3	2	2	2	4	2	2	2	5	6
由容器进入管道的入管嘴 $L_e/d_i=20$	个				1	1	1	1	1	1	1	1	1
当量长度 L_e/d_i		196	76	106	96	96	96	140	96	96	96	186	200

3. E217 压降

重整反应产物后冷器 E217 壳程压降计算遵循如下公式计算：

$$\Delta p = (\Delta p_{o1} + \Delta p_{o2}) f_o N_P N_s$$

管束压降：$$\Delta p_{o1} = F\lambda_o N_{TC}(N_b + 1)\frac{\rho u^2}{2} = F\lambda_o N_{TC}(N_b + 1)\frac{G^2}{2\rho_1'}$$

缺口压降：$$\Delta p_{o2} = N_b(3.5 - \frac{2B}{D_i})\frac{\rho u^2}{2} = N_b(3.5 - \frac{2B}{D_i})\frac{G^2}{2\rho_1'}$$

中心管排处最小截面积：$$A_o = B(D_i - N_{TC}d_o)$$

N_T—— 管子总数，834；

$$N_{TC} = 1.1N_T^{0.5}(\text{不取} N_{TC} = 1.19N_T^{0.5})$$

$$\lambda_o = 5.0Re^{-0.228}(Re > 500)$$

f_o—— 校正系数，液体取 1.15；

N_P—— 管程数，4；

N_s—— 壳程数，1；

F—— 管子排列形式对压降校正系数，正方形布置取 0.3；

N_b—— 折流板数，5 + 8 + 1 = 14；

B—— 板间距，0.525m；

D_i、d_o—— 壳体内径、换热管外径，分别取值为 1.6m、0.02m。

查设备参数并计算过程见表 3–73。

表 3–73 E217 压降计算过程

参　数	单位	计算过程	结果
单管内径 d_o	m		0.020
单管外径 d_1	m		0.025
壳程内径 D_i	m		1.6
进出管道直径 d	m		0.79
壳程当量直径 d_e	m	$d_e = \sqrt{D_i^2 - d_1^2 N_{TC}} = \sqrt{1.6^2 - 0.025^2 \times 834} = 1.428\text{m}$	1.428
管子总数 N_T			834
管子有效总数 N_{TC}		$N_{TC} = 1.1N_T^{0.5} = 1.1 \times 834^{0.5} = 32$	32
折流板数 N_b			14
板间距 B	m		0.53
管子排列形式对压降校正系数 F		正方形布置取 0.3，正三角形布置取 0.5	0.3
两相混合密度 $\rho_{l'}$	kg/m³		65.6
进出口质量流速 G	kg/(m²·s)		60.6
壳程质量流速 G'	kg/(m²·s)	与面积成反比，因此 $G' = \frac{G}{\left(\frac{d_e^2}{d}\right)^2} = \frac{60.6}{\left(\frac{1.428^2}{0.79^2}\right)^2} = 18.56\ \text{kg/(m}^2\cdot\text{s)}$	18.56

续表

参　　数	单位	计算过程	结果
两相流的均相动力黏度 μ_H（平均温度下）	mPa·s		0.0201
管内雷诺数 Re		$Re = \frac{d_e G'}{\mu_H} = \frac{1.428 \times 1000 \times 18.56}{0.0201} = 1.32 \times 10^6$	1319031
摩擦系数 λ_o		查莫迪图	0.0135
管束压降 Δp_{o1}	Pa	$\Delta p_{o1} = F\lambda_o N_{TC}(N_b + 1)\frac{\rho u^2}{2} = F\lambda_o N_{TC}(N_b + 1)\frac{G^2}{2\rho_1'}$ $= 0.3 \times 0.0135 \times 32 \times (14 + 1) \times \frac{18.56^2}{2 \times 65.6} = 5.06\text{Pa}$	5.06
缺口压降 Δp_{o2}	Pa	$\Delta p_{o2} = N_b(3.5 - \frac{2B}{D_i})\frac{\rho u^2}{2} = N_b(3.5 - \frac{2B}{D_i})\frac{G^2}{2\rho_1'}$ $= 14 \times (3.5 - \frac{2 \times 0.53}{1.6}) \times \frac{18.56^2}{2 \times 65.6} = 104.48\text{Pa}$	104.48
管程数 N_p			4
壳程数 N_s			1
E217 压降压降 Δp	Pa kPa	$\Delta p = (\Delta p_{o1} + \Delta p_{o2}) f_o N_p N_s$ $= (5.06 + 104.48) \times 1.15 \times 4 \times 1$ $= 503.9\text{Pa} = 0.50\text{kPa}$	503.9 0.50

4. 四合一炉加热炉总压降

四合一炉加热炉总压降包括直管段压降、弯头局部压降（一个 180°弯头）、分流流道压降和集流流道压降。首先需要对雷诺数涉及到的管道流体速度 u、管道流体密度 ρ 的求取，然后根据已知的炉管内径 d_i 得到雷诺数，查莫迪图可得到摩擦阻力系数，进而可得直管段压降。弯头局部压降可按当量直径 L_e/d_i 简化求得。分流流道和集流流道压降可参照“十四、气流分布不均匀度”相关内容求解。

一些近似：因压力变化较小，而温度变化较大，因此压力以加热炉入口为基准，温度以炉进出口平均温度为基准进行计算。

以 F201 为例，则

$$d_e = \sqrt{D_i^2 - d_1^2 N_{TC}} = \sqrt{1.6^2 - 0.025^2 \times 834} = 1.428\text{m}$$

$$V = V_0 \times \frac{0.1013}{0.1013 + 0.434} \times \frac{273 + 481}{273} = 31406 \times \frac{0.1013}{0.1013 + 0.434} \times \frac{273 + 481}{273} = 16415\text{m}^3/\text{h}$$

管道流体密度 ρ：

$$\rho = \frac{m}{V} = \frac{107066}{16415} = 6.523\text{kg/m}^3$$

炉管速度：

$$u = \frac{V}{3600 \cdot (n \times \frac{\pi}{4} d_i^2)} = \frac{16415}{3600 \times (36 \times 0.25 \times 3.14 \times 0.102^2)} = 15.5\text{m/s}$$

$$Re = \frac{d_i u \rho}{\mu_a} = \frac{0.102 \times 1000 \times 15.5 \times 6.523}{0.0239} = 4.3 \times 10^5$$

查莫迪图得 $\lambda = 0.0237$。

直管段压降为：

$$\Delta p_{ft} = \lambda \cdot \frac{L}{d_i} \cdot \frac{\rho u^2}{2} = 0.0237 \times \frac{12.591}{0.102} \times \frac{6.523 \times 15.5^2}{2} = 2292\text{Pa} = 2.29\text{kPa}$$

局部当量直径 $L_e/d_i = 60$

局部压降：

$$\Delta p_{ff} = 0.0237 \times 60 \times \frac{6.523 \times 15.5^2}{2} = 1114.2\text{Pa} = 1.11\text{kPa}$$

分流流道：

总管流速：

$$u_c = \frac{V}{S} = \frac{16415}{0.25 \times 3.14 \times 0.64^2} = 14.2\text{m/s}$$

分流流道压降

$$= K_C \frac{\rho u_c^2}{g} = 0.72 \times \frac{6.523 \times 14.2^2}{9.8} = 115.1\text{kg/m}^2 = 1151\text{Pa} = 1.15\text{kPa}$$

集流流道压降

$$= K_D \frac{\rho u^2}{g} = 1.0 \times \frac{6.523 \times 15.5^2}{9.8} = 133.7\text{kg/m}^2 = 1337\text{Pa} = 1.34\text{kPa}$$

四合一炉总压降：

$$\Delta p = 2.29 + 1.11 + 1.15 + 1.34 + 5.91 = 5.91\text{kPa}$$

列出各加热炉计算结果见表3-74。

表3-74 四合一炉总管压降计算结果

参数	单位	F201	F202	F203	F204
管道速度 u	m/s	15.5	34.2	30.8	50.8
管道标况流量 V_0	Nm^3/h	31406.0	59701.8	72457	81483
温度 T	℃	481.0	471.0	491	501
压力 p	MPa	0.434	0.404	0.370	0.334
管道工况流量 V	m^3/h	16415	31202	32613	53749
炉管数量 n	根	36	53	36	36
管道流速 u	m/s	15.5	34.2	30.8	50.8
总管流速 u_c	m/s	14.2	26.9	28.2	46.4
炉管内径 d_i	m	0.102	0.078	0.102	0.102
管道流体密度 ρ	kg/m^3	6.523	3.431	3.283	1.992
流体黏度 μ_a	mPa·s	0.0239	0.0206	0.0202	0.0199
流体雷诺数 Re		431128	444760	510706	517370
绝对粗糙度 ε	mm	0.2	0.2	0.2	0.2
相对粗糙度 ε/d_i		0.0020	0.0026	0.0020	0.0020

续表

参数	单位	F201	F202	F203	F204
摩擦系数 λ		0.0237	0.0248	0.0236	0.0234
管道长度 L	m	12.591	12.591	12.591	8.591
直管段压降	Pa	2292.3	8044.7	4535.2	5056.6
局部压降(一个180°弯头)	Pa	1114.2	2990.2	2204.4	3602.2
分流流道压降	Pa	1151.3	2952.8	2287.5	3769.9
总管流速 u_c	m/s	14.2	26.9	28.2	46.4
集流流道压降	Pa	1337.1	4101.1	3177.1	5236.0
加热炉压降	Pa	5909.1	18115.7	12232.3	17711.2
加热炉压降	kPa	5.91	18.12	12.23	17.71

5. E201 至 A201 总压降

该部分为两相流，根据《石油化工工艺管道设计与安装(第二版)》第二章(管径和管道压力降计算)可知，该部分为非闪蒸型两相流管道的压力降，其压降分为加速度压降 Δp_a 、重力压力降 Δp_h 、直管段压降 Δp_{ft} 、管件压降 Δp_{ff} 四部分，下面就这四部分分别求解。

(1) 加速度压降 Δp_a

该部分气液两相近似进出均相比容相同，即 $V_{H_1}=V_{H_2}$，则 $\Delta p_a=0$。

(2) 重力压力降 Δp_h

根据重力压力降公式

$$\Delta p_h = \rho_1'(z_2 - z_1)\cdot g\cdot 10^{-3}$$

ρ_1' ——两相混合物的真实密度，kg/m³

$$\rho_1' = \rho_g\cdot\alpha + \rho_1(1-\alpha)$$

式中 α ——截面含气率(采用洛克哈特-马蒂内里计算方法算出)；

$1-\alpha$ ——截面含液率；

z_1 ——入口垂直高度, m ;

z_2 ——出口垂直高度, m ;

g ——重力加速度, 9.8。

对于气相:

所占部分含循环氢质量 10066.1kg/h 和产氢质量(重整进料×含 H_2 气体收率=97000×8.357%=8106.2kg/h，见“三、物料平衡计算”)，含 H_2 气体共 1761.061kmol/h，则标况下体积为 1761.061×22.414=39472Nm³/h。在工况 T=95.5℃、P=0.27MPa(表)条件下，循环氢部分、含氢气部分体积分别为 11565.7m³/h、14526.3m³/h。因此，

气相密度为:

$$\rho_g = \frac{m_{循环氢} + m_{含氢气体}}{V_{循环氢} + V_{含氢气体}} = \frac{10066.1 + 8106.2}{11565.7 + 14536.3} = 0.696\text{kg/m}^3$$

气相表观速度:

$$u_{gs} = \frac{V_{循环氢} + V_{含氢气体}}{3600\times\frac{\pi}{4}d_i^2} = \frac{11565.7 + 14536.3}{3600\times 0.25\times 3.14\times 0.79^2} = 14.79\text{m/s}$$

雷诺数：

$$Re_g = \frac{d_i u_{gs} \rho_g}{\mu_g} = \frac{0.79 \times 1000 \times 14.79 \times 0.696}{0.019} = 3.32 \times 10^5$$

查得摩擦系数 $\lambda_{gs} = 0.0165$。

对于液相：

液相质量：

$$m_{液} = m_{总} - m_{气} = 97000 - 8106.2 = 88893.8 kg/h$$

液相体积流量：

$$V_l = \frac{m_{液}}{\rho_l} = \frac{88893.8}{812.3} = 109.4 kg/m^3$$

液相表观速度：

$$u_{ls} = \frac{V_l}{3600 \times \frac{\pi}{4} d_i^2} = \frac{109.4}{3600 \times 0.25 \times 3.14 \times 0.79^2} = 0.062 m/s$$

雷诺数：

$$Re_l = \frac{d_i u_{ls} \rho_l}{\mu_l} = \frac{0.79 \times 1000 \times 0.062 \times 812.3}{0.280} = 1.42 \times 10^5$$

查得摩擦系数 $\lambda_{ls} = 0.0245$。

为求得两相混合物的真实密度，需知道截面含气率，利用洛克哈特—马蒂内利方法求得，为此引入洛克哈特参数 X：

$$X = \frac{\mu_{ls}}{\mu_{gs}} \left(\frac{\lambda_{ls} \cdot \rho_l}{\lambda_{gs} \cdot \rho_g} \right)^{\frac{1}{2}}$$

式中　X——洛克哈特参数；

u_{ls}——液相表观流速，m/s；

u_{gs}——气相表观流速，m/s；

λ_{ls}——液相阻力系数；

λ_{gs}——气相阻力系数；

ρ_l——液相密度，kg/m^3；

ρ_g——气相密度，kg/m^3。

因此，有

$$X = \frac{\mu_{ls}}{\mu_{gs}} \left(\frac{\lambda_{ls} \cdot \rho_l}{\lambda_{gs} \cdot \rho_g} \right)^{\frac{1}{2}} = \frac{0.280}{0.019} \times \left(\frac{0.0245 \times 812.3}{0.0165 \times 0.696} \right)^{\frac{1}{2}} = 0.1745$$

查《石油化工工艺管道设计与安装》图 2-3-6（洛克哈特参数与截面积含气率的关系图）可得到：

$$1 - a = 0.080$$

因此：

$$\alpha = 1 - 0.080 = 0.920$$

两相混合密度：

$$\rho_l' = \rho_g \cdot \alpha + \rho_l (1 - \alpha) = 0.696 \times 0.920 + 812.3 \times 0.080 = 65.62 kg/m^3$$

代入重力压力降公式：

$$\Delta p_{\mathrm{h}} = \rho_1'(z_2 - z_1) \cdot g \cdot 10^{-3} = 65.62 \times (20.1 - 15) \times 9.8 = 3280\mathrm{Pa} = 3.28\mathrm{kPa}$$

（3）直管段压降

直管段压降可由下式得到：

$$\Delta p_{\mathrm{ft}} = \lambda_{\mathrm{H}} \cdot \left(\frac{L}{d_{\mathrm{i}}}\right) \cdot \left(\frac{G^2 \cdot V_{\mathrm{H}}}{2}\right)$$

式中　L——直管段长度，m；

d_{i}——管内径，mm；

G——质量流速，$\mathrm{kg/(m^2 \cdot s)}$；

V_{H}——均相比容，$\mathrm{m^3/kg}$；

λ_{H}——均相阻力系数。

1）质量流速：

质量流速 G 由下式推出：

$$d_{\mathrm{i}}' = 18.8\sqrt{\frac{q_v}{u}} = 18.8\sqrt{\frac{q_{\mathrm{m}}}{G}} \Rightarrow$$

$$G = 353.4 \times \frac{q_{\mathrm{m}}}{d_{\mathrm{i}}'^{\,2}} = 353.4 \times \frac{m_{液} + m_{循环氢} + m_{含H_2气体}}{d_{\mathrm{i}}'^{\,2}}$$

$$= 353.4 \times \frac{88893.8 + 10066.1 + 8106.2}{(0.79 \times 1000)^2} = 60.63\mathrm{kg/(m^2 \cdot s)}$$

2）均相阻力系数：

两相混合物在管道进口端的体积含气率应按下式计算：

$$\beta = \frac{V_{\mathrm{g}}}{V_{\mathrm{g}} + V_{\mathrm{l}}} = \frac{11565.7 + 14536.3}{11565.7 + 14536.3 + 109.4} = 0.9958$$

两相流的均相动力黏度按下式计算：

$$\mu_{\mathrm{H}} = \beta\mu_{\mathrm{g}} + (1 - \beta)\mu_{\mathrm{l}} = 0.9958 \times 0.019 + (1 - 0.9958) \times 0.280 = 0.0201\mathrm{mPa \cdot s}$$

两相流雷诺数按下式计算：

$$Re_{\mathrm{H}} = \frac{d_{\mathrm{i}}G}{\mu_{\mathrm{H}}} = \frac{0.79 \times 1000 \times 60.63}{0.0201} = 3.38 \times 10^6$$

查莫迪图有 $\lambda_{\mathrm{H}} = 0.0145$。

3）两相流的均相比容 V_{H}：

两相流的均相比容应按下式计算：

$$V_{\mathrm{H}} = xV_{\mathrm{g}} + (1 - x)V_{\mathrm{l}} = x \cdot \frac{1}{\rho_{\mathrm{g}}} + (1 - x)\frac{1}{\rho_{\mathrm{l}}}$$

式中　V_{H}——两相流的均相比容，$\mathrm{m^3/kg}$；

V_{g}——两相流中的液相比容，$\mathrm{m^3/kg}$；

V_{l}——两相流中的气相比容，$\mathrm{m^3/kg}$；

x——两相流中的质量含气率，$x = \frac{m_{\mathrm{g}}}{m_{\mathrm{g}} + m_{\mathrm{l}}}$。

$$x = \frac{m_{\mathrm{g}}}{m_{\mathrm{g}} + m_{\mathrm{l}}} = \frac{10066.1 + 8106.2}{10066.1 + 8106.2 + 88893.8} = 0.170$$

因此，

$$V_H = xV_g + (1-x)V_l = 0.170 \times \frac{1}{0.696} + (1-0.170) \times \frac{1}{812.3} = 0.245\text{m}^3/\text{kg}$$

$$\Delta p_{ft} = \lambda_H \cdot \left(\frac{L}{d_i}\right) \cdot \left(\frac{G^2 \cdot V_H}{2}\right) = 0.0145 \times \frac{80.5}{0.79} \times \frac{60.63^2 \times 0.245}{2} = 664.8\text{Pa} = 0.66\text{kPa}$$

(4) 局部压降

局部压降主要是管件压降，可由下式得出：

$$\Delta p_{ff} = \Delta p_{fgs} + C \cdot \sqrt{\Delta p_{fgs} \cdot \Delta p_{fls}} + \Delta p_{fls}$$

式中 Δp_{fgs}——气相单相流动时的压降，kPa；

Δp_{fls}——液相单相流动时的压降，kPa；

C——奇斯霍姆系数；

$$C = C_2 \cdot \left(\sqrt{\frac{\rho_l}{\rho_g}} + \sqrt{\frac{\rho_g}{\rho_l}}\right)$$

C_2——管件系数，对于90°弯头，$C_2 = 2.167$。

气、液两相表观速度和摩擦阻力系数在(2)重力压力降中已经计算，该部分存在11个90°弯头，设当量直径 $L_e/d_i = 30$，则：

$$\Delta p_{fgs} = \lambda_{gs} \cdot \frac{L_e}{d_i} \cdot \frac{\rho_g u_{gs}^2}{2} = 0.0165 \times (11 \times 30) \times \frac{0.696 \times 14.96^2}{2} = 12.63\text{Pa} = 0.13\text{kPa}$$

$$\Delta p_{fls} = \lambda_{ls} \cdot \frac{L_e}{d_i} \cdot \frac{\rho_l u_{ls}^2}{2} = 0.0245 \times (11 \times 30) \times \frac{812.3 \times 0.062^2}{2} = 414.72\text{Pa} = 0.41\text{kPa}$$

$$C = C_2 \cdot \left(\sqrt{\frac{\rho_l}{\rho_g}} + \sqrt{\frac{\rho_g}{\rho_l}}\right) = 2.167 \times \left(\sqrt{\frac{812.3}{0.696} + \frac{0.696}{812.3}}\right) = 74.08$$

$$\begin{aligned}\Delta p_{ff} &= \Delta p_{fgs} + C\sqrt{\Delta p_{fgs} \cdot \Delta p_{fls}} + \Delta p_{fls} \\ &= 12.63 + 74.08 \times \sqrt{12.63 \times 414.72} + 414.72 \\ &= 5788.92\text{Pa} \\ &= 5.79\text{kPa}\end{aligned}$$

因此，E201 至 A201 总压降为：

$$\Delta p = 1.3(\Delta p_{ft} + \Delta p_{ff} + \Delta p_a + \Delta p_h) = 1.3 \times (0.66 + 5.79 + 0 + 3.28) = 12.7\text{kPa}$$

两相流中主要压降为管件压降和重力压降。

6. A201 至 E217 管道压降

A201 至 E217 管道类似 E201 至 A201，有 2 个弯头，几乎水平，$L' = 35$，无重力压降，无加速度压降，因此直管段和局部压力损失可分布按 E201 至 E217 管道单位长度、当量直径压降进行计算，即

$$\Delta p_{ft}/L = \frac{0.66}{80.5} = 0.0083\text{kPa/m}$$

$$\Delta p_{ff}/(L_e/d_i) = \frac{5.79}{(11 \times 30)} = 0.018\text{kPa/m}$$

$$\Delta p_{ft} = \frac{\Delta p_{ft}}{L} \times L' = 0.0083 \times 20.5 = 0.17\text{kPa}$$

$$\Delta p_{\rm ff} = \frac{\Delta p_{\rm ft}}{\frac{L_{\rm e}}{d_{\rm i}}} \times \frac{L'_{\rm e}}{d_{\rm i}} = 0.018 \times 2 \times 30 = 1.59\text{kPa}$$

$$\Delta p = 1.3(\Delta p_{\rm ft} + \Delta p_{\rm ff} + \Delta p_{\rm a} + \Delta p_{\rm h}) = 1.3 \times (0.29 + 1.05) = 3.11\text{kPa}$$

7. E217 至 V201 管道压降

类似 E217 至 V201 管道压降计算方法，$L''=35$，4 个弯头，无重力压降，无加速度压降，则：

$$\Delta p_{\rm ft} = \frac{\Delta p_{\rm ft}}{L} \times L' = 0.0083 \times 35.0 = 0.29\text{kPa}$$

$$\Delta p_{\rm ff} = \frac{\Delta p_{\rm ft}}{\frac{L_{\rm e}}{d_{\rm i}}} \times \frac{L'_{\rm e}}{d_{\rm i}} = 0.018 \times 4 \times 30 = 2.11\text{kPa}$$

$$\Delta p = 1.3(\Delta p_{\rm ft} + \Delta p_{\rm ff} + \Delta p_{\rm a} + \Delta p_{\rm h}) = 1.3 \times (0.29 + 2.11) = 3.11\text{kPa}$$

8. 结果与讨论

因重整进料换热器为缠绕式换热器，内部结构参数生产厂家均未提供，因此 E201 管壳程均未进行计算，另外，A201 计算也较为复杂，而且压降并不是很高，这里也不进行计算，E201 管程压降计算可参照《化工设备设计全书——换热器》中式(2-6a)、式(2-6b)、式(2-6c)、式(2-6d)进行：

直管：
$$\Delta p = \lambda\left(\frac{ml}{d}\right) \cdot \left(\frac{\rho u^2}{2}\right) \cdot \left(\frac{\mu}{\mu_{\rm w}}\right)^{0.14}$$

回弯：
$$\Delta p_{\rm R} = 4m\left(\frac{\rho u^2}{2}\right)$$

管箱进出：
$$\Delta p_{\rm N} = 1.5\left(\frac{u_{\rm N}^2}{2}\right)$$

式中 u、$u_{\rm N}$——分别为管程流体、管箱进出口中流体的线速度，m/s；

m——管程数；

l——直管的长度，m；

$\mu_{\rm w}$——管壁平均温度下流体的黏度，mPa·s；

μ——流体平均温度下的黏度，mPa·s；

对光滑管(换热管)而言，$\lambda = 0.0056 + 0.5\left(\frac{du\rho}{\mu}\right)^{-0.32}$

壳程压降计算更为复杂。

除反应器压降在“十一、径向反应器压降的计算”计算外，反应系统其他压降计算均在本节，本节列出各部分计算结果见表 3-75。

表 3-75 各部分压降计算结果

序号	系统	单位	计算值	实际值	计算值占比	实际占比/%
①	反应系统管道总压降	kPa	43.60	22.21	15.5	9.3
②	反应器总压降	kPa	81.08	76.79	28.7	32.0
③	孔板压降	kPa	1.51	8.00	0.5	3.3

续表

序号	系统	单位	计算值	实际值	计算值占比	实际占比/%
④	E201 管程压降	kPa	48.00	48.00	17.0	20.0
⑤	E201 壳程压降	kPa	26.00	26.00	9.2	10.8
⑥	A201 压降	kPa	10.00	7.50	3.5	3.1
⑦	E217 压降 Δp	kPa	0.50	0.50	0.2	0.2
⑧	四合一炉总压降	kPa	53.97	40.00	19.1	16.7
⑨	E201 至 A201 总压降	kPa	12.65	8.00	4.5	3.3
⑩	A201 至 E217 管道压降	kPa	1.59	1.00	0.6	0.4
⑪	E217 至 V201 管道压降	kPa	3.11	2.00	1.1	0.8
⑫	系统反应系统总压降	kPa	282.03	240.00	100.0	100.0

注：实测值中⑥+⑦+⑨+⑩+⑪共五项为 19kPa；②③④⑤为完全确定值。

无论是计算值还是实际值，反应器总压降、E201 管程压降、四合一炉炉管总压降为占总压降的最大三项，因此这三项对装置的整个平稳运行起到重要的影响，因此特别对三处压降进行重要监控，反应器压降上升将严重影响到操作和催化剂的使用性能，甚至出现“贴壁”等极端情况；E201 管程压降增大，将极大地增加系统能耗，且目前重整进料换热器管程结垢时将很难清洗，因此要做好重整进料过滤器的日常维护工作；四合一炉炉管总压降增加意味着炉管内粗糙度的增加，摩擦阻力系数大幅上升，体现为燃烧不好导致炉管结焦，因此需要做好四合一炉的日常调整工作，避免超温、舔炉管等现象发生。

9. 本节压降计算

压降计算见表 3-76~表 3-80。

表 3-76　孔板压降

参　数	单　位	计算值
③孔板压降 $\Delta p_{孔板}$	kPa	1.51
循环氢孔板流量流出系数 C		0.662066
节流件的开孔直径 d	m	0.24931508
直径比 β		0.639525
上游取压静压 p_1	kPa	490
绝热指数 k		1.359
流体密度 ρ	kg/m^3	1.407
体积流量 q_v	m^3/s	1.987
方程右边常数项		3.37
孔板压降值	Pa	1515
	kPa	1.51

表 3-77　E217 压降

参　数	单位	计算值	备注
⑦E217 压降	kPa	0.50	
单管内径 d_o	m	0.020	

续表

参　数	单位	计算值	备注
单管外径 d_1	m	0.025	
壳程内径 D_i	m	1.6	
进出管道直径 d	m	0.79	
壳程当量直径 d_e	m	1.428	
管子总数 N_T		834	4 程共 834 根
管子有效总数 N_{TC}		32	
折流板数 N_b		14	
板间距 B	m	0.53	
管子排列形式对压降校正系数 F		0.3	
两相混合密度 $\rho_{l'}$	kg/m^3	65.6	
进出口质量流速 G	$kg/(m^2 \cdot s)$	60.6	
壳程质量流速 G'	$kg/(m^2 \cdot s)$	18.56	834 根管，4 程
两相流的均相动力黏度 μ_H	mPa·s	0.0201	平均温度下的值
管内雷诺数 Re		1319056	
摩擦系数 λ_o		0.0135	
管束压降 Δp_{o1}	Pa	5.06	
缺口压降 Δp_{o2}	Pa	104.48	
管程数 N_p		4	
壳程数 N_s		1	
E217 压降压降 Δp	Pa	503.9	
	kPa	0.50	

表 3-78　四合一炉总压降

参数	单位	F201	F202	F203	F204
⑧四合一炉总压降	kPa	53.97			
管道速度 u	m/s	15.5	34.2	30.8	50.8
管道标况流量 V	Nm^3/h	31406.0	59701.8	72457	81483
温度 T	℃	481.0	471.0	491	501
压力 p	MPa	0.434	0.404	0.370	0.334
管道工况流量 V	m^3/h	16415	31202	32613	53749
炉管数量 n	根	36	53	36	36
管道流速 u	m/s	15.5	34.2	30.8	50.8
炉管内径 d_i	m	0.102	0.078	0.102	0.102
管道流体密度 ρ	kg/m^3	6.523	3.431	3.283	1.992
流体黏度 μ_a	mPa·s	0.0239	0.0206	0.0202	0.0199
流体雷诺数 Re		431128	444760	510706	517370

续表

参数	单位	F201	F202	F203	F204
绝对粗糙度 ε	mm	0.2	0.2	0.2	0.2
相对粗糙度 ε/d_i		0.0020	0.0026	0.0020	0.0020
摩擦系数 λ		0.0237	0.0248	0.0236	0.0234
管道长度 L	m	12.591	12.591	12.591	8.591
直管段压降	Pa	2292.3	8044.7	4535.2	5056.6
局部压降(一个180°弯头)	Pa	1114.2	2990.2	2204.4	3602.2
分流流道压降	Pa	1151.3	2952.8	2287.5	3769.9
总管流速 u_c	m/s	14.2	26.9	28.2	46.4
集流流道压降	Pa	1337.1	4101.1	3177.1	5236.0
加热炉压降	Pa	5909.1	18115.7	12232.3	17711.2
加热炉压降	kPa	5.91	18.12	12.23	17.71

表 3-79　E201 至 A201 总压降

参　　数	单位	计算值	备　注
E201 至 A201 总压降	kPa	12.7	见《石油化工工艺管道设计与安装(第二版)》第三节
a. 加速度压降 Δp_a	kPa	0.00	近似进出均相比容相同，即 $V_{H_1}=V_{H_2}$，则 $\Delta p_a=0$
b. 重力压降 Δp_h	kPa	3.28	
液相密度 ρ_l	kg/m³	812.3	
液相质量	kg/h	88893.8	
液相体积流量	m³/h	109.4	
气相密度 ρ_g	kg/m³	0.696	(循环氢质量+产氢质量)/(循环氢体积+产氢体积)
循环氢质量	kg/h	10066.1	
产氢质量	kg/h	8106.2	
循环氢标况体积 V	Nm³/h	31406.0	
温度 T	℃	95.5	
压力 p	MPa	0.27	
循环氢工况体积 V_{g1}	m³/h	11565.7	
产氢摩尔数	kmol	1761.1	
产氢标况体积 V	Nm³/h	39472.4	
产氢工况体积 V_{g2}	m³/h	14536.3	
液相黏度	mPa·s	0.280	
气相黏度	mPa·s	0.019	
内径 d_i	m	0.79	
液相表观流速 u_{ls}	m/s	0.062	
雷诺数 Re		142133	

续表

参　数	单位	计算值	备　注
摩擦系数 λ_{ls}		0.0245	莫迪图
气相表观流速 u_{gs}	m/s	14.79	
雷诺数 Re		332065.4	
摩擦系数 λ_{gs}		0.0165	莫迪图
洛克哈特参数 X		0.1745	
1-α		0.080	
α		0.920	
两相混合密度 $\rho_{l'}$	kg/m^3	65.62	
出入口标高差值 Δh	m	5.10	入口高度20.1m，出口估算
重力压降 Δp_h	Pa	3280	
	kPa	3.28	
c. 直管段压降 Δp_{ft}	kPa	0.66	按《石油化工工艺管道设计与安装(第二版)》P50直管段均相法进行计算
管段长度 L	m	80.5	
管道内径 d_i	m	0.79	
质量流速 G	$kg/(m^2 \cdot s)$	60.63	
两相流体积含气率 β		0.9958	
两相流的均相动力黏度 μ_H	mPa·s	0.0201	
两相流雷诺数 Re_H		2384065	
摩擦系数 λ_H		0.0145	$\varepsilon/d_i=0.00025$，查莫迪图
两相流质量含气率 x		0.170	
两相流的均相比容 V_H	m^3/kg	0.245	
Δp_{ft}	Pa	664.77	
	kPa	0.66	
d. 局部压降 Δp_{ff}	kPa	5.79	
液相表观流速 u_{ls}	m/s	0.062	
液相密度 ρ_l	kg/m^3	812.3	
摩擦系数 λ_{ls}		0.0245	
液相单相流动时的压降 Δp_{fls}	Pa	12.63	
气相表观流速 u_{gs}	m/s	14.79	
气相密度 ρ_g	kg/m^3	0.696	
摩擦系数 λ_{gs}		0.0165	
气相单相流动时的压降 Δp_{fgs}	Pa	414.72	
奇斯霍姆系数 C		74.08	对于90°弯头，$C_2=2.167$

续表

参　数	单位	计算值	备　注
局部压降 Δp_{ff}	Pa	5788.92	
	kPa	5.79	

表 3-80　A201 至 E217 管道压降和 E217 至 V201 管道压降

参　数	单位	计算值	备　注
A201 至 E217 管道压降	kPa	1.59	近似完全水平段
每米压降	kPa/m	0.0083	可按 E201 至 A201 的直管段每米压降计算
管道长度 L	m	20.5	
A201 至 E217 管道压降	kPa	0.17	A201 至 E217 有 11 个 90°弯头，每个弯头当量直径 $L_e/d_i=30$
A201 至 E217 当量长度局部压降	kPa	0.018	有 2 个 90 度弯头
A201 至 E217 局部压降 Δp_{ff}	kPa	1.05	
E217 至 V201 管道压降	kPa	3.11	近似完全水平段
每米压降	kPa/m	0.0083	可按 E201 至 A201 的直管段每米压降计算
管道长度 L	m	35.00	
E217 至 V201 直管段压降 Δp_{ft}	kPa	0.29	
E217 至 V201 当量长度局部压降	kPa	0.018	A201 至 E217 有 11 个 90°弯头，每个弯头当量直径 $L_e/d_i=30$
E217 至 V201 局部压降 Δp_{ff}	kPa	2.11	有 4 个 90 度弯头

(二) 循环压缩机的功率计算

循环压缩机 C201 压缩气体为混合气体，按照气体的多变理论进行计算。

汽轮机入口参数为：流量 31406Nm³/h，入口温度 40.5℃，入口压力 0.251MPa(表)，出口压力 0.490MPa(表)。循环氢体积分数组成见表 3-81(见产品性质计算)。

表 3-81　循环氢组成(体积分数)

H_2	C_1	C_2	C_3	$O-C_3$	$n-C_4$	$i-C_4$	$O-C_4$	$n-C_5$	$i-C_5$	C_{6+}
88.900	1.709	2.377	2.196	0.020	0.864	1.050	0.060	0.271	0.643	1.910

1. 求混合气体的绝热指数 k，出口温度为 89.4℃，则平均温度为 65℃。

混合气体的绝热指数与温度有关，空气、氮气、氧气基本不随温度变化。氢气在重整压缩机使用范围(>40℃)内也基本不随温度变化，为 1.4 左右。

混合气体的绝热指数 k 由下式求得：

$$\frac{1}{k-1}=\sum\frac{y_i}{k_i-1}$$

式中　k—— 混合气体的绝热指数；

k_i——i 组分的绝热指数；

y_i—— 组分的分子分数。

循环氢绝热指数计算见表3-82。

表3-82 循环氢绝热指数 k

组分	H_2	C_1	C_2	C_3	$O-C_3$	$n-C_4$	$i-C_4$	$O-C_4$	$n-C_5$	$i-C_5$	C_{6^+}
y_i	88.900	1.709	2.377	2.196	0.020	0.864	1.050	0.060	0.271	0.643	1.910
k_i	1.407	1.403	1.198	1.161	1.170	1.094	1.079	1.063	1.052	2.052	3.052
$y_i/(k_i-1)$	218.4	4.2	12.0	13.6	0.1	9.2	13.3	1.0	5.2	0.6	0.9

$$\frac{1}{k-1} = \sum \frac{y_i}{k_i - 1} = 2.786,\ k = 1 + 1/2.786 = 1.359$$

2. 入口体积流量

$$V_1 = \frac{31406}{60} \times \frac{273 + 40.5}{273} \times \frac{0.1013}{0.1013 + 0.49} = 172.8\text{m}^3/\text{min}$$

3. 压缩比、多变效率和多变指数

压缩比：

$$\varepsilon = \frac{p_2}{p_1} = \frac{0.49 + 0.1013}{0.251 + 0.1013} = 1.678$$

根据流量查的多变效率 $\eta_p = 0.771$

根据绝热指数和多变效率查得的多变指数 $m = 1.52$

4. 压缩机出口温度

$$T_2 = T_1\varepsilon^{\frac{m-1}{m}} = (40.5 + 273) \times 1.678^{\frac{1.52-1}{1.52}} = 374.3\text{K} = 101.2℃$$

5. 理论功率

$$N = \frac{1.634P_1V_1\frac{m}{m-1}\left[\left(\frac{P_2}{P_1}\right)^{\frac{m-1}{m}} - 1\right]}{\eta_p}$$

$$= \frac{1.634 \times 3.532 \times 172.8 \times \frac{1.52}{1.52-1}(1.678^{\frac{1.52-1}{1.52}} - 1)}{0.771} = 731\text{kW}$$

6. 实际功率

<1000kW 取 0.94~0.96，1000~2000kW 取 0.96~0.97，>2000kW 取 0.97~0.98。

$$N_S = \frac{N}{\eta_g\eta_e} = \frac{731.1}{0.94 \times 1} = 778\text{kW}$$

其他两种估算循环氢压缩机功率的公式：

1. 已知压缩机流量估算功率

$$N = 0.0275V = 0.0275 \times 31406 = 863.7\text{kW}$$

式中 N—— 理论功率，kW；

V—— 循环氢体积流量，Nm^3/h。

2. 已知规模、氢油比和循环氢纯度估算功率

$$N = \frac{665F \cdot HC}{\chi} = \frac{665 \times 78 \times 1.381}{88.9} = 805.8\text{kW}$$

式中　N—— 理论功率，kW；

F—— 重整规模，10kt/a；

HC—— 氢油分子比；

χ—— 循环氢纯度，%(体)。

十四、气流分布不均匀度

本节任务：求取反应器气流分布不均匀度，认识上进下出径向反应器气流分布情况。

本节计算思路：反应器床层压降按欧根(Ergun)公式计算，其他按分流流道静压降、中心管穿孔压降、集流流道静压降对应公式计算，然后按照气流分布不均匀度 ΔQ 定义得出。

因此，需要知道① 反应油气状态参数；② 催化剂物性参数；③ 床层结构参数等条件。

(一) 反应油气状态参数

各反应器油气状态参数中，温度按反应器平均床层温度考虑。所需计算符号如下：

y_i—— 反应器第 i 组分的体积组成；

M_i—— 反应器第 i 组分的相对分子质量；

$\overline{T_i}=\dfrac{T_i+T_i'}{2}$—— 反应器平均床层温度下的温度，℃；

T_{R301}—— 再生器平均床层温度，℃；

$\overline{p_i}=\dfrac{p_i+p_i'}{2}$—— 反应器平均床层温度下的压力，MPa；

p_{R301}—— 再生器平均床层压力，MPa；

T_{ir}—— 反应器第 i 组分的临界温度；

P_{ir}—— 反应器第 i 组分的临界压力；

T_{ic}、P_{ic}—— 反应器平均床层温度下第 i 组分的对比温度、对比压力；

$\bar{m}$—— 反应器平均床层温度下床层第 i 组分的质量，$\bar{m}=\dfrac{m_i+m_i'}{2}$；

$\bar{n}$—— 反应器平均床层温度下床层第 i 组分的物质的量，$\bar{n}=\dfrac{n_i+n_i'}{2}$；

Q、Q_i—— 反应器标况下总流量、第 i 组分的流量，$\mathrm{Nm^3/h}$；

q、q_i—— 反应器工况下总流量、第 i 组分的流量，$\mathrm{m^3/h}$；

$$q_i=Q_i\cdot\frac{0.1033}{0.1033+\overline{P_i}}\cdot\frac{273+\overline{T_i}}{273}$$

ρ_i—— 反应器工况下密度，$\rho=\bar{m}/q$；

μ_i、μ、μ_{ic}^*—— 反应器第 i 组分的黏度、黏度、临界温度时的黏度；

$$\mu_{\mathrm{ic}}^*=\frac{3.5M_i^{1/2}P_{\mathrm{ic}}^{2/3}}{T_{\mathrm{ic}}^{1/6}}\quad \mu=\begin{cases}\mu_{\mathrm{ic}}^*\cdot T_{\mathrm{ir}}^{0.965},\ T_{\mathrm{ir}}<1\\ \mu_{\mathrm{ic}}^*\cdot T_{\mathrm{ir}}^{0.71+0.29/T_{\mathrm{ir}}},\ T_{\mathrm{ir}}>1\end{cases}$$

其中M_i 是相对分子质量，T_{ic} 的单位为 K，P_{ic} 的单位为 atm，μ_i、μ、μ_{ic}^* 的单位是 μP。

μ_{m}—— 反应器各组分的混合黏度。

$$\mu_m = \frac{\sum y_i \mu_i M_i^{\ 1/2}}{\sum y_i M_i^{\ 1/2}}$$

对于黏度的求取，按动力学理论(《石油化工基础数据手册》P43)，应是 $\mu_m = \sum_{i=1}^{n} \frac{y_i \mu_i}{\sum_{\substack{j=1 \\ j \neq i}}^{n} y_j \varphi_{ij}}$，其中 φ_{ij} 可由 Wilke 方程和 Brokaw 方程求取。

而 Wilke 方程中 $\begin{cases} \varphi_{ij} = \dfrac{[1 + (\mu_i/\mu_j)^{1/2} (M_j/M_i)^{1/4}]^2}{[8(1 + M_i/M_j)]^{1/2}} \\ \varphi_{ji} = \dfrac{\mu_j M_i}{\mu_i M_j} \varphi_{ij} \end{cases}$

以及 Brokaw 方程中 $\begin{cases} \varphi_{ij} = (\mu_i/\mu_j)^{1/2} S_{ij} A_{ij} \\ \varphi_{ji} = \dfrac{\mu_j M_i}{\mu_i M_j} \varphi_{ij} \end{cases}$

较为复杂，可通过编程或计算机软件实现计算。连续重整条件下按常压混合规则，在可接受的范围内。

在计算反应热时假设转化率为 39 : 26 : 20 : 15，得到各反应器的质量组成，根据以上公式计算反应器油气条件，见表 3-83~表 3-86。

以 R201 计算为例，对其中的 H_2 组分，有

$$\bar{m} = \frac{m_{H_2} + m'_{H_2}}{2} = \frac{2527 + 3797}{2} = 3162\text{kg/h};$$

$$\bar{n} = \frac{n_{H_2} + n'_{H_2}}{2} = \frac{2527/2 + 3797/2}{2} = 1581\text{kmol/h};$$

$$Q_{H_2} = 22.414 \times \bar{n} = 22.414 \times 1581 = 35440\text{Nm}^3\text{/h};$$

$$q_{H_2} = Q_{H_2} \cdot \frac{0.1033}{0.1013 + \overline{P_{H_2}}} \cdot \frac{273 + \overline{T_{H_2}}}{273}$$

$$= 35440 \times \frac{0.1033}{0.1013 + 0.54} \times \frac{273 + 470.3}{273} = 19051\text{m}^3\text{/h};$$

$$\mu^*_{H_2c} = \frac{3.5 M_{H_2}^{1/2} P_{H_2c}^{2/3}}{T_{H_2c}^{1/6}} = \frac{3.5 \times 2^{0.5} \times 12.96^{2/3}}{33.2^{1/6}} = 15.2\mu\text{P};$$

$$T_{H_2r} = \frac{273 + 470.3}{273} = 2.72 > 1,$$

$$\mu = \mu^*_{H_2c} \cdot T_{H_2r}^{0.71 + 0.29/T_{H_2r}} = 15.2 \times 2.72^{0.71 + 0.29/2.72} = 31.6\mu\text{P}$$

$$\mu_m = \frac{\sum y_i \mu_i M_i^{\ 1/2}}{\sum y_i M_i^{\ 1/2}} = \frac{0.59 \times 31.6 \times 2^{1/2} + 0.01 \times 152.1 \times 16^{1/2} + \cdots\cdots}{0.594 \times 2^{1/2} + 0.0112 \times 16^{1/2} + \cdots\cdots}$$

$$= 205.95\mu\text{P} = 0.0206\text{cP} = 0.0206\text{mPa} \cdot \text{s}$$

表 3-83 反应器油气条件计算表

序号	物料名称	H_2	C_1	C_2	C_3	$O-C_3$	$n-C_4$	$i-C_4$	$O-C_4$	$n-C_5$	$i-C_5$
①	相对分子质量	2	16	30	44	42	58	58	56	72	72
②	R201 入口组成/(kg/h)	2527	390	1016	1377	12	714	868	48	278	660
	R202 入口组成/(kg/h)	3797	566	1558	2101	16	1129	1373	71	541	1188
	R203 入口组成/(kg/h)	4644	683	1920	2583	18	1405	1709	87	716	1540
	R204 入口组成/(kg/h)	5295	774	2198	2955	20	1617	1968	99	850	1811
③	R201 出口组成/(kg/h)	3797	566	1558	2101	16	1129	1373	71	541	1188
	R202 出口组成/(kg/h)	4644	683	1920	2583	18	1405	1709	87	716	1540
	R203 出口组成/(kg/h)	5295	774	2198	2955	20	1617	1968	99	850	1811
	R204 出口组成/(kg/h)	5783	841	2407	3233	22	1777	2162	108	951	2014
④	R201 平均组成/(kg/h)	3162	478	1287	1739	14	921	1120	60	410	924
	R202 平均组成/(kg/h)	4221	625	1739	2342	17	1267	1541	79	628	1364
	R203 平均组成/(kg/h)	4969	729	2059	2769	19	1511	1839	93	783	1675
	R204 平均组成/(kg/h)	5539	808	2303	3094	21	1697	2065	103	901	1912
⑤	R201 平均组成/(kmol/h)	1581	30	43	39	0	16	19	1	6	13
	R202 平均组成/(kmol/h)	2110	39	58	53	0	22	27	1	9	19
	R203 平均组成/(kmol/h)	2485	45	68	63	0	26	32	2	11	23
	R204 平均组成/(kmol/h)	2770	50	77	70	0	29	36	2	12	27
⑥	R201 平均组成/(Nm^3/h)	35440	667	959	884	7	355	432	24	127	287
	R202 平均组成/(Nm^3/h)	47299	873	1296	1190	9	488	594	32	195	424
	R203 平均组成/(Nm^3/h)	55692	1018	1535	1407	10	583	709	37	243	520
	R204 平均组成/(Nm^3/h)	62077	1128	1716	1573	11	654	796	41	280	594

续表

序号	物料名称	H_2	C_1	C_2	C_3	O-C_3	n-C_4	i-C_4	O-C_4	n-C_5	i-C_5
⑦	R201 平均压力/MPa(表)	0.412	0.412	0.412	0.412	0.412	0.412	0.412	0.412	0.412	0.412
	R202 平均压力/MPa(表)	0.380	0.380	0.380	0.380	0.380	0.380	0.380	0.380	0.380	0.380
	R203 平均压力/MPa(表)	0.344	0.344	0.344	0.344	0.344	0.344	0.344	0.344	0.344	0.344
	R204 平均压力/MPa(表)	0.307	0.307	0.307	0.307	0.307	0.307	0.307	0.307	0.307	0.307
⑧	R201 平均温度/℃	470.3	470.3	470.3	470.3	470.3	470.3	470.3	470.3	470.3	470.3
	R202 平均温度/℃	488.9	488.9	488.9	488.9	488.9	488.9	488.9	488.9	488.9	488.9
	R203 平均温度/℃	501.2	501.2	501.2	501.2	501.2	501.2	501.2	501.2	501.2	501.2
	R204 平均温度/℃	508.1	508.1	508.1	508.1	508.1	508.1	508.1	508.1	508.1	508.1
⑨	R201 平均组成/(m^3/h)	19051	359	516	475	4	191	232	13	68	154
	R202 平均组成/(m^3/h)	27805	513	762	700	5	287	349	19	115	249
	R203 平均组成/(m^3/h)	35893	656	989	907	7	376	457	24	157	335
	R204 平均组成/(m^3/h)	44093	801	1219	1117	8	465	566	29	199	422
⑩	临界温度 T_c/K	33.2	190.6	305.4	369.8	364.8	425.2	408.1	428.6	469.7	460.4
⑪	临界压力 P_c/atm	12.96	45.4	48.2	41.9	45.5	37.5	36.0	40.5	33.3	33.4
⑫	临界温度时的黏度 μ_c^*/μP	15.2	74.4	97.9	104.7	108.3	109.0	106.8	112.6	110.3	110.9
⑬	R201 对比温度 T_r	2.7	2.7	2.7	2.7	2.7	2.7	2.7	2.7	2.7	2.7
	R202 对比温度 T_r	2.8	2.8	2.8	2.8	2.8	2.8	2.8	2.8	2.8	2.8
	R203 对比温度 T_r	2.8	2.8	2.8	2.8	2.8	2.8	2.8	2.8	2.8	2.8
	R204 对比温度 T_r	2.9	2.9	2.9	2.9	2.9	2.9	2.9	2.9	2.9	2.9

续表

序号	物料名称	H_2	C_1	C_2	C_3	$O-C_3$	$n-C_4$	$i-C_4$	$O-C_4$	$n-C_5$	$i-C_5$
⑭	R201 组分黏度/μP	31.6	152.1	199.9	213.8	221.1	222.5	218.1	229.9	225.1	226.4
	R202 组分黏度/μP	32.2	154.8	203.5	217.6	225.0	226.4	222.0	234.0	229.1	230.4
	R203 组分黏度/μP	32.6	156.6	205.8	220.1	227.6	229.0	224.5	236.7	231.8	233.1
	R204 组分黏度/μP	32.8	157.6	207.1	221.5	229.0	230.5	226.0	238.2	233.2	234.6
⑮	R201 各组分占比	0.59362	0.01118	0.01607	0.01480	0.00012	0.00595	0.00724	0.00040	0.00213	0.00481
	R202 各组分占比	0.65279	0.01204	0.01789	0.01643	0.00013	0.00674	0.00820	0.00044	0.00269	0.00585
	R203 各组分占比	0.68347	0.01249	0.01884	0.01727	0.00013	0.00715	0.00870	0.00046	0.00299	0.00639
	R204 各组分占比	0.70262	0.01277	0.01943	0.01780	0.00013	0.00741	0.00901	0.00047	0.00317	0.00672

注：④=(②+③)/2，⑤=④/①，⑥=⑤×22.414，⑨=⑥×0.1033/(0.1033+⑦)×(273+⑧)/273，⑬=(⑧×273)/273。

表 3-84　反应器油气条件计算表(续表)

序号	物料名称	$O-C_5$	$N-C_5$	$n-C_6$	$i-C_6$	$O-C_6$	$N-C_6$	$A-C_6$	$n-C_7$	$i-C_7$	$O-C_7$
①	相对分子质量	70	70	86	86	84	84	78	100	100	98
②	R201 入口组成/(kg/h)	0	121	5375	6176	0	3922	539	8029	7042	0
	R202 入口组成/(kg/h)	21	127	4437	7009	201	2570	2061	5571	6600	173
	R203 入口组成/(kg/h)	35	130	3811	7565	335	1669	3076	3933	6305	288
	R204 入口组成/(kg/h)	46	133	3329	7992	438	976	3856	2673	6078	377
③	R201 出口组成/(kg/h)	21	127	4437	7009	201	2570	2061	5571	6600	173
	R202 出口组成/(kg/h)	35	130	3811	7565	335	1669	3076	3933	6305	288
	R203 出口组成/(kg/h)	46	133	3329	7992	438	976	3856	2673	6078	377
	R204 出口组成/(kg/h)	54	135	2968	8313	515	456	4442	1728	5908	444

续表

序号	物料名称	O-C_5	N-C_5	n-C_6	i-C_6	O-C_6	N-C_6	A-C_6	n-C_7	i-C_7	O-C_7
④	R201 平均组成/(kg/h)	10	124	4906	6593	100	3246	1300	6800	6821	87
	R202 平均组成/(kg/h)	28	129	4124	7287	268	2120	2569	4752	6453	231
	R203 平均组成/(kg/h)	40	132	3570	7779	386	1323	3466	3303	6192	333
	R204 平均组成/(kg/h)	50	134	3149	8152	476	716	4149	2200	5993	410
⑤	R201 平均组成/(kmol/h)	0	2	57	77	1	39	17	68	68	1
	R202 平均组成/(kmol/h)	0	2	48	85	3	25	33	47	64	2
	R203 平均组成/(kmol/h)	1	2	41	90	5	16	44	33	62	3
	R204 平均组成/(kmol/h)	1	2	37	95	6	9	53	22	60	4
⑥	R201 平均组成/(Nm^3/h)	3	40	1276	1715	27	865	373	1521	1526	20
	R202 平均组成/(Nm^3/h)	9	41	1073	1895	71	565	737	1063	1443	53
	R203 平均组成/(Nm^3/h)	13	42	929	2023	103	352	995	739	1385	76
	R204 平均组成/(Nm^3/h)	16	43	819	2120	127	191	1191	492	1341	94
⑦	R201 平均压力/MPa(表)	0.412	0.412	0.412	0.412	0.412	0.412	0.412	0.412	0.412	0.412
	R202 平均压力/MPa(表)	0.380	0.380	0.380	0.380	0.380	0.380	0.380	0.380	0.380	0.380
	R203 平均压力/MPa(表)	0.344	0.344	0.344	0.344	0.344	0.344	0.344	0.344	0.344	0.344
	R204 平均压力/MPa(表)	0.307	0.307	0.307	0.307	0.307	0.307	0.307	0.307	0.307	0.307
⑧	R201 平均温度/℃	470.3	470.3	470.3	470.3	470.3	470.3	470.3	470.3	470.3	470.3
	R202 平均温度/℃	488.9	488.9	488.9	488.9	488.9	488.9	488.9	488.9	488.9	488.9
	R203 平均温度/℃	501.2	501.2	501.2	501.2	501.2	501.2	501.2	501.2	501.2	501.2
	R204 平均温度/℃	508.1	508.1	508.1	508.1	508.1	508.1	508.1	508.1	508.1	508.1

续表

序号	物料名称	O-C_5	N-C_5	n-C_6	i-C_6	O-C_6	N-C_6	A-C_6	n-C_7	i-C_7	O-C_7
⑨	R201 平均组成/(m^3/h)	2	21	686	922	14	465	201	818	820	11
	R202 平均组成/(m^3/h)	5	24	630	1114	42	332	433	625	848	31
	R203 平均组成/(m^3/h)	8	27	598	1304	66	227	641	476	893	49
	R204 平均组成/(m^3/h)	11	30	582	1506	90	136	846	350	952	67
⑩	临界温度 T_c/K	464. 8	511. 8	507. 5	488. 8	516. 2	609. 2	562. 2	540. 3	540. 6	533. 3
⑪	临界压力 p_c/atm	35. 0	44. 5	29. 7	30. 4	32. 3	30. 0	48. 3	27. 0	28. 5	28. 0
⑫	临界温度时的黏度 μ_c^*/μP	112. 7	130. 1	110. 4	112. 8	114. 9	106. 5	142. 9	110. 5	114. 6	112. 3
⑬	R201 对比温度 T_r	2. 7	2. 7	2. 7	2. 7	2. 7	2. 7	2. 7	2. 7	2. 7	2. 7
	R202 对比温度 T_r	2. 8	2. 8	2. 8	2. 8	2. 8	2. 8	2. 8	2. 8	2. 8	2. 8
	R203 对比温度 T_r	2. 8	2. 8	2. 8	2. 8	2. 8	2. 8	2. 8	2. 8	2. 8	2. 8
	R204 对比温度 T_r	2. 9	2. 9	2. 9	2. 9	2. 9	2. 9	2. 9	2. 9	2. 9	2. 9
⑭	R201 组分黏度/μP	230. 1	265. 6	225. 4	230. 2	234. 5	217. 4	291. 6	225. 6	234. 0	229. 3
	R202 组分黏度/μP	234. 1	270. 3	229. 4	234. 3	238. 7	221. 3	296. 7	229. 6	238. 1	233. 3
	R203 组分黏度/μP	236. 8	273. 4	232. 1	237. 0	241. 5	223. 8	300. 1	232. 2	240. 9	236. 0
	R204 组分黏度/μP	238. 3	275. 1	233. 5	238. 5	243. 0	225. 2	302. 0	233. 7	242. 4	237. 5
⑮	R201 各组分占比	0. 00006	0. 00066	0. 02137	0. 02872	0. 00045	0. 01448	0. 00625	0. 02548	0. 02556	0. 00033
	R202 各组分占比	0. 00012	0. 00057	0. 01480	0. 02616	0. 00098	0. 00779	0. 01017	0. 01467	0. 01992	0. 00073
	R203 各组分占比	0. 00016	0. 00052	0. 01140	0. 02483	0. 00126	0. 00432	0. 01221	0. 00907	0. 01700	0. 00093
	R204 各组分占比	0. 00018	0. 00048	0. 00927	0. 02400	0. 00144	0. 00216	0. 01347	0. 00557	0. 01517	0. 00106

表 3-85　反应器油气条件计算表(续表)

序号	物料名称	$N-C_7$	$A-C_7$	$n-C_8$	$i-C_8$	$O-C_8$	$N-C_8$	$A-C_8$	$n-C_9$	$i-C_9$	$N-C_9$
①	相对分子质量	98	92	114	114	112	112	106	128	128	126
②	R201 入口组成/(kg/h)	8597	2935	6517	7999	0	8034	6124	4427	6031	6153
	R202 入口组成/(kg/h)	5331	7883	4134	5545	18	4950	12315	2727	3731	3753
	R203 入口组成/(kg/h)	3153	11182	2544	3909	31	2895	16443	1594	2197	2153
	R204 入口组成/(kg/h)	1478	13719	1322	2650	40	1314	19618	722	1017	923
③	R201 出口组成/(kg/h)	5331	7883	4134	5545	18	4950	12315	2727	3731	3753
	R202 出口组成/(kg/h)	3153	11182	2544	3909	31	2895	16443	1594	2197	2153
	R203 出口组成/(kg/h)	1478	13719	1322	2650	40	1314	19618	722	1017	923
	R204 出口组成/(kg/h)	222	15622	405	1706	47	128	22000	68	132	0
④	R201 平均组成/(kg/h)	6964	5409	5325	6772	9	6492	9219	3577	4881	4953
	R202 平均组成/(kg/h)	4242	9533	3339	4727	24	3923	14379	2161	2964	2953
	R203 平均组成/(kg/h)	2316	12450	1933	3280	35	2104	18031	1158	1607	1538
	R204 平均组成/(kg/h)	850	14671	864	2178	43	721	20809	395	575	461
⑤	R201 平均组成/(kmol/h)	71	59	47	59	0	58	87	28	38	39
	R202 平均组成/(kmol/h)	43	103	29	41	0	35	135	17	23	23
	R203 平均组成/(kmol/h)	24	135	17	29	0	19	170	9	13	12
	R204 平均组成/(kmol/h)	9	159	8	19	0	6	196	3	4	4
⑥	R201 平均组成/(Nm^3/h)	1590	1316	1045	1329	2	1297	1946	625	853	879
	R202 平均组成/(Nm^3/h)	968	2319	655	928	5	784	3036	378	518	524
	R203 平均组成/(Nm^3/h)	529	3029	379	644	7	420	3807	202	281	273
	R204 平均组成/(Nm^3/h)	194	3569	169	427	9	144	4393	69	100	82

续表

序号	物料名称	N-C_7	A-C_7	n-C_8	i-C_8	O-C_8	N-C_8	A-C_8	n-C_9	i-C_9	N-C_9
⑦	R201 平均压力/MPa(表)	0. 412	0. 412	0. 412	0. 412	0. 412	0. 412	0. 412	0. 412	0. 412	0. 412
	R202 平均压力/MPa(表)	0. 380	0. 380	0. 380	0. 380	0. 380	0. 380	0. 380	0. 380	0. 380	0. 380
	R203 平均压力/MPa(表)	0. 344	0. 344	0. 344	0. 344	0. 344	0. 344	0. 344	0. 344	0. 344	0. 344
	R204 平均压力/MPa(表)	0. 307	0. 307	0. 307	0. 307	0. 307	0. 307	0. 307	0. 307	0. 307	0. 307
⑧	R201 平均温度/℃	470. 3	470. 3	470. 3	470. 3	470. 3	470. 3	470. 3	470. 3	470. 3	470. 3
	R202 平均温度/℃	488. 9	488. 9	488. 9	488. 9	488. 9	488. 9	488. 9	488. 9	488. 9	488. 9
	R203 平均温度/℃	501. 2	501. 2	501. 2	501. 2	501. 2	501. 2	501. 2	501. 2	501. 2	501. 2
	R204 平均温度/℃	508. 1	508. 1	508. 1	508. 1	508. 1	508. 1	508. 1	508. 1	508. 1	508. 1
⑨	R201 平均组成/(m^3/h)	855	707	562	714	1	697	1046	336	459	473
	R202 平均组成/(m^3/h)	569	1363	385	545	3	461	1785	222	304	308
	R203 平均组成/(m^3/h)	341	1952	244	415	5	271	2453	130	181	176
	R204 平均组成/(m^3/h)	138	2535	120	304	6	102	3120	49	71	58
⑩	临界温度 T_c/K	589. 2	591. 8	568. 8	567. 1	578. 2	618. 2	617. 2	594. 6	591. 7	644. 2
⑪	临界压力 p_c/atm	37. 0	40. 6	24. 5	26. 7	27. 1	34. 0	35. 6	22. 6	24. 3	31. 0
⑫	临界温度时的黏度 μ_c^*/μP	133. 0	136. 9	109. 7	116. 0	115. 9	133. 3	133. 8	109. 3	114. 8	132. 1
⑬	R201 对比温度 T_r	2. 7	2. 7	2. 7	2. 7	2. 7	2. 7	2. 7	2. 7	2. 7	2. 7
	R202 对比温度 T_r	2. 8	2. 8	2. 8	2. 8	2. 8	2. 8	2. 8	2. 8	2. 8	2. 8
	R203 对比温度 T_r	2. 8	2. 8	2. 8	2. 8	2. 8	2. 8	2. 8	2. 8	2. 8	2. 8
	R204 对比温度 T_r	2. 9	2. 9	2. 9	2. 9	2. 9	2. 9	2. 9	2. 9	2. 9	2. 9

续表

序号	物料名称	N-C_7	A-C_7	n-C_8	i-C_8	O-C_8	N-C_8	A-C_8	n-C_9	i-C_9	N-C_9
⑭	R201 组分黏度/μP	271.4	279.3	224.1	236.8	236.6	272.1	273.1	223.1	234.3	269.5
	R202 组分黏度/μP	276.2	284.2	228.0	241.0	240.8	276.9	277.9	227.0	238.5	274.3
	R203 组分黏度/μP	279.4	287.5	230.7	243.8	243.6	280.1	281.1	229.7	241.2	277.4
	R204 组分黏度/μP	281.2	289.3	232.1	245.3	245.1	281.9	282.9	231.1	242.7	279.2
⑮	R201 各组分占比	0.02663	0.02204	0.01750	0.02226	0.00003	0.02172	0.03260	0.01047	0.01429	0.01473
	R202 各组分占比	0.01336	0.03200	0.00904	0.01280	0.00007	0.01081	0.04190	0.00521	0.00715	0.00724
	R203 各组分占比	0.00649	0.03717	0.00466	0.00790	0.00009	0.00516	0.04672	0.00248	0.00345	0.00335
	R204 各组分占比	0.00220	0.04039	0.00192	0.00484	0.00010	0.00163	0.04972	0.00078	0.00114	0.00093

表 3-86 反应器油气条件计算表(续表)

序号	物料名称	A-C_9	n-C_{10}	i-C_{10}	N-C_{10}	A-C_{10}	n-C_{11}	i-C_{11}	N-C_{11}	A-C_{11}	n-C_{12}	i-C_{12}	合计
①	相对分子质量	120	142	142	140	134	156	156	154	148	170	170	
②	R201 入口组成/(kg/h)	2940	1332	3839	1696	520	83	705	39	0	0	0	107066
	R202 入口组成/(kg/h)	8332	812	2342	1035	2201	50	447	177	40	17	116	107066
	R203 入口组成/(kg/h)	11927	466	1344	594	3321	29	274	269	67	28	194	107066
	R204 入口组成/(kg/h)	14692	200	576	254	4183	12	142	339	87	36	254	107066
③	R201 出口组成/(kg/h)	8332	812	2342	1035	2201	50	447	177	40	17	116	107066
	R202 出口组成/(kg/h)	11927	466	1344	594	3321	29	274	269	67	28	194	107066
	R203 出口组成/(kg/h)	14692	200	576	254	4183	12	142	339	87	36	254	107066
	R204 出口组成/(kg/h)	16765	0	0	0	4829	0	43	392	102	43	299	107066

续表

序号	物料名称	A-C_9	n-C_{10}	i-C_{10}	N-C_{10}	A-C_{10}	n-C_{11}	i-C_{11}	N-C_{11}	A-C_{11}	n-C_{12}	i-C_{12}	合计
④	R201 平均组成/(kg/h)	5636	1072	3091	1365	1360	67	576	108	20	8	58	107066
	R202 平均组成/(kg/h)	10129	639	1843	814	2761	40	360	223	53	22	155	107066
	R203 平均组成/(kg/h)	13309	333	960	424	3752	21	208	304	77	32	224	107066
	R204 平均组成/(kg/h)	15729	100	288	127	4506	6	92	366	95	39	276	107066
⑤	R201 平均组成/(kmol/h)	47	8	22	10	10	0	4	1	0	0	0	2664
	R202 平均组成/(kmol/h)	84	4	13	6	21	0	2	1	0	0	1	3233
	R203 平均组成/(kmol/h)	111	2	7	3	28	0	1	2	1	0	1	3635
	R204 平均组成/(kmol/h)	131	1	2	1	34	0	1	2	1	0	2	3942
⑥	R201 平均组成/(Nm^3/h)	1051	169	487	218	227	10	83	16	3	1	8	59702
	R202 平均组成/(Nm^3/h)	1889	101	290	130	461	6	52	32	8	3	20	72457
	R203 平均组成/(Nm^3/h)	2482	52	151	68	627	3	30	44	12	4	29	81483
	R204 平均组成/(Nm^3/h)	2933	16	45	20	752	1	13	53	14	5	36	88351
⑦	R201 平均压力/MPa(表)	0.412	0.412	0.412	0.412	0.412	0.412	0.412	0.412	0.412	0.412	0.412	
	R202 平均压力/MPa(表)	0.380	0.380	0.380	0.380	0.380	0.380	0.380	0.380	0.380	0.380	0.380	
	R203 平均压力/MPa(表)	0.344	0.344	0.344	0.344	0.344	0.344	0.344	0.344	0.344	0.344	0.344	
	R204 平均压力/MPa(表)	0.307	0.307	0.307	0.307	0.307	0.307	0.307	0.307	0.307	0.307	0.307	
⑧	R201 平均温度/℃	470.3	470.3	470.3	470.3	470.3	470.3	470.3	470.3	470.3	470.3	470.3	470.3
	R202 平均温度/℃	488.9	488.9	488.9	488.9	488.9	488.9	488.9	488.9	488.9	488.9	488.9	488.9
	R203 平均温度/℃	501.2	501.2	501.2	501.2	501.2	501.2	501.2	501.2	501.2	501.2	501.2	501.2
	R204 平均温度/℃	508.1	508.1	508.1	508.1	508.1	508.1	508.1	508.1	508.1	508.1	508.1	508.1

续表

序号	物料名称	A-C_9	n-C_{10}	i-C_{10}	N-C_{10}	A-C_{10}	n-C_{11}	i-C_{11}	N-C_{11}	A-C_{11}	n-C_{12}	i-C_{12}	合计
⑨	R201 平均组成/(m^3/h)	565	91	262	117	122	5	44	8	2	1	4	32092
	R202 平均组成/(m^3/h)	1110	59	171	76	271	3	30	19	5	2	12	42594
	R203 平均组成/(m^3/h)	1600	34	97	44	404	2	19	28	7	3	19	52516
	R204 平均组成/(m^3/h)	2083	11	32	14	534	1	9	38	10	4	26	62756
⑩	临界温度 T_c/K	637.2	617.7	614.6	659.2	660.6	638.4	635.4	678.4	680.4	658.3	655.3	
⑪	临界压力 p_c/atm	28.0	20.7	23.1	30.8	28.5	19.8	22.8	29.8	27.8	17.8	21.8	
⑫	临界温度时的黏度 μ_c^*/μP	120.6	107.9	116.1	138.1	128.2	109.3	120.1	141.1	132.0	105.7	121.1	
⑬	R201 对比温度 T_r	2.7	2.7	2.7	2.7	2.7	2.7	2.7	2.7	2.7	2.7	2.7	
	R202 对比温度 T_r	2.8	2.8	2.8	2.8	2.8	2.8	2.8	2.8	2.8	2.8	2.8	
	R203 对比温度 T_r	2.8	2.8	2.8	2.8	2.8	2.8	2.8	2.8	2.8	2.8	2.8	
	R204 对比温度 T_r	2.9	2.9	2.9	2.9	2.9	2.9	2.9	2.9	2.9	2.9	2.9	
⑭	R201 组分黏度/μP	246.2	220.2	237.1	281.7	261.6	223.1	245.2	287.9	269.4	215.9	247.2	
	R202 组分黏度/μP	250.6	224.1	241.3	286.7	266.2	227.1	249.6	293.0	274.1	219.7	251.6	
	R203 组分黏度/μP	253.5	226.7	244.1	290.0	269.3	229.7	252.4	296.4	277.3	222.3	254.5	
	R204 组分黏度/μP	255.1	228.1	245.6	291.9	271.0	231.1	254.0	298.3	279.0	223.7	256.1	
⑮	R201 各组分占比	0.01760	0.00283	0.00816	0.00365	0.00380	0.00016	0.00138	0.00026	0.00005	0.00002	0.00013	1.00
	R202 各组分占比	0.02607	0.00139	0.00401	0.00180	0.00636	0.00008	0.00071	0.00045	0.00011	0.00004	0.00028	1.00
	R203 各组分占比	0.03046	0.00064	0.00186	0.00083	0.00769	0.00004	0.00037	0.00054	0.00014	0.00005	0.00036	1.00
	R204 各组分占比	0.03320	0.00018	0.00051	0.00023	0.00852	0.00001	0.00015	0.00060	0.00016	0.00006	0.00041	1.00

各反应器在混合黏度工况下的密度列于表3-87。

表3-87 各反应器混合黏度工况下密度

	反应器	黏度/μP	黏度/cP	相对分子质量	密度/(kg/m³)
⑯	R201	205.95	0.0206	40.20	3.34
	R202	201.92	0.0202	33.12	2.51
	R203	199.32	0.0199	29.45	2.04
	R204	197.08	0.0197	27.16	1.71

对再生器物流参数参照上述计算过程计算，见表3-88。

表3-88 R301物流参数计算表

R301 组成/(Nm^3/h)	24480
温度/℃	486.54
压力/MPa	0.54
R301 组成/(m^3/h)	10758
R301 组成/(kg/h)	30600
氮气临界温度 T_c/K	126.10
氮气临界压力 p_c/atm	33.50
临界温度时的黏度 μ_c^*/μP	85.9
R301 对比温度 T_r	2.78
R301 工况下的黏度/μP	197.72
R301 工况下的黏度/Pa·s	0.01977

根据上述计算和催化剂已知的物性参数，列出如下计算需要的条件，见表3-89。

表3-89 计算反应器分布不均匀度所需气流状态参数、催化剂物性参数和催化剂床层结构参数

参　数	一反	二反	三反	四反	R301	单位	备注
1. 反应油气							
体积流量 V=	32092	42594	52516	62756	10758	m^3/h	
气体密度 ρ_f=	3.34	2.51	2.04	1.71	2.84	kg/m^3	计算
气体黏度 μ=	0.0206	0.0202	0.0199	0.0197	0.01977	cP	计算
$\times10^{-5}$	2.06	2.02	1.99	1.97	1.98	Pa·s	
$\times10^{-5}$	2.06	2.02	1.99	1.97	1.98	kg/(m·s)	
平均相对分子质量	40.20	33.12	29.45	27.16	28.00		
2. 催化剂							
直径 d_p=	0.0016	0.0016	0.0016	0.0016	0.0016	m	
空隙率 ε=	0.39	0.39	0.39	0.39	0.39	小数表示	
3. 床层							
当量外径 R_b=	1.59	1.79	1.79	2.19	1.80	m	
扇形筒个数 n=	22	25	25	30		个	
扇形筒单个面积 S_0=	24914	24914	24914	24914		mm^2	
	0.0249	0.0249	0.0249	0.0249		m^2	

续表

参　　数	一反	二反	三反	四反	R301	单位	备注
扇形筒面积 S_0' =	0.548	0.623	0.623	0.747		m^2	
反应器外径 d=	1.8	2	2	2.4	1.8	m	
反应器当量面积 S_b =	1.997	2.519	2.519	3.776	2.545	m^2	
当量外径 R_b =	1.59	1.79	1.79	2.19	1.80	m	
内径 r_b =	0.80	0.80	0.90	1.10	1.40	m	中心管外径
高度 H_b =	5.613	5.66	7.03	7.095	2.7	m	设备图
中心管内径 r_c =	0.755	0.755	0.755	0.755	0.95	m	设备图
中心管开孔率 e=	3.7	3.7	3.7	3.7	3.7	%	设备图
中心管开孔孔径 φ=	10	10	10	10	10	mm	设备图
中心管壁厚 δ=	6	6	6	6	6	mm	设备图
分流流道面积 S_D =	0.548	0.623	0.623	0.747		m^2	扇形筒面积之和

（二）反应器床层结构参数

反应器的当量外径 R_b，同样以 R201 为例计算。

扇形筒结构图见图 3-8。

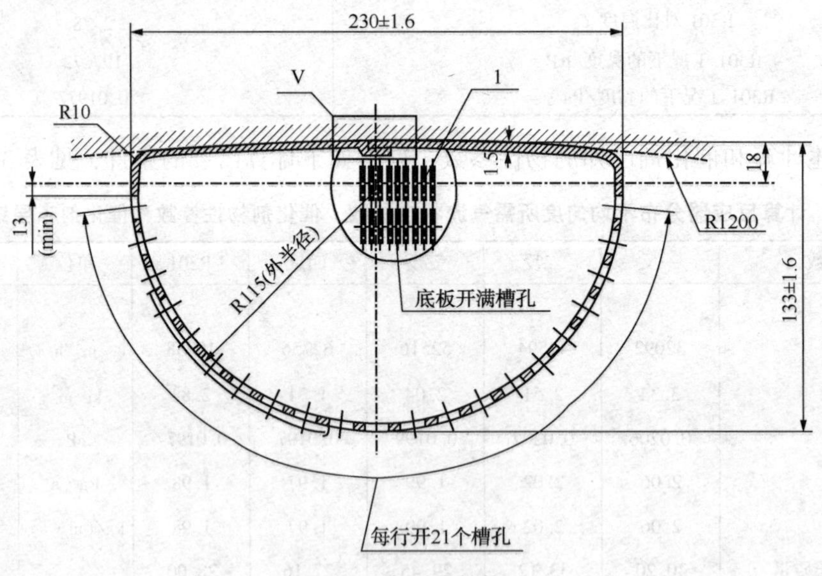

图 3-8　扇形筒结构图

单个扇形筒面积

$$S_0 = \frac{1}{2}\pi d^2 + dh = 0.5 \times 3.14 \times 115^2 + 115 \times 18 = 24914\text{mm}^2 = 0.0249\text{m}^2$$

一反 22 个扇形筒，外径 $R = 1.8$m，因此其当量面积

$$S_b = 3.14 \times 1.8^2 - 22 \times 0.0249 = 1.997\text{m}^2$$

当量外径 $R_b = \sqrt{\frac{S_b}{\pi}} = \sqrt{\frac{1.997}{3.14}} = 1.594$m。

分流流道面积为扇形筒面积之和，$S_D = n \times S_0 = 22 \times 0.0249 = 0.548m^2$。

值得注意的是，再生器R301无分流流道，因此其当量外径为其外径。

(三) 油气状态参数、催化剂物性参数和催化剂床层结构参数

根据上述计算和催化剂已知的物性参数，列出如下计算需要的条件，见表3-90。

表3-90 反应器分布不均匀度所需油(气)状态参数、催化剂物性参数和催化剂床层结构参数的计算

参数	一反	二反	三反	四反	R301	单位	备注
1. 反应油气							
体积流量 V=	32092	42594	52516	62756	10758	m^3/h	
气体密度 ρ_f=	3.34	2.51	2.04	1.71	2.84	kg/m^3	计算
气体黏度 μ=	0.0206	0.0202	0.0199	0.0197	0.0198	cP	计算
	2.06	2.02	1.99	1.97	1.98	$10^{-5}Pa\cdot s$	
	2.06	2.02	1.99	1.97	1.98	$10^{-5}kg/(m\cdot s)$	
平均相对分子质量	40.20	33.12	29.45	27.16	28.00		
2. 催化剂							
直径 d_p=	0.0016	0.0016	0.0016	0.0016	0.0016	m	
空隙率 ε=	0.39	0.39	0.39	0.39	0.39		
3. 床层							
当量外径 R_b=	1.59	1.79	1.79	2.19	1.80	m	
扇形筒个数 n=	22	25	25	30		个	
扇形筒单个面积 S_0=	24914	24914	24914	24914		mm^2	
	0.0249	0.0249	0.0249	0.0249		m^2	
扇形筒面积 S'_0=	0.548	0.623	0.623	0.747		m^2	
反应器外径 d=	1.8	2	2	2.4	1.8	m	
反应器当量面积 S_b=	1.997	2.519	2.519	3.776	2.545	m^2	
当量外径 R_b=	1.59	1.79	1.79	2.19	1.80	m	
内径 r_b=	0.80	0.80	0.90	1.10	1.40	m	中心管外径
高度 H_b=	5.613	5.66	7.03	7.095	2.7	m	设备图
中心管内径 r_c=	0.755	0.755	0.755	0.755	0.95	m	设备图
中心管开孔率 e=	3.7	3.7	3.7	3.7	3.7	%	设备图
中心管开孔孔径 φ=	10	10	10	10	10	mm	设备图
中心管壁厚 δ=	6	6	6	6	6	mm	设备图
分流流道面积 S_D=	0.548	0.623	0.623	0.747		m^2	扇形筒面积之和

(四) 气流分布不均匀度计算过程

气流分布不均匀度计算过程列于表3-91。

表 3-91　气流分布不均度计算过程

计算步骤	R201	R202	R203	R204	R301
1. 床层压降					
①径向床层厚度 L_b/m					
$L_b=(R_b-r_b)/2=(1.594-0.80)/2=0.397\text{m}$	0.397	0.495	0.448	0.548	0.200
②床层对数平均直径 d_m/m					
$d_m=(R_b-r_b)/\ln(R_b/r_b)=(1.594-0.80)/\ln(1.594/0.80)=0.576\text{m}$	0.576	0.615	0.646	0.791	0.796
③床层径各平均流通面积 S_b/m^2					
$S_b=\pi d_m H_b=3.14\times0.576\times5.613=10.16\text{m}^2$	10.16	10.93	14.26	17.63	6.75
④气体空塔线速/(m/s)					
$u_b=V/S_b=32092/(3600\times10.16)=0.88\text{m/s}$	0.88	1.08	1.02	0.99	0.44
⑤床层压降 P_b(按 ERGUN 公式计算)/kPa					
$\frac{p_b}{L_b}g=150\times\frac{(1-\varepsilon)^2}{\varepsilon^3}\times\frac{\mu u_b}{(\varphi_p d_p)^2}+1.75\times\frac{1-\varepsilon}{\varepsilon^3}\times\frac{\rho_f u_b^2}{\varphi_p d_p}$ $=150\times\frac{(1-0.39)^2}{0.39^3}\times\frac{0.0206\times0.88}{(1.0\times0.0016)^2}$ $+1.75\times\frac{1-0.39}{0.39^3}\times\frac{3.28\times0.88^2}{1.0\times0.0016}$ $=35553$	35553	41151	31472	25927	9487
取 $g=9.8\text{kg}/(\text{m}\cdot\text{s})$，则 $p_b=\frac{35553\times0.397}{9.8}=1441\text{kg/m}^2$	1441	2080	1438	1450	194
$=14.41\text{kPa}$	14.41	20.80	14.38	14.50	1.94
2. 分流流道静压降 p_D/kPa					
①分流流道气速 u_D/(m/s)					
$u_D=V/S_D=32092/(3600\times0.548)=16.26\text{m/s}$	16.26	19.00	23.42	23.32	—
②分流流道静压降 p_D/kPa					
对分流流道					
$H_b/R_b=5.613/1.594=3.52<30$，$K_D\approx0.72$					
$p_D=K_D u_D^2\rho_f/g=0.72\times16.26^2\times3.34/9.8=64.84\text{kg/m}^2$	64.84	66.64	82.16	68.18	—
$=0.65\text{kPa}$	0.65	0.67	0.82	0.68	—
3. 集流流道静压降 p_C/kPa					
①集流流道面积 S_c/m^2					
$S_c=1/4\pi r_c^2=0.785\times0.755^2=0.45\text{m}^2$	0.45	0.45	0.45	0.45	0.71
②集流流道气速 u_C/(m/s)					
$u_c=V/S_c=32092/(3600\times0.45)=19.92\text{m/s}$	19.92	26.44	32.60	38.96	4.22

续表

计算步骤	R201	R202	R203	R204	R301
③集流流道静压降 p_C/kPa					
对集流流道					
$H_b/R_b = 5.613/0.755 = 7.43 < 50$，$K_c \approx 1.0$					
$p_c = K_c u_c^2 \rho_f / g$					
$= 1.0 \times 19.92^2 \times 3.34/9.8 = 135.11\text{kg/m}^2$	135.11	179.32	221.10	264.21	5.16
$= 1.35\text{kPa}$	1.35	1.79	2.21	2.64	0.05
4. 中心管穿孔压降 p_e/kPa					
①中心管开孔总面积 S_e/m^2					
$S_e = \pi r_c H_b e = 3.14 \times 0.755 \times 5.613 \times 3.7\% = 0.49\text{m}^2$	0.49	0.50	0.62	0.62	0.30
②中心管过孔气速 u_e/(m/s)					
$u_e = V/S_e = 32092/(3600 \times 0.49) = 18.10\text{m/s}$	18.10	23.82	23.64	28.00	10.02
③确定压降系数 ξ					
$\beta = 1.11 \times (\delta/\varphi)^{-0.336} = 1.11 \times (6/10)^{-0.336} = 1.32$	1.32	1.32	1.32	1.32	1.32
$KK = u_e/u_c = 18.10/19.92 = 0.91$	0.91	0.90	0.73	0.72	2.38
当($KK>2$)时 $\xi=1.5\beta$，否则，$\xi=1.75KK^{-0.228} \cdot \beta$					
$\xi = 1.75KK^{-0.228} \cdot \beta = 1.75 \times 0.91^{-0.228} \times 1.32 = 2.36$	2.36	2.36	2.48	2.49	1.98
④中心管过孔压降 p_e/kPa					
$p_e = \xi u_e^2 \rho_f/(2g)$					
$= 2.36 \times 18.10^2 \times 3.34/(2 \times 9.8) = 131.41\text{kg/m}^2$	131.41	171.85	144.30	169.65	28.82
$= 1.31\text{kPa}$	1.31	1.72	1.44	1.70	0.29
5. 总压降 p_A/kPa					
$p_A = p_b + p_D + p_c + p_e$					
$= 1441 + 64.84 + 135.11 + 131.41 = 1772.4\text{kg/m}^2$	1772.4	2498.0	1885.3	1952.4	227.6
$= 18.00\text{kPa}$	17.72	24.98	18.85	19.52	2.28
实际/kPa	16.39	18.40	20.74	21.86	
差值/kPa	1.33	6.58	-1.89	-2.34	
6. 气流分布不均匀度 ΔQ					
$\Delta Q = 1 - \sqrt{\dfrac{(p_b + p_e)}{p_A}} = 1 - \sqrt{\dfrac{(1441 + 131.41)}{1772.2}} = 0.058$	0.058	0.051	0.084	0.089	0.01
$= 5.81\%$	5.81	5.05	8.40	8.91	1.14

（五）结果与讨论

计算结果除R202较大外，其他的误差在10%以内，主要可能原因是R202增加跨线，标定期间跨线存在一定开度，这部分量大约占总气量的2%以内，现场实际测点距离跨线三通距离较近，可能存在部分影响。

气流分布均匀度与各部分的压降有关；各部分的压降与流速有关；流速与各流道结构参数有关。这直接影响到催化剂的使用效率，不均匀度越大，催化剂使用效率越差。对北海炼化反应器而言，重整反应器为“上进下出”反应器，其气流分布均匀度在可接受范围5%~10%内。

减少气流分布不均匀度主要由以下两方面决定：

1. 增加床层压降p_b和中心管过孔压降p_e

降低流速线速u_b(即装置负荷和氢油比)、催化剂粒度分布不均造成的空隙率ε越小、催化剂磨损后造成的催化剂当量直径d_p降低、苛刻度较低产氢和裂化反应少引起的气体密度ρ_f降低、开孔率e降低，均能降低气流分布不均匀度。其中空隙率和催化剂直径的降低对操作是不利的，降低负荷、氢油比和苛刻度需要权衡实际操作和经济效益，开孔率对运行过程装置一般不具有可操作性。

2. 减小分流流道静压降p_D和集流流道静压降p_c

对于已经设计好的反应器而言，降低扇形筒u_D和中心管流速u_c(装置负荷和氢油比)，能降低气流分布不均匀度。而其他如增加流通面积、分流流道和集流流道设计成变截面积、改变气流分布型式由Z型(上进下出)改为∏型(上进上出)的，则无法改变。

十五、贴壁计算

本节任务：对反应器、再生器进行“贴壁点”计算，找出装置运行过程中存在的反应器瓶颈。

连续重整中径向反应器一般为动量交换型反应器。反应器中催化剂需要沿轴向流动，与气流方向垂直(见图3-9、图3-10)，随着径向气体通量的增大，气流作用在催化剂颗粒上的曳力增大了催化剂对气体集流管的正压力，从而增大了催化剂在集流管壁面的摩擦阻力。当摩擦阻力足够大，使得气体的曳力使催化剂与丝网之间的摩擦阻力≥催化剂重力时，催化剂在靠近壁面处停止向下移动，使床层产生“贴壁”现象。贴壁死区内的催化剂由于不能及时移出反应器而在床层中积炭结焦成团，从而影响反应器的正常操作。

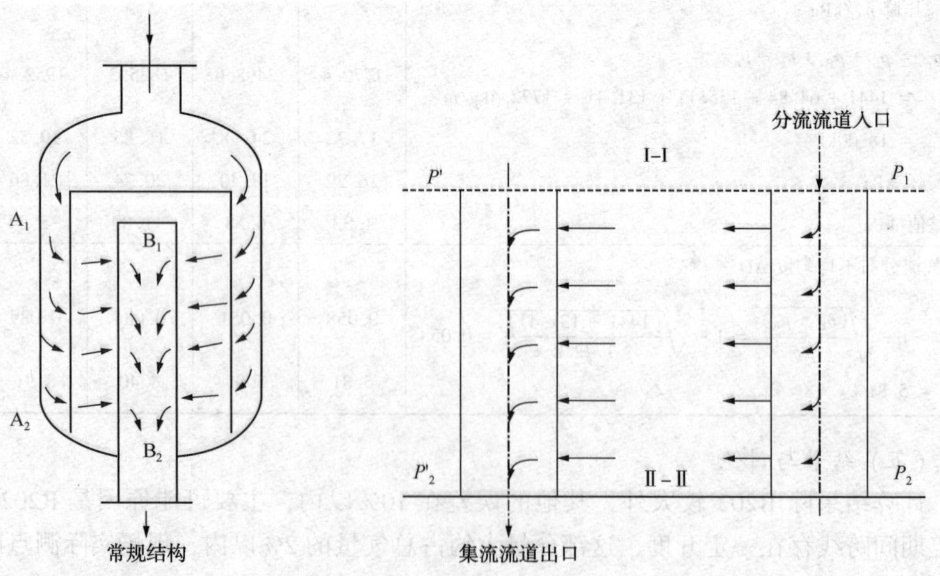

图3-9　上进下出型径向反应器结构简图　　　图3-10　上进下出型径向反应器气流结构图

由上节可知，能够定义本节反应器催化剂物性参数、油气性质和反应器结构参数，见表 3-92。

表 3-92　反应器催化剂物性参数、油气性质和反应器结构参数

参　数		R201	R202	R203	R204	R301	单位
1. 催化剂物理性质							
颗粒直径	$d=$	0.0016	0.0016	0.0016	0.0016	0.0016	m
单颗粒密度	$\rho_p=$	903	903	903	903	903	kg/m^3
颗粒堆密度	ρ_b	560	560	560	560	560	kg/m^3
颗粒内磨擦角	$\psi=$	34.8	34.8	34.8	34.8	34.8	DEG
		0.61	0.61	0.61	0.61	0.61	弧度
颗粒与挡网壁磨擦角	$б=$	26.4	26.4	26.4	26.4	26.4	DEG
		0.46	0.46	0.46	0.46	0.46	弧度
颗粒空隙率	$\varepsilon=$	0.39	0.39	0.39	0.39	0.39	
2. 气体性质							
气体密度	$\rho_g=$	3.336	2.514	2.039	1.706	2.844	kg/m^3
气体黏度	$\mu_g=$	2.06	2.02	1.99	1.97	1.98	$10^{-5}Pa\cdot s$
气体平均相对分子质量	$M=$	40.20	33.12	29.45	27.16	28.00	
设计流量		108.93	108.93	108.93	108.93		t/h
3. 反应器结构尺寸							
反应器有效床层高度	$L=$	5.613	5.66	7.03	7.095	2.7	m
反应器床层当量外半径	$r_2=$	0.797	0.895	0.895	1.096	0.900	m
反应器床层内半径	$r_1=$	0.40	0.40	0.45	0.55	0.70	m

（一）“贴壁”计算过程

根据《催化重整工艺与工程（第二版）》第八章第二节相关理论和方程，向心气流产生“贴壁”的最小流量为：

$$\frac{1-r^2}{2f_p r}-\left[\frac{A(r^{-1}-r^{n-1})}{n}-\frac{C(r^{-2}-r^{n-1})}{1+n}\right]Q^2-B\frac{r^{n-1}-1}{1-n}Q=0$$

对上述方程简化为以 Q 为未知数、二次项系数为 E、一次项系数为 F、常数项为 G 的一元二次方程。

$$-E=A\times(r^{-1}-r^{n-1})/n-C\times(r^{-2}-r^{n-1})/(1+n)$$

$$F=-B\times(r^{n-1}-1)/(1-n)$$

$$G=(1-r^2)/(2f_p r)$$

$$Q=(F+\sqrt{F^2-4EG})/(-2E)$$

式中　α——欧根公式第二系数 1.75；

　　　β——欧根公式第一系数 150。

A、B、C 分别为：

$$A=\alpha\rho_g(1-\varepsilon)/(4\pi^2L^2d\varepsilon^3\rho_b g r_2^2)$$

$$B=\beta\mu_g(1-\varepsilon)2/(2\pi L^2d^2\varepsilon^3\rho_b g r_2)$$

$$C=\rho_g/(4\pi^2L^2\rho_b g r_2^3)$$

根据已知条件，得到反应器、再生器贴壁点计算过程，见表 3-93。

表 3-93 反应器、再生器贴壁点计算

计算步骤(以 R201 为例计算)		R201	R202	R203	R204	R301
1. 计算 2β	$2\beta = 90 + \sigma - \cos^{-1}(\sin\sigma/\sin\psi)$ $= 90 + 26.4 - \cos^{-1}[\sin(26.4)/\sin(34.8)]$ = 77.20 度 = 1.347 弧度	77.201 1.347	77.201 1.347	77.201 1.347	77.201 1.347	77.201 1.347
2. 计算侧压系统 k	$T = \cos(2\beta) \times \sin(\psi)$ $= \cos(77.20) \times \sin(34.8)$ $= 0.127$ $k = (1 + T)/(1 - T)$ $= (1 + 0.127)/(1 - 0.127)$ $= 1.291$	0.127 1.291	0.127 1.291	0.127 1.291	0.127 1.291	0.127 1.291
3. 计算 f_i	$f_i = \tan(\psi) = \tan(34.8) = 0.699$	0.699	0.699	0.699	0.699	0.699
4. 计算 f_w、f_p	$f_w = f_p = \tan(\sigma) = \tan(26.4) = 0.495$	0.495	0.495	0.495	0.495	0.495
5. 计算 n	$n = (k + 1)/(2k)$ $= (1.291 + 1)/(2 \times 1.291)$ $= 0.887$	0.887	0.887	0.887	0.887	0.636
6. 计算 r	$r = r_1/r_2 = 0.4/0.797 = 0.502$	0.502	0.447	0.500	0.500	0.778
7. 计算 A、B、C	α—— 欧根公式第二系数 1.75 β—— 欧根公式第一系数 150					
A	$A = \alpha\rho_g(1 - \varepsilon)/(4\pi^2 L^2 d\varepsilon^3 \rho_b g r_2^2)$ $= \dfrac{1.75 \times 3.34 \times (1 - 0.39)}{\left(\begin{array}{l}4 \times 3.14^2 \times 5.613^2 \times 0.0016^3 \times \\ 0.39^3 \times 560 \times 9.8 \times 0.797^2\end{array}\right)}$ $= 0.0086$	0.0086	0.0051	0.0027	0.0015	0.0250
B	$B = \beta\mu_g(1 - \varepsilon)2/(2\pi L^2 d^2 \varepsilon^3 \rho_b g r_2)$ $= \dfrac{150 \times 2.06 \times 10^{-5} \times (1 - 0.39)^2}{\left(\begin{array}{l}2 \times 3.14 \times 5.613^2 \times 0.39^3 \times \\ 560 \times 9.8 \times 0.797\end{array}\right)}$ $= 0.04906$	0.04906	0.04247	0.03375	0.02701	0.08673
C	$C = \rho_g/(4\pi^2 L^2 \rho_b g r_2^3)$ $= 3.34/\left(\begin{array}{l}4 \times 3.14^2 \times 5.613^2 \times \\ 560 \times 9.8 \times 0.797^3\end{array}\right)$ $= 9.65 \times 10^{-7}$	9.65×10^{-7}	5.04×10^{-7}	2.65×10^{-7}	1.19×10^{-7}	2.47×10^{-6}

续表

计算步骤(以 R201 为例计算)		R201	R202	R203	R204	R301
8. 计算$-E$、F、G						
$-E$	$-E=A\times(r^{-1}-r^{n-1})/n-C\times(r^{-2}-r^{n-1})/(n+1)$ $=\dfrac{0.0086\times(0.502^{-1}-0.502^{0.887-1})}{0.887}-9.65\times10^{-7}\times(0.502^{-2}-0.502^{0.887-1})/(0.887+1)$ $=0.00889$	0.00889	0.00655	0.00277	0.00152	0.00724
F	$F=-B\times(r^{n-1}-1)/(1-n)$ $=0.04906\times(0.502^{0.887-1}-1)/(1-0.887)$ $=-0.0352$	-0.0352	-0.0358	-0.0243	-0.0195	-0.0221
G	$G=(1-r^2)/(2f_p r)$ $=(1-0.502^2)/(2\times0.495\times0.502)$ $=1.505$	1.505	1.808	1.514	1.514	0.513
Q	$Q=(F+\sqrt{F^2-4EG})/(-2E)$ $=\dfrac{-0.0352+\sqrt{(-0.0352)^2+4\times0.00889\times1.505}}{(2\times0.00889)}$ $=11.18$	11.18	14.11	19.41	25.83	7.02
100-Q		88.82	85.89	80.59	74.17	92.98

(二) 结果与讨论

计算贴壁点与设计贴壁点，见表 3-94。

表 3-94　计算贴壁点与设计贴壁点

结果	R201	R202	R203	R204
计算贴壁点	88.82	85.89	80.59	74.17
设计贴壁点	79	88	78	76

原设计二反有可能贴壁，在二反增加跨线，流量约 10%，实际计算贴壁点时一反、二反都可能贴壁。同时注意到，“2+2”布置型式反应器在二反提升管设计中，存在提升器出口一段弯头和中路两个 120°弯头，可能存在产生较多催化剂粉尘的情况，二次气量较多，在顶部弯头速度损失也较大，装置运行 5 年对顶部弯头测厚部分冲刷减薄(由 8.0mm 减为 7.2mm)。在计算过程中，对油气物性进行了假设，按反应转化率 39∶26∶20∶15 计算各反应器组分，也可能存在误差。

催化剂粒径在提升过程和其他可能的磨损而变小，中心筒约翰逊网的过度堵塞会造成气流径向分布的不均匀。在堵塞严重的部位，其摩擦阻力将逐渐增大，如本节前述，当摩擦阻力足够大，使得气体的曳力使催化剂与丝网之间的摩擦阻力≥催化剂重力时，催化剂在靠近壁面处停止向下移动，使床层产生“贴壁”现象。死区内的催化剂由于不能及时移出反应器而在床层中积炭结焦成团，从而影响反应器的正常操作，严重时出现各反应器温度倒挂现象。因此装置负荷应在合理范围，保证贴壁点流量处于安全状态。

十六、催化剂循环

本节计算内容：催化剂提升管提升气量及压降、催化剂的输送。

（一）催化剂提升气量

计算提升气量拟采用三种方法（见表3-95~表3-98）。

1. 方法一

表3-95 催化剂提升气量步骤（方法一）

提升气体	N_2 或含氢气体
相对分子质量（MW）	$N_2=28.0$ H_2=用分析出来的组成计算
压力 p/MPa（绝）	在FV下游的表上的读数
温度 T/℃	在提升器和缓冲料斗/分离料斗之间的平均数
密度 ρ/（kg/m³）	$\rho=\dfrac{MW\times P\times 273}{22.4\times(273+T)}$
自由降落速度 FF/（m/s）	$FF=\dfrac{7.67}{\sqrt{\rho}}$
最佳的催化剂速度/（m/s）	2.0
提升气体速度/（m/s）	$GLV=FF+2.0$

表3-96 计算过程（方法一）

计算项目	二反提升气	四反提升气	再生器提升气
提升气体	H_2	N_2	H_2
相对分子质量	3.899	28.000	3.899
压力 p/MPa（绝）	0.464	0.387	0.601
温度 T/℃	169.5	136.0	230.5
密度 ρ/（kg/m³）	0.492	3.186	0.560
自由降落速度 FF/（m/s）	10.94	4.30	10.25
最佳的催化剂速度/（m/s）	2.00	2.00	2.00
提升气速度/（m/s）	12.94	6.30	12.25
提升管外径/mm	89	89	89
壁厚/mm	8.2	8.2	8.2
横截面积 A/m²	0.00414	0.00414	0.00414
计算流量/（m³/h）	193	94	183

2. 方法二

提升管截面积： $s=\pi\varphi^2/4$

提升气密度： $\rho = \frac{M}{22.414} \cdot \frac{273}{273 + T} \cdot p$

催化剂终端速度： $U_t = 5.9(d_p/\rho)^{0.5}$

提升气气速： $U = U_t + 1$

提升气用量： $\omega = sU\rho$

式中 φ—— 提升管直径，m；

M—— 提升气相对分子质量；

P—— 提升气压力，kg/cm^2(绝)；

T—— 提升气平均温度，℃；

d_p—— 催化剂直径，m 。

表 3-97 计算过程(方法二)

计 算 项 目	二反提升气	四反提升气	再生器提升气
①提升管截面积 s/m^2	0.00414	0.00414	0.00414
②提升气密度 $\rho/(kg/m^3)$	0.498	3.227	0.567
③催化剂终端速度 $U_t/(m/s)$	8.36	3.28	7.84
④提升气速度 $U/(m/s)$	10.36	5.28	9.84
⑤提升气用量 $w/(kg/h)$	0.0214	0.0706	0.0231
⑥提升气量 $V/(m^3/h)$	154.4	78.8	146.6

注：最佳催化剂速度按 2.00m/s 计算，则提升气速度 $U = U_t + 2$，而不是 $U = U_t + 1$。

3. 方法三

方法三见《石油化工装置工艺管道安装设计手册》(第三版)第一篇设计与计算中气力输送设计的计算方法。

球形颗粒悬浮速度可由下式求得：

$$v_f = \sqrt{\frac{4gd_s}{3 \times C} \cdot \frac{r_s' - r_a}{r_a}}$$

式中 v_f—— 催化剂的悬浮速度，m/s；

r_a—— 提升气的密度，kg/m^3；

r_s'—— 催化剂颗粒密度，kg/m^3；

C—— 阻力系数；

d_s—— 催化剂颗粒最大直径，m；

g—— 重力加速度，m/s^2。

输送颗粒物料(d_s =1~1.5mm 以上时，PS-Ⅵ 颗粒直径为 1.4~2.0mm)可用牛顿公式 C=0.44，代入上式，得：

$$v_f = \sqrt{\frac{4gd_s}{3 \times 0.44} \cdot \frac{r_s' - r_a}{r_a}}$$

因 $\frac{r_s'}{r_a} \gg 1$，上式可写为 $v_f = \sqrt{\frac{4gd_s}{3 \times 0.44} \cdot \frac{r_s'}{r_a}}$，代入数据得：

二反提升器提升气：$v_f(H_2)=\sqrt{\frac{4gd_s}{3\times0.44}\cdot\frac{r_s'}{r_a}}=\sqrt{\frac{4\times9.8\times0.002}{3\times0.44}\times\frac{903}{0.492}}=10.44\text{m/s}$

四反提升器提升气：$v_f(N_2)=\sqrt{\frac{4gd_s}{3\times0.44}\cdot\frac{r_s'}{r_a}}=\sqrt{\frac{4\times9.8\times0.002}{3\times0.44}\times\frac{903}{3.186}}=4.10\text{m/s}$

再生器提升器提升气：$v_f(H_2)=\sqrt{\frac{4gd_s}{3\times0.44}\cdot\frac{r_s'}{r_a}}=\sqrt{\frac{4\times9.8\times0.002}{3\times0.44}\times\frac{903}{0.560}}=9.79\text{m/s}$

对于球形催化剂，其形状系数 $\varphi=1$，则

二反提升器：$v_f'(H_2)=\frac{v_f(H_2)}{\sqrt{\varphi}}=10.44\text{m/s}$

四反提升器：$v_f'(N_2)=\frac{v_f(N_2)}{\sqrt{\varphi}}=4.10\text{m/s}$

再生器提升器：$v_f'(H_2)=\frac{v_f(H_2)}{\sqrt{\varphi}}=9.79\text{m/s}$

最佳催化剂速度为2.00m/s，则二反提升器、四反提升器和再生提升器的提升速度分别为10.44m/s、4.10m/s、9.79m/s，代入截面积，得到计算流量分别为：185.5m³/h、90.9m³/h、175.7m³/h，较实际工况值158m³/h、75m³/h、157m³/h均大，但是比例基本一致。

表 3-98　计算过程(方法三)

计 算 项 目	二反提升气	四反提升气	再生器提升气
催化剂颗粒的直径 d_s/m	0.002	0.002	0.002
阻力系数 C	0.44	0.44	0.44
催化剂颗粒密度 r'_a/(kg/m³)	903	903	903
提升气的密度 r_a/(kg/m³)	0.492	3.186	0.560
形状系数 φ	1	1	1
悬浮速度 v_f/(m/s)	10.44	4.10	9.79
最佳的催化剂速度/(m/s)	2.00	2.00	2.00
提升气速度 GLV/(m/s)	12.44	6.10	11.79
流量 Q/(m³/h)	185.5	90.9	175.7

4. 结果与讨论

三种计算方法计算结果及误差见表3-99。

表 3-99　催化剂提升流量的三种计算结果及误差

计 算 项 目	二反提升气	四反提升气	再生器提升气
方法一计算工况流量/(m³/h)	193	94	183
方法二计算工况流量/(m³/h)	154.4	78.8	146.6
方法三计算工况流量/(m³/h)	185.5	90.9	175.7
实际工况流量/(m³/h)	158.24	75.41	157.12
方法一误差/%	21.85	24.45	16.22

续表

计 算 项 目	二反提升气	四反提升气	再生器提升气
方法二误差/%	-2.42	4.43	-6.70
方法三误差/%	17.20	20.61	11.82

方法二较实际值偏低，方法一和方法三均较实际值偏高，但比例基本一致。催化剂提升气不仅提供催化剂向上推动，也提供一定的密封气量用于与二反下部料斗、四反下部料斗和再生器下部料斗的密封，如果再计算密封气量(漏气量)，则方法二可能较为准确。

方法一和方法三误差的主要原因是计算公式为经验公式，结果会受到催化剂最大颗粒直径、颗粒密度、提升气密度、阻力系数等的影响。经过长时间的运转，因再分散不足够、异常波动造成催化剂的变径，不断累积，造成催化剂颗粒密度增加，提升气量较计算值大。

值得注意的是，三种方法的最佳催化剂速度均取2.00m/s，计算结果准确率方法二>方法三>方法一。方法二中提升气速度 $U=U_t+2$，而不是给出公式 $U=U_t+1$，计算结果良好，结合漏气量，该值虽然较为准确，但仍然可能偏大。

(二) 提升管压降

提升管压降计算可根据《石油化工装置工艺管道安装设计手册》(第三版)第一篇设计与计算相关公式进行。

提升管压降由三部分组成：重力压差、气体与管道摩擦阻力、催化剂摩擦阻力。提升气及状态参数，本节上述已进行计算部分参数。

1. 重力压降

重力压降按 $\Delta p=\rho_{混}\cdot g\cdot H$ 进行计算。

式中 Δp—— 重力压降，Pa；

$\rho_{混}$—— 提升气固混合密度，kg/m^3；

H—— 提升管垂直高度，m；

g—— 重力加速度，m/s^2。

为求取 $\rho_{混}$，需要引入气固比 μ_s［详见《石油化工装置工艺管道安装设计手册》(第三版)第一篇设计与计算第六章第一节气力输送管道设计］。

$$\mu_s=\frac{G_s}{G_a}=\frac{G_s}{Q_a\cdot r_a}=\frac{G_s}{3600r_a\cdot u_a\cdot F}$$

式中 r_a—— 提升气体的密度，kg/m^3；

u_a—— 气流速度，m/s；

F—— 输料管的截面积，m^3；

G_s—— 物料的输送量，kg/h；

Q_a—— 空气量，m^3/h。

则：

$$\rho_{混}=\rho_g+\mu_s\rho_b$$

式中 ρ_g—— 提升气密度，kg/m^3；

ρ_b—— 催化剂堆积密度，kg/m^3。

以二反提升气为例：

$$\mu_s = \frac{G_s}{G_a} = \frac{0.8786}{158.2} = 0.00555$$

$$\rho_{混} = \rho_g + \mu_s \rho_b = 0.492 + 0.00555 \times 560 = 3.601\text{kg/m}^3$$

$$\Delta p = \rho_{混} gH = 3.601 \times 9.8 \times 63 = 2223.1\text{Pa} = 2.22\text{kPa}$$

重力压降计算过程见表 3-100。

表 3-100　重力压降计算表

项　　目	二反提升气	四反提升器	再生器提升器
提升管截面 A/m^2	0.00414	0.00414	0.00414
提升气指示值/(Nm^3/h)	407	170	460
校正系数	1.099	1.131	1.099
提升气实际值/(Nm^3/h)	447.2	192.3	505.4
提升气工况压力 p/MPa(绝)	0.464	0.387	0.601
提升气工况温度 T/℃	169.5	136.0	230.5
提升气工况值/(m^3/h)	158.2	75.4	157.1
提升气密度/(kg/h)	0.492	3.186	0.560
催化剂循环量/(kg/h)	492	492	492
催化剂度密度/(kg/m^3)	560	560	560
催化剂循环量/(m^3/h)	0.8786	0.8786	0.8786
气固比 G_s/G_a	0.00555	0.01165	0.00559
混合密度 $\rho_{混}$/(kg/m^3)	3.601	9.711	3.691
提升管垂直高度 H，取 H=63.0m、58.7m、53.0m	63.0	58.7	53.0
重力压差 $\Delta p=\rho_{混} gH$　Pa	2223.1	5586.1	1917.2
重力压差 $\Delta p=\rho_{混} gH$　kPa	2.22	5.59	1.92

2. 气体与管道摩擦阻力

气体与管道摩擦阻力，有两种方法计算。

一种不考虑弯头，存在经验公式的摩擦系数 f_g，使得：

$$f_g = 0.0791 \cdot Re^{-0.25}$$

其中：

$$Re = \frac{\rho_g \cdot d \cdot u}{\mu}$$

而且已知 L、d、u、ρ_g，提升气黏度 μ 可通过氢气和氮气的黏温图查到。

另一种是计算雷诺数 Re 和管理相对粗糙度 ε/di，通过莫迪图查出。

以二反提升气为例：

方法一：

$$Re = \frac{\rho_g \cdot d \cdot u}{\mu}$$

$$= \frac{0.492 \times 0.0726 \times 10.36}{1.12 \times 10^{-5}} = 31164$$

$$f_g = 0.0791 \cdot Re^{-0.25}$$

$$= 0.0791 \times 31164^{-0.25} = 0.0060$$

$$\Delta p = f_g \cdot \frac{L}{d} \cdot \rho_g \cdot \frac{u^2}{2}$$

$$= 0.0060 \times \frac{73}{0.0726} \times 0.492 \times \frac{10.36^2}{2}$$

$$= 157\text{Pa} = 0.16\text{kPa}$$

垂直段摩擦阻力项 $= \Delta p \times \frac{19}{20} \times 2.8 = 0.42\text{kPa}$

弯头段摩擦阻力项 $= \Delta p \times \frac{1}{40} \times (1.6 + 2.0) = 0.01\text{kPa}$

总摩擦阻力项 = 0.42 + 0.01 = 0.43kPa

方法二：

查表得到摩擦阻力系数：

$$f_g = 0.029$$

$$\Delta p = f_g \cdot \frac{L}{d} \cdot \rho_g \cdot \frac{u^2}{2}$$

$$= 0.0029 \times \frac{73}{0.0726} \times 0.492 \times \frac{10.36^2}{2}$$

$$= 767\text{Pa} = 0.77\text{kPa}$$

垂直段摩擦阻力项 $= \Delta p \times \frac{19}{20} \times 2.8 = 2.04\text{kPa}$

弯头段摩擦阻力项 $= \Delta p \times \frac{1}{40} \times (1.6 + 2.0) = 0.07\text{kPa}$

总摩擦阻力项 = 2.04 + 0.07 = 2.11kPa

气体与管道摩擦阻力计算过程见表 3-101。

表 3-101　提升气体与管道摩擦阻力计算过程

气体与管道摩擦阻力	二反提升气	四反提升器	再生器提升器
提升管实际长度 L/m	73	68	75
提升管内径 d/m	0.0726	0.0726	0.0726
提升气速度/(m/s)	10.36	5.28	9.84

续表

气体与管道摩擦阻力	二反提升气	四反提升器	再生器提升器
提升气密度/(kg/h)	0.5	3.2	0.6
对比温度 T/T_c	13.33	3.24	15.17
对比压力 p/p_c	0.35	0.12	0.46
提升气黏度/mPa·s	0.0112	0.021668	0.0125
雷诺数 Re	31164	6852	34336
方法 1)			
方法 1)摩擦阻力系数 f_g	0.0060	0.0087	0.0058
方法 1)摩擦阻力降 Δp/Pa	157	361	162
方法 1)垂直摩擦阻力降 Δp/kPa	0.16	0.36	0.16
方法 1)直管段摩擦阻力项 Δp/kPa	0.42	0.96	0.43
方法 1)弯头摩擦阻力项 Δp/kPa	0.01	0.03	0.01
方法 1)总摩擦阻力项 Δp/kPa	0.43	0.99	0.45
方法 2)			
方法 2)摩擦阻力系数 f_g	0.029	0.035	0.0285
方法 2)摩擦阻力降 Δp/Pa	767	1454	797
方法 2)垂直摩擦阻力降 Δp/kPa	0.77	1.45	0.80
方法 2)直管段摩擦阻力项 Δp/kPa	2.04	3.87	2.12
方法 2)弯头摩擦阻力项 Δp/kPa	0.07	0.13	0.07
方法 2)总摩擦阻力项 Δp/kPa	2.11	4.00	2.19

注：(1) 氢气黏度查《炼油技术常用数据手册》：氢的黏度图，氮气查《石油化工数据手册》：无机物，按 400K 查找；(2) 按方法 2)计算气体与管道摩擦阻力时各提升气按《炼油技术常用数据手册》P296 雷诺数 Re 查表，取光滑管绝对摩擦系数 $\varepsilon=0.2$，则可分别查得，根据实际情况，上弯头 135°压损梯度 1.6，下弯头 135°压损梯度 2.0，45°斜管压损梯度 2.8，二反提升管和四反提升管取 2.0，再生器提升管取 2.8；(3) 气体和催化剂应计算斜管、弯头与垂直管的压损比，设上弯头占总长度 1/40，下弯头 1/40，斜管 19/20。

3. 催化剂与管道摩擦阻力

已知催化剂摩擦系数，则有：

$$\Delta p = f_s \cdot \frac{L}{d} \cdot \rho_s \cdot \frac{U^2}{2}$$

式中 f_s—— 催化剂摩擦系数；

ρ_s—— 催化剂堆积密度，kg/m^3。

以二反提升管为例，计算过程如下：

$$\Delta p = f_s \cdot \frac{L}{d} \cdot \rho_s \cdot \frac{U^2}{2}$$

$$= 0.003 \times \frac{73}{0.0726} \times 570 \times \frac{2.5^2}{2}$$

$$= 5355\text{Pa} = 5.35\text{kPa}$$

$$\text{对北海炼化斜管，其垂直段摩擦阻力项} = \Delta p \times \frac{19}{20} \times 2.8 = 14.24\text{kPa}$$

$$\text{其弯头段摩擦阻力项} = \Delta p \times \frac{1}{40} \times (1.6 + 2.0) = 0.48\text{kPa}$$

$$\text{总摩擦阻力项} = 14.24 + 0.48 = 14.72\text{kPa}$$

催化剂与管道摩擦阻力计算过程见表 3-102。

表 3-102　催化剂育管道摩擦阻力计算过程

催化剂摩擦阻力计算	二反提升气	四反提升器	再生器提升器
催化剂摩擦系数 f_s	0.003	0.003	0.003
催化剂上升速度 U/(m/s)	2.5	2.5	2.5
催化剂堆积密度/(kg/m^3)	570	580	560
摩擦阻力降 Δp/Pa	5355	5077	5420
摩擦阻力降 Δp/kPa	5.35	5.08	5.42
直管段摩擦阻力项 Δp/kPa	14.24	13.50	14.42
弯头摩擦阻力项 Δp/kPa	0.48	0.46	0.49
总摩擦阻力项 Δp/kPa	14.72	13.96	14.91

注：在计算催化剂摩擦阻力堆积密度时，应考虑积炭影响。

4. 结果与讨论

计算结果汇总见表 3-103。

表 3-103　提升管压降计算结果

项　目	数　值		
方法 1)总压降 Δp/kPa	17.4	20.5	17.3
方法 2)总压降 Δp/kPa	19.06	23.54	19.01
实际压力降 Δp/kPa	19.26	20.46	23.89
方法 1)差值/kPa	−1.88	0.08	−6.62
方法 2)差值/kPa	−0.20	3.08	−4.88
方法 1)误差/%	−9.76	0.39	−27.71
方法 2)误差/%	−1.05	15.07	−20.41

从结果可以看到，二反、四反提升器不管按方法1)还是方法2)计算，误差一般在10%以内。而再生器提升管压降误差较大，比实际值均低，原因可能在于：再生器提升器需要保持高选控制，而且关联联锁(如图3-11所示)，当再生器下部料斗V303与再生器V304压降控制输出较高时，选择PDIC3802控制，而不考虑再生器V304与还原室压差控制输出(即前者压降输出信号高于后者，选择前者控制)，造成后者压降一直维持较高，这也是再生器提升管产生一定量粉尘，在还原氢过滤器中能较多发现的主要原因(见图3-12)。

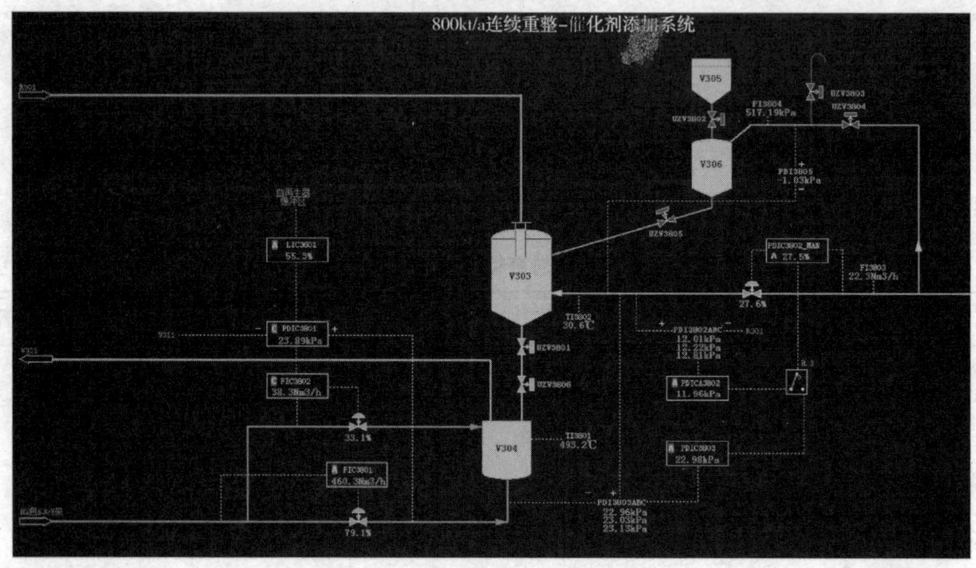

图3-11 再生器提升器及提升管压降

图3-12 还原氢过滤器堵塞情况

(三) 催化剂输送

催化剂输送速度，主要在于查找到设备结构，计算出催化剂流动的当量面积，从而进行计算。计算过程及说明列于表3-104。

表 3-104 催化剂在循环输送过程的移动速度

序号	位置	移动速度 u/(mm/s)	面积 S/mm^2	当量直径 d_e/mm	壁厚 e(内径的不填)	根/列数 n	备注
1	还原室 V311 入口	52.41	4657	89	6	1	12 根，ϕ89×6

$$S = n \cdot \frac{1}{4}\pi(d_e - 2e)^2 = 1 \times 0.25 \times (89 - 2 \times 6)^2 = 4657\text{mm}^2$$

$$\mu = \frac{Q}{S} = \frac{0.8786 \times 10^9}{4657 \times 3600} = 52.41\text{mm/s}$$

序号	位置	移动速度 u/(mm/s)	面积 S/mm^2	当量直径 d_e/mm	壁厚 e(内径的不填)	根/列数 n	备注
2	还原室 V311	0.31	785398	1000		1	ϕ1000，H=2800+(30+460-0.5×260)(下部)+(1350-500/2)(上部至人孔下切线)=4260
3	还原室 V311 下料管	4.73	51610	89	7.5	12	12 根，ϕ89×7.5
4	R201	0.22	1108909	1188		1	ϕ1800，H=(5313+5163+137)/2=5306.5，按中心筒和扇形筒开孔高度的一半计；扇形筒 22 根(另截图是 28，但二反是 25 根，因此应该为 22 根)，半圆，直径 230
5	R201 下料管	4.73	51610	89	7.5	12	12 根，ϕ89×6，H=4314
6	R202	0.16	1510024	1387		1	ϕ2000，H=(5188+472+5138+472)/2=5635，按中心筒和扇形筒开孔高度的一半计；扇形筒 25 根，半圆，直径 230
7	R202 下料管	11.24	21715	60	6	12	12 根，H=3415.5+80
8	二反下部料斗 V315 上部	1.33	184047	484		1	锥体，H=446+190=636
9	二反下部料斗 V315 下部	37.52	6504	91		1	锥体
10	二反提升器 V316 吸入室	2.54	95956	350		1	吸入室为喇叭口，底部 ϕ159 顶部锥角 28°，内腔 ϕ384
11	二反提升器 V316 提升管	58.31	4185	89	8	1	H 垂直=630+148=778
12	三反上部料斗 V317	0.31	785398	1000		1	按人孔下切线和筒体下切线为 H，H=2200-700-450/2=1275，人孔直径为 ϕ450
13	三反上部料斗 V317 下料管	4.37	55880	89	6	12	以 V317 下部法兰为基准，H=3115.5+(600+600+2000+700+400+310+310+700)=8735.5
14	R203	0.16	1510024	1387		1	ϕ2000，H=(6730+472+5138+472)/2=6726.5，按中心筒和扇形筒开孔高度的一半计；扇形筒 25 根，半圆，直径 230
15	R203 下料管	4.37	55880	89	6	12	12 根，H=4761+689=5450

续表

序号	位置	移动速度 u/(mm/s)	面积 S/mm^2	当量直径 d_e/mm	壁厚 e(内径的不填)	根/列数 n	备注
16	R204	0.10	2566011	1808		1	ϕ2400，H=(6730+472+5138+472)/2=7070，按中心筒和扇形筒开孔高度的一半计；扇形筒30根，半圆，直径230
17	R204下料管	11.24	21715	60	6	12	12根，以四反出法兰计，H=3415.5+80=3495.5
18	四反下部料斗V321上部	1.33	184047	484		1	锥体，H=446+190=636
19	四反下部料斗V321下部	37.52	6504	91		1	锥体
20	四反提升器V322吸入室	2.54	95956	350		1	吸入室为喇叭口，底部ϕ159顶部锥角28°，内腔ϕ384
21	四反提升器V322提升管	58.31	4185	89	8	1	H垂直=630+148=778
22	分离料斗V301筒体部分	0.10	2544690	1800		1	按人孔下切线和筒体下切线为H，H=650+150-500/2=550，人孔直径为ϕ500
23	分离料斗V301下锥体部分	21.58	11310	120		1	锥体底部，中间内部锥形导流未计算
24	分离料斗V301下料管	58.31	4185	89	8	1	H估算，H=300+85(19-0法兰估计)+(7024-6000)=1409
25	闭锁料斗V302分离区	0.86	282743	600		1	上部底锥体上部为基准(导流锥体略上)，至分离料斗下料管，H=495+[1400-(300+85)]=1510，下部锥体高度255，锥角90°
26	闭锁料斗V302下料管	58.31	4185	89	8	1	H=1900+100=2000
27	闭锁料斗V302闭锁区	0.86	282743	600		1	H=(6000-1510-255-2000)+25=2260，下部锥体高度h=485-25=460，锥角90°
28	闭锁料斗缓冲区(R301上)	0.10	2544690	1800		1	按缓冲区上切高至分配盘计，H=1200，分配盘高h=282，锥角90°
29	再生器R301烧焦区	0.29	830559	1028		1	烧焦区外网ϕ1400，内网ϕ950，高度H=3500，如果按内网开孔计，则应减去h=3500-450-2700=350高度
30	再生器R301烧焦区下料管	31.07	7854	114	7	1	下料锥体，锥角60°，锥体高度940，下料管高度H=1000(+100)
31	再生器R301过热区	0.31	785398	1000		1	下至分配盘，H=2200+200=2400

续表

序号	位置	移动速度 u/(mm/s)	面积 S/ mm^2	当量直径 d_e/mm	壁厚 e(内径的不填)	根/列数 n	备　注
32	再生器 R301 过热区下料管	13.38	18246	44		12	12 根，下料锥体，锥角 60°，锥体高度 601，下料管高度 H=1000
33	再生器 R301 焙烧区	0.18	1327323	1300		1	包括下部锥体，锥体高度 752，锥角 90°，H=3426-274=3152
34	再生器 R301 焙烧区下料管	15.85	15394	152	6	1	下料管 H=250
35	再生器 R301 焙烧区下料管	32.35	7543	114	8	1	再生器提升器图纸上下料管 ϕ114×8，高度 H=500+605=1105
36	再生器下部料斗 V303 上部	0.63	384845	700		1	上至法兰，下至倒锥上切线，H=500+500=1000. 锥体高度 529，锥角 60°
37	再生器下部料斗 V303 下部	0.65	374638	690.7		1	内下料管 ϕ114×8，高 h=649
38	再生器提升器 V304 吸入室	2.54	95956	350		1	吸入室为喇叭口，底部 ϕ159 顶部锥角 28°，内腔 ϕ384
39	再生器提升器 V304 提升管	58.31	4185	89	8	1	H垂直=630+148=778

对按从还原室入口速度沿着催化剂循环的路程，以 ln$U$ 为纵坐标，做得图 3-13。

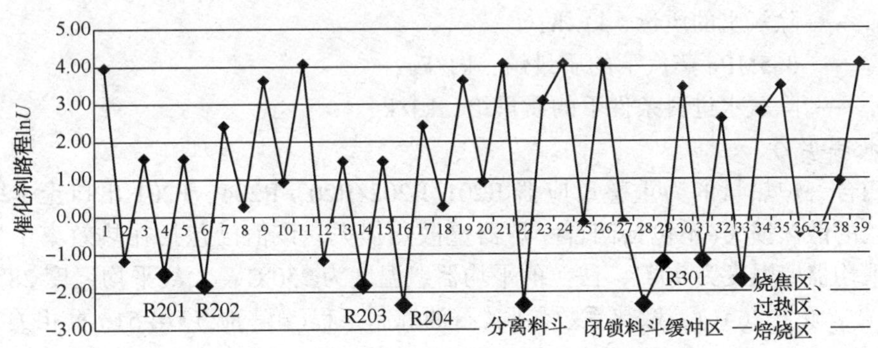

图 3-13　催化剂沿循环路程示意图

显然，催化剂在输送过程中经历了较大速度变化，在反应器、再生器等需要进行反应部分和分离料斗、闭锁料斗等催化剂稳定缓冲部分，速度变化大导致了在速度转换过程、提升过程可能会出现颗粒破损、破碎，形成粉尘。因此关注重点是各提升器、提升管部分，直观反映粉尘量大小的是还原氢过滤器、三反上部料斗过滤器(对国产 SLCR 而言)、分离料斗中的粉尘量及粒径分布。

十七、蒸汽平衡计算

本节任务：计算蒸汽的产生和消耗，主要是余热锅炉 3.5MPa 蒸汽的产生和汽轮机 3.5MPa 蒸汽的消耗。

说明：北海炼化 3.5MPa 蒸汽产生在余热锅炉，供重整循环氢压缩机 C201、汽轮机小透平、再生干燥器 M304 小流量的减温减压后使用，多余 3.5MPa 蒸汽外送，原设计为只进流量表，而无外送流量表，因此 3.5MPa 蒸汽计算平衡，只对使用量最大的循环氢压缩机 C201 使用蒸汽进行讨论。

（一）蒸汽的产生

由热力学定律有：

$$Q = H_T - H_{T0}$$

式中 Q—— 四合一炉供给预热锅炉的有效热量，kJ/h；

H_T—— 3.5MPa 蒸汽下的焓，kJ/h；

H_{T0}—— 除氧水进料条件下的焓，kJ/h。

其中：

$$Q = Q_{总}(1 - \eta) - \sum Q_i - Q'$$

$$H_T = m_{MS} \cdot h_{MS}$$

$$H_{T_0} = m_0 \cdot h_0$$

式中 $Q_{总}$ —— 四合一炉低发热值，kJ/h；

η—— 加热炉热效率；

Q_i—— 第 i 炉升温吸收的热量，kJ/h；

Q' —— 散热损失，kJ/h；

m_{MS}—— 3.5MPa 蒸汽的质量，kg/h；

m_0—— 除氧水的质量，kg/h；

h_{MS}—— 3.5MPa 蒸汽下的质量焓，kJ/kg；

h_0—— 除氧水进料条件下的质量焓，kJ/kg。

1. 散热损失 Q'

参与四合一炉热量的为重整反应器 R201/R202/R203/R204、F201 出口至 F204 入口的管道、法兰的散热损失（不包括四合一炉器壁散热损失，该值已包括在热效率中）。反应器和管道的平均器壁温度为 90℃，法兰的平均器壁温度为 250℃，大气平均温度 28℃（标定期间白天 30℃，晚上 26℃），散热系数参照《石油炼制工程（第三版）》第 516 页相关参数有 λ = 62.8kJ/(m^2 · ℃ · h)。则所设计到的散热面积计算表见表 3-105。

表 3-105 散热面积

部位	R201	R202	R203	R204	F201 出口至 F204 入口	
					管线	法兰
直径 D/m	1.8	2.0	2.0	2.4	0.65	0.78
高度 H/长度 L/m	8.89	6.3	10.38	7.75	310	1.008
面积 S/m^2	50.3	39.6	65.2	58.4	633.0	2.5

器壁散热 Q' 损失为

$$Q' = \sum \lambda (t_1 - t_2) S$$
$$= 62.8 \times (90 - 28) \times 846.5 + 62.8 \times (250 - 28) \times 2.5$$
$$= 3296087.5 + 34436.4 \text{kJ/h}$$
$$= 0.92 + 0.010 \text{MW}$$
$$= 0.93 \text{MW}$$

计算过程见表 3-106。

表 3-106 器壁散热损失

参数	单位	管道	法兰	备注
		值		
涉及到部分的总面积 S	m^2	846.5	2.5	
散热系数 λ	kJ/(m²·℃·h)	62.8	62.8	见《石油炼制工程》P516
平均器壁温度 t_1	℃	90	250	
大气平均温度 t_2	℃	28	28	白天30℃，晚上26℃
表面散失热量 Q'	kJ/h	3296087.5	34436.4	
	MW	0.92	0.010	

2. 四合一炉吸收热量 $\sum Q_i$

从燃料气计算可知，各炉升温吸收的热量见表 3-107。

表 3-107 四合一炉吸收热量

参数	单位	值	备注
F201 加热量	MW	7.49	见燃料气对各炉升温热值计算
F202 加热量	MW	10.88	
F203 加热量	MW	7.57	
F204 加热量	MW	5.52	
合计	MW	31.46	

3. 四合一炉提供给余热锅炉的有效热量 Q

四合一炉燃料气低发热值 Q 见“十八、燃料气计算”。

$$Q = Q_{总}(1 - \eta) - \sum Q_i - Q'$$
$$= 55.48 \times (1 - 93.80\%) - 31.46 - 0.93$$
$$= 19.65 \text{MW}$$

计算过程见表 3-108。

表 3-108 四合一炉提供给余热锅炉的有效热量

参数	单位	值
表面散失热量	MW	0.93
四合一炉加热量	MW	31.46
加热炉热效率 η	%	93.80

续表

参数	单位	值
四合一炉燃料气低发热值 Q	MW	55.48
提供给余热锅炉的有效热量	MW	19.65

4. 有效热量理论产汽量

$$H_{T0} = m_0 \cdot h_0 = 22500 \times (-15548) = -349819000\text{kJ/h} = -97.17\text{MW}$$

由 $Q = H_T - H_{T0}$ 得到

$$H_T = Q + H_{T0} = 19.65 - 97.17 = -77.52\text{MW}$$

进而由 $H_T = m_{MS} \cdot h_{MS}$ 得到

$$m_{MS} = \frac{H_T}{h_{MS}} = \frac{-77.52 \times 3.6 \times 10^6}{-12647} = 22067\text{kg/h}$$

实际产蒸汽量为20100kg/h，其他部分主要为余热锅炉的连续排污、少量的热损失及阀门微量内漏。从发汽量而言其产汽效率可认为是：

$$\eta_{MS} = \frac{m'_{MS}}{m_{MS}} \times 100\% = \frac{20100}{22067} \times 100 = 91.09\%$$

实际排烟温度为105℃，烟气热量得到大幅回收。

理论产生蒸汽量及其产汽效率计算过程见表3-109。

表3-109 理论产生蒸汽量及其产汽效率

物料	温度/℃	压力/MPa	流量/(kg/h)	质量焓/(kJ/kg)	焓值/(MJ/h)	焓值/MW
除氧水	100.0	5.71	22500	-15548	-349819	-97.17
有效热量 Q	443.8	3.673			70735	19.65
理论过热蒸汽	443.8	3.673	22067	-12647	-279084	-77.52
实际过热蒸汽	443.8	3.673	20100			
产汽效率/%	91.09	$\eta_{MS} = \frac{m'_{MS}}{m_{MS}} \times 100\% = \frac{20100}{22067} \times 100 = 91.09\%$				

(二) 蒸汽的消耗

对于循环氢压缩机C201，其出入口单位质量焓降(计算过程见表3-110)为：

$$\Delta H = H_{out} - H_{in} = -12700 - (-13019) = 319\text{kJ/kg}$$

表3-110 出入口单位质量焓降

参　数	值	单位	备注
入口温度	419.2	℃	
入口压力	3.623	MPa	
入口单位质量焓值	-12700	kJ/kg	
出口温度	237.7	℃	
出口压力	0.42	MPa(表)	
出口单位质量焓值	-13019	kJ/kg	
出入口单位质量焓降 ΔH	319	kJ/kg	

在本部分“十三、循环压缩机的功率计算”中可知，有几种求汽轮机功率的计算方法，按能量平衡公式，可得：

$$N = \frac{G}{3600} \cdot \Delta H \cdot \eta_i \cdot \eta_g$$

式中 N—— 汽轮机功率；

G—— 蒸汽耗量，kg/h；

ΔH—— 蒸汽焓降，kJ/kg；

η_i—— 汽轮机效率；

η_g—— 机械效率，$\eta_g = 0.985$。

因此，

$$G = \frac{3600N}{\Delta H \cdot \eta_i \cdot \eta_g}$$

对于不同的计算方法，N不同，上述三种计算功率与额定功率 N_d，可得到不同功率下的理论蒸汽耗量 G。

以方法 1 为例，汽轮机效率和功率在本部分“十三、循环压缩机的功率计算”已计算出，则

$$G = \frac{3600N}{\Delta H \cdot \eta_i \cdot \eta_g} = \frac{3600 \times 742.2}{319 \times 0.771 \times 0.985} = 11030\text{kg/h}$$

其他计算方法结果见表 3-111。

表 3-111 不同方法计算汽轮机理论蒸汽耗量

方法	方法 1	方法 2	方法 3	方法 4
	按多变理论计算的实际功率	额定	其他方法 1	其他方法 2
	多变理论	设计	知道压缩机流量估算功率	知道规模、氢油比和循环氢纯度估算功率
相对分子质量 M	7.184	7.39		
绝热指数 K	1.359	1.3		
质量流量 q_m/(kg/h)	10066.1	20150		
体积流量 q_v/(Nm³/h)	31406	45161	31406	
入口温度 T/℃	40.5	45		
入口压力 p/MPa(表)	0.251	0.25		
转速 n/(r/min)	6850	8445		
氢油分子比	1.38			1.38
循环氢纯度 x	88.90			88.90

续表

方法	方法 1	方法 2	方法 3	方法 4
	按多变理论计算的实际功率	额定	其他方法 1	其他方法 2
	多变理论	设计	知道压缩机流量估算功率	知道规模、氢油比和循环氢纯度估算功率
蒸汽焓降 ΔH/(kJ/kg)	319	319	319	319
汽轮机功率 N	742.2	1391	863.665	805.7876331
汽轮机效率 η_i	0.771	0.779	0.779	0.779
机械效率 η_g	0.985	0.985	0.985	0.985
理论蒸汽耗量 G/(kg/h)	11030	20458	12702	11851
实际蒸汽耗量 G_0/(kg/h)	10300	10300	10300	10300
误差/%	7.08	98.62	23.32	15.06

结果与讨论：

方法 1 是考虑到实际情况下的多变效率和功率，方法 3 和方法 4 是估算得到汽轮机功率，方法 2 运行工况与实际工况很大不符，包括循环氢质量流量、循环氢压缩机转速和功率。因此方法 1 较为准确，方法 3 和方法 4 次之，方法 2 计算误差很大，作为额定工况下的参考值，当实际与额定工况偏离较大时，误差较大。

同时注意到，装置经过扩能改造后高负荷生产，为确保次重整反应器压降在高负荷下处于安全水平，避免“贴壁”风险，循环氢转速或负荷并未运行至较高值，以确保较低的氢油比运行，带来的问题可能是催化剂积炭速率增加。因此需要综合考虑负荷、苛刻度以及再生处理能力进行汽轮机负荷的增减。

十八、燃料气计算

本节任务：计算燃料气的低发热值、加热炉负荷和热效率。

(一) 燃料气低发热值

已知燃料气各组分的低发热值和组成，则燃料气的发热值计算过程见表 3-112。

表 3-112　实际燃料气低发热值计算

序号	分析项目	单位低热值/(MJ/Nm³)	2017/7/19 9:00	2017/7/20 9:00	平均
	加权平均相对分子质量		22.84	22.76	22.8
	密度/(kg/Nm³)		1.019	1.015	1.0172
1	氢气/%(体)	10.74	5.14	4.6	4.87

续表

序号	分析项目	单位低热值/（MJ/Nm³）	2017/7/19 9：00	2017/7/20 9：00	平均
2	甲烷/%(体)	35.71	47.79	50.13	48.96
3	乙烷/%(体)	63.58	19.64	21.18	20.41
4	乙烯/%(体)	59.47	8.32	8.96	8.64
5	丙烷/%(体)	91.03	2.52	2.62	2.57
	二氧化碳/%(体)		0.33	0.28	0.305
6	丙烯/%(体)	86.41	1.45	1.51	1.48
7	异丁烷/%(体)	118.41	0.42	0.43	0.42
8	正丁烷/%(体)	118.41	0.97	1.00	0.99
9	反丁烯/%(体)	113.71	0.08	0.08	0.08
10	正丁烯/%(体)	113.71	0.16	0.16	0.16
11	异丁烯/%(体)	113.71	0.02	0.12	0.07
12	顺丁烯/%(体)	113.71	0.06	0.06	0.06
13	异戊烷/%(体)	145.78	0.35	0.36	0.36
14	正戊烷/%(体)	145.78	0.18	0.18	0.18
	氧气/%(体)		1.03	0.35	0.69
	氮气/%(体)		11.03	7.44	9.24
15	一氧化碳/%(体)	12.64	0.38	0.41	0.39
16	C_{6+}/%(体)	135.72	0.13	0.13	0.13
	硫化氢/(mg/Nm³)	23.38	15.00	<2.00	15.00
	低发热值 Q_X/(MJ/Nm³)		41.61	44.07	42.836

燃料气的低发热值公式为：

$$Q_X = \sum X_i Q_{X_i}$$

式中 Q_X——燃料气的体积低热值，kJ/Nm³ 燃料气；

X_i——燃料气中各组分的体积分数，%；

Q_{X_i}——燃料气中各组分的体积低热值，kJ/Nm³ 燃料气。

（二）加热炉负荷

标定期间四合一炉各加热炉燃料 DCS 指示流量已知，需对其进行孔板校正，校正结果见表 3-113。

表 3-113　四合一炉燃料气校正及低发热值计算

物料名称	流量			温度		压力		设计值			校正计算			计算结果	发热量	
	仪表位号	单位	指示值	仪表位号	指示值	仪表位号	指示值密度	温度	压力	实测密度	操作密度	校正系数	实际流量	发热值（校正）	发热值（未校正）	
F201 燃料气	FIC2441	Nm^3/h	983	TI4131	100.2	PI34402	0.329	0.86	60	0.25	1.0172	0.9	0.9616	945.2	40490.6	42108.3
F202 燃料气	FIC2421	Nm^3/h	1492	TI4131	100.2	PI34402	0.329	0.86	60	0.25	1.0172	0.9	0.9616	1434.7	61456.8	63912.0
F203 燃料气	FIC2461	Nm^3/h	1079	TI4131	100.2	PI34402	0.329	0.86	60	0.25	1.0172	0.9	0.9616	1037.5	44445.0	46220.6
F204 燃料气	FIC2481	Nm^3/h	837	TI4131	100.2	PI34402	0.329	0.86	60	0.25	1.0172	0.9	0.9616	804.8	34476.8	35854.1
F201 长明灯		Nm^3/h	120	TI4131	100.2	PI34402	0.329	0.86	60	0.25	1.0172	0.9	1	120.0	5140.4	5140.4
F202 长明灯		Nm^3/h	120	TI4131	100.2	PI34402	0.329	0.86	60	0.25	1.0172	0.9	1.000	120.0	5140.4	5140.4
F203 长明灯		Nm^3/h	120	TI4131	100.2	PI34402	0.329	0.86	60	0.25	1.0172	0.9	1.000	120.0	5140.4	5140.4
F204 长明灯		Nm^3/h	80	TI4131	100.2	PI34402	0.329	0.86	60	0.25	1.0172	0.9	1.000	80.0	3426.9	3426.9

注：因长明灯不设流量表，装置运行时所有长明灯均点燃，按设计燃料气耗量和长明灯根数估算起用量。

进一步汇总得到，四合一炉总负荷 Q，其燃料气总发热值计算见表 3-114。

表 3-114　四合一炉燃料气总发热值

参数	单位	F201 燃料气	F202 燃料气	F203 燃料气	F204 燃料气	F201 长明灯	F202 长明灯	F203 长明灯	F204 长明灯
实际流量	Nm^3/h	945	1435	1038	805	120.0	120.0	120.0	80.0
低发热值	MJ/h	40491	61457	44445	34477	5140.4	5140.4	5140.4	3426.9
总发热值	MJ/h	199717	总热量(未校正)	203516					
总发热值	MW	55.48	总热量(未校正)	56.53					
装置处理量	kg/h	97000							
折算成标油	kgEO/t	49.18							

四合一炉热负荷供给：用于各反应热供应、3.5MPa 蒸汽发汽、F201 加热、加热炉排烟损失以及器壁热损失。

反应热在本部分第十二节“反应热”中已计算出，蒸汽部分能量为过热蒸汽热量与余热锅炉热损失之和，减去除氧水热量。

余热锅炉计量表已知，查过热蒸汽、连排流量、除氧水在各温度、压力下的质量焓值，按上述求和即可。则其热量见表 3-115。

表 3-115 余热锅炉热量计算

物料名称	流量			温度		压力		焓差的计算		
	仪表位号	单位	指示值	仪表位号	指示值	仪表位号	指示值	质量焓	焓差	
								kJ/kg	MJ/h	MW
过热蒸汽用量	FI5002	kg/h	20100	TI5005	443.8	PI5002	3.673	-12647	-254204	-70.61
连排流量	测定	kg/h	2400	TI5006	249.1	PI5006	3.773	-14890	-35736	-9.93
损失	FIC2462	kg/h	100	TI4132	101.2	PI34403	1.329	-15547	-1554.69	-0.4319
除氧水用量	FIC5001	kg/h	22500		100	PI5004	5.71	-15548	-349819	-97.17
蒸汽发热量									58324	16.20

$$Q_{蒸汽} = 20100 \times (-12647) + 2400 \times (-14890) + 100 \times (-15547) - 22500 \times (-15548)$$
$$= 58324\text{MJ/h} = 16.20\text{MW}$$

同理，找出 F201 出入口各组分的质量焓值，已知 F201 组成，则有 F201 加热量 Q_{F201} 计算过程见表 3-116~表 3-119。

表 3-116 F201 加热量计算

物料名称	H_2	C_1	C_2	C_3	O-C_3	n-C_4	i-C_4	O-C_4	n-C_5	i-C_5	O-C_5	N-C_5
代号	H_2	CH_4 (g)	C_2H_6 (g)	C_3H_8 (PPEg)	C_3H_6 (CPAg)	C_4H_{10} (NBAg)	C_4H_{10} (2MPg)	C_4H_8 (1BTg)	C_5H_{12} (PENg)	C_5H_{12} (2MBg)	C_5H_{10} (1PEg)	C_5H_{10} (CPAg)
相对分子质量	2.00	16.04	30.07	44.10	42.10	58.12	58.12	56.11	72.15	72.15	70.14	70.14
F201 进料组成/(kg/h)	2527.448	389.638	1015.994	1376.543	12.029	714.142	867.772	48.100	278.315	659.710	0	121.499
F201 进料单位焓值(450℃)/(kg/h)	6105.20	-3394.79	-1709.22	-1266.88	2210.16	-1090.88	-1225.85	968.17	-953.41	-1052.64	690.69	-181.38
F201 进料单位焓值(523℃)/(kg/h)	7176.76	-3113.14	-1455.37	-1019.67	2428.94	-845.96	-978.91	1189.95	-707.50	-805.89	914.73	40.61

表 3-117 F201 加热量计算(续表)

物料名称	n-C_6	i-C_6	O-C_6	N-C_6	A-C_6	n-C_7	i-C_7	O-C_7	N-C_7	A-C_7	n-C_8
代号	C_6H_{14} (HXAg)	C_6H_{14} (2MPg)	C_6H_{12} (1HEg)	C_6H_{12} (CHAg)	C_6H_6 (BZEg)	C_7H_{16} (HTAg)	C_7H_{14} (MCHg)	C_7H_{14} (2Hg)	C_7H_{14} (CHAg)	C_7H_8 (TLUg)	C_8H_{18} (OCTg)
相对分子质量	86.18	86.18	84.16	84.16	78.11	100.21	100.21	98.19	98.19	92.14	114.23

续表

物料名称	n-C_6	i-C_6	O-C_6	N-C_6	A-C_6	n-C_7	i-C_7	O-C_7	N-C_7	A-C_7	n-C_8
F201 进料组成/(kg/h)	7551.523	3999.749	0.000	3921.990	539.456	8028.659	7042.086	0.000	8597.274	2935.418	6517.210
F201 进料单位焓值(450℃)/(kg/h)	-878.14	-939.26	505.47	-502.43	1815.40	-804.25	-584.39	231.83	-214.05	1328.05	-758.02
F201 进料单位焓值(523℃)/(kg/h)	-636.99	-694.52	731.32	-267.95	1987.18	-562.10	-351.09	456.05	17.83	1507.15	-517.03

表 3-118　F201 加热量计算(续表)

物料名称	i-C_8	O-C_8	N-C_8	A-C_8	n-C_9	i-C_9	N-C_9	A-C_9	n-C_{10}	i-C_{10}	N-C_{10}
代号	C_8H_{18} (2MHg)	C_8H_{16} (1OCg)	C_8H_{16} (ECHg)	C_8H_{10} (MXYg)	C_9H_{20} (NONg)	C_9H_{20} (2MOg)	C_9H_{18} (T1E2MCHg)	C_9H_{12} (1E2MBg)	$C_{10}H_{22}$ (DECg)	$C_{10}H_{22}$ (2MNg)	$C_{10}H_{20}$ (1P1MCHg)
相对分子质量	114.23	112.22	112.22	106.17	128.26	128.26	126.24	120.20	142.29	142.29	140.27
F201 进料组成/(kg/h)	7999.499	0.000	8033.519	6123.553	4427.426	6031.214	6152.713	2940.278	1331.630	3839.371	1696.127
F201 进料单位焓值(450℃)/(kg/h)	-811.66	273.97	-518.29	968.72	-720.89	-766.38	-558.81	865.48	-691.25	-731.78	-501.58
F201 进料单位焓值(523℃)/(kg/h)	-567.60	502.04	-283.52	1154.31	-480.76	-524.39	-321.23	1058.67	-451.76	-490.51	-261.32

表 3-119　F201 加热量计算(续表)

物料名称	i-C_{10}	N-C_{10}	A-C_{10}	n-C_{11}	i-C_{11}	N-C_{11}	A-C_{11}	n-C_{12}	i-C_{12}	合计			
代号	$C_{10}H_{22}$ (2MNg)	$C_{10}H_{20}$ (1P1MCHg)	$C_{10}H_{14}$ (1P2MBg)							kJ/h	MJ/h	MW	Gcal/h
相对分子质量	142.29	140.27	134.22	156.31	156.31	154.30	148.25	170.34	170.34				
F201 进料组成/(kg/h)	3839.371	1696.127	520.016	82.619	704.695	38.880	0.000	0.000	0.000	107066	107.1	0.03	0.03
F201 进料单位焓值(450℃)/(kg/h)	-731.78	-501.58	701.65	-673.65	-1067.43	-491.49	616.55	-646.96	-1025.17	-35432723	-35432.7	-9.84	-8.46
F201 进料单位焓值(523℃)/(kg/h)	-490.51	-261.32	899.31	-435.00	-948.80	-254.47	817.31	-407.95	-905.60	-8470955	-8471.0	-2.35	-2.02
F201 加热量 Q_{F201}										26961769	26961.8	7.49	6.44

因此，四合一炉总热效率计算（见表3-120）如下：

$$\eta = \frac{28.60 + 16.20 + 7.49}{55.48} \times 100\% = \frac{52.30}{55.48} \times 100\% = 94.26\%$$

未校正燃料气流量时，

$$\eta = \frac{28.60 + 16.20 + 7.49}{52.30} \times 100\% = \frac{52.30}{52.30} \times 100\% = 92.50\%$$

表3-120 加热炉热效率

项目	校正	未校正
反应热之和/MW	28.60	28.60
产汽量热量/MW	16.20	16.20
F201加热量/MW	7.49	7.49
有效热量/MW	52.30	52.30
燃料气低发热量/MW	55.48	56.53
加热炉热效率/%	94.26	92.50

从表3-120可看出，燃料气流量未进行校正时这一方法会使加热炉热效率有所偏低。

另一种常用计算加热炉热效率方法为根据采样或在线氧分析仪的热效率简化方法，详见本部分“十二、加热炉热负荷及效率计算”，得到标定期间热效率93.80%，这里不再累述。

十九、装置能耗计算及分析

本节任务：计算装置基准能耗，用能耗因素定义装置能量利用水平。

（一）计算步骤及方法：

按中国石化《催化重整装置基准能耗》计算方法，有如下步骤：

（1）重整反应热（E_1）

$$E_1 = W/(M_{oil} \times 0.9)$$

W为每100kmol进料反应总吸热量（MJ）

$$W = W_1 + W_2 + W_3 + W_4$$

$$W_1 = 196.55M_{ni}$$

$$W_2 = 240.45(M_{ao} - M_{ai} - M_{ni})$$

$$W_3 = 164.5W_{ho} \times M_{oil}/100$$

$$W_4 = M_{oil}/100\sum(W_i dH_i)$$

（2）重整进料加热炉（补偿重整进料换热器热端温差）（E_2）

$$E_2 = 1.003DT_r(1 + 1.7 \times HPCH/10)$$

（3）预加氢加热炉（E_3）

$$E_3 = 0.9028DT_h/(1 - Y_h)$$

（4）预加氢汽提塔（E_4）

1）适应于第一塔，塔底脱戊烷。

$$E_4 = [1.427(LG_h + C_{5h} + 30) + 0.3098(100 - LG_h - C_{5h})]/(1 - Y_h)$$

2）适应于第一塔，塔底脱丁烷（塔顶温度为60℃）。

$$E_4 = 1.180(LG_h + 30) + 0.3098(100 - LG_h)$$

(5) 预加氢稳定塔(E_5)

1) 适用于两塔流程中的第二塔。塔底脱丁烷。

(即此塔为小塔，分离第一塔塔顶料，对应第一塔为脱戊塔。)

$$E_5 = \{1.180[LG_h + 25(LG_h + C_{5h})/100] + 0.124(100 - LG_h)\}/(1 - Y_h)$$

2) 适用于两塔流程中的第二塔。塔底脱戊烷。

(即此塔为大塔，分馏第一塔的塔底物料，对应的第一塔为脱丁塔。)

$$E_5 = 1.180(C_{5h} + 20)$$

(6) 重整稳定塔(E_6)

E_6计算方法同E_4。

(7) 预加氢压缩机(E_7)

$$W = 18425.9 \times \left[\left(\frac{p_h + 0.6}{p_h}\right)^{0.2308} - 1\right](\text{kJ})\ (\text{缺省值为 }1321.3)$$

压缩机轴功率E_7：$E_7 = 0.00174W$

(8) 重整压缩循环机(E_8)

$$W = 18425.9 \times \left[\left(\frac{p_r + DP_r}{p_r}\right)^{0.2308} - 1\right](\text{kJ})$$

$$E_8 = 0.003845HPCH \times W$$

(9) 重整氢增压机(E_9)

$$W = 18425.9 \times \left[\left(\frac{p_p}{p_r}\right)^{0.2308} - 1\right] \times N_{com}(\text{kJ})$$

$$E_9 = 0.001720 \times W_ho \times W \times 1.1$$

(10) 泵(E_{10})

$$E_{10} = 0.6667 \times (DP_1 + DP_2 + DP_3 + DP_4) + 8.25\ (\text{kWh 电/t 进料})$$

(11) 空冷器(E_{11})

$$E_{11} = 6.5\text{kW} \cdot \text{h/t}$$

(12) 氮冷部分(E_{12})

$$E_{12} = 2.827 + 0.2019 \times Who$$

(13) 再生系统能耗(E_{13})

冷循环方式按 1.8kW·h/kg 催化剂设计循环量。热循环方式按 1.2kW·h/kg 催化剂设计循环量。不同装置因其生焦率不同将再生能耗折合成每吨重整进料即可。

(14) 其他能耗(E_{14})

$$E_{14} = 7\text{kW} \cdot \text{h/t}$$

(15) 总能耗(E)(单位为 kW·h/t)

$$E = (E_1 + E_2 + E_3 + E_4 + E_5 + E_6)/0.95 + E_8/0.3901 + (E_7 + E_9 + E_{10} + E_{11} + E_{12} + E_{13})/0.314 + E_{14}$$

(二) 符号说明

M_{oil}——重整进料平均相对分子质量，缺省值为 100；

M_{ni}——进料中环烷含量,%(摩尔)；

M_{ai}——进料中芳烃含量,%(摩尔);
M_{ao}——相对于进料的芳烃收率,%(摩尔);
W_{ho}——相对于进料纯氢产率,%(质);
W_i——分别为干气、液化气、戊烷油相对于进料的产率,%(质);
dH_i——分别为干气、液化气、戊烷油在四反出口温度下的生成焓，MJ/kmol;
DT_r——换热器热端设计温差,℃;
$HPCH$——重整反应部分氢油分子比;
DT_h——换热器热端设计温差,℃，缺省值取60℃;
Y_h——预加氢拔头率，质量比，用小数表示，缺省值取0.1;
LG_h——石脑油进料中液化汽含量,%(质);
C_{5h}——石脑油进料中戊烷油收率,%(质);
p_h——预加氢压缩机入口压力(绝压)，MPa;
p_r——重整循环压缩机入口压力(绝压)，MPa;
DP_r——重整循环氢系统压降，MPa;
p_p——重整增压机第一级出口压力(绝压)，MPa;
N_{com}——重整增压机级数;
DP_1——预加氢进料泵进出口压差，MPa;
DP_2——重整进料泵进出口压差，MPa;
DP_3——再接触进料泵进出口压差，MPa;
DP_4——重整分馏进料泵的进出口压差，MPa。

(三) 基础数据

根据第三部分相关计算内容，得出北海炼化0.78Mt/a连续重整装置基本数据，见表3-121。

表3-121　连续重整基本数据表

序号	符号	意义	单位	数值	缺省值
		装置类型：连续/固定/组合		连续	
一		原料			
1	M_{oil}	重整进料平均相对分子质量		107.48	100
2	M_{ni}	进料中环烷含量	%(摩尔)	29.39	
3	M_{ai}	进料中芳烃含量	%(摩尔)	13.44	
二		预加氢产物			
1	Y_h	预加氢部分拔头率	%(质)	0.209	
2	LG_h	石脑油进料中液化汽含量	%(质)	4.205	
3	C_{5h}	石脑油进料中戊烷油含量	%(质)	13.34	
三		重整产物			
1	M_{ao}	相对于重整进料的芳烃收率	%(摩尔)	65.74	
2	W_{ho}	相对于重整进料的氢气收率	%(质)	3.36	
3	M_{go}	相对于重整进料的干气收率	%(质)	1.90	

续表

序号	符号	意义	单位	数值	缺省值
4	M_{Lo}	相对于重整进料的液化气收率	%(质)	4.42	
5	M_{C_5}	相对于重整进料的戊烷油收率	%(质)	2.28	
四		操作参数			
1	DT_h	预加氢进料换热器热端温差	℃	40.5	
2	DT_r	重整进料换热器热端温差	℃	37.0	
3	p_h	预加氢高分压力	MPa(绝)	2.10	
4	p_r	重整高分压力	MPa(绝)	0.35	
5	p_p	增压机第一级出口压力(当量)	MPa(绝)	0.846	
6	N_{com}	增压机级数		2	
7	DP_r	重整循环氢系统压降	MPa	0.24	
8	DP_1	预加氢进料泵进出口压差	MPa	2.83	标定报告
9	DP_2	重整进料泵进出口压差	MPa	0.63	标定报告
10	DP_3	再接触泵进出口压差	MPa	2.35	标定报告
11	DP_4	重整稳定塔进料泵进出口压差	MPa		
12	$HPCH$	重整反应部分氢油分子比		1.381	
五		再生系统类型：热循环/冷循环		冷循环	

在按基准能耗计算时，因物料平衡均按质量分数统计，存在质量产率与摩尔产率的转换公式：%(摩尔)=%(质量)×M_{oil}/M_i

因此，干气、液化气和戊烷油的摩尔产率的计算见表3-122。

表3-122 干气、液化气和戊烷油的摩尔产率

物料名称	干气	液化气	戊烷油
产率/%(质)	1.904	4.425	2.289
产率(归一)W_i/%(质)	1.900	4.416	2.285
相对分子质量	24.76	51.02	71.97
产率/%(摩尔)	8.246	9.301	3.412
500℃下的等质量进料烷烃的焓差 dH_i/(MJ/100mol)	-131.56	-39.54	-7.53

(四) 实际计算步骤

(1) 反应热 E_1

$$W_1=196.55\times29.39=5775.6$$

$$W_2=240.45\times(65.74-13.44-29.39)=510.3$$

$$W_3=164.5\times3.36\times107.48/100=593.4$$

$$W_4=107.48/100\times(-131.56\times1.904-39.54\times4.425-7.53\times2.289)=-475.2$$

$$E_1=(W_1+W_2+W_3+W_4)/(0.36\times107.48\times0.9)=341.1$$

(2) 重整进料加热炉 E_2

$$E_2=1.003\times37\times(1+1.7\times1.381/10)=45.82$$

（3）预加氢加热炉 E_3

$$E_3=0.9346\times40.5/(1-0.209)=46.20$$

（4）预加氢 C_4/C_5 分馏塔 E_4

$$E_4=1.180\times(4.205+30)+0.3098\times(100-4.205)=70.04$$

（5）预加氢汽提塔 E_5

$$E_5=1.118\times(13.34+20)=37.27$$

（6）重整稳定塔 E_6

$$E_6=1.427\times(4.205+13.34+30)+0.3098\times(100-4.205-13.34)=81.28$$

（7）预加氢压缩机 E_7

$$W=18425.9\times\{[(2.1+0.6)/2.1]^{0.2308}-1]\}=1100.37$$

$$E_7=0.00174\times1100.37=1.91$$

（8）重整循环压缩机 E_8

$$W=18425.9\times\{[(0.35+0.24)/0.35]^{0.2308}-1\}=2360.08(\text{kJ/kmol})$$

$$E_8=0.003845\times3.36\times2360.08=12.53(\text{kW}\cdot\text{h/t 进料})$$

（9）重整增加机 E_9

$$W=18425.9\times[(0.846/0.35)^{0.2308}-1]\times2=8325.98$$

$$E_9=0.001720\times3.36\times8325.98\times1.1=52.88$$

（10）泵类 E_{10}

$$E_{10}=0.6667\times(2.83+0.634+2.35+0)+8.25=12.13$$

（11）空冷器 E_{11}

$$E_{11}=6.5$$

（12）氨压机 E_{12}

$$E_{12}=0$$

（13）再生系统能耗 E_{13}

$$E_{13}=1.8\times1642.8/600=4.93$$

（14）其他能耗

$$E_{14}=7$$

（15）总能耗

$$\begin{aligned}E=&(341.14+45.82+46.20+70.04+37.27+81.28)/0.95+12.53/0.3901\\&+(1.91+12.53+52.88+12.13+6.5+4.93)/0.314+7\\=&943.11\text{kW}\cdot\text{h/t}(81.11\text{kgEO/t})\end{aligned}$$

$$\begin{aligned}E_C=&(341.14+45.82+46.20+70.04+37.27+81.28)/0.95+\\&(12.53+52.88+6.5)/0.314+\\&[(1.91+12.13+4.93)/0.314+12.53/0.3901+7]/(97.0/92.8)\\=&939.58\text{kW}\cdot\text{h/t}(80.80\text{kgEO/t})\end{aligned}$$

（五）生产装置能耗标定校核及分析

按中国石化《催化重整装置基准能耗》建议的能耗评价指标，用能耗因素 EF 并结合装置与基准能耗设定的条件对比，分析评价装置的能量利用水平，有下式：

$$EF=EE/EC$$

式中　EC——计算基准能耗；

EE——装置实际能耗。

EF 表示装置实际能耗与基准能耗的差距越大，能量利用水平越低。*EF* 值越接近 1，表示能量利用水平越高。实际能耗计算表见表 3-123。

表 3-123 装置实际能耗计算表

序号	项目	位号	单位	标定前累计值 7 月 19 日 06：00	标定后累计值 7 月 21 日 06：00	原始值	折算基准	折标系数	能耗/(kgEO/t)
	重整进料	FIQ2121	t			4656			
1	燃料气	FIQ4401	t	214873904	215183024	309120	314.6	950	64.20
2	电		kW·h			356303	356303	0.23	17.60
3	1.0MPa 消耗	FIQ4101	t	373176	373618	446	446	76	7.28
4	3.5MPa 消耗	FIQ4102	t	261743	261906	163.547	164	88	3.09
5	0.5MPa 产出	FIQ4106	t	827265	827978	713.5	714	-66	-10.11
6	凝结水	FIQ4107	t	927746	928670	924.375	924	-7.65	-1.52
7	循环水	FIQ4201	t	70750856	70812624	61768	61768	0.1	1.33
8	除氧水	FIQ4105	t	935607	936740	1132.875	1133	9.2	2.24
9	净化风	FIQ4301	Nm^3	41612980	41641616	28636	28636	0.04	0.25
10	0.6MPa 氮气	FIQ4303	Nm^3	17369120	17386670	17550	17550	0.15	0.57
11	2.5MPa 氮气	FIQ4305	Nm^3	2517344	2517427	82.75	83	0.15	0.00
12	再生专用氮气	FIQ4302	Nm^3	9959204	9964897	5693	5693	0.15	0.18
13	热媒水产出	FIQ4203	t	3776211	3780736	4525	4525	-1	-0.97
14	冷媒水消耗	FIQ4205	t	7866269	7876141	9872.5	9873	1	2.12
	合计								86.25

对北海炼化连续重整装置而言，因上述计算基准能耗还包括 C_4/C_5 分馏塔 T202、脱已烷塔 T203，两塔能耗分别为 0.75kgEO/t、7.57kgEO/t，因此重整装置流程至脱戊烷塔的标定能耗可视为 *EE*=86.25-0.75-7.57=77.93kgEO/t。

$$EF=EE/EC=77.93/80.80=0.9644$$

说明装置能量利用率较好，主要表现在以下几个方面：

1）重整氢增压机 C202A/B/C，二开一备用，其中无级气量调节系统常开，返回阀均处于关闭状态，节约能量；

2）2015 年年底大修暨质量升级改造时对四合一炉采取强制通风改造，提高了四合一炉的整体热效率，达到 93.80%(加热炉热效率简易算法)，也大大增加了余热锅炉的产汽量，使 3.5MPa 蒸汽处于平衡状态，甚至能够外送 3.5MPa 蒸汽，而边界 3.5MPa 蒸汽外送时无流量显示，实际比统计值高；

3）重整反应系统采用较低的氢油分子比(1.381)，使重整循环氢压缩机 C201 的耗汽量大为降低，同时积炭速率有所增加，在反应器压降和再生器烧焦能力的情况下权衡利弊，采取较低的氢油分子比；

4）利用装置凝结水加热燃料气(增加换热器)至 100℃，节约了燃料气耗量；

5）利用焙烧区再生烟气的热量对净化风加热（增加板式换热器），使再生空气电加热器耗电量大为降低；

6）较高的负荷运行，在改造后0.78Mt/a的基础上，达到104.5%的负荷。

（六）对《催化重整装置基准能耗》的讨论

对《催化重整装置基准能耗》P26中附表：原动力能耗转化成轴功效率表的能耗效率 C 计算方法，无3.5MPa汽轮机背压（0.5MPa）的能耗效率 C 的值。

按计算方法计算如下：

3.5MPa汽轮机背压0.5MPa可视为等熵过程，则

1）对3.5MPa过热蒸汽：

$h_1 = 3.684\text{MJ/kg}$，$t_1 = 455℃$，$s_1 = 1.6762\text{kcal/(kg·℃)} = 7.018\text{kJ/(kg·℃)}$

2）对0.5MPa蒸汽：

$$h_2' = 159.4\text{kcal/kg} = 667.4\text{kJ/kg}$$

$$h_2'' = 658.3\text{kcal/kg} = 2756\text{kJ/kg}$$

$$s_2' = 0.4594\text{kcal/(kg·℃)} = 1.9234\text{kJ/(kg·℃)}$$

$$s_2'' = 1.6164\text{kcal/(kg·℃)} = 6.7675\text{kJ/(kg·℃)}$$

因 $s_1 = 1.6762 > s_2'' = 1.6164\text{kcal/kg}$，因此0.5MPa蒸汽为过热蒸汽，温度约为206℃，此时

$$h_2 = 684\text{kcal/kg} = 2864\text{kJ/kg}$$

按汽耗率公式，有

$$A = d = \frac{3600}{\omega_0} \approx \frac{3600}{h_1 - h_2} = \frac{3600}{3684 - 2864} = 4.390\text{kg/kW·h}$$

折合能耗B为

$$B = h_1 - h_2 = 3684 - 2864 = 820\text{kJ/kg} = 0.82\text{MJ/kg}$$

能耗效率C为

$$C = \frac{3.6}{A \times B} = \frac{3.6}{4.390 \times 0.82} = 100.01\%$$

结果显然是不正确的，按背压乏汽或凝结水焓值可以判断，能耗效率 C 应在3.5MPa蒸汽汽轮机背压（1.0MPa）的能耗效率39.01%和3.5MPa蒸汽汽轮机凝汽式的能耗效率19.87%之间，这里暂不深究。而且该值只影响到了重整循环氢压缩机（E_8），只占总能耗的1.33%，不足以影响结果的完整性。

第四部分　对装置运行的认识和总结

在进行工艺计算时，特别注意做好相关仪表的校核，本文以标定结果为依据，对装置进行了基于按烃分类的物料平衡，着重对重整反应热平衡、重整反应压力平衡、氯平衡、再生氧平衡、3.5MPa蒸汽平衡等进行了计算，计算并讨论了重整反应器中气流分布不均匀度和“贴壁”点，基本达到了从定性到定量的计算。综上总体而言，作者认为：

1）该连续重整装置采取了各项措施，使全装置能耗远低于设计能耗，能耗因数 EF 显示装置能量利用水平较高。

2）纯氢产率处于较低值，反应系统水氯平衡应进一步优化，控水调氯，保证催化剂末

期性能稳定。

3）为防止“贴壁”，应平衡好低氢油分子比、高负荷、高苛刻度与反应器设计压降、再生烧焦能力的关系，确保催化剂活性的及时恢复。

4）监测好各反应器特别是预加氢反应器和重整反应器压降，采取措施做好预加氢原料管理，保持好重整各项参数稳定。

参 考 文 献

[1] 徐承恩．催化重整工艺与工程[M]．北京：中国石化出版社，2014.
[2] 罗家弼．炼油技术常用数据手册[M]．北京：中国石化出版社，2016.
[3] GeorgeJ. Antos，AbdullahM. Aitani，安托斯，等．石脑油催化重整[M]．北京：中国石化出版社，2009.
[4] 林世雄．石油炼制工程(第三版)[M]．北京：石油工业出版社，2000.
[5] 冯新，宣爱国，周彩荣，等，化工热力学[M]．北京：化学工业出版社，2009
[6] 刘巍，邓方义．冷换设备工艺计算手册[M]．北京：中国石化出版社，2008.
[7] 青岛科技大学．化学化工物性数据手册，有机卷[M]．北京：化学工业出版社，2013.
[8] 中国石化集团上海工程有限公司．化工工艺设计手册．上册[M]．北京：化学工业出版社，2009.
[9] 中国石化集团上海工程有限公司．化工工艺设计手册．下册[M]．北京：化学工业出版社，2009.
[10] 朱开宏．化工计算手册：第2版[M]．北京：中国石化出版社，2005.
[11] 卢焕章．石油化工基础数据手册[M]．北京：化学工业出版社，1982.
[12] 北京石油设计院．石油化工工艺计算图表[M]．北京：烃加工出版社，1985.
[13] 臧福录．石油化工工艺工程师必读[M]．北京：中国石化出版社，1998.
[14] 时钧．化学工程手册上、下卷[M]．北京：化学工业出版社，1996.
[15] M. Mohitpour，莫希特保尔，吴宏．管道设计与施工实用方法[M]．北京：石油工业出版社，2004.
[16] 周明衡，常德功．管路附件设计选用手册[M]．北京：化学工业出版社，2004.
[17] 秦叔经，叶文邦．佚名．化工设备设计全书[M]．上海：上海科学技术出版社，1989.
[18] 朱志庆．化工工艺学[M]．北京：化学工业出版社，2011.
[19] T. Kuppan，库普安，钱颂文．换热器设计手册[M]．北京：中国石化出版社，2004.
[20] 张德姜，赵勇．石油化工工艺管道设计与安装[M]．北京：中国石化出版社，2007.
[21] 秦叔经，叶文邦．化工设备设计全书：换热器[M]．北京：化学工业出版社，2003.
[22] 王子宗．石油化工设计手册[M]．北京：化学工业出版社，2015.
[23] 吴志泉．化工工艺计算[M]．上海：华东化工学院出版社，1992.
[24] 卓震．化工容器及设备[M]．北京：中国石化出版社，2008.
[25] 靳海波，罗国华，李金莲，等．化学反应工程[M]．北京：中国石化出版社，2012.
[26] 柴诚敬，贾绍义，等．化工原理(上、下册)[M]．北京：高等教育出版社，2016.
[27] 王静康．化工过程设计[M]．北京：化学工业出版社，2006.
[28] 毕明树．工程热力学[M]．北京：化学工业出版社，2016.
[29] 徐承恩，彭世洁，等．石油化工装置工艺管道安装设计手册，第1篇，设计与计算：第3版[M]．北京：中国石化出版社，2005.
[30] 张德姜，王怀义，刘绍叶，等．石油化工装置工艺管道安装设计手册，第2篇，管道器材：第3版[M]．北京：中国石化出版社，2005.
[31] GB/T 1885—1998．石油计量表[S]．北京：中国标准出版社，1999.

金陵石化1.0Mt/a连续重整装置工艺计算

完成人：刘　捷
单　位：中国石化金陵石化公司

目　录

第一部分　标定报告

一、装置简介及标定目的

（一）装置简介

化工二部 1.0Mt/a 连续重整装置与 0.35Mt/a 抽提装置于 2007 年 11 月建成投产，于 2011 年 11 月 21 日按计划停工进行第一次全面检修改造。改造后的抽提装置规模由原设计的 0.35Mt/a 扩容至目前的 0.45Mt/a。2016 年 9 月第 2 周期停工检修期间增设外购石脑油脱氧汽提塔。

重整部分由预处理单元、重整单元、催化剂再生单元组成。装置加工直馏石脑油和加氢裂化石脑油，生产的产品有干气、液态烃、轻石脑油、含氢气体、生成油。催化剂再生采用 UOP 的超低压连续重整工艺"CyleMax"，确保超低压、高苛刻度的连续重整工艺的实施。催化剂选用国产"低积炭速率、高选择性"PS-Ⅵ催化剂。采用两段压缩和两段逆流接触的再接触工艺流程。

抽提部分分离单元由脱庚烷塔和脱戊烷塔系统组成，采用精馏技术，芳烃抽提单元采用中国石化石油化工科学研究院自主开发的先进、成熟的环丁砜抽提工艺。

0.45Mt/a 抽提装置加工自原料分离单元来的 C_5～C_7 馏分油、异构化轻烃及外购的抽提原料。原料首先进脱戊烷塔脱除戊烷组分，后进入抽提部分，生产的产品为非芳烃及混芳烃。

（二）标定目的

本套连续重整及抽提装置自 2011 年年底检修改造后运行至 2016 年 8 月份，连续重整催化剂自 2007 年年底开工后并未更换。装置于 8 月 28 日至 9 月 28 日停工检修，经过一次停工消缺，现运行平稳，负荷提满，为了检验催化剂性能，同时按照公司对于装置检修后标定的要求，决定于 2016 年 12 月 13 日 13 时至 16 日 13 时进行一次大负荷标定。通过这次标定，一方面可以明晰检修改造后装置满负荷运行时的产品质量、物料平衡分布、动力消耗分布；另一方面，通过标定，找出装置存在瓶颈，为今后的技改提供依据；能够更加深入地了解重整催化剂换剂初期的性能，为分公司的经济效益测算提供依据。

二、标定情况说明

（一）标定前装置运行情况

标定前，预处理单元、重整反应单元、催化剂再生单元、再接触及稳定单元、生成油分离单元、抽提单元以及配套的重整余热锅炉、各加热炉烟气余热回收等公用工程系统均正常、平稳运行。新上外购石脑油脱氧汽提塔因无原料而未开工。

关键指标：预加氢反应温度 285℃，氢油比 $85m^3/m^3$；重整进料量为 138t/h（修正后实际为 142.26t/h），反应温度 526℃，氢油比 2.7mol/mol。

（二）原料来源

（1）常减压来直馏石脑油

（2）加氢裂化重石脑油（冷重石+热重石）

（3）化肥氢气补至预加氢

（4）异构化尾氢至再接触

(5) PSA氢气补至再生

(6) 异构化轻烃进入抽提原料罐V901

(7) 拔顶苯进入抽提原料罐V901

(三) 产品去向

(1) 预加氢尾氢：Ⅲ柴油加氢

(2) 汽提塔顶气：Ⅱ气分

(3) 拔头油：Ⅰ重整C601

(4) 氢气：PSA

(5) 液态烃：液态烃球罐区

(6) 戊烷：半成品

(7) 非芳烃：半成品

(8) 混芳烃：芳烃部中间罐区V905

(9) C_{8+}芳烃：对二甲苯装置

(10) 抽提原料：少量去Ⅰ抽提T401

(四) 装置负荷

预加氢进料负荷：146t/h(平均)，折合115%负荷率。

重整进料负荷：142.26t/h(平均)，折合113.8%负荷率。

再生烧焦负荷：707.5kg/h，折合78%负荷率。

抽提进料负荷：54.26t/h(平均)，折合96.5%负荷率。

(五) 装置生产方案

装置按照芳烃方案生产，脱庚烷塔底C_{8+}全部进入对二甲苯装置生产芳烃产品。

三、标定结果分析

(一) 物料平衡

装置物料平衡表见表1-1~表1-6。

表1-1 Ⅱ连续重整全装置物料平衡标定数据

	项目名称	位号	第一天/t	第二天/t	第三天/t	物料流量		
						总量/t	t/h	t/d
进料	直馏石脑油	FIQ6021	3497.5	3530.1	3552.7	10580.3	146.95	3527
	重石脑油	FIQ6018	677.3	644.3	650.3	1971.9	27.39	657
	热供重石脑油	FIQ6011	220.07	253.53	238.09	711.69	9.88	237
	预加氢补充氢	FIQ6010	2.4	2.4	2.4	7.3	0.1	2.4
	异构化氢	FIQ3005	21.0	21.1	20.8	62.9	0.87	21
	还原氢	FIQ7506	5.05	0	0	5.05	0.07	1.7
	拔顶苯	FIQ1509	30	30	30	90	1.25	30
	异构化轻烃	FIQ3018	36.8	36.0	39.1	111.8	1.55	37
	总计		4490.1	4517.4	4533.3	13540.9	188.1	4514

续表

	项目名称	位号	第一天/t	第二天/t	第三天/t	物料流量		
						总量/t	t/h	t/d
出料	V606 顶含硫气	FIQ6014	69.0	60.3	57.1	186.4	2.59	62
	V603 含硫氢气	FIQ6008	2.0	2.4	2.4	6.8	0.09	2.3
	氢气	FIQ7006	311.5	307.5	308.7	927.7	12.884	309.23
	T701 顶气	FIQ7011						
	液态烃	FIQ7021	82.6	84.4	77.3	244.3	3.39	81
	戊烷	FIQ9722	247.3	266.5	200.9	714.7	9.93	238
	T401 底 C_{8+}	FIQ9727	1402.7	1407.2	1449.9	4259.8	59.2	1420
	至 I 抽提原料	FIQ9603	143.7	87.6	135.9	367.2	5.1	122
	非芳烃	FIQ9723	522.5	539.0	575.2	1636.7	22.7	546
	混芳烃	FIQ9724	707.2	720.8	743.0	2170.9	30.2	724
	拔头油	FIQ6016	929.9	942.3	944.0	2816.2	39.1	939
	V901 罐位增量	LI9103	51.3	102.6	-2.73	151.2	2.1	50
	总计		4469.7	4520.6	4491.7	13481.9	187.28	4493.5
损失			20.4	-3.2	41.6	59	0.82	20.5

表 1-1 中总装置物料平衡数据较好，不仅单日损失较小，三天计算总损失也仅为 20.5t，损失率为 0.45%。

总物料平衡中，对进料中拔顶苯进行了修正，原因为此表在标定期间偏差较大，根据日常操作经验核算给出每日 30t，此量对总进料来说占比很小，估算不会增加太大误差。另外，对重整产氢计量表进行了修正，由石科院专家根据孔板设计规格进行修正。

表 1-1 中所列计量表类型，进出装置主要物料均为质量流量计，故对物料平衡核算提供了准确的数据支撑。

表 1-2　Ⅱ连续重整装置预处理单元物料平衡标定数据

	项目名称	位号	第一天/t	第二天/t	第三天/t	物料流量		
						总量/t	t/h	t/d
进料	直馏石脑油	FIQ6021	3497.5	3530.1	3552.7	10580.3	146.9	3527
	加氢裂化重石脑油	FIQ6018	677.3	644.3	650.3	1971.9	27.4	657
	热供重石脑油	FIQ6011	220.07	253.53	238.091	711.69	9.9	237
	补充氢气	FIQ6010	2.4	2.4	2.4	7.3	0.1	2.4
	小计		4397	4430	4443	13271	184.3	4424
出料	预加氢高分尾氢	FIQ6008	2	2.4	2.4	6.8	0.094	2.3
	汽提塔含硫气	FIQ6014	69	60.3	57.1	186.4	2.6	62
	轻石脑油	FIQ6016	929.9	942.3	944	2816.2	39.1	939
	重整进料	FIQ7002	3384	3427	3432	10243	142.26	3414.2
	小计		4385	4432	4436	13252	184	4418
损失			12		8	19	0	7

表 1-2 中，对重整进料计量表进行了较大修正，根据预加氢物料平衡该表偏小较多，最终由石科院根据孔板设计规格书进行修正。

表 1-3 Ⅱ连续重整装置重整单元物料平衡标定数据

项目	项目名称	位号	第一天/t	第二天/t	第三天/t	物料流量		
						总量/t	t/h	t/d
进料	重整进料	FIQ7002	3384	3427	3432	10243	142.26	3414.2
	异构化氢气	FIQ3005	20.99	21.07	20.80	62.85	0.87	21
	还原氢	FIQ7506	5.05	0	0	5.05	0.07	1.7
	小计		3390.0	3428.5	3432.8	10251.3	142.4	3417
出料	含氢气体出装置	FIQ7006	311.5	307.5	308.7	927.7	12.884	309.23
	T701 顶液态烃	FIQ7021	82.6	84.4	77.3	244.3	3.4	81
	T701 生成油	FIQ7007	3023	3054	3060	9138	126.9	3046
	小计		3417	3446	3446	10310	143	3436
损失			-7.1	2.2	6.8	0.9	0.0	0.7

表 1-3 中，除了重整进料计量表采取同表 1-2 的处理外，对 T701 底生成油也进行了校正。

表 1-4 Ⅱ连续重整装置抽提单元(含原料分离)物料平衡标定数据

	项目名称	位号	第一天/t	第二天/t	第三天/t	物料流量		
						总量/t	t/h	t/d
进料	生成油进 T401	FIQ7007	3023	3054	3060	9138	126.9	3046
	异构化轻烃	FIQ3018	36.8	36	39.1	111.8	1.55	37
	拔顶苯	FIQ1509	30	30	30	90	1.25	30
	小计		3089.8	3120	3129.1	9339.8	129.7	3113
出料	C_5	FIQ9722	247.3	266.5	200.9	714.7	9.9	238
	C_{8+}芳烃	FIQ9727	1402.7	1407.2	1449.9	4259.8	59.2	1420
	非芳烃抽余油	FIQ9723	522.5	539	575.2	1636.7	22.7	546
	混芳烃	FIQ9724	707.2	720.8	743	2170.9	30.2	724
	至Ⅰ抽提原料	FIQ9603	143.7	87.6	135.9	367.2	5.1	122
	V901 罐增量	LI9103	51.3	102.6	-2.73	151.2	2.1	50
	小计		3074.7	3123.7	3102.17	9300.5	129.2	3100
损失			15.1	-3.7	26.93	39.3	0.5	13

表 1-4 物料平衡中，对进料中拔顶苯进行了修正，原因为此表在标定期间偏差较大，根据日常操作经验核算给出每日 30t，此量对总进料来说占比很小，估算不会增加太大误差。

表 1-5　预加氢单元各物料收率与设计值对比表

项目/收率	原料			产品			
	直馏石脑油	加氢裂化重石脑油	补充氢气	酸性气(预加氢尾氢加汽提塔顶气)	拔头油	精制油	损失
实际收率/%	79.72	20.21	0.05	1.4	21.22	77.18	0.14
设计收率/%	66.57	33.27	0.17	1.2	5.62	93.18	

由表 1-5 可知：实际原料构成中，加氢裂化重石脑油比例仅为 20.21%，远低于设计的 33.27%，造成产品拔头油的实际收率为 21.22%，比设计值高 15.6%。原料过轻，预处理操作负荷必须大于重整设计负荷，才能保证充足的精制油量。

表 1-6　重整单元各物料收率与设计值对比表

项目/收率	原料			产品(对重整进料)			
	重整进料	异构化尾氢	还原氢	含氢气体	液态烃	生成油	损失
实际收率/%	99.34	0.61	0.05	9.06	2.39	89.2	0.005
设计收率/%	100			9.49	2.64	87.87	

由表 1-6 可知：实际操作中，有少量异构化尾氢和还原氢补入，而设计中无此二者。在此工况下，产品中氢气产率依旧较低，仅有 9.06%，比设计的 9.49%低 0.43%。液态烃收率与设计值相差不大。生成油收率较设计高，主要在于标定时原料性质较差，芳潜低，产氢能力低，液体收率自然较高。

因原设计中将脱戊烷塔及抽提单元作为一个整体进行物料平衡核算，而实际操作及标定时将脱庚烷塔、脱戊烷塔和抽提单元作为一个整体，故在此不做物料收率对比说明。

(二) 主要操作条件

标定期间装置主要操作条件见表 1-7。

表 1-7　标定期间主要操作条件

单元	项　目	第 1 日平均值	第 2 日平均值	第 3 日平均值	三天平均值
预加氢	V603 压力/MPa	2.20	2.20	2.20	2.20
	反应温度/℃	282	282.1	282.4	282
	体积空速/h^{-1}	6.07	6.13	6.17	6.12
	预加氢氢油比/(体)	86.81	89.47	93.99	90.08
	循环氢量/(m^3/h)	18847	19294	20134	19425
	汽提塔底温/℃	186.5	186	187.7	186.7
	汽提塔压力/MPa	1.12	1.12	1.12	1.12
	分馏塔底温/℃	167.5	167.5	168.2	167.7
	分馏塔压力/MPa	0.32	0.32	0.32	0.32
	重石脑油量/(t/h)	28.22	26.85	27.09	27.39

续表

单元	项　　目	第1日平均值	第2日平均值	第3日平均值	三天平均值
重整单元	V701压力/MPa	0.25	0.25	0.25	0.25
	体积空速/h^{-1}	2.00	2.03	2.03	2.02
	重整氢油比(摩尔)	2.44	2.62	2.60	2.56
	循环氢量/(m^3/h)	81464.9	82181.8	81960.6	81869.1
	循环氢纯度/%	82.96	82.89	82.90	82.91
	一反入口温度/℃	521.35	521.59	522.31	521.75
	二反入口温度/℃	524.18	524.82	523.99	524.33
	三反入口温度/℃	527.77	528.99	529.19	528.65
	四反入口温度/℃	520.32	521.84	523.05	521.74
	总温降/℃	276.34	275.20	275.28	275.61
	一反压降/kPa	1.30	1.41	1.43	1.38
	二反压降/kPa	11.54	11.62	11.59	11.58
	三反压降/kPa	11.26	11.37	11.34	11.32
	四反压降/kPa	20.53	20.77	20.73	20.67
	总压降/kPa	44.62	45.17	45.09	44.96
	T701底温度/℃	197.14	196.60	198.75	197.50
催化剂再生	催化剂循环速率/%	77.99	77.97	78.01	77.99
	再生器氧含量/%	0.54	0.54	0.54	0.54
	再生器入口温度/℃	473.01	472.11	472.10	472.41
	循环气总量/%	95.69	96.00	95.93	95.87
	再生提升气量/(m^3/h)	412.04	412.10	412.11	412.08
	待生提升气量/(m^3/h)	309.30	309.33	309.30	309.31
	一段还原温度/℃	351.34	342.05	342.01	345.13
	二段还原温度/℃	482.00	482.00	482.00	482.00
	还原气量/(m^3/h)	2396.89	2394.11	2393.35	2394.78
	注氯量/(kg/h)	1.25	0.70	0.85	0.93
芳烃抽提	T401顶温/℃	117.51	117.63	117.92	117.69
	T401底温/℃	187.50	188.20	188.04	187.91
	T401顶压/MPa	0.09	0.09	0.09	0.09
	T951底温/℃	128.12	128.74	126.53	127.80
	T951顶压/MPa	0.25	0.25	0.25	0.25
	抽提进料/(kg/h)	53001.1	53778	56000.	54260
	溶剂比/(质)	3.04	3.01	2.90	2.98
	反洗比/(质)	0.38	0.40	0.41	0.40
	贫溶剂pH值	7.50	7.48	7.40	7.46
	贫溶剂温度/℃	80.56	79.98	81.04	80.53
	T901顶压力/MPa	0.60	0.60	0.60	0.60
	T903底温/℃	174.57	174.07	173.32	173.99
	T903顶压力/MPa	0.09	0.10	0.10	0.10
	T904底温/℃	175.67	174.17	175.03	174.96
	T904压力/kPa	44.54	41.54	43.70	43.26
	T905压力/MPa	0.09	0.08	0.10	0.09

（三）原料分析

标定期间原料性质见表1-8和表1-9。

表1-8 直馏石脑油性质

采样日期	密度	初馏点	10%	50%	90%	终馏点	全馏量	总硫	总氮	烷烃	环烷烃	芳烃
单位	kg/m³	℃	℃	℃	℃	℃	%	mg/kg	mg/kg	%	%	%
2016.12.14	707.5	34	56	102	144	162	97	501.4	0.6	64.44	25.03	10.25
2016.12.15	707.7	33	54	100	144	163	97	451.4	0.8	64.28	24.94	10.55
2016.12.16	710.4	33	54	101	145	164	97	400.7	0.7	64.4	25.08	10.25
均值	708.5	33.3	54.7	101	144	163	97.0	451.2	0.7	64.4	25.0	10.4

由表1-8可知：直流石脑油馏程性质一般，轻组分较多，密度较全年平均值714.4kg/m³小，初馏点与全年33.29℃相当，10%温度点较全年71.8℃低17.1℃，芳潜35.4%，较全年均值32.2%略高，杂质含量适中。

表1-9 加氢重石脑油性质

采样日期	密度	初馏点	10%	50%	90%	终馏点	全馏量	总硫	总氮	烷烃	环烷烃	芳烃
单位	kg/m³	℃	℃	℃	℃	℃	%	mg/kg	mg/kg	%	%	%
2016.12.14	728	50	82	113	143	161	97	2.7	<0.5	56.49	32.56	10.57
2016.12.15	728.1	52	83	112	142	161	97	2.1	0.6	56.68	32.4	10.57
2016.12.16	736.9	51	84	114	142	160	98	3.4	<0.5	56.58	32.43	10.55
平均值	731.0	51.0	83.0	113	142	160	97.3	2.7	<0.5	56.61	32.51	10.57

由表1-9可知：重石馏程性质较轻，初馏点仅为51℃，与年均值55.9℃比低4.9℃；芳潜43.1%，较年均值42.59%略高；总硫2.7mg/kg，比年均值2.47mg/kg略高。

（四）产品质量分析

标定期间产品质量见表1-10~表1-23。

表1-10 重整进料馏程及杂质含量性质

采样日期	密度	初馏点	10%	50%	90%	终馏点	总硫	总氮	总氯	砷	铜	铅	水
单位	kg/m³	℃	℃	℃	℃	℃	mg/kg	mg/kg	mg/kg	μg/kg	μg/kg	μg/kg	mg/kg
12.13	731.9	74	95	117	146	164	0.7	0.5	<1.0				
12.13	733.3	72	93	115	146	163	0.7	<0.5	<1.0				
12.14	734.7	72	93	114	146	164	0.4	0.5	<1.0	<1	1	1	13
12.14	735.1	69	91	115	146	164	0.4	<0.5	<1.0				
12.14	732.8	72	93	115	147	165	0.3	<0.5	<1.0				
12.15	734.8	71	93	115	146	164	0.7	<0.5	<1.0				10
12.15	732	73	94	117	146	163	0.5	<0.5	<1.0				
12.15	734.4	71	93	117	146	164	0.5	<0.5	<1.0				

续表

采样日期	密度	初馏点	10%	50%	90%	终馏点	总硫	总氮	总氯	砷	铜	铅	水
单位	kg/m³	℃	℃	℃	℃	℃	mg/kg	mg/kg	mg/kg	μg/kg	μg/kg	μg/kg	mg/kg
12.16	734.9	72	94	116	147	165	0.4	0.5	<1.0				10
平均值	733.8	71	93	115	146	164.	0.5	0.5	<1.0	<1	1	1	11

表 1-11 重整进料族组成性质 %(质)

采样日期	烷烃	环烷烃	芳烃	芳潜	碳五	碳六	碳七	碳八	碳九	碳十	碳十一
12.14	55.5	31.63	12.72	44.35	1.22	15.25	28.53	30.67	18.52	5.19	0.47
12.15	55.4	31.54	12.93	44.47	1.09	14.66	27.76	31.33	18.9	5.62	0.54
12.16	54.03	32.42	13.43	45.85	1.28	14.15	27.49	31.48	19.3	5.6	0.58
平均值	55.0	31.9	13.0	44.9	1.2	14.7	27.9	31.2	18.9	5.5	0.5

表 1-12 重整生成油馏程性质

采样日期/时间	密度(20℃)	初馏点	10%	50%	90%	终馏点	全馏量	蒸气压	溴指数
单位	kg/m³	℃	℃	℃	℃	℃	%	kPa	mgBr/100g
2016.12.14	803.4	49	81	122	161	201	97	41	1267.2
2016.12.15	805	50	83	126	166	206	97	35	1877.4
2016.12.16	806.8	34	80	125	163	204	97	33	2301.5
平均值	805.1	44.3	81.3	124.3	163.3	203.7	97.0	36.3	1815.4

表 1-13 重整生成油族组成性质 %(质)

采样日期	烷烃	环烷烃	芳烃	烯烃	碳三	碳四	碳五	碳六	碳七	碳八	碳九	碳十	碳十一	碳十二
2016.12.14	23.74	1.33	73.28	1.26	0.01	0.78	4.71	17.14	28.35	26.67	16.98	4.68	0.22	0.07
2016.12.15	22.4	1.27	74.6	1.26	0.01	1	4.48	16.41	27.69	27.24	17.3	5.05	0.26	0.1
2016.12.16	21.93	1.31	75.09	1.23	0.01	1.16	4.35	15.55	27.17	27.83	17.95	5.18	0.27	0.1
平均值	22.69	1.30	74.32	1.25	0.01	0.98	4.51	16.37	27.74	27.25	17.41	4.97	0.25	0.09

表 1-14 重整产氢性质

采样日期/时间	甲烷	乙烷	丙烷	异丁烷	正丁烷	碳五	氢	硫化氢	氯化氢
单位	%	%	%	%	%	%	%	mg/m³	mg/kg
2016.12.13	2.4	2.8	2.4	0.7	0.4	0.1	91.2		
2016.12.13	3.2	3.9	3.2	0.9	0.4	0.1	88.3		
2016.12.14	1.9	2.7	2.2	0.6	0.3	0.1	92.2	<1.0	<1.0
2016.12.14	3.6	3.6	1.8	0.4	0.2	0.1	90.3		
2016.12.14	2.7	3.3	2.8	0.8	0.4	0.1	89.9		
2016.12.15	2	3	2.5	0.7	0.3	0.1	91.3	<1.0	<1.0

续表

采样日期/时间	甲烷	乙烷	丙烷	异丁烷	正丁烷	碳五	氢	硫化氢	氯化氢
单位	%	%	%	%	%	%	%	mg/m^3	mg/kg
2016.12.15	3.4	4.5	3.8	1.4	1.1	0.4			
2016.12.15	3	3.9	3.2	1.2	1.2	0.2	87.3		
2016.12.16	2	2.9	2.5	0.7	0.3	0.2	91.3	<1.0	<1.0
平均值	2.69	3.40	2.71	0.82	0.51	0.16	90.23	<1.0	<1.0

表 1-15　液态烃性质

采样日期/时间	乙烷	丙烷	异丁烷	正异丁烯	正丁烷	硫化氢
单位	%	%	%	%	%	mg/m^3
2016.12.14 10：00	6.4	39.9	34.7	1	17.9	<1.0
2016.12.15 10：00	5.6	39.5	36.3	1.1	17.2	<1.0
2016.12.1610：00	5.3	36.2	37.2	1.2	19.9	<1.0
均值	5.8	38.5	36.1	1.1	18.3	<1.0

表 1-16　戊烷性质

采样日期/时间	密度(20℃)	非芳烃	苯	甲苯
单位	kg/m^3	%(质)	%(质)	%(质)
2016.12.14	636.7	92.764	7.236	0
2016.12.15	636.5	95.188	4.812	0
2016.12.16	636.8	96.368	2.548	1.084
平均值	636.7	94.8	4.9	0.4

表 1-17　非芳性质

采样日期/时间	非芳烃	苯	甲苯	乙基苯	对-二甲苯	间-二甲苯	邻-二甲苯	环丁砜(微量)
单位	%(质)	%(质)	%(质)	%(质)	%(质)	%(质)	%(质)	mg/kg
2016.12.13	99.632	0.012	0.07	0.039	0.098	0.139	0.01	1
2016.12.13	99.615	0.012	0.073	0.04	0.103	0.146	0.011	1
2016.12.14	99.616	0.027	0.108	0.033	0.087	0.12	0.009	1
2016.12.14	99.71	0.024	0.111	0.041	0.101	0	0.014	1
2016.12.14	99.591	0.01	0.069	0.043	0.113	0.162	0.012	1
2016.12.15	99.535	0.011	0.08	0.049	0.125	0.183	0.017	1
2016.12.15	99.534	0.012	0.082	0.049	0.123	0.18	0.017	1
2016.12.15	99.676	0.011	0.108	0.06	0.132	0	0.014	1
2016.12.16	99.473	0.01	0.11	0.061	0.135	0.198	0.013	1
平均值	99.60	0.01	0.09	0.05	0.11	0.13	0.01	1

表 1-18 混芳性质

采样日期/时间	非芳烃	苯	甲苯	碳八芳烃	环丁砜(微量)
单位	%(质)	%(质)	%(质)	%(质)	mg/kg
2016. 12. 13	0. 039	20. 807	75. 253	3. 901	1
2016. 12. 13	0. 042	20. 609	75. 255	4. 094	1
2016. 12. 14	0. 076	22. 12	73. 421	4. 341	1
2016. 12. 14	0. 064	20. 108	75. 539	4. 289	1
2016. 12. 14	0. 046	21. 397	73. 935	4. 622	1
2016. 12. 15	0. 056	20. 433	74. 215	5. 296	1
2016. 12. 15	0. 083	21. 876	73. 609	4. 432	1
2016. 12. 15	0. 06	21. 445	74. 497	3. 998	1
2016. 12. 16	0. 073	21. 664	74. 09	4. 173	1
平均值	0. 06	21. 16	74. 42	4. 35	1. 00

表 1-19 T401 底 C8+组成性质

采样日期/时间	密度(20℃)	溴指数	非芳烃	苯	甲苯	乙基苯	对-二甲苯	间-二甲苯
单位	kg/m^3	mgBr/100g	%(质)	%(质)	%(质)	%(质)	%(质)	%(质)
2016. 12. 13			0. 49	0	0. 44	7. 91	9. 49	21. 22
2016. 12. 13			0. 37	0	0. 42	8. 02	9. 65	21. 40
2016. 12. 14	873	491. 5	0. 48	0	0. 32	7. 45	8. 99	19. 57
2016. 12. 14			0. 37	0	0. 31	7. 38	9. 02	20. 15
2016. 12. 14			0. 27	0. 003	0. 04	7. 39	9. 14	20. 51
2016. 12. 15	874	525. 2	0. 23	0	0. 03	7. 68	9. 34	20. 70
2016. 12. 15			0. 29	0	0. 02	7. 47	9. 20	19. 99
2016. 12. 15			0. 37	0	0. 31	7. 35	8. 99	20. 10
2016. 12. 16	875. 3	468. 6	0. 31	0	0. 06	7. 64	9. 28	20. 93
平均值	874. 10	495. 10	0. 36	0. 00	0. 22	7. 59	9. 24	20. 51

表 1-20 拔头油组成性质

采样日期/时间	密度(20℃)	初馏点	10%	50%	90%	终馏点	全馏量	总硫
单位	kg/m^3	℃	℃	℃	℃	℃	%	mg/kg
2016. 12. 14	639. 3	25	29	43	72	84	97	1. 8
2016. 12. 15	640. 2	25	28	41	74	88	97	1
2016. 12. 16	641. 5	25	28	42	76	91	97	0. 9
平均值	640. 3	25. 0	28. 3	42. 0	74. 0	87. 7	97. 0	1. 2

表 1-21 拔头油族组成性质 %(质)

采样日期	烷烃	环烷烃	芳烃	烯烃	碳四	碳五	碳六	碳七	碳八
2016. 12. 14	90. 07	8. 25	1. 69	0. 01	14. 91	49. 83	30. 8	4. 49	0
2016. 12. 15	88. 81	9. 37	1. 77	0. 04	14. 21	48. 01	30. 97	6. 78	0. 02
2016. 12. 16	89. 35	8. 58	1. 69	0. 01	14. 53	49. 83	30. 8	4. 48	0
平均值	89. 41	8. 73	1. 72	0. 02	14. 55	49. 22	30. 86	5. 25	0. 01

表 1-22 T951 底油族组成性质 %(质)

采样日期	烷烃	环烷烃	芳烃	烯烃	碳五	碳六	碳七	碳八	碳九
2016. 12. 13	34. 22	2. 19	61. 36	2. 11	0. 89	30. 56	62. 66	5. 72	0. 05
2016. 12. 15	33. 96	2. 2	61. 54	2. 16	0. 78	30. 52	62. 82	5. 66	0. 07
2016. 12. 15	35. 2	2. 26	60. 36	2. 19	1. 27	31. 03	61. 62	6	0. 09
平均值	34. 46	2. 22	61. 09	2. 15	0. 98	30. 70	62. 37	5. 79	0. 07

表 1-23 抽提进料族组成性质

采样日期	烷烃	环烷烃	芳烃	烯烃	碳四	碳五	碳六	碳七	碳八	碳九
2016. 12. 14	37. 18	2. 1	58. 36	2. 16	0. 27	2. 43	31. 29	59. 92	5. 8	0. 1
2016. 12. 15	35. 82	2. 05	59. 8	2. 16	0. 25	2. 17	30. 6	60. 72	5. 98	0. 1
平均值	36. 50	2. 08	59. 08	2. 16	0. 26	2. 30	30. 95	60. 32	5. 89	0. 10

(五) 化工原铺材料使用效果的分析

(1) 重整催化剂性能分析

此次标定所用重整催化剂为第三周期新剂，与原第二周期使用催化剂型号完全相同，为 PS-Ⅳ，经标定后测算，在原料性质偏差的情况下，催化剂发挥了正常的性能水平，各项指标达到了预期。

重整催化剂性能保证值见表 1-24。

表 1-24 重整单元催化剂性能标定结果(石科院提供)

名称	单位	保证值(电算)	72h 标定平均值
C_5+液收	%(质)	88. 87	89. 20
芳烃产率	%(质)	65. 78	66. 37
纯氢产率	%(质)	3. 36	3. 43
催化剂碳含量	%(质)	<5. 5	4. 24
催化剂粉尘	kg/d	<4. 4	3

(2) 脱氯剂使用效果分析

本装置所用脱氯剂有三种，预加氢高温脱氯剂、氢气脱氯剂、液相生成油脱氯剂，型号分别为 ET-2、ET-3、KT406-1。经化验分析，预加氢脱氯后精制油氯含量<1.0%(质)，脱氯后氢气氯含量<1.0%(质)，生成油脱氯后氯含量<1.0%(质)，完全达到指标要求。

(3) 预加氢催化剂再生后除杂效果分析

本次装置开工所用催化剂为上一周期再生后旧剂，并少量补充新剂，型号依旧为 FH-40B。在原料杂质含量稳定的工况下，预加氢除杂反应完全能够满足指标要求，脱硫、脱氮、脱金属能力维持较高水平。

(4) 环丁砜使用情况

第三周期装置开工补充少量新鲜溶剂，以维持系统溶剂比需要。自开工以来，基本未补充新鲜溶剂，也暂未退老化溶剂。贫溶剂 pH 值控制在 7~9 合理范围内，平均每月加注少量单乙醇胺，注入量约为 20kg/月。

(5) 再生烧焦用净化风干燥剂使用情况

ME753 更换新干燥剂后，经露点仪测定，干燥后净化风露点为<-60℃(常压)，完全满足再生烧焦需要。

(六) 环保分析

(1) 再生烧焦气碱洗效果

经检测分析，碱洗后放空气氯化氢含量小于 1.0mg/kg，符合排放要求，说明碱洗效果良好。

(2) 加热炉烟气排放情况

测量值见表 1-25~表 1-27。

表 1-25　12 月 14 日检测加热炉数据

炉名或炉号	仪器测试				
	排烟氧含量/%	一氧化碳/(μg/g)	二氧化硫/(mg/m^3)	NO_x/(mg/m^3)	排烟温度/℃
F401	2.88	0	0	35	151.2
F601 F602 F603	2.61	37	0	34	136.2
F701 F703 F702 F704	3.04	0	0	31	102.6

表 1-26　12 月 15 日检测加热炉数据

炉名或炉号	仪器测试				
	排烟氧含量/%	一氧化碳/(μg/g)	二氧化硫/(mg/m^3)	NO_x/(mg/m^3)	排烟温度/℃
F401	2.90	0	10	37	145.9
F601 F602 F603	2.41	18	14	34	135.8

续表

炉名或炉号	仪器测试				
	排烟氧含量/%	一氧化碳/(μg/g)	二氧化硫/(mg/m³)	NO_x/(mg/m³)	排烟温度/℃
F701 F703 F702 F704	2.96	0	0	31	100.2

表 1-27 12 月 16 日检测加热炉数据

炉名或炉号	仪器测试				
	排烟氧含量/%	一氧化碳/(μg/g)	二氧化硫/(mg/m³)	NO_x/(mg/m³)	排烟温度/℃
F401	3.20	0	5	40	152.3
F601 F602 F603	2.12	33	9	29	133.6
F701 F703 F702 F704	2.76	0	0	33	102.2

由加热炉烟气各排放数值可知，F601、F602、F603 烟气中有少量一氧化碳，说明氧含量需适当提高，以保证充分燃烧；15 日与 16 日 F601、F602、F603、F401 烟气中有少量二氧化硫，但低于国家要求的 50mg/m³标准，四合一炉烟气中未检测到二氧化硫；各加热炉烟气 NO_x 含量均低于 50mg/m³，完全满足国家最新要求的小于 100mg/m³的排放要求。

四、标定遇到的问题及建议

（一）C702 凝汽器结垢的影响

C702 凝汽器在检修时彻底清洗，但由于结垢严重，清洗后发现内漏，堵管 500 多根，导致换热面积下降，标定期间受此影响，热井压力高达 30kPa 以上，比开工初期压力高，间接增加了中压蒸汽耗量。现采取每周反冲洗两次的方式，防止结垢硬化，延缓其使用寿命。新凝汽器已经制作，预计 2017 年上半年停工更换。

（二）空冷 A701 在开工初期发现内漏

于 10 月份停工消缺，并将其中 8 台空冷进行了更换，另外 4 台利旧，目前只投用三分之二的空冷能够满足冷却需要，但增加了反应系统回路压降约 15kPa，不利于节能降耗操作。同时，再生系统压力间接提高，使再生器操作压力经常超工艺卡片。另外 4 台新空冷计划同 C702 凝汽器同期更换。

第二部分　装置工艺流程

一、预处理部分

由装置外罐区来的直馏石脑油和外购石脑油脱氧汽提塔底来的石脑油在液位和流量串级控制下自压进入预加氢进料缓冲罐(V601)，同时经预加氢进料泵(P601A/B)升压、经预加氢进料预热器(E605A/B)与石脑油分馏塔顶气换热、再与循环氢混合入预加氢混合进料换热器(E601A~F)壳程与预加氢反应产物换热，最后经预加氢进料加热炉(F601)加热升温至反应温度后进入预加氢反应器(R601)。在预加氢反应器中，原料油在催化剂和氢气的作用下进行加氢精制反应脱除原料中的有机硫、氮化合物和金属杂质等，再经预加氢脱氯罐(R602)脱除氯化物，然后经E601A~F管程和反应进料换热并与来自水洗水注入泵(P602A/B)的除盐水混合以洗涤反应产物中的胺盐，然后与补充氢(化肥来)混合后经预加氢产物空冷器(A601A~D)冷凝冷却后进入预加氢气液分离器(V603)。

反应产物在V603中进行气液分离，氢气从V603顶部引出，先经循环氢压缩机入口分液罐(V604)除去携带的液体，然后经保温伴热管道进入循环氢压缩机(C601A/B)升压后循环至反应系统。从V603分出的液相送汽提塔，分出的水相(含硫污水)与汽提塔回流罐分出的含硫污水合并送加氢装置。

自罐区来的加氢裂化石脑油自压进入加氢裂化油进料缓冲罐(V608)，然后在液位和流量串级控制下经加氢裂化油进料泵(P609A/B)升压后与从V603底部抽出的液体产物混合，依次经汽提塔进料/石脑油分馏塔底换热器(E602A/B)壳程和汽提塔进料/塔底换热器(E604)壳程，分别与石脑油分馏塔底物和汽提塔底物换热后进入汽提塔(T601)。

汽提塔顶气为轻组分、硫化氢和微量水，经汽提塔顶空冷器(A602A~D)冷凝冷却后进入汽提塔回流罐(V606)，含硫化氢的气体在压力控制下送出装置；液相从罐底抽出，经汽提塔回流泵(P604A/B)升压后，在回流罐液位和流量串级控制下作为回流全部返回汽提塔。汽提塔底物为汽油，大部分经汽提塔重沸炉泵(P603A/B)升压，在流量控制下经汽提塔重沸炉(F602)加热至50%汽化后返回汽提塔底作为热源，其余经E604管程与汽提塔进料换热后在塔釜液位和流量串级控制下送往石脑油分馏塔(T602)作为进料。

石脑油分馏塔顶气为轻组分，先经预加氢进料预热器(E605A/B)与预加氢进料换热，再经石脑油分馏塔空冷器(A603A/B)全部冷凝冷却为液相后进入石脑油分馏塔回流罐(V607)。液相从罐底抽出，经石脑油分馏塔回流泵(P606A/B)升压后，一部分在回流流量控制下返塔作为回流，其余在回流罐液位和流量串级控制下作为轻石脑油产品送出装置。石脑油分馏塔底物为精制石脑油，大部分经石脑油分馏塔底泵(P605A/B)升压，在流量控制下经石脑油分馏塔重沸炉(F603)加热至50%汽化后返回石脑油分馏塔作为热源，其余经汽提塔进料/石脑油分馏塔底换热器(E602A/B)管程与汽提塔进料换热后送往重整部分作为重整进料。

V606分水包中的含硫污水在液位控制下进入含硫污水罐(V609)，再由泵升压后与从V603分出的含硫污水合并送出装置。

预处理部分工艺流程见图2-1~图2-3。

T701顶气
PV6001B
PV6001A
氮气
SW
PIC6001
LIC6002
V601
LT6001
TI6049
含油污水
PDI6002
PDI6003
PDI6500A
PDI6500B
P601 AB
FIC6002
FIC6001
TI6001
FI6021
FI6003C
FI6003B
FI6003A
FIC6003
HIC6001
E601
FI6004
E605来
去E605
PI6021
AI6001
TI6040A
TI6040B
F601
TI6003A
TI6003B
TI6003C
TI6003D
FIC6022
TIC6004
瓦斯
TI6007
E601
TI6081 TI6082
TI6083 TI6084
TI6011
TI6012
PI6034
PDI6045
TI6008A
TI6008B
TI6008C
TI6008D
TI6008E
R601
TI6008F
TI6008G
TI6008H
TI6008I
TI6008J
TI6006
TI6035
R602
TI6016
TI6013
TI6085
FI6007
FIC6006
V602
LIC6003
P602
TI6014
除盐水
FI6005A
FI6005B
FI6005C
PI6006
A601
TI6015
FI6010
PIC6008
V603
LIC6005
LT6004
FI6020 含油污水
R602
自化肥氢和2#重整氢来
补充氢自PX来
至低瓦 至脱硫装置
FI6008
HIC6004
HIC6005
生成油去T601
V604
LI6006
C601A/B
凝液至T601
TI6077
TI6078

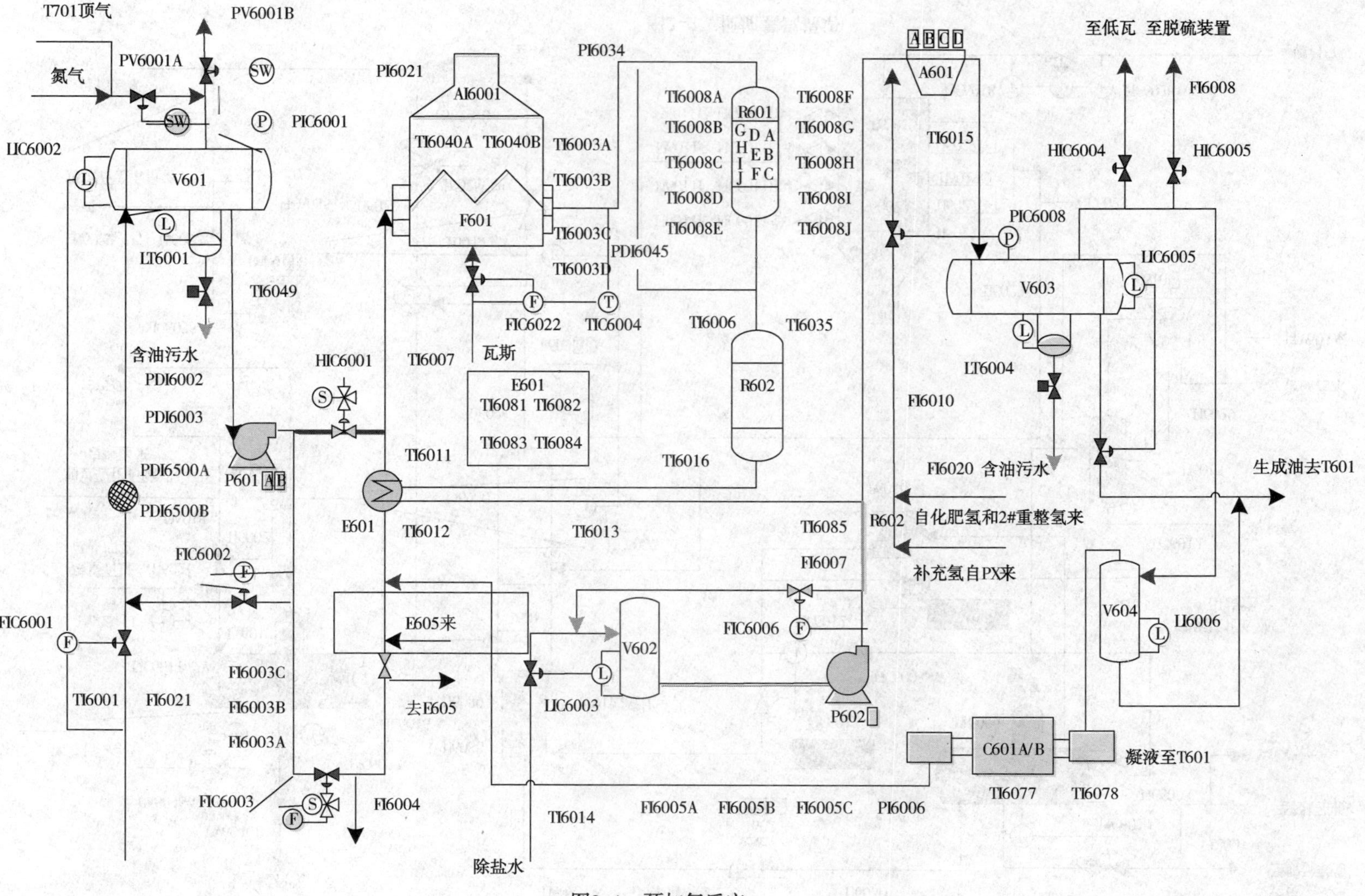

图2-1 预加氢反应

燃料气
PV6046B
PV6046A
PIC6032
TI6025
TI6901
TI6030
A602
FI6014
含硫燃料气
至脱硫装置
FT8021
PIC6010
至轻烃回收
LIC6008
V705
V606
LT6009
FIC6013
T601回流比=
LIC6008SW
TI6088
LIC6016
TI6089
V608
FIC6011
LT6012
PI6021_1
热重石进
自II加氢
TI6021
TI6002
FI6018
加氢裂化石脑油
自罐区来
FIC6030
PI6900
T601
LIC6007
FIC6012
含硫液化石油气
出装置
P604A/B
PI6012
燃料气
V609
LI6015
FI6029
含硫污水
自V603来
P610
轻污油
TI6026
P603A/B
TI6023
FIC6035A
P609A/B
TI6022_1
PI6022
E604
FIC6009
FIC6035
TI6022
热重石至I重整
T602底油
E602A/B
自V603来
至T602
TI6029
AI6003
TI6027A
TI6062A
TI6027B
TI6027C
TI6027D
TIC6028
F602
FI6011E
FIC6011A
FI6011F
FIC6011B
FI6011G
FIC6011C
FI6011H
FIC6011D
PIC6018
FIC6028
燃料气

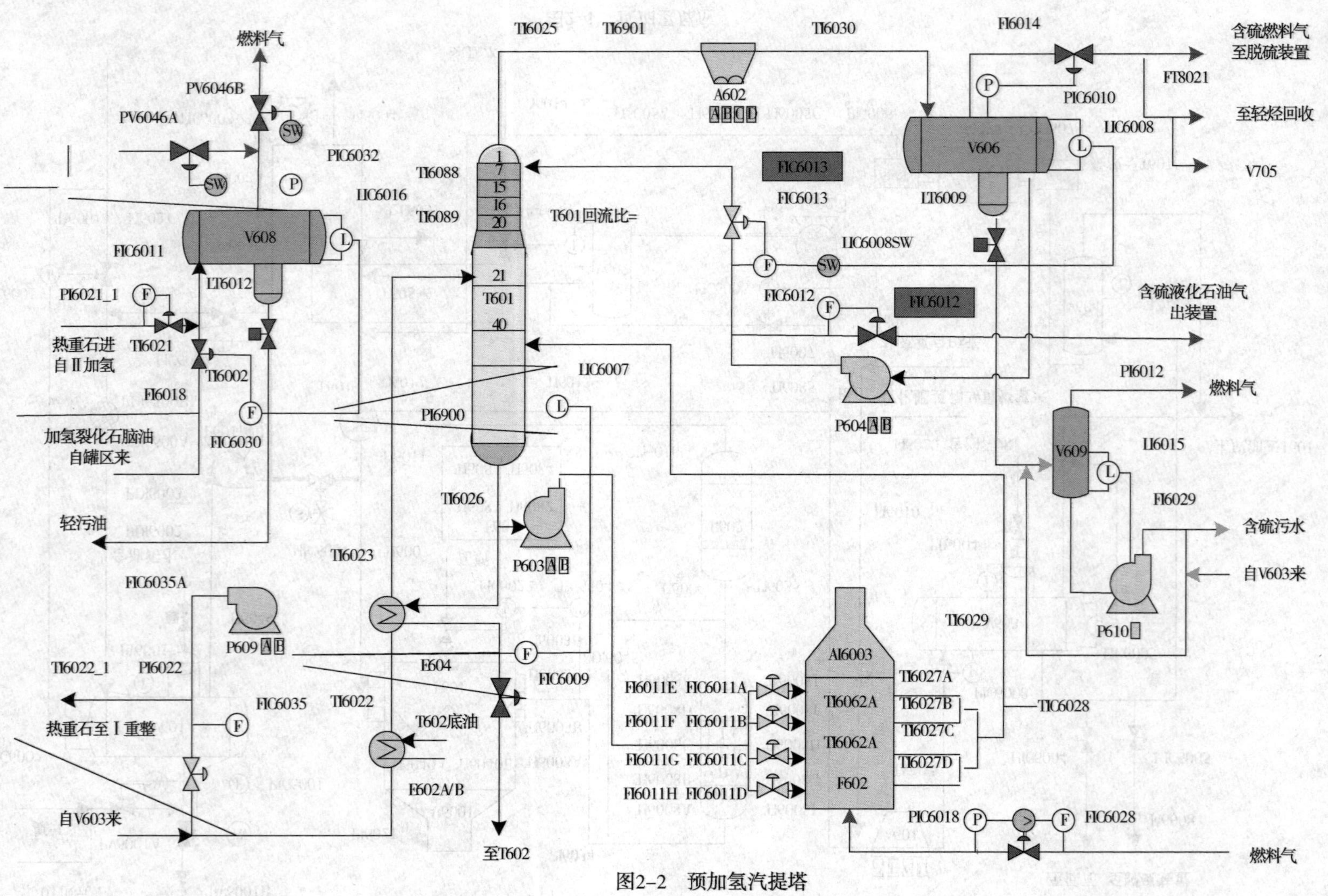

图2-2　预加氢汽提塔

重整进料在线分析
初馏点
芳潜
C_5含量
T602回流比
PI6903
TI6033
E605A/B
TI6087
A603
A
B
C
D
A
C
TIC6039
PV6011A
PV6011B
燃料气
TI6093
TI6092
自P601A/B
至E601
PIC6011
TIC6090
V607
LIC6011
LI6014
TI6090
FIC6017_1
LIC6007
FIC6009
1
3
4
20
21
37
38
40
T602
轻污油
FIC6016
P606A/B
自E604来
TI6024
TI6901
至抽提
PDI912
至重整
E910
E912
去T701
LIC6010A
重整凝结水
加氢重石
PI6902
TI6036
抽提凝结水
FI6028_1
TI6086
TI6032
AI6003
热循环水
精制石脑油出装置
E606
FI6032
FI6015E
FIC6015A
TI6062A
TI6035A
TIC6034
FIC7002
冷循环水
FI6015F
FIC6015B
TI6062B
TI6035B
F603
精制石脑油
TI7016
TI6041
P605A/B
至E701
PIC6026
FIC6039_1
FI6031
E602A/B
燃料气

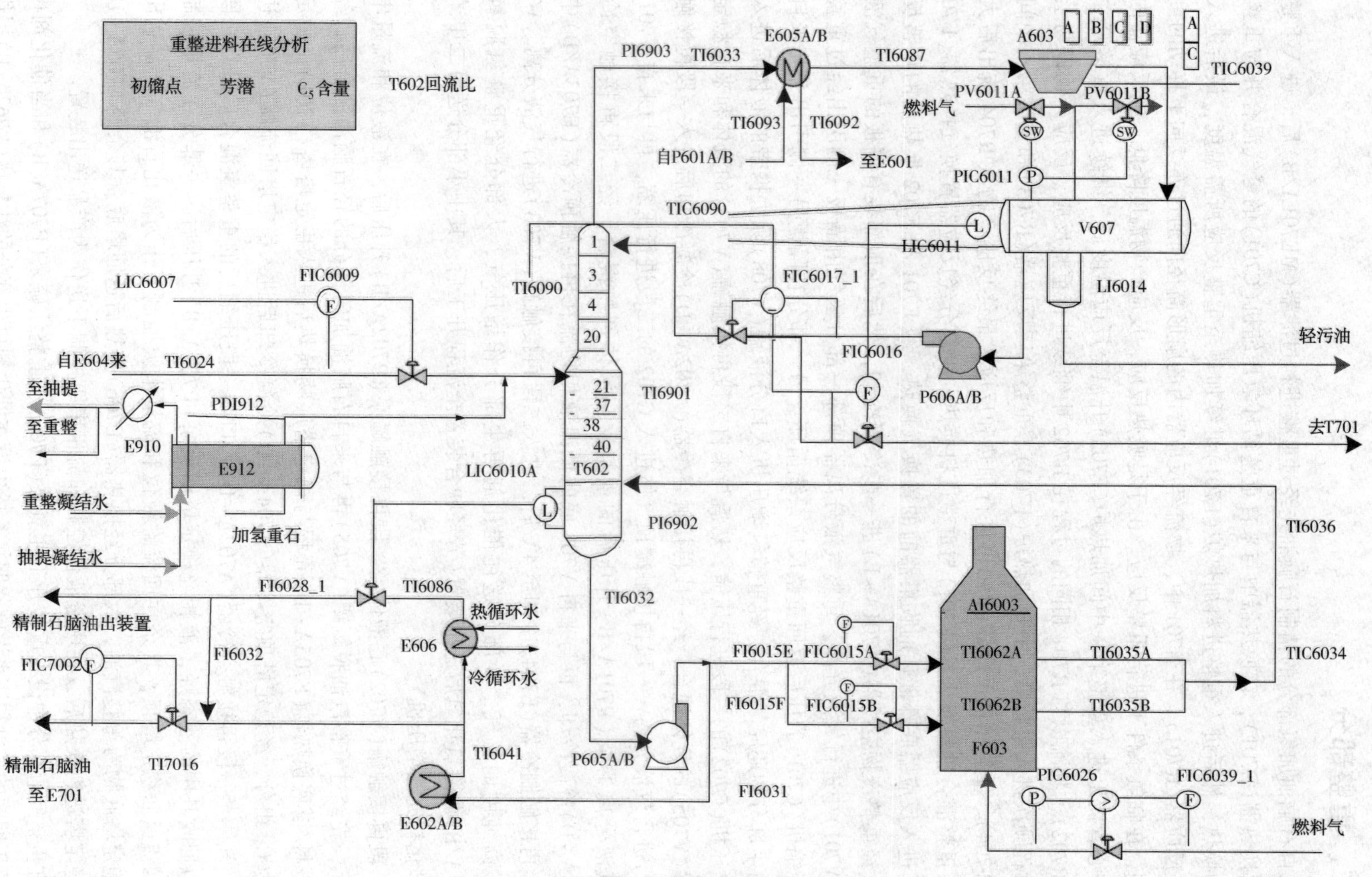

图2-3 预加氢分馏塔

二、重整部分

来自石脑油加氢部分的精制石脑油先经过重整进料过滤器(ME701A/B)后，进入重整混合进料换热器(E701)，在换热器中与来自重整循环氢压缩机(C701)的氢气混合并与重整反应产物换热，然后进入重整进料加热炉(F701)继续加热至重整反应所需温度，最后进入重整第一反应器(R701)。在R701中，物流经反应器内的扇形筒径向通过连续向下移动的重整催化剂，在临氢条件下进行重整反应。由于是吸热反应，反应产物温度降低，经反应器内上流式中心管流出进入重整第一中间加热炉(F702)升温至反应温度后，继续进入重整第二反应器(R702)，物流以与R701相同的过程在R702中继续进行重整反应，反应产物以与上相同的过程顺次进入重整第二中间加热炉(F703)、重整第三反应器(R703)和重整第三中间加热炉(F704)、重整第四反应器(R704)进行加热和反应。最终反应产物从R704流出后大部分进入重整混合进料换热器(E701)与重整进料换热，少部分经反应器置换气换热器(E702)管程与进入反应器底部催化剂收集器前的置换气换热，经E701和E702换热后的重整反应产物，经重整产物空冷器(A701A~L)进一步冷凝冷却，然后在顶部装有隔板的重整气液分离器(V701)中进行气液分离。重整气液分离器顶部一部分氢气由隔板一侧引出经过重整循环氢压缩机(C701)升压后返回重整反应系统循环；另一部分在隔板另一侧引出并与来自催化剂再生部分的还原气混合，经重整氢增压机入口分液罐(V708)除去携带的液体后进入重整氢增压机(C702)的一段进行压缩，然后与来自二段再接触罐(V703)的液体和来自稳定塔回流罐(V705)的气体混合，经一段再接触空冷器(A702A~D)冷凝冷却后进入一段再接触罐(V702)进行气液分离，一段再接触罐顶气体进入C702的二段进行压缩，再与来自V701经重整气液分离器泵(P701A/B)升压后的重整反应液体产物混合，经二段再接触空冷器(A703A~D)冷凝冷却，再与来自V703底的低温液相物流在再接触预冷器(E703A/B)中换热并经再接触制冷器(E704)冷却至4℃后，进入二段再接触罐(V703)进行气液分离。V703顶为较高纯度的氢气，少部分送往催化剂再生部分作增压气，大部分经重整氢脱氯罐(V704A/B)脱除氯化氢后送出装置(芳烃联合装置全流程开工后，其中小部分送对二甲苯装置的歧化补充氢增压机)。

一段再接触罐(V702)底液体经一段再接触罐泵(P702A/B)升压后，在液位和流量串级控制下，先经过重整汽油脱氯罐(V705)再与来自石脑油加氢部分的轻石脑油混合后，经稳定塔进料/塔底换热器(E705A~D)壳程与稳定塔底物换热后进入稳定塔塔(T701)。稳定塔顶气为C_4-组分，经稳定塔顶空冷器(A704A~D)冷凝冷却后进入稳定塔回流罐(V705)进行分离，气体至一段再接触空冷器(A702A~D)入口与一段压缩后的重整氢混合后进行二段再接触以回收其中的液态烃，液相经稳定塔回流泵(P703A/B)升压后，一部分在流量控制下作为回流返回稳定塔顶，其余在回流罐液位和流量串级控制下作为液化石油气产品送出装置。稳定塔底物为重整汽油，大部分经换热器(E706)换热后返回塔底，其余经E705A~D管程与稳定塔进料换热后，在塔釜液位控制和流量串级控制下送作为产品送出装置。

在重整反应部分中设有重整开工注氯泵(P706)、重整注硫泵(P707A/B)和当催化剂再生部分停工期间的注氯和注水设施。四氯乙烯由设在催化剂再生部分的注氯罐(V762A/B)提供。

重整部分工艺流程见图2-4~图2-6。

自E701来
TI7017
TI7002
CCRWABT
CCRWAIT
TI7009
TI7006
TI7010
TI7004
TI7011
TI7001
TI7008
PI7100
TI7012
R701
R702
R703
R704
PDI7061
△TR701
PDI7062
△TR702
PDI7063
△TR703
PDI7064
△TR704
总△P
总△T
Q_F701
AI7006
PI7033
F701
TI7081A
TI7081B
TI7082
TXI7062A
TXI7062C
TXI7062B
TXI7062D
TIC7003
Q_F703
AI7007
PI7033
F703
TI7083A
TI7083B
TI7084
TXI7063A
TXI7063C
TXI7063B
TXI7063D
TIC7006
Q_F702
AI7005
PI7031C
PI7031A
PI7031B
F702
TI7085A
TI7085C
TI7085B
TI7085D
TI7086A
TI7086B
TI7086C
TXI7064A
TXI7064C
TXI7064B
TXI7064D
TIC7005
Q_F704
AI7008
PI7034
F704
TI7087A
TI7087B
TI7087C
TXI7065A
TXI7065C
TXI7065B
TXI7065D
TIC7001
TI7014
TIC7013
FIC7556
至E701
PIC7025
PIC7026
PIC7022
PIC7027
FIC7018
FIC7019
FIC7017
FIC7020
FIC7001
TI7015
PS7021A
PS7021B
燃料气
PS7021C
PI7021
PI7020
PS7020A
PS7020B
PS7020C
UY7004
长明灯
N2
吹扫氢
去A701

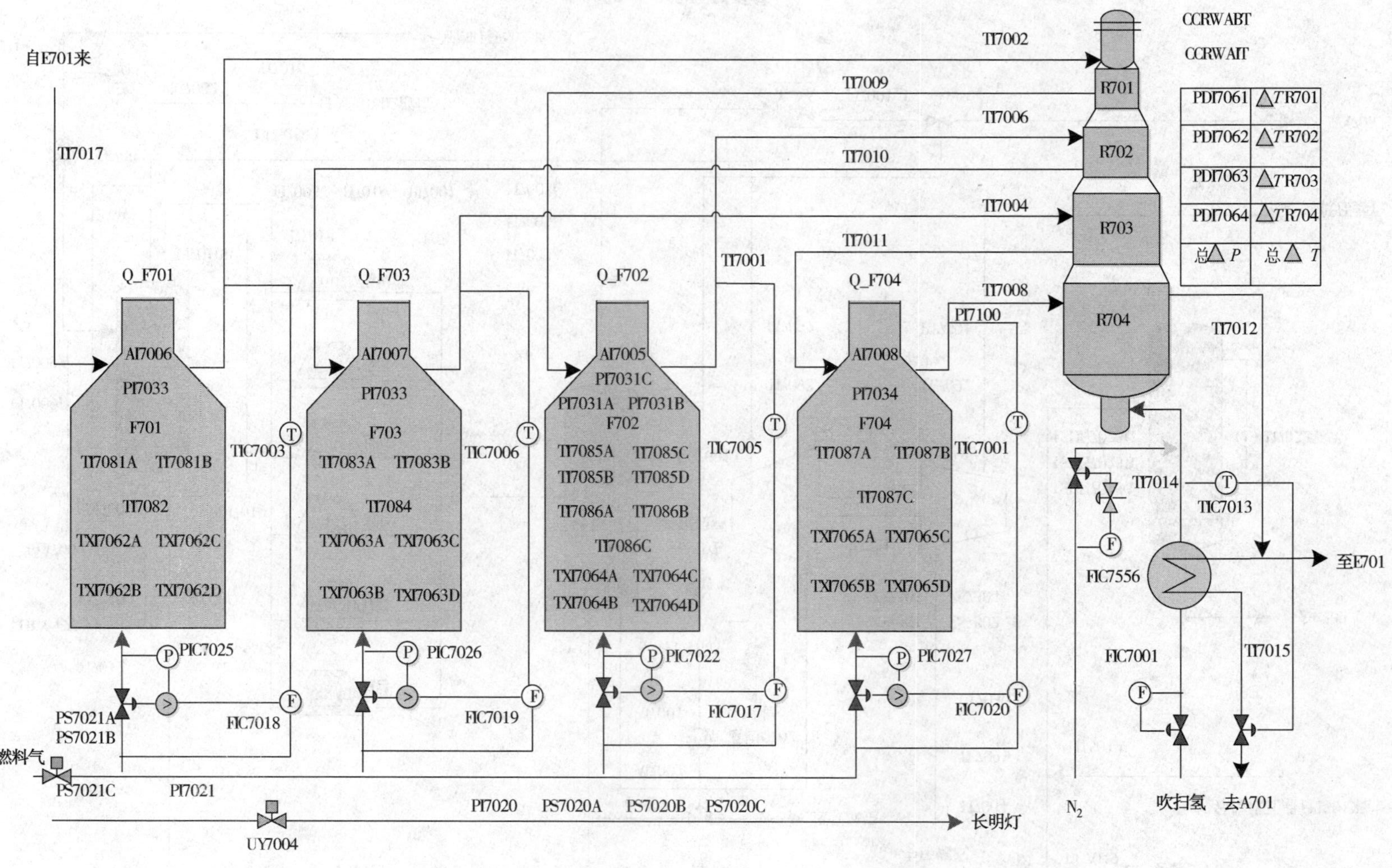

图2-4 重整反应

去F701
自R704来
TI7012
PI7010A
PI7009C
PDI7009A
PDI7009B
PDI7010
PI7009B
PI7009A
E701
PI7010B
PDI7002
A701A/B
A B
A701C/D
C D
A701E/F
E F
A701G/H
G H
A701I/J
I J
A701K/L
K L
TI7018
FI7003
TI7019
PI7001
FI7003A
FI7003B
FI7003C
LIC6010A
T602液位
FIC7002
TI7016
石脑油自E602来
V701
LIC7001
AI7002
AI7001
返回C702
A 喘振
C
PIC7003
去C702
调速控制
氢气放空
中压蒸汽
FI7004
TE7091
PI7036
ZS7301
ZS7303
ZS7302
ZS7304
SI7371
TI7093
PI7037
TE7092
PI7301
P701 A B
FI7001_1
A703
低压蒸汽
A701E/F
TIC7049
氢气自C702
一段来
异构化瓦斯自T301来
FI1501A
去C702
ISHH7023A
ISHH7023B
ISHH7023C
V708
LI7022

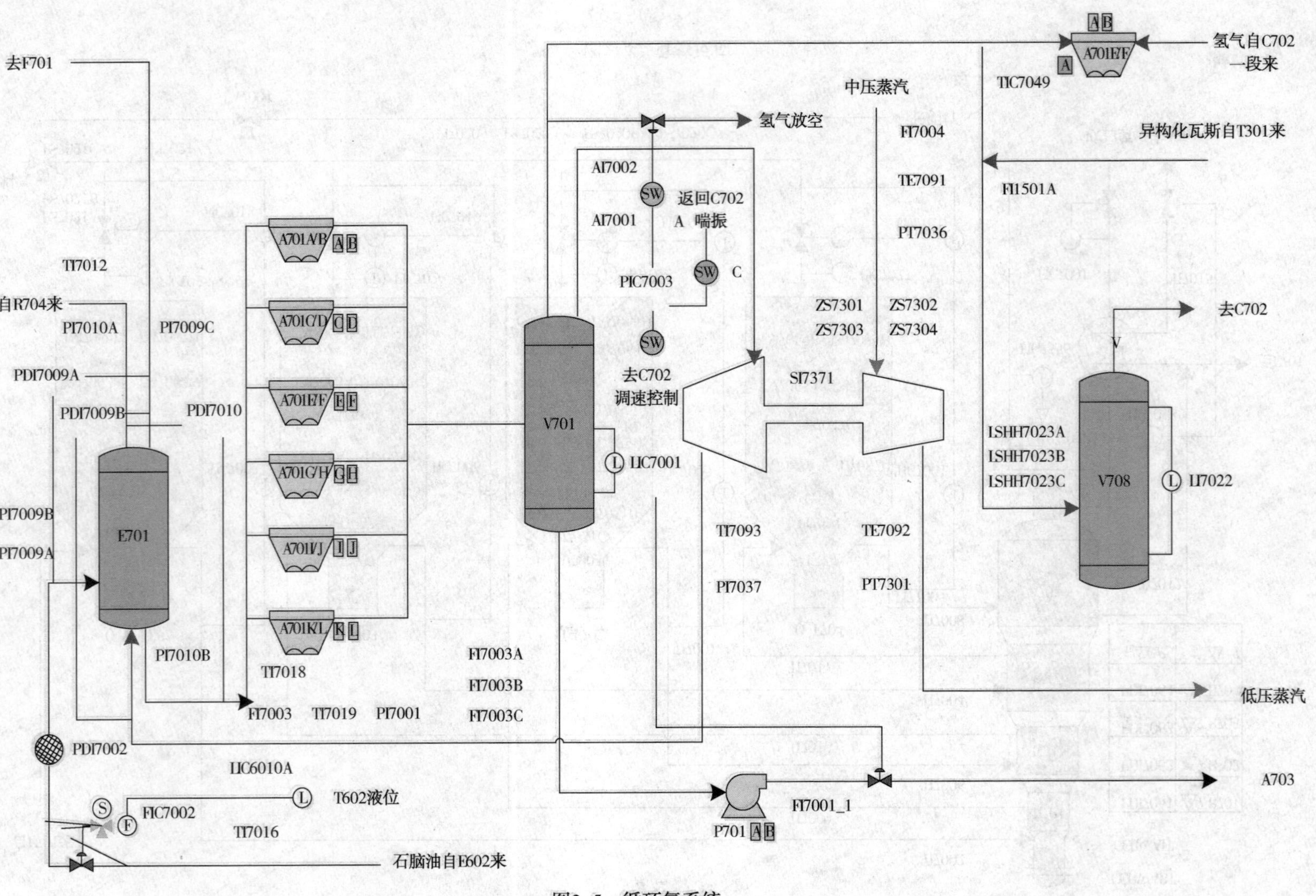

图2-5 循环氢系统

汽油自P701来
去V701
V708
XL7027
A705
XL7028
TI7049
FI7012
氢气自V708来
A703
TI7032
TI7072
E704
LIC7011
氨压机系统
E703
TI7071
XL7013A
XL7013B
XL7013C
XL7013D
A702
PT7005
PT7047
TI7031A
TI7031C
PT7013
TI7031B
TI7097
3.5MPa蒸汽
FI7005
TI7094
PI7043
TI7095
PI7045
V702
TI7098
PT7053
ISHH7015A
ISHH7015B
ISHH7015C
LIC7002
TI7099
PT7051
SI7402
C702一段
C702二段
PT7402A
PT7402B
PT7402C
TI7096
凝结水
氢气去ME755
PIC7006
V703
TI7033
LIC7003
V704A
V704B
FI7006A
TI7035
PI7007
氢气去PX
HS9708
FI7806
氢气去官网
PI9708A
PI9708B
PSA
FI7101
汽油去V706
XL7015A
P702A/B
XL7015B
图2-6 重整—氢增压机

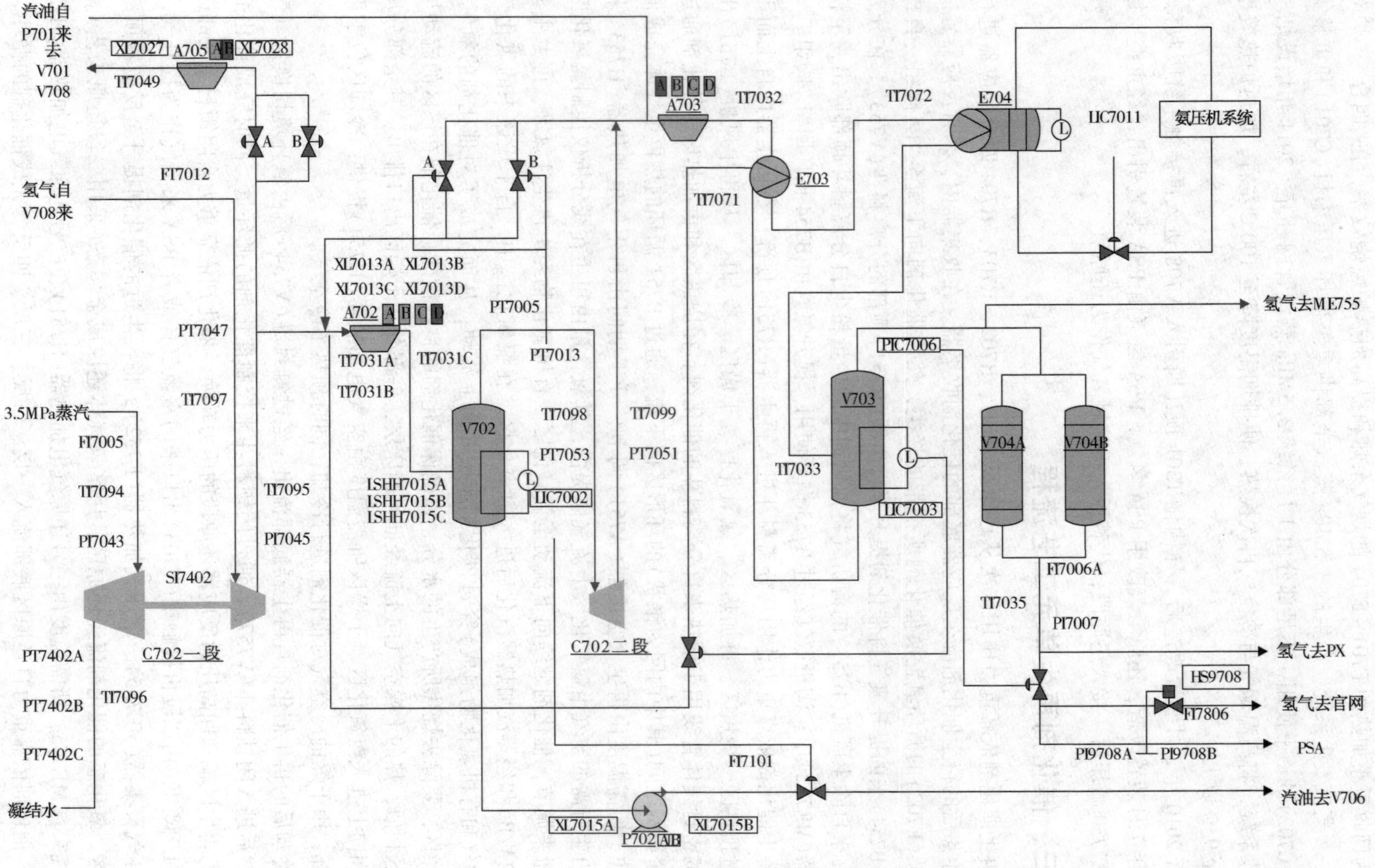

为回收重整加热炉F701~F704的烟气余热和提高加热炉燃烧效率，在“四合一”炉对流段设一套蒸汽发生系统，产生的3.5MPa蒸汽全部供重整循环氢压缩机(C701)和重整氢增压机(C702)的透平使用，不足部分由工厂系统3.5MPa蒸汽管网补充。2011年增设烟气余热回收系统，将高温烟气与冷空气再次换热，使排烟温度降至100℃左右，加热炉热效率可提高至93%以上。

经2010年3月装置改造后，异构化T301顶瓦斯引入V708进入再接触系统吸收稳定；2010年7月装置改造，还原氢气改用PSA氢气，PSA氢气由PSA装置引出，经重整压控阀门PIC7730减压后，接入还原段，代替原先再接触氢气作为还原氢。

三、催化剂再生单元工艺流程

再生催化剂依靠重力作用依次从还原段R701、R702、R703、R704四个反应器进行反应，生焦后的待生催化剂流至反应器底部的催化剂收集器。在收集器内，来自反应器置换气换热器(E702)的循环氢置换催化剂所携带的烃类，然后催化剂向下流至“L”阀组。自提升风机(B754)来的提升氮气将催化剂提升至再生器(R751)顶部的分离料斗(V753)。在分离料斗中，来自除尘风机(B753)的淘析气将催化剂中的少量粉尘自分离料斗顶部吹出，至粉尘收集器(ME752)中。淘析氮气经过B753循环使用，提升氮气由B754循环回“L”阀组。

待生催化剂依靠重力作用从分离料斗进入再生器(R751)顶部，在再生器内自上而下依次经过预热区、烧焦区、再加热区、氯氧化区、干燥区、冷却区。从再生风机(B751)出口引出的密封气体管线用于预热来自分离料斗的催化剂。在烧焦区和再加热区，催化剂通过内外两个筛网之间(其中内网为锥状)的环形区向下流，通过B751循环的热再生气体完成催化剂烧焦，所需温度由再生气空冷器(A751)调节，开工期间由再生气电加热器(H753)来调节，再生所需的空气由氯氧化区上流气体提供，其氧含量由再生在线分析仪控制氯氧化区的排气量来调节，催化剂继续向下流动至氯氧化区。有机氯化物经由再生注氯罐、再生注氯泵(P752A/B)和经蒸汽加热器汽化后进入氯氧化区。在氯氧化区中，自干燥区来的氯化气体(由空气和有机氯化物组成)穿过催化剂床层并向上流动，从而完成了对催化剂的氯氧化。在干燥区，要除去烧焦所产生的水分，以确保催化剂的良好性能，催化剂在该区的流动与在氯化区相似，热的干燥空气向上流经催化剂床层，一部分从干燥区出口排出，其余部分从环形空间向上进入氯氧化区。干燥区所需温度由空气电加热器(H754)提供；冷却区位于再生器底部，用干燥的冷空气对催化剂进行冷却，同时预热了冷空气。

冷却后的再生催化剂自再生器底部流出，经过氮封罐(V754)后由氧环境切换为氢气环境，然后进入闭锁料斗(V757)，通过闭锁料斗来控制催化剂的循环量，同时完成催化剂从低压的再生区输送回高压的反应器还原段的压力转换。催化剂依靠重力自闭锁料斗底部送至另一“L”阀组，由二段再接触罐(V703)出口来的富氢气体或者PSA来氢气作为提升气，通过增压气聚集器(ME755)、增压气加热器(E752)，将再生过的催化剂提升至反应器顶部的还原区。氧化态的催化剂流经还原区，用富氢气体还原成金属态(采用二段还原工艺)。还原氢气来自ME755，所需温度由一号还原气电加热器(H751)、二号还原气电加热器(H752)提供。催化剂依靠重力自还原区底部流入一反、二反、三反、四反，完成催化剂的循环。

催化剂再生单元工艺流程见图2-7~图2-11。

CRCS控制方式：DCS控制
V757
XV7562
OPEN
CLOSE
XV7563
OPEN
CLOSE
NOT EMPTY LOADING
Off
Unload
Load
HK7524
OFF
PRESSURE
UNLOAD
HOLD
DEPRESSURE
LOAD
STAGE
STEP8
TXI7510
TIC7508
TI7509
TIC7516
JI7501
JI7502
允许加热
加热器状态
加热器故障
TIC7506
TXI7505
RESET
STOP
TI7507
H752
FIC7507
TXI7504
PDI7502
R705
LIC7501
TI7511
TI7512
TI7513
TI7514
TI7515
TXI7517
TXI7518
TXI7519
TXI7520
PD
PDI7503
R701~R704
V751
XV7525
XV7526
至大气
VX7527
N_2
V752
XV7519
RESET
TXI7503
允许加热
加热器状态
加热器故障
H751
RESET
STOP
TXI7502
FIC7509
FI7510
FI7506
E751
FI7001B
TI7014
待生催化剂隔离
OPEN
CLOSE
XV7524
PIC7730
FI7505
TI7501
FI7001B
H_2自PSA来
放空
PDI7504
XV7522
XV7521
RESET
ME755
增压氢
XV7553
P
PIC7542
XV7520
RESET
XV7523
XV7524
分离料斗
FI7515
FI7516
PDI7517
TI7525
PI7508
B754
PDI7514
FI7512
FIC7555
TI7552
XV7557
XV7558
FIC7554
N_2
V701
E752
V708
C701
吹扫氢
待生和再生隔离N_2总量

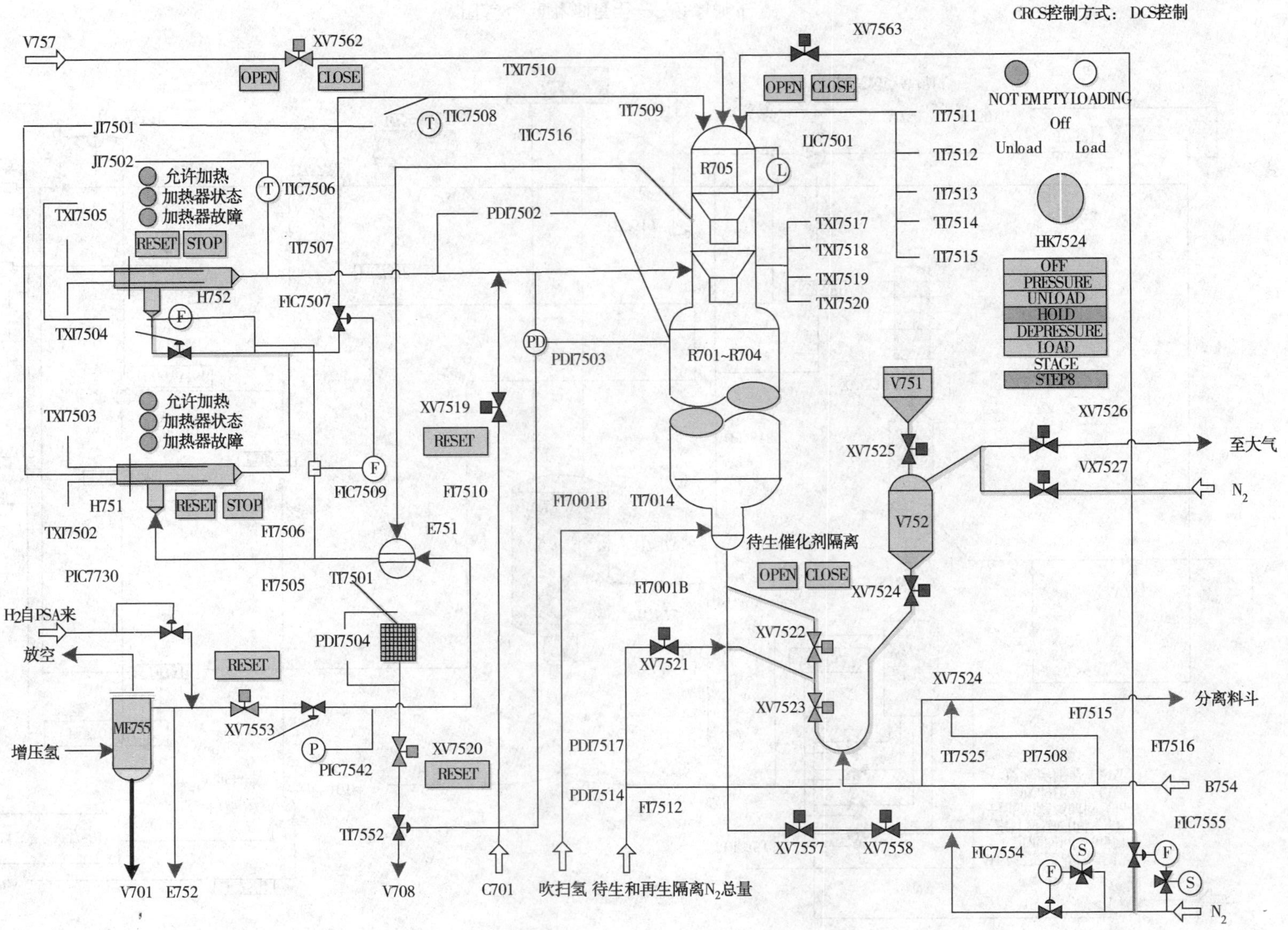

图2-7　再生还原区

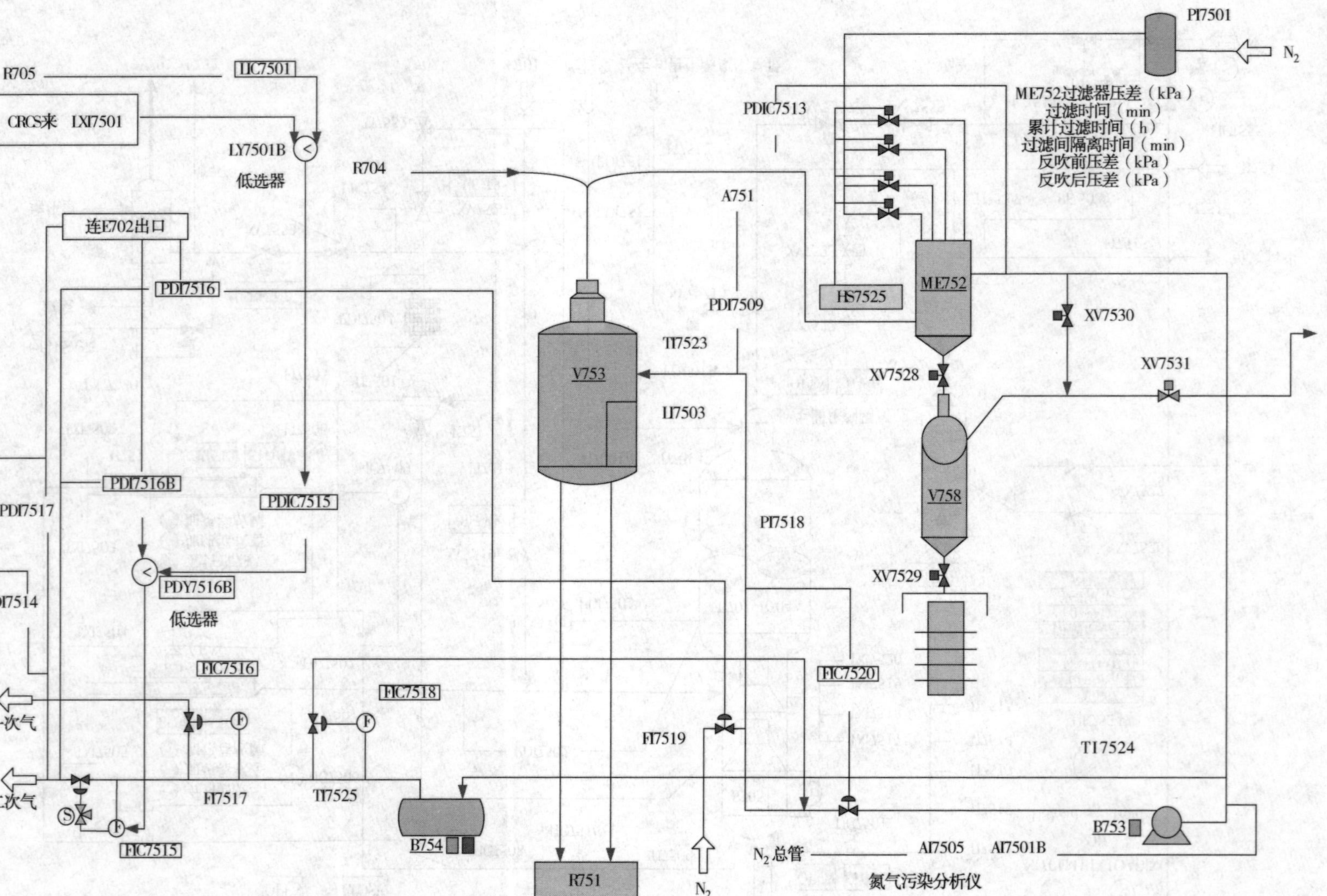

图2-8 催化剂再生——分离料斗

CRCS控制方式：　DCS控制
凝结水
FIC7544
F
E752
T
TIC7555
ME755
1.0MPa蒸汽
TI7554
READY
PRESSURE
UNLOAD
DEPRESSURE
LOAD
催化剂流动按钮
OPEN
CLOSE
闭锁料斗控制按钮
Feedthrough
Ramp Table
斜坡模式
XV7548
XV7549
PI7539
LI7506
LI7507
再生催化剂隔离
OPEN
CLOSE
XV7547
XV7546
XV7545
V754
N2
A701
HS7538A/M
AUTO
MAN
PDIK7538
PDI7538
PD
V757
XV7560
R705
PI7537
XV7551
FI7540
PI7540
HIC7529 –PDIC7529_SP–PDIC7541
FIC7541
FI7542
FIC7543
S
PD
H751出口

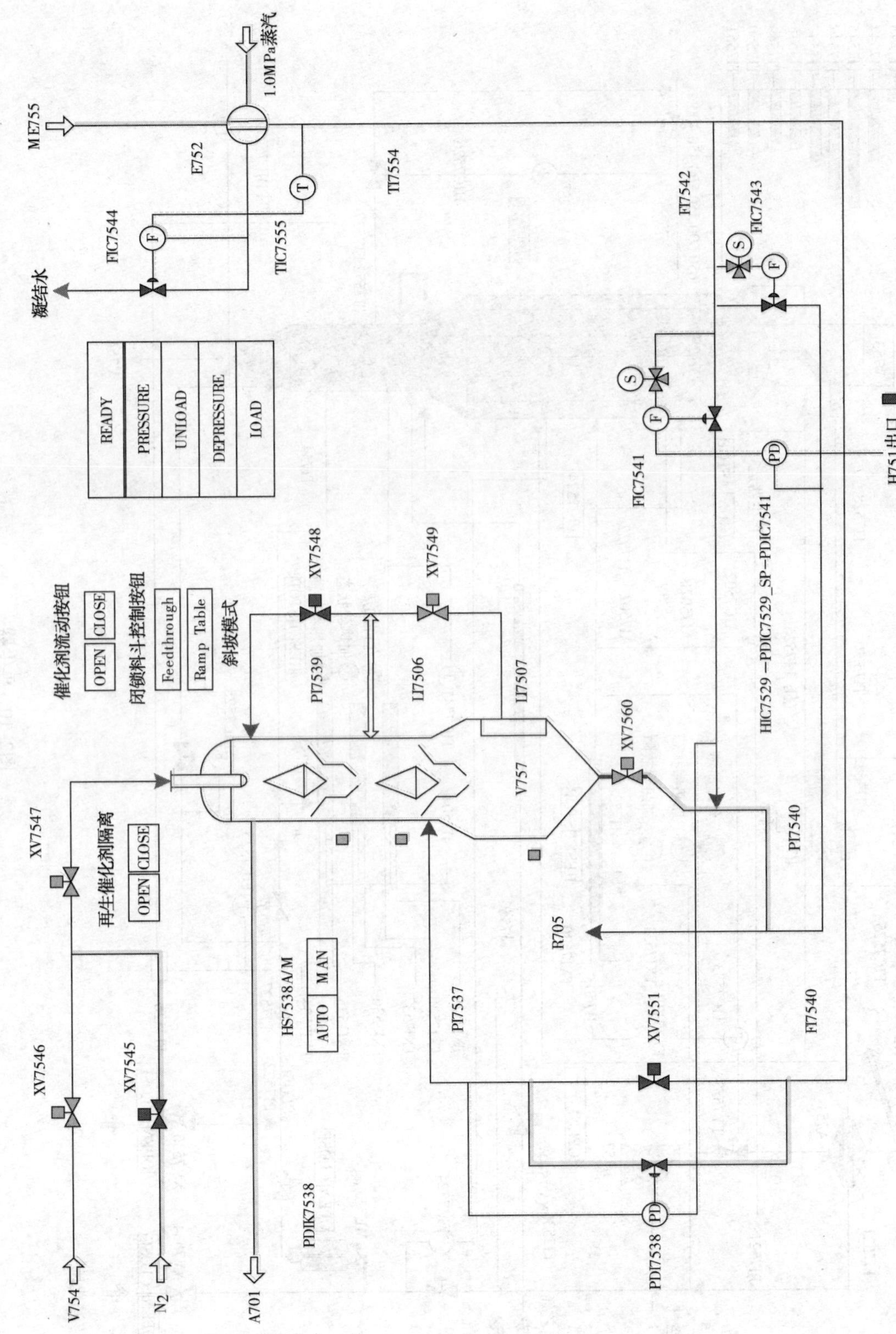

图2-9　再生闭锁料斗

N2
PIC7525
PDI7523
FI7521
A751
TI7642
TI7527
TI7528
V753
B751
高低
大气压 PI7526
PI7521
再生器运行
RUN
STOP
TY7553A
TIC7533
AIC7502
允许加热
加热器状态
加热器故障
AI7502B
空气
TY7533B
TXI7531
B752
H753
AI7502
TI7532
JI7503
OPEN
RESET STOP
TXI7530
FIC7524
四氯乙烯
FI7536
XV7539
FI7560
氮气
FIC7524
TXI7539
TXI7538
TXI7537
TXI7536
TXI7535
TXI7534
JI7504
TIC7541
ME753
OPEN CLOSE
允许加热
加热器状态
加热器故障
RESET STOP
H754
CLOSE
PI7522
FI7527
FIC7525
FIC7528
TI7542
XV7534
XV7536
OPEN CLOSE
OPEN CLOSE
FI7526
净化风
N_2
R751
TI7543
TI7544
TI7545
TI7546
TI7547
TI7548
TI7549
TI7550
TI7551
650 600 550 500 450 400
V759
AY752SW
HIC7526
HIC7526
TI7552 FI7537
PDIC7527
PI
V757
V754

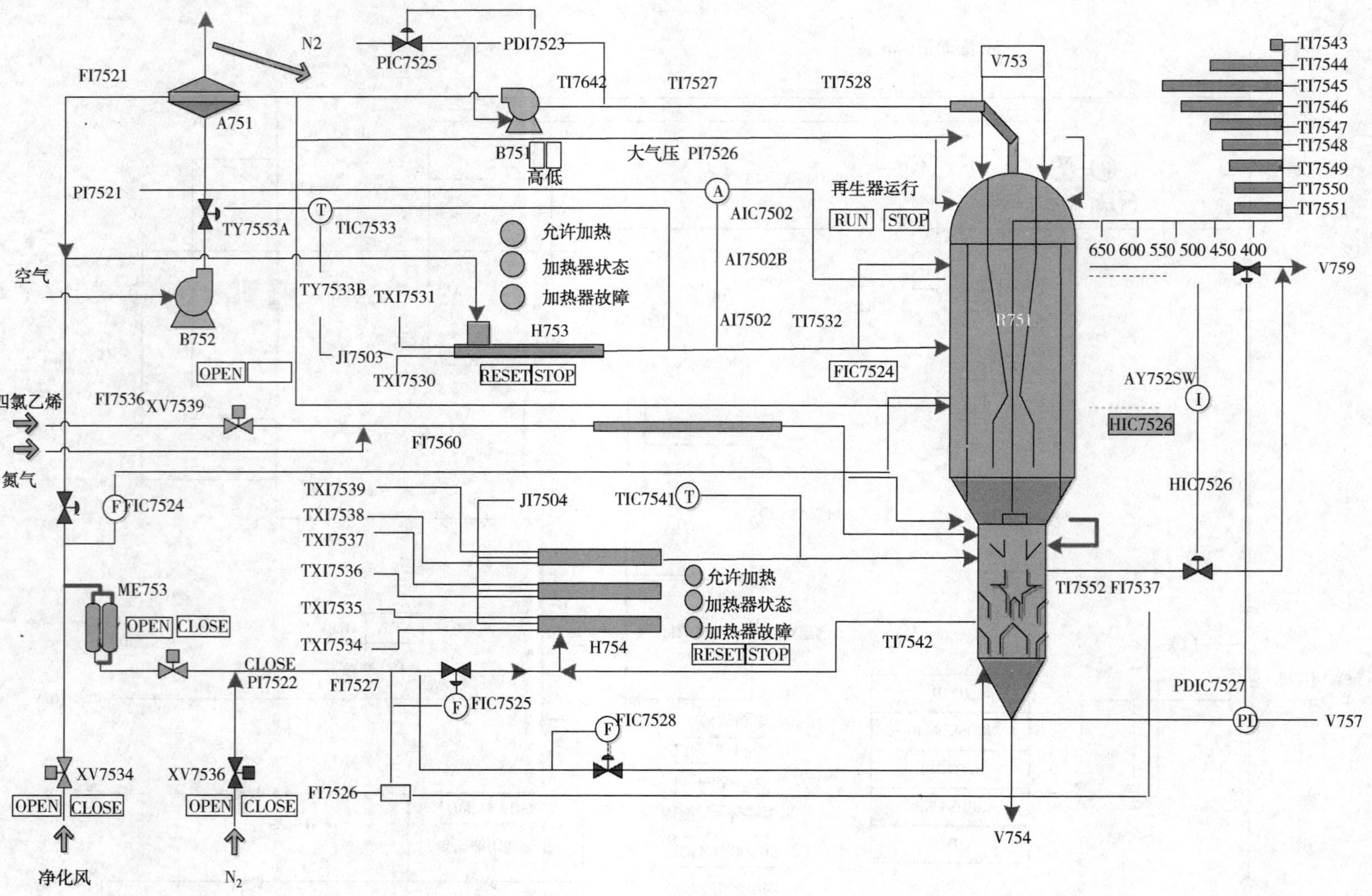

图2-10 再生器

XV7556B
通大气
RESET
XV7556A
R751来
PDI7544A
PI7545A
FI7550A
V759
ME758
FI7549A
FI7547A
LI7510
CRCS
LI7511
SW
LIC7508
碱液pH值
AI7504
TI7558
E753
M
FIC7546
LIC7509
循环水
P751 A B
P753 A B
V760
P754 A B
V761
LI7508
污水
出装置
碱液
水

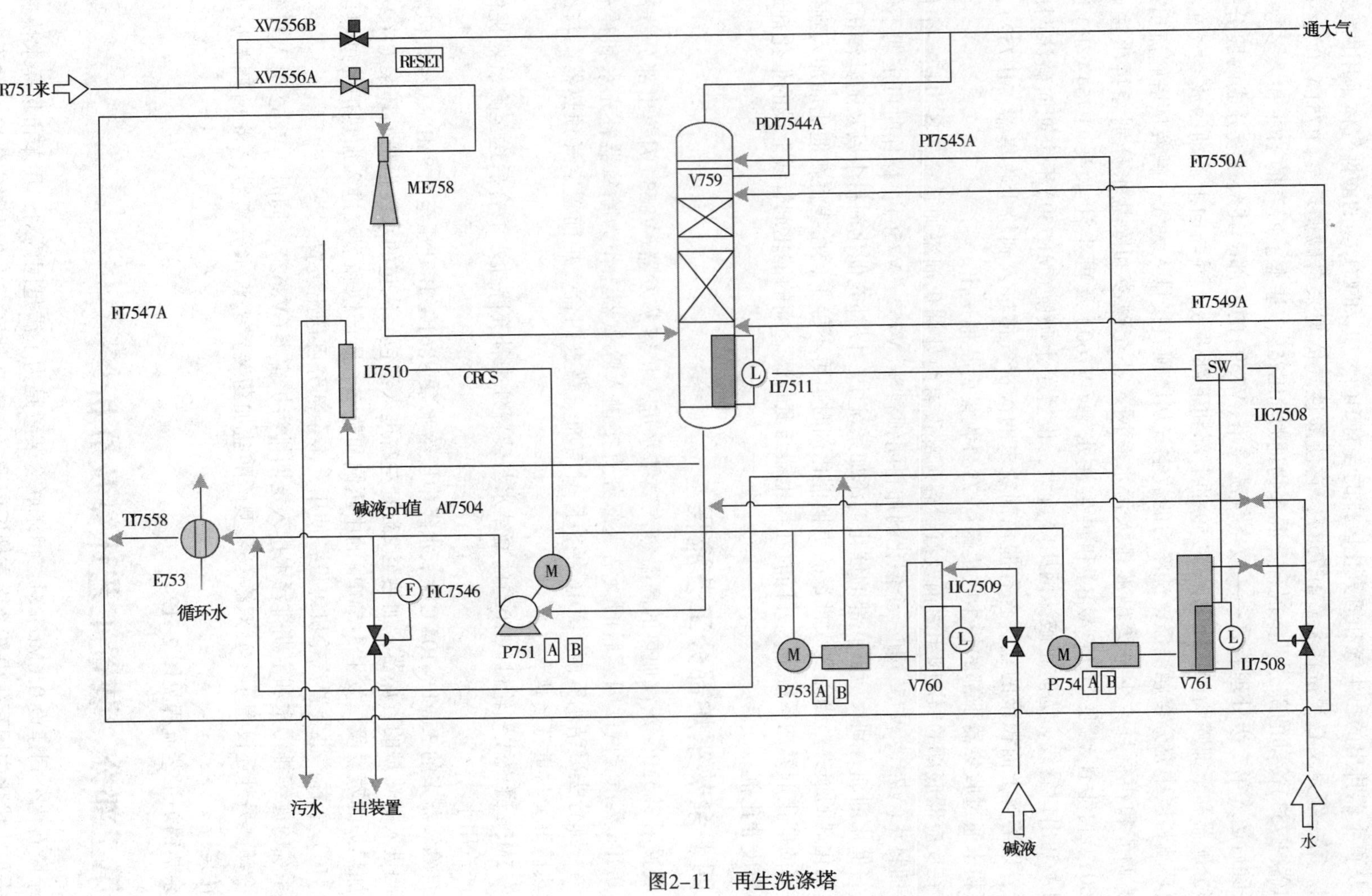

图2-11　再生洗涤塔

增压气聚集器(ME755)液体靠自身压力送往重整反应部分的重整气液分离器。

从再生器排出的再生气和氯氧化区排的含有 HCl、Cl_2和 CO_2等的酸性气体采用两级处理工艺。第一级是文丘里洗涤器(ME758)，它使酸性气体与来自碱循环泵(P751A/B)经碱液冷却器(E753)冷却的部分碱液混合。混合物通过 ME758，基本上所有的 HCl 和大多数氯气被去除后送入第二级处理装置——放空气洗涤塔(V759)的下部。其余碱液分成两股分别经上部分配器和下部喷嘴(ME760)从 V759 的上部和下部进入，并与向上流动的放空气在石墨拉西环填料层中充分接触洗涤，洗涤后的放空气从塔顶直接排入大气。碱液从塔底流出进行 pH 值调节和再循环，少量废碱液排入污水管网。补充碱液和除盐水分别经再生注碱罐(V760)、再生注碱泵(P753A/B)和再生注水罐(V760)及再生注水泵(P754A/B)送至 P751A/B 出口管线。为防止破沫网压降过大，设置了上喷嘴(ME759)不定期向破沫网底部喷水，以溶解上面积聚的盐。含有催化剂粉末的淘析气体进入到粉尘收集器(ME752)，定期将粉末通过收集器下部的粉尘收集罐(V758)收集后装桶送出。

在反应器底部的“L”阀组之前及氮封罐顶部设有两处催化剂添加系统，各包括一个催化剂添加料斗(V751、V755)和一个催化剂加料闭锁料斗(V752、V756)。操作时可定期不停工在线将催化剂加入到反应器底部的催化剂添加系统中，以补充催化剂粉尘以及随其淘析所带走的催化剂的损失。当需要大批量的更换催化剂时也可不停工，在线将新催化剂加入到氮封罐顶部的催化剂添加系统中，并同时在再生器与氮封罐之间的催化剂管线上设的催化剂卸料线卸出废催化剂。

四、余热锅炉部分工艺流程

装置用 3.5MPa 蒸汽加热的高温蒸汽凝结水进入扩容蒸发器(V863)闪蒸出部分蒸汽进入 1.0MPa 蒸汽管网。闪蒸后的凝结水部分直接进入除氧器，作为除氧器补充水和补充热源，另一部分去凝结水管网，2016 年检修时增加一路去四合一炉前置空气预热器，与冷空气换热后再去与重石换热。

3.5MPa 凝汽式汽轮机(C702)的凝结水与装置外来补充除盐水汇合后送至除氧器提供本装置产汽用水。

自除氧器来的 35t/h、104℃除氧水经中压给水泵 P861A/B 升压至 5.8MPa，经汽包液位调节阀进入加热炉的省煤器，加热至 237℃左右进入汽包。汽包的水经强制循环泵 P862A/B 经过加热炉的蒸发段，发生 3.5MPa 的中压饱和蒸汽。所产饱和蒸汽进入加热炉的过热段过热至 410℃左右，供装置汽轮机等设备使用，多余部分可送出装置。

系统的连续排污水和定期排污水排入定期排污扩容器(V862)，同时，V862 引入新鲜水进行冷却。另外还设置了一套双罐双泵型磷酸盐加药装置去汽水分离器(V861)调节炉水磷酸根浓度。

余热锅炉工艺流程见图 2-12。

第三部分　装置工艺计算及分析

金陵石化公司建设 0.6Mt/a 对二甲苯联合装置是为了满足国内对二甲苯市场需求快速增长的需要，优化中国石化内部及南京地区资源，向南京地区石化企业稳定供应对二甲苯、邻二甲苯、苯等原料，确保中国石化南京地区企业生产的稳定，节约原料运输成本；同时也有

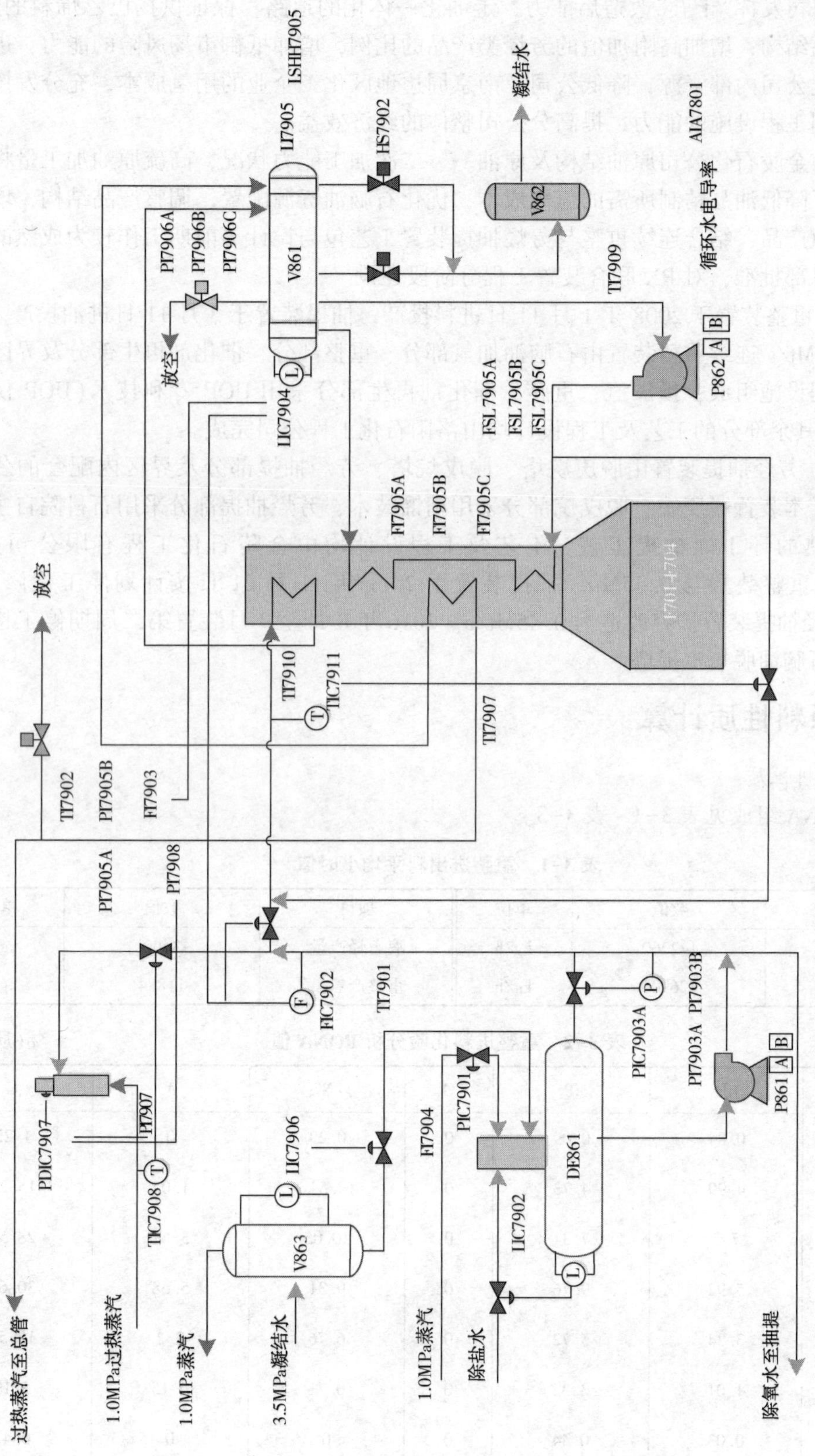

图2-12 重整余热锅炉

过热蒸汽至总管
1.0MPa过热蒸汽
1.0MPa蒸汽
3.5MPa凝结水
1.0MPa蒸汽
除盐水
除氧水至抽提
放空
放空
凝结水
V861
V862
V863
DE861
P861 A B
P862 A B
F701-F704
LI7905
LSHH7905
HS7902
AIA7801
循环水电导率
PI7906A
PI7906B
PI7906C
LIC7904
TI7909
FSL7905A
FSL7905B
FSL7905C
FI7905A
FI7905B
FI7905C
TI7910
TIC7911
TI7907
TI7902
PI7905B
PI7905A
FI7903
PI7908
FIC7902
TI7901
PIC7903A
PI7903A
PI7903B
PIC7901
FI7904
LIC7902
LIC7906
PDIC7907
FI7907
TIC7908

利于金陵分公司发挥“十五”改造后能力，走油化一体化的道路，保证供扬巴乙烯料的质量，调整内部产品结构，增加高附加值的芳烃类产品的比例，增加抵御市场风险的能力，进一步优化金陵石化公司内部资源，降低公司及南京周边地区化工企业的用氢成本，充分发挥现有的储运和公用工程设施的能力，提高分公司整体的经济效益。

根据当前金陵石化公司原油结构及原油一、二次加工能力状况，高硫原油加工量将进一步提高，为了降低油品精制所需的氢气成本，优化石脑油资源配置，调整产品结构，增加芳烃等高附加值产品，结合连续重整与芳烃抽提装置工艺包与设计等前期工作较为成熟的实际情况，经报总部批准，对 PX 联合装置工程分阶段建设。

1.0Mt/a 重整装置于 2008 年 1 月 11 日进料投产，抽提装置于 3 月 11 日进油投产。

其中 1.0Mt/a 连续重整装置由石脑油加氢部分、重整部分、催化剂再生部分及界区内配套的公用工程设施组成；预加氢、重整、催化剂再生部分采用 UOP 专利技术（UOP 仅提供专利许可），其余部分的工艺及工程设计均由洛阳石化工程公司完成。

0.35Mt/a 芳烃抽提装置由脱庚烷塔、脱戊烷塔、芳烃抽提部分及界区内配套的公用工程设施组成；本装置脱庚烷、脱戊烷部分采用精馏技术，芳烃抽提部分采用石科院自主开发的先进、成熟的环丁砜抽提工艺。工艺及工程设计均由金陵石化工程有限公司完成。1.0Mt/a 连续重整装置与 0.35Mt/a 抽提装置于 2011 年 11 月 21 日按计划停工检修改造，0.35Mt/a 芳烃抽提装置扩容改造为 0.45Mt/a。2016 年 8 月至 9 月装置第二周期停工检修期间增设外购石脑油脱氧汽提塔。

一、原料性质计算

（一）原料性质

原料 PONA 组成见表 3-1～表 3-3。

表 3-1 重整进出料平均小时值

项目	数值	单位	项目	数值	单位
重整进料量	142260	kg/h	液态烃产量	3400	kg/h
生成油产量	126900	kg/h	重整产氢量	11884	kg/h

表 3-2 重整进料化验分析 PONA 值 %（质）

项目	*n*P	*i*P	O	N	A	C
C_5	0.84	0.09	0	0.29	0	1.22
C_6	4.99	4.73	0	4.51	1.02	15.25
C_7	7.5	7.31	0	10.05	3.67	28.53
C_8	5.92	9.76	0	9.31	5.68	30.67
C_9	3.84	5.72	0	6.76	2.2	18.52
C_{10}	1.01	3.32	0	0.71	0.15	5.19
C_{11}	0.03	0.44	0	0	0	0.47
总计	24.13	31.37	0	31.63	12.72	99.85

表 3-3　重整进料化验分析 PONA 值(归一)　　%(质)

项目	nP	iP	O	N	A	C
C_5	0.84	0.09	0	0.29	0	1.22
C_6	4.99	4.73	0	4.51	1.02	15.25
C_7	7.51	7.32	0	10.06	3.67	28.53
C_8	5.92	9.77	0	9.32	5.68	30.67
C_9	3.84	5.72	0	6.77	2.20	18.52
C_{10}	1.01	3.32	0	0.71	0.15	5.19
C_{11}	0.03	0.44	0	0	0	0.47
总计	24.16	31.41	0	31.67	12.73	100

(二) 原料的芳烃潜含量

苯潜含量(%)= C_6N(%)×78÷84+苯(%)= 4.51×78÷84+1.02=5.22

甲苯潜含量(%)= C_7N(%)×92÷98+甲苯(%)= 10.06×92÷98+3.67=13.12

C_8 芳烃潜含量(%)= C_8N(%)×106÷112+C_8 芳烃(%)= 9.32×106÷112+5.68=14.51

C_9 芳烃潜含量(%)= C_9N(%)×120÷126+C_9 芳烃(%)= 6.77×120÷126+2.20=8.65

C_{10}芳烃潜含量(%)= $C_{10}N$(%)×134÷140+C_{10}芳烃(%)= 0.71×134÷140+0.15=0.86

C_{11}芳烃潜含量(%)= $C_{11}N$(%)×148÷154+C_{11}芳烃(%)= 0×148÷154+0=0

综上，芳烃潜含量(%)= 5.22%+13.12%+14.51%+8.65%+0.83%=42.33%

(三) 原料性质分析

重整进料由直馏石脑油(占 65%)、加氢裂化重石脑油(占 15%)和外购石脑油(占 20%)组成，其中直馏石脑油芳烃潜含量仅有 30%左右，原料性质较差；外购石脑油芳烃潜含量近 40%，原料性质比直馏石脑油好，但是外购石脑油脏污较多，造成外购石脑油脱氧塔进料控制阀堵塞卡死，脱氧塔过滤器频繁切换清理，清理频率高达一周一次；加氢裂化重石脑油芳烃潜含量高达 45%，但是受全厂优化限制，加氢裂化重石脑油产量不足导致掺比偏低。重整进料芳烃潜含量为 42.33%，低于设计值 45%。

二、产品性质计算

(一) 氢气的组成及平均相对分子质量

重整产氢及循环氢体积组成见表 3-4。

表 3-4　氢气的体积组成

物料名称	气相组成分析								平均相对分子质量
	H_2	C_1	C_2	C_3	C_4	C_5	C_{6^+}	合计	
相对分子质量	2	16	30	44	58	72			
产氢/%(体)	91.30	2.43	3.05	2.37	0.97	0.12	0	100.00	4.82
重整循环氢/%(体)	89.33	1.93	2.97	3.03	2.64	0.07	0	100.00	5.90

混合气体的平均相对分子质量按下式计算：

$$\overline{M} = \sum C_i \cdot M_i \div 100$$

式中　C_i——混合气体中组分 i 的体积分数或摩尔分数,%;

M_i——混合气体中组分 i 的相对分子质量。

则重整产氢的平均相对分子质量为：

$$(91.30\times2+2.43\times16+3.05\times30+2.37\times44+0.97\times58+0.12\times72)\div100=4.82$$

同理，重整循环氢的平均相对分子质量为：

$$(89.33\times2+1.93\times16+2.97\times30+3.03\times44+2.64\times58+0.07\times72)\div100=5.90$$

(二) 纯氢收率

由表 3-4 得，重整产氢的氢气纯度为 $C_{H_2}=91.30\%$(体)，则纯氢的体积流量为：

$$Q_{c,\ H_2} = Q_c \times C_{H_2} = 56000 \times 91.30 \div 100 = 51128\ Nm^3/h$$

得重整产氢在标准状态下的密度为：

$$\rho = \frac{p^{\ominus} M}{RT^{\ominus}} = \frac{101325 \times 2}{8.314 \times 273.15} = 89.24\ g/m^3 = 0.08924\ kg/m^3$$

则重整产氢校正后的质量流量为：

$$q_m = Q_c \cdot \rho = 51128 \times 0.08924 = 4505kg/h = 4.505t/h$$

由表 3-1 得，孔板校正后的重整进料量为 142t/h，则

纯氢收率为：$4.505 \div 142 \times 100\% = 3.17\%$

(三) 纯氢收率分析

可以看出计算得到的纯氢收率(3.17%)低于设计值(3.43%)，原因有两点。一是重整进料芳烃潜含量低于设计值，且低转化率的烷烃含量很高，不仅对产氢毫无帮助，甚至由于裂化反应反而消耗氢气，因此产氢偏低。另一方面，产氢孔板设计操作温度为 4℃，标定期间产氢温度高达 30℃，远远偏离设计操作参数，尽管经过孔板校正，仍然存在较大测量偏差。

三、重整汽油

(一) C_{5+}液收

由表 3-1 可知 C_{5+}液收=C_{5+}重整汽油量/重整进料量=126900/142260=89.2%

(二) 芳烃收率

重整汽油 PONA 组成及质量组成见表 3-5~表 3-7。

表 3-5　重整稳定汽油化验分析 PONA 值　　%(质)

项　目	*n*P	*i*P	O	N	A
C_3	0.01	0	0	0	0
C_4	0.5	0.26	0.02	0	0
C_5	1.7	2.47	0.23	0.31	0
C_6	2.97	7.14	0.53	0.3	6.2
C_7	1.53	5.45	0.46	0.47	20.44

续表

项　目	*n*P	*i*P	O	N	A
C_8	0.24	1.17	0.02	0.13	25.11
C_9	0.03	0.09	0	0.04	16.82
C_{10}	0.05	0	0	0.07	4.56
C_{11}	0	0.06	0	0.01	0.15
C_{12}	0	0.07	0	0	0
各类烃总量	7.03	16.71	1.26	1.33	73.28
总质量	99.61				

表 3-6　重整稳定汽油化验分析 PONA 值(归一)　　%(质)

项　目	*n*P	*i*P	O	N	A
C_3	0.01	0	0	0	0
C_4	0.50	0.26	0.02	0	0
C_5	1.70	2.47	0.23	0.31	0
C_6	2.98	7.16	0.53	0.30	6.22
C_7	1.53	5.47	0.46	0.47	20.52
C_8	0.24	1.17	0.02	0.13	25.20
C_9	0.030	0.09	0	0.04	16.88
C_{10}	0.05	0	0	0.07	4.57
C_{11}	0	0.06	0	0.01	0.15
C_{12}	0	0.07	0	0	0
各类烃总量	7.05	16.77	1.26	1.33	73.56
总质量	100				

表 3-7　重整稳定汽油各组分质量值　　kg/h

项　目	*n*P	*i*P	O	N	A
C_3	12.73	0	0	0	0
C_4	636.98	331.23	25.47	0	0
C_5	2165.74	3146.70	293.01	394.93	0
C_6	3783.68	9096.13	675.20	382.19	7898.60
C_7	1949.17	6943.12	586.02	598.76	26039.92
C_8	305.75	1490.54	25.47	165.61	31989.35
C_9	38.21	114.65	0	50.95	21428.15
C_{10}	63.69	0	0	89.17	5809.29

续表

项　目	*n*P	*i*P	O	N	A
C_{11}	0	76.43	0	12.73	191.09
C_{12}	0	89.17	0	0	0
各类烃总量	8955.99	21288.01	1605.21	1694.37	93356.41
总质量	126900				

芳烃收率为重整生成油收率与重整生成油中的芳烃含量之积。由表 3-6 可知，脱戊烷油中的芳烃含量为 73.56%，故芳烃收率为：0.892 × 0.7356 × 100% = 65.61%

(三) 芳烃转化率

芳烃转化率定义为重整生成油中的芳烃收率与原料的芳烃潜含量之比：

$$\text{芳烃转化率}(\%) = \frac{\text{芳烃收率}(\%)}{\text{芳烃潜含量}(\%)} \times 100\% = \frac{126.9 \times 0.7356}{142.26 \times 0.4233} \times 100\% = 155\%$$

(四) 重整生成油分析

重整进料芳烃潜含量低于设计值，但是重整生成油收率 89.2% 高于设计保证值 88.87%，原因有两点，一是标定期间催化剂为新剂，具有很高的活性和选择性；二是装置生产负荷为设计负荷的 113%，重整稳定塔超负荷运行，导致稳定塔分离精度有所降低，塔底生成油中夹带 0.6%左右的液态烃。

四、物料平衡计算

装置进出物料碳平衡见表 3-8。

表 3-8　按碳数分布的烃平衡

烃类	相对分子质量	C 元素质量比	重整进料/(kg/h)	重整产物/(kg/h)	重整进料 C 元素质量/(kg/h)	重整产物 C 元素质量/(kg/h)
P-C_1	16	0.75	0	960.66	0	720.49
P-C_2	30.00	0.80	0	2374.05	0	1899.24
P-C_3	44	0.81	0	3714.87	0	3039.44
P-C_4	58	0.82	0	4461.38	0	3692.18
P-C_5	72	0.83	1325.01	5519.71	1104.17	4599.76
P-C_6	86.00	0.83	13848.44	12879.82	11594.05	10783.11
P-C_7	100	0.84	21100.36	8892.30	17724.30	7469.53
P-C_8	114	0.84	22339.88	1796.30	18812.53	1512.67
P-C_9	128	0.84	13620.49	152.88	11492.29	128.99
P-C_{10}	142.00	0.84	6169.11	63.70	5213.33	53.83
P-C_{11}	156	0.84	669.63	76.44	566.61	64.68
N-C_5	70	0.85	413.17	394.93	354.15	338.51
N-C_6	84	0.85	6425.56	382.19	5507.63	327.59
N-C_7	98	0.86	14318.61	598.77	12273.09	513.23

续表

烃类	相对分子质量	C元素质量比	重整进料/(kg/h)	重整产物/(kg/h)	重整进料C元素质量/(kg/h)	重整产物C元素质量/(kg/h)
N-C_8	112	0.86	13264.30	165.62	11369.40	141.96
N-C_9	126	0.86	9631.22	50.96	8255.33	43.68
N-C_{10}	140	0.86	1011.56	89.18	867.05	76.44
N-C_{11}	154	0.86	0.00	12.74	0.00	10.92
A-C_5	0		0.00	0.00	0.00	0.00
A-C_6	78	0.92	1453.23	7898.60	1341.44	7291.02
A-C_7	92	0.91	5228.79	26039.92	4774.11	23775.58
A-C_8	106	0.91	8092.51	31989.35	7329.06	28971.49
A-C_9	120	0.90	3134.42	21428.15	2820.98	19285.33
A-C_{10}	134	0.90	213.71	5809.30	191.38	5202.35
A-C_{11}	148	0.89	0.00	191.10	0.00	170.44
H_2	2	0.00	0	4505.54	0	0.00
O-C_4	56	0.86	0	66.67	0	57.14
O-C_5	70	0.86	0	293.01	0	251.15
O-C_6	84	0.86	0	675.20	0	578.75
O-C_7	98	0.86	0	586.03	0	502.31
O-C_8	112	0.86	0	25.48	0	21.84
求和					121590.90	121523.63

装置催化剂循环量908kg/h，催化剂积炭量4.22%，催化剂积炭形式为$CH_{0.66}$，催化剂上C元素质量为36.32kg/h，重整产物C元素质量+催化剂上C元素质量为121559.95kg/h，与进料中C元素含量124590.90基本平衡。另外催化剂积炭C元素/重整进料C元素=0.03%，相差四个数量级，所以催化剂上的积炭在物料平衡核算过程中可以忽略不计。

五、氯平衡计算

(一) 重整反应及再生部分氯平衡计算

重整反应及再生部分氯平衡见表3-9。

表3-9 反应部分、再生部分氯平衡

项目		处理量	氯的质量/(kg/h)
重整部分氯进入量	重整进料氯含量/(mg/kg)	1	0.14
	重整进料量/(kg/h)	142260	
	再生催化剂氯含量/(kg/kg)	0.0142	10.04
	再生催化剂循环量/(kg/h)	707.5	

续表

<table>
<tr><th></th><th>项目</th><th>处理量</th><th>氯的质量/(kg/h)</th></tr>
<tr><td rowspan="8">重整部分氯出去量</td><td>待生催化剂氯含量/(kg/kg)</td><td>0.013</td><td rowspan="2">9.27</td></tr>
<tr><td>待生催化剂循环量/(kg/h)</td><td>707.5</td></tr>
<tr><td>重整产氢氯含量/(mg/m^3)</td><td>2.4</td><td rowspan="2">0.14</td></tr>
<tr><td>重整产氢量/(m^3/h)</td><td>61000</td></tr>
<tr><td>重整生成油氯含量/(mg/kg)</td><td>2.3</td><td rowspan="2">0.29</td></tr>
<tr><td>重整生成油量/(kg/h)</td><td>126900</td></tr>
<tr><td>液态烃氯含量/(mg/kg)</td><td>3.5</td><td rowspan="2">0.01</td></tr>
<tr><td>液态烃量/(kg/h)</td><td>3400</td></tr>
<tr><td rowspan="3">再生部分氯进入量</td><td>待生催化剂氯含量/(kg/kg)</td><td>0.013</td><td rowspan="2">9.27</td></tr>
<tr><td>待生催化剂循环量/(kg/h)</td><td>707.5</td></tr>
<tr><td>再生注氯量/(kg/h)</td><td>1.20</td><td>1.20</td></tr>
<tr><td rowspan="4">再生部分氯出去量</td><td>再生催化剂氯含量/(kg/kg)</td><td>0.014</td><td rowspan="2">10.04</td></tr>
<tr><td>再生催化剂循环量/(kg/h)</td><td>707.5</td></tr>
<tr><td>再生放空气氯含量/(mg/m^3)</td><td>1059</td><td rowspan="2">0.71</td></tr>
<tr><td>再生放空气量/(m^3/h)</td><td>668.7</td></tr>
</table>

1）稳定塔顶气回到重整再接触，还原尾氢回到增压机入口分液罐，所以稳定塔顶气和还原尾氢内循环无需计算。

2）重整部分进入的氯总量=重整进料氯总量+再生催化剂氯总量

=0.142+10.04

=10.18kg/h

重整部分出去的氯总量=重整产氢氯总量+重整生成油氯+待生催化剂氯+液态烃氯=9.27+0.14+0.29+0.01=9.72kg/h

（二）重整反应及再生部分氯平衡分析

重整部分进出氯含量并不完全平衡，进来的比出去的氯多0.46kg/h，可能原因是重整进料氯含量按1μg/g计算的，一般预加氢高温脱氯罐没有穿透的话，重整进料氯含量会很低，基本上会低于0.5μg/g，如果重整进料氯含量按0.5计算的话，重整部分进入的氯总量为10.11kg/h，如果按0.1μg/g计算的重整部分进入的氯总量为10.01kg/h，还是比重整部分出的氯总量高些；另外一个可能原因就液态烃氯含量并不准确，如果液态烃氯含量按30μg/g计算的话，重整部分出去的氯总量为9.8kg/h，仍比重整进来的氯总量低，由于液态烃总量太小。所以主要原因应该是催化剂上氯含量化验分析不准确，待生催化剂与再生催化剂上的氯差高达0.1%，对于新剂而言，这么高的氯差有些不合理。

再生部分进入的氯总量=待生催化剂氯总量+再生注氯量=9.27+1.2=10.47kg/h

再生部分出去的氯总量=再生催化剂氯总量+再生放空烟气氯总量=10.04+0.71=10.75kg/h

再生部分进入的氯总量与再生部分出去的氯总量相差不大，这里由于再生烟气碱洗前的氯含量没有化验分析成绩，再生烟气中氯含量取值较大，所以在待生催化剂与再生催化剂上的氯差高达0.1%的情况下，再生部分氯含量也能基本平衡。再生部分的氯损失绝大部分都是放空烟气带走的。

全装置进出氯平衡见表3-10。

表3-10 全装置氯平衡

项 目	氯元素流量/(kg/h)	占进方的比例/%
重整进料	0.014	1.15
再生注氯	1.2	98.85
进方合计	1.214	100.00
生成油	0.292	25.21
液态烃	0.012	1.04
重整产氢	0.146	12.61
再生烟气	0.708	61.14
出方合计	1.158	100

由此可知全装置氯的补入主要依靠再生注氯，占比达98.85%。补入的氯主要用于维持催化剂的酸性功能。但随着反应的进行，由于进料和循环催化剂带入了微量水，催化剂上的氯逐渐流失，进入重整产物中。液相产物(生成油和液态烃)中的氯流失约占氯总流失量的26%，气相产物(重整产氢)中的氯流失约占氯总流失量的12.6%。再生烟气中的氯流失占61%；但由于环保方面的要求，需要经过碱洗或脱氯剂固相脱氯后才能排放。

六、氧平衡(再生)计算

(一) 已知条件

再生部分已知条件见表3-11。

表3-11 再生部分氧平衡

已知参数	氯含量/%(质)
待生催化剂氯含量/%(质)	1.30
待生催化剂碳含量/%(质)	4.22
再生催化剂氯含量/%(质)	1.40
再生催化剂碳含量/%(质)	0.03
催化剂循环量/(kg/h)	707.50
再生器氧含量/%(体)	0.54
补入净化风量/(Nm^3/h)	660.00
干燥后净化风水含量/(mg/m^3)	10.00

(二) 再生烟气组成计算

$$CH_{0.66}+1.165O_2 = CO_2+0.33H_2O$$

再生烟气组成计算见表3-12。

表 3-12 再生烟气组成计算

项　目	$CH_{0.66}$	O_2	CO_2	H_2O
分子量	12.66	32	44	18
质量/(kg/h)	29.85			14.01
摩尔量/(mol/h)	2358.33	2747.45	2358.33	778.25
体积量/(Nm^3/h)		61.54	52.82	17.43
烧焦所需空气量/(Nm^3/h)	293.06			

1）每小时进入再生器的碳质量＝催化剂循环量×待生催化剂碳含量＝707.5×4.22÷100＝29.86kg/h

2）烧焦所需空气量＝烧焦所需氧气量÷0.21＝61.54÷0.21＝293.06Nm^3/h

3）排放烟气量＝补入净化风－烧焦所需氧气量＋烧焦生成CO_2量＋烧焦生成H_2O量＝660－61.54＋52.83＋17.43＝668.72Nm^3/h

4）放空气水含量＝(干燥后净化风含水量＋烧焦生成水量)÷排放烟气量

＝(660×10＋14×1000000)÷668.72

＝20958.21mg/m^3

综上得出再生烟气组成，见表 3-13。

表 3-13 再生放空烟气组成

放空烟气组成	体积分数/%
O_2	11.52
CO_2	7.90
H_2O	2.61
N_2	77.97

(三) 再生循环气水含量计算

1）进入再生循环气的水含量为：14.01＋293.06×10÷1000000＝14.01kg/h

2）离开的再生循环气量为：52.82＋17.43－61.54＋293.06＝301.77Nm^3/h

3）再生循环气水含量为：14.01×1000000÷301.77＝46426mg/m^3

由此可见 UOP 湿热再生循环气水含量高达 46426mg/m^3，在高温高水的条件下催化剂比表面积下降非常快，催化剂新剂比表面积 195m^2/g 一般使用两年便会下降至 160m^2/g，到第四年时催化剂比表面积只有 150m^2/g 左右。

七、芳烃转化率

芳烃转化率定义为重整生成油中的芳烃收率与原料的芳烃潜含量之比：

$$芳烃转化率(\%) = \frac{芳烃收率(\%)}{芳烃潜含量(\%)} \times 100\% = \frac{126.9 \times 0.7356}{142.26 \times 0.4233} \times 100\% = 155\%$$

八、氢油分子比

(一) 重整进料平均相对分子质量计算

重整进料各组分的相对分子质量见表 3-14。

表 3-14 重整进料各组分的相对分子质量

项目	nP	iP	O	N	A
C_5	72.15	72.15	0	70.13	0
C_6	86.18	86.18	0	84.16	78.11
C_7	100.2	100.2	0	98.19	92.14
C_8	114.23	114.23	0	112.21	106.16
C_9	128.26	128.26	0	126.24	120.19
C_{10}	142.29	142.29	0	140.26	134.21
C_{11}	156.31	156.31	0	154.29	148.25

$$\overline{M} = 100 \div \sum (m_i/M_i)$$

式中 $\overline{M}$——重整进料的平均相对分子质量，kg/kmol；

m_i——重整进料中每个碳数的烷烃、环烷烃和芳烃的质量分数，%；

M_i——重整进料中每个碳数的烷烃、环烷烃和芳烃的相对分子质量，kg/kmol。

计算得重整进料的平均相对分子质量为 $\overline{M}$ = 108.01kg/kmol 。

(二) 重整进料摩尔流量计算

重整进料摩尔流量＝重整进料质量/重整进料平均相对分子质量

＝142260/108.01

＝1317.10kmol

(三) 氢油分子比计算

氢油分子比定义为循环氢中纯氢的摩尔流量与重整进料的摩尔流量之比。根据上两节计算结果，得氢油分子比为：

$$H_2/HC = N_{H_2}/N_{feed} = 3265.01 \div 1317.10 = 2.48$$

(四) 氢油分子比分析

循环氢起到热载体、稀释反应物料和抑制催化剂积炭的作用，提高氢油分子比可给反应系统供应更多的热量，有利于保证反应深度，并使催化剂积炭降低。但在保证反应深度的同时，会使循环氢压缩机的排量增加，提高了循环氢压缩机的能耗。降低氢油分子比，催化剂积炭速率上升，在再生存在余量的条件下尽可能降低氢油分子比，能有效降低装置能耗，氢油比每降低 0.1，重整装置能耗下降约 0.2kgEO/t 重整进料。

九、空速

重整反应器催化剂装填量见表 3-15。

表 3-15 一反至四反各反应器催化剂装填量

容器	体积/m^3	需装催化剂处理量/kg	催化剂装填比/%(质)
一反	19	10640	18.3
二反	21.83	12225	21.1
三反	25.94	14526	25.1

续表

容器	体积/m^3	需装催化剂处理量/kg	催化剂装填比/%(质)
四反	36.68	20541	35.5
总量	103.45	57932	100

(一) 质量空速(WHSV)

质量空速定义为进料的质量流量与反应器中催化剂的质量之比。

四个反应器中的催化剂装填量为57932kg，故质量空速为：

$$WHSV = 142.26 \times 1000 \div 57932 = 2.45\ h^{-1}$$

(二) 体积空速(LHSV)

体积空速定义为进料的体积流量与反应器中催化剂的体积之比。

四个反应器中的催化剂装填体积为10.3.45m^3，故体积空速为：

$$LHSV = (142260 \div 737.5) \div 103.45 = 1.86\ h^{-1}$$

(三) 空速小结

空速与进料物料在反应器中的停留时间有联系，降低空速意味着增加停留时间，因而苛刻度较高，导致辛烷值增大，重整油收率降低，焦炭沉积增加。空速直接影响反应深度，在反应温度不变的情况下，空速降低，反应苛刻度升高；空速升高，反应苛刻度降低。所以在相同苛刻度下，反应装填量高的反应温度偏低，金陵石化1.0Mt/a的UOP连续重整装置质量空速为2.45，反应温度高达527℃；而在金陵石化1.5Mt/a的SLCR连续重整装置质量空速为1.8h^{-1}，反应温度只有519℃。

十、反应器平均温度计算

(一) 加权平均入口温度(WAIT)

各个反应器出入口温度见表3-16。

表3-16 各反出入口温度

项目	数值	项目	数值
一反入口温度/℃	526	三反出口温度/℃	478
二反入口温度/℃	526	四反出口温度/℃	492
三反入口温度/℃	526	一反催化剂装填比/%(质)	18.3
四反入口温度/℃	526	二反催化剂装填比/%(质)	21.1
一反出口温度/℃	407	三反催化剂装填比/%(质)	25.1
二反出口温度/℃	455	四反催化剂装填比/%(质)	35.5

加权平均入口温度定义为各反应器催化剂装填比例与反应器入口温度乘积之和：

$$WAIT = 526 \times 0.183 + 526 \times 0.211 + 526 \times 0.251 + 526 \times 35.5 = 526℃$$

(二) 加权平均床层温度(WABT)

加权平均床层温度定义为各反应器催化剂装填比例与反应器进出口平均温度乘积之和：

$$WABT = (526 + 407) \div 2 \times 0.183 + (526 + 455) \div 2 \times 0.211 + (526 + 478) \div 2 \times 0.251 + (526 + 492) \div 2 \times 0.355 = 495.54℃$$

(三) 反应器平均温度分析

催化剂的活性与反应温度直接有关，因此，反应器的入口温度是用来控制产物质量和收率的最直接的操作变量。提高反应器入口温度导致进料的非芳烃化合物主要是烷烃转化率的提高，但因加氢裂化反应比烷烃环化便于实现，所以最终结果是辛烷值增高但重整油收率下降并且催化剂积炭速率增大。实际操作中为方便起见，常常以反应器加权平均入口温度(WAIT)作为反应温度，未将因反应吸热而造成的温度变化考虑进去，而加权平均床层温度(WABT)考虑到温度变化，所以加权平均床层温度(WABT)能更合理地反映重整反应的真实温度。

十一、压降计算

(一) 重整各个反应器出口物料组成模拟

1. 每个反应器出口组成计算

1) 一反入口和四反出口组成见表3-17和表3-18。

表3-17　一反入口质量组成　　kg/h

项目	*n*P	*i*P	O	N	A
C_1	1130.57	0	0	0	0
C_2	3252.83	0	0	0	0
C_3	4878.03	0	0	0	0
C_4	2261.14	3321.05	0	0	0
C_5	1372.21	128.22	0	413.17	0
C_6	7109.43	6739.01	0	6425.56	1453.23
C_7	10685.52	10414.82	0	14318.60	5228.78
C_8	8434.44	13905.43	0	13264.30	8092.50
C_9	5470.99	8149.49	0	9631.22	3134.42
C_{10}	1438.98	4730.12	0	1011.56	213.71
C_{11}	42.74	626.88	0	0	0
C_6~C_{11}烃类总量	33182.12	44565.77	0	44651.26	18122.65
H_2	6530.03				

表3-18　四反出口质量组成　　kg/h

项目	*n*P	*i*P	O	N	A
C_1	2091.23	0	0	0	0
C_2	5626.89	0	0	0	0
C_3	8592.91	0	0	0	0
C_4	4061.03	5982.55	66.67	0	0
C_5	2548.44	3146.70	293.01	394.93	0.00
C_6	3783.69	9096.13	675.20	382.19	7898.60

续表

项目	nP	iP	O	N	A
C_7	1949. 17	6943. 13	586. 03	598. 77	26039. 92
C_8	305. 75	1490. 54	25. 48	165. 62	31989. 35
C_9	38. 22	114. 66	0. 00	50. 96	21428. 15
C_{10}	63. 70	0. 00	0. 00	89. 18	5809. 30
C_{11}	0. 00	76. 44	0. 00	12. 74	191. 10
C_{12}	0. 00	89. 18	0. 00	0. 00	0. 00
C_6~C_{11}烃类总量	6140. 53	17810. 08	1646. 39	185. 64	93356. 41
H_2	11035. 57				

2）反应物消耗量(和产物生成量)=四反出口质量组成-一反入口质量组成，见表3-19。

表3-19　反应物消耗量(和产物生成量)

四反出口与一反入口差值				
nP 差值	iP 差值	O 差值	N 差值	A 差值
960. 65	0	0	0	0
2374. 05	0	0	0	0
3714. 87	0	0	0	0
1799. 88	2661. 49	66. 66	0	0
1176. 23	3018. 47	293. 01	18. 24	0
3325. 75	2357. 12	675. 20	6043. 37	6445. 37
8736. 35	3471. 70	586. 02	13719. 84	20811. 13
8128. 69	12414. 89	25. 47	13098. 68	23896. 84
5432. 77	8034. 83	0	9580. 26	18293. 72
1375. 28	4730. 12	0	922. 38	5595. 58
42. 74	550. 44	0	12. 73	191. 09
4505. 54				

注：白色数字代表反应物消耗量，其余数字代表产物生成量。

3）重整的主要反应有：

① 六元环烷的脱氢反应：

$$\text{环己烷} \rightleftharpoons \text{苯} + 3H_2$$

$$\text{甲基环己烷}(CH_3) \rightleftharpoons \text{甲苯}(CH_3) + 3H_2$$

② 五元环烷的异构脱氢反应：

$$\text{甲基环戊烷} \rightleftharpoons \text{苯} + 3H_2$$

③ 烷烃脱氢环化：

$$C_7H_{16} \rightleftharpoons \text{甲苯} + 4H_2$$

此三种反应是生成芳烃并产氢的期望反应。

④ 直链烷烃异构化：

$$CH_3—CH_2—CH_2—CH_3 \rightleftharpoons CH_3—CH(CH_3)—CH_3$$

⑤ 环烷烃异构化：

$$\text{乙基环戊烷} \rightleftharpoons \text{甲苯}$$

此两种反应增加辛烷值。

⑥ 裂化反应(包括加氢裂化和氢解)：

$$CH_3—CH_2—CH_2—CH_2—CH_2—CH_2—CH_2—CH_3+H_2 \rightleftharpoons 2(CH_3—CH(CH_3)—CH_3)$$

⑦ 加氢脱烷基化：

$$\text{甲苯} + H_2 \longrightarrow \text{苯} + CH_4$$

⑧ 烷基化：

$$\text{苯} + CH_2=CH—CH_3 \rightleftharpoons \text{异丙苯}$$

⑨ 歧化反应：

$$\text{甲苯} + \text{甲苯} \rightleftharpoons \text{苯} + \text{邻二甲苯}$$

⑩ 结焦反应：

由于 PONA 分析里没五元环烷，故忽略掉五元环烷的异构脱氢反应；另外加氢脱烷基化、烷基化、歧化反应、结焦反应等反应占比极小，暂定忽略不计；而直链烷烃异构化、环烷烃异构化反应在重整高温条件下转化率不高且热效应很小，无法确定具体转化率，暂定假设进料和出料中的异构烷烃为正构烷烃来计算，对热平衡和物料组成影响忽略不计；积碳反应每小时才生成 29.85kg/h，数量级太小可忽略不计。总的来说，假定重整反应只进行六元环烷的脱氢反应、烷烃脱氢环化、裂化反应(包括加氢裂化和氢解)这三类主反应，并且假定不同组成的每类反应在各个反应器中反应比例一致，如环己烷、甲基环己烷、乙基环己烷脱氢生产芳烃在一反同步消耗 60%，在二反同步消耗 20%。

4）主要反应过程：

根据表 3-19 反应物消耗量(和产物生成量)中的数据，生成的芳烃全部由六元环烷的脱氢反应和烷烃脱氢环化转化生成，其中的环烷烃 100%转化成了芳烃和氢气，剩余的芳烃由烷烃脱氢环化生成，其余的烷烃全部发生裂化反应(包括加氢裂化和氢解)，氢气的生成来源于六元环烷的脱氢反应和烷烃脱氢环化反应，这些氢气减去实际产生的氢气就是参加裂化反应(包括加氢裂化和氢解)所消耗的氢气；另外有少许 C_5 环烷开环反应。

5）主要反应物料平衡：

六元环烷的脱氢反应、烷烃脱氢环化、裂化反应(包括加氢裂化和氢解)及 C5 环烷开环反应的消耗量及其产物量。

根据六元环烷的脱氢反应得出表 3-20。

$$\text{环己烷} \rightleftharpoons \text{苯} + 3H_2$$

$$\text{甲基环己烷} \rightleftharpoons \text{甲苯}(CH_3) + 3H_2$$

表 3-20 反应的环烷烃及其生成的芳烃和氢气量 kg/h

环烷烃脱氢生成的 A	H_2	消耗的环烷烃	环烷烃组分
5611.70	431.66	6043.37	C_6
12879.85	839.99	13719.84	C_7
12396.97	701.71	13098.68	C_8
9124.06	456.20	9580.26	C_9
882.85	39.53	922.38	C_{10}

根据烷烃脱氢环化反应得出表 3-21。

$$C_7H_{16} \rightleftharpoons \text{甲苯}(CH_3) + 4H_2$$

表 3-21　反应的烷烃及其生成的芳烃和氢气量　kg/h

烷烃生成的 A	H_2	消耗的烷烃	烷烃组分
833. 66	85. 50	919. 17	C_6
7931. 27	689. 67	8620. 95	C_7
11499. 87	867. 91	12367. 78	C_8
9169. 66	611. 31	9780. 97	C_9
4712. 73	281. 35	4994. 08	C_{10}
191. 09	10. 91	202. 01	C_{11}

根据裂化反应(包括加氢裂化和氢解)得出表 3-22。

$$CH_3—CH_2—CH_2—CH_2—CH_2—CH_2—CH_2—CH_3+H_2 \rightleftharpoons 2(CH_3—\overset{\overset{\displaystyle CH_3}{|}}{C}H—CH_3)$$

表 3-22　参加裂化氢解反应的物及其生成物量　kg/h

裂解氢解	消耗的烷烃	裂解氢解产物	*n*P	*i*P	O	N
C_6	49. 45	C_1	960. 65			
C_7	3587. 10	C_2	2374. 05			
C_8	8175. 79	C_3	3714. 87			
C_9	3686. 63	C_4	1799. 88	2661. 49	66. 66	
C_{10}	1111. 32	C_5	1176. 23	3018. 47	293. 01	
C_{11}	391. 17	C_6			675. 20	
H_2	510. 25	C_7			586. 02	
N-C_5	18. 24	C_8			25. 47	
		C_9				
		C_{10}				
		C_{11}				12. 73

6）反应配比：

将六元环烷的脱氢反应、烷烃脱氢环化、裂化反应(包括加氢裂化和氢解)及 C_5 环烷开环反应总共四类反应按一定比例分配至四个反应器，根据重整反应机理，六元环烷的脱氢反应主要发生在一反，部分发生在二反和三反，极少量发生在四反；烷烃脱氢环化反应主要发生在四反，一、二、三反发生部分；裂化反应主要发生在四反，一、二、三反发生部分；C_5 环烷开环反应由于占比极小，对整个反应配比影响很小，故 C_5 环烷开环反应在一、二、三、四反等比例分配。

7）反应物料各个温度下的焓值：

一、二、三、四反出入口温度下的重整反应物和产物的焓值见表 3-23 至表 3-27。

表 3-23　一、二、三、四反入口温度下的各组分焓值(0.35~0.42MPa，526℃下)　kJ/kg

项目	*n*P	*i*P	O	N	A
C_1	-3108.88	0	0	0	0
C_2	-1447.4	0	0	0	0
C_3	-1015.15	0	0	0	0
C_4	-835.58	-968.46	0	0	0
C_5	-697.11	-795.42	0	50.01	0
C_6	-626.77	-799.07	0	-258	1994.44
C_7	-551.88	-677.11	0	-341.2	1514.72
C_8	-506.86	-619.07	0	-331.77	1300.47
C_9	-470.63	-497.84	0	-381.01	1011.74
C_{10}	-441.66	-446.04	0	-288.29	882.96
C_{11}	-424.91	-757.65	0	-128.09	737.48
H_2	7221				

表 3-24　一反出口温度下的各组分焓值(0.41MPa，407℃下)　kJ/kg

项目	*n*P	*i*P	O	N	A
C_1	-3556.91	0	0	0	0
C_2	-1855.05	0	0	0	0
C_3	-1414.1	0	0	0	0
C_4	-1228.01	-1374.79	0	0	0
C_5	-1091.61	-1190.39	0	-305.45	0
C_6	-1013.16	-1198.7	0	-633.287	1718.788
C_7	-940.687	-1076.06	0	-714.851	1227.425
C_8	-893.888	-1021.94	0	-712.94	1000.168
C_9	-856.385	-902.48	0	-765.652	702.8881
C_{10}	-826.416	-849.379	0	-656.314	567.9751
C_{11}	-807.715	-963.21	0	-495.667	411.1069
H_2	5478.31				

表 3-25　二反出口温度下的各组分焓值(0.38MPa，455℃下)　kJ/kg

项目	*n*P	*i*P	O	N	A
C_1	-3381.8	0	0	0	0
C_2	-1695.58	0	0	0	0
C_3	-1257.69	0	0	0	0
C_4	-1074.59	-1218.74	0	0	0
C_5	-937.008	-1036.24	0	-166.608	0

续表

项目	*n*P	*i*P	O	N	A
C_6	-862.094	-1042.85	0	-486.846	1826.866
C_7	-788.075	-920.314	0	-568.877	1339.988
C_8	-741.922	-864.693	0	-563.542	1117.875
C_9	-704.84	-744.053	0	-615.254	823.8533
C_{10}	-675.234	-691.329	0	-512.349	691.1322
C_{11}	-657.741	-880.298	0	-351.946	538.6986
H_2	6178.32				

表 3-26　三反出口温度下的各组分焓值(0.36MPa，478℃下)　kJ/kg

项目	*n*P	*i*P	O	N	A
C_1	-3295.17	0	0	0	0
C_2	-1616.74	0	0	0	0
C_3	-1180.52	0	0	0	0
C_4	-998.7	-1142.06	0	0	0
C_5	-860.708	-959.861	0	-97.8121	0
C_6	-787.372	-965.564	0	-414.22	1880.177
C_7	-712.875	-843.166	0	-496.596	1395.55
C_8	-667.066	-786.79	0	-489.794	1175.954
C_9	-630.23	-665.798	0	-540.85	883.5932
C_{10}	-600.816	-613.326	0	-441.162	752.0501
C_{11}	-583.704	-840.57	0	-280.849	601.8202
H_2	6515.11				

表 3-27　四反出口温度下的各组分焓值(0.35MPa，492℃下)　kJ/kg

项目	*n*P	*i*P	O	N	A
C_1	-3241.59				
C_2	-1568.01				
C_3	-1132.88				
C_4	-951.778	-1094.83			
C_5	-813.59	-912.591	0	-55.271	0
C_6	-741.172	-917.722	0	-369.287	1913.091
C_7	-666.474	-795.431	0	-451.894	1429.866
C_8	-620.886	-738.581	0	-444.264	1211.818
C_9	-584.213	-617.449	0	-494.854	920.4949
C_{10}	-554.922	-565.152	0	-397.164	789.7133
C_{11}	-537.976	-816.387	0	-236.895	640.8482
H_2	6720.57				

一、二、三、四反的真实温降见表 3-28。

表 3-28　一、二、三、四反的真实温降

项目	数值	项目	数值
一反温降/℃	119	三反温降/℃	48
二反温降/℃	71	四反温降/℃	34

8）调整反应配比依据：

调整四类反应的比例，使得一反反应温降接近真实反应温降 119℃。所有的组成质量单位为 kg/h，焓值单位为 kJ/kg，温度为℃。

① 一反入口具体组成和组成的具体质量是已知条件，一反出口组成质量根据四类反应的反应比例的消耗物和生成物进行叠加，一反出口各烃类组成质量=一反入口各烃类组成质量-各烃类消耗量+各烃类生成量；

② 如果重整反应是绝热反应，那么一反进口总焓值应该与一反出口总焓值相等，但是实际反应存在热损失(动能差，势能差极小忽略不计)，所以一反出口总焓值减去一反入口总焓值应该为负值，且此焓差应该不大于一反反应热的 5%；

③ 假设重整反应分两步进行，第一步在 526℃下完成一反的反应，产物也是 526℃，第二步是反应产物(或重整反应物或进出口平均量，差别很小)降温至 407℃释放热量，即可以理解为重整反应所需的热量由产物温降热提供；

④ 温降热=反应热+热损失；

⑤ 反应温降=温降热/(物料总质量×物料平均质量比热容)；

⑥ 通过软件模拟得出床层温度 496℃下一反物料平均质量比热容为 3. 5kJ/(kg · ℃)，二反物料平均质量比热容为 3. 6kJ/(kg · ℃)，三反物料平均质量比热容为 3. 7kJ/(kg · ℃)，四反物料平均质量比热容为 3. 8kJ/(kg · ℃)，后续计算温降全部使用此比热容。

⑦ 查出床层温度 496℃下各组分的比热容 kJ/(kg · ℃)，然后用各组分比热容乘以各组分质量分数，得出平均比热容。软件模拟的平均比热容与计算出来的平均比热容差别不大，都在 3. 6kJ/(kg · ℃)左右，但是软件模拟出来的平均比热容从一反到四反有明显的递增过程，而计算出来的平均比热容从一反到四反变化很小。

调整一、二、三、四反中四类反应比例，使得各反温降接近重整反应实际温降，且反应器出口焓值减去反应器入口焓值为负值。

9）反应配比调整：

反应配比调整结果见表 3-29～表 3-32。

表 3-29　一反各类反应配比

一反进口组成/(kg/h)	组分	一反出口组成/(kg/h)	一反进口焓值/(kJ/kg)	一反出口焓值/(kJ/kg)	一反进口总焓值/(kJ/kg)	一反出口总焓值/(kJ/kg)	温降焓差/(kJ/kg)	温降热/kJ
1130. 57	P-C_1	1226. 64	-3108. 88	-3556. 91	-3514816. 68	-4363043. 96	448. 03	549571. 00
3252. 83	P-C_2	3490. 24	-1447. 40	-1855. 05	-4708153. 06	-6474569. 63	407. 65	1422796. 32
4878. 03	P-C_3	5249. 52	-1015. 15	-1414. 10	-4951936. 09	-7423347. 97	398. 95	2094296. 49
5582. 21	P-C_4	6028. 34	-835. 58	-1228. 01	-4664379. 35	-7402866. 27	392. 43	2365702. 89
1500. 44	P-C_5	1919. 91	-697. 11	-1091. 61	-1045971. 24	-2095793. 03	394. 50	757404. 52
13848. 44	P-C_6	13733. 20	-626. 77	-1013. 16	-8679789. 66	-13913935. 27	386. 39	5306378. 21

续表

一反进口组成/(kg/h)	组分	一反出口组成/(kg/h)	一反进口焓值/(kJ/kg)	一反出口焓值/(kJ/kg)	一反进口总焓值/(kJ/kg)	一反出口总焓值/(kJ/kg)	温降焓差/(kJ/kg)	温降热/kJ
21100.36	P-C_7	19707.13	-551.88	-940.69	-11644864.76	-18538234.14	388.81	7662262.25
22339.88	P-C_8	20038.16	-506.86	-893.89	-11323190.47	-17911871.02	387.03	7755327.28
13620.49	P-C_9	12078.11	-470.63	-856.39	-6410209.67	-10343509.61	385.76	4659190.53
6169.11	P-C_{10}	5458.69	-441.66	-826.42	-2724649.86	-4511149.26	384.76	2100264.86
669.63	P-C_{11}	606.27	-424.91	-807.71	-284530.97	-489691.02	382.80	232081.98
413.17	N-C_5	409.53	50.01	-305.45	20662.82	-125089.43	355.46	145569.78
6425.56	N-C_6	2316.07	-258.00	-633.29	-1657795.60	-1466737.47	375.29	869191.36
14318.61	N-C_7	4989.11	-341.20	-714.85	-4885509.02	-3566473.32	373.65	1864187.34
13264.30	N-C_8	4357.20	-331.77	-712.94	-4400697.63	-3106417.80	381.17	1660831.02
9631.22	N-C_9	3116.64	-381.01	-765.65	-3669592.21	-2386264.41	384.64	1198792.16
1011.56	N-C_{10}	384.34	-288.29	-656.31	-291623.60	-252248.55	368.02	141446.84
0.00	N-C_{11}	0.00	-128.09	-495.67	0.00	0.00	367.58	0.00
0.00	A-C_5	0.00	0.00	0.00	0.00	0.00	0.00	0.00
1453.23	A-C_6	5369.23	1994.44	1718.79	2898383.73	9228572.28	275.65	1480036.70
5228.79	A-C_7	14938.84	1514.72	1227.43	7920145.48	18336309.12	287.29	4291847.82
8092.51	A-C_8	17902.43	1300.47	1000.17	10524062.27	17905430.72	300.30	5376144.55
3134.42	A-C_9	10439.14	1011.74	702.89	3171219.74	7337549.29	308.85	3224149.45
213.71	A-C_{10}	1379.58	882.96	567.98	188697.88	783566.74	314.98	434546.78
0.00	A-C_{11}	22.93	737.48	411.11	0.00	9427.27	326.37	7484.20
6530.04	H_2	8463.61	7221.00	5478.31	47153385.31	46366259.36	1742.69	14749442.17
				求和	-2981152.63	-4404127.40		70348947
					出口-入口	-1422974.77	温降	121.66

注：环烷烃脱氢反应转化率68%，烷烃脱氢环化反应转化率12%，裂解氢解反应转化率10%，N-C_5 开环反应转化率20%。

表3-30　二反各类反应配比

二反进口组成/(kg/h)	组分	二反出口组成/(kg/h)	二反进口焓值/(kJ/kg)	二反出口焓值/(kJ/kg)	二反进口总焓值/(kJ/kg)	二反出口总焓值/(kJ/kg)	温降焓差/(kJ/kg)	温降热/kJ
1226.63	P-C_1	1332.31	-3108.88	-3381.80	-3813472.96	-4505609.17	272.92	363614.30
3490.23	P-C_2	3751.39	-1447.40	-1695.58	-5051773.31	-6360774.49	248.18	931018.89
5249.52	P-C_3	5658.16	-1015.15	-1257.69	-5329051.48	-7116212.59	242.54	1372334.19
6028.34	P-C_4	6519.10	-835.58	-1074.59	-5037163.38	-7005340.11	239.01	1558114.30
1919.91	P-C_5	2381.33	-697.11	-937.01	-1338388.51	-2231323.03	239.90	571275.52
13733.19	P-C_6	13424.43	-626.77	-862.09	-8607557.06	-11573129.22	235.32	3159097.81
19707.13	P-C_7	16467.64	-551.88	-788.08	-10875971.89	-12977738.79	236.20	3889580.06
20038.16	P-C_8	15057.46	-506.86	-741.92	-10156543.75	-11171458.98	235.06	3539436.29
12078.10	P-C_9	8444.85	-470.63	-704.84	-5684319.08	-5952274.77	234.21	1977873.25

续表

二反进口组成/(kg/h)	组分	二反出口组成/(kg/h)	二反进口焓值/(kJ/kg)	二反出口焓值/(kJ/kg)	二反进口总焓值/(kJ/kg)	二反出口总焓值/(kJ/kg)	温降焓差/(kJ/kg)	温降热/kJ
5458.68	P-C_{10}	3688.39	-441.66	-675.23	-2410884.40	-2490527.41	233.57	861511.42
606.26	P-C_{11}	496.57	-424.91	-657.74	-257609.04	-326616.74	232.83	115617.78
409.52	N-C_5	405.88	50.01	-166.61	20480.35	-67622.28	216.62	87920.15
2316.07	N-C_6	1288.70	-258.00	-486.85	-597546.10	-627396.74	228.85	294913.01
4989.11	N-C_7	2656.74	-341.20	-568.88	-1702285.99	-1511358.92	227.68	604878.69
4357.19	N-C_8	2130.42	-331.77	-563.54	-1445586.78	-1200581.50	231.77	493772.43
3116.64	N-C_9	1488.00	-381.01	-615.25	-1187472.25	-915497.60	234.24	348555.34
384.34	N-C_{10}	227.54	-288.29	-512.35	-110801.72	-116577.74	224.06	50981.50
0	N-C_{11}	0.00	-128.09	-351.95	0.00	0.00	223.86	0.00
0	A-C_5	0.00	0.00	0.00	0.00	0.00	0.00	0.00
5369.23	A-C_6	6598.33	1994.44	1826.87	10708608.98	12054266.07	167.57	1105709.74
14938.83	A-C_7	19745.73	1514.72	1339.99	22628156.93	26459046.75	174.73	3450212.73
17902.43	A-C_8	23804.87	1300.47	1117.88	23281575.27	26610885.34	182.59	4346639.16
10439.14	A-C_9	15016.22	1011.74	823.85	10561698.74	12371165.91	187.89	2821348.27
1379.57	A-C_{10}	3084.87	882.96	691.13	1218113.52	2132050.10	191.83	591763.20
22.93	A-C_{11}	85.99	737.48	538.70	16911.47	46324.24	198.78	17093.79
8463.60	H_2	9667.63	7221.00	6178.30	61115701.53	59729535.21	1042.70	10080440.63
				求和	65944819.1	63253233.57		42633702.5
					出口-入口	-2691585.53	温降	71.89

注：环烷烃脱氢反应转化率85%，烷烃脱氢环化反应转化率45%，裂解氢解反应转化率21%，N-C_5 开环反应转化率40%。

表 3-31　三反各类反应配比

三反进口组成/(kg/h)	组分	三反出口组成/(kg/h)	三反进口焓值/(kJ/kg)	三反出口焓值/(kJ/kg)	三反进口总焓值/(kJ/kg)	三反出口总焓值/(kJ/kg)	温降焓差/(kJ/kg)	温降热/kJ
1332.31	P-C_1	1514.84	-3108.88	-3295.17	-4141994.87	-4991640.51	186.29	282198.71
3751.39	P-C_2	4202.46	-1447.40	-1616.74	-5429755.59	-6794277.89	169.34	711643.81
5658.16	P-C_3	6363.98	-1015.15	-1180.52	-5743878.40	-7512809.56	165.37	1052411.92
6519.10	P-C_4	7366.76	-835.58	-998.70	-5447225.80	-7357182.74	163.12	1201667.29
2381.33	P-C_5	3178.32	-697.11	-860.71	-1660047.51	-2735606.34	163.60	519966.01
13424.43	P-C_6	13212.82	-626.77	-787.37	-8414031.41	-10403404.92	160.60	2122006.59
16467.64	P-C_7	13889.48	-551.88	-712.88	-9088158.72	-9901466.38	161.00	2236142.26
15057.46	P-C_8	10783.14	-506.86	-667.07	-7632022.70	-7193068.92	160.21	1727525.11
8444.85	P-C_9	5592.58	-470.63	-630.23	-3974401.52	-3524610.14	159.60	892574.97
3688.39	P-C_{10}	2378.54	-441.66	-600.82	-1629015.99	-1429065.70	159.16	378558.58
496.57	P-C_{11}	377.81	-424.91	-583.70	-210998.96	-220527.51	158.79	59993.51
405.88	N-C_5	402.23	50.01	-97.81	20297.88	-39342.75	147.82	59458.15

续表

三反进口组成/(kg/h)	组分	三反出口组成/(kg/h)	三反进口焓值/(kJ/kg)	三反出口焓值/(kJ/kg)	三反进口总焓值/(kJ/kg)	三反出口总焓值/(kJ/kg)	温降焓差/(kJ/kg)	温降热/kJ
1288.70	N-C_6	382.19	-258.00	-414.22	-332483.73	-158310.93	156.22	59705.77
2656.74	N-C_7	598.77	-341.20	-496.60	-906480.23	-297344.60	155.40	93045.91
2130.42	N-C_8	165.62	-331.77	-489.79	-706809.07	-81117.75	158.02	26171.36
1488.00	N-C_9	50.96	-381.01	-540.85	-566942.25	-27561.02	159.84	8145.23
227.54	N-C_{10}	89.18	-288.29	-441.16	-65596.25	-39341.84	152.87	13632.78
0.00	N-C_{11}	0.00	-128.09	-280.85	0.00	0.00	152.76	0.00
0.00	A-C_5	0.00	0.00	0.00	0.00	0.00	0.00	0.00
6598.33	A-C_6	7623.49	1994.44	1880.18	13159975.81	14333518.66	114.26	871082.64
19745.73	A-C_7	23422.59	1514.72	1395.55	29909259.48	32687400.41	119.17	2791271.01
23804.87	A-C_8	28194.39	1300.47	1175.95	30957524.50	33155302.42	124.52	3510657.49
15016.22	A-C_9	18402.16	1011.74	883.59	15192514.18	16260022.91	128.15	2358178.08
3084.87	A-C_{10}	4254.10	882.96	752.05	2723813.30	3199292.47	130.91	556903.29
85.99	A-C_{11}	128.03	737.48	601.82	63418.02	77053.34	135.66	17369.05
9667.63	H_2	10501.32	7221.00	6515.10	69809975.85	68417159.81	705.90	7412882.86
				求和	105886936	105423070.5		28963192.4
					出口-入口	-463865.51	温降	48.04

注：环烷烃脱氢反应转化率100%，烷烃脱氢环化反应转化率67%，裂解氢解反应转化率40%，N-C_5开环反应转化率60%。

表3-32　四反各类反应配比

四反进口组成/(kg/h)	组分	四反出口组成/(kg/h)	四反进口焓值/(kJ/kg)	四反出口焓值/(kJ/kg)	四反进口总焓值/(kJ/kg)	四反出口总焓值/(kJ/kg)	温降焓差/(kJ/kg)	温降差/kJ
1514.84	P-C_1	2091.23	-3108.88	-3241.59	-4709441.80	-6778906.47	132.71	277526.98
4202.46	P-C_2	5626.89	-1447.40	-1568.01	-6082634.08	-8823014.41	120.61	678658.79
6363.98	P-C_3	8592.91	-1015.15	-1132.88	-6460397.64	-9734705.11	117.73	1011615.16
7366.76	P-C_4	9974.54	-835.58	-951.78	-6155515.45	-9493542.72	116.20	1159019.79
3178.32	P-C_5	5393.76	-697.11	-813.59	-2215640.33	-4388313.17	116.48	628267.38
13212.82	P-C_6	12188.15	-626.77	-741.17	-8281398.33	-9033509.85	114.40	1394343.30
13889.48	P-C_7	8294.07	-551.88	-666.47	-7665324.12	-5527781.59	114.59	950452.66
10783.14	P-C_8	1770.35	-506.86	-620.89	-5465543.81	-1099186.55	114.03	201865.47
5592.58	P-C_9	152.88	-470.63	-584.21	-2632035.17	-89312.31	113.58	17364.18
2378.54	P-C_{10}	63.70	-441.66	-554.92	-1050507.13	-35347.68	113.26	7214.63
377.81	P-C_{11}	76.44	-424.91	-537.98	-160534.00	-41121.87	113.07	8642.55
402.23	N-C_5	394.93	50.01	-55.27	20115.40	-21828.17	105.28	41578.63
382.19	N-C_6	382.19	-258.00	-369.29	-98605.16	-141137.91	111.29	42532.75
598.77	N-C_7	598.77	-341.20	-451.89	-204298.68	-270578.58	110.69	66279.90
165.62	N-C_8	165.62	-331.77	-444.26	-54946.39	-73577.19	112.49	18630.80

续表

四反进口组成/(kg/h)	组分	四反出口组成/(kg/h)	四反进口焓值/(kJ/kg)	四反出口焓值/(kJ/kg)	四反进口总焓值/(kJ/kg)	四反出口总焓值/(kJ/kg)	温降焓差/(kJ/kg)	温降差/kJ
50.96	$N-C_9$	50.96	-381.01	-494.85	-19415.79	-25217.15	113.84	5801.36
89.18	$N-C_{10}$	89.18	-288.29	-397.16	-25709.07	-35418.19	108.87	9709.12
0.00	$N-C_{11}$	12.74	-128.09	-236.89	0.00	-3017.96	108.80	1386.14
0.00	$A-C_5$	0.00	0.00	0.00	0.00	0.00	0.00	0.00
7623.49	$A-C_6$	7898.60	1994.44	1913.09	15204601.30	15110752.34	81.35	642540.53
23422.59	$A-C_7$	26039.92	1514.72	1429.87	35478671.41	37233602.12	84.85	2209578.95
28194.39	$A-C_8$	31989.35	1300.47	1211.82	36665959.92	38765254.07	88.65	2835933.92
18402.16	$A-C_9$	21428.15	1011.74	920.49	18618200.99	19724502.53	91.25	1955213.73
4254.10	$A-C_{10}$	5809.30	882.96	789.71	3756195.76	4587678.23	93.25	541697.99
128.03	$A-C_{11}$	191.10	737.48	640.85	94422.39	122463.05	96.63	18465.89
10501.32	H_2	11035.58	7221.00	6720.57	75830042.67	74165358.79	500.43	5522533.13
	$O-C_4$	66.67	1675.19	1567.74		104519.05	107.45	7163.85
	$O-C_5$	293.01	1228.73	1084.03		317634.61	144.70	42398.94
	$O-C_6$	675.20	-104.68	-211.90		-143076.87	107.22	72398.01
	$O-C_7$	586.03	-169.34	-451.89		-264821.59	282.55	165582.11
	$O-C_8$	25.48	-211.64	-321.42		-8189.65	109.79	2797.28
				求和	134386262.9	134100159.8		20537193.9
					出口-入口	-286103.10	温降	33.16

注：环烷烃脱氢、烷烃脱氢环化、裂解氢解、$N-C_5$ 开环反应转化率均为 100%。

10）根据一反出入口质量组成，求出一反出入口摩尔组成，从而求出出入口平均标况体积，见表 3-33。

表 3-33　一反出入口平均组成及平均标况体积量

相对分子质量	组分	一反进口组成/kg	一反出口组成/kg	一反进口组成/kmol	一反出口组成/kmol
16	$P-C_1$	1130.57	1226.64	70.66	76.66
30.00	$P-C_2$	3252.83	3490.24	108.43	116.34
44	$P-C_3$	4878.03	5249.52	110.86	119.31
58	$P-C_4$	5582.21	6028.34	96.24	103.94
72	$P-C_5$	1500.44	1919.91	20.84	26.67
86.00	$P-C_6$	13848.44	13733.20	161.03	159.69
100	$P-C_7$	21100.36	19707.13	211.00	197.07
114	$P-C_8$	22339.88	20038.16	195.96	175.77
128	$P-C_9$	13620.49	12078.11	106.41	94.36
142.00	$P-C_{10}$	6169.11	5458.69	43.44	38.44
156	$P-C_{11}$	669.63	606.27	4.29	3.89
70	$N-C_5$	413.17	409.53	5.90	5.85

续表

相对分子质量	组分	一反进口组成/kg	一反出口组成/kg	一反进口组成/kmol	一反出口组成/kmol
84	N-C_6	6425.56	2316.07	76.49	27.57
98	N-C_7	14318.61	4989.11	146.11	50.91
112	N-C_8	13264.30	4357.20	118.43	38.90
126	N-C_9	9631.22	3116.64	76.44	24.74
140	N-C_{10}	1011.56	384.34	7.23	2.75
154	N-C_{11}	0.00	0.00	0.00	0.00
0	A-C_5	0.00	0.00	0.00	0.00
78	A-C_6	1453.23	5369.23	18.63	68.84
92	A-C_7	5228.79	14938.84	56.83	162.38
106	A-C_8	8092.51	17902.43	76.34	168.89
120	A-C_9	3134.42	10439.14	26.12	86.99
134	A-C_{10}	213.71	1379.58	1.59	10.30
148	A-C_{11}	0.00	22.93	0.00	0.15
2	H_2	6530.04	8463.61	3265.02	4231.80
	求和	163809.12	163624.86	5004.32	5992.21
一反进出口平均值		163716.98		5498.26	
进出口平均体积/(Nm^3/h)		71674.99			

(二) 重整反应器压降计算

1. 已知条件见表3-34~表3-36。

表3-34 一、二、三、四反反应器扇形筒相关尺寸

项目	R701	R702	R703	R704
扇形筒外径/mm	232	228	254	272
扇形筒面积/m^2	0.021	0.0204	0.025	0.029
个数	29	30	28	30
扇形筒总面积/m^2	0.612	0.612	0.709	0.871
催化剂截面积/m^2	2.97	2.97	3.34	4.57
等量截面积/m^2	2.35	2.36	2.64	3.70
等量直径/m	2.18	2.18	2.26	2.54

表3-35 一、二、三、四反反应器中心管相关尺寸

项目	R701	R702	R703	R704
中心管直径/mm	1289	1289	1289	1289
中心管周长/mm	4047.46	4047.46	4047.46	4047.46
中心管开孔总高度/mm	7581	8724	9334	9372
中心管开孔列数(孔间距46.7mm)	85	79	90	101
中心管开孔行数(孔间距38.1mm)	197	227	243	244
中心管开孔数	16678	17846	21765	24640

续表

项　目	R701	R702	R703	R704
中心管开孔面积($\phi5.5$)/m^2	0.40	0.42	0.52	0.59
中心管面积/m^2	30.68	35.31	37.78	37.93
中心管开孔率 e/%	1.29	1.20	1.37	1.54

表 3-36　重整反应器压降计算相关已知参数

项　目	数　值	项　目	数　值
重整进料量/(t/h)	142.26	催化剂直径 d_p/m	1.60×10^{-3}
循环氢流量/(Nm^3/h)	81869	空隙率 ε	0.39
循环氢纯度/%(体)	89.30	当量外径 R_b/m	2.35
循环氢分子量	5.896	内径 r_b/m	1.32
一反平均压力/MPa	0.4	高度 H_b/m	7.581
重整进料分子量	107.85	中心管内径 r_c/m	1.279
一反床层温度/℃	496	中心管开孔率 e	0.0129
反应物流量/(m^3/h)	29546.82	中心管开孔孔径 φ/mm	5.5
循环氢质量/(kg/h)	21549.09	中心管壁厚 δ/mm	5
一反进出口平均体积流量 V/(m^3/h)	71674.99	分流流道面积 S_D/m^2	0.5
一反进出口混合介质密度 ρ/(kg/m^3)	2.284158	气体黏度 μ/Pa·s	0.000022

2. 一反压降计算

(1) 床层压降 p_b

径向床层厚度 $L_b=(R_b-r_b)/2=(2.35-1.32)/2=0.515$m

床层对数平均直径 $d_m=(R_b-r_b)/\ln(R_b/r_b)=(2.35-1.32)/\ln(2.35/1.32)=1.79$m

床层径向平均流通面积 $S_b=\pi\times d_m\times H_b=3.14\times1.79\times7.581=42.51m^2$

气体空塔线速 $u_b=V/S_b=71675/(42.51\times.3600)=0.47$m/s

床层压降 $p_b\times g/L_b=150\times(1-\varepsilon)^2\times(\mu\times u_b)/(\varepsilon^3\times d_p{}^2)+1.75\times(1-\varepsilon)\times\rho\times u_b{}^2/(\varepsilon^3\times d_p)$

$=150\times(1-0.39)^2\times(0.000022\times0.47)/(0.39^3\times1.60E-03^2)+1.75\times(1-0.39)\times2.28\times0.47^2/(0.39^3\times1.60E-03)$

$=9.42\times10^3$kPa

取 $g=9.8$，则 $p_b=495.187kg/m^2=4.95$kPa

(2) 分流流道静压降 p_d

分流流道气速 $u_d=V/S_d=71675/(3600\times0.5)=39.81$m/s

分流流道静压降 $p_d=K_d\times u_d{}^2\times\rho/g$

$=0.72\times39.81^2\times2.28/9.8$

$=266.086kg/m^2$

$=2.66$kPa

(3) 集流流道静压降 p_c

集流流道面积 $S_c=r_c{}^2\times0.785=1.279^2\times0.785=1.28m^2$

集流流道气速 $u_c=V/S_c=71765/(3600\times1.28)=15.5$m/s

集流流道静压降 $p_c = K_c \times u_c^2 \times \rho / g = 1 \times 15.5^2 \times 2.28 / 9.8 = 56.028 kg/m^2 = 0.56 kPa$

（4）中心管穿孔压降 p_e

中心管开孔总面积 $S_e = \pi \times r_c \times H_b \times e = 3.14 \times 1.279 \times 7.581 \times 0.0129 = 0.392 m^2$

中心管过孔气速 $u_e = V / S_e = 71765 / (0.392 \times 3600) = 50.69 m/s$

确定压降系数 ξ：

$$\beta = 1.11 \times (\delta / \varphi)^{-0.336} = 1.11 \times (5/5.5)^{-0.336} = 1.11$$

$$KK = u_e / u_c = 50.69 / 15.5 = 3.27$$

$KK > 2$ 时，$\xi = 1.5\beta$

中心管过孔压降 $p_e = \xi \times u_e^2 \times \rho / (2g) = 1.5 \times 1.11 \times 50.69^2 \times 2.28 / (2 \times 9.8)$

$= 498.63 kg/m^2 = 4.98 kPa$

（5）总压降 p_A

$$p_A = p_b + p_d + p_c + p_e = 4.95 + 2.66 + 0.56 + 4.98 = 13.15 kPa$$

（6）分配不均匀度 ΔQ

$$\begin{aligned}\Delta Q &= 1 - [(p_b + p_e + p_c)/(p_b + p_e + p_d)]^{0.5} \\ &= 1 - [(4.95 + 4.98 + 0.56)/(4.95 + 4.98 + 2.66)]^{0.5} \\ &= 8.72\%\end{aligned}$$

3. 同理计算各个反应器压降及不均匀度

各个反应器压降及不均匀度见表 3-37。

表 3-37　一、二、三、四反反应器压降及不均匀度汇总

项　目	一反	二反	三反	四反
床层压降 p_b	4.95	4.73	5.1	6.6
分流流道静压降 p_d	2.66	3.17	2.49	1.85
集流流道静压降 p_c	0.56	0.67	0.754	0.85
中心管穿孔压降 p_e	4.98	5.19	3.93	3.49
总压降 p_A	13.16	13.76	12.29	12.8
分配不均匀度 ΔQ	8.72%	10.07%	7.84%	4.27%

4. 重整反应器压降分析

1）重整反应器总压降由分流流道静压降、集流流道静压降、床层压降、中心管穿孔压降四部分组成，其中中心管穿孔压降和床层压降占总压降的 75%～79%，而分流流道静压降、集流流道静压降只占 21%～25%。

2）一反至四反，反应器床层压降基本趋势是逐渐增大的。由于影响床层压降的因素主要有两个，一个是气体空塔线速，另一个是气流平均密度，在上述计算中可以看出一、二、三、四反的气体空塔线速基本趋势是逐渐增大的，而一、二、三、四反的气流平均密度由于不断产氢从而是逐渐减小的。可以看出气体空塔线速是主要因素，而气体空塔线主要与催化剂床层流通面积有关。

在反应器床层压降变化趋势中，一反床层压降反而略大于二反床层压降，一反气体空塔线速为 0.47m/s，二反气体空塔线速为 0.49m/s，按道理应该是二反床层压降要比一反床层压降大，分析是因为一、二反是主要的产氢反应器，而计算所使用的是气流在反应器进出口的平均密度，所以二反的气流平均密度比一反气流平均密度下降最多，如一反到二反下降了

0.37kg/Nm^3，而从二反到三反和三反到四反仅下降了 0.2kg/Nm^3，所以就导致二反床层压降比一反床层压降略低；试在二反床层压降计算过程中将二反的气流平均密度调成与一反一致，得出的二反床层压降为 5.5kPa，明显比一反的 4.95kPa 大。

一、二、三、四反床层压降比较趋势图见图 3-1。

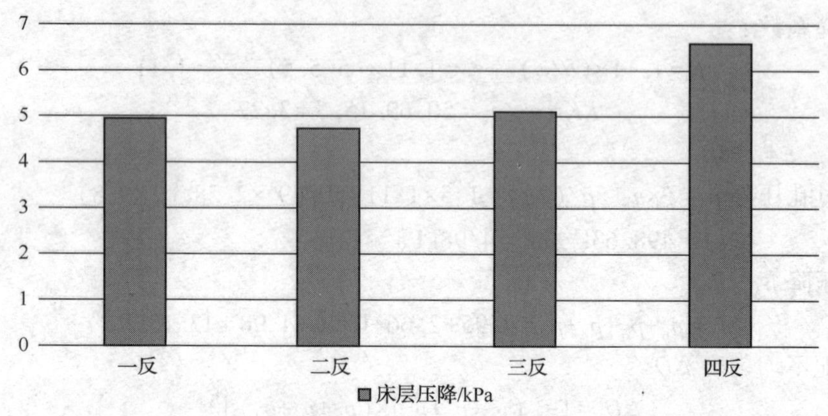

图 3-1　一、二、三、四反床层压降比较趋势

3）一反至四反，反应器分流流道压降基本趋势是逐渐减小的。由于影响分流流道压降的因素主要有两个，一个是分流流道气速，另一个是气流平均密度，在上述计算中可以看出二、三、四反的分流流道气速的趋势是逐渐减小的，且一、二、三、四反的气流平均密度由于不断产氢从而是逐渐减小的，所以反应器分流流道压降基本趋势是逐渐减小的。二、三、四反的分流流道气速的趋势是逐渐减小主要由于二、三、四反的分流流道的面积在增大(尽管二、三、四反的分流流道的气体流量也在增大)。

在反应器分流流道压降变化趋势中，一反分流流道压降反而要小于二反分流流道压降，主要由于二反分流流道气速要远大于一反分流流道气速，分析认为因该计算所使用的是气流在反应器进出口的平均体积，所以二反的气流平均体积比一反气流平均体积增大最多，如二反反应器进出口的平均体积比一反反应器进出口的平均体积增大 14000Nm^3/h，三反反应器进出口的平均体积比二反反应器进出口的平均体积只增大了 11000Nm^3/h，就造成了二反的分流流道气速最大，从而二反的分流流道压降最大。

一、二、三、四反分流流道压降比较趋势见图 3-2。

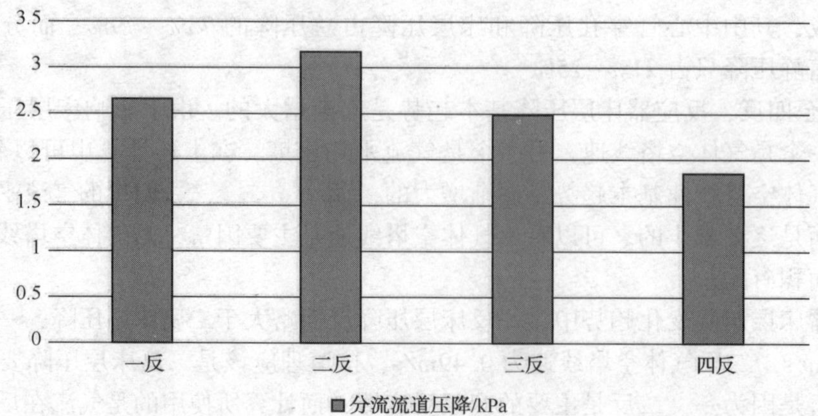

图 3-2　一、二、三、四反分流流道压降比较趋势

4）一反至四反，反应器集流流道压降基本趋势是逐渐增大的。由于影响床层压降的因素主要有两个，一个是集流流道气速，另一个是气流平均密度。在上述计算中可以看出一、二、三、四反的集流流道气速的趋势是逐渐增大的，而一、二、三、四反的气流平均密度由于不断产氢从而是逐渐减小的，所以影响集流流道压降的主要因素是集流流道气速。一、二、三、四反的中心管直径是一致的，均为 1.279m，而流经一、二、三、四反的中心管的气体体积随着重整反应的进行是不断增大的，所以一、二、三、四反的集流流道气速的趋势是逐渐增大的。尽管一、二、三、四反的集流流道气流平均密度在逐渐减小，但是气流平均密度减小斜率比集流流道气速增大斜率小。

一、二、三、四反集流流道压降及气速趋势见图 3-3 和图 3-4。

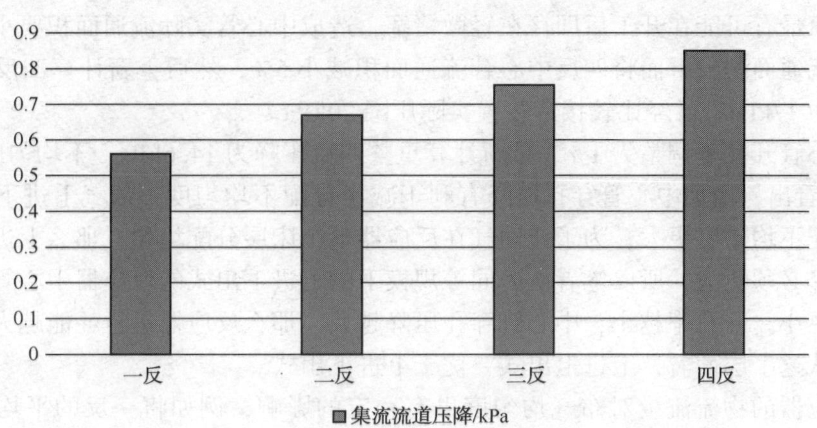

图 3-3　一、二、三、四反集流流道压降比较趋势

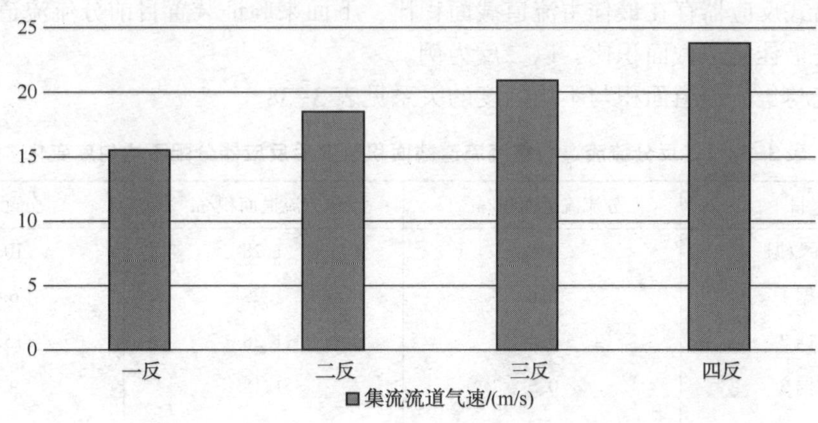

图 3-4　一、二、三、四反集流流道气速比较趋势

5）一反至四反，反应器中心管穿孔压降基本趋势是逐渐减小的。由于影响中心管穿孔压降的因素主要有两个，一个是气体空塔线速，另一个是气流平均密度，在上述计算中可以看出一、二、三、四反的气体空塔线速基本趋势是逐渐增大的，而一、二、三、四反的气流平均密度由于不断产氢从而是逐渐减小的。

6）一、三、四反的分配不均匀度均<10%，二反的分配不均匀度略大于 10%，床层压降、集流流道压降、中心管穿孔压降基本属于正常值，但是二反分流流道压降偏大造成分配

不均匀度偏大。从上述计算可以看出二反的分流流道气速高达 47.5m/s 以上，主要原因是目前重整进料 142t/h，处理量是设计处理量的 112%，另外氢油比控制偏高且循环氢纯度只有 82%，造成循环氢量在 85000Nm^3/h 以上。

7）一、二、三总压降与装置实际压降比较接近，但是四反压降比装置实际压降低了 10kPa。由于四反底部存在冲孔板，而上述计算是按照没有冲孔板来计算的；如果将冲孔板计算进去，那么四反中心管的开孔率应该需要往下调整。下面将四反中心管开孔率从 1.54%下调至 1.25%来重新计算四反压降。重新计算得出四反总压降为 14.6kPa，仍小于装置实际压降。

鉴于四反在最底下且是最后一个反应器，那么催化剂碎颗粒最终在四反聚集，也就是说四反的中心筒最有可能在开工后即存在轻微堵塞，造成中心管实际流通面积要小于上述理论计算得出的流通面积，下面将四反中心管流通面积减小 5%，然后重新计算四反压降，得出四反总压降为 17kPa，已经比较接近装置实际压降 20kPa。

四反中心管开孔率调整为 1%，重新计算重整四反压降为 14.6kPa，不均匀度为 3.82%。

8）可以看出，增加中心管穿孔压降有利于减小分配不均匀度，油气上进下出式比上进下出式的分配不均匀度更大，为了让油气在反应器整个床层分配均匀，那么上进下出式的中心管穿孔压降必须更大，所以笔者认为同等规模下的上进下出式的反应器中心管开孔率比上进上出式要更小。开孔率越小，中心管穿孔压降越大，那么反应器运行耗能越大，操作费用增加，所以从这个层面看，上进上出式要优于上进下出式。

通过反应器的物流流量对布气均匀度也有一定的影响，例如将一反的平均气体量减少 10000m^3/h，计算得出不均匀度下降 0.5%。

5. 上进上出式反应器存在最佳主流道截面积比

上进上出式反应器存在最佳主流道截面积比，下面来验证装置目前分流流道和集流流道截面积是否是最佳流道截面积比，以二反为例。

二反分流与集流流道面积与不均匀度的关系见表 3-38。

表 3-38　二反分流流道与集流流道截面积改变后反应器分配不均匀度变化

项　目	分流流道面积/m^2	集流流道面积/m^2	分配不均匀
装置实际数据	0.5	1.28	10.07%
假设数据 1	0.6	1.28	6.55%
假设数据 2	0.4	1.28	15.64%
假设数据 3	0.5	1.18	9.55%
假设数据 4	0.5	1.38	10.45%
假设数据 5	0.6	1.38	6.94%

从表 3-38 可以看出，在目前装置处理负荷下，二反的分流流道和集流流道截面积并不是最佳流道截面积比。在集流流道面积不变的情况下，增大分流流道面积，分配不均匀度快速下降；而在集流流道面积不变的情况下，减小分流流道面积，分配不均匀度快速上升；在分流流道面积不变的情况下，增大集流流道面积，分配不均匀度升高了，但是升幅很小；在分流流道面积不变的情况下，减小集流流道面积，分配不均匀度反而快速下降了；在分流流道和集流流道截面积都增大的情况，分配不均匀度快速下降，但是从假设数据 1 和假设数据

5可以看出，集流流道截面积对分配不均匀度影响很小。所以集流流道截面积并不是影响分配不均匀度的主要因素，而分流流道截面积才是影响分配不均匀度的主要因素，并且目前装置分流流道截面积是偏小了，才造成分配不均匀度偏高。

如果遇到粉尘在重整系统里累积造成中心管开孔堵塞，即中心管开孔面积减小。下面通过计算分析中心管开孔面积减小对反应器总压降的影响，仍以二反为例。

反应器压降与中心管堵塞程度的关系见表3-39。

表3-39 中心管开孔堵塞程度与二反总压降的关系

项　目	中心管开孔总面积/m^2	二反总压降/kPa
装置实际面积	1.28	13.7
假设堵塞5%	1.21	13.85
假设堵塞10%	1.15	13.93
假设堵塞20%	1.02	14.16
假设堵塞30%	0.896	14.47
假设堵塞40%	0.768	14.96
假设堵塞50%	0.64	15.79
假设堵塞60%	0.512	17.3
假设堵塞70%	0.384	20.57
假设堵塞80%	0.256	29.9
假设堵塞90%	0.128	80.3

中心管堵塞百分比与二反总压降关系见图3-5。

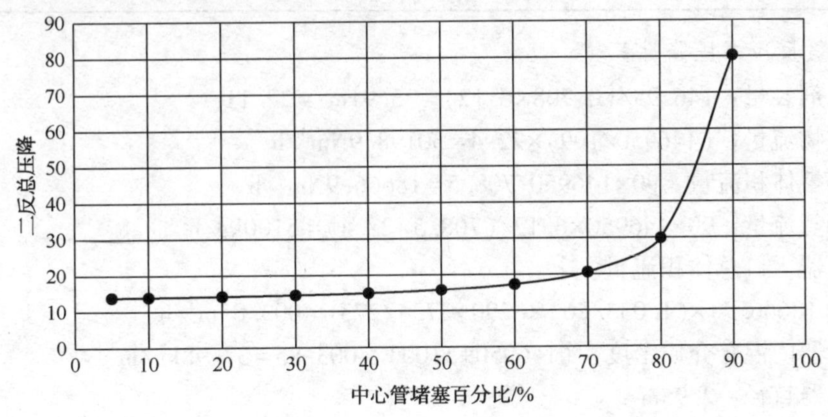

图3-5 中心管堵塞百分比与二反总压降关系图

从图3-5可以看出，二反总压降随着中心管堵塞严重程度而上升，从堵塞程度5%～60%，二反总压降上升比较缓慢，总共上升4kPa左右，但是一旦堵塞程度达到70%甚至更高，二反的总压降急剧上升。所以中心管的堵塞程度与反应器总压降并不是线性关系，而是前半段非常平缓，后半段曲线斜率迅速增大。如果一旦发现反应器压降开始上升，就要立即引起注意了，当发现压降上升50%以上，那么基本可以确定中心管堵塞比较严重了（排除因跑剂等其他因素引起的压降上升）。

（三）预加氢反应器压降计算

1. 预加氢反应器已知条件见表 3-40 和表 3-41。

表 3-40 预加氢循环氢分析数据

采样日期	空气/%(体)	甲烷/%(体)	二氧化碳/%(体)	乙烷/%(体)	丙烷/%(体)	异丁烷/%(体)	正异丁烯/%(体)	正丁烷/%(体)	碳五/%(体)	氢/%(体)	密度(15℃)/(kg/m³)
2016/12/7	0	1.4	0.2	1	3	1.1	0	2.4	2.1	88.3	0.2667
2016/12/14	0	0.6	0	0.3	0.9	0.6	0	2.8	0	94.8	0.1481
2016/12/15	0	0.5	0	0.3	0.7	0.3	0	1	0.7	96.4	0.1207
2016/12/16	0	0.5	0	0.3	0.6	0.3	0	1	0	97.3	0.1048
平均值	0.00	0.53	0.00	0.30	0.73	0.40	0.00	1.60	0.23	96.17	0.12
平均分子量	3.75										

表 3-41 预加氢已知条件

项 目	数 值	项 目	数 值
预加氢进料量/(t/h)	146.95	催化剂密度/(kg/m³)	800
反应空速/h⁻¹	6.12	循环氢相对分子质量	3.75
相对分子质量	109	流体黏度/mPa·s	0.00001
氢油比(体积比)	90	空隙率	0.39
进料密度/(kg/m³)	708.5	球形系数	1
平均反应压力/MPa	2.5	实际催化剂床层高度/m	9.97
平均反应温度/℃	290		

2. 预加氢反应器压降计算

1）催化剂装量：146.95/(0.708×6.12)= 33.91m^3 = 27.11t

2）反应物流量：(146950/109)×22.4 = 30198.9Nm^3/h

3）循环氢体积流量：90×146950/708.5 = 18666.9Nm^3/h

4）循环氢流量：90×146950×6.12/(708.5×22.4)= 5100kg/h

5）反应器入口总体积流量：

(30198+18666.9)×(1.033/26)×(290+273)/273 = 4003.85m^3/h

6）反应器内混合介质密度：(146950+5100)/4003.85 = 37.98kg/m^3

7）反应器直径：2.95m

8）实际床层截面积：3.14×2.95×2.95/4 = 6.83m^2

9）实际空塔线速：(4003.85/3600)/6.83 = 0.16m/s

10）催化剂当量直径：

① 颗粒表面积 = $2\times(1.5^2\pi/4)+1.5\times1.5\pi = 3.375\pi$

② 颗粒体积 = $(1.5^2\pi/4)\times1.5 = 0.844\pi$

③ 球形颗粒表面积 = πd^2

④ 球形颗粒体积 = $(\pi/6)d^3$

⑤ 根据当量直径的定义，则

$$\pi d^2/\{(\pi/6)d^3\}=3.375\pi/0.844\pi$$

$$d=1.5\text{mm}=0.0015\text{m}$$

11）每米床层压降 $\Delta p/L=0.0277\times\rho^{0.85}\times Z^{0.15}\times u^{1.85}/d_p^{\ 1.15}$（艾索尔公式）

$$=0.0277\times37.98^{0.85}\times0.01^{0.15}\times0.16^{1.85}/0.0015^{1.15}$$

$$=18.8\text{kPa}$$

12）催化剂床层总压降 $\Delta p=3.97\times18.8=74.61\text{kPa}$

13）另外再用欧根公式计算：

$$\frac{\Delta p}{L}g_c=150\times\frac{(1-\varepsilon)^2}{\varepsilon^3}\times\frac{\mu U}{(\varphi_p d_p)^2}+1.75\times\frac{1-\varepsilon}{\varepsilon^3}\times\frac{\rho_f U^2}{\varphi_p d_p}$$

$$=150\times\frac{(1-0.39)^2}{0.39^3}\times\frac{0.00001\times0.16}{(1\times0.0015)^2}+1.75\times\frac{1-0.39}{0.39^3}\times\frac{37.98\times0.16^2}{1\times0.0015}$$

$$=12491$$

那么每米床层压降 $\Delta p/L=12491/9.8=12.74\text{kPa}$

催化剂床层总压降 $\Delta p=12.74\times3.97=50.58\text{kPa}$

3. 预加氢压降分析

1）通过埃索尔和欧根公式计算出来的预加氢反应器压降中，埃索尔公式计算的压降比欧根公式计算的压降大，这应该是两种计算公式的不同。

2）欧根公式比埃索尔公式更精准，因为埃索尔公式考虑的变量只有油气的密度和空塔线速度，而欧根公式不仅考虑了油气的密度和空塔线速度，还考虑了催化剂的空隙率，所以欧根公式计算的压降更贴近反应器的真实压降。

3）埃索尔公式和欧根公式计算出来的压降比装置反应器实际压降35kPa都要大，可能原因：一是装置压差表有误差，二是预加氢进料仪表量比实际进料量偏大，三是预加氢属于新剂开工，催化剂床层上不存在杂质积累，即催化剂真实空隙率比计算采用的空隙率偏大。

4）预加氢反应器最常见的问题就是运行一定周期后，反应器床层压降会快速上升，迫使装置不得不停工撇头。每当积垢篮累积一定杂质赃物后，预加氢反应器压降计算中相当于空隙率变小，下面通过计算分析下空隙率变化对床层压降的影响。计算采用欧根公式。

预加氢反应器床层压降与孔隙率的关系见表3-42和图3-6。

表3-42 假设不同空隙率计算得出不同的床层压降

项目	空隙率	床层压降/kPa
基准空隙率	0.39	50.58
假设数据1	0.38	55.64
假设数据2	0.36	67.71
假设数据3	0.35	74.91
假设数据4	0.32	102.91
假设数据5	0.29	144.89
假设数据6	0.26	210.36
假设数据4	0.22	367.95

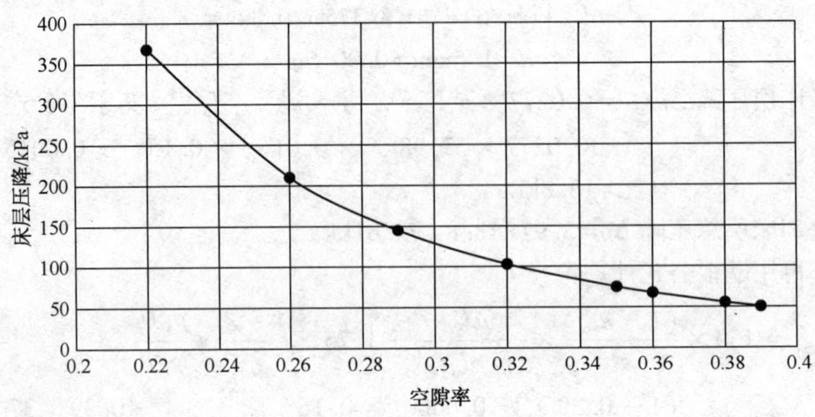

图 3-6　空隙率与床层压降的关系图

从图3-6可以看出，床层压降与空隙率并不是线性关系，在基准空隙率至0.3时压降上升比较平缓，一旦空隙率小于0.3，床层压降会迅速上升。这与装置遇到的实际情况基本吻合，生产前期床层压降上升很慢，一旦床层压降超过120kPa，就会发现床层压降在很短的时间内急剧上升，而撇头打开反应器头盖后发现积垢篮几乎被堵死。

（四）重整产氢脱氯罐压降计算

1. 重整产氢脱氯罐已知条件

见表3-43。

表 3-43　重整产氢脱氯罐压降计算已知条件

项　目	数　值	单　位
设计周期	8400	h
产氢密度	3.01	kg/m^3
产氢分子量	4.82	g/mol
产氢体积	66000	Nm^3/h
脱氯剂直径	4	mm
脱氯剂密度	1.4	kg/m^3
反应压力	1.3	MPa
反应温度	4	℃
大气压力	0.1033	MPa
黏度	0.01	mPa·s
脱氯剂长度	9	mm

2. 重整产氢脱氯罐压降计算

1）催化剂装量：15t

2）产氢体积流量：$66000Nm^3/h=66000\times1.033\times(10+273)/(14\times273)=5048.24m^3/h$

3）脱氯罐内气体密度：$3.01kg/m^3$

4）反应器直径：2.15m

5）实际床层截面积：$3.14\times2.15\times2.15/4=3.63m^2$

6）空塔线速：$(5048.24/3600)/3.63=0.386m/s$

7）催化剂当量直径：

① 颗粒表面积 $=2\times(0.004^2\pi/4)+0.004\times0.004\pi=7.54\times10^{-5}\text{m}^2$

② 颗粒体积 $=(0.004^2\pi/4)\times0.004=5.02\times10^{-8}\text{m}^3$

③ 球形颗粒表面积 $=\pi d^2$

④ 球形颗粒体积 $=(\pi/6)d^3$

⑤ 根据当量直径的定义，则

$$\pi d^2/\{(\pi/6)d^3\}=7.54\times10^{-5}/5.02\times10^{-8}$$

$$d=4.9\text{mm}=0.049\text{m}$$

8）每米床层压降：$\Delta p/L=0.0277\times\rho^{0.85}\times Z^{0.15}\times u^{1.85}/d_p{}^{1.15}$（艾索尔公式）

$$=0.0277\times3.01^{0.85}\times0.01^{0.15}\times0.386^{1.85}/0.0049^{1.15}$$

$$=2.76\text{kPa}$$

9）催化剂床层总压降：$\Delta p=5.92\times2.76=16.34\text{kPa}$

10）另外再用欧根公式计算：

$$\frac{\Delta p}{L}g_c=150\times\frac{(1-\varepsilon)^2}{\varepsilon^3}\times\frac{\mu U}{(\varphi_p d_p)^2}+1.75\times\frac{1-\varepsilon}{\varepsilon^3}\times\frac{\rho_f U^2}{\varphi_p d_p}$$

$$=150\times\frac{(1-0.39)^2}{0.39^3}\times\frac{0.00001\times0.386}{(1\times0.0049)^2}+1.75\times\frac{1-0.39}{0.39^3}\times\frac{3.01\times0.386^2}{1\times0.0049}$$

$$=1739.37$$

那么每米床层压降 $\Delta p/L=1739.37/9.8=1.77\text{kPa}$

催化剂床层总压降 $\Delta p=1.77\times5.92=10.5\text{kPa}$

（五）再生器压降计算

1. 再生器已知条件

见表3-44。

表3-44　再生器压降相关参数

参　数	数　值	参　数	数　值
1. 反应油气		当量外径 R_b/m	1.78
体积流量 $V/(\text{m}^3/\text{h})$	28311	内径 r_b/m	1.22
气体密度 $\rho_f/(\text{kg/m}^3)$	1.26	高度 H_b/m	3.21
气体黏度 μ/mPa·s	0.0216	中心管内径 r_c/m	1.2
气体黏度/Pa·s	2.16×10^{-5}	中心管开孔率 e/%	3
2. 催化剂		中心管开孔孔径 φ/mm	10
直径 d_p/m	1.60×10^{-3}	中心管壁厚 δ/mm	6
空隙率	0.39	分流流道面积 S_D/m^2	0.88
3. 床层			

2. 再生器压降计算

（1）床层压降 p_b

径向床层厚度 $L_b=(R_b-r_b)/2=(1.78-1.22)/2=0.28\text{m}$

床层对数平均直径 $d_m=(R_b-r_b)/\ln(R_b/r_b)=(1.78-1.22)/\ln(1.78/1.22)=1.48\text{m}$

床层径向平均流通面积 $S_b=\pi\times d_m\times H_b=3.14\times48\times3.2=14.9m^2$

气体空塔线速 $u_b=V/S_b=28311/(14.9\times.3600)=0.53m/s$

床层压降 $p_b\times g/L_b=150\times(1-\varepsilon)^2\times(\mu\times u_b)/(\varepsilon^3\times d_p{}^2)+1.75\times(1-\varepsilon)\times\rho\times u_b{}^2/(\varepsilon^3\times d_p)$

$=150\times(1-0.39)^2\times(0.000022\times0.53)/[0.39^3\times(1.60\times10^{-3})^2]+1.75\times(1-0.39)\times1.26\times0.53^2/(0.39^3\times1.60\times10^{-3})$

$=8.22\times10^3kPa$

取 $g=9.8$，则 $p_b=234.84kg/m^2=2.34kPa$

（2）分流流道静压降 p_d

分流流道气速 $u_d=V/S_d=28311/(3600\times0.88)=8.94m/s$

分流流道静压降 $p_d=K_d\times u_d{}^2\times\rho/g=0.72\times8.94^2\times1.26/9.8=7.39kg/m^2=0.074kPa$

（3）集流流道静压降 p_c

集流流道面积 $S_c=r_c{}^2\times0.785=1.2^2\times0.785=1.13m^2$

集流流道气速 $u_c=V/S_c=28311/(3600\times1.13)=6.22m/s$

集流流道静压降 $p_c=K_c\times u_c{}^2\times\rho/g=1\times6.22^2\times1.26/9.8=6.22kg/m^2=0.06kPa$

（4）中心管穿孔压降 p_e

中心管开孔总面积 $S_e=\pi\times r_c\times H_b\times e=3.14\times1.2\times3.21\times0.08=0.36m^2$

中心管过孔气速 $u_e=V/S_e=28311/(0.36\times3600)=21.67m/s$

确定压降系数 ξ：

$$\beta=1.11\times(\delta/\phi)^{-0.336}=1.11\times(6/10)^{-0.336}=1.31$$

$$KK=u_e/u_c=21.67/6.95=3.11$$

$KK>2$ 时，$\xi=1.5\beta$

中心管过孔压降 $p_e=\xi\times u_e{}^2\times\rho/(2g)$

$=1.5\times1.31\times21.67^2\times1.47/(2\times9.8)=50.27kg/m^2=0.5kPa$

（5）总压降 p_A

$$p_A=p_b+p_d+p_c+p_e=2.34+0.07+0.06+0.5=2.97kPa$$

十二、热平衡计算

（一）进料换热器传热系数计算

1. 已知条件

见表3-45~表3-50。

表3-45　重整进料各组分质量　kg/h

项　目	nP	iP	O	N	A
C_5	1196.77	128.22	0	413.17	0
C_6	7109.43	6739.01	0	6425.56	1453.23
C_7	10685.53	10414.83	0	14318.61	5228.78
C_8	8434.44	13905.43	0	13264.30	8092.50
C_9	5470.99	8149.49	0	9631.22	3134.42
C_{10}	1438.984	4730.12	0	1011.56	213.71
C_{11}	42.74	626.88	0	0	0

表 3-46　重整进料焓值(0.6MPa，110℃下)　kJ/kg

项　目	nP	iP	O	N	A
C_5	-2196.14	-2267.94	0	-1337.41	0
C_6	-2106.89	-2266.01	0	-1681.34	785.95
C_7	-2048.69	2150.51	0	-1712.29	287.23
C_8	-1999.07	-2084.16	0	-1774.16	34.52
C_9	-1959.36	-1993.47	0	-1825.85	-262.02
C_{10}	-1927.87	-1951.81	0	-1675.39	-404.99
C_{11}	-1902.1	-1803.1	0	0	0

表 3-47　循环氢中各组分质量

项　目	甲烷	乙烷	丙烷	异丁烷	正丁烷	碳五	氢
质量/(kg/h)	1130.573	3252.835	4878.034	3321.059	2261.147	175.433786	6530.035357

表 3-48　循环氢各组分焓值(0.45MPa，76℃下)

项　目	甲烷	乙烷	丙烷	异丁烷	正异丁烯	正丁烷	碳五	氢
焓值/(kJ/kg)	-4540.87	-2737.06	-2286.57	-2257.86	-219.63	-2095.76	-1939.2	731.26

表 3-49　板换出口各组分质量　kg/h

项　目	nP	iP	O	N	A
C_1	1130.57	0	0	0	0
C_2	3252.83	0	0	0	0
C_3	4878.03	0	0	0	0
C_4	2261.14	3321.05	0	0	0
C_5	1372.21	128.22	0	413.17	0
C_6	7109.43	6739.01	0	6425.56	1453.23
C_7	10685.52	10414.82	0	14318.61	5228.78
C_8	8434.44	13905.43	0	13264.30	8092.50
C_9	5470.99	8149.49	0	9631.22	3134.42
C_{10}	1438.98	4730.12	0	1011.56	213.71
C_{11}	42.74	626.88	0	0	0
H_2			6530.03		

表 3-50 板换出料料焓值(0.42MPa，460℃下) kJ/kg

项 目	nP	iP	O	N	A
C_1	-3362.56	0	0	0	0
C_2	-1675.25	0	0	0	0
C_3	-1236.56	0	0	0	0
C_4	-1055.82	-1198.93	0	0	0
C_5	-920.53	-1019.77	0	-151.77	0
C_6	-845.97	-1026.18	0	-471.18	1838.37
C_7	-771.83	-903.67	0	-553.28	1351.97
C_8	-725.75	-847.89	0	-547.62	1130.41
C_9	-688.72	-727.16	0	-599.2	836.74
C_{10}	-659.16	-674.49	0	-496.99	704.27
C_{11}	-641.76	-871.66	0	0	0
H_2			6251.44		

2. 板换传热系数计算

1）循环氢总焓值(kJ/h)=∑循环氢中各组分质量(kg/h)×循环氢各组分焓值(kJ/kg)

2）重整进料总焓值(kJ/h)=∑重整进料中各组分质量(kg/h)×重整进料各组分焓值(kJ/kg)

3）板换出口总焓值(kJ/h)=∑板换出口中各组分质量(kg/h)×板换出口各组分焓值(kJ/kg)

4）板换总换热量(kJ/h)=板换出口总焓值(kJ/h)-重整进料总焓值(kJ/h)-循环氢总焓值(kJ/h)

5）循环氢总焓值、重整进料总焓值、板换出口总焓值、板换总换热量见表 3-51。

表 3-51 板换进出口总焓值

项 目	数 值	项 目	数 值
循环氢总焓值/(kJ/h)	-32993311	板换总换热量/(kJ/h)	180333669
重整进料总焓值/(kJ/h)	-195359559	板换总换热量/(MW/h)	50.09
板换出口总焓值/(kJ/h)	-48019200		

6）板换冷热端出入口温度见表 3-52。

表 3-52 板换冷热端进出口温度

项 目	数 值	项 目	数 值
冷端入口温度/℃	90	热端温差 ΔT_1/℃	32
热端出口温度/℃	460	冷端温差 ΔT_2/℃	12
热端入口温度/℃	492	板换换热面积/m^2	8000
冷端出口温度/℃	102		

7）换热器对数平均温差：

$$\Delta T_m=(\Delta T_1-\Delta T_2)/\ln(\Delta T_1/\Delta T_2)=(32-12)/\ln(32/12)=20.39℃$$

8）换热器传热公式：

$$K=Q/(S\times\Delta T_m)=50.09\times1000000/(8000\times20.39)=307.08\text{W}/(\text{m}^2\cdot\text{K})$$

3. 板换泄漏热平衡判断法

板换热平衡分析，假设板换发生了泄漏，泄漏率为10%，那么相当于有10%的冷端进料跑到了板换热端进料里。假设板换的传热系数不变。

因为泄漏率10%，那么将进出板换的物流分为两个部分，第一部分为正常量的90%按原来的条件进出板换(假设90%量反应产物跟正常一致)，第二部分为剩下的10%按原来的冷端的条件进入板换，按热端出的条件出板换。下面来计算这10%的物流从冷端的条件进入板换到热端出的条件出板换的过程热量变化情况。

（二）板换泄漏热平衡计算

1. 泄漏物料的焓值

10%冷端进料总焓值与这部分在热端出条件下的总焓值见表3-53和表3-54。

表3-53 10%冷端进料总焓值

项　目	数　值	项　目	数　值
10%的循环氢总焓值/(kJ/h)	-3299331	10%的冷端进的物流总焓值/(kJ/h)	-22835287
10%的重整进料总焓值/(kJ/h)	-19535955		

表3-54 10%冷端103℃出料总焓值

组成	10%的泄漏量/(kg/h)	热端出口下各组分的焓值/(kJ/kg)	热端出口下的总焓值/(kJ/h)
P-C_1	113.06	-4468.00	-505140.14
P-C_2	325.28	-2668.00	-867856.32
P-C_3	487.80	-2212.00	-1079021.09
P-C_4	226.11	-2027.00	-458334.41
P-C_5	191.36	-2211.14	-423126.64
P-C_6	710.94	-2121.89	-1508544.57
P-C_7	1068.55	-2063.69	-2205161.79
P-C_8	843.44	-2014.07	-1698756.00
P-C_9	547.10	-1974.36	-1080170.48
P-C_{10}	143.90	-1942.87	-279575.98
P-C_{11}	4.27	-1917.10	-8194.09
N-C_5	0.00	-1352.41	0.00
N-C_6	642.56	-1696.34	-1089994.18
N-C_7	1431.86	-1727.29	-2473238.83
N-C_8	1326.43	-1789.16	-2373195.94
N-C_9	963.12	-1840.85	-1772963.66
N-C_{10}	101.16	-1690.39	-170993.66
N-C_{11}	0.00	-15.00	0.00
A-C_5	0.00	-15.00	0.00
A-C_6	145.32	770.95	112036.91

续表

组成	10%的泄漏量/(kg/h)	热端出口下各组分的焓值/(kJ/kg)	热端出口下的总焓值/(kJ/h)
A-C_7	522.88	272.23	142343.22
A-C_8	809.25	19.52	15796.57
A-C_9	313.44	-277.02	-86829.75
A-C_{10}	21.37	-419.99	-8975.63
A-C_{11}	0.00	-15.00	0.00
H_2	653.00	1116.00	728751.95
求和			-17091144.49

2. 泄漏物料取热量

10%冷端出料总焓值-10%冷端进料总焓值=-17091144.49-22835287=5744142.51kJ/h

所以这泄漏的10%流量从板换中吸取了5744142.51kJ/h的热量，那么90%的进料从板换热端出来的温度要低于正常时的460℃。下面接着计算这部分热量会让90%的进料从板换热端出来的温度下降多少度。

3. 计算在板换热端出料460℃时的平均比热容

见表3-55。

表3-55 热端出料460℃时平均比热容

组成	10%的泄漏量/(kg/h)	460℃比热容/[kJ/(kg·℃)]	各组分热量/kJ
P-C_1	113.06	3.76	425.10
P-C_2	325.28	3.40	1105.96
P-C_3	487.80	3.32	1619.51
P-C_4	226.11	3.28	741.66
P-C_5	191.36	3.30	631.49
P-C_6	710.94	3.30	2346.11
P-C_7	1068.55	3.01	3216.34
P-C_8	843.44	3.27	2758.06
P-C_9	547.10	3.31	1810.90
P-C_{10}	143.90	3.33	479.18
P-C_{11}	4.27	1.57	6.71
N-C_5	0.00	2.96	0.00
N-C_6	642.56	2.98	1914.82
N-C_7	1431.86	3.07	4395.81
N-C_8	1326.43	3.04	4032.35
N-C_9	963.12	3.05	2937.52
N-C_{10}	101.16	3.22	325.72
N-C_{11}	0.00	3.30	0.00
A-C_5	0.00	-0.11	0.00
A-C_6	145.32	2.27	329.88
A-C_7	522.88	2.45	1281.05

续表

组成	10%的泄漏量/(kg/h)	460℃比热容/[kJ/(kg·℃)]	各组分热量/kJ
A-C_8	809.25	2.48	2006.94
A-C_9	313.44	2.54	796.14
A-C_{10}	21.37	2.60	55.56
A-C_{11}	0.00	2.68	0.00
H_2	653.00	14.60	9533.85
求和	11592.22		42750.68

所以平均比热容=42750.689/11592.22=3.687kJ/(kg·℃)。

4. 板换泄漏热端出口温度变化情况

根据热容公式 $Q=C_p\times m\times\Delta T$，得出 $\Delta T=Q/(m\times C_p)$

$$=5744142.51/(147428\times3.687)$$

$$=10.56℃$$

这90%的进料从板换热端出来的温度只有450℃，所以在原料变化很小的情况下，以板换完全不泄漏时的热端出口温度为基准，在热端入口温度，冷端入口温度及冷端出口温度不变的前提下，通过热端出口温度的变化来判断板换是否泄漏，泄漏量具体有多少。当然通过对产品进行化学分析同样可以检验板换是否泄漏。

(三) 重整反应热计算

1. 一反反应热计算

1) 一反进出口物料焓值及温降热见表3-56。

表3-56 一反进出口总焓值及温降热

一反进口组成/(kg/h)	组分	一反出口组成/(kg/h)	一反进口焓值/(kJ/kg)	一反出口焓值/(kJ/kg)	一反进口总焓值/(kJ/kg)	一反出口总焓值/(kJ/kg)	温降热/kJ
1131	P-C_1	1227	-3109	-3557	-3514817	-4363044	549571
3253	P-C_2	3490	-1447	-1855	-4708153	-6474570	1422796
4878	P-C_3	5250	-1015	-1414	-4951936	-7423348	2094296
5582	P-C_4	6028	-836	-1228	-4664379	-7402866	2365703
1500	P-C_5	1920	-697	-1092	-1045971	-2095793	757405
13848	P-C_6	13733	-627	-1013	-8679790	-13913935	5306378
21100	P-C_7	19707	-552	-941	-11644865	-18538234	7662262
22340	P-C_8	20038	-507	-894	-11323190	-17911871	7755327
13620	P-C_9	12078	-471	-856	-6410210	-10343510	4659191
6169	P-C_{10}	5459	-442	-826	-2724650	-4511149	2100265
670	P-C_{11}	606	-425	-808	-284531	-489691	232082
413	N-C_5	410	50	-305	20663	-125089	145570
6426	N-C_6	2316	-258	-633	-1657796	-1466737	869191
14319	N-C_7	4989	-341	-715	-4885509	-3566473	1864187
13264	N-C_8	4357	-332	-713	-4400698	-3106418	1660831

续表

一反进口组成/(kg/h)	组分	一反出口组成/(kg/h)	一反进口焓值/(kJ/kg)	一反出口焓值/(kJ/kg)	一反进口总焓值/(kJ/kg)	一反出口总焓值/(kJ/kg)	温降热/kJ
9631	$N-C_9$	3117	-381	-766	-3669592	-2386264	1198792
1012	$N-C_{10}$	384	-288	-656	-291624	-252249	141447
0	$N-C_{11}$	0	-128	-496	0	0	0
0	$A-C_5$	0	0	0	0	0	0
1453	$A-C_6$	5369	1994	1719	2898384	9228572	1480037
5229	$A-C_7$	14939	1515	1227	7920145	18336309	4291848
8093	$A-C_8$	17902	1300	1000	10524062	17905431	5376145
3134	$A-C_9$	10439	1012	703	3171220	7337549	3224149
214	$A-C_{10}$	1380	883	568	188698	783567	434547
0	$A-C_{11}$	23	737	411	0	9427	7484
6530	H_2	8464	7221	5478	47153385	46366259	14749442
求和					-2981153	-4404127	70348947

2）一反反应热=温降热-热损失

=温降热-(一反入口总焓值-一反出口总焓值)

= 70348947-[(-2981153)-(-4404127)]

=68925972kJ/h

=19.15MW

热损失=一反入口总焓值-一反出口总焓值

=(-2981153)-(-4404127)

= 1422975kJ/h

=0.39MW

3）同理计算出二、三、四反反应热。

2. 一、二、三、四反反应热

汇总见表3-57。

表3-57 一、二、三、四反反应热汇总

项 目	反应热/MW	热损失/MW
一反	19.15	0.39
二反	11.09	0.75
三反	7.92	0.13
四反	5.63	0.08
求和	43.79	1.35

3. 反应热折算成标准能耗

1）1kgEO=41.868MJ=0.01163MW

2）将反应热换算成千克标油=43.79/(0.01163×142.26)=26.47kgEO/t 重整进料

3）将热损失换算成千克标油=1.35/(0.01163×142.26)=0.82kgEO/t 重整进料

4）反应部分的能耗=26.47+0.82=27.29kgEO/t 重整进料

4. 四个反应器热损失核算

重整四个反应器参数见表3-58。

表 3-58　一、二、三、四反反应器参数

项　目	直径/m	高度/m	表面积/m^2
一反	2.406	13.15	99.35
二反	2.414	14.3	108.39
三反	2.53	14.95	118.76
四反	2.846	13.9	124.22

1）四个反应器总表面积=99.35+108.39+118.76+124.22=450.72m^2

2）取反应器平均壁温为80℃，大气温度10℃，重整反应器散热系数62.8kJ/(m^2·℃·h)

那么热损失=62.8×(80-10)×450.72=1981365kJ/h=0.71MW

5. 重整反应器热损失分析

1）可以看出热损失公式计算得出的热损失与从反应热计算得出的热损失相差较大，但是基本在一个数量级上。主要因为反应器壁温按照经验取的平均值，存在一定偏差，另外标定时在12月份，属于寒冬季节，大气温度应该更低。下面假设大气温度为0℃，那么热损失=62.8×(80-0)×450.72=2264417kJ/h=0.82MW，得出的热损失与从反应热计算得出的热损失更为接近。此外，在反应器进出口的地方保温存在缝隙，这部分热损失会更大。

2）从上述分析可以看出，热损失主要取决于反应器器壁与环境温差，在寒冬季节热损失会更大。而且热损失占反应热的5%，这也是非常巨大的能耗损失，所以加强反应器壁温监测，定期修复破损的保温，对于减少热损失，节约装置能耗具有非常重要的意义。

至现场用激光测温仪测量反应器外壁温度，发现四个反应器壁温并不一致，而是差别很大，温度峰点高达400℃以上，局部壁温也有200℃，详情见图3-7和图3-8。

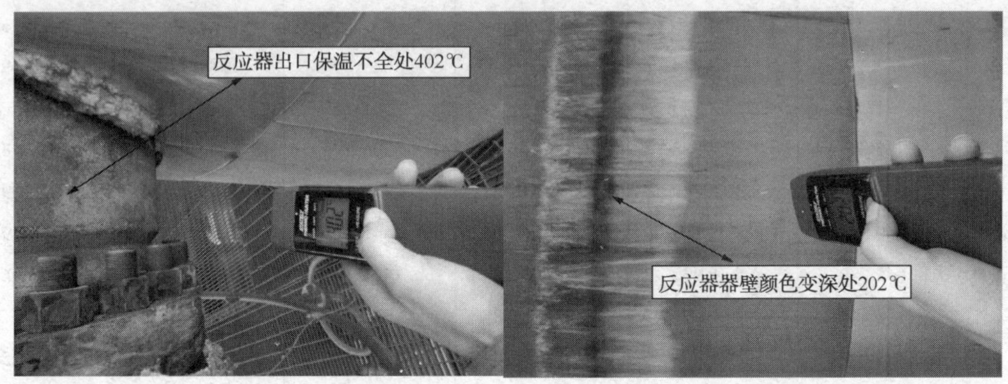

图3-7　反应器出口保温不全处402℃　　图3-8　反应器器壁颜色变深处202℃

3）根据反应器实际温度重新计算热损失

取反应器平均壁温为30℃，大气温度0℃，重整反应器散热系数62.8kJ/(m^2·℃·h)，四个反应器保温正常大概占60%左右，反应器总表面积450.72m^2。

则，热损失=62.8×(30-0)×450.72×0.6+62.8×(180-0)×450.72×0.4
=509493.89kJ/h+2037975.55kJ/h
=2547469.44kJ/h=0.71MW

4）假如将那40%的异常保温全部恢复正常，那么能够节约的热量为：

保温全部正常时的热损失=62.8×(30-0)×450.72=0.24MW

节约的热量=0. 71-0. 24=0. 47MW

那么节约的燃料气为38. 31kg/h，一年节约的燃料气为335619kg，燃料气价格按金陵石化燃料气成本价2304元/t计算的话，一年节约成本为2304×335. 62=773268元，即77万元/年。

(四) 加热炉热负荷及热效率计算

1. 瓦斯组成及其低发热值

见表3-59。

表3-59 瓦斯组成及其低发热值

组分	H_2	C_1	C_2	C_3	iC_4	nC_4	C_5	空气	合计
体积分数/%	37. 17	28. 13	13. 90	8. 01	2. 36	1. 77	0. 37	7. 93	100. 00
低热值/(MJ/Nm^3)	10. 74	35. 71	63. 58	91. 03	118. 41	118. 41	145. 78	0	
单位体积燃料气的低热值/(MJ/Nm^3)	1. 040	0. 054	0. 814	21. 829	36. 672	31. 154	0. 219	0	35. 49

2. 重整加热炉热负荷计算

1）一、二、三、四加热炉进出口焓值及焓差见表3-60至表3-63。

表3-60 一炉进出口焓差

组分	一炉入口各组分焓值/(kJ/kg)	一炉入口各组分质量/(kg/h)	一炉入口各总焓值/(kJ/kg)	一炉出口各组分焓值/(kJ/kg)	一炉出口各组分质量/(kg/h)	一炉出口各总焓值/(kJ/kg)
P-C_1	-3362. 56	1130. 57	-3801620. 51	-3108. 88	1130. 57	-3514816. 68
P-C_2	-1675. 25	3252. 83	-5449311. 46	-1447. 40	3252. 83	-4708153. 06
P-C_3	-1236. 56	4878. 03	-6031981. 57	-1015. 15	4878. 03	-4951936. 09
P-C_4	-1055. 82	5582. 21	-5893804. 31	-835. 58	5582. 21	-4664379. 35
P-C_5	-920. 53	1500. 44	-1381199. 38	-697. 11	1500. 44	-1045971. 24
P-C_6	-845. 97	13848. 44	-11715368. 73	-626. 77	13848. 44	-8679789. 66
P-C_7	-771. 83	21100. 36	-16285888. 18	-551. 88	21100. 36	-11644864. 76
P-C_8	-725. 75	22339. 88	-16213166. 33	-506. 86	22339. 88	-11323190. 47
P-C_9	-688. 72	13620. 49	-9380701. 62	-470. 63	13620. 49	-6410209. 67
P-C_{10}	-659. 16	6169. 11	-4066431. 65	-441. 66	6169. 11	-2724649. 86
P-C_{11}	-641. 76	669. 63	-429739. 46	-424. 91	669. 63	-284530. 97
N-C_5	-151. 77	413. 17	-62707. 38	50. 01	413. 17	20662. 82
N-C_6	-471. 18	6425. 56	-3027597. 41	-258. 00	6425. 56	-1657795. 60
N-C_7	-553. 28	14318. 61	-7922199. 39	-341. 20	14318. 61	-4885509. 02
N-C_8	-547. 62	13264. 30	-7263797. 31	-331. 77	13264. 30	-4400697. 63
N-C_9	-599. 20	9631. 22	-5771028. 72	-381. 01	9631. 22	-3669592. 21
N-C_{10}	-496. 99	1011. 56	-502736. 87	-288. 29	1011. 56	-291623. 60
N-C_{11}	0. 00	0. 00	0. 00	-128. 09	0. 00	0. 00
A-C_5	0. 00	0. 00	0. 00	0. 00	0. 00	0. 00
A-C_6	1838. 37	1453. 23	2671577. 83	1994. 44	1453. 23	2898383. 73
A-C_7	1351. 97	5228. 79	7069160. 70	1514. 72	5228. 79	7920145. 48
A-C_8	1130. 41	8092. 51	9147850. 57	1300. 47	8092. 51	10524062. 27
A-C_9	836. 74	3134. 42	2622695. 96	1011. 74	3134. 42	3171219. 74

续表

组分	一炉入口各组分焓值/(kJ/kg)	一炉入口各组分质量/(kg/h)	一炉入口各总焓值/(kJ/kg)	一炉出口各组分焓值/(kJ/kg)	一炉出口各组分质量/(kg/h)	一炉出口各总焓值/(kJ/kg)
A-C_{10}	704.27	213.71	150509.94	882.96	213.71	188697.88
A-C_{11}	0.00	0.00	0.00	737.48	0.00	0.00
H_2	6251.44	6530.04	40822124.23	7221.00	6530.04	47153385.31
求和		-42715361.06			-2981152.63	
一炉焓差/(kJ/h)			39734208.43			

表 3-61 二炉进出口焓差

组分	二炉入口各组分焓值/(kJ/kg)	二炉入口各组分质量/(kg/h)	二炉入口各总焓值/(kJ/kg)	二炉出口各组分焓值/(kJ/kg)	二炉出口各组分质量/(kg/h)	二炉出口各总焓值/(kJ/kg)
P-C_1	-3556.91	1226.47	-4362426.26	-3108.88	1226.47	-3812933.07
P-C_2	-1855.05	3491.72	-6477319.91	-1447.40	3491.72	-5053919.21
P-C_3	-1414.10	5258.24	-7435680.14	-1015.15	5258.24	-5337904.46
P-C_4	-1228.01	6061.87	-7444034.99	-835.58	6061.87	-5065175.98
P-C_5	-1091.61	1924.85	-2101185.32	-697.11	1924.85	-1341832.06
P-C_6	-1013.16	13751.58	-13932560.66	-626.77	13751.58	-8619079.26
P-C_7	-940.69	19879.55	-18700426.46	-551.88	19879.55	-10971126.54
P-C_8	-893.89	20285.52	-18132979.28	-506.86	20285.52	-10281918.46
P-C_9	-856.39	12273.73	-10511035.29	-470.63	12273.73	-5776383.52
P-C_{10}	-826.42	5558.57	-4593693.18	-441.66	5558.57	-2454998.18
P-C_{11}	-807.71	610.31	-492954.43	-424.91	610.31	-259325.81
N-C_5	-305.45	409.53	-125089.43	50.01	409.53	20480.35
N-C_6	-633.29	2316.07	-1466737.47	-258.00	2316.07	-597546.10
N-C_7	-714.85	4989.11	-3566473.32	-341.20	4989.11	-1702285.99
N-C_8	-712.94	4357.20	-3106417.80	-331.77	4357.20	-1445586.78
N-C_9	-765.65	3116.64	-2386264.41	-381.01	3116.64	-1187472.24
N-C_{10}	-656.31	384.34	-252248.55	-288.29	384.34	-110801.72
N-C_{11}	-495.67	0.00	0.00	-128.09	0.00	0.00
A-C_5	0.00	0.00	0.00	0.00	0.00	0.00
A-C_6	1718.79	5352.56	9199914.28	1994.44	5352.56	10675354.94
A-C_7	1227.43	14780.21	18141608.07	1514.72	14780.21	22387883.62
A-C_8	1000.17	17672.43	17675394.78	1300.47	17672.43	22982470.54
A-C_9	702.89	10255.75	7208644.29	1011.74	10255.75	10376152.36
A-C_{10}	567.98	1285.32	730032.47	882.96	1285.32	1134890.46
A-C_{11}	411.11	19.11	7856.06	737.48	19.11	14092.89
H_2	5478.31	8364.18	45821562.15	7221.00	8364.18	60397732.20
求和		-6302514.80			63970767.99	
二炉焓差/(kJ/h)			70273282.78			

表 3-62　三炉进出口焓差

组分	三炉入口各组分焓值/(kJ/kg)	三炉入口各组分质量/(kg/h)	三炉入口各总焓值/(kJ/kg)	三炉出口各组分焓值/(kJ/kg)	三炉出口各组分质量/(kg/h)	三炉出口各总焓值/(kJ/kg)
P-C_1	-3381.80	1331.95	-4504375.87	-3108.88	1331.95	-4140861.10
P-C_2	-1695.58	3754.50	-6366053.57	-1447.40	3754.50	-5434261.99
P-C_3	-1257.69	5676.47	-7139245.70	-1015.15	5676.47	-5762469.67
P-C_4	-1074.59	6589.50	-7080993.19	-835.58	6589.50	-5506052.27
P-C_5	-937.01	2391.70	-2241043.08	-697.11	2391.70	-1667278.98
P-C_6	-862.09	13396.86	-11549356.80	-626.77	13396.86	-8396748.11
P-C_7	-788.08	16209.01	-12773919.92	-551.88	16209.01	-8945426.75
P-C_8	-741.92	14686.42	-10896181.02	-506.86	14686.42	-7443960.63
P-C_9	-704.84	8151.42	-5745453.89	-470.63	8151.42	-3836304.86
P-C_{10}	-675.23	3538.57	-2389362.13	-441.66	3538.57	-1562845.32
P-C_{11}	-657.74	490.51	-322630.53	-424.91	490.51	-208423.81
N-C_5	-166.61	405.88	-67622.28	50.01	405.88	20297.88
N-C_6	-486.85	1590.87	-774506.34	-258.00	1590.87	-410443.25
N-C_7	-568.88	3342.73	-1901604.00	-341.20	3342.73	-1140540.75
N-C_8	-563.54	2785.35	-1569664.80	-331.77	2785.35	-924096.64
N-C_9	-615.25	1967.01	-1210212.60	-381.01	1967.01	-749451.07
N-C_{10}	-512.35	273.65	-140206.93	-288.29	273.65	-78891.97
N-C_{11}	-351.95	0.00	0.00	-128.09	0.00	0.00
A-C_5	0.00	0.00	0.00	0.00	0.00	0.00
A-C_6	1826.87	6342.76	11587364.54	1994.44	6342.76	12650246.49
A-C_7	1339.99	19339.68	25914938.92	1514.72	19339.68	29294200.95
A-C_8	1117.88	23530.02	26303634.52	1300.47	23530.02	30600087.14
A-C_9	823.85	14835.11	12221955.33	1011.74	14835.11	15009274.88
A-C_{10}	691.13	3182.11	2199255.24	882.96	3182.11	2809671.62
A-C_{11}	538.70	91.73	49412.52	737.48	91.73	67645.89
H_2	6178.30	9518.74	58809629.78	7221.00	9518.74	68734819.72
求和			60413758.22			102978187.41
三炉焓差/(kJ/h)	42564429.19					

表 3-63　四炉进出口焓差

组分	四炉入口各组分焓值/(kJ/kg)	四炉入口各组分质量/(kg/h)	四炉入口各总焓值/(kJ/kg)	四炉出口各组分焓值/(kJ/kg)	四炉出口各组分质量/(kg/h)	四炉出口各总焓值/(kJ/kg)
P-C_1	-3295.17	1475.78	-4862959.50	-3108.88	1475.78	-4588035.68
P-C_2	-1616.74	4112.83	-6649377.98	-1447.40	4112.83	-5952911.22
P-C_3	-1180.52	6246.78	-7374452.81	-1015.15	6246.78	-6341422.22
P-C_4	-998.70	7308.99	-7299491.68	-835.58	7308.99	-6107247.21

续表

组分	四炉入口各组分焓值/(kJ/kg)	四炉入口各组分质量/(kg/h)	四炉入口各总焓值/(kJ/kg)	四炉出口各组分焓值/(kJ/kg)	四炉出口各组分质量/(kg/h)	四炉出口各总焓值/(kJ/kg)
$P-C_5$	-860.71	3028.32	-2606495.74	-697.11	3028.32	-2111070.22
$P-C_6$	-787.37	13196.41	-10390487.74	-626.77	13196.41	-8271115.90
$P-C_7$	-712.88	13860.54	-9880839.33	-551.88	13860.54	-7649355.47
$P-C_8$	-667.07	10862.82	-7246218.19	-506.86	10862.82	-5505928.47
$P-C_9$	-630.23	5544.42	-3494261.88	-470.63	5544.42	-2609372.33
$P-C_{10}$	-600.82	2323.11	-1395763.24	-441.66	2323.11	-1026026.46
$P-C_{11}$	-583.70	389.41	-227302.35	-424.91	389.41	-165465.77
$N-C_5$	-97.81	402.23	-39342.75	50.01	402.23	20115.40
$N-C_6$	-414.22	684.36	-283475.22	-258.00	684.36	-176564.68
$N-C_7$	-496.60	1284.76	-638005.78	-341.20	1284.76	-438359.20
$N-C_8$	-489.79	820.55	-401900.93	-331.77	820.55	-272233.95
$N-C_9$	-540.85	529.97	-286635.21	-381.01	529.97	-201924.61
$N-C_{10}$	-441.16	135.30	-59687.91	-288.29	135.30	-39004.79
$N-C_{11}$	-280.85	0.00	0.00	-128.09	0.00	0.00
$A-C_5$	0.00	0.00	0.00	0.00	0.00	0.00
$A-C_6$	1880.18	7359.58	13837317.66	1994.44	7359.58	14678244.97
$A-C_7$	1395.55	22937.23	32010046.42	1514.72	22937.23	34743476.23
$A-C_8$	1175.95	27804.54	32696855.47	1300.47	27804.54	36158970.19
$A-C_9$	883.59	18129.35	16018970.11	1011.74	18129.35	18342188.50
$A-C_{10}$	752.05	4304.21	3236979.12	882.96	4304.21	3800442.55
$A-C_{11}$	601.82	131.86	79353.44	737.48	131.86	97240.97
H_2	6515.10	10274.63	66940244.29	7221.00	10274.63	74193105.87
求和			101683068.28			130577746.48
四炉焓差/(kJ/h)	28894678.19					

2）一、二、三、四加热炉物流进出口焓差汇总见表3-64。

表3-64　一、二、三、四加热炉物流进出口焓差汇总及其设计值

项　目	进出口物流焓差/(kJ/h)	进出口物流焓差/MW	设计值/MW
一炉	39734208.43	11.04	10.606
二炉	70273282.78	19.52	17.67
三炉	42564429.19	11.82	12.43
四炉	28894678.19	8.02	10.5
求和	181466599	50.4	51.206

3. 重整四个加热炉热负荷分析

1）一、二、三、四加热炉物流进出口焓差汇总及其设计值对比见图3-9。

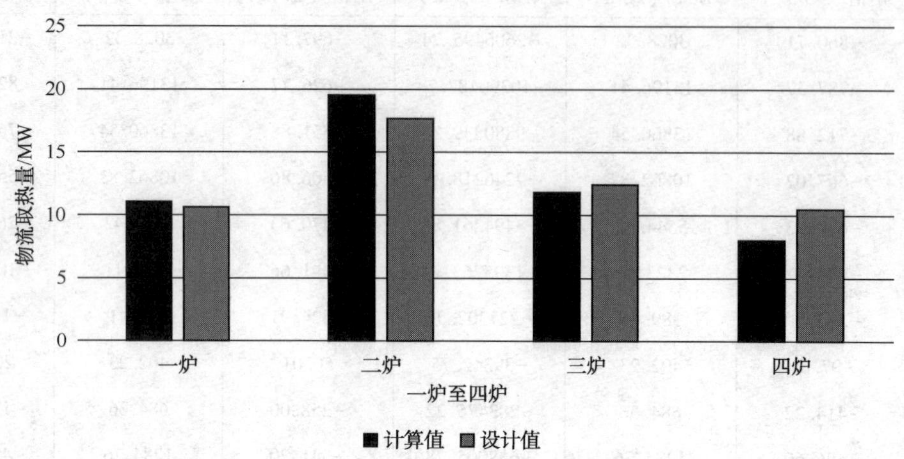

图3-9　一、二、三、四加热炉物流进出口焓差汇总及其设计值对比

2）从图3-9可以看出，一炉和二炉物流取热量比设计值高，三炉和四炉物流取热量比设计值低，主要原因有：

① 目前装置处理量为设计处理量的112%，高出设计处理量12%，所以进入一炉取热的物流变多了，取热量自然增多了。

② 二炉主要提供重整反应物料在一反反应吸热损失的热量，我们知道最容易发生的反应——六元环烷脱氢反应主要在一反进行，尽管原料芳潜低于设计值，但是多出了12%原料进入了一反，就相当于一反完成的六元环烷脱氢反应比设计值多，这就造成了二炉需要提供更多的能量，所以物流在二炉的取热量比设计值要大。

③ 重整进料中烷烃含量很高，其中异构烷烃更是占总烷烃量的60%。我们知道，直链烷烃比较容易发生芳构化反应，而异构烷烃是很难发生芳构化反应的，这就造成在重整进料中烷烃芳构化转化率比设计值要低，所以在二反和三反中反应吸热量比设计值低，那么三炉和四炉需要提供的热量就要比设计值低。这也可以从二反、三反的反应温降比设计温降低看出端倪。

④ 重整催化剂最佳氯含量是1.1%~1.3%，目前装置催化剂氯含量一直控制在最佳氯含量的上限，即接近1.3%，这就造成裂解反应相对剧烈些，而裂解反应是强放热反应，这也是三炉和四炉物流取热量比设计值低的原因。

3）总取热量与设计对比见图3-10。

从图3-10可以看出，计算得出物流从加热炉取热总值比设计值要略微偏小，主要因为装置处理的原料性质接近设计贫料的性质，从原料和产品性质就可以看出，重整进料芳潜42.33%，纯氢产率3.17%，芳烃产率73.57%，C_{5+}液收89.2%，产氢产率和芳烃产率都较低，液收较高，说明发生重整芳构化反应程度并不高，从芳烃转化率只有155%也可以看出，即装置标定时的反应深度达不到设计深度；另外一个原因是重整反应设计温度为532℃，而装置操作温度为526℃，在操作温度上也存在较大偏差，所以反应苛刻度比设计苛刻度低。

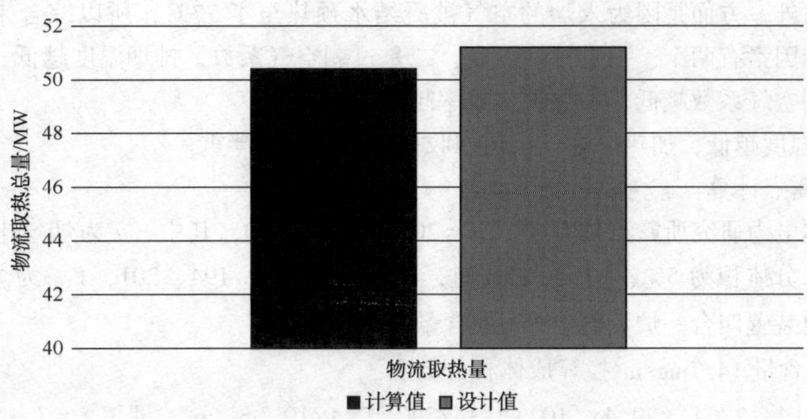

图 3-10 物流取热总量计算值与设计值对比

4. 加热炉热效率计算

1）重整四合一炉已知条件见表 3-65。

表 3-65 四合一炉已知参数

项目	数值	项目	数值
四合一炉氧含量/%	2.76	入炉空气温度 t_a/℃	77
排烟温度 t_g/℃	102	烟气中 CO 含量/(μg/g)	33

2）热效率计算：

① 过剩空气系数 $\alpha=(21+0.116\times O_2)/(21-O_2)$

$=(21+0.116\times2.76)/(21-2.76)$

$=1.17$

② 排烟损失热量占供给能量的分数 $q_1=[(0.0083+0.031\times\alpha)(t_g+0.000135t_g^2)-1.1]/[1+0.00034\times(t_a-15.6)]$

$=[(0.0083+0.031\times1.17)(102+0.000135\times102^2)-1.1]/[1+0.00034\times(77-15.6)]$

$=3.43\%$

③ 不完全燃烧损失热量占供给能量的分数 $q_2=(4.043\times\alpha-0.252)\times CO/10000$

$=(4.043\times1.17-0.252)\times33/10000$

$=0.147\%$

④ 根据经验值，表面散热损失热量占供给能量的分数 $q_3=2.5\%$

⑤ 加热炉热效率 $\eta=100\%-q_1-q_2-q_3$

$=1\%-3.43\%-0.0147\%-2.5\%$

$=94.05\%$

5. 加热炉热效率分析

1）重整四合一炉的热效率为 94.05%，之所以有这么高的热效率，主要是因为装置的四合一炉在 2011 年大检修时增加了烟气余热回收系统，目前能将排烟温度控制在 102℃这么低的温度，另外一方面是因为入炉的空气被凝结水预热至了77℃，所以综合来说，加热炉的热效率影响因素有两个，一是排烟温度，二是过剩空气系数，排烟温度越低，加热炉热效率越高，过剩空气系数越低，加热炉热效率越高。

2）排烟温度越低，加热炉烟气余热回收换热器腐蚀越严重。

3）烟气露点计算：

根据日本电力研究所露点估算公式 $T=20\times \lg V_{SO_3}+a-80$，其中，$a$ 为烟气中与水分有关的常数，当水分体积为5%、10%、15%时，a 分别取184、194、201，V_{SO_3} 为烟气中 SO_3 百万分率。目前装置四合一炉烟气中 SO_2 的含量为14.7mg/m³。

将 SO_2 的含量14.7mg/m³换算成体积分数：

$$(14.7/64)\times 22.4\times (102+273)/273=7.4\times 10^{-6}\,m^3/m^3\text{，即 } V_{SO_3}=7.4$$

$$\begin{aligned}
\text{瓦斯中的 } C &= 28.13\times 1+2.3\times 2+11.6\times 2+1.57\times 3+6.53\times 3+\\
&\quad 2.13\times 4+0.23\times 4+1.57\times 4+0.1\times 4+0.37\times 5\\
&= 98.2\\
H &= 28.13\times 4+2.3\times 4+11.6\times 6+1.57\times 6+6.53\times 8+2.13\times 10+\\
&\quad 0.23\times 8+1.57\times 10+0.1\times 8+0.37\times 12+37.12\times 2\\
&= 371.3
\end{aligned}$$

所以瓦斯的 $C:H=98.2/371.3=3.78$

瓦斯燃烧方程式为： $CH_{3.78}+1.945O_2 = CO_2+1.89H_2O$

假设100体积的瓦斯，其中就有7.93体积的空气，实际瓦斯体积为92.07体积。

那么完全燃烧需要的 O_2 为 $1.94\times 92.07=178.6$

而瓦斯中的空气的氧为 $7.93\times 0.21=1.66$

额外需要的氧气为 $178.6-1.66=176.94$

完全燃烧需要的空气量为 $176.94/0.21=842.57$

过剩空气系数为1.17

所以真实的空气量为 $842.57\times 1.17=985.8$

完全燃烧产生的水体积为 $92.07\times 1.89=174.01$

完全燃烧产生二氧化碳的体积为92.07

烟气的体积为 $100+985.8-92.07-178.6+92.07+174.01=1081.21$

忽略空气所带的水，则烟气中水的体积分数为 $174.01/1081.21=16.1\%$

则 a 取201，那么露点 $T=20\times \lg V_{SO_3}+a-80=20\times \lg(7.4)+201-80=138.38$℃

装置排烟温度控制在102℃，低于烟气的露点温度，所以存在露点腐蚀。加热炉烟气中水含量之所以非常高，主要原因是瓦斯组成中氢气含量超高所致，所以应该从全厂的角度来优化瓦斯组成，加热炉才能进一步降低排烟温度来达到节能降耗的目的。

十三、压力平衡计算

（一）重整反应系统压力

重整反应系统压力见表3-66。

表 3-66 重整反应系统压力

设备名称及位置	压力/MPa	设备名称及位置	压力/MPa
板换 E701 冷端入口	0.45	板换 E701 热端出口	0.42
重整加热炉 F701 入口	0.42	重整加热炉 F701 出口	0.41
重整一反 R701 入口	0.41	重整反 R701 出口	0.40
重整加热炉 F702 入口	0.40	重整加热炉 702 出口	0.39
重整二反 R702 入口	0.39	重整反 702 出口	0.38
重整加热炉 F703 入口	0.38	重整加热炉 703 出口	0.37
重整三反 R703 入口	0.37	重整反 703 出口	0.36
重整加热炉 F704 入口	0.36	重整加热炉 704 出口	0.35
重整四反 R704 入口	0.35	重整反 704 出口	0.33
板换 E701 热端入口	0.32	板换 E701 冷端出口	0.31
重整空冷入口	0.31	重整空冷出口	0.27
重整高分入口	0.27	重整高分出口	0.25
重整循环压缩机入口	0.25	重整循环压缩机出口	0.45

(二) 再生系统压力平衡计算

1. 待生提升压差计算

待生提升已知条件见表 3-67。

表 3-67 待生提升已知参数

项目	参数	项目	参数
待生提升管尺寸 DN/mm	73.66	提升管高度 H/m	70
提升气温度/℃	125	提升管直径 d/mm	80
提升气压力/MPa(绝)	0.45	黏度 $\Delta\mu$/Pa·s	0.00002
氮气相对分子质量	28	催化剂循环量/(kg/h)	707.5
催化剂直径/mm	1.6		

1）重力压差计算：

① 催化剂循环量 = 707.5kg/h = 707.5/3600 = 0.196kg/s

② 提升管截面积 $S=3.14\times(73.66/100)^2/4=0.0042\text{m}^2$

③ 提升气密度 $\rho=28\times273\times0.45/(22.4\times0.1033\times(273+125))=3.73\text{kg/m}^3$

④ 催化剂终端速度 $U_t=5.9\times(1.6/3.72)^{0.5}=3.86\text{m/s}$

⑤ 提升气气速 $U=3.86+2.6=6.46\text{m/s}$

⑥ 提升气质量流量 $\omega=0.0042\times3.73\times6.46=0.103\text{kg/s}$

⑦ 提升气体积流量 $V=0.0042\times6.46=0.027\text{m}^3/\text{s}$

⑧ 气固混合密度 $\rho_{混}=(0.196+0.121)/0.027=10.87\text{kg/m}^3$

⑨ 重力压差 $\Delta p=\rho_{混}\times g\times H=10.87\times9.8\times70=7460.95\text{Pa}=7.46\text{kPa}$

2）气体与管道摩擦阻力：

① $r_e=\rho\times d\times U/\mu=3.73\times80\times6.46/(0.00002\times1000)=96537.97$

② $f_g=Re-0.25\times0.0791=96537.97-0.25\times0.0791=0.0045$

③ $\Delta p = f_g \times L \times \rho \times U^2/(2d)$

$= 0.0045 \times 70 \times 3.73 \times 6.46^2/(2 \times 80/1000)$

$= 306.16\text{Pa} = 0.306\text{kPa}$

3）催化剂摩擦阻力：

$$\Delta p = f_a \times L \times \rho \times U^2/(2d)$$
$$= 0.003 \times 70 \times 560 \times 2.6^2/(2 \times 80/1000)$$
$$= 4593.75\text{Pa} = 4.59\text{kPa}$$

4）总压降=重力压差+气体与管道摩擦阻力+催化剂摩擦阻力

=7.46+0.306+4.59

=12.36kPa

2. 再生提升压差计算

再生提升已知条件见表3-68。

表3-68 再生提升已知参数

项目	参数	项目	参数
再生提升管尺寸 *DN*/mm	58.98	催化剂直径/mm	1.6
提升气温度/℃	107	提升管高度 *H*/m	80
提升气压力/MPa(绝)	0.67	提升管直径 *d*/mm	58.98
氢气相对分子质量	5.334	黏度 μ/Pa·s	0.00002

1）重力压差计算：

① 催化剂循环量=707.5kg/h=707.5/3600=0.196kg/s

② 提升管截面积 $S=3.14\times(58.98/100)^2/4=0.0027\text{m}^2$

③ 提升气密度 $\rho=2\times273\times0.67/[22.4\times0.1033\times(273+107)]=1.11\text{kg/m}^3$

④ 催化剂终端速度 $U_t=5.9\times(1.6/1.11)^{0.5}=7.09\text{m/s}$

⑤ 提升气气速 $U=7.09+2.6=9.69\text{m/s}$

⑥ 提升气质量流量 $\omega=0.0028\times1.11\times9.69=0.029\text{kg/s}$

⑦ 提升气体积流量 $V=0.0028\times9.69=0.026\text{m}^3/\text{s}$

⑧ 气固混合密度 $\rho_{混}=(0.196+0.03)/0.026=8.54\text{kg/m}^3$

⑨ 重力压差 $\Delta p=\rho_{混}\times g\times H=8.54\times9.8\times80=6694.44\text{Pa}=6.69\text{kPa}$

2）气体与管道摩擦阻力：

① $Re = \rho \times d \times U/\mu$

$= 1.11 \times 60 \times 9.69/(0.00002 \times 1000)$

$= 32228.84$

② $f_g = Re^{-0.25} \times 0.0791$

$= 32228.84^{-0.25} \times 0.0791$

$= 0.0059$

③ $\Delta p = f_g \times L \times \rho \times U^2/(2d)$

$= 0.0059 \times 80 \times 1.11 \times 9.69^2/(2 \times 60/1000)$

$= 409.56\text{Pa}$

$= 0.41\text{kPa}$

3）催化剂摩擦阻力：

$$\Delta p = f_a \times L \times \rho \times U^2/(2d) = 0.003 \times 80 \times 560 \times 2.6^2/(2 \times 60/1000)$$
$$= 7000\text{Pa}$$
$$= 7\text{kPa}$$

4）总压降＝重力压差+气体与管道摩擦阻力+催化剂摩擦阻力

$$= 6.69 + 0.41 + 13.9$$
$$= 14.1\text{kPa}$$

3. 再生系统压力平衡分析

1）可以看出，待生提升压差计算值与实际值比较接近，而再生提升压差计算值与实际值相差很大。提升压差由重力压差、气体与管道摩擦阻力、催化剂摩擦阻力三部分组成，其中气体与管道摩擦阻力只占提升压差的3%左右，提升压差主要由重力压差和催化剂摩擦阻力组成。

待生与再生提升压差计算值与实际值见表3-69。

表3-69　待生提升压差和再生提升压差

项　　目	计算值	实际值
待生提升压差/kPa	12.4	16.2
再生提升压差/kPa	14.1	33.2

2）重力压差主要的影响因素是气固混合密度和提升高度，再生催化剂需要提升至还原段顶，再生提升高度比再生提升高度大；待生催化剂使用氮气提升，再生催化剂使用氢气提升，氮气密度比氢气密度大很多，所以待生提升气固混合物密度比再生提升气固混合物密度大一些，通过计算发现待生提升和再生提升的重力压差相差不大。

3）待生提升和再生提升的气体与管道摩擦阻力占比很小且差别不大。

4）催化剂摩擦阻力主要的影响因素是催化剂线速度和提升管内径，计算中假设催化剂线速度都是2.6m/s，而再生提升管内径比待生提升管内径小不少，所以再生催化剂摩擦阻力比待生催化剂摩擦阻力大不少。

5）再生催化剂提升压差跟实际值相差很大，应该是实际值仪表显示不准确。在计算中的参数基本没什么问题。

（三）循环压缩机功率计算

1. 已知条件

见表3-70和表3-71。

表3-70　*k*值计算

组分/%(体)	H_2	C_1	C_2	C_3	i-C_4	n-C_4	C_5
y_i-100	89.33	1.93	2.97	3.03	1.57	1.07	0.07
k	1.38	1.27	1.17	1.12	1.08	1.08	1.06
$100y_i/(k-1)$	235.09	7.16	17.45	26.38	19.34	13.68	1.06
$1/(k-1)=\sum y_i/(k-1)=$	3.20						
k	1.31						

表 3-71 重整循环氢操作参数

项 目	参 数	项 目	参 数
循环氢流量 $V/(Nm^3/h)$	81869.1	出口压力 $P_{出}$/MPa	0.454
入口温度 $T_{入}$/℃	40	循环氢纯度 η/%(体)	89.33
入口压力 $P_{入}$/MPa	0.25		

2. 循环压缩机功率计算

1）入口体积流量 $V_1=V\times(T_{入}+273)/\{60\times[273\times(p_{入}+0.1)]\}$

$=81869.1\times(40+273)/\{60\times[273\times(0.25+0.1)]\}$

$=446.97m^3/min$

2）压缩比 $\varepsilon=p_{出}/p_{入}=0.554/0.35=1.58$

3）根据流量查得多变效率 $\eta_p=0.78$，多变效率与流量的关系见图 3-11。

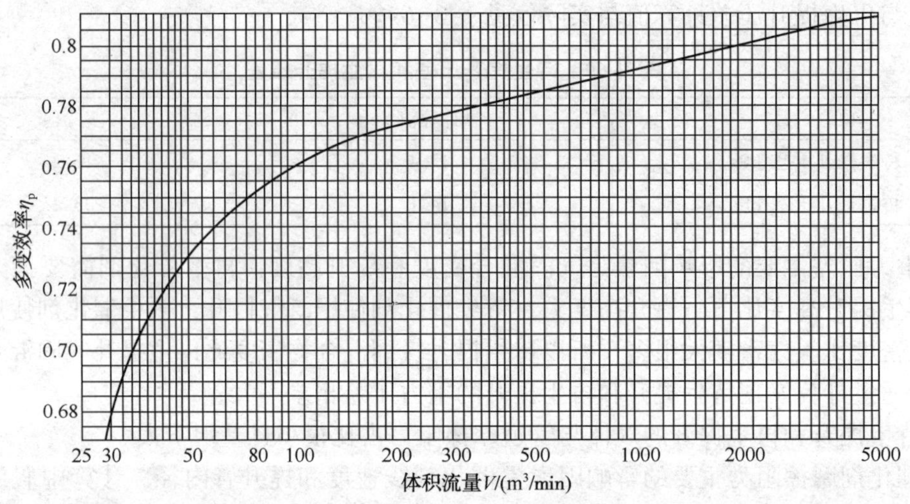

图 3-11 多变效率与流量的关系

4）根据绝热指数和多变效率查得的多变指数 $m=1.4$，多变指数与多变效率见图 3-12。

5）压缩机出口温度 $T_{出}=(T_{入}+273)\times\varepsilon$^$[(m-1)/m]$

$=(40+273)\times1.58$^$[(1.4-1)/1.4]$

$=356.88K$

$=83.88℃$

6）压缩机理论功率

$N=1.634p_{入}\ V_1\times[m/(m-1)]\times[(p_{出}/p_{入})$^$[m/(m-1)]-1]$

$=1.634\times0.35\times446.97\times[1.4/(1.4-1)]\times[(0.55/0.35)$^$[1.4/(1.4-1)]-1]$

$=1252.1kW$

$N/\eta_p=1252.1/0.78=1605.26kW$

7）根据 $N=1000\sim2000kW$ 时，$\eta_G=96\%\sim97\%$，直接传动 $\eta_C=1$，所以实际功率

$$N_s=N/(\eta_G/\eta_C)=1605.26/(0.96/1)=1672.14kW$$

定义传动效率为 0.96，那么轴功率 $=1672.14/0.96=1741.82kW$

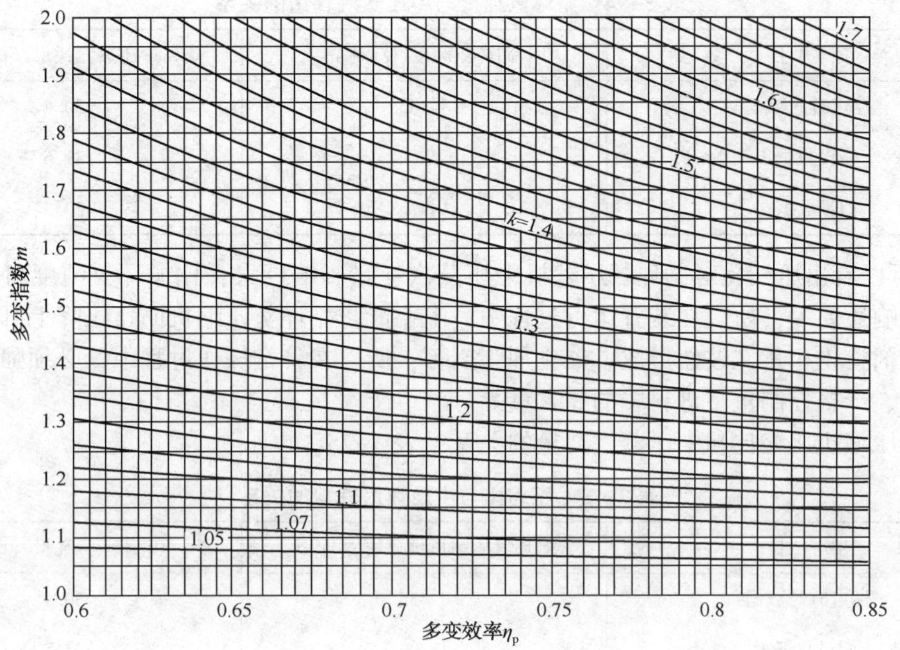

图 3-12　多变效指数与多变效率的关系

8）根据压缩机流量估算功率 $N=0.0196V$

$$=0.0196\times81869.1=1604.63\text{kW}$$

9）根据规模、氢油比估算功率 $N=474\times F\times \text{HC}/\times\eta$

$$=474\times112\times2.71/89.33=1581.71\text{kW}$$

10）计算汽轮机效率：

中压蒸汽参数见表 3-72 和表 3-73。

表 3-72　循环氢压缩机中压蒸汽

入口压力/MPa(表)	出口压力/MPa	入口温度/℃	出口温度/℃
3.466	0.899	408.8	276.4

表 3-73　循环氢压缩机出入口焓差　　kJ/kg

入口焓值	出口焓值	焓差
-12729	-12970	241

循环氢压缩机中压蒸汽耗量为 30.4t/h；

中压蒸汽的焓差为 30400×241＝7326400kJ/h＝2035.11kW；

那么汽轮机的效率为 1741.82/2035.11＝85.59%。

3. 循环氢压缩机功率分析

1）影响循环氢压缩机功率的主要因素有：一是循环氢的组成即循环氢的分子量或循环氢纯度；二是循环氢压缩机的压缩比；三是循环氢压缩机入口温度；四是循环氢流量。

2）可以看出提高循环氢纯度可以大幅节省中压蒸汽耗量，从而降低能耗。循环氢纯度与中压蒸汽耗量的关系见表 3-74。

表 3-74　循环氢纯度与中压蒸汽耗量的关系

项　目	循环氢纯度/%(体)	中压蒸汽耗量/(t/h)
标定时的数据	89.33	30.4
假设数据 1	85	31.6
假设数据 2	92	29.5

3）可以看出压缩比对循环氢压缩机中压蒸汽耗量影响巨大，比循环氢纯度对中压蒸汽耗量的影响还要大，所以在装置运行过程中一定要严防循环氢压缩机回路压降上升，主要要防止催化剂粉尘积累、铵盐形成、催化剂跑剂等，所以在日常操作过程中，必须强化催化剂粉尘淘析、严格控制重整进料中的氮含量等。

循环压缩机压缩比与中压蒸汽耗量的关系见表 3-75。

表 3-75　压缩比与中压蒸汽耗量的关系

项　目	循环氢压缩机出口压力/MPa	中压蒸汽耗量/(t/h)
标定时的数据	0.455	30.4
假设数据 1	0.55	34.5
假设数据 2	0.4	24.6

4）可以看出循环氢压缩机入口温度与中压蒸汽的耗量也有很大的关系，降低循环氢压缩机入口温度可以在一定程度上节省中压蒸汽，但是这要与空冷负荷和空冷的能耗综合起来考虑。在冬季时，空冷负荷完全足够时可以将循环氢压缩机入口温度适当降低，从而节省中压蒸汽。

循环压缩机入口氢气温度与中压蒸汽耗量的关系见表 3-76。

表 3-76　循环氢压缩机入口氢气温度与中压蒸汽耗量的关系

项　目	循环氢压缩机入口温度/℃	中压蒸汽耗量/(t/h)
标定时的数据	40	30.4
假设数据 1	50	31.6
假设数据 2	30	29.1

5）可以看出循环氢流量与中压蒸汽耗量基本上是线性关系，循环氢流量大直接导致中压蒸汽耗量上升，所以控制适当的氢油比是非常有必要的，也会对节能降耗起直接作用。

循环氢流量与中压蒸汽耗量的关系见表 3-77。

表 3-77　循环氢流量与中压蒸汽耗量的关系

项　目	循环氢流量/(Nm^3/h)	中压蒸汽耗量/(t/h)
标定时的数据	81869.1	30.4
假设数据 1	86000	31.9
假设数据 2	76000	29

十四、贴壁计算

（一）重整反应器贴壁计算

1. 一反已知参数

见表3-78。

表3-78　一反已知参数

项目	符号	数值	单位
1. 催化剂物理性质			
颗粒直径	d	0.0016	m
单颗粒密度	ρ_p	903	kg/m^3
颗粒堆密度	ρ_b	560	kg/m^3
颗粒内摩擦角	ψ	34.8	DEG
颗粒与挡网壁摩擦角	$б$	26.4	DEG
颗粒空隙率	ε	0.39	
2. 气体性质			
气体密度	ρ_g	2.2841578	kg/m^3
气体黏度	μ_g	0.0000216	Pa·s
气体平均相对分子质量	M	29.776121	
设计流量		158245	kg
3. 反应器结构尺寸			
反应器有效床层高度	L	7.581	m
反应器床层当量外半径	r_2	1.09	m
反应器床层内半径	r_1	0.66	m

2. 一反贴壁计算

1）$2\beta=90+б-\cos^{-1}(\sin б/\sin\psi)=77.56°$

2）侧压系统 $T=\cos(2\beta)\times\sin(\psi)=0.123$

3）$k=(1+T)/(1-T)=1.28$

4）$f_i=\tan(\psi)=0.69$

5）$f_w=f_p=\tan(б)=0.49$

6）$n=(k+1)/(2\times k)=0.89$

7）$r=r_1/r_2=0.6$

8）$A=\alpha\times\rho_g\times(1-\varepsilon)/(4\times\pi^2\times L^2\times d\times\varepsilon^3\times\rho_b\times g\times r_2^2)=0.0017$

9）$B=\beta\times\mu_g\times(1-\varepsilon)^2/(2\times\pi\times L\times d^2\times\varepsilon^3\times\rho_b\times g\times r_2)=0.0278$

10）$C=\rho_g/(4\times\pi^2\times L^2\times\rho_b\times g\times r_2^3)=1.4165\times10^{-7}$

11）$E=A\times(r^{-1}-r^{n-1})/n-C\times(r^{-2}-r^{n-1})/(1+n)=0.0011$

12）$F=-B\times(r^{n-1}-1)/(1-n)=-0.014$

13）$G=(1-r^2)/(2\times f_p\times r)=1.05$

14）$Q=[F+(F^2-4EG)\hat{}0.5]/[2\times(-E)]=24.58m^3/s$

15）则质量流量 $Q_m=28.72898\times2.596\times3600=202.13t/h$

16）设计流量=158.245t/h

17）设计点为贴壁流量的百分数=158.245/202.13=78.29%

3. 同理计算出二、三、四反贴壁点

二、三、四反贴壁点见表3-79。

表3-79 一、二、三、四反及再生器设计点为贴壁流量的百分数

项　目	设计点为贴壁流量的百分数/%	项　目	设计点为贴壁流量的百分数/%
一反	78.29	四反	68.11
二反	75.81	再生器	81.85
三反	74.22		

4. 重整反应器贴壁分析

1）从表3-79可以看出目前重整四个反应器和再生器贴壁余量都比较大，如果装置处理量可以继续增加的话，反应器及再生器贴壁现象不会发生，即贴壁因素不是制约装置提负荷的限制变量。

2）影响贴壁的主要因素有：一是催化剂参数，包括催化剂堆密度、颗粒空隙率和催化剂与反应器器壁摩擦角；二是反应器床层结构。

3）催化剂堆密度的影响：以四反为例，可以看出催化剂堆密度增大，设计点为贴壁流量的百分数变小，催化剂堆密度减小，设计点为贴壁流量的百分数变大，说明催化剂堆密度增大，贴壁余量会增大，如果老装置需要提高处理负荷，但是又到了贴壁临界点，那么更换堆密度更大的催化剂来防止贴壁是不错的选择。

催化剂堆密度与设计点为贴壁流量的百分数关系见表3-80。

表3-80 催化剂堆密度与设计点为贴壁流量的百分数关系

项　目	催化剂堆密度/(kg/m^3)	设计点为贴壁流量的百分数/%
装置实际数据	560	72.37
假设数据1	600	69.36
假设数据2	520	75.77

4）催化剂颗粒空隙的影响：可以看出催化剂空隙率对设计点为贴壁流量的百分数影响巨大，催化剂空隙率变小，设计点为贴壁流量的百分数增大很快，催化剂空隙率变大，设计点为贴壁流量的百分数减小很快，所以大的床层空隙率则具有较大的临界操作流量，不易发生贴壁或空腔等非正常现象。

催化剂孔隙率与设计点为贴壁流量百分数的关系见表3-81。

表3-81 催化剂空隙率与设计点为贴壁流量的百分数的关系

项　目	催化剂堆密度/(kg/m^3)	设计点为贴壁流量的百分数/%
装置实际数据	0.39	72.37
假设数据1	0.37	82.17
假设数据2	0.41	64.22

5）催化剂颗粒与反应器器壁摩擦角的影响：可以看出催化剂颗粒与反应器器壁摩擦角对设计点为贴壁流量的百分数有一定的影响，催化剂颗粒与反应器器壁摩擦角增大，则设计点为贴壁流量的百分数增大，催化剂颗粒与反应器器壁摩擦角减小，则设计点为贴壁流量的

百分数减小，即催化剂颗粒与反应器器壁摩擦角增大，临界操作流量会减小，会更容易发生贴壁现象。

催化剂颗粒与反应器器壁摩擦角与设计点为贴壁流量的百分数的关系见表 3-82。

表 3-82 催化剂颗粒与反应器器壁摩擦角与设计点为贴壁流量的百分数的关系

项目	催化剂堆密度/(kg/m^3)	设计点为贴壁流量的百分数/%
装置实际数据	26.4	72.37
假设数据 1	25	70.1
假设数据 2	27.8	74.54

6）反应器床层结构的影响主要体现在反应器的流动结构，即向心还是离心流动，还有床层径向厚度参数，如床层内外径比值。向心流动时的临界操作流量明显大于离心流动时的临界操作流量。

催化剂床层内外半径比值与设计点为贴壁流量的百分数的关系见表 3-83。

表 3-83 催化剂床层内外半径比值与设计点为贴壁流量的百分数的关系

项目	催化剂堆密度/(kg/m^3)	设计点为贴壁流量的百分数/%
装置实际数据	1.27/0.66=1.92	72.37
假设数据 1	1.37/0.66=2.07	67.63
假设数据 2	1.17/0.66=1.77	77.81

从表 3-83 可以看出，催化剂床层外径与内径的比值增大，设计点为贴壁流量的百分数变小，催化剂床层外径与内径的比值减小，设计点为贴壁流量的百分数变大，所以催化剂床层厚度对临界操作流量影响较大，床层越厚，临界操作流量越大，也就是越不容易贴壁。

7）重整反应器的贴壁瓶颈在一反，例如当重整进料提高至 170t/h，氢油比控制 2.7，一反贴壁百分数为 97%，即一反发生贴壁。

（二）再生器贴壁计算

1. 再生器已知参数

见表 3-84。

表 3-84 再生器已知参数

项目	符号	数值	单位
1. 催化剂物理性质			
颗粒直径	d	0.0016	m
单颗粒密度	ρ_p	903	kg/m^3
颗粒堆密度	ρ_b	560	kg/m^3
颗粒内摩擦角	ψ	34.8	DEG
颗粒与挡网壁摩擦角	$б$	26.4	DEG
颗粒空隙率	ε	0.39	
2. 气体性质			
气体密度	ρ_g	1.26	kg/m^3
气体黏度	μ_g	0.0000216	Pa·s
气体平均相对分子质量	M	29	
设计流量		32000	m^3/h

续表

项目	符号	数值	单位
3. 反应器结构尺寸			
反应器有效床层高度	L	3.21	m
反应器床层当量外半径	r_2	0.89	m
反应器床层内半径	r_1	0.61	m

2. 再生器贴壁点计算

1）$2\beta=90+\sigma-\cos^{-1}(\sin\sigma/\sin\psi)=77.56°$

2）侧压系统 $T=\cos(2\beta)\times\sin(\psi)=0.123$

3）$k=(1+T)/(1-T)=1.28$

4）$f_i=\tan(\psi)=0.69$

5）$f_w=f_p=\tan(\sigma)=0.49$

6）$n=(k+1)/(2\times k)=0.89$

7）$r=r_1/r_2=0.52$

8）$A=\alpha\times\rho_g\times(1-\varepsilon)/(4\times\pi^2\times L^2\times d\times\varepsilon^3\times\rho_b\times g\times r_2^2)=0.008$

9）$B=\beta\times\mu_g\times(1-\varepsilon)^2/(2\times\pi\times L\times d^2\times\varepsilon^3\times\rho_b\times g\times r_2)=0.08$

10）$C=\rho_g/(4\times\pi^2\times L^2\times\rho_b\times g\times r_2^3)=8.00597\times10^{-7}$

11）$E=A\times[r^{-1}-r^{n-1}]/n-C\times[r^{-2}-r^{n-1}]/(1+n)=0.0037$

12）$F=-B\times(r^{n-1}-1)/(1-n)=-0.031$

13）$G=(1-r^2)/(2\times f_p\times r)=0.779$

14）$Q=(F+(F^2-4EG)^{0.5})/[2\times(-E)]=10.86m^3/s$

15）则质量流量 $Q_m=10.86\times3600=39094m^3/h$

16）设计流量＝$32000m^3/h$

17）设计点为贴壁流量的百分数＝32000/39094＝81.85%

十五、催化剂循环

（一）催化剂流动速度

1. 一反催化剂流动速度

一反已知条件见表3-85。

表3-85 一反反应器结构尺寸

项目	符号	数值	单位
反应器有效床层高度	L	7.581	m
反应器床层当量外半径	r_2	1.09	m
反应器床层内半径	r_1	0.66	m

2. 一反催化剂流动速度计算

1）催化剂环形面积＝3.14×1.09×1.09−3.14×0.66×0.66＝$2.36m^2$

2）催化剂循环量＝707.5kg/h

3）催化剂循环体积＝707.5/560＝$1.26m^3/h$

4）催化剂流动速度＝1.26/2.36＝0.53m/h＝0.000148m/s＝0.148mm/s

3. 同理计算出二、三、四反及再生器中催化剂流动速度

见表3-86。

表3-86 催化剂移动速度对比

项目	催化剂移动速度/(m/h)	项目	催化剂移动速度/(m/h)
一反	0.53	再生器	0.95
二反	0.53	待生提升管	9720
三反	0.48	再生提升管	5760
四反	0.34		

4. 催化剂流动速度分析

催化剂在重整四个反应器和再生器内移动速度非常缓慢，与在提升管中2.5m/s相差了四个数量级，所以催化剂在反应器及再生器内移动属于密相输送，对催化剂基本不会造成磨损，那么催化剂粉尘的产生肯定不会再反应器及再生器内移动产生，除非发生贴壁或空腔形成局部流化才会产生大量粉尘。

(二) 催化剂提升管提升气量及压降

1. 待生催化剂提升气量计算

待生提升已知条件见表3-87。

表3-87 待生催化剂提升

提升气体	N_2 或含氢气体	数值
相对分子质量 MW	$N_2=28.0$ H_2=用分析出来的组成计算	28
压力 p/MPa(绝)	在FV下游的表上的读数	0.45
温度 T/℃	在提升器和缓冲料斗/分离料斗之间的平均数	125
密度 ρ/(kg/m³)	$\rho=\dfrac{MW\times p\times 273.15}{(22.414)\times 0.1013\times(273.15+T)}$	3.8
自由降落速度 FF/(m/s)	$FF=\dfrac{7.67}{\sqrt{\rho}}$	3.93
最佳的催化剂速度/(m/s)	2.5	2.7
提升气体速度/(m/s)	$GLV=FF+2.5$	6.63

1) 提升气密度 $=28\times 0.45\times 273.15/[22.414\times 0.1013\times(273.15+125)]=3.8\text{kg/m}^3$

2) 自由降落速度 $FF=7.67/\rho^{0.5}=7.67/3.8^{0.5}=3.93\text{m/s}$

3) 提升气速度 $=3.93+2.7=6.63\text{m/s}$

4) 提升管内径 $=73.66\text{mm}=0.074\text{m}$

5) 提升管截面积 $=3.14\times 0.074\times 0.074/4=0.0043\text{m}^2$

6) 提升气体积 $=0.0043\times 6.63\times 3600=101.67\text{m}^3/\text{h}$

7) 换算成标立 $=V\times 273.15\times P/[(T+273.15)\times 0.1013]$

$=101.67\times 273.15\times 0.45/[(125+273.15)\times 0.1013]$

$=309.86\text{Nm}^3/\text{h}$

2. 再生催化剂提升

再生提升已知条件见表3-88。

表 3-88　再生催化剂提升

提升气体	N_2 或含氢气体	数值
相对分子质量 *MW*	N_2=28.0 H_2=用分析出来的组成计算	2
压力 *p*/MPa(绝)	在 FV 下游的表上的读数	0.67
温度 *T*/℃	在提升器和缓冲料斗/分离料斗之间的平均数	107
密度 *ρ*/(kg/m³)	$\rho=\frac{MW\times p\times 273.15}{(22.414)\times 0.1013\times(273.15+T)}$	1.13
自由降落速度 *FF*/(m/s)	$FF=\frac{7.67}{\sqrt{\rho}}$	7.21
最佳的催化剂速度/(m/s)	2.5	1.6
提升气体速度/(m/s)	*GLV*=*FF*+2.5	8.81

1）提升气密度=2×0.67×273.15/[22.414×0.1013×(273.15+107)]=1.13kg/m³

2）自由降落速度 $FF=7.67/\rho^{0.5}=7.67/1.13^{0.5}=7.21$m/s

3）提升气速度=7.21+1.6=8.81m/s

4）提升管内径=58.98mm=0.059m

5）提升管截面积=3.14×0.059×0.059/4=0.0027m²

6）提升气体积=0.0027×8.81×3600=86.6m³/h

7）换算成标立=V×273.15×P/[(T+273.15)×0.1013]
=86.6×273.15×0.67/[(107+273.15)×0.1013]
=411.7Nm³/h

3. 待生、再生提升气量分析

一般重整催化剂在提升管内线速度不大于 2m/s 被视为磨损较小，计算中调整催化剂线速度使得待生和再生提升气量与装置操作实际值一致，得出的待生催化剂线速度为 2.7m/s，再生催化剂线速度为 1.6m/s，可见待生催化剂提升速度偏大，再生催化剂提升速度适宜。

另外如果要将待生催化剂提升线速度降至 2m/s，计算得出待生催化剂提升气量为 277Nm³/h，所以目前装置待生催化剂提升气量可以往下降一降。

4. 催化剂淘析系统计算

淘析系统已知条件见表 3-89。

表 3-89　淘析系统

提升气体	N_2	数值
相对分子质量 *MW*	N_2=28.0 H_2=用分析出来的组成计算	2
压力 *p*/MPa(绝)	在 FV 下游的表上的读数	0.45
温度 *T*/℃	在提升器和缓冲料斗/分离料斗之间的平均数	85
密度 *ρ*/(kg/m³)	$\rho=\frac{MW\times p\times 273.15}{(22.414)\times 0.1013\times(273.15+T)}$	4.23
自由降落速度 *FF*/(m/s)	$FF=\frac{7.67}{\sqrt{\rho}}$	3.62

1）催化剂当量直径=1.6mm

2）提升气密度=2×0.45×273.15/[22.414×0.1013×(273.15+85)]=4.23kg/m^3

3）自由降落速度 $FF=5.9d^{0.5}/\rho^{0.5}=5.9\times1.6^{0.5}/4.23^{0.5}=3.62$m/s

4）淘析管内径=300mm=0.3m

5）提升管截面积=3.14×0.3×0.3/4=0.071m^2

6）淘析气标况体积=3500Nm^3/h

7）换算成工况下体积=3500×1.033×(85+273)/(273×4.5)=1033.2m^3/h=0.287m^3/s

8）淘析气气速=0.28/0.071=4.06m/s

9）那么催化剂的线速度=淘析气气速-自由降落速度 FF=4.06-3.62=0.43m/s

5. 淘析系统分析

1）计算中催化剂当量直径为1.6mm，可见目前的淘析气量能够将催化剂粉尘淘析出来，并且能淘析出来部分整颗粒。

2）在淘析气量不变的情况，通过计算来看看催化剂颗粒的当量直径为多少时，目前的淘析气量无法将其淘析出来。

不同催化剂当量直径对应的催化剂淘析线速度见表3-90。

表3-90　不同催化剂当量直径对应的催化剂淘析线速度

项　目	催化剂当量直径/mm	催化剂线速度/(m/s)
装置实际工况	1.6	0.43
假设数据1	1.8	0.21
假设数据2	1.9	0.109
假设数据3	2.0	0.006
假设数据4	2.01	-0.0037

3）从表3-90可以看出，在目前3500Nm^3/h的操作条件下，催化剂颗粒中当量直径大于2mm的不能被淘析出来。

4）仍以催化剂当量直径为1.6mm为主，将淘析气量下调，看下降至什么程度，1.6mm的整颗粒将无法被淘析出来。

不同淘析气量对应的催化剂淘析线速度见表3-91。

表3-91　不同淘析气量对应的催化剂淘析线速度

项　目	淘析气量/(Nm^3/h)	催化剂线速度/(m/s)
装置实际工况	3500	0.43
假设数据1	3400	0.31
假设数据2	3300	0.2
假设数据3	3200	0.086
假设数据4	3128	0.002
假设数据5	3125	-0.0006

5）从表3-91可以看出，当淘析气量降至3128Nm^3/h时，催化剂整颗粒将无法被淘析出来。

6）当催化剂被烧结成侏儒球时，侏儒球的密度是正常催化剂密度的3倍，此时的侏儒球是无法被淘析出来的。那么催化剂的真实密度与能否淘析出来有直接的关系。

7）催化剂的终端速度 $U_t=[4g(\rho_s-\rho)d_p/\rho]^{0.5}$，催化剂的真实密度 $\rho_s=903kg/m^3$ 那么局部烧结的催化剂能否被淘析出来呢，局部烧结的催化剂密度会变大。局部烧结的催化剂对应的催化剂淘析线速度见表 3-92。

表 3-92 局部烧结的催化剂对应的催化剂淘析线速度

项　目	催化剂密度/(kg/m³)	催化剂线速度/(m/s)
装置实际工况	903	0.43
假设数据 1	1000	0.24
假设数据 2	1100	0.057
假设数据 3	1130	0.0034
假设数据 4	1132	-0.0002

8）从表 3-91 可以看出，当局部烧结的催化剂密度达到 1130kg/m³ 的话，这些局部烧结的催化剂就无法被淘析出来了。所以特别是装置到了催化剂使用周期的末期，这些局部被烧结的催化剂会存在，侏儒球更加淘析不出来。当然如果提高淘洗气量，密度为 1130kg/m³ 的催化剂就能淘析出来。通过计算得出，将淘析气量提高至 3600，这部分催化剂的线速度能达到 0.11m/s。

9）如果要将侏儒球在淘析系统中淘洗出来，那么淘洗气量要提高至多少呢？我们知道侏儒球的密度高达 3000kg/m³，通过计算发现需要将淘洗气量提高至 5800Nm³/h，侏儒球的线速度才有 0.11m/s，才能将侏儒球淘析出来，此时，所有的正常催化剂和粉尘将全部被淘析出来。由此可见催化剂的真实密度也是影响淘析效果的关键因素。所以在催化剂使用末期，可以根据催化剂的真实密度来调整淘析气量。

10）如果再生器内网破损，催化剂被再生循环气带入内网中心，那么催化剂是被循环气带入风机还是自由沉降至氧氯化区呢？

下面进行计算：

① 催化剂当量直径=1.6mm

② 提升气密度=1.26kg/m³

③ 自由降落速度 $FF=5.9d^{0.5}/\rho^{0.5}=5.9\times1.6^{0.5}/1.26^{0.5}=6.64m/s$

④ 再生器中心管内径=1200mm=1.2m

⑤ 再生器中心管截面积=3.14×1.2×1.2/4=1.13m²

⑥ 再生循环气标况体积=36000Nm³/h

⑦ 换算成工况下体积=36000×1.033×(500+273)/(273×3.7)=27907m³/h=7.75m³/s

⑧ 再生循环气在中心管的气速=7.75/1.13=6.85m/s

⑨ 那么催化剂的线速度=再生循环气在中心管的气速-自由降落速度 FF

=6.85-6.65

=0.21m/s

所以如果再生器内网破损，催化剂会被循环气带入风机，最终进入再生器器壁与外网之间的夹层里。

11）上述计算时默认催化剂当量直径为 1.6mm，随着再生循环气移动的催化剂线速度只有 0.21m/s，那么如果当量直径更大的催化剂颗粒是否还能随再生循环气进入风机呢？

催化剂直径与催化剂线速度的关系见表3-93。

表3-93　催化剂直径与催化剂线速度的关系

项　目	催化剂直径/mm	催化剂线速度/(m/s)
上述计算数据	1.6	0.21
假设数据1	1.65	0.1
假设数据2	1.7	0.0047
假设数据3	1.71	-0.0154

从表3-93可以看出，当量直径达到1.77mm的催化剂就不能被再生循环气带入风机了，而是自由沉降至氧氯化区，从而造成氧氯化氯超温。

综上所述，再生器内网破损的话，催化剂从内网裂缝进入内网里面，当量直径小于1.77mm的催化剂会被再生循环气带入风机，最终进入再生器器壁与外网之间的夹层里；当量直径大于1.77mm的催化剂会自由沉降至氧氯化区，从而造成氧氯化氯超温。

十六、蒸汽平衡

(一) 重整装置蒸汽平衡

蒸汽平衡数据见表3-94。

表3-94　蒸汽平衡　t/h

项　目	数　值	项　目	数　值
进装置蒸汽量	41.3	重整增压机耗汽量	29.2
汽包产汽量	28.41	稳定塔塔底热源耗汽量	8.6
循环氢压缩机耗汽量	30.4		

1）蒸汽消耗量=循环氢压缩机耗汽量+重整增压机耗汽量+稳定塔塔底热源耗汽量

=30.4+29.2+8.6=68.2t/h

2）蒸汽生产量=进装置蒸汽量+汽包产汽量=41.3+28.4=69.7t/h

3）进出相差1.5t/h，可能是计量表存在误差。

(二) 热损失核算

1. 锅炉产汽前后焓值

产汽前后焓值见表3-95。

表3-95　产汽前后焓值

项　目	温度/℃	压力/MPa(表)	焓值/(kJ/kg)
水	104	5.86	-15530
蒸汽	409	3.63	-12730
焓差	2800		

1）产汽量=28.4t/h

2）产汽从加热炉吸收的总热量=28400×2800=79548000kJ/h=22.09MW

2. 热损失分析

热量分布见表 3-96。

表 3-96　热量分布表

项　目	数　值	项　目	数　值
四合一炉瓦斯耗量/kg	6714.5	总反应物料从四合一炉取热量/MW	50.40742883
四合一炉瓦斯总热值/kJ	296524568.1	炉膛辐射段热效率/%	61.20
换算成 MW	82.36800148		

1）产汽取热量占四合一炉瓦斯总热值的比例＝22.09/82.36＝26.83%

2）产汽取热量占四合一炉瓦斯总热值的比例与重整反应的反应热差不多；

3）炉膛辐射段热效率+产汽取热量占四合一炉瓦斯总热值的比例＝26.83%＋61.2%＝88.03%

4）前面计算知道加热炉的热效率为 94.05%

5）即加热炉的热损耗率＝100%－94.05%＝5.95%

6）那么余热锅炉及其管道热损失率＝100%－88.03%－5.95%＝6.02%

7）所以余热锅炉及其管道热损失还是很大，装置需要强化余热锅炉及其管道保温监测，可以大大减少能量损失。

第四部分　装置技改技措

（一）T951 塔盘改造后分离效果

T951 原设计负荷较小，不能满足原料较轻现状下该塔进料负荷大的需要，塔顶戊烷中苯含量高达 5%~8%，造成较大的芳烃损失。9 月份停工期间，对该塔塔盘全部更换为高效塔盘，正常开工后，按照改造后设计操作条件，塔顶苯含量不稳定，数据偏高。12 月经过一系列调整，达到了降低戊烷中苯含量的目的。

T951 操作条件变化对戊烷中苯含量的影响见图 4-1。

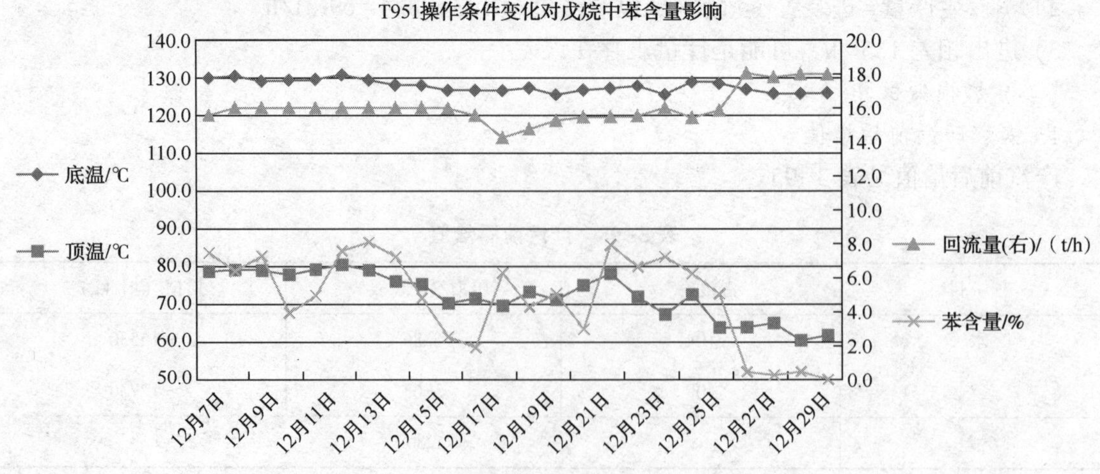

图 4-1　T951 操作条件变化对戊烷中苯含量影响

第一阶段：12 月 7 日至 13 日，T951 操作条件，底温 129~130℃（设计 130℃），顶温 78~80℃，回流量 16t/h（设计为 18t/h，但考虑到冷后温度为 25℃，故未提高回流），塔顶戊烷中苯含量为 4%~8%，平均为 6%；

第二阶段：12 月 13 日至 26 日，T951 操作条件，底温 126~128℃，顶温 67~76℃，回流量 15~16t/h，塔顶戊烷中苯含量为 2%~7%，平均为 5.3%；

第三阶段：12 月 26 日至 30 日，T951 操作条件，底温 126~127℃，顶温 60~65℃，回流量 18t/h，塔顶戊烷中苯含量为 0.1%~0.5%，平均为 0.3%。

由以上三个阶段调整得出：在由第一阶段降底温 2℃操作至第二阶段后，回流量不变，顶温下降明显，戊烷中苯含量下降不明显，且期间含量波动较大；在由第二阶段降温约 2℃、提高回流量 2t/h 后，塔顶温度下降明显，戊烷中苯含量直接降低至 0.5%以下，达到期望值。塔底 C_6、C_7 组分中的 C_5 含量不易分析，故暂时无数据，对下游抽提单元也未出现轻组分增加带来的负面影响，但抽提进料中非芳含量增加，相应地增加了非芳产量。

调整后的全塔物料平衡也发生了变化，详细见图 4-2。

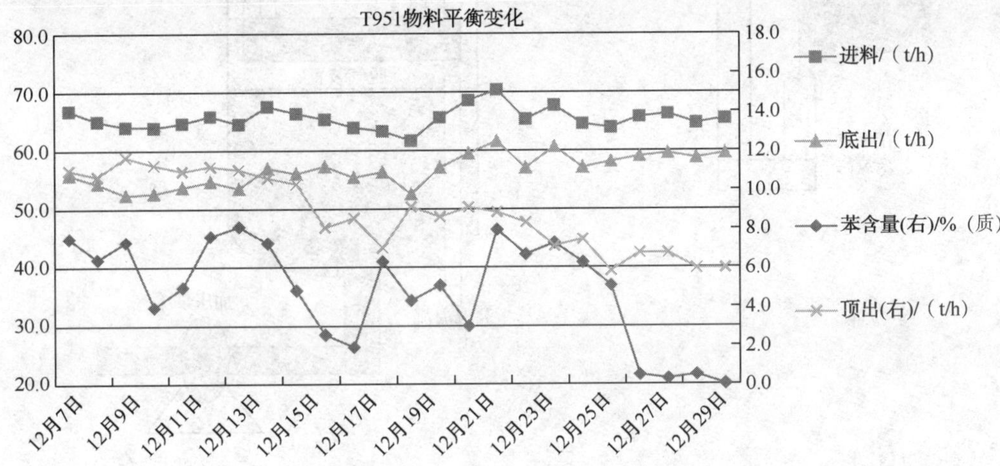

图 4-2　T951 调整操作前后物料平衡变化图

由图 4-2 可知：塔顶戊烷产量由第一阶段的 11t/h 逐渐降至第二阶段的 8~9t/h，最后降至第三阶段的 6~7t/h，整体有 4.5t/h 的轻组分进入塔底，其中苯含量约为 0.6t/h。戊烷中苯含量得到完全控制，芳烃回收率得到提高。苯的价格比戊烷高约 1500 元/t，预计回收苯经济效益能增加 788.4 万元/年。

（二）乏汽回收系统

乏汽回收系统原理图见图 4-3。

1. 乏汽回收说明

本装置系统主要用于 2#连续重整 C701 和 C702 油站透平乏汽进行回收再利用，主要是用 C702 系统凝结水和管网除盐水吸收乏汽的汽化潜热，使乏汽发生相变凝结成水，对乏汽进行吸收后形成 80~90℃的热水送到除氧器再利用，多余的部分送至凝结水管网。这样乏汽的低品位热源就回到除氧器的给水中，减少了加热除氧器给水用汽的消耗。

工艺路线为：两台透平排汽合用一套回收装置，每台透平排汽用独立的汽水混合器系统，避免相互干扰。流程如图 4-3 所示。

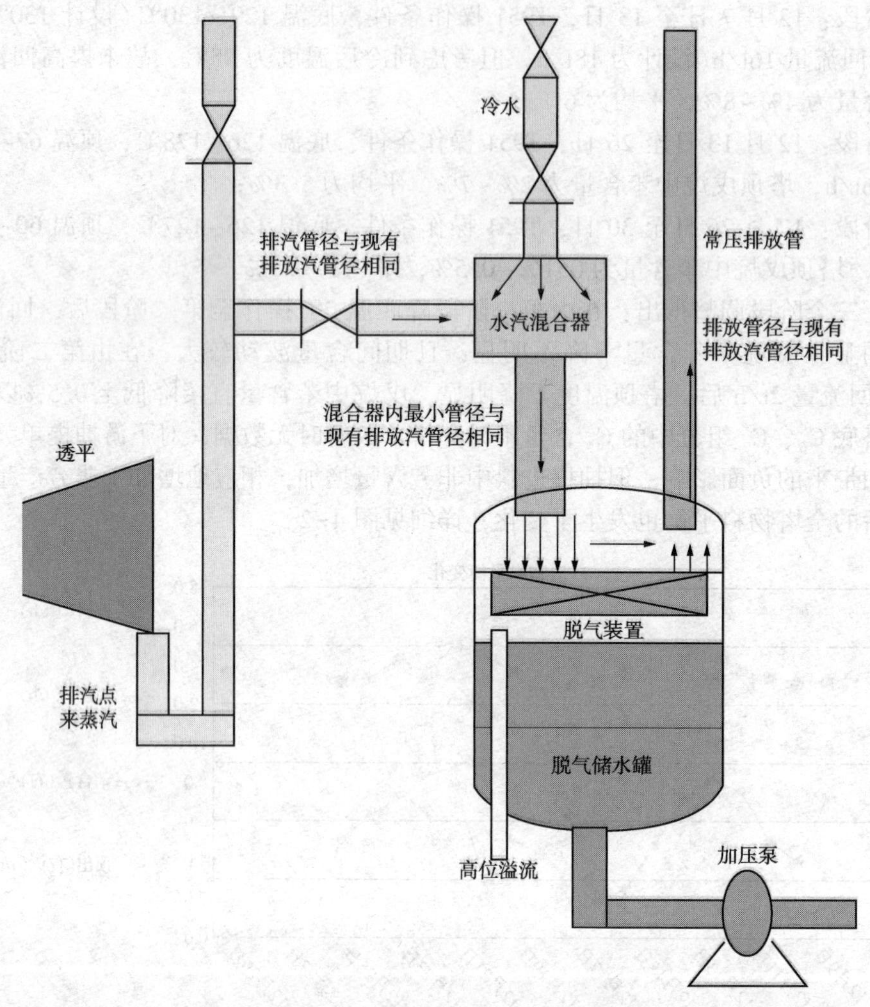

图 4-3　乏汽回收系统原理图

在现有两台 C-701、C-702 透平蒸汽排放管上，各引一路排汽接入回收装置各自的汽水混合器。

C-701 的汽水混合器利用热井凝泵出口凝结水为冷却介质；C-702 的汽水混合器利用除盐水为冷却介质。同时，为了防止 C-701 冷却介质不够，也引一股除盐水过去，作为备用冷却介质。

冷却介质进入汽水混合器后，与透平乏汽进行混合，加热至 80~90℃后进入脱气储水罐内，热水在脱气储水罐内的气液分离器上进行脱气除氧，氧气和其他不凝气与水分离后从脱气储水罐顶常压排放口自动排出。

热水通过变频器控制调节水泵运行，共有两台凝结水泵，一开一备，保持脱气储水罐水位稳定，将凝结水分别送入Ⅱ重整除氧器，Ⅱ重整凝结水管网，Ⅰ重整除氧器。由此实现了透平乏汽的热能与冷凝水被全部回收。

2. 乏汽回收工艺参数

C-701 排汽回收乏汽量：1. 3t/h；

热井凝结水温度：60~75℃，压力：0. 9MPa；出水温度：80℃，最高 92℃；需用凝结水量：43t/h。

若采用除盐水为冷却介质，除盐水温度：30℃，压力：0.6MPa；出水温度：80℃；需用除盐水量：15t/h。

C-702 排汽回收乏汽量：1.7t/h；

除盐水温度：30℃，压力：0.6MPa；出水温度：80℃；需用除盐水量：19t/h。

3. 投用效果

由于乏汽回收项目的投用，原C702凝结水部分进除氧器，剩余部分就地排的流程改为凝结水部分进除氧器，部分进入凝结水系统，回收凝结水约4t/h。且将原进除氧器凝结水温度由60℃提高至80℃以上，可降低除氧蒸汽消量约0.5t/h。

（三）连续重整催化剂更换周期的经济效益对比

1. 重整催化剂使用2个生产周期的运行结果

金陵石化公司1.0Mt/a连续重整装置由石脑油加氢、催化重整、催化剂再生及界区内配套公用工程组成，预加氢、重整反应及再生部分采用UOPCycleMax专利技术（UOP仅提供专利许可），其余部分的工艺及工程设计均由中国石化洛阳工程公司完成，重整催化剂采用中国石化石油化工科学研究院开发的PS-Ⅵ型连续重整催化剂，装置于2008年首次开工。2008—2015年，该装置运行了2个生产周期，期间，2011年11月按计划停工检修改造。2008年1月至2011年11月为第1个生产周期，2011年12月至2015年12月为第2个生产周期。第1个生产周期开始时采用新催化剂，总装填量为78t；第1个生产周期结束时，卸出10t旧催化剂回收贵金属，补充了10t新催化剂。

（1）生产数据

2008—2015年连续重整装置2个生产周期催化剂及燃料气消耗（平均值）见表4-1。

表4-1　2008—2015年连续重整装置2个生产周期催化剂及燃料气消耗

项　目	2008年	2009年	2010年	2011年	2012年	2013年	2014年	2015年
重整处理量/Mt	0.738	1.066	1.136	1.067	1.215	1.196	1.148	1.162
混氢产率/%	9.17	9.34	8.84	8.50	9.07	9.05	8.43	8.37
液化气产率/%	1.48	1.63	2.69	2.93	2.38	2.5	2.85	3.48
重整生成油收率/%	89.12	89.03	88.47	88.50	88.50	88.42	88.62	88.15
四氯乙烯消耗量/(g/t)	13.01	13.42	13.83	15.93	15.64	16.05	18.29	16.65
催化剂单耗/(g/t)	1.22	1.25	1.59	11.06	1.20	1.17	1.48	1.46
脱氯剂单耗/(g/t)	20.87	28.15	39.63	42.18	37.04	37.62	52.26	51.64
燃料气单耗/(t/t)	0.0392	0.0419	0.0406	0.0373	0.0433	0.0484	0.0506	0.0543

（2）催化剂的物化性质

2个生产周期催化剂的比表面积（平均值）变化见图4-4。由图4-4可见，催化剂的比表面积从最初196m^2/g到第1个生产周期末快速下降至152m^2/g；在第2个生产周期过程中，催化剂比表面积基本恒定在150m^2/g左右，与新鲜催化剂的比表面积差距较大，所以第2个生产周期中催化剂活性明显低于第1个生产周期。比表面积下降的快慢与所采用的连续重整工艺有关。采用UOPCycleMax工艺的装置，由于再生循环气中水含量高，催化剂再生过程中比表面积下降较快；采用国产超低压连续重整（SLCR）、逆流连续重整（SCCCR）、Axens等工艺的装置，再生循环气经过冷却和干燥，催化剂再生过程中比表面积下降较慢。

由于催化剂比表面积下降，高附加值产品重整生成油及混氢收率逐年下降(表 4-1)，为了保持产品辛烷值达标，需要提高反应温度，受此影响，裂化反应增多，造成低附加值的液化气产率逐年上升；脱氯剂、四氯乙烯等三剂和燃料气单耗同样逐年增加。2012 年的生产数据优于 2011 年的生产数据，主要是由于第 1 生产周期末大检修时，补充了 10t 新鲜催化剂以替换旧催化剂。

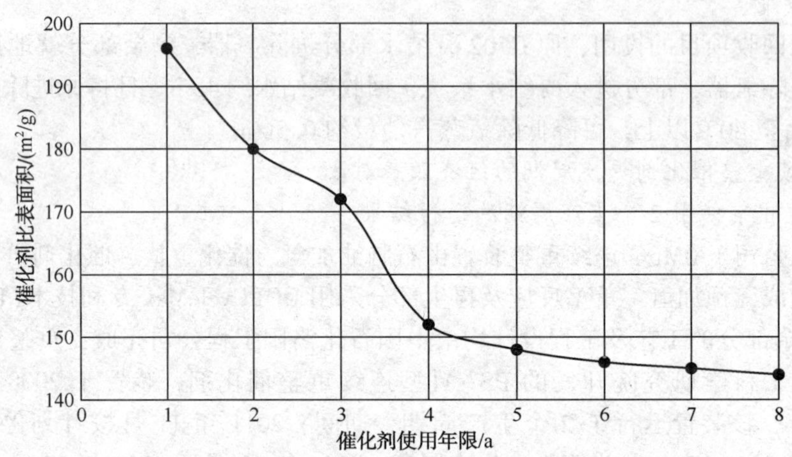

图 4-4　2 个生产周期催化剂的比表面积变化

两个生产周期内，重整催化剂强度的变化如图 4-5 所示。由于催化剂强度下降，装置淘析出的粉尘量逐年增多，与表 4-1 中催化剂单耗变化趋势吻合。2011 年催化剂单耗偏高，是因为将大检修时补充的 10t 新鲜催化剂计算在内。

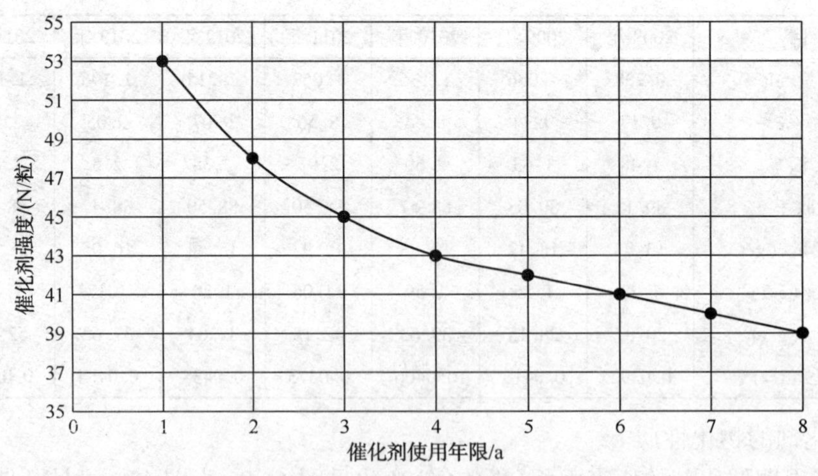

图 4-5　催化剂使用 8 年强度下降趋势

2. 不同换剂周期经济效益比较

重整处理量按 1. 1Mt/a 计，产品生产量及燃料气、三剂等的消耗量按表 4-1 中的数据(年平均值)计。两种方案下原料的成本、固定费用等波动较小，以下讨论中认为两种方案的上述项目相等。

(1) 原料、产品、三剂及催化剂平均价值

原料、产品及三剂的价值见表4-2。其中，氢气产品为混氢，重整进料按石脑油计，生成油取戊烷及苯类产品价格的平均值。表中价格按2008—2016年的平均价格计算。催化剂旧剂的价值指旧剂中所能回收铂金的价值，铂金回收率按95%计，同时扣减5%的风险质量；铂金价格按2008—2016年上海黄金交易所收盘平均价，扣除5%风险费；铂金的回收费用为2.0万元/kg，旧剂的运费总计1.2万元，旧剂的量按78t计；催化剂新剂的价值指新剂生产过程中消耗的铂金价值与加工费之和；生产每吨PS-Ⅵ连续重整催化剂时的投铂金量为2.9kg，另加2%的铂金购买手续费，催化剂加工费为30万元/t，新剂的质量按78t计。

表4-2 原料、产品及三剂的价值

项　目	价值/(元/t)	项　目	价值/(元/t)
生成油	6000	催化剂旧剂	712200
氢气	9000	四氯乙烯	15000
液化气	4041.47	脱氯剂	12000
催化剂新剂	1256000	燃料气	2359

(2) 两种方案装置的投资与收益对比

两种方案下的成本及产品价值见表4-3。由表4-3可见：方案一催化剂投资比方案二要少3720万元，但方案一的燃料气和三剂投资比方案二多9840万元，最终方案一的成本比方案二高6120万元；方案一低附加值产品液化气的收益比方案二高9587万元，但高附加值产品生成油和氢气的收益比方案二低18645万元，最终方案一的实际收益比方案二低9058万元。综合考虑投资与收益，8年间方案一比方案二的效益低15178万元。

表4-3 两种方案下的成本及产品价值 万元

项　目	方案一	方案二	差值
催化剂和三剂成本			
补充催化剂	1293	5013	-3720
四氯乙烯	202	185	17
脱氯剂	408	345	63
燃料气	92302	82542	9760
产品价值			
生成油	4678146	4687584	-9438
氢气	700623	709830	-9207
液化气	77076	67489	9587

注：两种方案中第1生产周期开工时催化剂的采购成本一致，故不予考虑。

(3) 其他效益损失

由于催化剂比表面积逐年下降，其持氯能力也逐年降低，导致生成油中的氯含量升高。生成油中氯含量升高会给下游处理装置带来一系列问题，最典型的是芳烃抽提装置的腐蚀泄漏问题。表4-4列出了芳烃抽提装置2008—2018年装置发生的腐蚀泄漏情况，发生腐蚀泄漏的部位主要在溶剂环丁砜和水存在的地方，水含量越高的位置腐蚀泄漏频率越高。

表 4-4　2008—2018 年芳烃抽提装置泄漏情况统计

泄漏部位	泄漏次数	泄漏部位环境
汽提塔塔底重沸器	2	环丁砜，微量水
汽提塔塔底返塔线	2	环丁砜，微量水
汽提塔塔壁	2	环丁砜，微量水
回收塔塔底重沸器	4	环丁砜，明水
回收塔积液箱	3	环丁砜，明水
溶剂再生塔重沸器	6	环丁砜，水
水汽提塔重沸器	3	环丁砜，明水
贫富溶剂管线	>10	环丁砜，明水

抽提装置泄漏部位主要集中在重沸器管板与头盖交界处、积液箱侧壁与底板连接处等，如图 4-6 ~图 4-9 所示。上述位置均有一个共同点，即液体流速缓慢，液体中的酸性腐蚀物如氯离子、硫磺酸以及亚硫酸等容易聚集，从而造成迅速腐蚀减薄穿孔。该装置第 1、第 2 生产周期因腐蚀泄漏造成的停工分别为 4 次和 11 次，第 2 生产周期频繁泄漏停工与催化剂持氯能力下降密不可分。

抽提装置每次停工通常需要 3 天时间消漏处理，期间重整装置需要降低进料量 20t/h。每吨重整进料加工效益按 500 元计，每次停工损失为 72 万元。此外每次抽提停工检修费平均 30 万元。假设方案二第 2 生产周期重整催化剂全部换新后，芳烃抽提装置的停工次数由 11 次降至 4 次，与第 1 生产周期持平，则方案一增加 7 次抽提停工带来的经济效益损失为 714 万元。

（4）两种方案效益之差汇总

从投资与收益的角度考虑，方案一比方案二的效益低 15178 万元。此外，考虑因腐蚀造成的抽提装置泄漏停工，方案一比方案二多 7 次，效益损失 714 万元。两种方案总的效益之差为 15892 万元，8 年内平均相差 1987 万元/a。

图 4-6　溶剂再生塔重沸器堵漏照片

图 4-7　汽提塔塔底重沸器腐蚀照片

图 4-8　回收塔积液箱开裂照片

图 4-9　水汽提塔重沸器腐蚀照

3. 结论

基于金陵石化公司 1.0Mt/a 连续重整装置催化剂使用两个生产周期的工业应用数据，综合分析了两个生产周期更换新催化剂(方案一)和一个生产周期更换新催化剂(方案二)两种方案下装置产生的经济效益。从催化剂投资、燃料气消耗、产品收率等方面对比投资和收益，方案一比方案二的效益低 15178 万元。考虑因腐蚀造成的抽提装置泄漏停工，方案一比方案二的效益损失 714 万元。连续重整催化剂使用一个生产周期换剂产生的经济效益比两个周期要高出 1987 万元/a，一个生产周期换剂更具有经济性。

长庆石化0.6Mt/a连续重整装置工艺计算

完成人：陈志伟
单　位：中国石油长庆石化公司

目　录

第一部分 标定报告

一、装置概述

（一）装置简介

长庆石化公司0.6Mt/a连续重整装置与0.15Mt/a苯抽提装置联合布局。重整装置引进法国Axens公司连续重整技术工艺包，苯抽提装置由北京金伟晖公司提供工艺包，本联合装置委托洛阳石油化工工程公司总体设计。重整反应部分采用Axens开发的OCTANIZING重整工艺。由于采用了较苛刻的反应条件（超低压、高温、低氢油比），使催化剂的活性、选择性得到更充分的发挥，从而使产品高辛烷值和收率较高。重整反应催化剂采用石科院的PS-VI双功能催化剂。催化剂连续再生部分采用Axens开发的连续再生技术。

装置自2011年11月投产以来，已平稳运行8年（期间装置进行两次大检修，2016年进行预处理部分扩能改造）。

（二）装置特点

1）连续重整采用Axens开发的连续重整工艺包，可得到较高的液体收率、芳烃产率和氢气产率，重整汽油苛刻度为*RON*102。

2）反应器采用四台并列式，物流为上进下出（中心管顺流式）。

3）预处理部分采用先加氢后分馏的工艺方案，石脑油分馏塔底精制油为重整提供合格的原料，分馏塔顶拔头油进C_5/C_6异构化装置。

4）装置设有氨制冷系统（包括氨压机及其辅助设备），采用蒸发式制冷工艺，使物流降温至4℃进行再接触分离，以进一步回收C_3、C_4馏分，并提高重整产氢纯度。

5）重整进料设置注硫设施，以调节进料适宜的硫含量。

6）重整混合进料换热器采用一台板壳式换热器，有利于深度换热，减少重整反应加热炉和重整产物空冷器的负荷，降低能耗，节约占地。

7）重整反应加热炉采用四合一箱式加热炉、正“U”形低压降炉管、高效率燃烧器。对流段设有3.5MPa蒸汽发生系统，炉效率可达90%以上。

8）重整循环氢压缩机采用3.5MPa背压透平驱动离心式压缩机；重整氢增压机采用三级压缩的对称平衡型电动往复式压缩机，再生循环气压缩机采用对称平衡型电动往复式压缩机，压缩机为一级压缩，两列布置，气缸为双作用。

9）氨压机组内采用蒸发式冷凝冷却工艺，使压缩机出来的氨气冷凝为-1℃的液氨，与普通循环水冷却器相比，可节省大量的循环水。

10）反应压力是以反应产物分离器压力为控制基准点，与重整氢增压机入口分液罐压力组成串级调节控制系统，重整氢增压机入口分液罐压力控制为分程控制，一路控制放空阀，一路与重整氢增压机汽轮机转速调节器组成串级调节控制系统。

11）全装置关键机组机泵采用在线监测系统，实时掌握机组运行工况。

12）催化剂再生部分设有一套由Axens提供的专用控制系统。

13）全装置设一套紧急停车系统（SIS）和一套压缩机机组控制系统（MCS），是装置平稳安全运行的有力保障。

二、标定报告

利用2016年8月份标定的基础数据及操作条件，进行工程核算。由于标定报告篇幅较大，本章节节选部分标定内容和标定结论及建议如下。

(一) 预处理原料性质

1. 常压直馏石脑油性质及族组成

常压直馏石脑油性质和族组成的数据来源于装置设计数据，见表1-1和表1-2。

表1-1 常压直馏石脑油性质

项　目	数　值	项　目	数　值
密度(20℃)/(kg/m³)	714	硫/(μg/g)	165
恩氏流程/℃		氮/(μg/g)	2.5
初馏点(0%)	32	硅/(μg/g)	10
10%	75	砷/(μg/kg)	1.1
50%	119	磷/(μg/g)	0.5
90%	141	铅/(μg/kg)	10
终馏点(100%)	170	铜/(μg/kg)	0.5
烯烃/%(质)	0.2	其他金属/(μg/kg)	20
氟/(μg/g)	1.0	溴指数/(mgBr/100g)	100
氯/(μg/g)	5.0		

表1-2 常压直馏石脑油族组成 %(质)

组成	P	N	A
C_4	0.86		
C_5	7.39	0.63	
C_6	10.35	5.41	0.21
C_7	8.63	11.09	1.02
C_8	10.53	12.04	3.90
C_9	8.58	9.37	2.00
C_{10}	6.25	1.23	0.09
C_{11}	0.42		
合计	53.01	39.77	7.22

从表1-1和表1-2可知，常压直馏石脑油馏程32~170℃，硫、氮和金属杂质含量较低，环烷烃含量39.77%，芳烃含量7.22%，饱和烃含量53.01%，比较适合作为重整原料。

2. 加氢裂化重石脑油性质

加氢裂化脑油性质和族组成的数据来源于装置设计数据，见表1-3和表1-4。

表 1-3　加氢裂化石脑油性质

项　　目	数　　值	项　　目	数　　值
密度(20℃)/(kg/m^3)	753	氟化物/(μg/g)	≤0.5
杂质含量/(μg/g)		色度	≤+30
硫	≤0.5	溴指数/(mgBr/100g)	≤10
氮	≤0.5	砷/(μg/kg)	≤1
总氧	≤5	铅/(μg/kg)	≤10
水	≤4	硅/(μg/kg)	≤0.1
溶解氧		铜/(μg/kg)	≤10
过氧化物		汞/(μg/kg)	≤1
羰基		其他金属/(μg/kg)	无(检测范围内)
氯化物/(μg/g)	≤0.5		

表 1-4　加氢裂化石脑油族组成　　%(质)

组成	烷烃	环烷	芳烃
C_5	0.5	0.1	
C_6	5.3	3.4	0.5
C_7	10.4	10.8	2.0
C_8	10.0	13.6	2.5
C_9	9.0	12.5	2.2
C_{10^+}	9.1	7.7	0.4
合计	44.3	48.1	7.6

从表 1-3 和表 1-4 可以看出，加氢裂化重石脑油硫氮等金属杂质含量较低，均满足重整原料指标要求，可以不进预加氢单元，而作为直供料进重整。其环烷烃含量 48.1%，芳烃含量 7.6%，饱和烃含量 44.3%，是很好的重整原料。

（二）产品性质

根据重整液相产品性质(见表 1-5)和液化气吸收罐底油品族组成(见表 1-6)，进行数据分析。

表 1-5　重整液体产品性质

项　　目		精制油	V201 底油	V207 底油	脱戊烷油	脱己烷油
密度(20℃)/(kg/m^3)		737.87	762.57	799.87	811.50	836.97
恩氏蒸馏/℃	初馏点	80.67	81.33	54.33	75.50	106.50
	10%	96.67	95.67	86.17	94.83	117.83
	30%	105.33	106.67	107.50	111.50	125.67
	50%	114.67	118.67	123.83	125.83	134.67
	70%	127.33	132.50	142.67	142.50	147.00
	90%	144.00	151.50	164.83	164.00	166.00
	95%	151.83	159.83	175.50	172.67	174.50
	终馏点	162.67	176.67	195.00	198.17	198.83

续表

项目		精制油	V201 底油	V207 底油	脱戊烷油	脱己烷油
族组成/%(体)	饱和烃	93.25	60.00	31.85	28.05	17.10
	烯烃	0.10	0.70	1.15	1.25	1.05
	芳烃	6.65	39.30	67.00	70.75	81.85
硫含量/(μg/g)		0.44	0.46	0.30	0.35	0.32
氮含量/(μg/g)		0.34	0.26	0.14	0.17	0.12
辛烷值					97.5	100.2

表 1-6 液化气吸收罐底油族组成 %(质)

族组成	烷烃	环烷	芳烃	环烯	烯烃	TO 总烃
C_4	0.53				0.04	0.57
C_5	1.9	0.23			0.13	2.26
C_6	7.99	0.96	3.67	0.07	0.33	13.02
C_7	10.5	0.39	15.6	0.04	0.52	27.05
C_8	5.62	0.22	21.27	0.03	0.37	27.51
C_9	1.95	0.08	23.08		0.15	25.26
C_{10}	0.42		3.25			3.67
C_{11}			0.64			0.64
合计	28.91	1.88	67.51	0.14	1.54	99.98

由表 1-5 可知：原料油经过重整反应以后，汽油干点由 162.67℃提升至 198℃，提升幅度约 35℃。目前汽油池芳烃含量偏高，而且辛烷值满足调和要求，故重整反应苛刻度比较低。脱戊烷油芳烃含量提高至 70.75%，辛烷值提升至 97.5，而脱己烷油芳烃含量 81.85%，辛烷值 100.2。

由表 1-6 可知，环烷烃随着碳数增大，出现递减现象，符合重整条件下环烷烃反应规律，也说明重整板式换热器运行良好，未出现明显泄漏。组成中有微量烯烃和环烯烃，说明烷烃和环烷烃脱氢生产芳烃的过程中，有中间产物环烯烃生成，由于装置加工负荷较高，环烯烃或烯烃来不及饱和，就被油气带出系统。

（三）标定结论

1. 原料及产品性质

1）预加氢原料的硫含量为 102μg/g、氯含量为 1.2μg/g，而且金属杂质含量较小；加氢裂化石脑油中环烷烃含量为 48.1%，也是很好的重整原料。

2）脱戊烷油组成中，碳数排列完全符合重整反应机理，碳六链烷烃最难转化，碳七次之，碳数越高越易转化为芳烃。说明重整板式换热器 E201 运行良好。

3）重整氢中烃类组分含量与技改前标定值接近，H_2 含量为 96.21%，大于技改前标定值 94.13%。说明新催化剂活性较高，催化剂再生补氯适中，深冷系统运行良好。

2. 物料平衡

1）装置技改后预处理扩能至 814.6kt，保证了异构化装置生产需求，满足公司成品汽油调和需求。

2）通过装置孔板流量计系数换算，核算装置物料平衡结果显示：全装置收率为92.27%，对重整进料收率为93.49%；而按组分归队测算物料平衡，对重整进料收率93.60%，约0.11%的油品进入干气、液化气和氢气组分。

3）公司汽油池辛烷值富余，而且芳烃含量较高，标定期间重整反应温度仅为514℃，故氢气收率偏低，按烃平衡核算纯氢收率为3.77%。

3. 装置能耗

1）装置综合能耗主要是水耗、电耗、蒸汽能耗及燃料气消耗组成，标定燃料单耗偏高，这与石脑油分馏塔重沸炉低负荷运行和流量计偏差有一定的关系。

2）燃料气氢含量较高，有效热值偏低，导致燃料消耗较大，能耗偏高。

4. 设备标定结果

（1）反应器

1）技改后重整反应器处理量为779kt/a，重整循环氢的进料量为62.1kt/a，总进料量841.1kt/a，经核算连续重整辛烷值桶为91.15。

2）为了平衡公司汽油池辛烷值和芳烃含量，本次标定重整反应苛刻度较低，氢油比为1.76，相比于技改前氢油比增加了0.234，有效抑制催化剂生焦。

3）催化剂结焦量显著降低，待生催化剂在一段烧焦量为85%，二段烧焦量15%。从催化剂性质分析可知，催化剂烧焦和性质良好。

4）再生系统热平衡核算，发现再生单元烧焦热损失 η 在20%~35%，而设计值一般不超过5%。故再生系统需增加设备及工艺管线保温，减少热量损失。

5）氧氯化区内催化剂氯化更新温度偏低，会影响到催化剂金属分散度，影响催化剂活性和长周期运行。

（2）压缩机

2016年对重整氢增压机进行技改，实现2开1备，不但降低了增压机检维修频次，而且确保了公司氢气管网平稳运行。其他压缩机运行情况与检修前相差不大，满足生产要求。

（3）加热炉

加热炉F101、F102、F103、F201热效率分别为90.3%、91.18%、87.73%、89.88%，热效率普遍偏低。主要原因：①加热炉炉膛氧含量控制较高；②燃料气有效热值偏低；③个别加热炉排烟温度较高。

标定建议：

1）回收装置不凝气中氢气组分，降低管网燃料气氢气含量，提高燃料气有效热值，优化加热炉效率。

2）预处理扩能改造后，预加氢反应器空速已与设计值接近，原料缓冲罐油品停留时间28.6min，设计值28min，故不易超负荷运行。

3）再生系统热损失20%~35%，不利于催化剂氯化更新和装置降本增效，建议再生系统保温修复。

4）装置标定时数据采集不全，故无法对重整反应器系统进行热量损失核算，下次装置标定时增加相关数据采集。

5）优化加热炉运行，控制炉膛氧含量、排烟温度等关键参数，提高加热炉效率。

第二部分 工艺流程

一、预处理部分

预处理部分工艺流程见图 2-1。

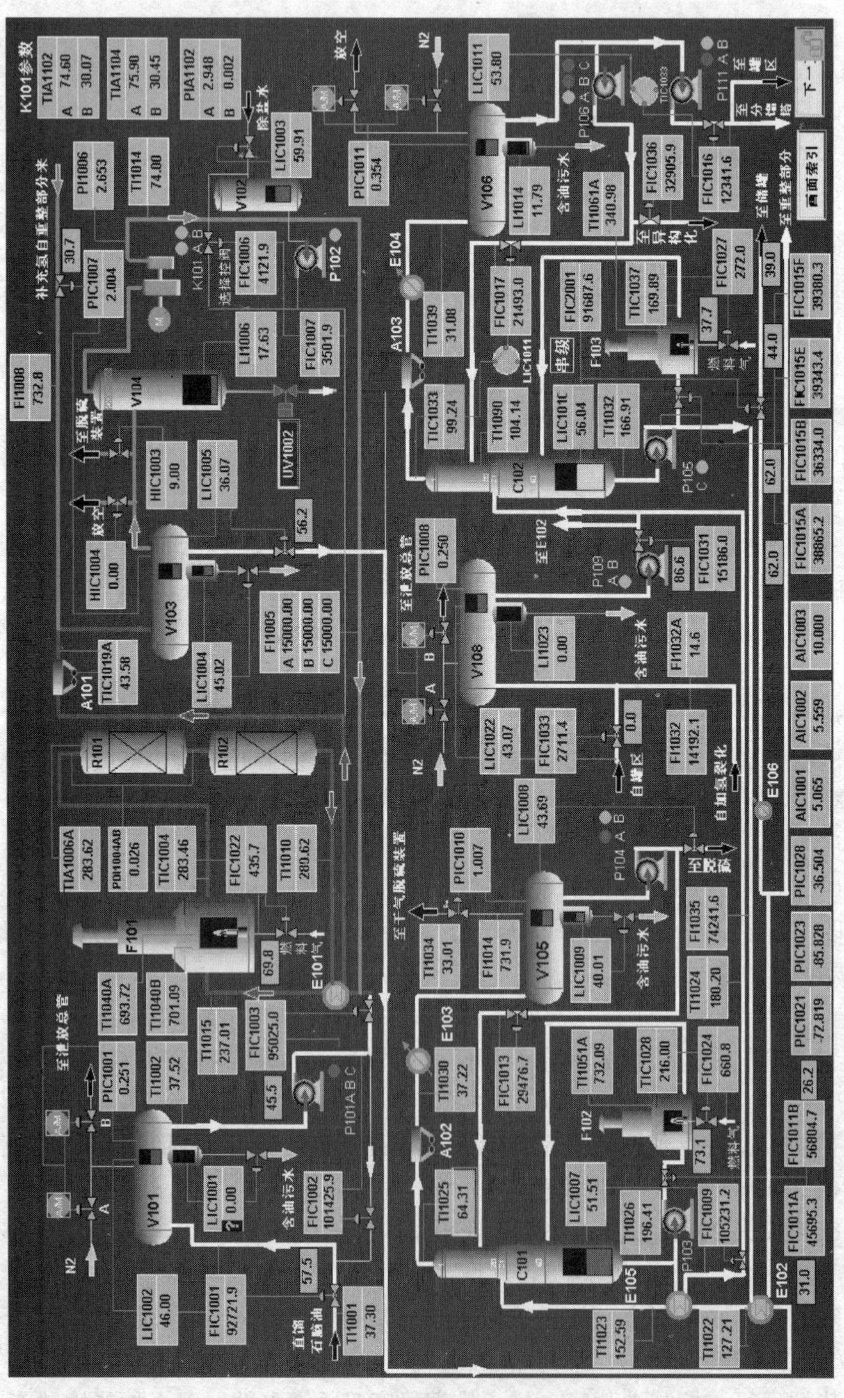

图2-1 预处理部分工艺流程

二、重整反应再接触部分

重整反应再接触部分工艺流程见图 2-2。

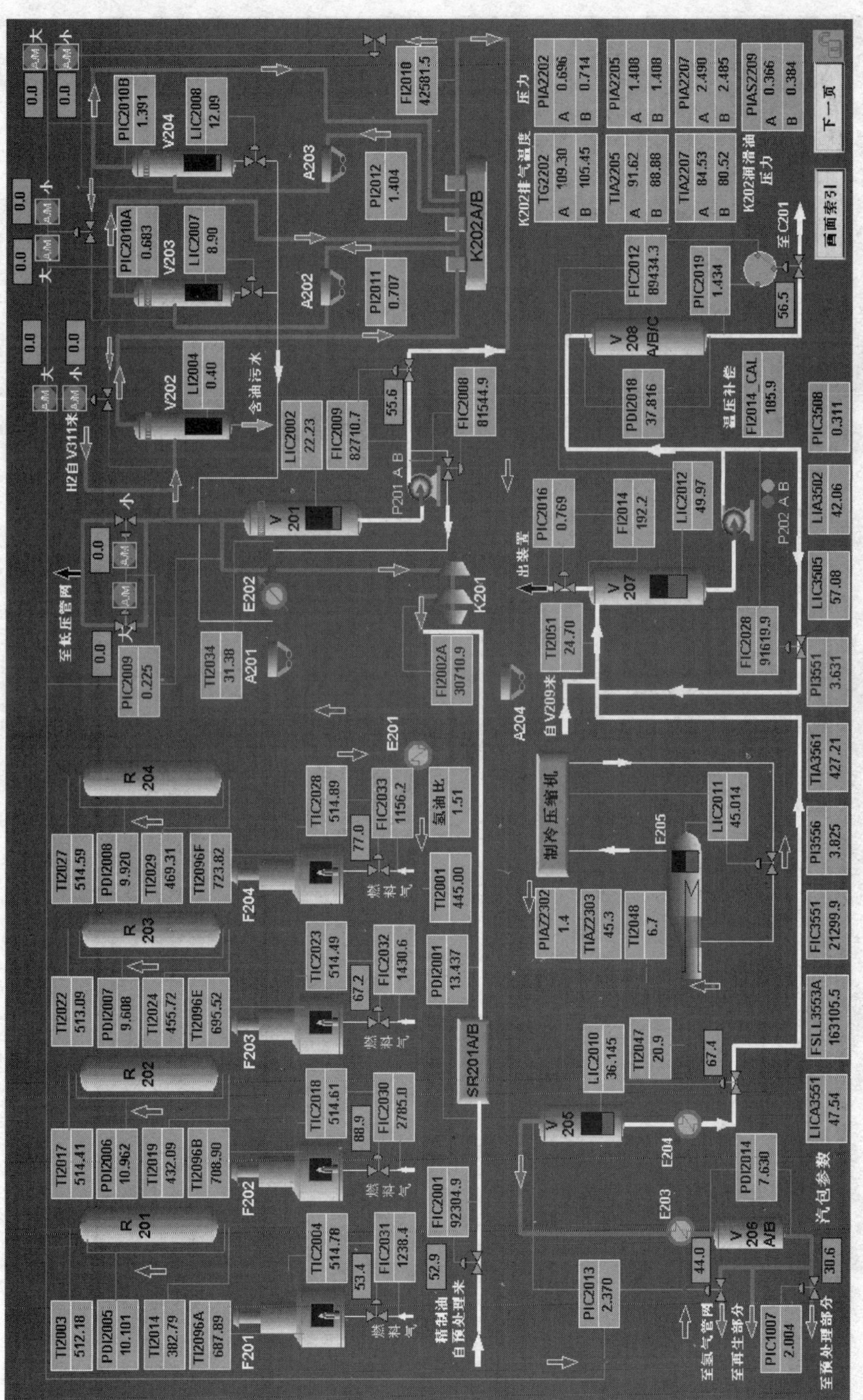

图2-2 重整反应再接触部分工艺流程

三、重整分馏部分

重整分馏部分工艺流程见图 2-3。

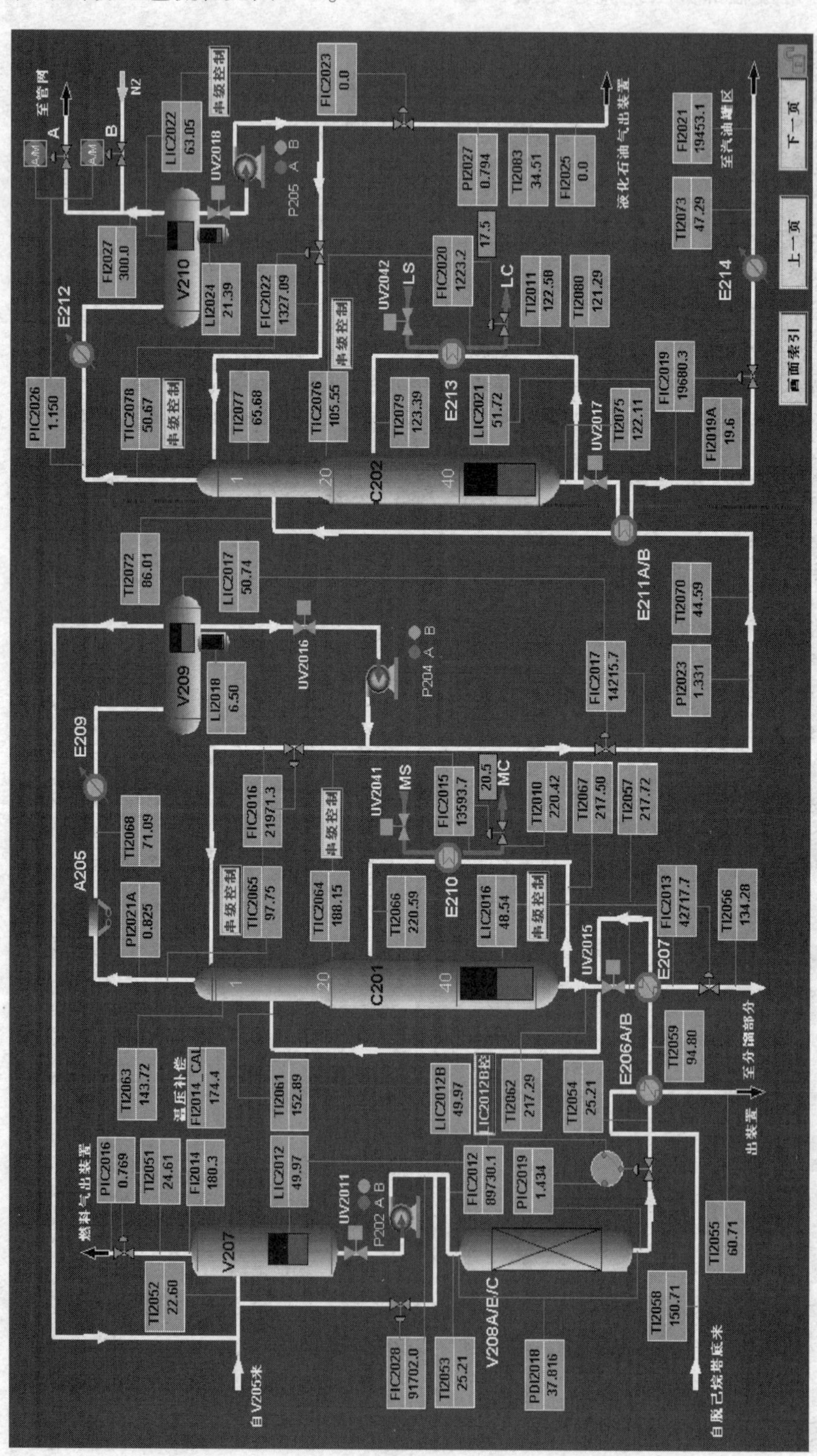

图2-3 重整分馏部分工艺流程

四、催化剂循环部分

催化剂循环部分工艺流程见图 2-4。

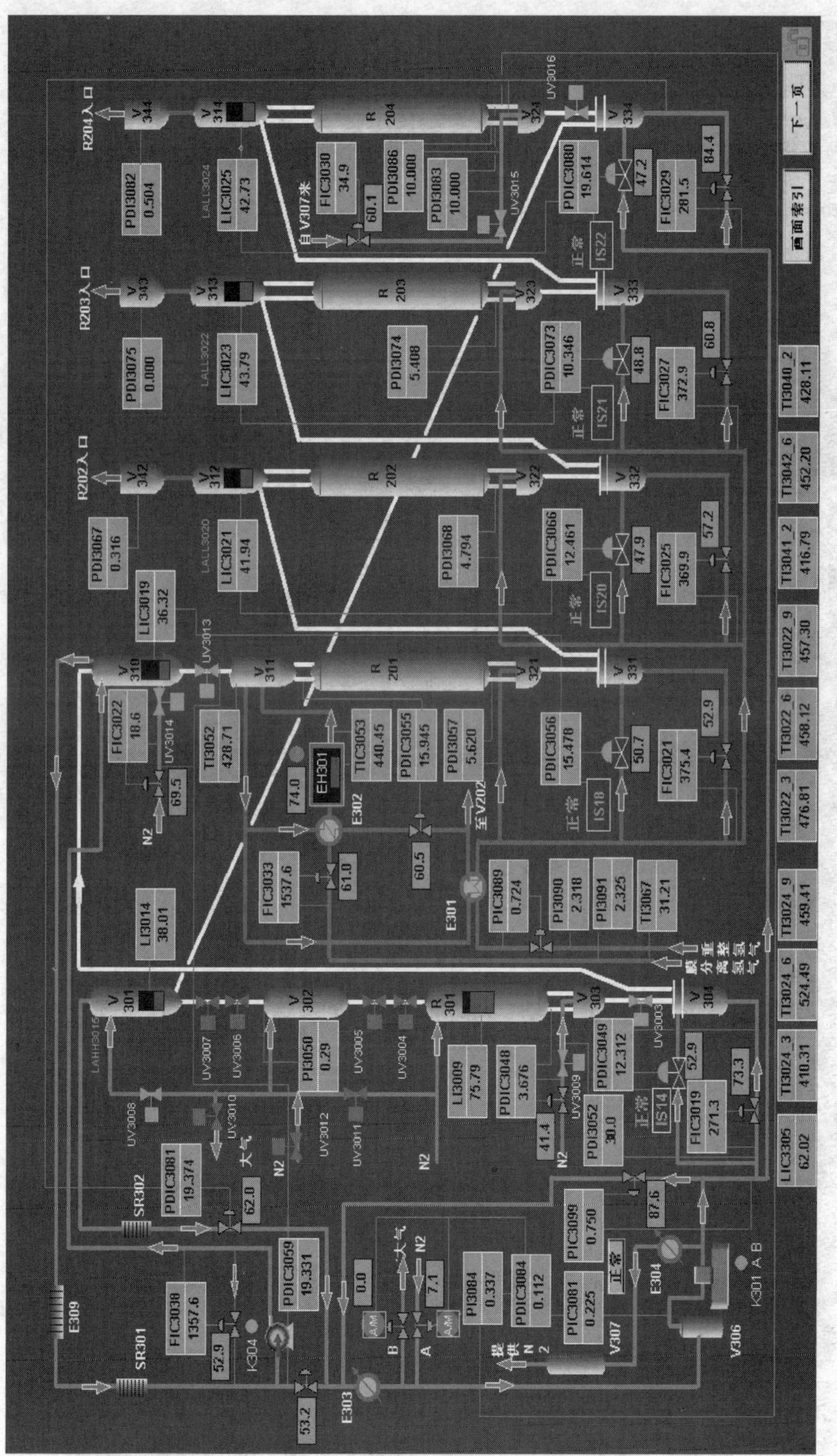

图2-4 催化剂循环部分工艺流程

五、重整催化剂再生部分

重整催化剂再生部分工艺流程见图 2-5。

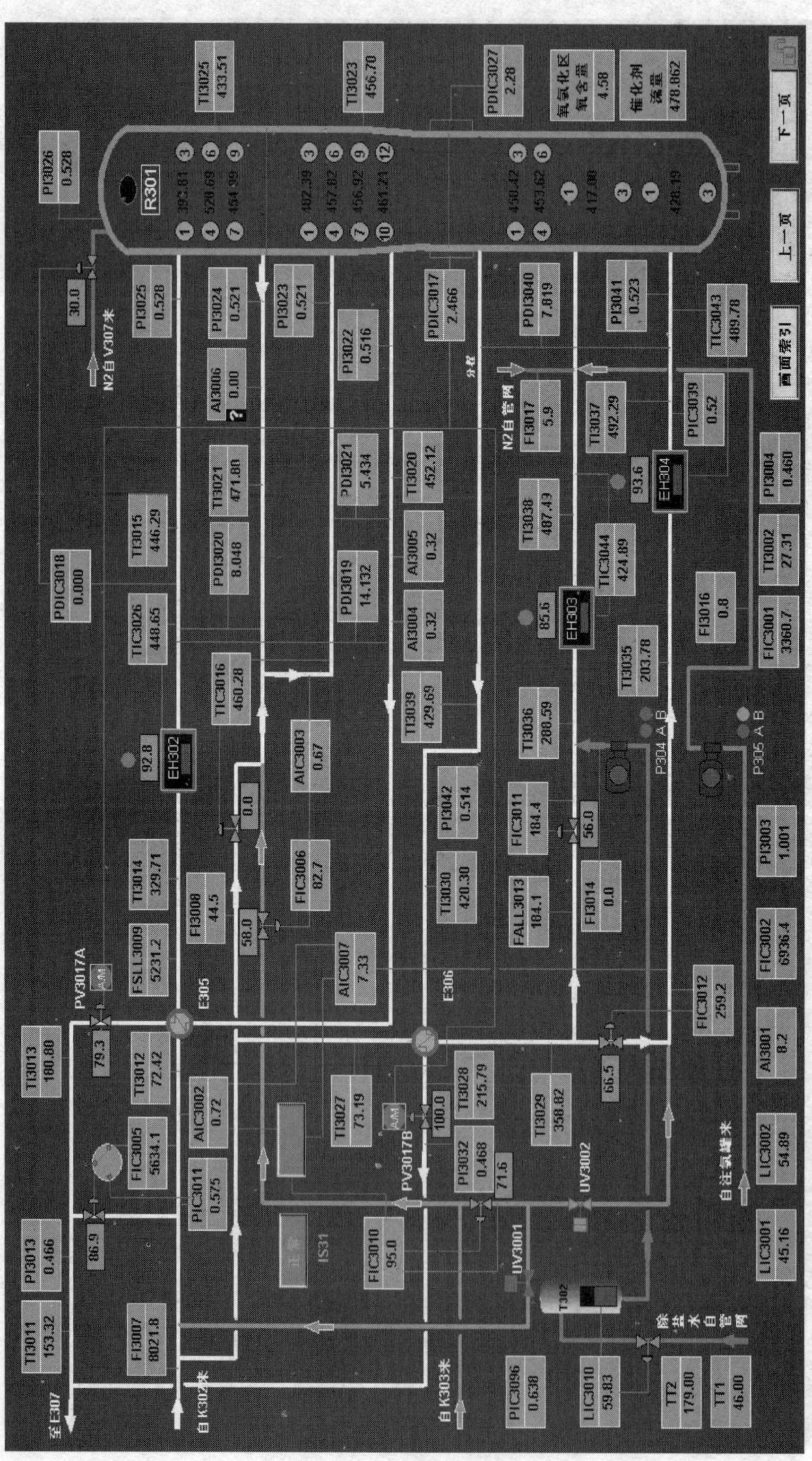

图2-5 重整催化剂再生R301工艺流程

第三部分　工程核算

工程核算包括：预加氢部分、重整部分、再接触、催化剂再生、脱戊烷塔、燃料气低发热值、反应热和装置基准能耗等内容。

一、原料性质

（一）重整原料性质

重整原料和族组成数据来自于标定报告，见表 3-1 和表 3-2。

表 3-1　重整原料数据

项　目	标定数据	项　目	标定数据
密度(20℃)/(kg/m³)	738.2	50%	116.0
硫含量/(μg/g)	0.54	70%	—
氮含量/(μg/g)	0.32	90%	148.9
氯含量/(μg/g)	0.35	95%	—
水含量/(μg/g)	62.84	终馏点	163.2
恩氏馏程/℃		全馏程/%	98.2
初馏点	82.5	残留量/%	0.8
10%	98.6	损失/%	1.0
30%	—		

表 3-2　精制油族组成分析　%(质)

族组成	P(链烷烃)	N(环烷)	A(芳烃)	环烯烃	烯烃	总烃
C_5	1.86	0.3			0.03	2.19
C_6	8.86	5.67	0.28		0.03	14.84
C_7	10.54	12.98	1.47			24.99
C_8	10.52	13.3	2.63		0.02	26.47
C_9	9.25	10.35	2.03		0.05	21.68
C_{10}	2.86	2.71				5.57
C_{11}	4.07	0.13		0.05		4.25
合计	47.96	45.44	6.41		0.13	99.94

从表 3-1 和表 3-2 可知，重整原料馏程 82.5~163℃，原料干点较低，催化剂积炭相对缓和。原料采样时环境湿度比较大，导致精制油水含量较高。其环烷烃含量 45.44%，芳烃含量 6.41%，饱和烃含量 47.96%。从原料表征 N+A 来看，此原料芳烃潜含量较高，适合生产芳烃或高辛烷值汽油调和组分。

（二）重整原料芳潜

根据表 1-8 数据，计算重整原料油芳烃和芳构化指数[1]：

苯潜含量(%)＝5.67 × 78/84+0.28＝5.55

甲苯潜含量(%)=12.98×92/98+1.47=13.66

C_8芳烃潜含量(%)=13.3×106/112+2.63=15.22

C_9芳烃潜含量(%)=10.35×120/126+2.03=11.89

C_{10}芳烃潜含量(%)=2.71×134/140+0.00=2.59

C_{11}芳烃潜含量(%)=0.13×148/154+0.00=0.12

芳烃潜含量(%)=5.55+13.66+15.22+11.89+2.59+0.12=49.02

芳构化指数(N+A)=45.44+6.41=51.85

芳构化指数(N+2A)=45.44+2×6.41=58.26

(三) 重整原料相对分子质量

根据表3-2数据，对重整原料进行相对分子质量计算，将正烷烃和异构烷烃合并，由于烯烃很少，故并入环烷烃组分。

用100g物料进行相对分子质量计算，以环戊烷组分为例，计算过程如下：

环戊烷摩尔质量=0.33/70=0.0046g/mol；

同理可得其他组分摩尔质量(见表3-3)；

则各组分摩尔质量之和为0.9290g/mol；

重整原料平均相对分子质量=100/0.9290=107.65；

经计算得重整原料平均相对分子质量为107.65，见表3-3。

表3-3 重整原料(精制油)组成

族组分	相对分子质量	百分比/%(质)	摩尔质量/(g/mol)
N-C_5	70	0.33	0.0046
P-C_5	72	1.86	0.0258
A-C_6	78	0.31	0.0040
N-C_6	84	5.67	0.0675
P-C_6	86	8.86	0.1030
A-C_7	92	1.47	0.0160
N-C_7	98	12.98	0.1324
P-C_7	100	10.54	0.1054
A-C_8	106	2.65	0.0250
N-C_8	112	13.3	0.1188
P-C_8	116	10.52	0.0907
N-C_9	128	10.4	0.0813
P-C_9	130	9.25	0.0712
A-C_9	120	2.03	0.0169
A-C_{10}	134	0	0.0000
N-C_{10}	140	2.71	0.0194
P-C_{10}	144	2.86	0.0199
P-C_{11}	156	4.07	0.0261

续表

族组分	相对分子质量	百分比/%(质)	摩尔质量/(g/mol)
N-C_{11^+}	154	0.18	0.0012
合计		100	0.9290
平均相对分子质量	107.65		

原料性质分析：

1）重整原料的环烷烃含量为45.44%、芳烃潜含量为49.02%，芳构化指数(N+A)为51.85%，芳构化指数(N+2A)为58.26%，是很好的重整原料。

2）重整原料初馏点控制适中，干点比较低，利于再生烧焦。

二、产品性质

根据标定数据，对表3-4中重整循环氢、预处理循环氢和重整氢进行计算。

表3-4 重整各烃类组成分析表 %(体)

组分	重整循环氢	预处理循环氢	重整氢
H_2	93.17	93.59	96.21
O_2	0.09	0.12	0.07
N_2	0.58	1.11	0.5
CO	0	0	0
CO_2	0	0	0
CH_4	1.28	0.64	1.24
C_2H_6	1.36	0.56	1.04
C_3H_8	1.23	1.89	0.56
i-C_4H_{10}	0.62	0.42	0.17
n-C_4H_{10}	0.42	1.05	0.09
i-C_5H_{12}	0.53	0.24	0.06
n-C_5H_{12}	0.27	0.23	0.03
C_{6^+}	0.46	0.14	0.03
合计	100	100	100

表3-4可知，各烃类组分中含有少量O_2和N_2，系采样过程中携带所致，对其组分进行归零处理后，见表3-5。

表3-5 重整各烃类组成归零数据表 %(体)

组分	重整循环氢	预处理循环氢	重整氢
H_2	93.17	93.59	96.21
CH_4	1.28	0.64	1.24
C_2H_6	1.36	0.56	1.04
C_3H_8	1.23	1.89	0.56

续表

组分	重整循环氢	预处理循环氢	重整氢
$i-C_4H_{10}$	0.62	0.42	0.17
$n-C_4H_{10}$	0.42	1.05	0.09
$i-C_5H_{12}$	0.53	0.24	0.06
$n-C_5H_{12}$	0.27	0.23	0.03
C_{6+}	0.46	0.14	0.03
合计	99.33	98.77	99.43

利用表 3-5 数据，以重整氢中氢气含量为例，对其进行体积分数计算：

$$
\begin{aligned}
氢气体积分数 &= H_2/(H_2+CH_4+\cdots+n-C_5H_{12}+C_{6+}) \\
&= 96.21/(96.21+1.24+\cdots+0.03+0.03) \\
&= 96.76\%
\end{aligned}
$$

以此类推，将表 3-5 归零数据转化成各类实际体积分数，见表 3-6。

表 3-6 重整各烃类组成数据表 %(体)

组分	重整循环氢	预处理循环氢	重整氢气
H_2	93.80	94.76	96.76
CH_4	1.29	0.65	1.25
C_2H_6	1.37	0.57	1.05
C_2H_4	0.00	0.00	0.00
C_3H_8	1.24	1.91	0.56
C_3H_6	0.00	0.00	0.00
$i-C_4H_{10}$	0.62	0.43	0.17
$n-C_4H_{10}$	0.42	1.06	0.09
$n-C_4H_8$	0.00	0.00	0.00
$i-C_4H_8$	0.00	0.00	0.00
$t-C_4H_8$	0.00	0.00	0.00
$c-C_4H_8$	0.00	0.00	0.00
$i-C_5H_{12}$	0.53	0.24	0.06
$n-C_5H_{12}$	0.27	0.23	0.03
C_{6+}	0.46	0.14	0.03
合计	100.01	99.99	100.00

（一）平均相对分子质量

利用表 3-6 数据，以重整氢中氢气含量为例，对其进行平均相对分子质量计算。

重整氢组分中氢的相对分子质量 M_{H_2}：

$$
\begin{aligned}
M_{H_2} &= 氢气相对分子质量 \times 氢气在组分中的体积分数 \div 100 \\
&= 2 \times 96.76 \div 100 = 1.9352
\end{aligned}
$$

则重整氢气组分的平均相对分子质量 M：

$$M=M_{H_2}+M_{CH_4}+\cdots+M_{n-C_5H_{12}}+M_{C_{6+}}$$
$$=1.9352+0.1995+\cdots+0.0217+0.0259$$
$$=2.9392$$

重整氢组分的密度 ρ：

$$\rho=\text{组分平均相对分子质量}\div 22.4$$
$$=2.9392\div 22.4$$
$$=0.1312\text{kg/m}^3$$

以此类推，将表 3-6 数据转化成各烃类组分平均相对分子质量和组分密度，见表 3-7。

表 3-7　重整各烃类组成平均相对分子质量数据表

组成	相对分子质量	重整循环氢	预处理循环氢	重整氢气
H_2	2	1.8760	1.8951	1.9352
CH_4	16	0.2062	0.1037	0.1995
C_2H_6	30	0.4108	0.1701	0.3138
C_2H_4	28	0.0000	0.0000	0.0000
C_3H_8	44	0.5449	0.8420	0.2478
C_3H_6	42	0.0000	0.0000	0.0000
$i-C_4H_{10}$	58	0.3620	0.2466	0.0992
$n-C_4H_{10}$	58	0.2452	0.6166	0.0525
$n-C_4H_8$	56	0.0000	0.0000	0.0000
$i-C_4H_8$	56	0.0000	0.0000	0.0000
$t-C_4H_8$	56	0.0000	0.0000	0.0000
$c-C_4H_8$	56	0.0000	0.0000	0.0000
$i-C_5H_{12}$	72	0.3842	0.1750	0.0434
$n-C_5H_{12}$	72	0.1957	0.1677	0.0217
C_{6+}	86	0.3983	0.1219	0.0259
组分平均相对分子质量		4.6232	4.3386	2.9392
组分密度/(kg/m³)		0.2064	0.1937	0.1312

（二）纯氢收率

1. 纯氢收率计算

根据物料平衡数据，计算重整氢气的质量为 5.33t/h，重整进料量为 93.03t/h，重整氢中氢气体积分数为 96.76%，重整氢气密度 0.1312kg/m³。

$$\text{纯氢密度}\ \rho=2/22.4=0.089\text{kg/m}^3$$

纯氢收率=重整氢质量 ÷ 重整氢密度 × 纯氢密度 × 氢气体积分数 ÷ 原料

=5.33 ÷ 0.1312 × 0.089 × 0.9676 ÷ 93 × 100=3.77%

2. 各烃类组分质量比

利用表 3-7 数据，以重整氢中氢气含量为例，对其进行质量分数计算：

$$
\begin{aligned}
\text{氢气质量分数} &= M_{H_2}/M \\
&= 1.9352/2.9392 \\
&= 65.8431\%
\end{aligned}
$$

以此类推，将表 3-7 归零数据转化成各类实际质量分数，见表 3-8。

表 3-8 重整各烃类组成质量比数据表 %(质)

组成	重整循环氢	预处理循环氢	重整氢气
H_2	40.5775	43.6806	65.8431
CH_4	4.4597	2.3896	6.7889
C_2H_6	8.8846	3.9205	10.6762
C_3H_8	11.7852	19.4063	8.4314
i-C_4H_{10}	7.8307	5.6847	3.3739
n-C_4H_{10}	5.3046	14.2117	1.7862
i-C_5H_{12}	8.3097	4.0325	1.4782
n-C_5H_{12}	4.2333	3.8645	0.7391
C_{6^+}	8.6146	2.8097	0.8828
合计	100.00	100.00	100.00

产品性质分析：

1）预处理含硫干气脱硫后，送入燃气管网。

2）重整氢气纯度在 96%以上，说明深冷系统运行良好；重整循环氢纯度较高，重整氢气收率 3.77%，说明催化剂运行良好。

3）预处理循环氢中含有少量 O_2和 N_2，说明采样存在置换不合格现象。

三、重整汽油

(一) 孔板流量计校正

1. 气体介质流量校正[2]

核算物料平衡时，如果实际操作条件与设计条件不一致，要对仪表指示的气体介质流量值进行校正。

$$F_c = F_r\sqrt{\frac{M_{Wd}}{M_{Wop}} \times \frac{p_{op}T_d}{p_dT_{op}}}$$

式中 F_c——用 p_{op}、T_{op}和 M_{Wop} 校正过的流量(体)；

F_r——在 p_d、T_d 和 M_{Wd}条件下读出的表流量(体)；

p_{op}、T_{op}、M_{Wop}——实际操作的 p、T 和 M_W；

p_d、T_d、M_{Wd}——设计时用的 p、T 和 M_W。

利用物料表数据(见表 3-9)，以精制油为例，根据孔板设计资料，查出设计密度

745kg/m³，温度 133℃，压力 1.37MPa；实测密度 732.5kg/m³；DCS 流量显示石脑油 92.12t/h，温度 96℃，压力 1.048MPa。

2. 油品密度的校正

根据附表查出某油品 20℃时的石油系数 γ，用下面公式计算出该油品在孔板操作温度下的密度：

$$\rho_t = \rho_{20} - \gamma(t-20)$$

则操作密度 = 实测密度 − 0.83 ×（显示温度 − 设计温度）（查基准能耗校正系数，得油品校正系数为 0.83）

= 732.5 − 0.83 × (96 − 133) = 763.21kg/m³

3. 液体流量校正

$$Q_S = Q\sqrt{\frac{\rho_{op}}{\rho_d}}$$

式中 Q_S——校正后的实际流量，kg/h；

Q——孔板指示流量，kg/h；

ρ_{op}——介质在操作条件下的密度，kg/m³；

ρ——介质在设计条件下的密度，kg/m³。

精制油校正流量：

$$Q_S = Q\sqrt{\frac{\rho_{OP}}{\rho_d}} = 92.12 \times \sqrt{\frac{763.21}{745.00}} = 92.12 \times 1.01 = 93.03\text{t/h}$$

以此类推，将表 3-9 数据按物料实际运行参数和设计值，进行校正系数和核算实际流量，得到校正流量和各种物料的实际流量。

表 3-9 装置流量计统计物料数据

项目	物料实际运行参数				设计值			校正计算				
	仪表位号	流量/(t/h)	温度/℃	压力/MPa	密度/(kg/m³)	温度/℃	压力/MPa	实测密度/(kg/m³)	操作密度/(kg/m³)	校正系数	校正流量/(t/h)	收率/%
原料油	石脑油	85.83									85.83	80.45
	重石脑油	20.85									20.85	19.55
	精制油	92.12	96.00	1.05	745.00	133.00	1.37	743.50	774.21	1.01	93.03	
产品	重整汽油	70.43									70.43	0.66
	戊烷油	14.48									14.48	0.14
	抽提原料	13.53									13.53	0.13
	液化气	0.50	37.00	1.25	520.20	60.00	1.93		525.70	1.02	0.51	0.00
	含硫 LGP	1.71	32.00	0.98	519.10	60.00	1.98		540.00	0.94	1.61	0.02
	重整氢气	4.66	32.00	2.23	0.13	51.00	2.75	0.13	0.13	1.14	5.33	0.05
	含硫干气	0.47	32.00	0.98	1.63	60.00	1.18		1.67	1.23	0.58	0.01
	V207 干气	0.32	18.00	1.2	1.55	40	1.25		1.56	1.0	0.32	0.00

注：表中直馏石脑油、加氢裂化重石脑油、重整汽油、抽提原料和戊烷油均为质量流量计，未进行换算。

（二）物料平衡

根据表3-9中实际流量数据，分别进行全装置物料平衡和相对重整进料物料核算。由于本装置C_4/C_5分离塔进料为预处理拔头油和脱戊烷塔顶油两部分组成，故计算预处理拔头油如下：

全装置的原料=直馏石脑油+重石脑油
=85.83+20.85
=106.68t/h

预处理拔头油=全装置原料-重整原料-含硫液化气-含硫干气
=106.68-93.03-1.61-0.58
=11.46t/h

脱戊烷塔顶油=戊烷油-预处理拔头油-液化气-不凝气
=15.38-11.46-0.51-0.31
=3.09t/h

装置轻质油量=重整汽油+抽提原料+戊烷油
=70.43+14.48+13.53
=98.44t/h

全装置收率=装置轻质油 ÷ 全装置原料 × 100
=98.44 ÷ 106.68 × 100
=92.27%

根据表3-9中实际数据，结合以上两部分戊烷油计算结果，汇总装置物料平衡数据，见表3-10。

表3-10 装置物料平衡表(一)

项　目	名　称	实际流量/(t/h)	收率/%
原料	直馏石脑油	85.83	80.45
	重石脑油	20.85	19.55
重整原料	精制油	93.03	
产品	重整汽油	70.43	0.66
	全装置戊烷油	14.48	0.14
	抽提原料	13.53	0.13
	液化气	0.51	0.00
	含硫液化气	1.61	0.02
	重整氢气	5.33	0.05
	含硫干气	0.58	0.01
	V207干气	0.32	0.00
	V210干气	0.31	0.00
	轻质油收率	98.44	92.27
	重整进料	86.98	93.49

（三）相对重整进料收率

相对重整单元来说，根据流量计换算，重整原料(实际进料量)为93.03t/h，相对重整

轻质油量(重整汽油)[3] = 装置轻质油-预处理拔头油

= 98.44-11.46

= 86.98t/h

重整汽油收率 = 重整轻质油量 ÷ 重整原料 × 100

= 86.98 ÷ 93.03 × 100

= 93.49%

脱戊烷塔底油 = 相对重整部分的轻质油-脱戊烷塔顶油-液化气

= 86.98-3.09

= 83.89t/h

按照以上计算方法，以此类推，分别对各种物料进行核算，得到表3-11。

表3-11 装置物料平衡表(二)

项目	名称	实际流量/(t/h)	收率/%
原料	精制油	93.03	
产品	脱戊烷塔底液	83.57	89.83
	戊烷油	3.41	3.67
	液化气	0.51	0.55
	重整氢气	5.33	5.73
	V207 干气	0.32	0.34
	轻质油收率	86.89	93.49

四、物料平衡

(一) 不凝气计算

按照不凝气体积组成，首先对不凝气进行归零处理，见表3-12中第3列数据，再对不凝气各组分进行相对分子质量计算(以氢气为例)。

不凝气组分中氢的相对分子质量 M_{H_2}：

$$M_{H_2} = \text{相对分子质量} \times \text{氢气体积分数} \div 100 = 2 \times 24.2145 \div 100 = 0.4843$$

以此类推，计算不凝气中其他组分的实际相对分子质量，得到表3-12中第4列数据，对其进行组分平均相对分子质量计算。

则不凝气组分的平均相对分子质量 M：

$$M = M_{H_2} + M_{CH_4} + \cdots + M_{n\text{-}C_5H_{12}} + M_{C_{6^+}} = 0.4843 + 1.5753 + \cdots + 0.9432 + 0.3257 = 30.1832$$

则氢气质量分数 G_{H_2}：

$$G_{H_2} = M_{H_2}/M = 0.4843/30.1832 = 1.6079\%$$

以此类推，计算不凝气中其他组分的质量分数，得到表3-12中第5列数据。

表 3-12　重整不凝气组分数据表

组分	相对分子质量	不凝气归零/%(体)	平均相对分子质量	不凝气/%(质)
H_2	2	24.2145	0.4843	1.6079
CH_4	16	9.8455	1.5753	5.2300
C_2H_6	30	27.8887	8.3666	27.7775
C_2H_4	28	0.0000	0.0000	0.0000
C_3H_8	44	21.4922	9.4566	31.3963
C_3H_6	42	0.1126	0.0473	0.1645
i-C_4H_{10}	58	7.3483	4.2620	14.1501
n-C_4H_{10}	58	4.1654	2.4159	8.0210
n-C_4H_8	56	0.0205	0.0115	0.0381
i-C_4H_8	56	0.1126	0.0630	0.2093
t-C_4H_8	56	0.0205	0.0115	0.0381
c-C_4H_8	56	0.0307	0.0172	0.0571
i-C_5H_{12}	72	3.0601	2.2033	7.3149
n-C_5H_{12}	72	1.3100	0.9432	3.1315
C_{6^+}	86	0.3787	0.3257	0.9800
合计		100.00	30.1832	100.12

（二）物料烃平衡

根据装置流量计校正系数，得到重整各类产品实际流量，列入表 3-13 中第 1 行。把表 3-8中重整氢数据、表 3-12 中不凝气数据、脱戊烷塔顶液和塔底液以及液化气数据按碳数归类，见表 3-13。

表 3-13　反应产物烃平衡表　　%(质)

组成	脱戊烷塔顶液	脱戊烷塔底液	液化气	重整氢	不凝气	合计
占重整进料	3.41	83.57	0.51	5.33	0.32	93.03
H_2	0	0	0.00	65.84	1.61	3.77
C_1	0	0	1.82	6.79	5.23	0.42
C_2	0	0	9.99	10.68	27.78	0.76
C_3	0	0	46.99	8.43	31.56	0.85
i-C_4	0	0	41.19	3.37	14.15	0.47
n-C_4	0	0	0.00	1.79	8.36	0.13
i-C_5	23.49		0.06	1.48	7.31	0.97
n-C_5	25.82			0.74	3.02	1.00
N-C_5	6.64	0.1				0.33

续表

组成	脱戊烷塔顶液	脱戊烷塔底液	液化气	重整氢	不凝气	合计
O-C_5	1.71					0.06
A-C_6		5.01		0.88	0.98	4.55
N-C_6		1.35				1.21
O-C_6		0.48				0.43
i-C_6	31.75	5.92				6.47
n-C_6	3.87	3.55				3.33
A-C_7		16.96				15.22
N-C_7		0.43				0.39
O-C_7		0.53				0.48
i-C_7		6.66				5.98
n-C_7	3.77	2.31				2.21
A-C_8		22.52				20.21
N-C_8		0.23				0.21
O-C_8		0.34				0.31
i-C_8		3.8				3.41
n-C_8	2.96	1				1.01
N-C_9		0.08				0.07
O-C_9		0.11				0.10
A-C_9		23.26				20.87
i-C_9		1.17				1.05
n-C_9		0.53				0.48
A-C_{10}		3.01				2.70
n-C_{10}		0.31				0.28
A-C_{11}						0.00
A-C_{12^+}		0.37				0.33
	100.01	100.03	100.06	100.00	100.00	100.03

氢气收率=(脱戊烷塔顶液 × 脱戊烷塔顶液中氢气质量比+脱戊烷塔底液 × 脱戊烷塔底液中氢气质量比+液化气 × 液化气中氢气质量比+不凝气 × 不凝气中氢气质量比+重整氢 × 重整氢中氢气质量比)/100

$=(3.41\times0.00+83.57\times0.00+0.51\times0.00+5.33\times65.84+0.32\times1.61)/100$

$=3.77\%$

以此类推，计算出其他单体烃收率，故按碳数分布的烃平衡见表3-14。

表 3-14 按碳数分布的烃平衡

组成	脱戊烷塔顶液	脱戊烷塔底液	液化气	重整氢气	脱戊烷塔顶气	流量/(t/h)
占重整进料	3.41	83.57	0.51	5.33	0.32	93.03
氢气			0.00	65.84	1.61	3.77
干气			11.82	17.47	33.01	1.18
液化气			88.18	13.59	54.07	1.44
戊烷油	57.66	0.10	0.06	2.22	10.33	2.36
抽提原料	35.62	16.31	0.00	0.88	0.98	15.99
C_{7+}汽油	6.73	83.62	0.00	0.00	0.00	75.28

根据表 3-14 分布数据，将重整反应产物的各组分归类后，得物料平衡如下(见表 3-15)：

表 3-15 按碳数分布的烃平衡

物料名称	氢气	干气	液化气	C_{5+}	合计
产率/%	3.77	1.18	1.44	93.60	100

物料平衡分析：

重整液体收率 C_{5+} 为 93.49%，而烃平衡液体收率 C_{5+} 为 93.60%。两组数据比较接近，分析原因如下：

1）重整分馏系统组分切割比较好，装置损失比较合理。

2）烃平衡收率略大于物料平衡收率，从不凝气和液化气组分可知，有微量的液化气进入干气，同时也有微量的重组分进入液化气。

五、重整氯平衡

连续重整装置氯平衡：根据装置物料平衡，以重整原料氯含量、再生注氯量和补充新鲜催化剂氯含量为基础，进行氯平衡计算。重整原料分析数据见表 3-16。

表 3-16 重整原料分析数据

项 目	技改后	设计值
密度(20℃)/(kg/cm³)	738.2	
硫含量/(μg/g)	0.54	<0.5
氮含量/(μg/g)	0.32	<0.5
氯含量/(μg/g)	0.35	<0.5
水含量/(μg/g)	62.82	<5
恩氏馏程/℃	—	
初馏点	82.5	
10%	98.6	
30%	—	
50%	116.0	

续表

项　目	技改后	设计值
70%	—	
90%	148.9	
95%	—	
终馏点	163.5	
全馏程/%	98.2	
残留量/%	0.8	
损失/%	1.0	

（一）原料氯含量

根据表3-10物料平衡数据和表3-16重整原料油分析数据，计算重整原料的氯含量。

$$重整进料氯含量=93.03\times1000\times0.35\times10^{-6}=0.0326kg/h$$

（二）再生注氯量

1）连续重整装置四氯乙烯消耗量为3.5t/a(其中氯元素含量85.5%)，则每小时注入四氯乙烯量=3.5/365/24=0.0004t/h

$$则再生注入氯含量=85.5\%\times0.0004\times1000=0.342kg/h$$

2）新鲜催化剂补入量为1.5t/a，则每小时催化剂消耗量=1.5/365/24=0.000171t/h

$$新鲜催化剂带入氯含量=1.2\times10^{-6}\times0.000171=0.342kg/h$$

（三）产品氯含量

1. 液相产品氯含量

装置脱氯罐在脱戊烷塔进料之前，故液相产物量为脱戊烷塔底液和塔顶液以及液化气之和：

$$83.57+3.41+0.51=87.49t/h$$

根据表3-18中液相产品氯含量，则液相产品氯含量：

$$3.25\times10^{-6}\times87.49=0.2843kg/h$$

2. 气相产品氯含量

根据表3-18中液化气吸收罐顶气数据，计算其氯含量：

$$5.1\times10^{-6}\times0.32=0.0016kg/h$$

同样重整氢$2.5\times10^{-6}\times5.33=0.0128kg/h$

（四）催化剂氯含量

装置催化剂循环量为478.86kg/h，待生催化剂氯含量为1.081μg/g，再生催化剂氯含量为1.25μg/g(见表3-17)，则催化剂氯含量差值为0.169μg/g。

表3-17　催化剂碳氯分析

项　目	新鲜催化剂	再生催化剂	待生催化剂
碳含量/%(质)	0	0.12	4.2
氯含量/(μg/g)	1.2	1.25	1.081

催化剂循环携带氯含量$0.169\times10^{-6}\times0.443=0.0000809kg/h$，以上计算数据汇总，见表3-18。

表 3-18 连续重整氯平衡

项目	氯含量/(μg/g)	流量/(t/h)	氯含量/(kg/h)
进料	0.35	93.03	0.03256
再生注氯	85.5%	0.0004	0.342
新鲜催化剂	1.2	0.000171	0.0002
氯注入量合计			0.3748
液相产物	3.25	87.49	0.2843
液化气吸收罐顶气	5.1	0.32	0.0016
重整氢气	2.5	5.33	0.0128
催化剂氯差	0.169	0.47886	0.0000809
氯输出量合计			0.2989
再生排放气	159.85	0.475	0.0757

(五) 再生气氯含量测算

再生气至减洗管前无再生气采样设施，故根据各物料氯含量，对再生气减洗之前进行核算。再生系统排放气无流量计，但再生补入氮气量为380m³/h，对其进行流量数据替换，估算再生气氯含量。

再生系统注入氯-氯输出量=0.3748-0.2989=0.0757kg/h

再生补入氮气量=380 × 28/22.4=0.475t/h

则再生气氯含量=0.0757/0.475/1000=159.36μg/g

氯平衡数据分析：

1) 氯来源主要是原料携带的氯，再生补氯和催化剂持有的氯，经核算装置补氯量比较适中。

2) 气相氯含量分析比较困难，需要操作人员长时间置换，反复监测才能获取数据。

3) 重整反应系统水含量偏高时，液相氯含量升高；重整反应系统水含量偏低时，气相氯含量升高。

六、再生氧平衡

对再生气流量和空气实际流量进行孔板校正。由于实际密度数据缺少，故流量校正采用实际和设计状况下，根据伯努利方程，进行密度换算，得到操作密度，然后进行孔板系数校正，得到表 3-19 中校正后的实际流量数据。

根据操作数据，以再生气为例，利用伯努利方程推导密度公式：

$$p_1/\rho_1/T_1=p_2/\rho_2/T_2$$

则 $\rho_1=p_1\times\rho_2\times T_2/p_2/T_1$

$$=(0.575+0.1)\times 1.371\times(273.15+95)/(0.6+0.1)/(273.15+72.42)$$

$$=1.41$$

校正系数：

$$K=\sqrt{\frac{1.371}{1.41}\times\frac{0.575\times 95}{0.6\times 72.42}}=1.11$$

$$F_c=K\times F_r=1.11\times 5634=6232.6\text{Nm}^3/\text{h}$$

表 3-19 孔板流量计校正数据

项　　目	物料流量			设计值			校正值		
仪表位号	流量指示/(Nm^3/h)	温度指示/℃	压力指示/MPa	密度/(kg/m^3)	温度/℃	压力/MPa	操作密度/(kg/m^3)	校正系数	实际流量/(Nm^3/h)
再生气	5634	72.42	0.575	1.371	95	0.6	1.41	1.11	6232.6
二段氧	82.7	40	0.55	1.288	66	0.73	1.16	1.17	97.0
焙烧氧	95	40	0.55	1.288	66	0.73	1.16	1.17	111.5

根据再生系统烧焦理论，利用催化剂通用的两种碳型对再生系统分别进行空气和再生气量核算，推测本装置催化剂焦炭的可能形状。从表 3-19 可看出，再生二段烧焦和焙烧气合计补氧量 208.5Nm^3/h。

（一）催化剂碳型为 $CH_{0.66}$时的核算

若连续重整催化剂上的积炭组成为 $CH_{0.66}$时，则烧炭反应如下：

$$CH_{0.66}+1.165O_2 \longrightarrow CO_2+0.33H_2O$$

化学反应方程式可知：1mol 的 $CH_{0.66}$，需要 1.165mol 的 O_2，而生成 1mol 的 CO_2，生成 0.33mol 的 H_2O，即 1mol 的 $CH_{0.66}$，生成 1.33mol 的烟气。

根据表 3-20 中运行数据，计算待生催化剂碳含量和催化剂循环量，对再生烧焦进行核算。

1）再生烧焦需要的空气量：

$$\begin{aligned} V_{空气} &= 0.1036 \times G_c \times X_c \\ &= 0.1036 \times 500 \times 95.6\% \times 3.95 \\ &= 195.6Nm^3/h \end{aligned}$$

2）再生烧焦需要的再生气量：

$$\begin{aligned} V_{再生气} &= 2.06 \times G_c \times X_c/(X_{O_2in}-X_{O_2out}) \\ &= 2.06 \times 500 \times 95.6\% \times 3.95/(0.84-0.25) \\ &= 6592.34Nm^3/h \end{aligned}$$

3）根据化学反应方程式，空气中氧气含量 21%，则再生烟气量为：

$$\begin{aligned} V_{烟气} &= 195.61 \times 0.21 \times 1.33/1.165+195.61 \times 0.79 \\ &= 201.43Nm^3/h \end{aligned}$$

计算结果，再生相关参数运行值和计算结果汇总，见表 3-20。

表 3-20 再生相关参数运行值和计算结果

项　目	数　值	项　目	数　值
① 已知条件		再生需要烧焦空气/(Nm^3/h)	195.6
催化剂循环量/(kg/h)	500	需要的再生气/(Nm^3/h)	6592.34
催化剂循环速率/%	95.6	烟气排放/(Nm^3/h)	201.43
待生催化剂积炭含量/%	4.05	再生系统氮气补入量/(Nm^3/h)	242
再生催化剂碳含量/%	0.1	③ DCS 数据校正后流量	
再生气氧含量/%	0.84	校正烧焦空气量/(Nm^3/h)	208.5
再生气离开氧含量/%	0.25	校正烧焦再生气量/(Nm^3/h)	6232
② 计算结果		估算再生废气排放量/(Nm^3/h)	212

(二) 催化剂碳型为纯碳时的核算及分析

若连续重整催化剂上的积炭为纯炭时，则烧炭反应方程式如下：

$$C+O_2 \longrightarrow CO_2$$

化学反应方程式可知：1mol 的 C，需要 1mol 的 O_2，而生成 1mol 的 CO_2，即 1mol 的 C，生成 1mol 的烟气。

根据表 3-21 中运行数据，计算待生催化剂碳含量和催化剂循环量，对再生烧焦进行核算。

1）再生烧焦需要的空气量：

$$\begin{aligned} V_{空气} &= 0.089 \times G_c \times X_c \\ &= 0.089 \times 500 \times 95.6\% \times 3.95 \\ &= 168.26\text{Nm}^3/\text{h} \end{aligned}$$

2）再生烧焦需要的再生气量：

$$\begin{aligned} V_{再生气} &= 1.87 \times G_c \times X_c/(X_{o_2in} - X_{o_2out}) \\ &= 1.87 \times 500 \times 95.6\% \times 3.95/(0.84-0.25) \\ &= 5992.08\text{Nm}^3/\text{h} \end{aligned}$$

3）根据化学反应方程式，空气中氧气含量 21%，则再生烟气量为

$$\begin{aligned} V_{烟气} &= 165.91 \times 0.21 + 165.91 \times 0.79 \\ &= 165.91\text{Nm}^3/\text{h} \end{aligned}$$

计算结果，再生相关参数运行值和计算结果汇总，见表 3-21。

表 3-21　再生相关参数运行值和计算结果　　Nm^3/h

项　目	数　值	项　目	数　值
① 计算结果		② DCS 数据校正后流量	
再生需要烧焦空气	165.91	校正烧焦空气量	208.5
需要的再生气	5908.56	校正烧焦再生气量	6232
烟气排放	165.91	估算再生废气排放量	212

催化剂碳型分析：

1）催化剂碳型为 $CH_{0.66}$时，空气消耗核算数据更接近实际 DCS 运行值，而纯碳消耗空气数据偏差较大。

2）再生气计算结果显示，按两种碳型分别计算，数据与实际 DCS 运行值偏差较大，但偏差值均在 5%之内。结合空气消耗量，判定催化剂碳型不应该是纯碳。

(三) 再生气水含量测算及分析

根据催化剂碳型为 $CH_{0.66}$时，对再生系统进行水含量计算。由于再生系统采用干燥冷循环工艺，且空气和氮气无干燥器，则空气和氮气中水按照 100μg/g 估算，计算再生气水含量如下：

1. 再生气水含量测算

1）空气中水含量：

$$\begin{aligned} G_{空气中水} &= \frac{100 \times 10^{-6}\ V_{空气}}{22.4} = \frac{100 \times 10^{-6} \times 195.6}{22.4} \\ &= 8.73 \times 10^{-4}\text{kmol/h} \end{aligned}$$

2）再生器中水含量：

$$G_{再生器中水} = \frac{100 \times 10^{-6}\ V_{再生气}}{22.4} = \frac{100 \times 10^{-6} \times 6592.34}{22.4}$$

$$= 2.94 \times 10^{-2}\mathrm{kmol/h}$$

3）烧焦产生的水含量：

$$G_{烧焦水} = \frac{0.33\ G_C\ x_C}{12.66 \times 100} = \frac{0.33 \times 500 \times 0.956 \times 3.9}{1266}$$

$$= 0.48\mathrm{kmol/h}$$

4）再生出口气体水含量：

$$x_{水} = \frac{G_{空气中水} + G_{再生器中水} + G_{烧焦水}}{\dfrac{(V_{空气} + V_{再生气})}{22.4}}$$

$$= \frac{8.73 \times 10^{-4} + 2.94 \times 10^{-2} + 0.48}{\dfrac{(195.6 + 6592.34)}{22.4}}$$

$$= 1.703 \times 10^{-3} = 1703\mu g/g$$

2. 再生气水含量分析

1）计算结果来看，影响再生气水含量主要因素为烧焦气水含量，若空气和氮气水含量按100测算，则再生气中水含量为1703μg/g；若空气和氮气水含量按1000测算，则再生气中水含量为2600μg/g；说明空气和氮气中水含量，对再生系统影响不大。

2）干冷循环工艺，再生气经过干燥后，现场实测再生气水含量30~50μg/g，水含量控制稳定而且比较小，利于催化剂活性恢复和长周期运行。

3）干冷循环工艺，再生气采用碱洗工艺，对下游设备腐蚀较大。运行中加强下游设备及工艺管线腐蚀监控和再生气水含量监控。

七、芳烃转化率

（一）环烷烃转化率（C_6~C_9）

根据物料平衡表3-11可知重整收率为93.49%，由表3-22精制油族组成分析和表3-23反应产物组成分析。计算单体环烷烃转化率，以碳六组分为例。

表3-22 精制油族组成分析

族组成/%（质）	P（异烷烃）	P（正烷烃）	N（环烷）	A（芳烃）	环烯烃	烯烃	TO总烃
C_5	0.56	1.3	0.3			0.03	1.63
C_6	4.22	4.64	5.67	0.28		0.03	10.62
C_7	5.49	5.05	12.98	1.47			19.5
C_8	6.23	4.29	13.3	2.63		0.02	20.24
C_9	5.8	3.45	10.35	2.03		0.05	15.88
C_{10}	1.62	1.24	2.71				3.95
C_{11}	3.34	0.73	0.13		0.05		0.91
合计	27.26	20.7	45.44	6.41		0.13	99.94

表 3-23 反应产物组成分析

族组成/%(质)	P(异烷烃)	P(正烷烃)	N(环烷)	A(芳烃)	环烯烃	烯烃	TO 总烃
C_3	0.18						
C_4	0.61	0.45				0.02	0.47
C_5	1.72	1.42	0.32			0.09	1.83
C_6	5.98	3.2	1.09	4.88	0.08	0.33	9.58
C_7	6.37	2.18	0.3	16.12	0.03	0.44	19.07
C_8	3.56	0.95	0.19	21.44		0.3	22.88
C_9	1.09	0.42	0.07	22.36		0.12	22.97
C_{10}		0.25		2.89			3.14
C_{11}				0.54			0.54
合计	19.33	8.87	1.97	68.23	0.11	1.3	99.81

表 3-22 中可知原料中碳六环烷烃含量为 5.67%，表 3-23 中未转化的碳六环烷烃含量为 1.09%，以 100t/h 的进料计算。

则产物中未转化碳六环烷烃量=产物中碳六环烷烃含量 × 重整收率

=1.09% × 93.49%

=1.02%

在重整反应过程中，碳六环烷烃转化的量=原料中碳六环烷烃量-产品中未转化碳六环烷烃量

=5.67%-1.02%

=4.65%

故碳六环烷烃转化率为=4.65 ÷ 5.67% × 100=82.03%

以此类推，计算其他环烷烃转化率，见表 3-24。

表 3-24 环烷烃转化率 %

组　分	产物中未转化环烷烃	转化的环烷烃	原料中环烷烃	环烷烃转化率
C_6	1.02	4.65	5.67	82.03
C_7	0.28	12.7	12.98	97.84
C_8	0.18	13.12	13.3	98.66
C_9	0.07	10.28	10.35	99.37

（二）单体烃转化率

根据表 3-22 可知反应产物中苯含量为 4.88%，原料苯潜含量为 5.55%，则产物中苯转化率=产物中苯含量/原料中苯的潜含量 × 100=4.88 ÷ 5.55 × 100=87.93%。

以此类推，计算其他芳烃转化率，见表 3-25。

表 3-25 各单体芳烃转化率 %

组　分	反应产物的组成	原料芳烃潜含量	苯转化率
C_6	4.88	5.55	87.93
C_7	16.12	13.66	118.01

续表

组　分	反应产物的组成	原料芳烃潜含量	苯转化率
C_8	21.44	15.22	140.87
C_9	22.36	11.89	188.06
C_{10}	2.89	2.59	111.58
C_{11}	0.54	0.12	450.00
合计	68.23	49.02	139.16

（三）芳烃总转化率

从表3-25可知原料芳烃潜含量49.02%，反应产物芳烃含量为68.23%，则计算芳烃总转化率为：

$$\text{芳烃总转化率}=\text{产品芳烃含量}\div\text{原料芳烃潜含量}\times 100$$

$$=68.23\div 49.02\times 100$$

$$=139.16\%$$

综上计算，环烷烃和芳烃转化率见图3-1。

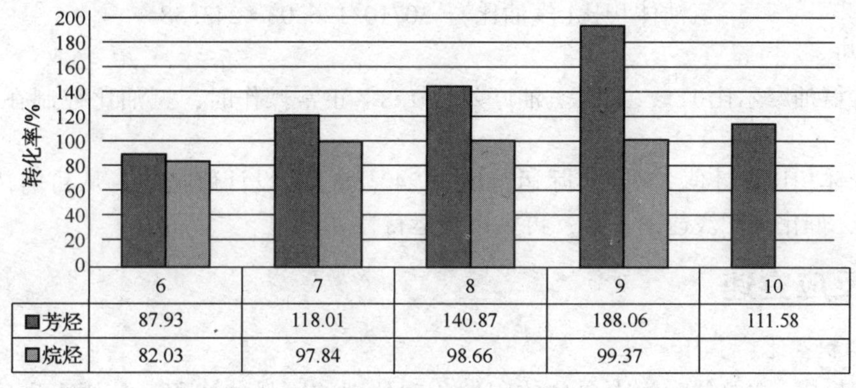

	6	7	8	9	10
芳烃	87.93	118.01	140.87	188.06	111.58
烷烃	82.03	97.84	98.66	99.37	

图3-1　单体烃转化率

转化率分析：

1）由单体烃转化率可知，无论是环烷烃转化率，还是芳烃转化率，随着碳数的增加，转化率越来越高，说明反应越来越容易进行。

2）反应产物中碳六以上的正烷烃和环烷烃含量，随着碳数的增加，明显出现下降趋势。

八、氢油分子比和体积比

（一）氢油分子比

氢油比也有两种，一种是氢油分子比；另一种是氢油体积比，也有的叫气油比[1]。

氢油分子比：循环氢（气）中的纯氢摩尔流率与进反应器的原料油的摩尔流率之比。连续重整大多用氢油分子比表示，一般为（1.5~3.2）∶1。

氢油比 H/HC 按如下公式计算：

$$\frac{H}{HC}=\frac{M_F V_R x_H}{22.4\times G_F}\text{ 或 }\frac{H}{HC}=\frac{M_F G_R x_H}{M_R G_F}$$

式中 H/HC——氢油分子比；

V_R——循环氢体积流量，Nm^3/h；

G_R——循环氢质量流量，kg/h；

M_R——循环氢相对分子质量；

G_F——进料流量，kg/h；

M_F——进料相对分子质量；

X_H——氢气在循环氢中的体积分数。

重整反应进料93.03t/h，密度737.9kg/m³，循环氢压缩机的流量为30710Nm³/h，压力0.47MPa，循环氢纯度93.78%，温度96℃。

从原料性质章节，已知原料的平均相对分子质量为107.65，则氢油分子比(摩尔)=(107.65×30710×0.9378)/(93×1000×22.4)=1.49

(二) 氢油体积比

氢油体积比(气油比)是循环氢(气)标准体积流率(Nm³/h)与进反应器的原料油的体积流率(m³/h)之比[1]。

$$原料油体积=93034/737.9=126.08m^3/h$$

$$氢油体积比(气油比)=30710/126.08=243.58$$

数据分析：

1) 设计氢油摩尔比1.5，最大氢油摩尔比1.8。正常操作时，氢油比控制在1.5~1.65左右。

2) 氢油体积比设计值250，实际运行值为243.58，与设计值接近。从目前待生催化剂碳含量来看，催化剂积炭速率正常，再生系统运行良好。

九、反应空速

(一) 体积空速

体积空速[1]：在单位时间内单位体积催化剂处理的原料油体积，其值为进反应器原料油体积流量(15.6℃时的体积流量，m³/h)除以催化剂的总藏量(m³)的商，单位为h^{-1}。

重整反应进料量93.00t/h，密度737.9kg/m³；催化剂装填量为41.1t，催化剂装填密度为560kg/m³。

体积空速：$(93 \div 0.7379) \div (41.1 \div 0.56) = 1.72h^{-1}$

(二) 质量空速

质量空速：在单位时间内单位质量催化剂处理的原料油质量，其值为进反应器的原料油质量流量(kg/h)除以催化剂的总藏量(kg)的商，单位为h^{-1}。半再生重整常用的是体积空速，而连续重整大多用质量空速。

$$质量空速=93/41.1=2.26^{-1}$$

$$质量空速/体积空速=2.26/1.72=1.32$$

数据分析：

1) 重整反应质量空速是体积空速的1.32倍，符合设计原则[2]。

2) 设计质量空速2.5，而实际计算质量空速2.26，主要原因是重整加工负荷高达110%。

3) 从产品辛烷值、芳烃及烯烃含量等指标，结合反应器压降和催化剂积炭量来看，目前装置运行工况良好，满足生产需求。

十、反应器平均温度

反应器平均温度一般以加权平均温度来表示，或称权重平均温度，是考虑到处于不同温度下的催化剂数量而计算的平均温度，分为加权平均进口温度和加权平均床层温度两种[1]：

$$加权平均进口温度=C_1T_{1入}+C_2T_{2入}+C_3T_{3入}+C_4T_{4入}$$

$$加权平均床层温度=C_1(T_{1入}+T_{1出})\div 2+C_2(T_{2入}+T_{2出})\div 2+C_3(T_{3入}+T_{3出})\div 2+C_4(T_{4入}+T_{4出})\div 2$$

式中 C_1、C_2、C_3、C_4——一、二、三、四反内催化剂量占全部催化剂量的分率；

$T_{1入}$、$T_{2入}$、$T_{3入}$、$T_{4入}$——分别为各反应器的进口温度，℃；

$T_{1出}$、$T_{2出}$、$T_{3出}$、$T_{4出}$——分别为各反应器的出口温度，℃。

工业和设计上常用加权平均进口温度来表示反应温度，单位为℃。

根据标定时重整反应器 DCS 显示操作温度（见表 3-26），计算各反应器床层加权平均温度。

表 3-26　重整各反应器操作参数

项　目	R201	R202	R203	R204
反应器入口温度/℃	512.4	514.61	515.06	514.49
反应器出口温度/℃	384.72	431.41	456.02	469.7
反应温降/℃	127.68	83.2	59.04	44.79
催化剂装填比/%	12	18	25	45

（一）加权平均进口温度

加权平均进口温度：

$$C_1T_{1入}+C_2T_{2入}+C_3T_{3入}+C_4T_{4入}=12\times 512.4+18\times 514.61+25\times 515.06+45\times 514.49=514.4℃$$

（二）加权平均床层温度

加权平均床层温度：

$$(T_{1入}+T_{1出})\div 2+C_2(T_{2入}+T_{2出})\div 2+C_3(T_{3入}+T_{3出})\div 2+C_4(T_{4入}+T_{4出})\div 2$$

$$=(512.4+384.72)\div 2+18\times(514.61+431.41)\div 2+25\times(515.6+456.02)\div 2+45\times(514.49+469.7)\div 2\div 100=481.80℃$$

（三）反应总温降

重整反应总温降：$\Delta T_1+\Delta T_2+\Delta T_3+\Delta T_4=127.68+83.2+59.04+44.79=314.71℃$

数据分析：

1）原料芳烃潜含量较高，其中环烷烃含量为 45.44%，而环烷烃脱氢反应是强吸热反应，故反应温降较大。

2）为了预防设备器壁积炭，原料注入微量的硫，故反应温度在 300~310℃之内。

3）从各反应器反应温降变化来看，第一到第四反应器，温降依次减少，而第一反应器温降最大，说明环烷烃脱氢主要在第一反应器进行，这也符合重整反应原理。第二和第三反应温降也比较大，主要是未转化的环烷烃继续发生脱氢反应和烷烃环化脱氢反应，需要吸收比较高的热量。

十一、反应器压降计算

（一）预加氢反应器尺寸计算及分析

1. 预加氢反应器尺寸计算[7]

催化剂颗粒当量直径 d_p 的定义：假定一球形颗粒，其表面积与体积之比等于催化剂颗粒表面积与体积之比，则所假定球形颗粒的直径即为催化剂颗粒的当量直径[1]。

反应器压降计算（埃索公式）：

$$\Delta p/L = \frac{0.0277\rho^{0.85}Z^{0.15}u^{1.85}}{d_p^{\ 1.15}}$$

式中 Δp——床层压降，kPa；

L——床层厚度，m；

ρ——流体重度，kg/m^3；

Z——流体黏度，mPa · s；

u——流体空塔线速，m/s；

d_p——催化剂颗粒的当量直径，m。

预加氢反应器 R101 计算：预加氢进料规模 814.6kt/a（96.976t/h），反应进料密度 723.5kg/m^3（20℃）。反应体积空速 6，氢油体积比 80：1。平均反应压力 2.0MPa，平均反应温度 320℃。预加氢原料组成见表 3-27，催化剂物性参数见表 3-28，进入反应器混合气体黏度按 0.01624cP（0.00001624Pa · s）考虑。

表 3-27 直馏石脑油族组成

族组分/%（质）	相对分子质量	百分比	摩尔质量/（g/mol）
$p-C_4$	58	0.86	0.014828
$N-C_5$	72	7.39	0.102639
$p-C_5$	72	0.63	0.00875
$A-C_6$	78	0.21	0.002692
$N-C_6$	84	5.41	0.064405
$p-C_6$	86	10.35	0.120349
$A-C_7$	92	1.02	0.011087
$N-C_7$	98	11.09	0.113163
$p-C_7$	100	8.63	0.0863
$A-C_8$	106	3.9	0.036792
$N-C_8$	112	12.04	0.1075
$p-C_8$	116	10.53	0.090776
$N-C_9$	128	9.37	0.073203
$p-C_9$	130	8.58	0.066
$A-C_9$	120	2	0.016667
$A-C_{10}$	134	0.09	0.000672

续表

族组分/%(质)	相对分子质量	百分比	摩尔质量/(g/mol)
N-C_{10}	140	1.23	0.008786
p-C_{10}	144	6.25	0.043403
p-C_{11^+}	156	0.42	0.002692
合计		100	0.970703
平均相对分子质量	103.0181		

表 3-28 催化剂物性表

保护剂及催化剂	FZC-102B	FZC-103	FH-40C
活性金属	Mo-Ni	Mo-Ni	W-Mo-Ni-Co
孔体积/(mL/g)	0.60~0.80	0.50~0.65	≮0.42
比表面积/(m^2/g)	260~330	150~220	≮260
形状	拉西环	拉西环	三叶草条形
直径/mm	4.9~5.2	3.3~3.6	1.5~2.5
长度/mm	3~10	3~8	2~8
耐压强度/(N/cm)	≮20	≮30	≮150
装填密度/(g/cm^2)	0.44~0.50	0.56~0.62	0.70~0.75

按照重整原料平均相对分子质量计算方法，算出直馏石脑油平均相对分子质量为103.02，见表11-1。从表2-4中得预加氢循环平均相对分子质量4.338，取催化剂颗粒$\phi 2.0\times 6$，堆密度732kg/m^3。

1）催化剂装填量：

$$96.976 \div (0.7235 \times 6) = 22.34\mathrm{m}^3$$

$$22.34 \times 0.732 = 16.35\mathrm{t}$$

2）反应物体积流量：

$$(96.976 \times 1000 \div 103.02) \times 22.4 = 21086\mathrm{Nm}^3/\mathrm{h}$$

3）循环氢体积流量：

$$80 \times 96.976 \div 0.7235 = 10722.99\mathrm{Nm}^3/\mathrm{h}$$

4）循环氢质量流量：

$$10722.99 \div 22.4 \times 4.338 = 2077\mathrm{kg/h}$$

5）反应器入口总体积流量：

$$(21086+10722.99) \times (1.033/22) \times (320+273) \div 273 = 3399\mathrm{m}^3/\mathrm{h}$$

6）反应器内混合介质密度：

$$(96976+2077) \div 3399 = 29.14\mathrm{kg/m}^3$$

7）催化剂当量直径：

① 颗粒表面积 $= 2 \times (2.0^2\pi/4) + 2.0 \times 6\pi = 43.96\mathrm{mm}^2$

② 颗粒体积 $= (2.0^2\pi/4) \times 2.0 = 18.84\mathrm{mm}^3$

③ 球形颗粒表面积 $= \pi d^2$

④ 球形颗粒体积 $= (\pi/6) \times d^3$

⑤ 根据当量直径的定义，则

$$\pi d^2 \div \{(\pi/6)d^3\} = 43.96/18.84$$

$$d = 2.57\text{mm} = 0.00257\text{m}$$

⑥ 取 $\Delta p/L$ 为 15kPa/m，则根据埃索公式：

$$\Delta p/L = 15 = 0.0277 \times \rho^{0.85} \times Z^{0.15} \times u^{1.85}/d_p^{\ 1.15}$$

$$u^{1.85} = 15 \times d_p^{\ 1.15} \div (0.0277 \times \rho^{0.85} \times Z^{0.15})$$

$$= 15 \times 0.00257^{1.15} \div (0.0277 \times 29.14^{0.85} \times 0.01624^{0.15}) = 0.0607$$

故 $u = 0.22\text{m/s}$

8）已知反应器入口总体积流量为 3399m³/h，即 3399 ÷ 3600 = 0.94m³/s

9）床层截面积 = 0.94 ÷ 0.22 = 4.31m²

10）反应器直径 = $(4.31 \div 0.785)^{1/2}$ = 2.34m，取 2.4m，则实际截面积如下。

11）实际床层截面积 = 0.785 × 2.4² = 4.52m²

12）实际空塔线速 = 0.94 ÷ 4.52 = 0.209m/s

13）每米床层压降：

$$\Delta p/L = 0.0277 \times \rho^{0.85} \times Z^{0.15} \times u^{1.85} \div d_p^{\ 1.15}$$

$$= 0.0277 \times 29.14^{0.85} \times 0.016^{0.15} \text{x} 0.209^{1.85} \div 0.00257^{1.15}$$

$$= 13.733\text{kPa}$$

14）实际催化剂床层高 L：

L = 催化剂装入量 ÷ 床层截面积

= 22.34 ÷ 4.52 = 4.94m（圆整后 L 取 5.0m）

15）催化剂床层总压降 Δp：

$$\Delta p = 13.733 \times 4.94 = 67.85\text{kPa}$$

16）故反应器规格取 ϕ2400 × 5000（切）。

17）预加氢反应器数据分析：

① 装置处理量确定后，催化剂装填量就确定了。空塔线速 u 取决于所选反应器催化剂床层的高径比 L/D，因此压降由 L/D 所确定。

② 高径比 L/D 越小，床层压降 Δp 越小。当 L/D<3 : 1 时，造价随 L/D 的增加而降低，要兼顾投资和压降。

③ 在合理投资范围内应尽量降低压降，但维持适当的床层压降也是必要的，主要原因：

a. 较高的流速有助于反应物向催化剂表面的扩散。

b. 反应物在床层均匀分布就要有一定的（阻力）压降。

④ 轴向反应器（预加氢反应器），适宜的 $\Delta p/L$ 在 11~22kPa/m 范围内。

18）本装置预加氢反应器分析：

① 核算预加氢反应器规格 ϕ2400 × 5000，设计预加氢反应器规格为 ϕ2800 × 5000，核算值比设计值小 400mm，主要为后期改造考虑。

② 预加氢反应器高径比为 2.08（小于 3），按设计规范反应器造价适中。

③ 经核算催化剂每米床层压降为 13.733kPa，总压降 60.64kPa。而目前实际 DCS 显示压降为 20~25kPa。主要原因：

a. 加强原料脱水。

b. 新催化剂强度较高，且积炭较少，故反应器压降比较小。

④ 经核算催化剂装填量为 16t，而预加氢反应器实际装填催化剂 16.5t，两种保护剂合计 1.5t，反应器共计装填催化剂 18t，基本与计算结果相符。

⑤ 从实际运行数据来看，预加氢原料经预加氢反应处理后，精制油中硫氮氧等杂质含量合格。在将近 7 年的运行过程中，预加氢反应器各参数运行正常，满足生产需求。

⑥ 图 3-2 为本装置预加氢反应器设计数据图。

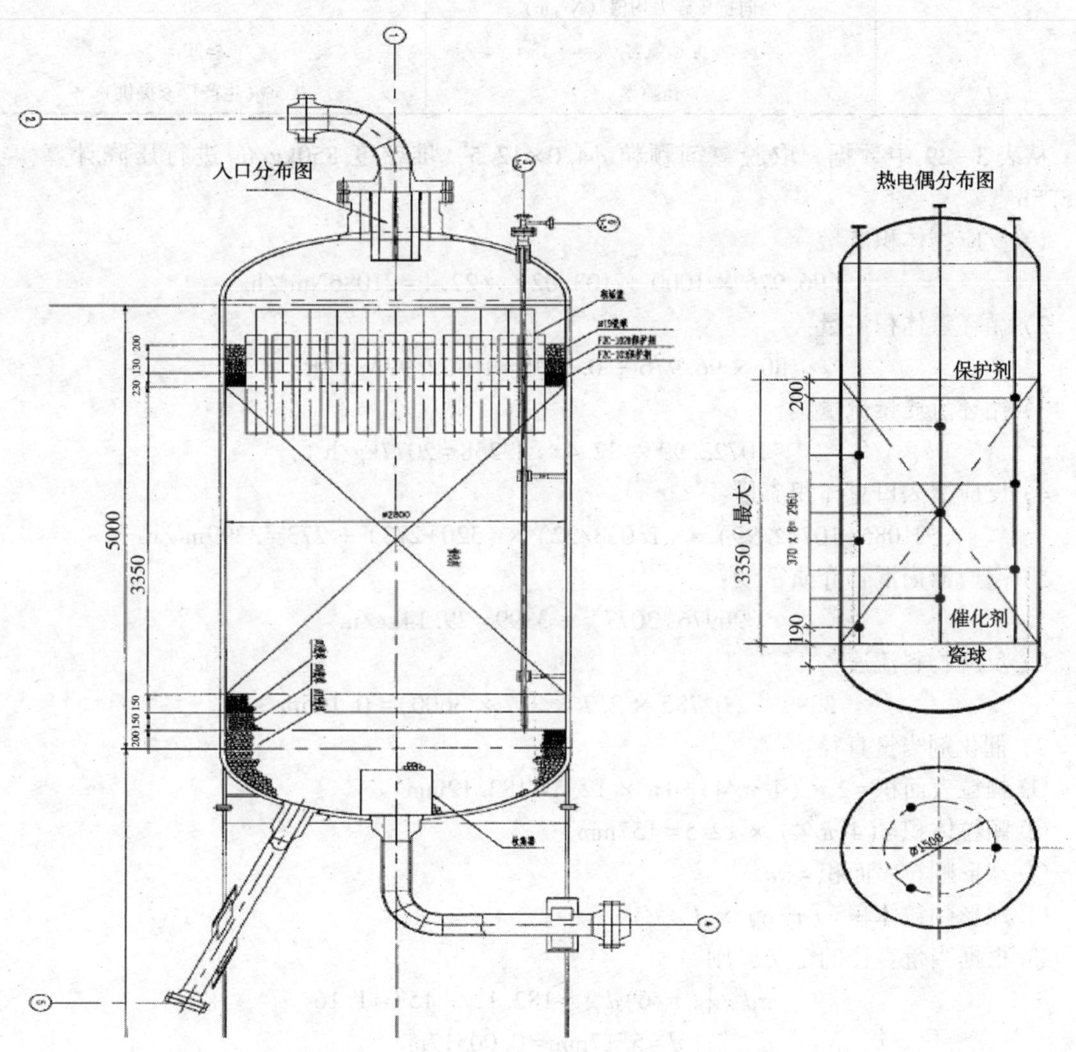

图 3-2　本装置预加氢反应器设计数据图

（二）预加氢脱氯反应器核算及分析

1. 埃索公式核算[7]

预加氢进料规模 814.6kt/a（96.976t/h），反应进料密度 732.5kg/m^3（20℃），平均相对分子质量 103.02。脱氯剂物性参数见表 3-29，预加氢循环氢相对分子质量 4.338。平均反应压力 2.2MPa，平均反应温度 320℃。

进入反应器混合气体黏度按 0.01624cP（0.00001624Pa・s）考虑。

表 3-29　高温脱氯剂物性参数

序号	项目	高温脱氯剂
1	型号	各厂实际型号
2	外观	条形
3	粒度/mm	$\phi(4.0\pm0.3)\times(5\sim20)$
4	堆密度/(kg/L)	0.75~0.85
5	径向抗压碎力均值/(N/cm)	≥50
6	穿透氯容/%	≥30
7	孔隙率	0.5%(生产厂家提供)

从表 3-29 中数据，取脱氯剂颗粒 $\phi4.0\times12.5$，堆密度 $850kg/m^3$ 进行压降计算，空速 $3.5h^{-1}$。

1）反应物体积流量：

$$(96.976\times1000\div103.02)\times22.4=21086Nm^3/h$$

2）循环氢体积流量：

$$80\times96.976\div0.7235=10722.99Nm^3/h$$

3）循环氢质量流量：

$$10722.99\div22.4\times4.338=2077kg/h$$

4）反应器入口总体积流量：

$$(21086+10722.99)\times(1.033/22)\times(320+273)\div273=3399m^3/h$$

5）反应器内混合介质密度：

$$(96976+2077)\div3399=29.14kg/m^3$$

6）反应物料流速：

$$3399\div(0.785\times2.7\times2.7\times3600)=0.165m/s$$

7）催化剂当量直径：

① 颗粒表面积 $=2\times(4^2\pi/4)+4\pi\times12.5=182.12mm^2$

② 颗粒体积 $=(4^2\pi/4)\times12.5=157mm^3$

③ 球形颗粒表面积 $=\pi d^2$

④ 球形颗粒体积 $=(\pi/6)\times d^3$

⑤ 根据当量直径的定义，则

$$\pi d^2/\{(\pi/6)d^3\}=182.12\div157=1.16$$

$$d=5.17mm=0.00517m$$

⑥ 根据埃索公式[3]：

$$\begin{aligned}\Delta p/L&=0.0277\times\rho^{0.85}\times Z^{0.15}\times u^{1.85}/d_p^{\ 1.15}\\&=0.0277\times29.14^{0.85}\times0.1624^{0.15}\times0.165^{1.85}/0.0517^{1.15}\\&=3.978\end{aligned}$$

故脱氯罐反应器总压降 $\Delta p/L\times h=3.978\times8.5=33.81kPa$

2. 欧根公式核算

预加氢进料规模 814.6kt/a(96.976t/h)，反应进料密度 $732.5kg/m^3$(20℃)，平均相对分子质量 103.02。脱氯剂物性参数见表 3-29，预加氢循环氢相对分子质量 4.338g/mol。平均反应压力 2. 2MPa，平均反应温度 320℃。

进入反应器混合气体黏度按 0. 01624cP(0. 00001624Pa · s)考虑。

从表 3-29 高温脱氯剂物性参数查知，脱氯剂的空隙率为 0. 5%，则根据欧根公式[4]：

$$\frac{\Delta p}{L}g_c = 150\times\frac{(1-\varepsilon)^2}{\varepsilon^3}\times\frac{\mu U}{(\phi_p d_p)^2}+1.75\times\frac{1-\varepsilon}{\varepsilon^3}\times\frac{\rho_f U^2}{\phi_p d_p}$$

压降计算：

$$\Delta p = \frac{L}{g_c}\times\left[150\times\frac{(1-\varepsilon)^2}{\varepsilon^3}\times\frac{\mu U}{(\phi_p d_p)^2}+1.75\times\frac{1-\varepsilon}{\varepsilon^3}\times\frac{\rho_f U^2}{\phi_p d_p}\right]$$

$$=\frac{8.5}{9.8}\times\left[\begin{array}{l}150\times\dfrac{(1-0.5)^2}{0.5^3}\times\dfrac{0.00001624\times0.165}{(1.0\times0.00517)^2}+\\ 1.75\times\dfrac{1-0.5}{0.5^3}\times\dfrac{29.14\times0.165^2}{1.0\times0.00517}\end{array}\right]=1104.22$$

总压降 $\Delta p/L\times h = 1104.22\times8.5/9.8$

$=957.75\text{kg/cm}^2(1\text{kPa}=98.06\text{kg/m}^2)$

$=9.77\text{kPa}$

3. 预加氢脱氯罐压降分析

1）设计脱氯罐规格尺寸为 ϕ2700 × 8500(切)，根据脱氯剂空隙率 0. 5，分别用埃索和欧根公式对压降进行核算。埃索公式压降数据 33. 81kPa，欧根公式压降数据 9. 77kPa，而实际 DCS 运行数据 12kPa，欧根公式计算偏小，可能与脱氯剂孔隙率取值有关，但从 DCS 数据对比来看，说明脱氯罐运行正常。

2）脱氯剂是在 2016 年 6 月大检修时更换的，从压降数据来看，脱氯剂强度正常。

3）脱氯罐出口氯含量小于 0. 35μg/g，小于设计值 1. 0μg/g。按照生产运行经验，18 个月更换 1 次脱氯剂，从分析数据来看，脱氯剂未达到穿透氯容，可以继续运行。

4）装填脱氯剂采用普通装填法，故实际压降小于核算数据，这与脱氯剂装填密度也有很大的关系。下次检修时，注意脱氯剂装填密度，或采用密相装填技术，适当提高装填密度，提高脱氯剂吸附效果。

(三) 重整反应器核算及分析

1. 反应器 R201 压降核算

根据前面物料平衡数据和氢油比及原料平均相对分子质量，对重整第一反应器进行体积流量、气体密度及气体黏度计算。

重整第一反应器进料量 93. 03t/h，原料相对分子质量 107. 65，循环氢流量 30710Nm³/h，氢油分子比 1. 49，循环氢平均相对分子质量 4. 62。

1）体积流量[5]：

原料油流量 = 93. 03 × 1000 ÷ 107. 65 = 864. 23kmol/h

循环氢流量 = 864. 23 × 1. 49 = 1287. 70kmol/h

循环氢质量流量 = 1287. 70 × 4. 62 = 5949. 16kg/h

进料总质量流量 = 93034+5949. 16 = 98983. 16kg/h

进料总体积流量 V：

V = (864. 23+1287. 7) × 22. 4 × (0. 1/0. 529) × (273. 15+514) ÷ 273

= 26273. 34Nm³/h

2）混合原料密度：

$$\rho = 98983.16 \div 26273.34 = 3.77\text{kg/m}^3$$

3）混合原料黏度：

在重整反应条件下，查表得原料油蒸汽的黏度为 0.0000147Pa·s，循环氢的黏度为 0.0000167Pa·s。

混合原料黏度：

$$\mu = \frac{1.49/2.49 \times 4.62^{0.5} \times 0.0000167 + 1/2.53 \times 111^{0.5} \times 0.0000147}{1.49/2.49 \times 4.62^{0.5} + 1/2.49 \times 111^{0.5}}$$

$$= 0.00001518\text{Pa} \cdot \text{s}$$

根据表 3-30 中相关物性参数和反应器内构件设计参数，对重整第一反应器，分别进行标定工况和设计工况的压降核算：

表 3-30 重整第一反应器相关参数表

项　目	数　值	单　位
① 反应油气物性参数		
体积流量 V	26273.34	m^3/h
气体密度 ρ_f	3.77	kg/m^3
气体黏度 μ	0.01518	cP
	1.518×10^{-5}	Pa·s
	1.518×10^{-5}	kg/(m·s)
② 催化剂物性参数		
直径 d_p	1.60×10^{-3}	m
空隙率 ε	0.39	小数表示
③ 反应器内构件参数		
当量外径 R_b	1.45	m
内径 r_b	0.6	m
高度 H_b	5.101	m
中心管内径 r_c	0.5624	m
中心管开孔率 e	2.95	%
中心管开孔孔径 ϕ	8	mm
中心管壁厚 δ	8	mm
分流流道面积 S_D	0.6182	m^2

1）床层压降：

① 向床层厚度：$L_b = \dfrac{R_b - r_b}{2} = \dfrac{1.45 - 0.6}{2} = 0.425\text{m}$

② 床层对数平均直径：$d_m = \dfrac{R_b - r_b}{\ln\left(\dfrac{R_b}{r_b}\right)} = \dfrac{1.45 - 0.6}{\ln(1.45/0.6)} = 0.9633\text{m}$

③ 床层径各平均流通面积：

$$S_b = \pi \times d_m \times H_b = 3.14 \times 0.9363 \times 5.101 = 15.4292\text{m}^2$$

④ 气体空塔线速：

$$U_b = \frac{V}{S_b} = \frac{26273.34}{15.4292 \times 3600} = 0.47\ \text{m/s}$$

⑤ 床层压降 p_b（按欧根公式计算）：

$$\frac{p_b L g_c}{L} = \left[150 \times \frac{(1-0.39)^2}{0.39^3} \times \frac{0.00001518 \times 0.47}{(1.0 \times 0.0016)^2} + 1.75 \times \frac{1-0.39}{0.39^3} \times \frac{3.77 \times 0.47^2}{1.0 \times 0.0016}\right]$$

$$= 12126.2\text{kg/s}^2$$

取 $g=9.8\text{m/s}^2$，则床层压降为

$$p_b = \frac{0.425 \times 12126.2}{9.8} = 525.88\text{kg/m}^2 = 5.36\text{kPa}$$

2）分流流道静压降 p_d：

① 分流流道气速：

$$U_b = \frac{V}{S_d} = \frac{26273.34}{0.6182 \times 3600} = 11.806\ \text{m/s}$$

② 分流流道静压降：$p_b = \dfrac{K_d \times p_f \times u_d^{\ 2}}{g} = \dfrac{0.72 \times 3.77 \times 11.806^2}{9.8}$

$$= 37.88\text{kg/m}^2 = 0.386\text{kPa}$$

3）集流流道静压降 p_c：

① 集流流道面积：$S_c = r_c^{\ 2} \times \pi/4 = 0.5624^2 \times 0.785 = 0.248\text{m}^2$

② 集流流道气速：$u_c = \dfrac{V}{S_c} = \dfrac{26273.34}{0.248 \times 3600} = 29.394\text{m/s}$

③ 集流流道静压降：$p_c = \dfrac{K_c \times p_f \times u_c^{\ 2}}{g} = \dfrac{1 \times 3.77 \times 29.394}{9.8}$

$$= 326.3\text{kg/m}^2 = 3.324\text{kPa}$$

4）中心管穿孔压降 p_e：

① 中心管开孔总面积：$S_e = \pi \times r_c \times H_b \times e$

$$= 3.14 \times 0.5624 \times 5.101 \times 2.95\% = 0.2657\text{m}^2$$

② 中心管过孔气速：$u_e = V/S_e = 26273.34/(0.2657 \times 3600) = 27.46\text{m/s}$

③ 确定压降系数 ξ：

$$\beta = 1.11 \times (\delta/\phi)^{-0.336} = 1.11 \times (8/8)^{-0.336} = 1.11$$

$$KK = u_e / u_c = 27.46/29.394 = 0.934$$

当($KK>2$)时 $\xi=1.5\beta$，否则，$\xi=1.75\beta$

$$\xi = 1.75\beta = 1.75 \times 1.11 = 1.9425$$

④ 中心管过孔压降 p_e：

$$p_e = \frac{\xi \times p_f \times u_e^{\ 2}}{2g} = \frac{1.9425 \times 3.77 \times 27.46^2}{2 \times 9.8} = 276.81\text{kg/m}^2 = 2.82\text{kPa}$$

5）总压降 p_a：

$$p_a = p_d + p_c + p_b + p_e = 5.36+3.32+0.39+2.82 = 11.89\text{kPa}$$

同样计算方法，将第一反应器设计物料数据和内构件参数，代入反应器压降计算公式，

计算结果见表 3-31。

表 3-31　第一反应器实际运行数据与设计数据对比表　　kPa

项　目	运行数据	设计数据
① 床层压降	5.36	5.00
② 分流流道静压降 p_d	0.39	0.36
③ 集流流道静压降 p_c	3.32	3.07
④ 中心管穿孔压降 p_e	2.82	2.61
⑤ 总压降 p_a	11.89	11.03
⑥ 实际 DCS 显示差压	10.192	

2. 重整反应器 R202-R204 压降核算

连续重整反应系统第二反应器(R202)、第三反应器(R203)、第四反应器(R204)进出口均未设计采样点，所以无法具体分析反应器入口介质密度及组成，不能准确计算反应器入口体积流量和黏度值。根据设计体积流量、气体密度和黏度，采用估算的方法得出数据。

1）体积流量：

根据设计条件下，各反应器体积流量，假设以第一反应器入口体积流量为基数，则四个反应器入口体积流量比例为 1：1.5：1.9：2.3，而第一反应器入口流量 26273.34Nm³/h，可以准确地计算出来，则可以估算出第二、第三、第三反应器入口流量分别为：

$$V_2 = 26273.34 \times 1.5 = 39039.09\text{Nm}^3/\text{h}$$

$$V_3 = 26273.34 \times 1.9 = 49874.59\text{Nm}^3/\text{h}$$

$$V_4 = 26273.34 \times 2.3 = 60996.65\text{Nm}^3/\text{h}$$

连续重整各反应器设计体积流量、密度及流量比，见表 3-32。

表 3-32　重整反应器设计体积流量及密度表

项　目	R201	R202	R203	R204
设计体积流量/(Nm³/h)	25178.15	37411.76	47795.59	58348.62
设计密度/(g/cm³)	3.796	2.55	1.996	1.635
设计流量比例	1.0	1.5	1.9	2.3

2）反应器入口密度：

重整反应过程中，各反应器质量守恒，由重整进料量和循环流量，计算出第一反应器入口质量流量为 98982.5kg/h。根据表 3-32 各反应器入口体积流量，分别计算出各个反应器入口密度。

$$\rho_1 = 3.77\text{kg/m}^3$$

$$\rho_2 = 2.54\text{kg/m}^3$$

$$\rho_3 = 1.98\text{kg/m}^3$$

$$\rho_4 = 1.63\text{kg/m}^3$$

3）反应器入口气体黏度：

通过对第一反应器计算，重整反应条件下，油气黏度对反应器压降影响很小，故四个反应器入口气体黏度均采用 0.0151mPa·s。

设计重整第一反应器内构件是中心筒+外网套筒，而第二、第三和第四反应器内构件是中心筒+扇形筒，故需要对催化剂床层当量直径进行计算，以第二反应器为例。

已知反应器直径 1828mm，扇形筒弧长 264mm，扇形筒弓高 169mm，扇形筒半径 124mm。

4）扇形筒个数：

$$反应器周长=3.14\times 1828=5740\text{mm}$$

$$扇形筒个数=5740\div 264=20.14\ 个，扇形筒取\ 20\ 个$$

5）扇形筒面积：

$$扇形筒面积=3.14\times 0.124^2\div 2+0.2462\times 0.045=0.035\text{m}^2$$

$$扇形筒总面积=0.035\times 20=0.7044\text{m}^2$$

6）催化剂床层当量外径：

$$R_m=(0.785\times 1.828^2-0.7044)\div 0.785=1.5634\text{m}$$

根据表 3-33 反应器设计数据和物性参数，按照第一反应器的压降计算方法，将各反应器压降计算结果汇总至表 3-34。

表 3-33　重整各反应器相关参数表

反应器位号	单位	R202		R203		R204	
运行/设计		运行值	设计值	运行值	设计值	运行值	设计值
① 反应油气							
体积流量 V	m^3/h	39039	37412	49875	47796	60887	58348.62
气体密度 ρ_f	kg/m^3	2.54	2.55	1.98	1.996	1.63	1.635
气体黏度 μ	mPa·s	0.0151	0.0151	0.0151	0.0151	0.0151	0.0151
② 催化剂							
直径 d_p	m	0.0016	0.0016	0.0016	0.0016	0.0016	0.0016
空隙率 ε	m	0.39	0.39	0.39	0.39	0.39	0.39
③ 床层							
当量外径 R_b		1.5634	1.5634	1.838	1.838	2.2045	2.2045
内径 r_b	m	0.6	0.6	0.75	0.75	0.75	0.75
高度 H_b	m	6.473	6.473	6.649	6.649	6.912	6.912
中心管内径 r_c	m	0.5624	0.5624	0.7124	0.7124	0.7124	0.7124
中心管开孔率 e	%	2.65	2.65	2.33	2.33	2.02	2.02
中心管开孔孔径	mm	8	8	8	8	8	8
中心管壁厚 δ	mm	8	8	8	8	8	8
分流流道面积	mm	0.7044	0.7044	0.8100	0.8100	0.9509	0.9509

表 3-34　重整其他反应器压降数据　　kPa

反应器位号	R202		R2O3		R2O4	
运行数据/设计数据	运行数据	设计数据	运行数据	设计数据	运行数据	设计数据
① 床层压降	5.88	5.48	5.86	5.49	7.31	6.83
② 分流流道静压降 p_d	0.44	0.41	0.43	0.39	0.38	0.35
③ 集流流道静压降 p_c	4.94	4.56	2.44	2.26	3.00	2.76
④ 中心管穿孔压降 p_e	3.23	2.97	3.14	2.90	4.60	4.24
⑤ 总压降 p_a	14.49	13.42	11.87	11.05	15.29	14.18
⑥ 实际 DCS 显示压降	10.871		9.653		9.937	

3. 重整反应器核算数据分析

1）重整各反应油气上进下出，从总压降计算结果来分析，影响总压降最大的是床层压降，其次是急流道静压降，影响最小的是分流流道静压降，可以忽略不计。

2）经核算反应器中心筒规格和尺寸对压降影响较大，而油气密度和黏度对压降影响较小。

3）加强粉尘量的监控及催化剂强度分析，防止粉尘进入催化剂床层。

4）加强重整循环氢中硫化氢含量监控，保持系统内有微量硫化氢，抑制器壁结焦的可能。

5）从核算结果来看，反应器采用上进下出工艺，压降较上进上出工艺偏高一些，但未发现产品质量或产品分布异常现象。

（四）再生器核算及分析

1. 再生器压降核算

根据再生系统运行数据，对再生器进行体积流量、气体密度及气体黏度计算：再生器烧焦区再生气量 5634.1Nm³/h，再生气（N_2）相对分子质量 28，标况下再生气密度 1.25kg/m³。

根据伯努利方程 $pV=nRT$，则推导出

$$\rho = \frac{\rho_1 T_1 p_2}{p_1 T_2} = \frac{1.25 \times 273.15 \times 0.628}{0.101 \times (273.15 + 446)} = 2.95\text{kg/m}^3$$

再生器一段和二段烧焦区压降核算，相关参数见表 3-35。

表 3-35　再生器烧焦区相关参数表

项　　目	一段烧焦区	二段烧焦区	单位
① 反应油气物性参数			
体积流量 V	5224	R301	m³/h
气体密度 ρ_f	2.9521	5224	kg/m³
气体黏度 μ	0.0231	2.9500	cP
	2.31×10^{-5}	0.0201	Pa·s
	2.31×10^{-5}	2.01×10^{-5}	kg/(m·s)
② 催化剂物性参数			
直径 d_p	1.60×10^{-3}	1.60×10^{-3}	m

续表

项　目	一段烧焦区	二段烧焦区	单位
空隙率 ε	0.39	0.39	
③ 反应器内构件参数			
当量外径 R_b	1.63	1.63	m
内径 r_b	1.4	1.15	m
高度 H_b	0.71	1.070	m
中心管内径 r_c	0.61	0.61	m
中心管开孔率 e	1.49	1.37	%
中心管开孔孔径 ϕ	7	7	mm
中心管壁厚 δ	8	8	mm
分流流道面积 S_D	0.547	1.048	m^2

根据表3-35中相关物性参数和再生器内构件设计参数，按照重整反应器压降核算公式，对再生器一段和二段烧焦区分别进行压降核算，见表3-36。

表3-36　再生器烧焦区压降核算　　kPa

项　目	再生一段烧焦区压降	再生二段烧焦区压降
① 床层压降	1.15	1.37
② 分流流道静压降 p_d	0.015	0.004
③ 集流流道静压降 p_e	0.074	0.074
④ 中心管穿孔压降 p_e	12.634	8.342
⑤ 总压降 p_a	13.27	9.79
⑥ 实际DCS显示差压	7.5	6.2

2. 再生器压降分析

1）通过对再生器一段和二段烧焦区压降核算，一段和二段压降核算值较实际DCS显示值分别大5.77kPa和3.59kPa，而烧焦区和氧氯化区压降差值为2.54kPa。

2）2012年4月再生DCS数据，一段和二段分别为6kPa和5kPa，基本与计算值接近，此时烧焦区和氧氯化区差压值为1.23kPa。

3）2013年1月再生DCS数据，一段和二段分别为5.5kPa和4.5kPa，基本与计算值接近，此时烧焦区和氧氯化区差压值为1.1kPa。

4）核算发现分流流道和集流流道压降对其总压降影响很小，可以忽略不计。

5）催化剂床层压降对总压降影响次之，故再生运行过程中，应该密切关注粉尘量，防止其进入床层，影响到再生压降。

6）加强再生一段和二段压降监控和烧焦区与氧氯化区压降差值的关联性，以此指导生产实际运行。烧焦区和氧氯化区差压设计目的，防止富氧进入烧焦区，导致烧焦区飞温。

7）综上分析，再生一段和二段烧焦区压降与烧焦区和氧氯化区差压值密切相关，加强监控防止催化剂产生偏流现象。

十二、热平衡核算

（一）重整反应热及能耗

1. 重整反应热

根据物料平衡和原料及反应产物组成，查知各种单体烃在重整反应条件下的焓值，对其反应热进行计算，见表3-37。

表3-37 原料和产品组成及焓值

名称	原料组成/%(质)	反应产物/%(质)	514℃焓值/MJ	反应前焓值/MJ	反应后焓值/MJ
H_2	2.25	3.81	7044	15688	26595
C_1	0.25	0.42	-3149	-767	-1310
C_2	0.49	0.77	-1487	-721	-1129
C_3	0.65	0.85	-1051	-676	-886
i-C_4	2.51	0.47	-1010	-2509	-468
n-C_4	0.00	0.13	-877	-4	-114
i-C_5	0.46	0.98	-921	-418	-891
n-C_5	1.08	1.01	-738	-789	-735
N-C_5	0.03	0.33	1065	0	353
O-C_5	0.03	0.06	1547	0	135
A-C_6	0.25	4.55	1966	495	8843
N-C_6	5.18	1.21	-328	-1684	-393
O-C_6		0.43	922	0	393
i-C_6	3.83	6.48	-775	0	-4969
n-C_6	4.22	3.32	-738	-5885	-2430
A-C_7	4.54	15.20	1485	6677	22340
N-C_7	11.80	0.39	-211	-2459	-80
O-C_7		0.48	626	0	295
i-C_7	5.29	5.97	-680	0	-4018
n-C_7	4.29	2.21	-593	-5618	-1296
A-C_8	2.39	20.19	1207	2855	24112
N-C_8	12.10	0.21	-253	-3034	-52
O-C_8		0.30	880	0	265
i-C_8	6.23	3.41	-613	0	-2067
n-C_8	3.33	1.01	-547	-5179	-545
N-C_9	9.45	0.07	-291	-2720	-21
O-C_9	0.03	0.10	923	0	88
A-C_9	1.84	20.85	963	1759	19882

续表

名称	原料组成/%(质)	反应产物/%(质)	514℃焓值/MJ	反应前焓值/MJ	反应后焓值/MJ
n-C_9	8.41	1.05	-554	-4612	-575
n-C_{10}	2.60	0.48	-509	-1309	-239
A-C_{10}	0.00	2.70	786	0	2099
n-C_{10}	2.60	0.28	-958	-2466	-264
A-C_{11}	0.05	0.00	366	16	0
N-C_{11}	0.12	0.33	-251	-29	-82
C_{12^+}	3.70	0.00	-355	750	0
合计	100.00	100.03		-12638.03	82834.58

重整总进料量为98.98t/h，以氢气组分为例，在514℃的反应条件下，进行反应前后氢气焓值计算，假设反应在绝热过程中进行[1]。

氢气反应前后焓值=98.98 × 7044 × (3.81-2.25)/100=10907MJ

同理可得，在重整总质量流量为98.982t/h时，其他组分反应前后热量变化，则重整原料反应热为-12638.03MJ，重整反应产物反应热为82834.58MJ。

总反应热=82834.58-(-12638.03)=95472.61MJ

2. 重整反应所需标准能耗

重整反应热进行单位换算(1MJ/h=0.277778kW，1kgEO=41.868MJ)。

根据以上单位换算，将重整反应热折算为功率：

95472.61 × 0.277778=26520.19kW

重整反应热折算标油：

26520.19 ÷ 41.868=2280.32kgEO

重整进料量为93.03t/h，则将标油折算为标准能耗：

2280.32 ÷ 93.03=24.51kgEO/t

从以上能耗可以看出，连续重整装置综合能耗中，反应需要的热量，约占到装置综合能耗的1/3(综合能耗按90kgEO/t测算)。而板式换热器提供的综合能耗是反应热的1.5倍。

3. 重整各反应器热值变化曲线

假定重整反应过程中，环烷烃、芳烃和氢气在四个反应器中分别按照50%：25%：15%：10%进行；而其他组分则按照10%：15%：25%：50%进行，则得到四个反应器出入口组分见表3-38。

表3-38 重整各反应器出口组分表 %(质)

名称	组成	产物	(反-原)差	R201	R202	R203	R204
H_2	2.25	3.81	1.56	3.03	3.42	3.66	3.81
C_1	0.25	0.42	0.17	0.26	0.29	0.33	0.42
C_2	0.49	0.77	0.28	0.52	0.56	0.63	0.77
C_3	0.65	0.85	0.20	0.67	0.70	0.75	0.85
i-C_4	2.51	0.47	-2.04	2.31	2.00	1.49	0.47

续表

名称	组成	产物	(反-原)差	R201	R202	R203	R204
n-C_4	0.00	0.13	0.13	0.02	0.04	0.07	0.13
i-C_5	0.46	0.98	0.52	0.51	0.59	0.72	0.98
n-C_5	1.08	1.01	-0.07	1.07	1.06	1.04	1.01
N-C_5	0.03	0.33	0.33	0.17	0.25	0.30	0.33
O-C_5	0.03	0.06	0.06	0.01	0.02	0.03	0.06
A-C_6	0.25	4.55	4.29	2.40	3.47	4.12	4.55
N-C_6	5.18	1.21	-3.97	3.20	2.20	1.61	1.21
O-C_6		0.43	0.43	0.04	0.11	0.22	0.43
i-C_6	3.83	6.48	6.48	0.65	1.62	3.24	6.48
n-C_6	4.22	3.32	-4.73	7.58	6.87	5.69	3.32
A-C_7	4.54	15.20	10.66	9.87	12.54	14.14	15.20
N-C_7	11.80	0.39	-11.41	6.09	3.24	1.53	0.39
O-C_7		0.48	0.48	0.05	0.12	0.24	0.48
i-C_7	5.29	5.97	5.97	0.60	1.49	2.98	5.97
n-C_7	4.29	2.21	-7.37	8.84	7.74	5.89	2.21
A-C_8	2.39	20.19	17.80	11.29	15.74	18.41	20.19
N-C_8	12.10	0.21	-11.90	6.16	3.18	1.40	0.21
O-C_8		0.30	0.30	0.03	0.08	0.15	0.30
i-C_8	6.23	3.41	3.41	0.34	0.85	1.70	3.41
n-C_8	3.33	1.01	-8.55	8.70	7.42	5.28	1.01
N-C_9	9.45	0.07	-9.38	4.76	2.42	1.01	0.07
O-C_9	0.03	0.10	0.10	0.01	0.02	0.05	0.10
A-C_9	1.84	20.85	19.01	11.35	16.10	18.95	20.85
n-C_9	8.41	1.05	-7.36	7.67	6.57	4.73	1.05
n-C_{10}	2.60	0.48	-2.12	2.39	2.07	1.54	0.48
A-C_{10}	0.00	2.70	2.70	1.35	2.02	2.43	2.70
n-C_{10}	2.60	0.28	-2.32	2.37	2.02	1.44	0.28
A-C_{11}	0.05	0.00	-0.05	0.02	0.01	0.00	0.00
N-C_{11}	0.12	0.33	0.21	0.22	0.28	0.31	0.33
C_{12^+}	3.70	0.00	-3.70	3.33	2.77	1.85	0.00
合计	100.00	100.03		100.03	100.03	100.03	100.03

按照装置标定时各反应器出入口温度，查出各单体烃焓值，见表3-39。

表 3-39 重整反应条件下各组分焓值汇总表

组成	板换出口	反应入口	一反出口	二反出口	三反出口	四反出口
	445℃	514℃	382℃	432℃	456℃	469℃
H_2	6032	7044	5120	5841	6178	6383
C_1	-3414	-3149	-3629	-3464	-3376	-3323
C_2	-1727	-1487	-1920	-1771	-1693	-1645
C_3	-1284	-1051	-1474	-1327	-1251	-1204
i-C_4	-1243	-1010	-1433	-1286	-1210	-1163
n-C_4	-1108	-877	-1295	-1151	-1075	-1028
i-C_5	-1158	-921	-1348	-1202	-1124	-1076
n-C_5	-970	-738	-1160	-1014	-937	-891
N-C_5	835	1065	1128	1191	917	1031
O-C_5	1357	1547	1203	1322	1385	1423
A-C_6	1804	1966	1671	1773	1827	1859
N-C_6	-560	-328	-265	-201	-478	-363
O-C_6	712	922	980	1038	787	891
i-C_6	-1007	-775	-1194	-1050	-974	-927
n-C_6	-970	-738	-1160	-1014	-937	-891
A-C_7	1316	1485	1178	1284	1340	1374
N-C_7	-425	-211	-597	-465	-394	-351
O-C_7	412	626	685	745	488	595
i-C_7	-912	-680	-1101	-955	-879	-832
n-C_7	-821	-593	-1009	-864	-788	-742
A-C_8	1031	1207	887	998	1056	1091
N-C_8	-472	-253	-649	-513	-441	-397
O-C_8	674	880	508	636	703	745
i-C_8	-846	-613	-1036	-889	-812	-766
n-C_8	-775	-547	-962	-817	-742	-696
N-C_9	-510	-291	-686	-551	-478	-434
O-C_9	0		0	0	0	0
A-C_9	782	963	634	748	808	845
n-C_9	-786	-554	-976	-829	-753	-706
n-C_{10}	-740	-509	-929	-783	-707	-660
A-C_{10}	823	786	841	756	732	604
n-C_{10}	-1072	-958	-1176	-1093	-1056	-1033
A-C_{11}	273	366	188	255	286	305
N-C_{11}	-207	-251	-186	-271	-314	-465

根据表 3-38 反应物组成和表 3-39 单体烃在操作温度下的焓值，计算各反应器反应热，见表 3-40。

表 3-40　重整各反应器反应热汇总表

项　目	反应热/MJ	项　目	反应热/MJ
板换入口	-1.64×10^5	第二反出口	2.34×10^4
板换出口	-3.58×10^4	第三反入口	5.04×10^4
第一反入口	-1.26×10^4	第三反出口	4.93×10^4
第一反出口	-1.04×10^4	第四反入口	6.95×10^4
第二反入口	3.14×10^4	第四反出口	6.82×10^4

利用表 3-39 各设备出入口焓值数据，做反应系统焓值变化曲线图，见图 3-3。

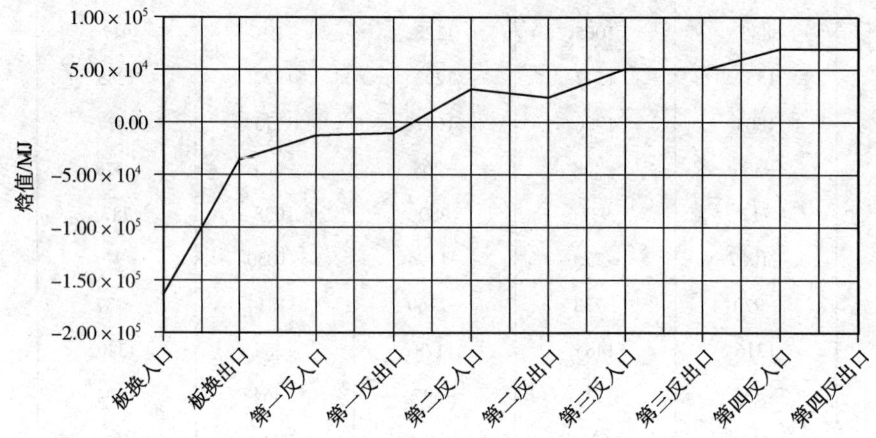

图 3-3　重整反应系统各设备焓值变化曲线图

重整反应热折算成标准能耗为 24.51kgEO/t；板换供热折算成标准能耗为 32.86kgEO/t；四合一加热炉燃料气燃烧热折算成标准能耗为 44.8kgEO/t。

4. 重整四合一加热炉核算

按表 3-38 重整各反应器进出口反应热，计算出四合一加热炉提供的热负荷，见表 3-41。

表 3-41　重整四合一炉热负荷数据表

位　　号	加热炉热负荷/MJ	加热炉热负荷/MW	设计值/MW
F201	23161.94	6.43	11.38
F202	41754.92	11.60	15.12
F203	27021.11	7.51	9.23
F204	20274.25	5.63	6.97
合计	112212.21	31.17	42.7

注：$1MJ = 2.77778 \times 10^{-4}MW$；$1MW = 3.6 \times 10^3MJ$。

5. 反应热数据分析

1）重整总反应热为 95472.61MJ，板换提供总热量 128318.4MJ，板换提供的热量是反应热的 1.34 倍。设计四合一加热炉负荷分别：11.38MW、15.12MW、9.23MW 和 6.97MW；

核算四合一加热炉负荷分别：6.43MW、11.60MW、7.51MW 和 5.63MW；从核算数据来讲，重整进料板式换热器提供的热大于总反应热。重整四合一加热炉运行负荷均小于设计负荷，说明重整在高负荷情况下，四合一加热炉有一定的余量。

2）重整反应过程中，四个反应器内物料吸热量呈现递减趋势，这与 DCS 反应温降趋势和反应机理相符。

3）在整个热量平衡过程中，板式换热器起到了很重要的作用，给原料反应提供了很大一部分热量。

4）从重整各反应热曲线可以看出，第二、第三、第四个反应器开始，进出口热量稍有下降趋势，主要由于设备自身散热所致。

5）连续重整反应是强吸热反应，从反应热计算数据可以看出，反应本身需要的综合能耗约占装置综合能耗的1/3。

(二) 加热炉热负荷及效率

1. 加热炉热负荷及效率

(1) 燃料气发热值

根据燃料气计算结果，其燃烧低发热值为 55.64MJ/kg。

(2) 流量计校正

根据燃料气、中压蒸汽和除氧水流量，对其进行孔板校正，查孔板设计参数和运行参数，校正汇总，见表 3-42。

表 3-42 燃料气和蒸汽及除氧水校正表

项 目	物料流量			设计值			流量校正		
	流量/(m^3/h)	温度/℃	压力/MPa	密度/(kg/m^3)	温度/℃	压力/MPa	操作密度/(kg/m^3)	校正系数	实际流量/(m^3/h)
F201 燃料气	1135	47	0.308	0.74	40	0.5	0.51	0.872	989.9
F202 燃料气	2771	47	0.308	0.74	40	0.5	0.51	0.872	2416.4
F203 燃料气	1538	47	0.308	0.74	40	0.5	0.51	0.872	1341.2
F204 燃料气	1189	47	0.308	0.74	40	0.5	0.51	0.872	1037.4
中压蒸汽	20.42(t/h)	427.12	3.631	0.122	450	3.82	0.128	0.977	20.0(t/h)
除氧水	21.43(t/h)	102.09	5.292	0.958	104	6	0.945	0.955	20.5(t/h)

(3) 燃料气反应热

根据燃料气化验组成，将其折算成百分比，利用单体烃相对分子质量和低发热值，在燃料气温度为 49℃、燃料气燃烧温度为 150℃的条件下，进行燃烧焓值计算，见表 3-43 燃料气焓值计算表。

表 3-43 燃料气焓值计算表

组成	组成/%(体)	空气校正含量/%(体)	相对分子质量	$M_i \times V_i$	$M_i \times V_i / \Sigma(M_i \times V_i)$	低发热值/(kcal/kg)	乘积/(kcal/kg)	焓值 49℃/(kJ/kg)	焓值 150℃/(kJ/kg)	焓差/(kJ/kg)	燃烧焓值/(MJ/h)
H_2	61.21	64.21	2	128	12	28667	340028	64	1943	1879	22289

续表

组成	组成/%(体)	空气校正含量/%(体)	相对分子质量	$M_i \times V_i$	$M_i \times V_i / \Sigma(M_i \times V_i)$	低发热值/(kcal/kg)	乘积/(kcal/kg)	焓值49℃/(kJ/kg)	焓值150℃/(kJ/kg)	焓差/(kJ/kg)	燃烧焓值/(MJ/h)
甲烷	21.41	22.45	16	359	33	11954	396675	10	343	332	11027
乙烷	2.40	2.52	30	76	7	11350	79176	8	277	270	1880
乙烯	0.98	1.03	28	29	3	11272	29906	7	265	258	684
丙烷	3.75	3.93	44	173	16	11079	177113	7	264	256	4097
丙烯	1.37	1.44	42	60	6	10942	61089	7	262	255	1423
异丁烷	1.87	1.96	58	114	11	10892	114580	7	246	239	2512
正丁烷	2.21	2.32	58	135	12	10927	135825	7	148	141	1748
正丁烯	0.01	0.01	56	1	0	10826	764	7	235	229	16
异丁烯	0.02	0.02	56	1	0	10755	1167	7	235	229	25
反丁烯	0.01	0.01	56	1	0	10779	585	7	235	229	12
顺丁烯	0.01	0.01	56	0	0	10797	469	7	235	229	10
≥C5	0.08	0.08	72	6	1	10840	5747	7	125	118	62
燃料焓值						0.46MJ/kg					

根据燃料气组分计算，燃烧焓值为0.46MJ/kg，化验分析燃料气密度为0.538kg/m^3，则燃料气反应热 Q_1 为：

$$Q_1 = (989.92+2416.35+1341.23+1037.36) \times 0.538 \times (55.64+0.46)$$
$$= 174590.52\text{MJ/h}$$

(4) 重整第四反应器反应热和换热器补偿热

在相应的温度下，查到反应油气的比热容数据，见表3-44，对其进行热量计算。

表3-44 进料换热器和四反操作参数

项 目	E201	R204
比热容/[kJ/(kg·℃)]	3.62	3.7
出口温度/℃	445	469
反应器入口温度/℃	514	514
质量流量/(t/h)	98.98	98.98

第四反应器反应热 Q_2 为：

$$Q_2 = 98.98 \times 1000 \times 3.7 \times (514-469) = 16480.17\text{MJ/h}$$

换热器E201补偿热 Q_3 为：

$$Q_3 = 98.98 \times 1000 \times 3.62 \times (514-445) = 24723.22\text{MJ/h}$$

(5) 重整产汽系统取热量

根据装置产汽系统各物料流量，查得相应温度下的焓值，见表3-45。

表 3-45 重整产汽系统运行参数

项 目	流量/(t/h)	焓值/(kJ/kg)	总焓值/(MJ/h)
3.5MPa 中压蒸汽	19.96	3222.30	64308.64
汽包定连排	0.50	3222.30	1611.57
除氧水	20.46	568.62	11632.55

利用生产数据和物料焓值，计算重整产汽系统取热量 Q_4：

3.5MPa 中压蒸汽取热 $Q_4=64308.64$MJ/h；

汽包定连排取热 $Q_5=1611.57$MJ/h；

除氧水供热 $Q_6=11632.55$MJ/h。

(6) 加热炉效率

由反应热计算，可知重整反应热 $Q_0=95472.61$MJ/h。

加热炉有效热量 $Q_7=Q_0+Q_3+Q_4+Q_5-Q_6-Q_2$

$$=95472.61+24900.568+64308.64+1611.57-11632.55-16598.385$$
$$=158003.33\text{MJ/h}$$

$$加热炉效率=\frac{Q_7}{Q_1}\times 100\%=\frac{158003.33}{174590.52}\times 100\%=90.50\%$$

2. 简化计算加热炉效率[1]

加热炉的热效率习惯上用100%效率减去排烟热损失、不完全燃烧热损失和炉体散热损失来计算[3]，即 $\eta=100-q_1-q_2-q_3$。

一般表面散热损失 q_3 取值为 2.5%，但老装置加热炉散热损失 q_3 取值为 3%，加热炉为干燥空气未预热。

空气过剩系数

$$\alpha=(21-0.116\times O_2)/(21-O_2)$$
$$=(21-0.116\times 3.27)/(21-3.27)$$
$$=1.21$$

而 $q_2=(4.043\alpha-0.252)\times 10^{-4}\times CO$，由于烟气中 CO 为零，故此项取值为零。

排烟损失 $q_1=(0.0083+0.031\alpha)\times(t_g+0.00013475t_g^{\ 2})-1.1$

$$=(0.0083+0.031\times 1.21)\times(155+0.00013475\times 155^2)-1.1$$
$$=90.87\%$$

按同样的计算，见表 3-46。

表 3-46 重整加热炉运行参数表

加热炉名称	位号	实际热负荷/MW	氧含量/%	排烟温度/℃	炉表面温度/℃	过剩空气系数	热效率/%
“四合一”加热炉	F201	39.37	3.27	155	54	1.21	90.83
预处理加热炉	F101	5.19	3.00	126	56	1.19	92.29
汽提塔底重沸炉	F102	4.02	4.50	126	52	1.30	91.80
分馏塔底重沸炉	F103	6.24	6.80	126	55	1.53	90.83

3. 加热炉效率分析

1) 用 2 种加热炉效率计算结果显示，其数值差距很小，说明加热炉效率能真实反映加热炉理论运行水平。

2）核算发现加热炉效率普遍偏低，其中四合一炉加热炉由于大检修未对对流段和省煤段进行清理，故排烟温度偏高。

3）现场检测烟气中无一氧化碳，说明加热炉燃烧完全，未进行二次燃烧。

4）装置效率较低，主要原因：①烟气余热未有效利用；②炉膛氧含量偏高。

5）通过对加热炉热效率计算，发现燃料气的组成对加热炉效率影响很大，故优化燃料气组成。

6）氢气组分的焓值来看，热量比较大，但是由于氢气在加热炉内燃烧后，火焰飘动比较严重。导致热量不能被加热介质有效吸收，反而提高了炉膛温度，最终使加热炉排烟温度升高。

（三）重整板式换热器传热系数核算

根据换热器计算公式 $Q=K\cdot A\cdot T$，其中 Q 为总传热量，A 为换热器面积，T 为对数平均温度。利用换热器冷侧进出口换热器组成和相应温度下焓值变化，计算冷流总热量 Q。

1. 重整板式换热器传热系数[5]

（1）板式换热器入口液相和气相组成及焓值

板式换热器进料流量 93.03t/h，在温度为 74.9℃下各单体烃焓值见表 3-47，经计算精制油热量 $Q_1=-157888.54$MJ/h。

表 3-47 重整精制油进换热器组成及焓值

精制油组成		74.9℃焓值/(kJ/kg)	热量/(MJ/h)
n-C_4	2.72	-2383	-6029.98
A-C_6	0.28	716	186.51
O-C_5	2.298	-1758	-3758.30
N-C_6	3.402	-1492	-4722.00
P-C_6	8.86	-2262	-10227.09
A-C_6	5	219	1018.68
N-C_7	12.98	-1580	-19078.96
P-C_7	10.54	-2191	-21483.55
A-C_8	2.63	-101	-247.12
N-C_8	13.32	-1751	-21697.68
P-C_8	10.52	-2137	-20914.30
A-C_9	2.03	-328	-619.43
N-C_9	10.4	-1595.8	-15439.56
P-C_9	9.25	-2054.8	-17682.12
A-C_{10}	0	-478.5	0.00
N-C_{10}	2.71	-1612	-4064.03
P-C_{10}	2.86	-2028	-5395.81
A-C_{11}	0.05	-623.7	-29.01
N-C_{11}	0.13	-1750	-211.64
P-C_{11}	4.07	-1979	-7493.13
合计			-157888.54

换热器入口循环氢质量流量 5.393t/h，在温度为 96.1℃下各单体烃焓值见表 3-48，经计算循环氢热量 Q_2 = -5917.55MJ/h。

表 3-48 重整循环氢进换热器组成及焓值

重整循环氢		96.1℃焓值	热量/(MJ/h)
H_2	40.5775	1016	2446.39
C_1	4.459736	-4486	-1187.18
C_2	8.88463	-2683	-1414.52
C_3	11.7852	-2225	-1556.02
$i-C_4$	7.830669	-2188	-1016.70
$n-C_4$	5.304647	-2028	-638.37
C_5	21.15762	-2032	-2551.16
合计			-5917.55

(2) 板式换热器出口气相组成及焓值

换热器出口气相质量流量 98.98t/h，根据在温度为 445℃下各单体烃焓值，从反应热章节查表 3-39 中查到换热出口热量 Q_3 = -35799.97MJ/h。

(3) 板式换热器吸收总热量

板式换热器冷侧吸收热量 = 换热器出口热量-换热器热口热量，即

$$
\begin{aligned}
Q &= Q_3 - Q_2 - Q_1 \\
&= 5917.55 + 157888.54 - 35799.97 \\
&= 128006.1\text{MJ/h} \\
&= 35557.28\text{kW}
\end{aligned}
$$

(4) 对数平均温度

板式换热器运行参数和设计参数见表 3-49。

表 3-49 板式换热器运行参数和设计参数表

项 目	单 位	运行值	设计值
设计传热面积	m^2	5000	5000
热负荷	kW	35557.28	31140
热流入口 T_1	℃	469.7	514
热流出口 T_2	℃	87.89	103
冷流入口 t_1	℃	74.9	95
冷流出口 t_2	℃	445.21	479
平均温度 T	℃	24	35
平均温度 t	℃	13	8
平均温度差 $T-t$	℃	12	27
平均对数温度 T_m	℃	18.14	18.29
总传热系统 K	$W/(m^2 \cdot K)$	392.11	340.44

换热器热端平均温度 $\Delta T=24℃$；

换热器冷端平均温度 $\Delta t=13℃$；

则对数平均温度：

$$T_m=(\Delta T-\Delta t)/\ln(\Delta T/\Delta t)$$
$$=(24-13)/\ln(24/13)$$
$$=18.14℃$$

(5) 板式换热器传热系数 K

由换热器的基本计算公式 $Q=K\cdot A\cdot \Delta T$，换热器设计面积 5000m²，则

$$K=Q/A\cdot \Delta T$$
$$=35557.28/(5000\times 18.14)$$
$$=392.11\text{W}/(\text{m}^2\cdot \text{K})$$

2. 重整板式换热器传热系数分析

1) 设计数据计算：总传热系数 340.44W/(m²·K)；运行数据计算：总传热系数 392.11W/(m²·K)，从核算结果来看，目前板换传热系统比较高，板换的运行效率也比较好。从表 3-50 板换运行数据也可以看出，核算值与实际运行基本吻合。

表 3-50 板换运行数据

参数	2012.3.2	2013.9.23	2014.2.2	2015.8.2	2016.7.2	2017.7.4
重整进料/(t/h)	94	88	83	90	90	92
反应温度/℃	512	513	514	514	510	509
循环氢转速/(r/min)	8000	8100	8200	8300	7900	7800
循环氢量/(Nm³/h)	27500	28600	29800	31200	29600	25000
高分罐压力/MPa	0.225	0.225	0.225	0.225	0.225	0.23
热端温差/℃	26	22	21	23	26	25
板程压降/kPa	42	44	51	56.5	47	42
壳程压降/kPa	72	66	67	75.5	74	69

2) 板换已经运行 8 年，内构件出现结垢现象，从 2013 年和 2016 年大检修，发现氢气分布板出现结焦现象，已经清理完毕，但是由于内部结构复杂，板换冷热测内部无法清洗和处理。但从板换热端温差、板程和壳程压降运行数据也可以看出，目前板换运行良好。

3) 综上所述，核算数据应该准确，日常操作中密切关注冷端温差变化和两侧压降变化，加强反应产物环烷烃变化监控。

4) 装置事故事件状态下，严格执行开停工操作卡，避免对板式换热器造成较大的冲击。

(四) 连续重整反应理论温降测算

1. 理论温降测算[4]

(1) 循环氢平均相对分子质量计算

在产品性质章节，已经计算出重整循环氢平均相对分子质量为 4.62。

(2) 环烷烃和链烷烃环化吸热测算

从计算芳烃转化率章节表 3-22 可以算出在反应过程中环烷烃和链烷烃减少的含量，见表 3-51 中第六列和第七列数据。

表 3-51　重整反应条件下各烃类反应热及反应物料变化

项　目	新产生芳烃/%	裂化反应热/MJ	环烷烃脱氢反应热/MJ	烷烃环化脱氢反应热/MJ	烷烃差值/%	环烷烃差值/%
苯	4.6	921	2822	3375	1.44	4.58
甲苯	14.65		2345	2742	2.87	12.68
二甲苯	18.81		2001	2282	3.34	13.11
三甲苯	20.33		1675	1926	3.03	10.28
重芳烃	3.43				0.99	2.71

根据装置物料平衡：重整进料量 93.034t/h，循环氢量 5.934t/h，脱戊烷油 83.96t/h，氢气产量5.33t/h，干气产量0.934t/h。则根据表 3-50 反应热和组分变化量，可测算出烷烃环化脱氢反应热量为

$$(1.44\times3375+2.87\times2742+3.34\times2282+3.03\times1926)\times83960/100=23587.67\text{MJ}$$

环烷烃脱氢反应热量为：

$$(4.58\times2822+12.68\times2345+13.11\times2001+10.28\times1675)\times83960/100=76110.34\text{MJ}$$

$$裂化油反应热=734\times921=676.04\text{MJ}$$

理论总反应热 23587.67+76110.34−676.04=99022.0MJ

(3) 反应器散热

根据设计资料，重整各反应器设计规格见表 3-52。

表 3-52　重整各反应器规格

位　号	直径/m	长/m	表面积/m^2	头盖表面积/m^2
第一反应器	1.6	6.626	33.29	8.04
第二反应器	1.738	7.501	40.94	9.49
第三反应器	1.828	9.117	52.33	10.49
第四反应器	2.1	11.494	75.79	13.85
合计			244.2	

根据重整各反应器设计数据，计算其表面及反应器散热量，以第一反应器为例。

$$S_{筒体}=3.14\times1.6\times6.626=33.29\text{m}^2$$

$$S_{反应器头盖}=3.14\times1.6\times1.6=8.04\text{m}^2$$

取散热系统 62.8kJ/(m·℃·h)，平均器壁温度 97℃，大气环境温度 35℃，则重整一反表面散热损失：

$$62.8\times(33.29+8.04)\times(97-35)=142.75\text{kJ}$$

则重整反应器总散热损失：

$$62.8\times244.2\times(97-35)=950.85\text{MJ}$$

(4) 比热容计算和查原料比热容数据

循环氢比热容计算：

利用循环氢组成，剔除空气后，见表 3-53 中第二列数据，根据各组分相对分子质量和各组分比热容，计算平均比热容见表 3-53 第六列数据。

$$M_Y=93.7984\times2=1.8760$$

氢气平均热容=93.7984 × 29.3000/100=27.4829

故循环氢平均比热容为36.5075kJ/(kmol · ℃)

表3-53 氢气评价比热容计算表

组分	Y/%	相对分子质量	比热容C/[kJ/(kmol · ℃)]	M_Y	平均比热容/[kJ/(kmol · ℃)]
H_2	93.7984	2	29.3000	1.8760	27.4829
C_1	1.2886	16	58.6000	0.2062	0.7551
C_2	1.3692	30	103.0000	0.4108	1.4102
C_3	1.2383	44	148.6000	0.5449	1.8401
C_4	1.0470	58	192.6000	0.6073	2.0165
C_{5+}	1.2685	72	236.7000	0.9133	3.0025
合计	100.0100				36.5075

取重整反应条件下，原料油平均比热容为3.35kJ/(kmol · ℃)，则混合油气的平均比热容：

$$3.35 \times \frac{93034}{93034+5934} + \frac{36.5075}{3.35} \times \frac{5934}{93034+5934} = 3.6224\text{kJ/(kg} \cdot ℃)$$

(5) 理论温降计算

1) 测算重整反应温降 $=\dfrac{\text{理论反应热}+\text{设备散热损失}}{\text{油气比热容}\times(\text{反应进料量}+\text{循环氢质量})}$

$$=\frac{99022002.5+950855.53}{3.6224\times(93034+5934)}=278.82℃$$

2) 根据反应前后热量变化，计算总反应热为95472.61kJ，代入反应温降公式。

$$\text{重整反应温降}=\frac{\text{理论反应热}+\text{设备散热损失}}{\text{油气比热容}\times(\text{反应进料量}+\text{循环氢质量})}$$

$$=\frac{95472614.5+950855.53}{3.6224\times(93034+5934)}=269.38℃$$

3) 实际DCS显示总温降为298℃。

2. 理论温降测算分析

1) 通过对反应系统理论温降测算，按第一种方法测算理论温降为272.82℃，未考虑烷烃异构化反应热量，未考虑管线散热损失。

2) 第二种计算方法，根据组分单体烃在重整条件下热量变化，已经考虑异构化反应热，从计算数据来看，异构化反应对总反应影响不大。

3) 以上两种测算方法，温降数据均小于DCS实际显示温降，可能原因：

① 实际DCS显示温降偏大，热电偶安装位置不当。

② 两种计算方法均未考虑反应器油气进出口管线及大法兰热损失，此处现场未进行保温。

③ 进出口反应产物组分及焓值取数据出现偏差，导致测算温降偏小。

④ 重整一反入口组成是用板换入口的精制油和循环氢，模拟得到的混合组分数据可能出现偏差。

十三、压力平衡计算

(一) 反应系统压力平衡

1. 加热炉进出口密度

由压降计算部分的表 3-31 和表 3-33 可知重整四个反应器入口物性参数，根据伯努利方程计算加热炉出入口流量和密度。以加热炉 F201 为例进行计算。

表 3-54 加热炉进出口密度计算表可知，加热炉 F201 油气入口温度 445.21℃，出口温度 514.49℃，入口密度 3.77kg/m³，则 F201 出口油气密度为：

$$\rho=(445.21+273.15)\div(514.49+273.15)\times 3.77=3.44\text{kg/m}^3$$

表 3-54 加热炉进出口密度计算表

项 目	入口温度/℃	出口温度/℃	入口密度/(kg/m³)	入口流量/(m³/h)	出口密度/(kg/m³)
F201	445.21	514.49	3.77	26255.27	3.44
F202	382.79	514.33	2.54	38969.43	2.12
F203	432.31	514.49	1.98	49991.09	1.77
F204	455.8	514.89	1.63	60725.37	1.51

2. 双相流管道压降计算

重整反应系统临氢管道有双相流的管道，如板换-空冷(P2109)、空冷-后冷(P2110)、后冷-V201(P2111)。根据表 3-55 中的物料数据，对其进行管道压降计算，以板换-空冷(P2109)管道为例。

表 3-55 反应临氢系统双相流管道压降计算表

物流名称	板换-空冷(P2109)		空冷-后冷(P2110)		后冷-V201(P2111)	
参数或物性	气相	液相	气相	液相	气相	液相
质量流量/(kg/h)	79186	19796.52	29694.75	69287.75	11877.9	87104.6
密度/(kg/m³)	2.25	775	0.98	834	0.206	856
黏度/Pa·s	0.012	0.281	0.01	0.437	0.00151	0.643
表面张力/(N/m)		0.0202		0.0218		0.0235
管道内直径/m	0.682		0.682		0.682	
管长/m	41.5		8.5		25.2	
90 度弯头	3		3		3	
出入口标高/m	13.356	24.756	23.066	16.65	15.15	13.15

表 3-54 中相关数据，依据流体在管道中流动时产生的直管道压力降和局部障碍所产生的压力降，而局部障碍系指管道的管件、阀门、流量计等。

$$\Delta p=\Delta p_t+\Delta p_f$$

式中 Δp_t——局部障碍所产生的压力降，kPa；

Δp_f——直管道压力降，kPa；

Δp——管道压力降，kPa。

（1）水平管道流型判断

$$B_y = \frac{7.1W_G}{(A\rho_L\rho_G)^{0.5}}$$

式中 W_G——气相流量，kg/h；

ρ_G——气相密度，kg/m³；

ρ_L——液相密度，kg/m³；

A——管道截面积，m²。

$$B_y = \frac{7.1W_G}{(A\rho_L\rho_G)^{0.5}} = \frac{7.1 \times 79186}{0.785 \times 0.682^2 \times (2.25 \times 775)^{0.5}} = 36874.5$$

由于 B_y 小于 80000，则需计算 B_x：

$$B_x = \frac{2.1W_L}{W_G} \times \frac{(\rho_L\rho_G)^{0.5}}{\rho_L^{0.67}} \times \frac{\mu_L^{0.33}}{\sigma_L}$$

$$= \frac{2.1 \times 19796.52}{79186} \times \frac{(2.25 \times 775)^{0.5}}{775^{0.67}} \times \frac{0.281^{0.33}}{0.0202}$$

$$= 8.275$$

根据王子崇主编的《石油化工设计手册》第四卷工艺和系统设计第 349 页图 5-6，查得水平管内为环状流。

（2）垂直管段流型判断

$$V_G = \frac{W_G}{3600\rho_G} = \frac{79186}{3600 \times 2.25} = 9.776$$

$$V_L = \frac{W_L}{3600\rho_L} = \frac{19796}{3600 \times 775} = 0.007$$

$$F_r = \frac{[(V_G + V_L)/A]^2}{gd} = \frac{[(9.776 + 0.007)/(0.785 \times 0.682^2)]^2}{9.81 \times 0.682} = 107.31$$

$$F_V = \frac{V_G}{(V_G + V_L)} = \frac{9.776}{9.776 + 0.007} = 0.999$$

查图得垂直管内为环状流，已知流型情况下，采用均相法计算压力降。

（3）进行均相法计算

$$W_T = W_G + W_L$$
$$= 79186 + 19796$$
$$= 98982\text{kg/h}$$

$$Y = \frac{79186}{98982} = 0.8$$

平均密度 $\rho_H = 1/(\frac{Y}{\rho_G} + \frac{1-Y}{\rho_L}) = 1/(\frac{0.8}{2.25} + \frac{1-0.8}{775}) = 2.81\text{kg/m}^3$

$$X = \frac{W_L\rho_H}{W_T\rho_L}$$

$$= \frac{19796 \times 2.81}{98982 \times 775} = 0.001$$

平均黏度 = 0.001 × 0.281 + (1 − 0.001) × 0.012 = 0.012Pa·s

平均速度 = 98982/(3600 × 0.785 × 0.682² × 2.81) = 26.79m/s

雷诺准数 Re = 26.839 × 0.682 × 2.81/0.012 = 4211.30

绝对粗糙度 ε = 0.02mm（备注：无缝钢管，介质为石油气、饱和蒸汽、压缩空气等腐蚀性较小的流体，可选用绝对粗糙度）

相对粗糙度 ε/d = 0.02/682 = 0.000029

根据《石油化工设计手册》第四卷第307页图5-1，查得摩擦系数 λ = 0.04

（4）计算直管段压力降

$$\Delta p_f = 0.04 \times 2.81 \times 26.839^2 \times 10^{-6} \times 41.5/(2 \times 0.682) = 0.002\text{kPa}$$

（5）局部障碍所产生的压力降

$$\Delta p_t = 0.04 \times 2.81 \times 26.839^2 \times 10^{-6} \times 3 \times 0.682 \times 30/(2 \times 0.682) = 0.004\text{kPa}$$

（6）管道静压降

$$\Delta p_j = (24.746 + 13.356) \times 2.81 \times 9.81 \times 10^{-6} = 0.000314\text{kPa}$$

（7）管道总压降

$$\Delta p = \Delta p_t + \Delta p_f + \Delta p_j = 0.002 + 0.0043 + 0.000314 = 0.0007\text{kPa}$$

同理可得，空冷至后冷管道和后冷至重整气液相分离罐管道压力降，见表3-56。

表3-56 重整临氢系统双相流管道压力降

水平管段流型计算			
管道位号	P-2109	P-2125	P-2126
B_y	36874.51	20231.55	17422.67
由于 B_y 小于80000，则需计算 B_x			
B_x	8.275	53.965	81.578
查图水平管段为环状流			
垂直管段流型核算			
V_g	9.776	8.431	16.043
V_L	0.007	0.023	0.028
F_r	107.307	80.131	289.596
F_v	0.999	0.997	0.998
查图得垂直管内为环状流			
均相法计算压降			
W_T/(kg/h)	98982	98982	98982
Y	0.80	0.30	0.12
平均密度/(kg/m³)	2.8105	3.2577	1.7136
X	0.0007	0.0027	0.0018
平均黏度/Pa·s	0.0122	0.0112	0.0026
平均速度/(m/s)	26.794	23.1541	44.0172
Re	4211.304	4606.4834	19485.2569
绝对粗糙度/mm	0.0200	0.0200	0.0200

续表

查图得垂直管内为环状流			
均相法计算压降			
相对粗糙度	0.0000	0.0000	0.0000
摩擦系数	0.0404	0.0416	0.0673
直管压力降/kPa	0.0062	0.0044	0.042
管道静压降/kPa	0.0003	-0.0003	0.0000
总压力降/kPa	0.0075	0.0047	0.0163

3. 单相流管道压降[7]

根据表 3-54 中物料性质及管线设计数据，计算反应临氢系统单相流管道压降。以进料换热器冷侧出口至加热炉 F201 管道(P-2108)为例。

单相可压缩按等温计算压降，黏度按设计数据，密度和质量流量按标定数据，反应器压降按标定工况计算[1]。一般介质为石油气、饱和蒸汽、压缩空气等腐蚀性较小的流体，可选用绝对粗糙度 ε 为 0.02mm，则进行以下计算。

(1) 雷诺准数计算

相对粗糙度 $\varepsilon/d=0.02/0.68246=0.00029$；

雷诺准数 $Re=354\times98982/(682.46\times0.015)=3428615$；

查图得摩擦系数 $\lambda=0.0148$；

油气出入口密度为 3.77kg/m^3(已知数据)；

管线长度 $L=15.1$m；

其中 90 度弯头 4 个，180 度弯头 2 个。

(2) 管道总长度计算

管线总长度 $L=15.1+4\times682.46\times30/1000+16\times682.46/1000=107.91$m

(3) 管道压力降计算

$$\text{管道压力降计算 } \Delta p_f=6.26\times10^3 g\frac{\lambda L W_G^2}{d^5\rho_m}$$

$$=6.26\times10^3\times9.81\frac{0.0148\times107.91\times98982^2}{3.77\times682.46^5}$$

$$=1.76\text{kPa}$$

(4) 管道静压降计算

$$\Delta p_G=\rho g h=3.77\times(23952-17000)\times9.81\times10^{-6}=0.26\text{kPa}$$

(5) 管道总压力降

$$\Delta p=\Delta p_G+\Delta p_f=1.76+0.26=2.01\text{kPa}$$

以此类推，计算临氢系统单相流管道压降，见表 3-57~表 3~59 结果。

表 3-57 反应临氢系统单相流管道压降计算表(1)

物流	名称	直径/mm	外径/mm	管壁/mm	内径/mm	流量/(kg/h)	黏度/mPa·s	绝对粗糙度/mm
K201-E201	HG-2109	700	711	14.27	682.46	5950	0.015	0.2
E201-F201	P-2108	700	711	14.27	682.46	98982	0.015	0.2

续表

物流	名称	直径/mm	外径/mm	管壁/mm	内径/mm	流量/(kg/h)	黏度/mPa·s	绝对粗糙度/mm
F201			114.3	6.02	102.26	2916.1	0.015	0.2
F201-R201	P-2117	700	559	14.27	530.46	98982	0.016	0.2
R201-F202	P-2118	700	711	14.27	682.46	98982	0.016	0.2
F202			88.9	5.49	77.92	1770.5	0.016	0.2
F202-R202	P-2119	700	711	14.27	682.46	98982	0.016	0.2
R202-F203	P-2120	700	711	14.27	682.46	98982	0.016	0.2
F203			114.3	6.02	102.26	2916.1	0.016	0.2
F203-R203	P-2121	700	711	14.27	682.46	98982	0.016	0.2
R203-F204	P-2122	700	711	14.27	682.46	98982	0.016	0.2
F204			114.3	6.02	102.26	2916.1	0.016	0.2
F204-R204	P-2123	700	711	14.27	682.46	98982	0.016	0.2
R204-E201	P-2124	700	711	14.27	682.46	98982	0.017	0.2

表3-58 反应临氢系统单相流管道压降计算表(2)

物流号	相对粗糙度	雷诺准数 Re	摩擦系数 λ	入口密度/(kg/m^3)	出口密度/(kg/m^3)	平均密度/(kg/m^3)	直管长度/m
K201-E201	0.00029	3428615	0.01480	0.206	0.206	0.206	41.5
E201-F201	0.00029	3428615	0.01480	3.77	3.77	3.77	15.10
F201	0.00196	672994	0.02300	3.77	3.44	3.55	25.20
F201-R201	0.00038	4135372	0.01600	3.44	3.44	3.44	18.30
R201-F202	0.00029	3214327	0.01500	2.54	2.54	2.54	17.10
F202	0.00257	502725	0.02500	2.54	2.12	2.26	25.20
F202-R202	0.00029	3214327	0.01500	2.12	2.12	2.12	15.80
R202-F203	0.00029	3214327	0.01500	1.98	1.98	1.98	14.70
F203	0.00196	630932	0.02200	1.98	1.77	1.84	25.20
F203-R203	0.00029	3214327	0.01500	1.77	1.77	1.77	14.00
R203-F204	0.00029	3214327	0.01500	1.63	1.63	1.63	14.30
F204	0.00196	630932	0.02200	1.63	1.51	1.55	17.20
F204-R204	0.00029	3214327	0.01500	1.51	1.51	1.51	14.90
R204-E201	0.00029	3025249	0.01450	1.51	1.51	1.51	36.00

表3-59 反应临氢系统单相流管道压降计算表(3)

物流号	90°弯头/个	180°弯头/个	总长度/m	压力降/kPa	始端标高/m	终端标高/m	静压力降/kPa	总压力降/kPa
K201-E201	3		113.84	0.13	13356	24756	0.02	0.15
E201-F201	4	2	107.91	1.76	17000	23952	0.26	2.01
F201		1	32.87	10.11				10.11
F201-R201	3		74.53	5.06	17000	21109	0.14	5.20

续表

物流号	90°弯头/个	180°弯头/个	总长度/m	压力降/kPa	始端标高/m	终端标高/m	静压力降/kPa	总压力降/kPa
R201-F202	3		89.44	2.19	10454	17000	0.17	2.35
F202		1	31.04	23.41				23.41
F202-R202	3		88.14	2.59	17000	22503	0.12	2.70
R202-F203	3		87.04	2.73	10385	17000	0.13	2.86
F203		1	32.87	18.62				18.62
F203-R203	3		86.34	3.03	17000	22823	0.10	3.13
R203-F204	3		86.64	3.30	10208	17000	0.11	3.41
F204		1	24.87	16.76				16.76
F204-R204	3		87.24	3.60	17000	24257	0.11	3.70
R204-E201	9		231.18	9.20	10011	20500	0.16	9.35

4. 反应系统压力平衡表

综上核算，对重整反应系统设备及工艺管线进行压降核算，得到系统总压降为308.23kPa，而循环氢压缩机提供的动力压降275.5kPa，反应系统压降差值32.73kPa，见表3-60。

表3-60 反应临氢系统压力平衡表

序号	物流号	外径/mm	管壁/mm	质量流量/(kg/h)	管道压降/kPa	静压力降/kPa	压力降/kPa
1	K201-E201	711	14.27	5950	0.13	0.02	0.15
2	E201			*			38.6
3	E201-F201	711	14.27	98982	1.76	0.26	2.02
4	F201	114.3	6.02	2911.235	10.14		10.14
5	F201-R201	559	14.27	98982	5.08	0.14	5.22
6	R201						11.89
7	R201-F202	711	14.27	98982	2.2	0.16	2.36
8	F202	88.9	5.49	1767.536	23.49		23.49
9	F202-R202	711	14.27	98982	2.6	0.11	2.71
10	R202						14.49
11	R202-F203	711	14.27	98982	2.74	0.13	2.87
12	F203	114.3	6.02	2911.235	18.69		18.69
13	F203-R203	711	14.27	98982	3.04	0.1	3.14
14	R203						11.87
15	R203-F204	711	14.27	98982	3.31	0.11	3.42
16	F204	114.3	6.02	2911.235	16.82		16.82
17	F204-R204	711	14.27	98982	3.61	0.11	3.72
18	R204						15.29

续表

序号	物流号	外径/mm	管壁/mm	质量流量/(kg/h)	管道压降/kPa	静压力降/kPa	压力降/kPa
19	R204-E201	711	14.27	98982	8.88	0.16	9.04
20	E201			*			68.5
21	E201-A201						7
22	A201			* *			6.3
23	A201-E202						4.7
24	E202			* * *			9.5
25	E202-V201						16.3
26	反应系统压降						308.23
27	K201 进出压降						275.5
28	系统压降差						32.73

注：(1) * 表示数据来源于板式换热器 E201 的运行数据；

(2) * * 表示数据来源于反应产物空冷 A201 设计值；

(3) * * * 表示数据来源于反应产物后冷器 E202 设计值。

5. 反应系统压力平衡分析

1) 通过双相流管道压力降计算可以看出，局部管道压力降对总压降影响比较大，而直管道压力降和管道静压力降对总压降影响较小。双相流管道压降要比单相流管道压降大很多。

2) 通过单相流管道压力降计算可以看出，管道总压降的影响因素主要是管阀配件，比如各种弯头、流量计和阀门对压力降影响比较大，尤其是45°弯头对压力降影响很大，直管道压力降和管道静压力降对总压降影响较小。

3) 压缩机进出口压力降为275.5kPa，而临氢系统设备及工艺管线总压降为308.23kPa，压力降之差为32.73kPa。其中进料板式换热器冷侧和热侧之和为99.1kPa左右，占反应系统总压降的1/3，故板换的运行工况对压缩机运行工况影响最大。

4) 加热炉F202炉管压降最大，主要原因：①加热炉承担热负荷比较高。②F202炉管数量为68根，管径为88.9×5.49；其他炉管为34根，管径为114.3×6.02，故F202炉管压降最大为23.41kPa。

5) 重整四个反应器计算压降为53.54kPa，而运行值为40.15kPa，偏差13.39kPa。

6) 反应产物后冷至气液分离罐管线，根据水冷后温度31℃，可认为气相组分为循环气量和产氢量之和，则估算气相占比11%，液相占比89%，计算压降为15.3kPa。故反应系统压降与循环氢压缩机进出口压降实际偏差应该是18.34kPa，所以系统压力核算比较准确。

(二) 催化剂循环系统压力平衡

1. 催化剂循环系统压力平衡

假设再生器顶压力设定为0.528MPa，根据再生器压降计算，确定了再生器焙烧区入口压力为0.521MPa，那么根据设计条件(再生器与第一反应器压差92kPa)，就确定了重整第一反应器的反应压力，即0.521-0.092=0.43MPa(第一反应器入口压力)。

根据再生器顶压力，通过管路压降计算出氮气压缩机出口压力，再根据氮气压缩机压缩比计算出氮气压缩机入口压力，进而确定了重整第四反应器出口压力为0.337MPa。

根据各提升器差压计算出各反应器上部料斗压力，利用埃索公式计算出其他设备压力，得到表 3-61。

表 3-61　再生系统催化剂循环压力平衡表

项　目	单　位	运行数据
再生器上部料斗	MPa	0.309
① Δp_a	kPa	16.073
闭锁料斗	MPa	0.293
② Δp_a	kPa	235
再生器顶部	MPa	0.528
再生器底部	MPa	0.521
③ Δp_a	kPa	3.669
下部料斗	MPa	0.524
④ Δp_a	kPa	49
提升器	MPa	0.476
⑤ Δp_a	kPa	16.0
第一反应器上部斗	MPa	0.460

利用反应系统和再生系统设计差压，得到反应器底部 4 个提升压力，进而推测反应系统催化剂循环压力平衡表，见表 3-62。

表 3-62　反应系统催化剂循环压力平衡表

项　目	单位	第二列	第三列	第四列	第五列
反应器上部料斗	MPa	0.460	0.400	0.375	0.350
①Δp_a	kPa	15.689			
还原室	MPa	0.445	1.393(kPa)	1.427(kPa)	1.640(kPa)
②Δp_a	kPa	15.587			
反应器	MPa	0.429	0.399	0.374	0.348
③Δp_a	kPa	5.606	5.733	5.374	6.850
反应器下部料斗	MPa	0.435	0.405	0.379	0.355
④Δp_a	kPa	9.454	9.042	8.431	15.082
提升器	MPa	0.416	0.387	0.360	0.340
⑤Δp_a	kPa	15.607	12.073	10.360	11.231
下一个反应器上部料斗	MPa	0.400	0.375	0.350	0.329

注：第二列~第五列数据代表上部料斗到提升器的压降。

2. 催化剂循环系统压力平衡分析

1）反再系统为了防止氢氧互窜，装置工艺包在设计时已经充分考虑反再压降差，并设置低低自保连锁，给装置安全打下坚实的基础。

2）Axens 再生工艺技术，闭锁料斗的功能不仅能使催化剂从低压区平稳转移到高压区，而且起到计量催化剂循环量的作用。同时批量催化剂缓慢进入再生器缓冲区，使催化剂烧焦持续平稳运行。

3）下部料斗压力高于上部反应器压力和下部提升器压力，避免氢氧接触。

（三）压缩机功率核算

1. 循环氢压缩机功率[7]

（1）重整循环氢相对分子质量

根据循环氢组成分析，除去采样携带的空气，折算成百分比，再利用平均相对分子质量，计算出循环氢的平均相对分子质量，见表3-63。

表3-63　循环氢平均相对分子质量计算表

组分	化验组成/%(体)	除去空气组成/%(体)	相对分子质量	平均相对分子质量
H_2	93.17	93.80	2	1.88
CH_4	1.28	1.29	16	0.21
C_2H_6	1.36	1.37	30	0.41
C_2H_4	0	0.00	28	0.00
C_3H_8	1.23	1.24	44	0.54
i-C_4H_{10}	0.62	0.62	58	0.36
n-C_4H_{10}	0.42	0.42	58	0.25
i-C_5H_{12}	0.53	0.53	72	0.38
n-C_5H_{12}	0.27	0.27	72	0.20
C_{6^+}	0.46	0.46	86	0.40
合计	100	100		4.62

从表3-58可以看出循环氢平均相对分子质量为4.62。

（2）循环氢压缩机入口体积流量

已知循环氢压缩机出口流量30710Nm³/h，循环氢压缩机入口压力0.225MPa，入口温度32.5℃，则循环氢压缩机入口流量

$$V_1 = 30710 \times 0.1 \times \frac{273 + 32.5}{273 \times 0.325} = 10573.52\text{m}^3/\text{h} = 176.23\text{m}^3/\text{min}$$

（3）机组多变指数和绝热指数

根据循环氢组成，计算机组多变指数见表3-64。

表3-64　循环氢平均相对分子质量计算表

组分	H_2	C_1	C_2	C_3	i-C_4	n-C_4	i-C_5	n-C_5	C_{6^+}
$y_i \cdot 100$	93.80	1.29	1.37	1.24	0.62	0.42	0.53	0.27	0.46
k	1.38	1.27	1.17	1.115	1.081	1.078	1.063	1.063	1.052
$100y_i/(k-1)$	246.84	4.77	8.05	10.77	7.71	5.42	8.47	4.31	8.91

则循环氢压缩机绝热指数 $100/\sum 100y_i/(k-1)+1 = 100 \div 305.25+1 = 1.328$。

（4）离心机功率计算

根据多变指数和绝热指数求离心机功率，已知循环氢压缩机入口温度32.5℃，入口压

力 0.225MPa，出口压力 0.485MPa。

1）压缩比 $\varepsilon=\frac{p_2}{p_1}=\frac{1+4.85}{1+2.25}=1.78$

2）根据流量查知多变效率 $\eta_p=0.77$

3）根据绝热指数和多变效率查得多变指数 $m=1.44$

4）计算压缩机出口温度：

$$T_2=T_1\varepsilon^{\frac{m-1}{m}}$$
$$=(32.5+273.15)\times 1.78^{\frac{11.44-1}{1.44}}$$
$$=92.63℃$$（现场双金属温度计温度显示 94℃，DCS 显示值 96℃）

5）理论功率：

$$N=\frac{16.67p_1V_1\frac{m}{m-1}\left[\left(\frac{p_2}{p_1}\right)^{\frac{m-1}{m}}-1\right]}{\eta_p}$$
$$=\frac{1.6.67\times 3.25\times 176.23\times\frac{1.44}{1.44-1}\left[\left(\frac{5.85}{3.25}\right)^{\frac{1.44-1}{1.44}}-1\right]}{0.77}$$
$$=798.36\text{kW}$$

机械效率 η_g 取 0.97（功率 1000~2000kW），传动效率 η_e 取 1.0（直连结构）。

6）轴功率 $N_s=\frac{N}{\eta_g\eta_e}=\frac{798.36}{1.0\times 0.97}=820.39\text{kW}$

（5）汽轮机蒸汽耗量估算

1）驱动机功率 $N_d=820.39\times 1.1=902.43\text{kW}$

2）查蒸汽焓值表：3.585MPa 中压蒸汽热值 3200.3885kJ/kg；0.9MPa 低压蒸汽热值 2943.3191kJ/kg。

汽轮机中压变为低压蒸汽焓值差，则

$\Delta H=3200.3885-2943.3191=257.07$kJ/kg。（取汽轮机效率为 0.75，机械效率 0.985。）

3）估算蒸汽用量 $G=\frac{3600Nd}{\Delta H}=\frac{3600\times 902.43}{257.07\times 0.75\times 0.985}=15683\text{kg}=15.68\text{t}$。

（6）蒸汽偏差

DCS 显示蒸汽用量 17t/h，则估算蒸汽偏差＝(17－15.68)/17＝8.52%（工程计算允许误差一般 10%左右），所以反推重整汽轮机效率 0.75 是比较合适的。

2. 循环氢压缩机功率数据分析

1）压缩机出口温度与运行值很接近，说明数据比较准确。

2）汽轮机效率为 75%。

十四、气流分布不均匀度

（一）重整反应器气流分布不均匀度

1. 反应器 R201 气流分布不均匀度[7]

根据反应器 R201 压降计算部分表 3-30 中的相关物性参数和反应器内构件设计参数，

对重整第一反应器分别进行标定工况和设计工况的气流分布不均匀度核算：

（1）床层压降

1）向床层厚度：$L_b = \dfrac{R_b - r_b}{2} = \dfrac{1.45 - 0.6}{2} = 0.425\text{m}$

2）床层对数平均直径 $d_m = \dfrac{R_b - r_b}{\ln\left(\dfrac{R_b}{r_b}\right)} = \dfrac{1.45 - 0.6}{\ln(1.45/0.6)} = 0.9633\text{m}$

3）床层径各平均流通面积：

$$S_b = \pi \times d_m \times H_b = 3.14 \times 0.9363 \times 5.101 = 15.4292\text{m}^2$$

4）气体空塔线速：

$$U_b = \frac{V}{S_b} = \frac{26273.34}{15.4292 \times 3600} = 0.47\ \text{m/s}$$

5）床层压降 p_b（按 ERGUN 公式计算）：

$$\frac{p_b L g_c}{L} = 150 \times \frac{(1 - 0.39)^2}{0.39^3} \times \frac{0.00001518 \times 0.47}{(1.0 \times 0.0016)^2} + 1.75 \times \frac{1 - 0.39}{0.39^3} \times \frac{3.77 \times 0.47^2}{1.0 \times 0.0016}$$

$$= 12126.2\text{kg/s}^2$$

取 $g = 9.8\text{m/s}^2$，则床层压降为：

$$p_b = \frac{0.425 \times 12126.2}{9.8}$$

$$= 525.88\text{kg/m}^2 = 5.36\text{kPa}$$

（2）分流流道静压降 p_d

1）分流流道气速：

$$U_b = \frac{V}{S_d} = \frac{26273.34}{0.6182 \times 3600} = 11.806\ \text{m/s}$$

2）分流流道静压降：$p_b = \dfrac{K_d \times p_f \times u_d^2}{g}$

$$= \frac{0.72 \times 3.77 \times 11.806^2}{9.8}$$

$$= 37.88\text{kg/m}^2 = 0.386\text{kPa}$$

（3）集流流道静压降 p_c

1）集流流道面积：$S_c = r_c^2 \times \pi/4 = 0.5624^2 \times 0.785 = 0.248\text{m}^2$

2）集流流道气速：$u_c = \dfrac{V}{S_c} = \dfrac{26273.34}{0.248 \times 3600} = 29.394\text{m/s}$

3）集流流道静压降：$p_c = \dfrac{K_c \times p_f \times u_c^2}{g} = \dfrac{1 \times 3.77 \times 29.394}{9.8}$

$$= 326.3\text{kg/m}^2 = 3.324\text{kPa}$$

（4）中心管穿孔压降 p_e

1）中心管开孔总面积 $S_e = \pi \times r_c \times H_b \times e$

$$= 3.14 \times 0.5624 \times 5.101 \times 2.95\%$$

$$= 0.2657\text{m}^2$$

2）中心管过孔气速 $u_e = V/Se = 26273.34/(0.2657 \times 3600) = 27.46\text{m/s}$

3）确定压降系数 ξ：

$$\beta = 1.11 \times (\delta/\phi)^{-0.336} = 1.11 \times (8/8)^{-0.336} = 1.11$$

$$KK = u_e / u_c = 27.46/29.394 = 0.934$$

当($KK>2$)时 $\xi = 1.5\beta$，否则，$\xi = 1.75\beta$

$$\xi = 1.75\beta = 1.75 \times 1.11 = 1.9425$$

4）中心管过孔压降 p_e

$$p_e = \frac{\xi \times pf \times u_e^{\ 2}}{2g} = \frac{1.9425 \times 3.77 \times 27.46^2}{2 \times 9.8}$$

$$= 276.81\text{kg/m}^2 = 2.82\text{kPa}$$

（5）总压降 p_a

$$p_a = p_d + p_c + p_b + p_e = 5.36 + 3.32 + 0.39 + 2.82 = 11.89\text{kPa}$$

（6）气流分布不均匀度

$$\Delta Q = 1 - [(p_b + p_e)/p_a]^{0.5}$$

$$= 1 - \sqrt{\frac{5.36 + 2.818}{11.8908}}$$

$$= 0.1705$$

$$= 17.05\%$$

反应器床层压降、分流道和集流道静压降、中心管穿孔压降、总压降及气流分布不均匀度汇总，见表3-65。

表3-65　第一反应器实际运行数据与设计数据对比表

项　　目	运行数据	设计数据
① 床层压降	5.36	5.00
② 分流流道静压降 p_d/kPa	0.39	0.36
③ 集流流道静压降 p_c/kPa	3.32	3.07
④ 中心管穿孔压降 p_e/kPa	2.82	2.61
⑤ 总压降 p_a/kPa	11.89	11.03
⑥ 气流分布不均匀度/%	17.05%	16.99%

2. 反应器R202-R204气流分布不均匀度

本装置第一反应器内构件是中心筒+外网套筒，而第二、第三和第四反应器内构件是中心筒+扇形筒，故需要对催化剂床层当量直径进行计算，以第二反应器为例。

已知反应器直径1828mm，扇形筒弧长264mm，扇形筒弓高169mm，扇形筒半径124mm。

（1）扇形筒个数计算

反应器周长＝3.14×1828＝5740mm

扇形筒个数＝5740/264＝20.14个，扇形筒取20个

（2）扇形筒面积计算

扇形筒面积＝$3.14 \times 0.124^2/2 + 0.2462 \times 0.045 = 0.035\text{m}^2$

$$扇形筒总面积=0.035\times 20=0.7044\text{m}^2$$

(3) 催化剂床层当量外径计算

$$R_m=(0.785\times 1.828^2-0.7044)/0.785=1.5634\text{m}$$

根据反应器压降的物料参数、催化剂物性和反应器尺寸汇总重整其他反应器相关参数，见表 3-66。

表 3-66 重整其他反应器相关参数表

反应器位号	R202		R203		R204	
	运行值	设计值	运行值	设计值	运行值	设计值
① 反应油气						
体积流量 $V/(m^3/h)$	39039	37412	49875	47796	60887	58348.62
气体密度 $\rho_f/(kg/m^3)$	2.54	2.55	1.98	1.996	1.63	1.635
气体黏度 μ/mPa·s	0.0151	0.0151	0.0151	0.0151	0.0151	0.0151
② 催化剂						
直径 d_p/m	0.0016	0.0016	0.0016	0.0016	0.0016	0.0016
空隙率 ε/m	0.39	0.39	0.39	0.39	0.39	0.39
③ 床层						
当量外径 R_b/m	1.5634	1.5634	1.838	1.838	2.2045	2.2045
内径 r_b/m	0.6	0.6	0.75	0.75	0.75	0.75
高度 H_b/m	6.473	6.473	6.649	6.649	6.912	6.912
中心管内径 r_c/m	0.5624	0.5624	0.7124	0.7124	0.7124	0.7124
中心管开孔率 e/m	2.65	2.65	2.33	2.33	2.02	2.02
中心管开孔孔径/mm	8	8	8	8	8	8
中心管壁厚 δ/mm	8	8	8	8	8	8
分流流道面积/m^2	0.7044	0.7044	0.8100	0.8100	0.9509	0.9509

分别按照重整第一反应器气流分布不均匀度计算方法，对重整第二、第三和第四反应器进行气流分布不均匀度核算，见表 3-67。

表 3-67 重整其他反应器气流分布不均匀度核算表

反应器位号	R202		R203		R204	
运行数据/设计数据	运行数据	设计数据	运行数据	设计数据	运行数据	设计数据
① 床层压降	5.88	5.48	5.86	5.49	7.31	6.83
② 分流流道静压降 p_d/kPa	0.44	0.41	0.43	0.39	0.38	0.35
③ 集流流道静压降 p_c/kPa	4.94	4.56	2.44	2.26	3.00	2.76
④ 中心管穿孔压降 p_e/kPa	3.23	2.97	3.14	2.90	4.60	4.24
⑤ 总压降 p_a/kPa	14.49	13.42	11.87	11.05	15.29	14.18
⑥ 气流分布不均匀度/%	20.74	20.63	12.92	12.84	11.73	

3. 重整反应器不均匀度分析

1）重整第一和第二反应器中心筒的开孔率分别是 2.95%和 2.65%，导致气流分布不均匀度较大。

2）中心管开孔率对气流分布不均匀度结果影响较大。

3）重整各反应油气上进下出，所以油气分布不均匀度较上进上出工艺技术的油气分布不均匀度差一点。

4）气流分布不均度指标与分流道和集流道压降关系不大，主要影响因素在床层压降和中心管开孔率。如果分流道和集流道压降减小，气流分布不均度指标会随之减小。

5）加强催化剂床层压降监控，防止气相组分出现大幅度波动，进而造成装置非计划停工。

6）加强粉尘量监控及催化剂强度分析，防止粉尘进入催化剂床层和中心管孔道。

7）装置高负荷运行时，加强第一和第二反应器差压、催化剂提升、出口温度监控，关注催化剂下料管温度，防止产生偏流现象。

（二）再生器气流分布不均匀度

1. 再生器气流分布不均匀度核算

再生器内构件设计参数和催化剂物性参数见表 3-68。

表 3-68 再生器烧焦区相关参数表

项　目	一段烧焦区	二段烧焦区	单位
① 反应油气物性参数			
体积流量 V	5224	R301	m^3/h
气体密度 ρ_f	2.9521	5224	kg/m^3
气体黏度 μ	0.0231	2.9500	cP
	2.31×10^{-5}	0.0201	Pa·s
	2.31×10^{-5}	2.01×10^{-5}	kg/(m·s)
② 催化剂物性参数			
直径 d_p	1.60×10^{-3}	1.60×10^{-3}	m
空隙率 ε	0.39	0.39	
③ 反应器内构件参数			
当量外径 R_b	1.63	1.63	m
内径 r_b	1.4	1.15	m
高度 H_b	0.71	1.070	m
中心管内径 r_e	0.61	0.61	m
中心管开孔率 e	1.49	1.37	%
中心管开孔孔径 ϕ	7	7	mm
中心管壁厚 δ	8	8	mm
分流流道面积 S_D	0.5471	1.047504	m^2

利用表 3-68 中相关数据，对再生器一段和二段烧焦区分别进行气流分布不均匀度核算，结果见表 3-69。

表 3-69　再生器气流分布不均匀度数据表

项　　目	再生一段烧焦区压降	再生一段烧焦区压降
① 床层压降	1.15	1.37
② 分流流道静压降 p_d/kPa	0.015	0.004
③ 集流流道静压降 p_c/kPa	0.074	0.074
④ 中心管穿孔压降 p_e/kPa	12.634	8.342
⑤ 总压降 p_a/kPa	13.27	9.79
⑥ 气流分布不均匀度/%	0.36	0.4

2. 再生器气流分布不均匀度分析

1）通过对再生器一段和二段烧焦区不均匀度核算，得出一段和二段烧焦区气流分布不均匀度比较低。

2）再生烧焦区压降主要体现在中心管压降，而床层压降和分集流道对其影响很小。

3）再生一段中心筒和二段中心筒开孔率分别为 1.49%和 1.37%，故气体分布比较均匀。

4）中心筒压降较高，可能是中心筒孔道检修时清理不彻底。

十五、反应器贴壁

（一）重整反应器 R201 贴壁

在反应器压降计算时，已知第一反应器入口密度和体积流量，核算第一反应器入口质量流量如下：

第一反应器入口油气密度为 3.77kg/m^3，体积流量为 26273.34m^3/h，质量流量为 98.98t/h。

根据第一反应器设计参数和内构件设计参数以及催化剂物性，利用向心气流产生“贴壁”的最小流量方程：

$$\frac{1-r^2}{2f_p r}-\left\{\frac{A[r^{-1}-r^{(n-1)}]}{n}-\frac{C[r^{-2}-r^{(n-1)}]}{1+n}\right\}Q^2-B\frac{r^{(n-1)}-1}{1-n}Q=0$$

简化：对上述方程简化为以 Q 为未知数的方程，其中二次项系数为 E，一次项系数为 F，常数项为 G。则根据表 3-65 相关参数，对其反应器入口流量和密度进行估算。

根据表 3-70 重整反应器 R201 相关参数以及反器 R201 设计规格，核算重整第一反应器贴壁流量。

表 3-70　重整反应器 R201 相关参数

已知参数		标定值	设计值	单位
① 催化剂物理性质				
颗粒直径	d	0.0016	0.0016	m
单颗粒密度	ρ_p	903	903	kg/m^3
颗粒堆密度	ρ_b	560	560	kg/m^3
颗粒内磨擦角	ψ	34.8	34.8	DEG
		0.61	0.61	弧度

续表

已知参数		标定值	设计值	单位
颗粒与挡网壁摩擦角	$б$	26.4	26.4	DEG
		0.46	0.46	弧度
颗粒空隙率	ε	0.39	0.39	
② 气体性质				
气体密度	ρ_g	3.77	3.789	kg/m^3
气体黏度	μ_g	1.52×10^{-5}	1.52×10^{-5}	Pa·s
气体平均相对分子质量	M	48.97	45.6	
设计流量		98.98	95.4	t/h
③ 反应器结构尺寸				
反应器有效床层高度	L	4.961	4.961	m
反应器床层当量外半径	r_2	0.725	0.725	m
反应器床层内半径	r_1	0.3	0.3	m
α 为 Ergun 公式第二系数 1.75	α	1.75		
β 为 Ergun 公式第一系数 150	β	150		

(1) 计算 2β

$$2\beta = 90+б-\cos^{-1}(\sin б/\sin\psi)$$
$$= 90+26.4-\mathrm{A}\cdot\cos[\sin(26.4\times3.14/180)/\sin(36.8\times3.14/180)]\times180/3.14$$
$$=77.55°$$

则 77.55 × 3.14/180=1.3529 弧度

(2) 计算侧压系统 k

$$T=\cos(2\beta)\times\sin(\psi)$$
$$=\cos(1.3529)\times\sin(34.8\times3.14/180)$$
$$=0.1233$$
$$k=(1+0.1233)/(1-0.1233)=1.2813$$

(3) 计算 f_i

$$f_i=\tan(\psi)=\tan(3.14\times34.8/180)=0.6946$$

(4) 计算 f_w、f_p

$$f_w=f_p=\tan(б)=\tan(0.46)=0.4954$$

(5) 计算 n

$$n=(k+1)/(2k)=(1.2813+1)/(2\times1.2813)=0.8902$$

(6) 计算 r

$$r=r_1/r_2=0.3/0.725=0.4138$$

(7) 计算 A、B、C，α、β 为 Ergun 方程的系数

$$A=\alpha\times\rho_g\times(1-\varepsilon)/(4\pi^2\times L^2\times d\times\varepsilon^3\times\rho_b\times g\times r_2{}^2)$$
$$=1.75\times3.77\times(1-0.39)/(4\times3.14^2\times5.101^2\times0.0016\times 0.39^3\times560\times9.81\times0.725^2)$$
$$=0.0145$$

$B=\beta\times\mu_g\times(1-\varepsilon)^2/(2\pi\times L\times d^2\times\varepsilon^3\times\rho_b\times g\times r_2)$

$=150\times0.0000151\times(1-0.39)^2/(2\times3.14\times5.101\times$

$0.0016^2\times0.39^3\times560\times9.81\times0.725)=0.0436$

$C=\rho_g/(4\times\pi^2\times L^2\times\rho_b\times g\times {r_2}^3)$

$=3.82/(4\times3.14^2\times5.101^2\times560\times9.81\times0.725^3)$

$=0.000001778$

(8) 计算 E、F、G

$E=A\times[r^{-1}-r^{n-1}]/n-C\times[r^{-2}-r^{n-1}]/(1+n)$

$=0.0145\times(0.4138^{-1}-0.4138^{0.8902-1})/0.8902-0.000001778\times$

$(0.4138^{-2}-0.4138^{0.8902-1})/(1+0.8902)=0.0214$

$F=-B\times(r^{n-1}-1)/(1-n)$

$=-0.0436\times(0.4138^{0.8902-1}-1)/(1-0.8902)$

$=-0.04041$

$G=(1-r^2)/(2\times f_p\times r)$

$=(1-0.4138^2)/(2\times0.4954\times0.4138)=2.0213$

(9) 贴壁流量

$Q_V=\{-0.04041+[(-0.04041)^2+4\times0.0214\times2.1213]^{0.5}\}/(2\times0.0214)$

$=8.82\text{m}^3/\text{s}$

则质量流量 $Q=8.82\times3.82\times3600=121.26\text{t/h}$

(10) 贴壁流量百分率

$$(98.982/121.26)\times100\%=81.59\%$$

核算出设计工况下第一反应器贴壁百分率为 79.34%，核算结果汇总见表 3-71。

表 3-71 重整第一反应器贴壁核算数据表

项 目	运行值	设计值
计算 2β	1.3529	1.3529
计算侧压系统 k	1.2813	1.2813
计算 f_i	0.6946	0.6946
计算 f_w、f_p	0.4954	0.4954
计算 n	0.8902	0.8902
计算 r	0.4138	0.4138
计算 A	0.0145	0.0144
B	0.0436	0.0436
C	0.0000	0.0000
计算 $-E$	0.0214	0.0213
F	-0.0404	-0.0404
G	2.0213	2.0213
贴壁流量/(m^3/s)	8.8146	8.8429
贴壁流量/(t/h)	121316.55	120.84
贴壁流量的百分数/%	81.59	79.52

(二) 重整反应器R202~R204贴壁

按照重整第一反应器贴壁流量计算的方法，根据反应器R202-R204物料流量和催化剂物性及设备内构件设计数据，对重整其他反应器进行贴壁核算。

由于第二反应器(R202)、第三反应器(R203)、第四反应器(R204)进出口均未设计采样点，很难精确计算入口密度和黏度值。根据设计条件下各反应器体积流量，假定以第一反应器入口体积流量为基数，则四个反应器入口体积流量比例为1：1.5：1.9：2.3，估算出第二、第三、第四反应器入口体积流量。由于各反应器入口质量流量均为99148.67kg/h，故分别核算出各个反应器入口密度，见表3-72。

表3-72 重整反应器设计体积流量及密度表

项 目	R201	R202	R203	R204
设计体积流量/(m^3/h)	25178.15	37411.76	47795.59	58348.62
设计密度/(kg/m^3)	3.796	2.573	1.996	1.635
设计流量比例	1.0	1.5	1.9	2.3
估算密度/(kg/m^3)	3.77	2.54	1.98	1.63

根据表3-73中的重整R202~R204物性参数和设计参数，核算重整各反应器贴壁流量。

表3-73 重整R202~R204物性参数和设计参数表

已知参数		R202		R203		R204		单位
		运行数据	设计数据	运行数据	设计数据	运行数据	设计数据	
① 催化剂物理性质								
颗粒直径	d	0.0016						m
单颗粒密度	ρ_p	903	903	903	903	903	903	kg/m^3
颗粒堆密度	ρ_b	560	560	560	560	560	560	kg/m^3
颗粒内磨擦角	ψ	34.8	34.8	34.8	34.8	34.8	34.8	DEG
		0.61	0.61	0.61	0.61	0.61	0.61	弧度
颗粒与挡网壁磨擦角	σ	26.4	26.4	26.4	26.4	26.4	26.4	DEG
		0.46	0.46	0.46	0.46	0.46	0.46	弧度
颗粒空隙率	ε	0.39	0.39	0.39	0.39	0.39	0.39	
② 气体性质								
气体密度	ρ_g	2.54	2.55	1.98	1.996	1.631	1.635	kg/m^3
气体黏度	μ_g	1.51×10^{-5}						Pa·s
气体平均相对分子质量	M	35.81	33.35	30.79	28.67	27.93	26.01	
设计流量		98.982	95.4	98.982	95.4	98.982	95.4	t/h
③ 反应器结构尺寸								
反应器有效床层高度	L	6.473	6.473	6.912	6.912	8	8	m
反应器床层当量外半径	r_2	0.779	0.779	0.917	0.917	1.101	1.101	m
反应器床层内半径	r_1	0.3	0.3	0.375	0.375	0.375	0.375	m
α为Ergun	α	1.75	1.75	1.75	1.75	1.75	1.75	
β为Ergun	β	150	150	150	150	150	150	

按照第一反应器贴壁计算方法，对重整其他反应器进行贴壁计算，结果见表3-74。

表3-74 重整其他反应器贴壁核算数据表

项目	反应器R202		反应器R203		反应器R204	
计算 2β	1.3529	1.3529	1.3529	1.3529	1.3529	1.3529
侧压系统 k	1.2813	1.2813	1.2813	1.2813	1.2813	1.2813
计算 f_i	0.6946	0.6946	0.6946	0.6946	0.6946	0.6946
计算 f_w、f_p	0.4954	0.4954	0.4954	0.4954	0.4954	0.4954
计算 n	0.8902	0.8902	0.8902	0.8902	0.8902	0.8902
计算 r	0.3851	0.3851	0.4089	0.4089	0.3406	0.3406
计算 A	0.0053	0.0052	0.0026	0.0026	0.0011	0.0011
B	0.0320	0.0320	0.0254	0.0254	0.0183	0.0183
C	0.0000	0.0000	0.0000	0.0000	0.0000	0.0000
计算 $-E$	0.0088	0.0087	0.0039	0.0039	0.0022	0.0022
F	-0.0322	-0.0322	-0.0239	-0.0239	-0.0209	-0.0209
G	2.2319	2.2319	2.0551	2.0551	2.6192	2.6192
贴壁流量/(m^3/s)	14.2243	14.2809	20.0423	20.1205	29.8123	29.9281
贴壁流量/(kg/h)	131755.7	131.10	145313.5	144.58	177056.3	176.16
贴壁百分数/%	75.12	73.15	68.11	66.45	55.90	54.63

重整反应器贴壁分析：

1）装置在设计条件和标定工况下，设计点的贴壁率比较接近。无论设计值还是运行值，重整第一反应器贴壁的机率比较大，以此呈现递减趋势，如图3-4所示。

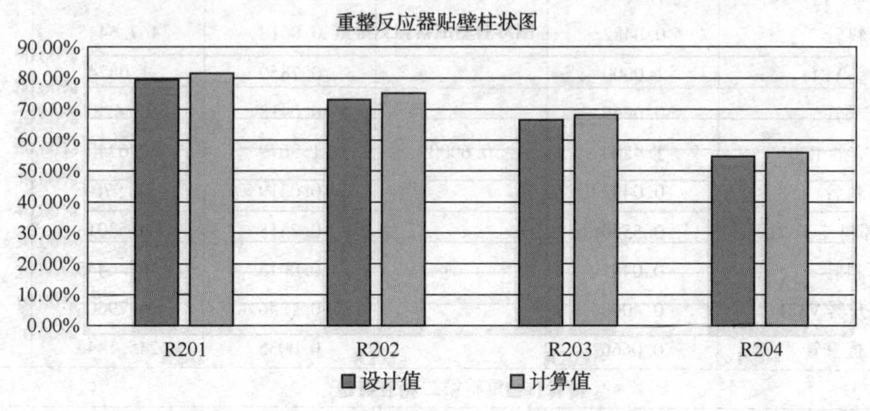

图3-4 重整各反应器贴壁数据

2）从图3-4反应器贴壁数据可以看出，反应器贴壁最容易在重整第一和第二反应器进行，故装置高负荷运行时，在操作中应该关注第一、第二反应器压降及催化剂下料情况。

3）反应器入口油气密度对反应器贴壁影响很大，故操作中应该注意原料密度和氢油比，高负荷下建议每周进行分析，及时调整相关参数，防止贴壁现象的发生。

4）各反应器的黏度对贴壁影响不大，本计算采用原料油和循环氢在重整反应条件下黏度，按比例混合而得到平均黏度。

5）第三、第四反应器贴壁率较低，生产中关注重整四个反应器差压变化，发现异常及时调整。

6）更换高密度催化剂可以避免贴壁发生。

十六、催化剂循环

（一）反再系统催化剂移动速度

1. 反应系统催化剂移动速度

根据反应系统各反应器和容器及料腿设计规格（见表3-75），计算床层及下料腿截面积。

表3-75　催化剂物性及操作参数表

项　目	催化剂物性及操作参数	单　位
催化剂颗粒密度	903	kg/m^3
催化剂密度	560	kg/m^3
催化剂循环量	478	kg/m^3
催化剂堆积体积循环量	0.8536	m^3/h
催化剂实体积循环量	0.5293	m^3/h

根据表3-75催化剂物性及操作参数，计算催化剂移动速度，见表3-76反应系统催化剂移动速度表。

表3-76　反应系统催化剂移动速度表

项　目	外径/m	内径/m	截面积/m^2	移动速度/（m/h）	移动速度/（m/s）
重整第一反应器					
第一上部料斗 V310	1.0000		0.7850	1.0874	0.0003
下料管	0.0482		0.0018	467.6445	0.1299
还原室 V311	1.0000		0.7850	1.0874	0.0003
下料管	0.0666		0.0418	20.4287	0.0057
第一反应器 R201	1.4500	0.6000	1.3679	0.6240	0.000173
下料管	0.0482		0.0219	38.9704	0.0108
第二下部料斗 V321	0.5550		0.2418	3.5301	0.0010
下料管	0.0482		0.0018	467.6445	0.1299
第二提升器 V331	0.4000		0.1256	6.7960	0.0019
第二提升管	0.0666		0.0035	245.1443	0.0681
重整第二反应器					
第二上部料斗 V312	1.0000		0.7850	1.0874	0.0003
下料管	0.0666		0.0418	20.4287	0.0057
第二反应器 R202	1.5634	0.6000	1.6361	0.5217	0.000145
下料管	0.0482		0.0219	38.9704	0.0108
第三下部料斗 V322	0.5550		0.2418	3.5301	0.0010
下料管	0.0482		0.0018	467.6445	0.1299
第三提升器 V332	0.4000		0.1256	6.7960	0.0019
第三提升管	0.0666		0.0035	245.1443	0.0681

续表

项　目	外径/m	内径/m	截面积/m^2	移动速度/(m/h)	移动速度/(m/s)
重整第三反应器					
第三上部料斗 V313	1.0000		0.7850	1.0874	0.0003
下料管	0.0666		0.0418	20.4287	0.0057
第三反应器 R203	1.8380	0.7500	2.2104	0.3862	0.000107
下料管	0.0482		0.0219	38.9704	0.0108
第四下部料斗 V323	0.5550		0.2418	3.5301	0.0010
下料管	0.0482		0.0018	467.6445	0.1299
第四提升器 V333	0.4000		0.1256	6.7960	0.0019
第四提升管	0.0666		0.0035	245.1443	0.0681
重整第四反应器					
第四上部料斗 V314	1.0000		0.7850	1.0874	0.0003
下料管	0.0666		0.0418	20.4287	0.0057
第四反应器 R204	2.2045	0.7500	3.3734	0.2530	0.000070
下料管	0.0482		0.0219	38.9704	0.0108
第五下部料斗 V324	0.5550		0.2418	3.5301	0.0010
下料管	0.0482		0.0018	467.6445	0.1299
第五提升器 V334	0.4000		0.1256	6.7960	0.0019
第五提升管	0.0666		0.0035	245.1443	0.0681

2. 再生系统催化剂移动速度

根据再生系统各容器和下料腿规格，计算床层及下料腿截面积，结合表3-69中的催化剂物性及操作参数，计算催化剂移动速度，见表3-77。

表3-77　再生系统催化剂移动速度表

设备位号	外径/m	内径/m	各部分截面积/m^2	移动速度/(m/h)	移动速度/(m/s)
上部料斗 V301	1.0000		0.7850	1.0874	0.0003
下料管	0.0666		0.0035	245.1443	0.0681
闭锁料斗 V302	1.0000		0.7850	1.0874	0.0003
下料管	0.0666		0.0035	245.1443	0.0681
R301(缓冲区)	1.6300		2.0857	0.4093	0.0001
下料管	0.0666		0.0209	40.8574	0.0113
R301(一段烧焦)	1.4500	0.6100	1.3584	0.6284	0.0002
下料管	0.0666		0.0209	40.8574	0.0113
R301(二段烧焦)	1.1500	0.6100	0.7461	1.1441	0.0003
下料管	0.0666		0.0209	40.8574	0.0113
R301(焙烧氧氯化区)	0.8300		0.5408	1.5784	0.0004
下料管	0.0482		0.0110	77.9407	0.0217
第一下部料斗 V303	0.5250		0.2164	3.9450	0.0011
下料管	0.0482		0.0018	467.6445	0.1299
第一提升其 V304	0.4000		0.1256	6.7960	0.0019
第一提升管	0.0666		0.0035	244.8501	0.0680

3. 催化剂移动速度分析

1）催化剂在反应器内、在重力作用下移动速度很小，随着反应器直径的增大越来越小。

2）催化剂在缓冲区内速度最小，而本装置再生缓冲区未设置催化剂导流锥和边角锥，导致死区催化剂较多。这部分新鲜催化剂长时间停留在缓冲区，未得到充分的利用。

3）再生缓冲区增加催化剂导流锥和边角锥，提高催化剂利用率，减少催化剂藏量。

4）反再下料腿管径大小是催化剂移动速度的关键制约因素。

（二）催化剂提升量

1. 催化剂提升量

（1）提升量校正

根据反再系统五个提升器运行和设计参数，依据流量校正公式，对其进行流量校正，见表 3-78。

表 3-78　提升器提升流量校正表

仪表位号	物料流量			设计值			流量校正		
	流量/(m^3/h)	温度/℃	压力/MPa	密度/(kg/m^3)	温度/℃	压力/MPa	操作密度/(kg/m^3)	校正系数	实际流量/(m^3/h)
第一提升	271.3	279.2	0.476	1.25	108	0.78	4.38	0.26	70.40
第二提升	375.8	181.62	0.416	0.171	237	0.585	0.43	0.61	228.05
第三提升	370.2	207.82	0.387	0.171	237	0.595	0.34	0.57	209.72
第四提升	373.2	209.92	0.36	0.171	237	0.595	0.37	0.56	208.85
第五提升	291.33	252.1	0.319	1.25	108	0.78	3.09	0.27	77.60

（2）提升量

查图纸得知五个提升管，管径均为 ϕ89×11.13，提升气温度、压力等参数见表 3-79，以第一提升器为例进行计算。

表 3-79　提升器相关参数表

项　目		提升器温度/℃	上部料斗温度/℃	提升平均温度/℃	提升压力/MPa	平均相对分子质量	设定提升速度/(m/s)	提升介质
1	再生第一提升器	279.29	62.68	170.99	0.476	28	3	氮气
2	再生第二提升器	181.62	121.68	151.65	0.416	2.94	3	氢气
3	再生第三提升器	207.8	120.09	163.95	0.387	2.94	3	氢气
4	再生第四提升器	209.92	118.77	164.35	0.360	2.94	3	氢气
5	再生第五提升器	252.18	118.72	185.45	0.419	28	3	氮气

提升管内直径 $\phi=88.9-11.13\times2=66.64\text{mm}$

提升管平均温度 $T=(279.29+62.29)/2=170.99℃$

提升管截面积 $S=\pi\phi^2/4=3.14\times0.06664^2/4=0.00349\text{m}^2$

提升气密度

$$\rho=\frac{28.0\times(0.101+0.476)\times273.15}{22.414\times0.1013(273.15+170.99)}$$
$$=4.312\text{kg/m}^3$$

终端速度 $FF=\frac{7.67}{\sqrt{4.132}}=3.66\text{m/s}$，一般提升管内催化剂适宜速度 2~3m/s。假设本装置催化剂速度为 3m/s，则

提升气速度 $u=FF+3=3.66+3=6.66\text{m/s}$

提升体积流量=6.66×0.00349×3600=86.68m³/h

同理计算其他提升量，得到表 3-80 数据。

表 3-80 提升量数据表

项 目	面 积/m²	提升密度/(kg/m³)	终端速度/(m/s)	提升气速/(m/s)	提升量/(m³/h)	校正流量/(m³/h)
再生第一提升器	0.0035	4.38	3.66	6.66	83.68	70.40
再生第二提升器	0.0035	0.43	11.68	14.68	184.38	228.05
再生第三提升器	0.0035	0.40	12.20	15.20	190.86	209.72
再生第四提升器	0.0035	0.37	12.56	15.56	195.36	208.85
再生第五提升器	0.0035	3.09	4.37	7.37	92.49	77.60

2. 催化剂提升量分析

1）计算提升量和校正流量很接近，说明催化剂在管线速度为 3m/s 是真实的。

2）实际 DCS 显示数据与校正流量差别很大，主要原因：①设计温度与装置实际运行温度差别很大，设计提升氢气相对分子质量为 4，而实际提升氢相对分子质量为 2.94。

3）定期对提升量进行校正，减少误差。

（三）反再系统提升器压降核算

1. 反再系统提升器压降

再生规模 500kg/h，再生系统负荷 95.6%，利用表 3-80 中提升量相关数据，提升速度 6.66m/s，提升气密度 4.3815kg/m³，查表得提升气体黏度 0.000015Pa·s、催化剂堆密度 560kg/m³，根据提升气实际计算流量 83.68m³/h 和终端速度 3.66m/s 及催化剂最佳速度 3.0m/s，得表 3-81。

表 3-81 第一提升器数据表

序号	数据	单位	数量
1	上部料斗高度 L	m	45
2	提升管内径 d	m	0.0666
3	提升速度 v	m/s	6.66
4	提升气密度	kg/m³	4.3815
5	黏度	Pa·s	0.000017
6	催化剂堆积密度	kg/m³	560
7	再生规模	kg/h	500
8	催化剂循环速率	%	95.6
9	提升气实际流量	m³/h	83.68
10	终端速度	m/s	3.66
11	催化剂速度	m/s	3.00

(1) 重力压差计算

提升管内固态和气体比=(500×0.956/560):83.68=0.0102

混合气体密度=提升气密度+固体在提升气的密度

=4.3815+0.0102×560

=10.0939kg/m^3

重力压降 $\Delta p=\rho gh$=10.0939×9.81×45/1000=4.456kPa

(上部料斗安装高度45m)

(2) 气体和管道摩擦压降

雷诺系统 $Re=\dfrac{p_g \cdot d \cdot u}{\mu}=\dfrac{4.3815\times 6.66\times 0.0666}{1.5\times 10^{-5}}=1.3\times 10^5$

摩擦系数=0.3164×(1.3×10^5)$^{-0.25}$=0.0167

气体和管道摩擦压降 $\Delta p=f_g \cdot \dfrac{L}{d} \cdot p_g \cdot \dfrac{U^2}{2}$

$=1.67\times 10^{-2}\times \dfrac{45}{0.0666}\times 4.3815\times \dfrac{6.66^2}{2}$

=1095Pa=1.095kPa

(3) 催化剂之间摩擦

催化剂摩擦压降 $\Delta p=f_a \cdot \dfrac{L}{d} \cdot p_s \cdot \dfrac{U^2}{2}$

$=0.003\times \dfrac{45}{0.0666}\times 560\times \dfrac{3^2}{2}$

=5105Pa=5.105kPa

(4) 第一提升总压降

再生第一提升总压降=4.456+1.095+5.105=10.656kPa

以此类推，利用表3-81中提升相关数据，对再生系统其他四个提升差压进行计算，结果汇总见表3-82。

表3-82 再生五个提升器数据表

序号	数据	单位	第1提升	第2提升	第3提升	第4提升	第5提升
1	L	m	35.00	40.00	41.00	43.00	65.00
2	d	m	0.07	0.07	0.07	0.07	0.07
3	v	m/s	6.66	14.68	14.68	15.56	7.37
4	提升气密度	kg/m^3	4.38	0.43	0.43	0.40	3.09
5	黏度	Pa·s	0.00	0.00	0.00	0.00	0.00
6	催化剂堆积密度	kg/m^3	560.00	560.00	560.00	560.00	560.00
7	再生规模	kg/h	500	500	500	500	500
8	催化剂循环速率		0.96	0.96	0.96	0.96	0.96
9	提升气实际流量	m^3/h	83.68	184.38	184.38	190.86	92.49
10	终端速度	m/s	3.66	11.68	11.68	12.20	4.37
11	催化剂速度	m/s	4.00	4.00	4.00	4.00	4.00

根据表3-82对再生运行参数进行计算，可得再生各提升器压降，见表3-83。

表3-83　再生五个提升器压降计算数据表

项　目	第1提升	第2提升	第3提升	第4提升	第5提升
① 重力压差					
固：气	0.0102	0.00463	0.0046	0.00447	0.00923
混合密度/(kg/m^3)	10.0939	3.02333	3.0233	2.89972	8.25513
重力压差/kPa	3.46574	1.18635	1.216	1.22319	5.26389
② 气体与管道摩擦					
Re	129724	28110.9	28111	27320.1	101007
摩擦系数	0.01667	0.00349	0.0244	0.00351	0.01775
压差/kPa	0.85194	0.09719	0.6984	0.10824	1.44949
③ 催化剂之间摩擦					
压差/kPa	7.05882	8.06723	8.2689	8.67227	13.1092
④ 总压降					
总压差/kPa	11.3765	9.35077	10.183	10.0037	19.8226
⑤ DCS压降/kPa	12.31	15.478	12.461	10.346	19.614

2. 提升压降分析

1）经核算发现再生系统催化剂在提升管内速度为4m/s，而催化剂适宜流动速度为2~3m/s，比适宜速度高1m/s左右。

2）各提升器压降与实际DCS偏差很小。再生各提升器压降如图3-5所示，第二提升器计算与运行压降偏差较大。

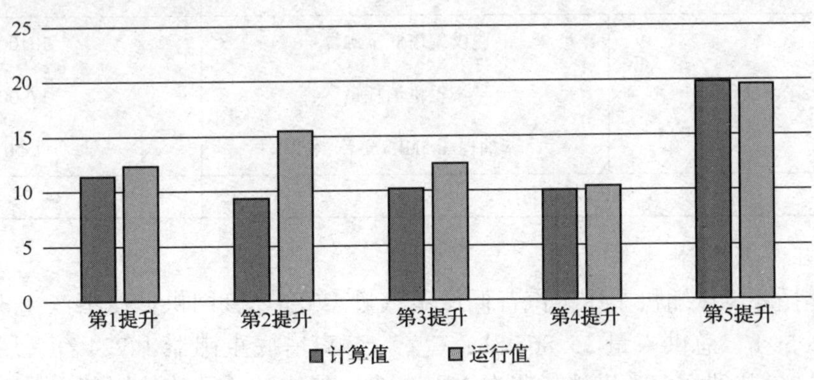

图3-5　再生各提升器压降图

3）提升压降主要取决于催化剂之间的摩擦，而气体和管道摩擦对其影响不大，上部料斗高度对其压降也有一定的影响。

4）适当降低催化剂循环量，降低催化提升速度，减少催化剂磨损。

5）标定期间催化剂循环量为478kg/h，目前催化剂循环量为385kg/h，催化剂粉尘量少了0.035kg/d。

十七、蒸汽平衡

（一）除氧水平衡

除氧水来自公司动力车间，主要用于重整汽包上水和减温减压器注水，管网供除氧水21.4t/h；重整余热锅炉产中压蒸汽20.4t/h，汽包定排连排耗量0.95t/h，见表3-84。

表3-84　重整产汽系统平衡

序　号	项　目	测量值/(kg/h)
1	锅炉给水量	21400
2	炉水定连排量	950
3	过热中压蒸汽产量	20450

（二）中压蒸汽平衡

连续重整中压汽包产汽量20.45t/h，管网供中压蒸汽12.25t/h，总供入量32.7t/h；脱戊烷塔底重沸器13.1t/h，汽轮机消耗量17t/h，苯抽提消耗蒸汽4.55t/h，总消耗蒸汽量34.65t/h，见表3-85。

表3-85　中压蒸汽物料平衡

项　目		测量值/(kg/h)
3.5MPa 蒸汽进	过热中压蒸汽产量	20450
	3.5MPa 蒸汽进装置	12250
除氧水注水	中压减温减压	1800
3.5MPa 供汽量		34.5t/h
3.5MPa 蒸汽消耗	脱戊烷塔底重沸器	13100
	汽轮机消耗量	17000
	苯抽提3.5MPa 蒸汽消耗	4550
3.5MPa 耗汽量		34.65t/h

（三）低压蒸汽平衡

连续重整循环氢压缩机中压蒸汽背低压蒸汽量17t/h，管网供低压蒸汽4.356t/h，除氧水变蒸汽量2.5t/h，总供入量25.865t/h；C_4/C_5分离塔底重沸器1.224t/h，脱已烷塔底重沸器17.542t/h，苯抽提白土塔消耗蒸汽3.168t/h，其他设备及伴热用蒸汽量2.2t/h，总消耗蒸汽量24.314t/h，见表3-86。

表3-86　低压蒸汽物料平衡

项　目		测量值/(kg/h)
1.0MPa 蒸汽进	汽轮机背压产出	17000
	1.0MPa 蒸汽进装置	4356
	减温减压注水	2500
1.0MPa 供低压汽量		23.856t/h

续表

项　　目		测量值/(kg/h)
1. 0MPa 蒸汽消耗	E212	1224
	E0211	17542
	E0213	3168
	其他设备及伴热	2200
1. 0MPa 消耗低压汽量		24. 314t/h

蒸汽平衡分析：

1）中压蒸汽和除氧水及低压蒸汽均为孔板流量计，重整产汽系统平衡(表3-78)中各种物料流量已经校正。从平衡数据来看，汽包定排连排耗除氧水偏高，计划进行优化产汽系统定连排，优化除氧水运行，降低装置水耗。

2）装置中压蒸汽输入和输出基本平衡，说明DCS数据比较准确。

3）低压蒸汽产汽主要来源于循环氢压缩机背低压和除氧水产低压蒸汽，而低压蒸汽用量最大的是脱已烷塔，故苯抽提脱已烷塔的优化运行是节约低压蒸汽用量的关键。

4）重整循环氢压缩机消耗蒸汽量比较大，主要原因是公司低压蒸汽管网压力较高，已经达到0. 92MPa，导致汽轮机动力变小，故降低公司管网低压蒸汽压力，适当降低重整氢油比，是装置中压蒸汽优化的关键点。

十八、燃料气低发热值

(一) 燃料气低发热值

1. 燃料气低发热值[4]

由表3-87可知，燃料气中不可能含0. 78%的氧气，可能原因是采样过程中，采样袋未置换干净，导致携带的空气进入燃料气组分中，故需要剔除空气组分。

表3-87　燃料气组成分析表

燃料气	H_2	O_2	N_2	CO	CO_2	CH_4	C_2	C_3	C_4	C_{5^+}	合计
组成/%	61. 21	0. 78	3. 23	0	0. 51	21. 41	3. 38	5. 12	4. 14	0. 12	95. 37

通过组分中氧含量，计算携带空气量如下：

N_2=0. 78÷0. 21×0. 79=2. 92%，则空气量=2. 92+0. 78=3. 7%。

根据表3-87中的燃料气组分，查出相应的低发热值，核算燃料气总热值为13291. 31kcal/kg(1MJ/kg=238. 84kcal/kg)，故燃料气低发热值为55. 64MJ/kg，见表3-88。

表3-88　燃料气组分低发热值计算表

名称	校正含量/%(体)	相对分子质量	$M_i \times V_i$	$M_i \times V_i / \sum(M_i \times V_i)$	低发热值/(kcal/kg)	乘积/(kcal/kg)
H_2	63. 04	2	126. 09	11. 71	28667	335635. 38
O_2			0. 00	0. 00		0. 00
N_2	0. 38	28	10. 58	0. 98		0. 00
CO	0. 00	28	0. 00	0. 00	2860	0. 00

续表

名称	校正含量/%(体)	相对分子质量	$M_i \times V_i$	$M_i \times V_i / \sum(M_i \times V_i)$	低发热值/(kcal/kg)	乘积/(kcal/kg)
CO_2	0.53		0.00	0.00		0.00
甲烷	22.05	16	352.74	32.75	11954	391550.40
乙烷	2.47	30	74.15	6.89	11350	78153.29
乙烯	1.01	28	28.20	2.62	11272	29520.03
丙烷	3.86	44	169.94	15.78	11079	174824.96
丙烯	1.41	42	59.35	5.51	10942	60300.24
异丁烷	1.93	58	111.82	10.38	10892	113099.42
正丁烷	2.28	58	132.13	12.27	10927	134070.42
正丁烯	0.01	56	0.75	0.07	10826	753.73
异丁烯	0.02	56	1.15	0.11	10755	1151.99
反丁烯	0.01	56	0.58	0.05	10779	577.28
顺丁烯	0.01	56	0.46	0.04	10797	462.59
≥C_5	0.12	72	8.97	0.83	10840	9031.63
总和	99.13		1076.92	100.00		13291.31

（二）富氢气体回收投用后燃料气低发热值

2017年10月23日车间富氢气体项目投运正常，燃料气组分及热值见表3-89。

表3-89 燃料气组分低发热值计算表

名称	组成/%(体)	校正含量/%(体)	相对分子质量	$M_i \times V_i$	$M_i \times V_i / \sum(M_i \times V_i)$	低发热值/(kcal/kg)	乘积/(kcal/kg)
H_2	42.11	43.37	2	86.74	8.05	28667	230896
O_2	0.55			0.00	0.00		0.00
N_2	3.86	1.84	28	51.65	4.80		0.00
CO	0.00	0.00	28	0.00	0.00	2860	0.00
CO_2	0.51	0.53		0.00	0.00		0.00
甲烷	39.86	41.05	16	656.84	60.99	11954	729104
乙烷	3.88	4.00	30	119.88	11.13	11350	126348
乙烯	0.56	0.58	28	16.15	1.50	11272	16903
丙烷	3.65	3.76	44	165.40	15.36	11079	170163
丙烯	1.35	1.39	42	58.40	5.42	10942	59333
异丁烷	2.59	2.67	58	154.71	14.37	10892	156478
正丁烷	0.25	0.26	58	14.93	1.39	10927	15153
正丁烯	0.12	0.12	56	6.92	0.64	10826	6958
异丁烯	0.10	0.10	56	5.77	0.54	10755	5760

续表

名称	组成/%(体)	校正含量/%(体)	相对分子质量	$M_i \times V_i$	$M_i \times V_i / \sum(M_i \times V_i)$	低发热值/(kcal/kg)	乘积/(kcal/kg)
反丁烯	0.10	0.10	56	5.77	0.54	10779	5773
顺丁烯	0.20	0.21	56	11.54	1.07	10797	11565
$\geqslant C_5$	0.31	0.32	72	22.99	2.13	10840	23139
总和	100.00	100.29		1377.69	127.93		15576

根据表3-83组成分析，查出相应的低发热值，核算富氢气体回收后燃料气总热值为15575.72kcal/kg(1MJ/kg=238.84kcal/kg)，故燃料气低发热值为65.20MJ/kg。

燃料气低发热值分析：

1）公司富氢气体比较富余，但燃料气不足，而部分富氢气体改入燃料气管网，导致燃料气组分中氢气含量较高，炉膛火焰较长，出现轻微舔炉管现象。

2）2017年5月部门提出富氢气体回收技改措施，10月下旬项目投用后，燃料气组分发生较大变化，燃料气热值得到提升。

3）富氢气体回收前后，燃料气低发热值提高了近10个单位。

十九、装置能耗计算及分析

（一）装置基准能耗计算

1. 计算原料中各组分的摩尔分数[6]

1）精制油中环烷烃摩尔分数见表3-90。

表3-90　原料摩尔含量计算表

设进料1mol，则进料相对分子质量		107.65		
序号	NAPH	M_i	质量分数/%	摩尔分数/%
1	C_5	70	0.3	0.46
2	C_6	84	5.67	7.27
3	C_7	98	12.98	14.26
4	C_8	112	13.3	12.78
5	C_9	126	10.35	8.84
6	C_{10}	140	2.71	2.08
7	C_{11}	154	0.13	0.09
8	合计		45.44	45.79

2）相对于重整进料的芳烃摩尔收率见表3-91。

表3-91　相对重整进料芳烃收率表

序号	芳烃	收率/%(质)	相对分子质量 M_i	摩尔分数/%
1	C_6	4.88	78	5.63
2	C_7	16.12	92	15.76

续表

序号	芳烃	收率/%(质)	相对分子质量 M_i	摩尔分数/%
3	C_8	21.44	106	18.20
4	C_9	22.36	120	16.76
5	C_{10}	2.89	134	1.94
6	C_{11}	0.54	148	0.33
7	合计	68.23		58.62

注：脱戊烷塔底油质量分数为83.57%。

3）预加氢进料中戊烷油和液化气收率见表3-92。

表3-92 预加氢原料中液化气和戊烷油含量表

序号	名称	数量
1	石脑油进料中的液化气含量/%(质)	1.99
2	石脑油进料中的戊烷油含量/%(质)	10.81

2. 物料计算及设备运行工况

物料计算值和设备运行工况表见表3-93。

表3-93 物料计算值和设备运行工况表

序号	符号	名称	单位	运行值
1	M_{oil}	重整进料平均相对分子质量		107.65
2	M_{ni}	进料中环烷烃含量	%(摩尔)	45.79
3	M_{ai}	进料中芳烃含量	%(摩尔)	6.41
4	Y_h	预加氢拔头率	%(质)	10.81
5	LG_h	石脑油进料中的液化气含量	%(质)	1.99
6	C_{5_h}	石脑油进料中的戊烷油含量	%(质)	10.81
7	M_{ao}	相对于重整进料的芳烃收率	%(摩尔)	58.62
8	W_{ho}	相对于重整进料的氢气收率	%(质)	5.72
9	M_{Go}	干气收率	%(质)	0.34
10	M_{Lo}	液化气收率	%(质)	0.55
11	M_{C_5}	戊烷油收率	%(质)	3.23
12	DT_h	预加氢进料换热器热端温差	℃	44.6
13	DT_R	重整进料换热器热端温差	℃	24.49
14	p_h	预加氢高分压力	MPa(绝)	2.1
15	p_r	重整高分压力	MPa(绝)	0.325
16	p_p	增压机第一级出口压力(当量)	MPa(绝)	0.75
17	N_{com}	增压机级数		3

续表

序号	符号	名称	单位	运行值
18	DP_r	重整循环氢系统压降	MPa	0.261
19	DP_1	预加氢进料泵进出口压差	MPa	3
20	DP_2	重整进料泵进出口压差	MPa	0.8
21	DP_3	再接触泵进出口压差	MPa	2.8
22	DP_4	重整稳定塔进料泵进出口压差	MPa	0.7
23	*HPCH*	氢油比		1.25
24		再生		冷循环

3. 基准能耗计算

根据表 3-92 中已知条件，对其进行能耗计算如下：

1）反应热 E_1

$$W_1 = 196.55 \times 45.79 = 8999.37\text{kW}\cdot\text{h/t}$$

$$W_2 = 240.45 \times (58.62 - 6.41 - 45.79) = 1544.37\text{kW}\cdot\text{h/t}$$

$$W_3 = 164.5 \times 5.72 \times 107.65/100 = 1012.52\text{kW}\cdot\text{h/t}$$

$$\begin{aligned} W_4 &= (-131.56 \times 0.34 - 39.54 \times 0.55 - 7.53 \times 3.23) \times 107.65/100 \\ &= -98.06\text{kW}\cdot\text{h/t} \end{aligned}$$

$$\begin{aligned} E_1 &= W_1 + W_2 + W_3 + W_4 \\ &= (8999.37 + 1544.37 + 1012.52 - 98.06) \div (0.36 \times 107.65 \times 0.9) \\ &= 328.52\text{kW}\cdot\text{h/t} \end{aligned}$$

2）加热炉热量

① 重整进料加热炉 $E_2 = 1.003 \times 24.49 \times (1 + 1.7 \times 1.25/10) = 29.78\text{kW}\cdot\text{h/t}$

② 预加氢加热炉 $E_3 = 0.9028 \times 44.6/(1 - 10.81/100) = 45.15\text{kW}\cdot\text{h/t}$

③ 预加氢汽提塔 $E_4 = 0.9028 \times 44.6/(1 - 10.81/100) = 68.11\text{kW}\cdot\text{h/t}$

④ 石脑油分馏塔 $E_5 = 1.118 \times (10.81 + 20) = 34.45\text{kW}\cdot\text{h/t}$

⑤ 重整分馏塔采用塔底重沸器，按照循环氢压缩机能耗折算，循环氢压缩机用蒸汽 17.23t/h，稳定塔用蒸汽 13.5t/h，稳定塔重沸器能耗 $E_6 = 12.91/17.23 \times 13.5 = 10.11\text{kW}\cdot\text{h/t}$

⑥ 加热炉总能耗 329.89+29.78+45.15+68.11+34.45=507.37kW·h/t

3）压缩机能耗

① 预加氢循环氢压缩机 E_7

$$= 0.00174 \times 18425.9 \times \{[(2.1 + 0.6)/2.1]^{0.2308} - 1\} = 1.92\text{kW}\cdot\text{h/t}$$

② 重整循环氢 E_8

$$\begin{aligned} &= 18425.9 \times \{[(0.325 + 0.261)/0.325]^{0.2308} - 1\} \times 1.25 \times 0.003845 \\ &= 12.91\text{kW}\cdot\text{h/t} \end{aligned}$$

③ 重整增压机 E_9

$$\begin{aligned} &= 18425.9 \times [(0.75/0.325)^{0.2308} - 1] \times 3 \times 0.00172 \times 5.72 \times 1.1 \\ &= 127.31\text{kW}\cdot\text{h/t} \end{aligned}$$

4）机泵能耗 $E_{10} = 0.6667 \times (3.0 + 0.8 + 2.8 + 0.7) = 4.87\text{kW}\cdot\text{h/t}$

5）空冷能耗 $E_{11} = 6.5\text{kW}\cdot\text{h/t}$

6）深冷能耗 E_{12} = 2. 827+0. 2019×5. 72 = 3. 98kW · h/t

7）再生系统能耗 E_{13} = 1. 8×478/72 = 11. 95kW · h/t

8）其他能耗 E_{14} = 7kW · h/t

4. 综上计算能耗分类

1）反应系统能耗 = 328. 52kW · h/t

2）加热炉能耗 = 29. 78+45. 15+68. 11+34. 45 = 177. 48kW · h/t

3）用电设备能耗 = 1. 92+127. 31+4. 87+6. 5+3. 98+11. 95 = 156. 52kW · h/t

4）蒸汽消耗 = 12. 91+10. 11 = 23. 02kW · h/t

5）综合能耗 E_0 = (328. 52+177. 48)/0. 95+23. 02/0. 3901+156. 52/0. 314+7
= 1081. 83kW · h/t

折算标准能耗 = 1083. 28/11. 63 = 93. 02kgEO/t

5. 能耗数据汇总

能耗数据汇总见表 3-94。

表 3-94　基准能耗及能耗系数汇总表

序　号	名　称	代　号	数值/(kW · h/t)
1	反应热 E_1	W_1	8999. 37
2		W_2	1544. 37
3		W_3	1012. 52
4		W_4	-98. 06
5		E_1	328. 52
6	重整进料加热炉	E_2	29. 78
7	预加氢加热炉	E_3	45. 15
8	预加氢汽提塔	E_4	68. 11
9	石脑油分馏塔	E_5	34. 45
10	重整稳定塔	E_6	10. 11
11	用瓦斯设备合计		516. 11
12	预加氢压缩机	E_7	1. 91
13	重整循环氢	E_8	12. 91
14	重整增压机	E_9	127. 31
15	泵	E_{10}	4. 87
16	空冷	E_{11}	6. 50
17	氨冷	E_{12}	3. 98
18	再生	E_{13}	11. 95
19	用电设备合计		156. 52
20	其他能耗	E_{14}	7. 00
21	总能耗		1081. 83
22	计算能耗		93. 02kgEO/t

(二) 装置实际能耗计算

根据装置标定期间的装置加工量及公用系统物料消耗，折算装置综合能耗，见表3-95。

表3-95 基准能耗及能耗系数汇总表

项目			实物消耗	装置能耗		
			消耗量/(t/h)	折算系数	单耗	能耗/(kgEO/t)
加工量			111.73			
综合能耗			0.00			80.95
水	新鲜水		0.16	0.17	0.00	0.00
	循环水		2066.67	0.1	18.50	1.85
	软化水		0.00	0.25	0.00	0.00
	除盐水		7.30	2.3	0.07	0.15
	除氧水		25.65	9.2	0.23	2.11
	凝结水(加热)		-35.74	7.65	-0.32	-2.45
电			8592.58kW·h	0.2338	76.90	17.98
蒸汽	耗汽(+)	1.0MPa	14.92	76	0.13	10.15
		3.5MPa	31.60	88	0.28	24.88
	产汽(-)	1.0MPa	-17.23	76	-0.15	-11.56
		3.5MPa	-20.4	88	-0.18	-16.07
	燃料气		6.34	950	0.06	53.91

注：装置能耗计算表中，凝结水和蒸汽消耗+表示管网供给，-表示装置自产。

装置综合能耗80.95kgEO/t，而装置设计能耗90.23kgEO/t，计算基准能耗93.15kgEO/t。

装置两种能耗计算分析：

1）通过以上两种方法计算装置能耗可以看出，基准能耗计算结果与装置实际能耗相差11个单位，数据可能出现的偏差：①装置实际能耗未计算净化风、非净化风、高低压氮气消耗；②基准能耗中，稳定塔底重沸器是根据循环氢压缩机耗蒸汽量估算的；③装置实际能耗中燃料气能耗较高，主要原因为四合一炉自然通风，无空气预热系统，燃料气进加热炉温度较低；④基准能耗中电耗折算标准能耗为42.5，比实际消耗高。主要原因为本装置增压机有无极气量调节设施。

2）采取措施：①计划大检修增加燃料气换热器，提高燃料气换热温度，改善炉膛温度分布；②四合一炉增加预热回收系统，回收烟气温度，提高空气温度；③增压机定期检修维护，提高无极气量运行周期，节约装置电量消耗。④预加氢注水由连续注水改为间断注水，降低除盐水消耗。

3）装置能耗中燃料气消耗和电耗占总能耗的80%，故重整节能降耗应从加热炉效率入手。

4）重整反应是强吸热反应，故重整反应系统应当加强保温措施，降低反应器表面散热量，节约燃料气消耗。

5）再生一二段烧焦是放热反应，故再生系统加强保温，改善保温材料，提高氧氯化区温度，不但可改善催化剂铂分散度，而且降低电加热器负荷，节约用电量。

第四部分　结　论

经过连续重整装置专家班培训，根据专家授课理论知识，学员之间的相互交流，将所学的知识应用于生产实际。例如：优化连续重整注水，不仅控制了预加氢腐蚀，而且节约了水耗；模拟计算再生提升量，优化催化剂循环量速率，降低催化剂风尘量；优化苯抽提操作，提升苯产品质量；控制炉膛氧含量和排烟问题，提高加热炉效率，等等。现将应用情况梳理如下：

一、优化酸性水质量

（一）预处理酸性水存在的问题

1）连续重整预加氢系统设计注水时，采用预加氢高分罐水洗水全量循环，不足部分用除盐水补充。由于水洗水比较脏、容易结垢，导致装置第一周期就出现换热器内漏，2013年大检修发现预加氢换热器E101C/D管束结盐严重，部分管束堵塞，换热效果下降。同时预加氢空冷A101之前4个注水点也出现堵塞现象，水洗水循环线出现腐蚀泄漏。

2）2013年大检修后，将水洗水直接外排出装置，不再循环使用，并用干净的除盐水进行注水。从2016年大检修来看，预加氢进料换热器管束比较干净，基本杜绝了预加氢结盐情况。但因原连续注水方式注水量过大，酸性水产量大而且压力较高，影响到酸性水管网的平稳运行，同时酸性水铁离子频繁出现超标现象。

3）2016年7月到2017年4月，预加氢V103酸性水铁离子含量波动较大，最高达到14.9mg/L，平均值为5.8mg/L，铁离子含量经常超标(即>3mg/L)；预加氢V105酸性水铁离子含量波动较大，最高达到15.3mg/L，平均值为6.5mg/L，铁离子含量经常超标(即>3mg/L)，如图4-1所示。

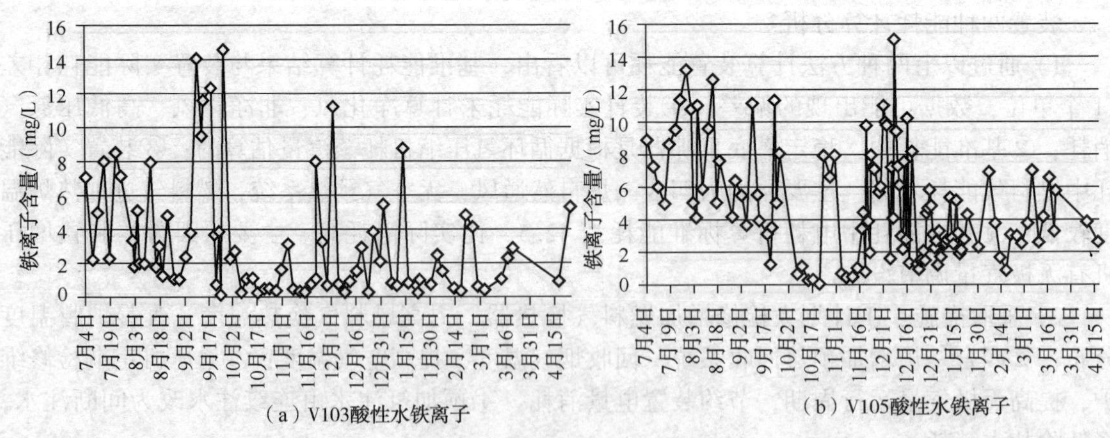

（a）V103酸性水铁离子　　（b）V105酸性水铁离子

图4-1　铁离子含量图

（二）优化预加氢反应系统注水方式

1）注水方式调整。直馏石脑油氮含量设计值5μg/g，而直馏石脑油实际氮含量小于2μg/g，从2016年大检修情况来看，预处理铵盐结晶情况不算严重，为了减少铵盐堵塞并导致设备垢下腐蚀，2017年5月将预加氢反应系统连续注水改为间断注水。

2）规定注水频次。为了防止停止预加氢注水后，铵盐在预加氢系统结晶堵塞设备管束，车间不但加强原料氮含量监控，而且合理调整注水方式：原连续注水量3.5t/h，调整后每周一注水8h，注水量2t/h。

3）加强系统压降监控。技术人员及时检查反应系统压降，跟踪酸性水铁离子变化数据。

（三）预加氢间断注水达到预期效果

1）酸性水铁离子合格。在系统注缓蚀剂不变的情况下，将连续注水改为间断注水。反应系统压降无异常变化，而V103酸性水铁离子稳定在1.0mg/L之内，而V105酸性水铁离子稳定在1.9mg/L之内，酸性水铁离子全部达标，产品质量数据见图4-2。

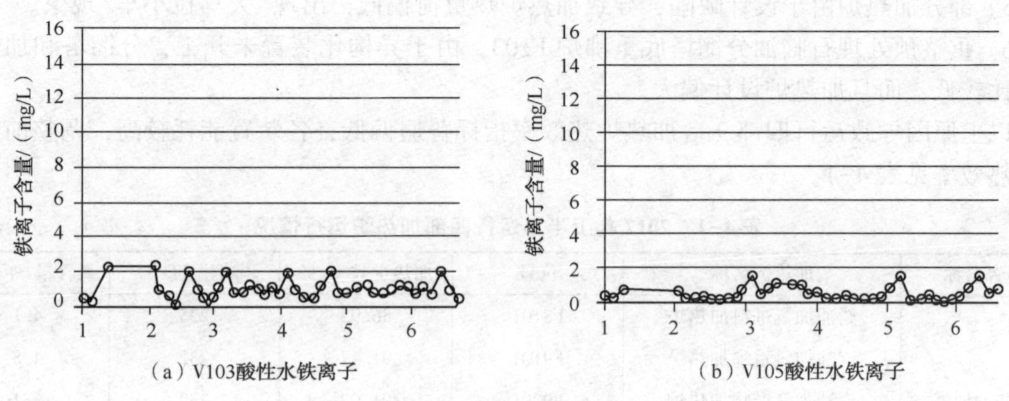

图4-2 产品质量数据图线

2）节约除盐水用量。预加氢间断注水后，不仅节约了装置电耗，而且节约了大量除盐水消耗，降低了酸性水的处理费用，提高了管网安全平稳运行，从源头治理污染源，提高了环境效益。

3）减缓了设备及工艺管线腐蚀。从酸性水铁离子变化可看出，间断注水不但满足工艺需求，而且降低了酸性水对设备及工艺管线的冲刷腐蚀。同时预加氢系统氯化氢气体在无水的情况下，也不腐蚀设备及工艺管线。

4）降低汽提塔缓蚀剂单耗。预加氢注水方式改善后，不仅预加氢酸性水质量得到提升，而且汽提塔酸性水质量也得到提升，节约了缓蚀剂消耗。

5）结合连续重整调节酸性水的经验，汽柴油加氢装置也优化注水，目前不但酸性水合格率达到99.8%，而且控制了高压酸性水对下游装置的冲击，降低了酸性水处理装置的负荷。

二、加热炉效率提升

运行四部现有加热炉9台，2016年各装置大检修后，部门虽对加热炉进行优化调整，加热炉热效率平均值为90.66%，部门总体加热炉热效率偏低。而加热炉效率的高低，直接影响到装置综合能耗，故优化加热炉运行对节能降耗和挖潜增效至关重要。为提高运行四部加热炉管理水平，优化加热炉运行工况，提升加热炉热效率，降低装置能耗，运行四部生产组从操作和管理的角度着手，优化炉膛氧含量、炉膛负压、火焰燃烧状况及加热炉排烟温度，提升热效率，优化加热炉运行指标，提升装置经济效益。

（一）加热炉热效率分析

1）部门各加热炉排烟温度普遍偏高。主要原因为四合一炉未设计烟气余热回收系统，0.6Mt柴油加氢进料加热炉烟气余热回收较小，设计排烟温度200℃。

2）炉膛氧含量偏高。部门9台加热炉中，部分加热炉氧化锆分析仪故障或误差较大，无法给操作提供可靠数据。

3）燃料气组分波动大。公司氢气资源相对比较富裕，而燃料气资源比较少，故各装置不凝气经脱硫后直接并入燃料气管网，导致燃料气组成中，氢气含量较高，在炉膛燃烧扰动较大，而给炉管提供的有效热量较小。

4）加热炉炉壁温度高。由于燃料气性质不稳定，火焰软而且摆动比较大，导致部分热量不能有效利用，进而造成热损失大。

5）部分加热炉由于设计缺陷，导致加热炉热负荷偏低，出现"大马拉小车"现象。

6）重整预处理石脑油分馏塔底重沸炉F103，由于异构化装置未开工，分馏塔和加热炉负荷比较低，而且加热炉设计偏大。

以上原因导致运行四部9台加热炉热效率指标普遍偏低，各装置能耗较高，调整前各加热炉热效率见表4-1。

表4-1　2017年上半年运行四部加热炉运行情况

装置名称	加热炉名称	位号	加热炉效率/%	排烟温度/℃	氧含量/%(质)
汽柴油加氢	柴油加氢进料加热炉	F8101	86.95	235	4.1
	汽油加氢重沸加热炉	F9101	91.17	232	4.8
	汽油加氢产物加热炉	F9201	91.02	232	5.1
	柴油加氢进料加热炉	F101	91.65	220	6.5
	分馏塔塔底重沸炉	F201	91.84	220	4.3
连续重整	重整四合一加热炉	F201	90.57	166	5.3
	预加氢加热炉	F101	91.67	127	5.3
	汽提塔底重沸炉	F102	91.56	127	6.5
	分馏塔底重沸炉	F103	89.55	127	>10

（二）加热炉热效率调整措施

通过对兄弟单位相关装置进行调研，发现兄弟单位加热炉均设计有余热回收设施，加热炉炉膛氧含量控制在1%~3%(质)，排烟温度在130℃之内，加热炉热效率平均值在93%左右。

2017年7月底部门成立加热炉热效率提升攻关小组，寻找各加热炉运行中的瓶颈点，逐一研究并采取针对性措施。同时制定了加热炉管理措施、优化目标及加热炉绩效考核标准。通过跟踪分析，并借鉴兄弟单位加热炉运行调整经验，攻关小组从加热炉运行问题入手，根据加热炉设计缺陷，分批次、分层次对各加热炉效率提升采取以下具体优化措施。

1）降低炉膛氧含量，优化加热炉排烟温度。根据各加热炉实际运行情况，设定一个"小目标"，各班组按照此要求逐渐关小各加热炉风门开度，小幅调整各加热炉"三门一板"，降低炉膛氧含量。技术人员每天跟踪加热炉排烟温度趋势，每天检测加热炉烟气组成，根据组成计算加热炉燃烧效率。炉膛负压、氧含量等参数运行稳定后。技术员在DCS设定上下限，要求班组严格执行，并对班组进行考核；班组人员加强巡检，观察炉膛燃烧情况，及时与内操沟通。针对异常情况，及时汇报班长以及部门技术人员，及时调整操作。在氧含量稳定一段时间后，继续调整，逐步降低炉膛氧含量。

2）优化加热炉燃料气组分。技术人员跟踪分析燃料气组分数据，尤其是燃料气中氢气含量变化。各技术人员深入分析装置内部各补瓦斯位置、流量、组分变化，尽可能减少装置操作波动，优化原料性质。

3）加热炉氧化锆分析仪进行全面调校。例如重沸炉 F102 氧化锆分析仪显示氧含量为 5.2%，而便携式监测仪分析氧含量为 0.8%。确定偏差问题，及时联系仪表调校准确，使之正确指导生产实际。

4）加强沟通交流，解决存在问题。各专业技术人员及时与设计院、各加热炉制造商、燃烧器制造商等开展广泛沟通交流，邀请其技术人员到达装置现场，配合各技术人员分析加热炉运行状况，核对设计数据、寻找加热炉运行中存在的偏差点。在加热炉运行期间，技术员对重整 F103 加热炉密封系统进行检查，累积处理漏风点 35 个，并对加热炉火嘴中心枪和侧枪进行改造，控制进风量；调整重整石脑油分馏塔回流比，提高加热炉热效率。

5）清理各加热炉火嘴以及阻火器。部门安排一公司维保人员利用周末等空闲时间，逐一清理各加热炉阻火器、火嘴，疏通燃料气管线，稳定加热炉燃料气自控阀开度，从而稳定加热炉燃烧状况。

（三）加热炉热效率提升效果

1）加热炉运行效率。2017 年 7~10 月份通过对加热炉进行优化，目前部门加热炉热效率平均提升幅度为 0.42%~1.53%。加热炉平均热效率 91.61%，提升了 0.95%，加热炉达标率 100%，提升 16.7%，热效率提升后加热炉运行情况见表 4-2。

表 4-2　2017 年 7~9 月份加热炉运行情况　　%

装置名称	加热炉名称	位号	10 月热效率	9 月热效率	8 月热效率	7 月热效率
汽柴加氢	进料加热炉	F8101	88.85	88.68	88.89	88.35
	重沸加热炉	F9101	92.56	92.10	91.95	91.24
	加氢反应产物加热炉	F9201	93.05	92.21	91.85	91.34
	进料加热炉	F101	93.85	93.59	93.12	92.19
	塔底重沸炉	F201	93.64	93.83	93.32	92.26
连续重整	四合一加热炉	F201	91.39	91.53	91.63	90.73
	预处理加热炉	F101	92.72	92.12	92.29	91.53
	汽提塔底重沸炉	F102	93.05	92.26	92.05	91.63
	分馏塔底重沸炉	F103	91.15	90.93	90.83	89.30

2）通过对 F103 加热炉密封系统进行检查，累积处理漏风点 35 个，并对加热炉火嘴中心枪和侧枪进行改造，控制进风量；调整重整石脑油分馏塔回流比，提高加热炉热效率。目前加热炉热效率得到明显改善，炉膛氧含量最低可达 6%左右，调整后一氧化碳含量为 58μg/g。

3）2017 年 10 月生产运行处对全公司加热炉考核中，运行四部 9 台加热炉中，5 台被评为红旗炉，占全公司红旗炉比例 83.33%。

三、汽轮机轮室压力异常升高处置

2017 年 2 月 16 日，连续重整汽轮机在转速为 8100r/min 不变的情况下，汽轮机轮室压力从 2.1MPa 上升到最高 2.9MPa，调节汽阀开度从 59%上升到 85%，中压蒸汽用量从 15.5t/h 上升至 17.8t/h。初步判断中压蒸汽品质下降，其中钠离子和二氧化硅超标，导致汽轮机叶片结垢。

（一）汽轮机结垢原因分析

经过对中压蒸汽采样检查，蒸汽样品中各项指标合格，未发现异常。组织人员对中压蒸汽管线进行排查，发现中压蒸汽对减温减压器注水阀在自动位置。约有 1.0t/h 除氧水注入中压蒸汽，进入汽轮机，故分析原因如下：

1）除氧水中钠离子和二氧化硅控制指标分别为小于 15mg/L 和 20mg/L，而中压蒸汽中钠离子和二氧化硅控制指标分别为小于 15μg/L 和 20μg/L，相差 3 个数量级，使除氧水进入中压蒸汽导致钠离子和二氧化硅超标。

2）由于中压蒸汽采样点设计在减温器之前，所以每天分析的样品中，并未发现钠离子和二氧化硅超标。

（二）汽轮机结垢控制措施

综上分析，采取以下措施控制汽轮机结垢速率，确保压缩机平稳运行。

1）将中压蒸汽减温器注除氧水自控阀切出系统，跟踪轮室压力运行情况。

2）由于本装置重整原料性质较好，积炭较低，在催化剂烧焦允许的情况下，将汽轮机转速由 8100r/min 降至 7800r/min，氢油比由 1.45 降至 1.2，从而将汽轮机的中压蒸汽用量由 17.8t/h 降低至 16t/h，控制汽轮机中压蒸汽用量，减缓叶轮结垢速率。

3）制定汽轮机结垢清洗方案，如果叶轮结垢继续恶化，则择机进行汽轮机清洗。

4）根据汽轮机结垢清洗方案，现场配置汽轮机清洗流程，便于停机后快速清理，提高检修效率，节约清理时间。

（三）汽轮机结垢控制效果

自中压蒸汽减温器注除氧水自控阀切出系统后，发现汽轮机轮室压力和调节汽阀开度得到遏制，并出现好转现象。从汽轮机叶轮发现结垢至目前，汽轮机轮室压力从 2.9MPa 降至到最高 2.4MPa，调节汽阀开度从 85%上升到 61%，中压蒸汽用量从 18t/h 降至 16.5t/h。目前已经将压缩机转速由 7800r/min 提至 8000r/min，汽轮机各项参数均在控制范围之内。

四、苯产品质量提升

中国石油长庆石化公司 150kt/a 苯抽提装置采用北京金伟晖工程技术有限公司的 SUPER-SAE-Ⅱ专利技术（环丁砜液液抽提工艺），设计产品为“535 标准石油苯”，以环丁砜为溶剂，回收原料中的苯组分。

苯产品质量提升目的：①“535 标准石油苯”生产过程中，苯中间罐和苯馏出口样品质量不稳定，偶尔会出现不合格现象，导致装置次品频繁回炼，增加装置能耗。②石油苯是一种重要的化工原料，“535 标准石油苯”产品仅限用于建筑行业，而“545 标准石油苯”产品可用于医药、化工等行业，可以说“545 标准石油苯”比“535 标准石油苯”市场竞争力更强。③“535 标准石油苯”与“545 标准石油苯”市场价格差 100~150 元/t，对公司来讲经济效益可观。

（一）影响苯产品质量的因素

1）苯产品结晶点波动。从苯中间罐化验分析数据来看，苯结晶点在 5.35~5.48℃范围内波动，很难稳定在 5.45℃以上。

2）苯产品水含量。“545 标准石油苯”要求水含量≯400mg/kg，而实际生产中水含量为 385~405mg/kg 之间波动，影响产品品质。

3）苯产品硫含量。“545 标准石油苯”要求总硫含量≯1mg/kg，而实际生产中硫含量不稳定，偶尔会出现超标现象。

4）苯产品纯度。“535 标准石油苯”要求纯度≮99.80%，“545 标准石油苯”要求纯度≮99.90%，实际生产中也发生小幅波动。

（二）原因分析及对策

1）控制抽提原料中非 C_6组分含量。苯抽提开工以来，由于装置自控率比较低，脱戊烷塔和脱已烷塔回流手动调节，导致抽提原料中 C_5与 C_7组分之和在 10%~12%之间。而设计要求抽提进料组成如表 4-3 所示。

表 4-3　设计抽提部分进料组成　　%(质)

组分	烷烃	环烷烃	芳烃	小计
C_5	0.89	—	—	0.89
C_6	47.05	4.93	39.49	91.47
C_7	7.63	—	0.01	7.64
合计	55.57	4.93	39.50	100.00

从表 4-3 可以看出：其中 C_7组分含量为 7.64%，故设计增加了苯闪蒸塔，来脱除生产中累积的 C_7组分。2017 年 3 月车间联系仪表将脱戊烷塔和脱已烷塔回流自控阀及塔底重沸器蒸汽自控阀投自动控制，提高抽提原料组成的稳定性，如表 4-4 所示。

表 4-4　优化调整后苯抽提原料组成　　%(质)

组分	烷烃	环烷烃	芳烃	小计
C_5	0.11	—	—	0.11
C_6	54.36	15.15	28.69	98.20
C_7	1.68	—	0.01	1.69
合计	55.57	4.93	39.50	100.00

从表 4-4 中可以看出，C_5组分较原设计值低 0.79%，C_7组分较原设计值低 5.95%。从脱戊烷油初馏点前后变化(见图 4-3)可以看出抽提原料组分的变化。从而保证了抽提效果，稳定了抽提原料组成。

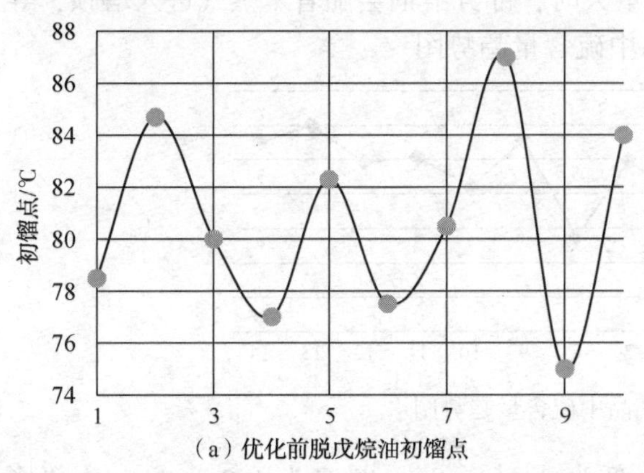

（a）优化前脱戊烷油初馏点

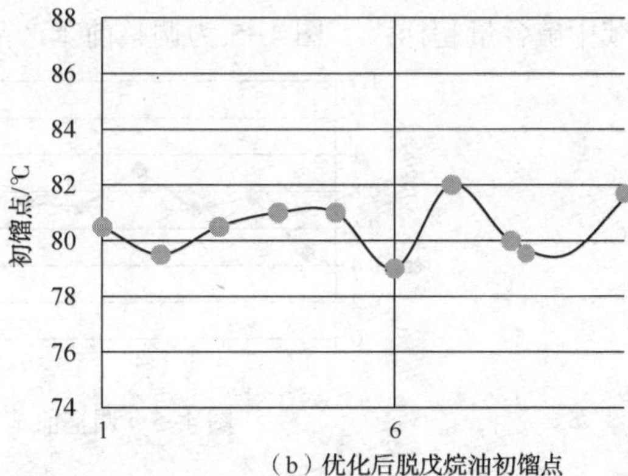

（b）优化后脱戊烷油初馏点

图 4-3　脱戊烷油初馏点的变化

2）新增聚结器。原设计工艺中，回收塔顶部为苯-水共沸物，在回收塔回流罐进行苯和水分离，故苯中含水量较大。化验分析发现，此处馏出口水含量为 0.11%左右。

为了减小苯中含水量对产品结晶点的影响，在回收塔回流罐底泵出口处新增一套聚结器，对馏出口苯进行脱水，从而保证了苯中间罐含水量低于400mg/kg。

3）控制返洗比。返洗比为返洗液量与抽提原料量之比，返洗过程是一个置换过程，主要是轻质非芳置换重质非芳，一般来讲返洗比大，苯产品纯度高，但返洗比太大也有不利影响。一方面是增加能耗，另一方面是增加溶剂比来保持苯回收率不变[2]。故通过控制返洗比值为0.42~0.45，提高苯产品的纯度，优化返洗比前后返洗液中非芳含量，如图4-4所示。

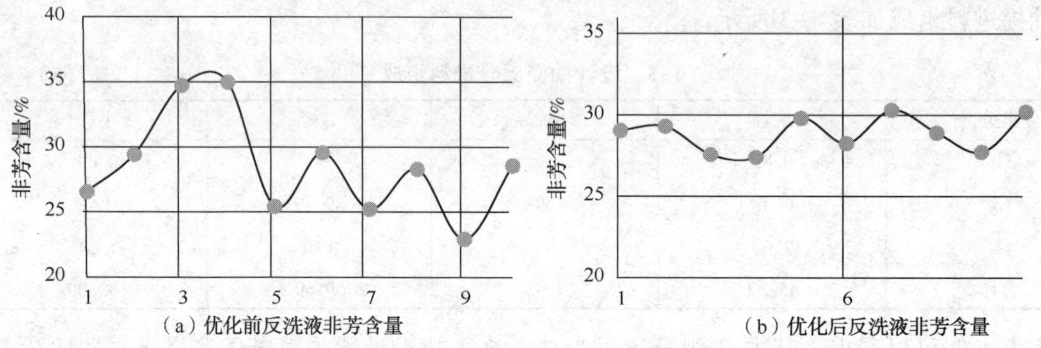

图4-4 返洗液中非芳含量的变化

4）调整溶剂比。溶剂比为贫溶剂量与抽提进料量之比，溶剂比是调节苯回收率的重要手段。溶剂比增大则苯回收率增加，但苯产品质量下降；溶剂比降低则苯产品质量提高，但苯收率下降，抽余油中苯含量上升。故必须控制合适的溶剂比。通过生产经验积累，发现溶剂比控制为1.8~1.9比较适中，苯产品质量较稳定。

5）回收塔回流比。合适的回流比能够保证苯产品质量，但回流比过大消耗能量大且塔顶负荷增大易产生雾沫夹带现象，会降低塔蒸馏效果，回流比过小则塔分离效果变差，导致部分溶剂进入塔顶，苯中硫含量超标，在实际操作中控制回流比为0.63~0.68，保证苯产品质量[3]。

6）汽提蒸汽量。注入汽提蒸汽是为了提高贫溶剂的溶解能力，降低溶剂在回收塔内的流速和油气分压，有利于芳烃的挥发，同时控制整个苯抽提的水循环速率，降低抽余油中的溶剂含量，保证抽余油产品质量。当汽提蒸汽量大时，部分溶剂会随着苯蒸气进入塔顶，导致苯中硫含量超标[4]，图4-5为调整前苯产品中硫含量趋势图。

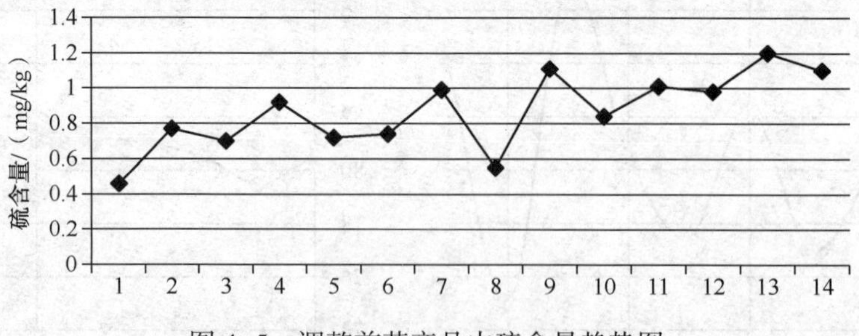

图4-5 调整前苯产品中硫含量趋势图

从图4-5中可以看出，苯产品中硫含量最低为0.46mg/kg，最高为1.2mg/kg，主要影响因素为汽提蒸汽量。当汽提蒸汽量为1000~1500kg/h时，苯产品中硫含量较高，最高超过指标1mg/kg；当汽提蒸汽量为700~1000kg/h时，苯产品中硫含量较低；当汽提蒸汽量<700kg/h时，苯产品中硫含量较低，但抽余油中溶剂含量较高，溶剂损失较为严重。故汽提蒸汽量必须控制在700~1000kg/h，保证苯产品中硫含量在指标范围内。

7）水洗塔水洗量。水洗比为水洗水量与水洗抽余油量之比，控制合适的水洗比，有利于降低抽余油中溶剂含量。同时必须控制好水洗塔底部返回水洗塔的量，防止造成水洗塔水洗负荷较大，导致抽余油中溶剂含量升高，抽余油中溶剂含量波动趋势图见图 4-6。

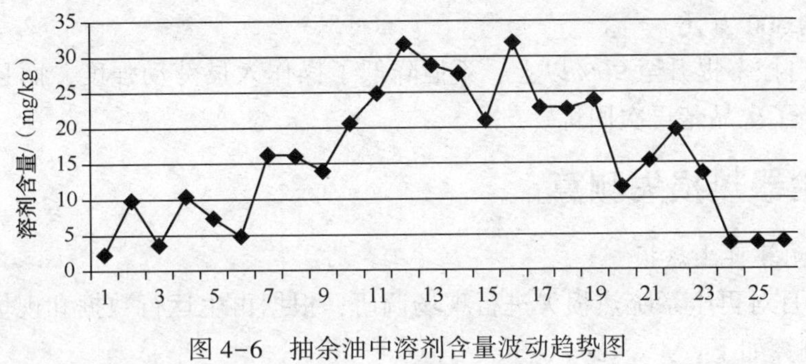

图 4-6　抽余油中溶剂含量波动趋势图

从图 4-6 中可以看出，抽余油中溶剂含量最低为 2.3mg/kg，最高为 31.77mg/kg，影响抽余油中溶剂的主要原因：①水循环量，合适的水循环量能够保证抽余油溶剂含量较低，同时保证苯产品中硫含量≯1mg/kg。②水洗塔的操作，控制合适的水洗比，以及调整水洗塔的上循环和下循环，保证抽余油水洗塔的水洗效果。通过稳定系统水循环量，调整下循环量，降低水洗塔水洗负荷，将抽余油中溶剂含量从最高 31.77mg/kg，降低到 3mg/kg 左右，减小了抽余油中溶剂损耗。

（三）苯产品质量提升效果

1）通过以上一系列的参数调整，苯产品质量比较稳定。545 石油苯的结晶点稳定在 5.45℃以上，成品苯罐样全分析数据见表 4-5。

表 4-5　成品苯罐样全分析数据

分析项目	罐样	试验方法
外观	合格	目测
苯颜色（铂-钴色号）	10	ASTM D1209
纯度/%（质）	>99.90	ASTM D4492
甲苯/%（质）	<0.03	ASTM D4492
非芳烃/%（质）	<0.03	ASTM D4492
噻吩/（mg/kg）	0.38	ASTM D1685 ASTM D4735
酸洗比色	合格	GB/T 2012
硫含量/（mg/kg）	0.7	SH/T 0689
溴指数/（mg/100g）	6.16	SH/T 0630
结晶点（干基）/℃	5.46	GB/T 3145
1，4-二氧乙烷/%（质）	<0.01	ASTM D4492
氮含量/（mg/kg）	0.77	SH/T 0704
水含量/（mg/kg）	392	SH/T 0246
苯密度（20℃）/（mg/kg）	878.9	GB/T 2013
中性实验	中性	GB/T 1816

从表 4-5 可以看出，对苯罐样进行全分析可知，产品数据指标均符合石油苯 545 标准。

2）实现可观的经济效益。根据目前石油苯价格，“545 标准石油苯”较“535 标准石油苯”价格约高 100 元/t。150kt/a 苯抽提装置按全年累计生产 30kt“545 标准石油苯”计算，全年可实现增效约 300 万元。

3）苯抽提自控率提升至 96%以上，不但降低了操作人员劳动强度，而且降低了环丁砜溶剂消耗，杜绝了次品苯再次回炼。

五、再生器热损失测算

（一）理论测算再生热损

2017 年 10 月对再生系统热损失进行现场调研，根据再生运行数据和现场测量结果，进行再生热损失测算如下：

假设再生相关参数，对其进行理论测算，估算再生系统热损失，通过倒推的方法，比较计算结果与再生烧焦二段出口温度一致性。假定[1]：

1）热损失率为燃烧热的 5%；

2）气体和催化剂离开烧焦区的温度相同。再生烧焦热平衡方程式：

$$G_g C_{pg}(T_{g2}-T_{g1})+G_c C_{pc}(T_{c2}-T_{c1})=Q$$

式中 G_g——再生气体总流量，kg/h；

C_{pg}——再生气体比热容，kJ/(kg·℃)；

T_{g1}——再生气体入口温度，℃；

T_{g2}——再生气体出口温度，℃；

G_c——催化剂循环量，kg/h；

C_{pc}——催化剂比热，kJ/(kg·℃)；

T_{c1}——催化剂进再生器温度，℃；

T_{g2}——催化剂离开烧焦区温度，℃；

$Q_{燃}$——燃烧热，kJ；

$Q_{损}$——热量损失，kJ。

再生烧焦热平衡计算：假定待生催化剂碳型为 $CH_{0.66}$，而再生气体循环量单位为 Nm^3/h 时，则：

$$T_{g2}=T_{c2}=\frac{91.9G_c x_c(1-\eta_{损})+0.317G_g T_{g1}+0.4G_c T_{c1}}{0.317G_g+0.4G_c}$$

目前再生操作参数见表 4-6。

表 4-6 目前再生操作参数表(数据来源：2017.9.24)

项 目	运行数据	项 目	运行数据
再生器入口氧含量/%	0.71	催化剂循环量/(kg/h)	342
再生器出口氧含量/%	0.31	催化剂碳含量/%	3.5
再生器入口温度/℃	464	再生气量/(Nm³/h)	6164
再生器出口温度/℃	476		

根据表 4-6 的运行数据，假设再生烧焦热损失 η 为 30%，按照热量平衡计算再生器二段出口温度如下：

$$T=\frac{91.9\times342\times3.5\times(1-0.2)+0.317\times6164\times464+0.4\times342\times464}{0.317\times6164+0.4\times342}$$

$$=476.3℃$$

经过热损失反算再生器二段出口温度，当热损失为 30%时，再生二段出口温度(DCS 显示：476℃)与计算值(476.3℃)相符，故推测本装置再生热损失为 30%。

(二) 现场调研再生热损

2016 年 9 月 21～28 日，对连续重整再生单元设备及管道的保温进行现场调研，现场热成像图片显示保温层外壁温度均比较高，最高点达到 160℃以上，见图 4-7～图 4-10。

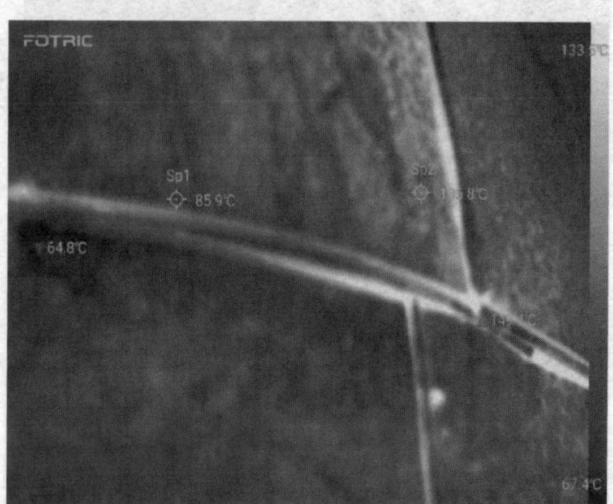

图 4-7　E305 顶部保温(环境温度 18℃)

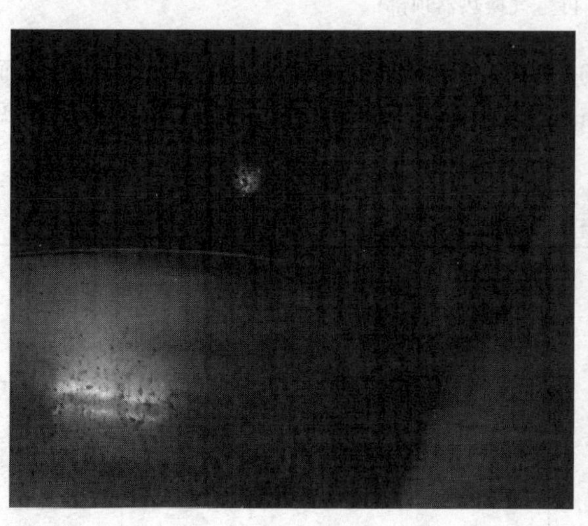

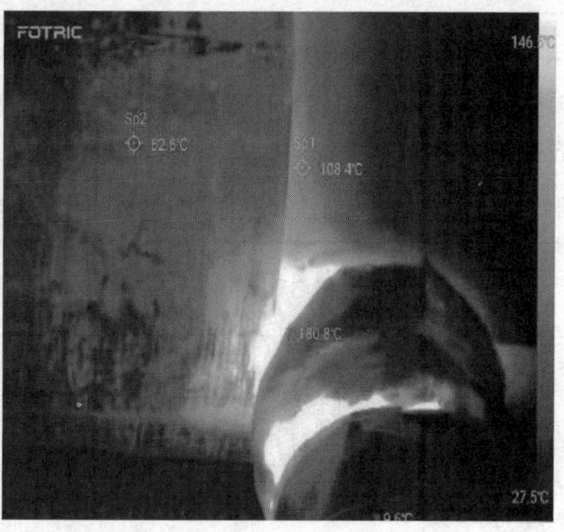

图 4-8　再生器 R301 中部保温(环境温度 18℃)

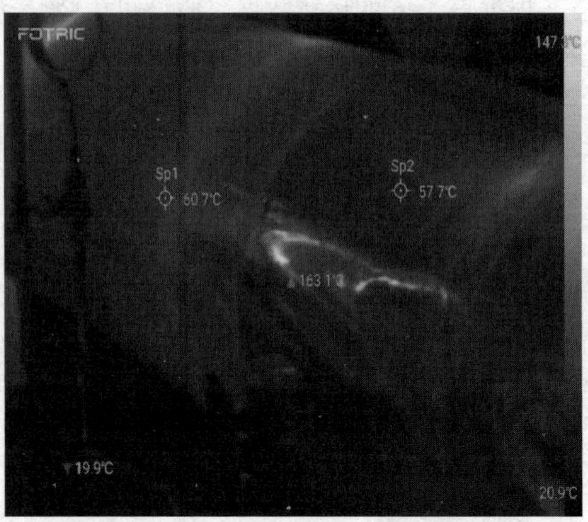

图 4-9　电加热器 EH303(环境温度 18℃)

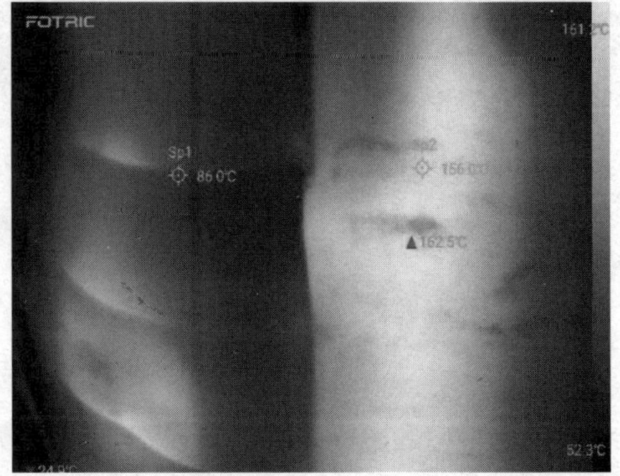

图 4-10　E306 再生气换热器顶部

石油化工设备和管道隔热技术规 SH3010—2013 中岩棉板的推荐温度不高于 450℃。而再生设备实际采用岩棉，保温厚度仅为 130mm，实际运行温度在 450～525℃，调研数据见表 4-7。

表 4-7　再生单元保温参数表

序号	管段/设备名称	外径/mm	长度/m	现有保温材料	设计保温厚度/mm	保温厚度/mm	介质温度/℃
1	再生器	862	5.9	岩棉	160	130	490
2		1630	8.6	岩棉	160	130	510
3	板换 E201	1800	27.8	岩棉	160	130	500

采用接触式测温仪和热成像仪对连续重整再生设备及管道保温情况进行了测量测温记录，见表 4-8 和图 4-11。

表 4-8 反再单元设备及管道测温记录

环境温度 18.8℃		风速 0.51m/s		
隔热层外表面温度/℃	55.9	64.3	58.9	57.3
设备外表温度/℃	471	483	486	479

图 4-11 再生单元现场设备保温厚度

1. 再生器表面保温损失测算

再生器表面热损失计算(再生器直径大于 1m 按平面保温公式计算)，表面热(冷)损失量，应按下列公式计算：

$$Q=\frac{t-t_a}{R_i+R_s}=\frac{|t-t_a|}{\dfrac{\delta}{\lambda}+\dfrac{1}{\alpha}}$$

式中 Q——以每平方米隔热层外表面表示的散热损失，W/m²；

t——设备和管道的外表面温度,℃；

t_a——环境温度,℃；

R_i——隔热层热阻，m²·℃/W；

R_s——隔热层表面热阻，m²·℃/W；

δ——隔热层厚度，m；

λ——隔热材料制品导热系数，W/(m·℃)；

α——隔热层外表面向大气的放热系数，W/(m²·℃)。

$$Q=(476-18.8)/(0.120/0.112+1/8.14)$$
$$=382.83\text{W/m}^2$$

根据《石油化工设备和管道隔热技术规范》SH 3010—2013 中 7.2.6 规定[3]，设备、管道及其附件外表面温度为 500℃时，保温后的允许最高散热损失为 236W/m²，见表 4-9 允许热损失规范[2]，故再生器超规范值 146.83W/m²。

表 4-9 规范最大允许热损失(SH 3010—2013)

设备和管道外表面温度/℃	绝热层表面最大允许热损失量/(W/m²)	
	常年运行	季节运行
50	52	104
100	84	147
150	104	183
200	126	220
250	147	251
300	167	272
350	188	
400	204	
450	220	
500	236	
550	251	

2. 再生系统管线热损失计算

根据管道热损失公式：

$$Q=\frac{2\pi\left|t-t_{\mathrm{a}}\right|}{\frac{1}{\lambda}\ln\frac{D_{\mathrm{o}}}{D_{\mathrm{i}}}+\frac{2}{\alpha D_{\mathrm{o}}}}$$

分别对表 4-10 中管道进行计算，得出各管道每平方米隔热层外表面表示的散热损失 Q。

表 4-10 再生系统工艺管道设计数据

序 号	管道编号	管道直径/mm	长度/m	操作温度/℃	保温层厚度/mm
1	P-3029	100	7.2	480	120
2	P-3030	250	6.4	500	120
3	P-3041	250	4.7	545	120
4	P-3044	200	32.2	510	120
5	P-3045	200	19.4	510	120
6	P-3046	250	30.6	510	120
7	P-3050	80	3.5	383	120
8	P-3053	80	3.1	296	120
9	P-3056	80	3.2	540	120
10	P-3057	80	6.6	530	120
11	P-3058	80	6.3	550	120
12	P-3059	80	6.6	550	120
13	P-3060	80	1.3	550	120

续表

序　号	管道编号	管道直径/mm	长度/m	操作温度/℃	保温层厚度/mm
14	P-3061	80	1.1	530	120
15	P-3062	80	6.9	530	120
16	P-3063	100	15.7	530	120

对表 4-10 数据进行计算，重整再生器保温面积为 80m²，根据第二部分计算再生器对比标准热损差值 146.83W/m²，可得再生器总热量损失：

$$Q=146.83\times80=11746.4\text{W}$$

故再生单元总热量损失 $Q_{总}$：

$$Q_{总}=11746.4+302900.4=314646.8\text{W}$$

再生系统工艺管道热损失见表 4-11。

表 4-11　再生系统工艺管道热损失

序　号	管道编号	实际散热/W·m	$Q_{实}-Q_{标}$/W·m	保温总散热量/W
1	P-3029	1178.809	1012.634	7290.966
2	P-3030	3074.820	2907.899	18610.55
3	P-3041	3362.365	3172.765	14911.99
4	P-3044	2510.975	2350.681	75691.92
5	P-3045	2510.975	2350.681	45603.21
6	P-3046	3138.719	2978.425	91139.79
7	P-3050	744.705	627.751	2197.127
8	P-3053	566.810	501.703	1555.279
9	P-3056	1065.733	880.319	2817.021
10	P-3057	1045.285	868.245	5730.414
11	P-3058	1086.181	892.393	5622.079
12	P-3059	1086.181	892.393	5889.797
13	P-3060	1086.181	892.393	1160.111
14	P-3061	1045.285	868.245	955.0691
15	P-3062	1045.285	868.245	5990.888
16	P-3063	1306.607	1129.566	17734.19
总计				302900.4

（三）再生器热损分析

1）从表 4-12 中的现场实际运行数据来看，反应器外壁温度比较高。

表 4-12　现场实际运行调研参数

项　目	数　值	项　目	数　值
设备外表面温度/℃	476	隔热材料制品导热系数(复合硅酸铝)λ/[W/(m·℃)]	0.112
环境温度/℃	18.8	隔热层外表面向大气的放热系数 α/[W/(m²·℃)]	8.14
隔热层厚度/mm	120		

2）通过理论计算和现场实际核算，再生单元热量损失都在 30%~35%。

3）再生单元设备及管道保温热损值高于标准规范，其不仅造成能源浪费，又会产生安全隐患，所以应采取保温改造等技术措施。

4）催化剂氧氯化区设计操作温度505℃，实际氧氯化区操作温度偏低，仅在460～470℃之间。若长周期运行，会影响到催化剂氯化更新效果。导致催化剂金属铂聚集，金属铂在催化剂载体表面分散度下降，进而影响到催化活性和使用寿命。

5）理论测算再生单元烧焦热损失在 $20\%<\eta<30\%$ 之间(设计规范小于5%)。

6）一段再生气电加热器运行负荷99%，氧氯化区电加热器运行负荷95%，焙烧区电加热器运行负荷89%，很难维持氧氯化区催化剂氯化更新温度，故优化再生系统设备及管线保温，降低再生系统电加热器运行负荷。

参 考 文 献

[1] 中国石油化工集团公司. 催化重整装置操作工[M]. 北京：中国石化出版社，2016.
[2] 罗家弼. 炼油技术常用数据手册[M]. 北京：中国石化出版社，2016.
[3] 石油化工设备和管道隔热技术规范. SH-3010-2013 7.2.6.
[4] 徐春明，杨朝合. 石油炼制工程[M]. 北京：石油工业出版社，2009.
[5] 夏清，陈常贵. 化工原理(上册)[M]. 天津：天津大学出版社，2011.
[6] 罗家弼. 炼油技术常用数据手册[M]. 北京：中国石化出版社，2016.
[7] 王子宗. 石油化工设计手册[M]. 北京：化学工业出版社，2014.
[8] 李成栋. 催化重整装置技术问答(第三版)[M]. 北京：中国石化出版社，2012.